U0209839

有机化学实验

（第二版）

丁长江　主编

科学出版社

北京

内 容 简 介

本书是吉林大学"十二五"规划教材,吉林省精品课"有机化学实验(非化学专业)"配套教材。本书结合非化学专业的有机化学实验教学特点,以落实学生实验能力和素质教育为编写目的,在内容编排体系、栏目设置和写作风格上力求能够引导学生在实验中积极思维、主动思考、格物致知。

全书共 12 章,收录了 58 个实验项目。内容上分为三个结构层次:一是基础知识和基本技术,分列于第 1~3 章,学生实验项目以基本操作训练为主;二是基础有机化合物的性质与制备,包括烃类及其衍生物、醇、酚、醚、醛和酮、羧酸及其衍生物、含氮化合物和杂环化合物等,分列于第 4~9 章,学生实验项目以简单化合物制备为主,属综合性实验;三是研究与设计性实验,包括生物有机分子和天然产物的性质和制备、有机化学前沿与创新实验、多步骤有机合成与设计,分列于第 10~12 章。

本书可作为高等学校生命、医药、农林、师范等非化学专业本专科生的有机化学实验课的教学用书,也可供化学化工专业本专科生的有机化学实验课教学参考和使用。

图书在版编目(CIP)数据

有机化学实验/丁长江主编. —2 版. —北京:科学出版社,2016

ISBN 978-7-03-048942-5

Ⅰ. ①有… Ⅱ. ①丁… Ⅲ. ①有机化学–化学实验–高等学校–教材 Ⅳ. ①O62-33

中国版本图书馆 CIP 数据核字(2016)第 139047 号

责任编辑:赵晓霞 / 责任校对:贾伟娟
责任印制:张 伟 / 封面设计:迷底书装

科学出版社 出版
北京东黄城根北街 16 号
邮政编码:100717
http://www.sciencep.com

固安县铭成印刷有限公司 印刷
科学出版社发行 各地新华书店经销

*

2006 年 9 月第 一 版 开本:787×1092 1/16
2016 年 6 月第 二 版 开本:25 1/2
2023 年 4 月第十三次印刷 字数:630 000
定价:**89.00 元**
(如有印装质量问题,我社负责调换)

《有机化学实验（第二版）》
编写委员会

主　编　丁长江

编　委（按姓名汉语拼音排序）

安胜姬　赫　奕　李　政　李宏斌

刘　磊　吕　蕾　毛世忠　盛　野

王海晶　张大伟　郑松志　周明娟

第二版前言

本书是吉林大学"十二五"规划教材，吉林省精品课"有机化学实验(非化学专业)"配套教材。全书共 12 章，收录了 58 个实验项目。

本书是在第一版使用近十年的基础上改编而成，保留了使用过程中得到师生认可和赞同的编排格式和特点，对一些不太实用的内容和环节进行了删减，对一些实验项目进行了部分调整，对一些内容和章节进行了重新优化和组合。

(1)根据多年的教学经验和研究成果，在第 1 章有机化学实验基础知识和基本技能中，针对有机化学实验教学中存在的实际问题，提出了以研究型实验教学模式为主的教学要求与做法，希望能借此提高实验教学的认知、优化实验教学的组织程序、克服实验教学中的问题和弊端、切实提高实验教学效果，使学生能力和素质培养落到实处。

(2)实验基础知识、基本技术和方法是能力和素质培养的基础，这方面教学的不到位是造成实验课流于形式的主要原因之一。为此，在第二版中增加了有机化学实验基础知识、基本技术与方法方面的内容。为使学生能够更好地掌握和了解这部分内容，不仅在内容的组织和编排上进行了一些探索和创新，还编写了相关的思考练习题，以便学生更好地理解和掌握基础知识、基本技术和方法。

(3)在实验项目的选择上主要依据非化学专业的教学特点和要求，尽量与这些学科相关联。在内容、难易与复杂程度上力求层次清晰、逐步递进。根据实验内容本身的特性将其分别设计成基本实验、综合性实验、研究与设计性实验等不同层次。

(4)为落实能力与素质培养的教学要求，继续保留和完善实验项目中的一些编排格式和内容。加强了"实验原理与设计"、"实验材料与方法"、"思考与讨论"等栏目的写作，对一些较难理解和值得深入思考的地方增加了一些脚注和引导，以便帮助学生理解相关内容。在"思考与讨论"、"教学指导与要求"栏目中加强和调整了与课前预习、课后思考相关的问题设置，旨在督促和引导学生积极参与实验课学习，落实研究型教学模式。

(5)删除了第一版中的文献资料与阅读等相关内容。这部分内容如若需要可借助移动网络和互联网络随时查阅和参考，也可以培养学生文献检索能力。

本书与第一版相比做了很大的调整和改编，希望能够对现阶段的有机化学实验教学有所帮助和裨益。希望使用者继续提出宝贵意见和批评指正。

感谢吉林大学教务处、化学学院的大力支持，感谢实验课教学组教师和往届学生使用者对本书的厚爱、支持和帮助，感谢科学出版社多年来寄予的信任、帮助和支持，也再次感谢本书编写过程中所参考和借鉴的相关教材和书籍的编者和版权单位。我的联系方式：dcjiang@163.com。

丁长江

2016 年 2 月于吉林大学

第一版前言

化学是一门建立在实验基础上的科学。在化学研究中，实验与理论一直是相互依赖、彼此促进的。20 世纪 20 年代以前，化学分为无机化学、有机化学、物理化学和分析化学等 4 个分支学科。20 年代以后，由于世界经济的高速发展、化学键的电子理论和量子力学的诞生、电子技术和计算机等技术的兴起，化学研究在理论上和实验技术上都获得了新的技术支持，使化学学科从 20 世纪 30 年代以来获得了飞速发展。在广泛应用当代科学的理论、技术和方法的基础上，化学学科不仅在认识物质的组成、结构、应用、合成和测试等方面都有了长足的进展，而且在理论方面也取得了许多重要成果，不仅产生了许多新的化学分支学科，而且使现代化学学科呈现出明显的"理论化学"和"实验化学"的特征。这一特征必将影响传统的化学课程教学体系并使之发生转变。

为体现现代化学的发展特征，总结和归纳现代化学在实验化学方面所取得的成就，使学生更深刻地认识实验在化学科学中的重要地位，系统掌握化学实验技术的基本理论和基本方法，全面培养学生的创新精神和实践能力，我们对传统化学课程体系中的实验教学内容进行了整合与重组，制订了"实验化学系列教材"的编写计划。

系列教材总体规划是：①以实验化学中具有普遍意义的化学实验技术理论和方法为内容主线，编写《实验化学技术教程》，主要整合实验技术和分析化学中的主要内容；②以各分支学科领域的实际问题为具体的学生实验项目，编写《化学原理与无机化学实验》和《有机化学实验》等。

系列教材的主要特色是：①教材分为两部分，一部分将实验技术理论和方法学单独编写为《实验化学技术教程》，集中用于解决所有化学问题的基本技术和方法，打破原化学分析和仪器分析的内容，使之整合到实验化学中来，使实验化学教学具有明显的理论性、系统性、完整性和相对独立性；另一部分是学生具体实验项目，结合化学原理（含物理化学）、无机化学和有机化学的理论化学教学，实现学生在这些化学分支学科领域的具体实验体验和学习。这两部分内容配套使用，突出体现了实验化学理论与实践相结合的特性和本质。实验化学并不仅仅指学生的具体实验，还应该包括实验技术理论和方法。实验化学技术理论和方法是实验化学发展过程中的理性认识，是实验化学的普遍规律和一般认识，是实验化学的核心内容。这是该套教材在思想认识和具体规划上最突出的创新之处。②通过该套教材的教学，配合理论化学的阶段性教学，可以实现以具体的实验项目为平台，以实验技术理论和方法为指导，以理论化学知识为基础，全面系统地将实验化学和理论化学的教学内容有机整合到一起，从而更有利于实现对学生知识理论、方法技能和素质的综合培养。这样既可以使学生系统学习到化学实验技术理论和方法，又有助于学生对理论化学知识的学习，从而可以从根本上克服学生实验操作的机械性，使学生实验时达到"既知其然，又知其所以然"的境界。③在编排风格上参考了科学研究的一般程序和科技论文的写作格式，也引入了一些化学发展史方面的内容，有助于培养学生的实验兴趣和科研素质。④学生实验项目尽可能保持原有实验研究题目的复杂性和客观性，因此具有一定综合性和复杂性，如此可以使学生更真切地体会到科研实验的本质，有利于培养学生的科学精神和科学态度。⑤出于与理论化学阶段教学的相互适应，尽管有《化学原理与无机化学实验》以及《有机化学实验》等不同分册，但在具体学生实验项目的内容体现上并无分支学科的严格限制，而是以化学问题本身的实验内涵为实验内容的选择依据。因此，该套教材并不附属于传统的化学二级学科。它与理论化学既相对独立，又互相关联，可以适应和满足化学实验课教学单独开课的教学要求。

　　本书为实验化学系列教材之一——《有机化学实验》，主要以有机化学反应、有机物性质、有机物的制备、有机物的分离纯化和有机物的定性定量分析为主要内容，共包括 15 章内容：第 1 章为概述；第 2~8 章以最基本的有机化合物和化学反应为主。按照烃及其衍生物，醇，酚，醚，醛和酮，羧酸、取代羧酸及羧酸衍生物，含氮化合物和杂环化合物进行分章编排，共收录了 26 个学生实验题目。各章除所选择的实验项目外，还扼要归纳和总结了各类有机化合物的基本反应、基本性质和常见的制备方法。第 9~15 章，结合有机化学实验的新技术和新发展以及有机化学的前沿研究领域，选择安排了 25 个综合性和研究性的实验项目，主要包括：①有机化学实验的新技术和新方法，如光化学、超声化学、微波化学、电化学、相转移催化、仿生合成等；②有机物的立体化学研究；③生物分子(脂类、糖类、氨基酸、肽、蛋白质、核酸)的性质、制备、分离与分析实验；④生物碱、黄酮、皂苷等天然产物的提取、分离和鉴定实验。

　　本书兼顾了"教材"和"学材"的双重功能，设计了许多环节为教、学双方服务，如预习指导、实验准备、教学指导与要求、安全提示、实验记录与数据处理、资料阅读与文献检索等；为培养学生的科研能力和素质，实验项目的编排方式和设计参考了科技论文写作的格式和标准，如内容摘要、关键词、实验结果和结论、思考和讨论等。通过这些设计可以使学生实验前的自学和预习、实验中的观察与记录、实验后的讨论总结和报告等教学环节进入科学的教学程序，养成良好的科学实验习惯和态度，得到文献查阅、实验设计、实验记录、科学思维、科技写作等多方面的科研能力和素质的培养和锻炼。这些环节的设计也可以在一定程度上协助教师进行多种模式的教学方法的开展和组织。

　　自 1994 年以来，笔者一直致力于实验课教学改革的系统研究与实践，并先后获得了校级优秀教学成果奖、吉林省优秀教学成果奖。本书的编写既是这些研究成果的体现，也是实验课教学研究的一个新的延续和尝试。本书在内容整合、编排风格和教学理念上进行了一些大胆的创新和尝试，虽然这些改革和尝试具有一定的研究基础，但尚未得到更普遍的教学实践的检验和评价。

　　本书的编写得到了"吉林大学十五规划教材建设基金"的支持。吉林大学化学学院的刘晓东、李绪文、陈艳萍、安胜姬、赫奕、刘磊、毛世忠、王陆黎、周明娟等同志参加了部分实验项目的编写和校对工作。在编写过程中，得到了科学出版社的帮助和支持，参考、借鉴和引用了其他兄弟院校和老师编写的相关教材和参考书籍。在此一并表示深深的谢意！

　　由于受编写水平和学识水平的限制，书中若有不当和笔误之处，恳请广大专家和读者批评指正，并将您的宝贵意见和建议反馈给我，以便不断修正和提高，更好地服务于实验课教学。我的联系方式：dcjiang@163.com。

丁长江
2006 年于吉林大学

目　　录

第1章 有机化学实验基础知识和基本技能

1.1 了解有机化学实验

1.1.1 有机化学实验的主要内容和特点

1. 有机物的性质和有机化学反应

要研究有机化合物，就必须掌握其性质和化学反应规律。有机物的性质常因其特征结构的不同而不同，也会因结构特点的多样性共存而存在多种化学特性。因此，正确理解和掌握化合物的结构和性质是研究有机化合物所必须具备的前提。这些内容常是理论有机化学的主要内容。离开有机化学理论教学的基础内容，有机化学实验也是不可想象的。对这些性质的发现和掌握也只有通过实验才能得以实现和确认。因此，研究和控制有机化合物的性质和化学反应是有机化学实验的重要内容之一。

有机物性质和化学反应的主要特点是：①有机化合物的极性整体上都小于无机物，有机物之间很小的极性差异常会引起其性质和行为上的较大变化。因此，有机物的性质与其存在的溶剂系统有着十分密切的关系。②有机物的性质多样，化学反应常多方向并存，常因反应环境和条件的不同而不同，因此化学反应的产物常为混合物，合成产率一般较低。③有机化学反应大多数速率较慢，一般需要较长的反应时间。④大多数有机化合物易燃、易爆、易挥发，因此实验安全问题尤为重要。

2. 有机物的制备实验

有机化学实验以有机物为主要研究对象，有机物是有机化学实验的物质基础，有机物的制备是有机化学实验的骨干内容。有机物的制备有两个途径：一是从自然界中获取；二是通过化学技术合成。

最初的有机物来源于大自然。从自然界中获取和研究有机物的一般过程和方法是：①寻找合适的含量丰富的生物材料；②利用各种有效的提取分离技术获得比较纯净的有机物；③对获得的有机物进行结构与功能分析；④对天然有机物进行结构与功能的改造、开发和利用。

有机物的化学合成是人类智慧的一大进步。有机合成的主要特点是：①限于目前的技术水平，绝大多数的有机合成反应较慢，需要较长的时间周期；②在一定的条件下，大多数的有机化学反应具有多向性，产物复杂，副产物较多。这样的特点会给有机物的化学制备造成很大的难度和挑战，当然也为其深入发展创造了机遇，具体表现在以下几点：

(1)要严格控制有机化学反应的条件，以尽量减少副产物的发生，提高产率。这些条件包括：①反应原料的选择与投料方法；②反应进行的介质、温度、压力、催化剂等；③完成反应的装置和环境；④反应进行的程度和时间掌控。

(2)产物的复杂性会直接带来分离纯化方面的困难。因此，有机合成与制备会用到多种分离与纯化技术。分离与纯化既是有机化学实验的基本内容，也是有机化学实验最重要的技术支撑。

(3)有机制备的复杂性和挑战性为有机化学的发展创造了前所未有的空间和机遇。例如，功能性复杂有机物的制备发展了立体有机化学，对有机化学反应的定向性和方向性的追求发展了生物合成技术等。

3. 有机物的分离和纯化

无论是化学合成还是从天然材料中提取有机物，都是有机物的混合体。因此有机化学实验中经常需要使用各种分离纯化技术对有机物进行分离纯化。因此，分离纯化也就成为有机化学实验中的一项重要内容。分离纯化的实验技术和理论在有机化学实验中占有相当重要的地位，应重点掌握和学习。

有机物的分离具有非常明显的特点：①大量的有机物存在着异构体和同系物的问题，异构体和同系物之间的性质差别不十分显著，因此其分离和纯化的问题十分关键和困难，常要求特别精细；②有机物的稳定性一般比较弱，因此在分离纯化过程中很容易被破坏，分离纯化的条件选择和控制相当重要；③任何的分离纯化技术都是利用组分之间的差异，所以有机物之间任何差异都可以作为分离的依据。因此，分离纯化技术不仅涉及化学技术，还与物理、机械、数学、电子、生物等其他学科的技术密切相关，尤其是近现代的色谱分离纯化技术。

常用的有机物分离纯化技术主要有以下几类：①用于分离纯化固体或固-液有机混合物的重结晶和过滤技术、膜分离技术、升华技术、沉淀和离心技术等；②用于液体有机物分离纯化的蒸馏技术、萃取技术等；③用于精细分离纯化的色谱和电泳技术。

4. 有机物的鉴别与鉴定实验——结构分析与表征

有机物结构的复杂多变和结构层次的多样性，正是有机物化学组成简单而其性质和生物学功能多样的根本原因。有机物的结构变化异常丰富，尤其是其空间结构的变化更是丰富多彩。结构是化学性质的决定性因素，不同的结构，常有着不同的性质和生物功能，相似的结构也具有相近的性质。因此，研究有机化合物的结构问题显得十分重要而又富有挑战性。有机化合物的结构分析和确证是有机化学实验的另一个重要任务和内容。由于具有相同官能团和类似结构的化合物，具有极为相近的性质和外部特征，因此区分结构相近的有机物会比较困难。

有机物的结构研究主要有两个方面。一方面是理论上的结构分析，即运用结构化学的研究理论和方法，如原子轨道理论、电子轨道理论、分子轨道理论、电子效应、空间效应、立体化学等，阐述有机物的结构特征和本质；另一方面是从实验角度鉴定和表征有机物的结构，以确证有机物。有机物的结构千差万别、千变万化，尤其是有机物的立体结构和空间构象更加重要和复杂。因此，有机物的结构表征和确证十分繁杂和艰难，常要借助于化学和非化学的手段和技术进行综合分析和推断，尤其要依靠紫外光谱、红外光谱、拉曼光谱、核磁共振谱、X 射线衍射法、旋光法、圆二色谱法等各种光学分析法和质谱等现代分析技术。

5. 有机物的开发和利用

研究有机化合物的最终目的是为人类的发展和进步做出贡献，为人类认识世界和改造世界做出贡献。因此，有机物的开发和利用是有机化学实验的一个主要目的和任务。例如，对生命物质的研究可以揭示生命的本质，从而为人类和生物体的发展提供技术支持和可靠保障。有机化合物的获取和创造可以为人类的生存提供大量的物质基础和条件，满足人类生存和发展的需要。

1.1.2　如何才能上好有机化学实验课

宋代理学家朱熹编撰《大学》时指出："格物致知，大学之端，始学之事也"。因此，只有通过"格物"这种探究性和研究性学习方法达到获取知识和经验的"致知"目的才是"大学"的本质与核心。大人之学是格物致知，而非小人之学之说教。实验课教学是格物致知最有效的教学环节。

1. 明确实验课的目标和任务

大学的核心目标是培养具备一定专业能力和素质，将来能够在专业领域里从事一定的科学研究与实践工作的人才，而不是满脑子知识却不能解决实际问题的考生。对于有机化学实验的教学，其目的是依据不同专业人才的培养要求，使学生具备必要的解决有机化学实际问题的基本技能和素质，为专业课和专业技能的继续学习和深造奠定基础。因此，有机化学实验的主要教学任务包括三个方面：①通过有机化学实验的学习，使学生了解和体会科学实验的一般过程和方法，并掌握必要的解决有机化学实验问题的基本技术知识、基本理论、基本技术和基本方法；②通过有机化学实验的学习，使学生得到从事科学研究与科学实验所应具备的一般能力的培养和锻炼，并逐步提高学生在实际问题中综合运用知识、理论、技术、方法和现实条件分析问题和解决问题的能力；③通过学生的亲身实践，体会科学研究与科学实验的本质与内涵，培养学生的科学态度、科学精神和科学品质，养成良好的实验习惯，具备良好的科学素质。

2. 明确实现课程目标的途径和方法

"格物致知"是实现课程目标的唯一有效途径和方法，只有这样的教学方法才能切实培养学生的能力和素质。"格物致知"就是研究性与探究性学习，这种教学方法尤其适合于实验课教学，即研究型实验课教学模式，其过程与内容如图 1-1 所示。

为了更有效地实施研究型实验课教学模式，教学双方都必须加强实验课前、中、后三个阶段中的相关工作。

1）前要有预

教学目的：培养学生科研选题与科研设计方面的能力，具体包括搜索和查阅文献的能力，选择、阅读、归纳与分析文献资料的能力，体会、理解和分析实验方案的设计思想，学习实验设计方法学。

内容与措施：结合实验题目查阅相关文献；结合文献和实验教材完成相关的实验预习内容，试着回答实验相关问题，对不清楚的问题进行标注以便求教教师；熟悉并试图理解实验过程，明确关键实验步骤和注意事项；对实验结果进行预期和判断等，详见图 1-1 所列。为加强预习环节教学，本书在实验项目中的"实验指导与教学要求"中设置了"实验预习"，供教学参考使用，教师也可预留预习作业或利用网络课程设置"预习冲关"等环节，督促和考查学生的预期。

俗话说，凡事预则立，不预则废。因此这一阶段是十分重要的。但在传统的实验教学中，这一环节和阶段通常不被教师和学生重视，与此阶段相关的能力和素质的培养也就当然存在严重的缺失和不足。这也是导致学生实验效果不理想、照方抓药、知其然不知其所以然的主要原因之一。教师必须在这一环节上结合实验平时成绩的评定、提交预习报告、回答预习问题等措施，督促学生完成相关的预习内容。预习报告内容和格式参考图 1-2 所示。

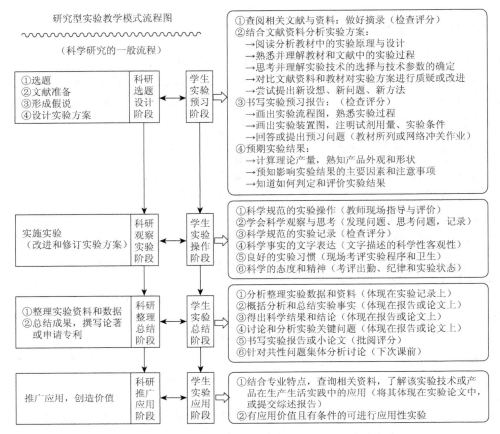

图 1-1　研究型实验课教学模式流程图

××××实验预习报告

姓名：　　　　　学号：　　　　　学院专业班级：

一、实验目的

二、实验原理和反应方程(含主、副反应)

三、实验材料准备(仪器、设备、其他用品，注明名称、规格、数量等，需要自备的要备好)

四、药品试剂准备(名称、纯度等级要求、用量、主要物理化学性质，事先查阅填写下表)

名称	纯度等级	用量	主要理化性质					
			相对分子质量	熔点	沸点	溶解性	折光率	危害性

五、实验装置和实验条件(画图以熟悉实验装置，注明必要的实验条件)

六、实验流程图(包括制备、分离纯化、鉴别鉴定等实验流程，熟悉实验关键步骤和主要程序)

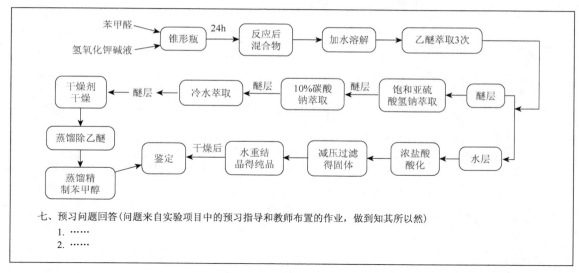

图 1-2　实验预习报告参考格式和内容

2）中要有据

教学目的：在实验中全面培养学生从事科学实验研究的各种能力和素质，尤其是动手操作能力，观察思维能力，实验记录与科学表达能力，实验习惯、态度、纪律、卫生以及科学精神和品质等基本素质。

内容与措施：①指导学生掌握实验中的基本技术和方法，培养学生的动手操作能力和实验技巧。②注意引导学生实验观察要认真仔细，不盲目操作，不机械操作，要善于发现问题，遇到问题要有思考、有判断。③指导和要求学生规范科学地进行实验记录，内容要详尽，格式要清晰，文字描述与表达科学、准确、客观。实验记录格式与内容可参考表 1-1。④指导学生进行科学事实的客观描述和科学的文字表达。⑤养成良好的实验习惯，加强素质培养。引导学生合理安排实验流程、内容和时间，不做与实验无关的其他事情，严格遵守实验室规则和纪律，注意实验安全和环保，保持实验过程的整洁卫生，养成良好的实验习惯。⑥端正学生的实验态度，加强科学精神的培养和要求。实验不是为了学分，而是锻炼自己的能力和素质。尊重实验的客观事实，不伪造实验记录和结果。鼓励学生敢于实验，敢于面对失败，善于吸取教训和思考失败原因。

表 1-1　实验记录参考格式和内容

实验环境：温度＿＿＿＿＿℃；湿度＿＿＿＿＿%；大气压＿＿＿＿＿kPa

实验时间：　　　　　　　　　　　　　　实验地点：

实验参加者：　　　　　　　　　　　　　实验记录者：

实验题目：

实验仪器和设备	（记录主要仪器设备的名称、型号、厂家、生产日期、仪器编号、主要性能指标、工作站或软件版本等重要信息） (1) 折光仪，2WAJ 型，上海光学仪器厂，2012.12，2012120345，测量范围 1.3000～1.7000，精度 ±0.001 (2)……
实验药品和试剂	（记录试剂名称、纯度等级、厂家、批号、含量、相对分子质量、密度、熔沸点等物理常数，有必要可在课外资料或网络上查找相关信息） (1) 乙醚，无水，AR，北京化学试剂厂，2014052101，含量 99.5%，相对密度 d=0.714～0.716，熔点 m.p. 34.6℃，折光率 n_D^{20} 1.3530，闪点 -40℉ (2)……

续表

实验器材和装置	(记录主要实验器材和装置的名称、规格型号和特殊要求等信息，常规器材不必记) (1)三颈烧瓶，250mL，无水干燥；　(2)索氏提取器，250mL；　(3)水蒸气蒸馏装置，500mL； ……			
	步骤	内容	现象	备注
实验过程	溶液配制	(1)NaOH 4.023g+H₂O 10.3mL，温热溶解，冷却后加维生素 B 10.85g 溶解，冰水浴至室温备用 (2)……	溶解后液体呈淡黄色	温热水温 45℃
	合成反应 注：①所有数据都应以实际为准，注意有效数字要求；②实验步骤简明扼要有序；③重要条件和细节要明确	250mL 三颈烧瓶，加苯甲醛 11.40mL+无水乙醚 20.0mL+沸石几粒，电热套加热，将已配制的维生素 B₁ 置于 25mL 滴液漏斗中置于三颈烧瓶上口，再将监测温度计和回流冷凝管分别安装在三颈烧瓶另两口上。通冷却水，调节电热套加热温度 120℃，使烧瓶内温度至 45℃，开始滴加液体 2 滴/秒。……	液体沸腾，颜色加深，略显浑浊	滴加 32min，反应温度变化为 45～56℃
	分离与纯化	(1)萃取分离：…… (2)水蒸气蒸馏：…… (3)……		
	鉴别与鉴定	(1)性质实验：…… (2)折光率测定：……		
实验结果	粗品质量：　　　　　　　　　纯品质量： 产率：　　　　　　　　　　　回收率：			
实验总结	(实验注意事项、经验教训、问题与想法、自评与体会等)			

实验负责人(或教师)签字：

3) 后要有结

教学目的：培养学生的理性思维能力、科学概括能力以及科技写作等方面的能力。

内容与措施：以实验记录为依据，分析整理实验数据，得出实验结果；分析总结评价自己的实验结果，找出成败原因；结合文献资料和自己的实验情况进行问题总结、分析和讨论。有条件、有内容的实验可以进行集中讨论或开展研讨课；通过分析和讨论得出实验结论；书写提交实验报告或论文；针对某些实验项目，可结合专业特点开展一些应用与实践方面的实验拓展，培养学生在专业领域里的化学认知和兴趣。

观察与实验所获取的实验事实是以文字形式表达的一些感性资料和信息，必须对这些资料进行分析和总结才能得到理性的实验结果。这一过程是由感性认识上升到理性认识的第二次飞跃，其所培养的是学生的理性思维能力、科学概括与分析能力、科技写作能力。学生经过了前面实验与观察的"格物"，是否能真正地达到"致知"，全在于这个阶段的总结与分析。因此，这一环节不可以忽略和忽视，更不能以学生的一份报告而草草结束。为此，教师应加强这一阶段教学指导和成绩评定的方法，不应仅以实验结果和实验报告书写得是否规整评判实验成绩，而应把学生的文字写作是否科学规范、实验总结是否科学客观和富有逻辑、对实验问题是否能够进行深刻分析与讨论等作为成绩评定的主要方面。同时，应结合科技论文写作能力的训练指导学生的实验报告或书写小论文。教学实践表明，对于一些比较复杂的实验项目，以科技论文的形式提交实验报告可以很好地提高学生的科技写作能力和科学思维能力，科技论文的基本格式可参考图 1-3。

2003 年第 23 卷　　　　　　　　　　有机化学　　　　　　　　　　Vol. 23, 2003
第 1 期, 104～105　　　　　Chinese Journal of Organic Chemistry　　　　　No. 1, 104～105

·研究简报·

题目
作者

磷钨酸催化过氧化氢氧化环己烯合成己二酸

张英群　　　王　春　　　李贵深*　　　李敬慈

（河北农业大学理学院　保定 071001）

摘要　报道了以苄基三乙基氯化铵为相转移催化剂，用磷钨酸催化过氧化氢氧化环己烯合成己二酸，在优化反应条件下，即反应物摩尔比为环己烯：H_2O_2：苄基三乙基氯化铵：磷钨酸＝1：4.5：0.036：0.0013 时，在 60～65 ℃反应 6 h，再将温度升至 80 ℃反应 5 h，收率可达 87%。探讨了不同反应条件对产率的影响。该方法避免了目前所常采用的对环境有污染的硝酸氧化方法所产生的氮氧化物及废酸。

关键词　磷钨酸，过氧化氢，环己烯，己二酸

摘要：目的；方法；结果；结论

Direct Oxidation of Cyclohexene to Adipic Acid with Hydrogen Peroxide Catalyzed by Phosphotungstic Acid

ZHANG, Ying-Qun　　WANG, Chun　　LI, Gui-Shen*　　LI, Jing-Ci

（College of Science, Agricultural University of Hebei, Baoding 071001）

Abstract　In this paper, direct oxidation of cyclohexene to adipic acid with 30% H_2O_2 catalyzed by phosphotungstic acid in the presence of a phase transfer catalyst $PhCH_2N^+(Et)_3 \cdot Cl^-$ is reported. Under the optimal conditions, cyclohexene : H_2O_2 : $PhCH_2N^+(Et)_3 \cdot Cl^-$: phosphotungstic acid = 1 : 4.5 : 0.036 : 0.0013 (molar ratio) were heated at 60～65 ℃ for 6 h and then at 80 ℃ for 5 h to give adipic acid in 87% yield. This method avoids environmental pollution produced by emerging nitrous oxide and waste acid in the oxidation way by nitric acid often used.

Keywords　phosphotungstic acid, hydrogen peroxide, cyclohexene, adipic acid

近年来，绿色化学（或环境友好过程）的研究越来越为人们所重视，以解决人类所面临的日益严重的环境污染问题[1]。按照杂志《Green Chemistry》的定义[2]，绿色化学是指：在制造和应用化学产品时应有效利用（最好可再生）原料，消除废物和避免使用有毒的和/或危险的试剂和溶剂。研究内容主要围绕原料的绿色化、化学反应的绿色化和产品的环境友好化来进行。

己二酸是用于制造尼龙 66 等的重要化工原料，其工业生产方法目前主要采用硝酸氧化法。此方法虽收率高，但对设备腐蚀严重，而且生产过程中产生严重污染环境的氮氧化物、硝酸蒸汽和废酸液。因此，寻找一种清洁合成己二酸的绿色方法具有十分重要的意义。过氧化氢以其不产生任何有害废物而成为绿色氧化剂的首选。近年来，使用不同的催化剂，用过氧化氢氧化环己烯合成己二酸的研究国内外已有一些报道。如 Sato 等[3] 在相转移催化剂三辛基甲基硫酸氢

盐[$(C_8H_{17})_3NCH_3$] HSO_4 存在下，以 $Na_2WO_4 \cdot 2H_2O$ 为催化剂，用 30% H_2O_2 氧化环己烯合成己二酸，并称必须且只能用三辛基甲基铵硫酸氢盐为相转移催化剂，但该试剂价格昂贵；Antonelli 等[4] 则以 [$(C_8H_{17})_3NCH_3$]$_3$ [$PO_4\{W(O)(O_2)_2\}_4$]为催化剂，使用 40% H_2O_2 氧化环己烯；马祖福等[5] 报道了以 $Na_2WO_4 \cdot 2H_2O$ 为催化剂，草酸为络合剂，用 30% H_2O_2 为氧化剂合成己二酸。本文首次采用磷钨酸为催化剂，苄基三乙基氯化铵为相转移催化剂，用 30% H_2O_2 氧化环己烯合成己二酸，得到了较满意的结果。

1　实验部分

正文前言

1.1　试剂与仪器

30% H_2O_2 为分析纯，其它原料为化学纯试剂。电动搅拌

* E-mail: wange69@yahoo.com.cn

Received April 3, 2003; revised May 17, 2002; accepted July 27, 2002.

No. 1　　　　　　张英群等：磷钨酸－过氧化氢催化氧化环己烯合成己二酸　　　　　　105

器，XRC-1 型显微熔点测定仪。

1.2　实验方法

在装有电动搅拌器的 250 mL 三口烧瓶中，依次加入磷钨酸 0.88 mol 和 30% H_2O_2，搅拌 5 min。加入苄基三乙基氯化铵，搅拌使之溶解后，加入 0.195 mol 环己烯，安上回流冷凝管，加热，在 60～65 ℃反应至环己烯层完全消失（约需 6 h），再将温度升至 80 ℃反应 5 h，冷却，在冰箱中放置过夜，析出白色晶体，抽滤，用少量冷水及石油醚洗涤，母液用乙醚萃取，Na_2SO_4 干燥，蒸除溶剂，残留固体用少量石油醚洗，合并产品，干燥，得己二酸，熔点 151.0～152.5 ℃(文献值[4]：152 ℃)。

$$4\ H_2O_2 + \text{(环己烯)} \xrightarrow[\text{磷钨酸}]{[C_6H_5CH_2N(Et)_3]Cl} \text{(己二酸 COOH/COOH)}$$

2　结果与讨论

2.1　催化剂磷钨酸的用量对产率的影响

本反应所需的酸性环境，主要由具有较强酸性的磷钨酸提供，同时，H_2O_2 和磷钨酸作用可生成过氧化磷钨酸，它对烯烃同样有较强的氧化作用[4]。作为一过渡金属化合物，磷钨酸对 H_2O_2 的氧化反应有较强的催化作用。实验结果见表 1。

表 1　磷钨酸用量的影响[a]
Table 1　Effect of the amount of phosphotungstic acid

磷钨酸/mmol	0.06	0.12	0.18	0.24	0.3
产率/%	29.5	35.4	60.0	87.2	86.0

[a] 加入相转移剂苄基三乙基氯化铵 7.0 mmol。

2.2　相转移剂苄基三乙基氯化铵的用量对产率的影响

在 H_2O_2 水溶液和环己烯的两相反应中，须加入相转移催化剂。随苄基三乙基氯化铵加入量的增加，己二酸的产率升高。但当苄基三乙基氯化铵的量超过一定值时，会与磷钨酸生成沉淀，使产率降低。实验结果见表 2。

表 2　苄基三乙基氯化铵用量的影响[a]
Table 2　Effect of the amount of [$C_6H_5CH_2N(Et)_3$] Cl

苄基三乙基氯化铵/mmol	1.75	4.4	7.0	10.5	14.0
产率/%	32.5	41.3	87.2	80.2	48.0

[a] 加入磷钨酸 0.24 mmol。

在反应之初，反应温度不宜太高，否则环己烯易挥发损失。总之，在优化反应条件下，即反应物摩尔比为环己烯：H_2O_2：苄基三乙基氯化铵：磷钨酸＝1：4.5：0.036：0.0015 时，在 60～65 ℃反应 6 h，再将温度升至 80 ℃反应 5 h，收率可达 87.2%。

参考文献　　所列文献均为文中引用

1　Wu, Y.-L.; Long, Y.-Q. Univ. Chem. 2001, 16 (3), 1 (in Chinese).
（吴毓林，龙亚秋，大学化学，2001，16(3)，1.）
2　Sheldon, R. Green Chem. 2000, 2 (1), G1.
3　Sato, K.; Aoki, M.; Noyori, R. A. Science 1998, 281, 1646.
4　Antonelli, E.; D'Aloisio, R.; Gambaro, M.; Fiorani, T.; Venturello, C. J. Org. Chem. 1998, 63, 7190.
5　Ma, Z.-F.; Deng, Y.-Q.; Wang, K.; Chen, J. Chemistry 2001, 64 (2), 116 (in Chinese).
（马祖福，邓友全，王坤，陈静，化学通报，2001，64(2)，116.）
6　Venturello, C.; D'Aloisio, R. J. Org. Chem. 1988, 53, 1553.

(Y0204031　QIN, X. Q.; ZHENG, G. C.)

图 1-3　科技论文示例图
论文摘自：知网 http://www.cnki.net

三个环节相辅相成，尤其是实验前、实验后的教学环节常被忽略，更需加强。只有在各个环节予以加强并调动学生的积极性、主动性和创造性，才能扭转实验教学的不利局面，使实验教学真正成为培养学生能力和素质的有效阵地。

3. 有效利用教材以外的文献和资料

对于同样的问题，解决问题的方法绝不止一种或几种，而是多种。每种方法都有实验者自己独特的思维、结果、方法和技巧。对于某个实验项目而言，本书所提供的只是若干方法之一。尽管学生实验大都是比较成熟的实验，但这并不意味着实验是一成不变的，仍然有许多环节是可以进行改变和提高的，仍然有许多问题是有待思考和研究的。因此，查阅文献和资料，对于学生广泛深入地理解实验、了解该实验的最新进展、借此对比分析和思考实验中的相关问题、培养学生科学思维能力和科研实验能力等都是十分必要和大有裨益的。文献检索和使用能力是一个学着和科学工作者必备的基本技能。网络时代，文献资料的获取已变得更加容易和方便。主要有公共网络资源和各高校网络图书馆。现将常用的网络文献和资料简介如下，供学生们参考。

（1）化学信息网：http：//chin.csdl.ac.cn。大而全。

（2）Chemical Book（化学信息搜索网站）：http：//www.chemicalbook.com/ProductIndex.aspx。主要查阅化学试剂的性质、应用和供应信息。

（3）中国知网：http：//www.cnki.net。主要查阅国内外的期刊、论文，以及专利、标准等数据库。通过各高校网络图书馆可免费查阅和下载全文。

（4）维普期刊资源整合服务平台：http：//lib.cqvip.com/。主要查阅中文期刊。

（5）万方数据知识服务平台：http：//www.wanfangdata.com.cn/。通过各高校网络图书馆可免费查阅和下载。学生学位论文相似性检测主要由该网站提供服务。

（6）超星数字图书馆：http：//www.sslibrary.com。通过高校网络图书馆免费查阅各种中文书籍和工具书。

1.2 有机化学实验常用物品和器材

1.2.1 玻璃器皿

玻璃的化学成分为 SiO_2、B_2O_3、Al_2O_3、K_2O、Na_2O、CaO、ZnO 等。其中 SiO_2 和 B_2O_3 的熔点较高，其化学组成比例高的玻璃则会具有较好的热稳定性、化学稳定性，能耐受较大的急变温差，受热不易发生破裂，此类玻璃称为硬质玻璃。主要用于制备允许加热的烧器类仪器。相反，SiO_2 和 B_2O_3 含量较低的玻璃其耐热性、耐热急变温差小，硬度较低，称为软质玻璃。这类玻璃器皿不适于直火加热，加热后也不宜骤冷。

1. 玻璃仪器的种类

玻璃仪器种类繁多，用途各异。按一般法分类，分为烧器和非烧器两大类；若按用途和结构特点，一般分为烧器、量器、瓶类、管类和棒类、加液器和过滤器、有关气体操作的玻璃仪器、标准磨口仪器和其他类等八大类。学生有机化学实验常用的玻璃器皿如表1-2所示。

表 1-2　有机化学实验常用玻璃器皿和实验器材一览表

仪器名称	图示	常用规格型号	主要用途和注意事项
烧杯	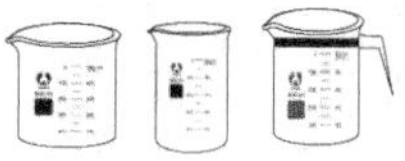	普通、印度，低型、高型、带把。容积有 1mL、5mL、10mL、15mL、25mL、50mL、100mL、250mL、400mL、600mL、1000mL、2000mL 等	配制溶液、溶样。加热体积不超过容积的 2/3，火焰加热需置于石棉网上均匀受热，不可干烧，不可用于盛放挥发物，禁止用于加热易燃物
量筒、量杯	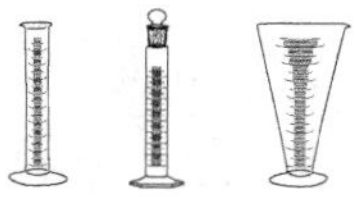	具塞、无塞，量储式。容积有 5mL、10mL、25mL、50mL、100mL、250mL、500mL、1000mL、2000mL 等	用于粗略量取一定体积的液体。不可加热，不能用于配制溶液，不能在烘箱内烘干，不能盛热溶液。要沿壁加入或倒出液体
圆底烧瓶	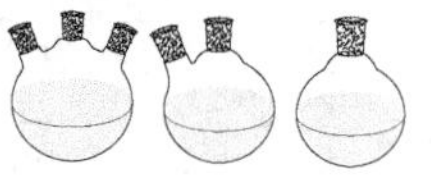	圆底、平底，长颈、短颈，单颈、双颈、三颈，容积有 50mL、100mL、250mL、500mL、1000mL 等。现常用磨口仪器	适于合成反应、常压和减压蒸馏、分馏、水蒸气蒸馏、回流等。三颈和双颈烧瓶可以安装温度计、搅拌器、滴液漏斗等其他装置。为使受热均匀一般不用直火加热
普通蒸馏头（三通管）	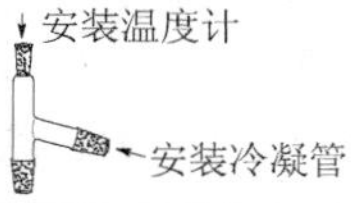 安装温度计　安装冷凝管	以长度(mm)表示，常用磨口仪器	主要用于普通蒸馏、水蒸气蒸馏。侧管连接冷凝管，上口安装温度计：温度计水银球上缘与侧管下缘水平，此处恰为气液共存平衡处，可测沸点
蒸馏弯管	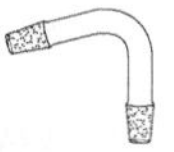	规格以长度(mm)和角度表示，角度多为 75°~105°，常用磨口仪器	蒸馏时若务必要监测温度，可以此替代蒸馏头作简易蒸馏
克氏蒸馏头（减压蒸馏头）	 安装温度计　安装冷凝管	以长度(mm)表示，常用磨口仪器	主要用于减压蒸馏。减压蒸馏时应在连接处涂涂滑油剂保证其密闭性。侧管连接冷凝管，温度计位置同上，也是沸点测量处
双口连接管（Y 形管）	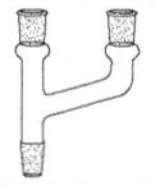	以长度和口径表示	可用于单颈烧瓶上，代替双颈烧瓶，或与蒸馏头配合做分馏头用
温度计套管		以长度(mm)表示，常用磨口仪器	固定和密封温度计，注意温度计粗细要合适，螺旋盖内密封垫要保持密封良好，尤其在真空系统中
水冷凝管（水冷）	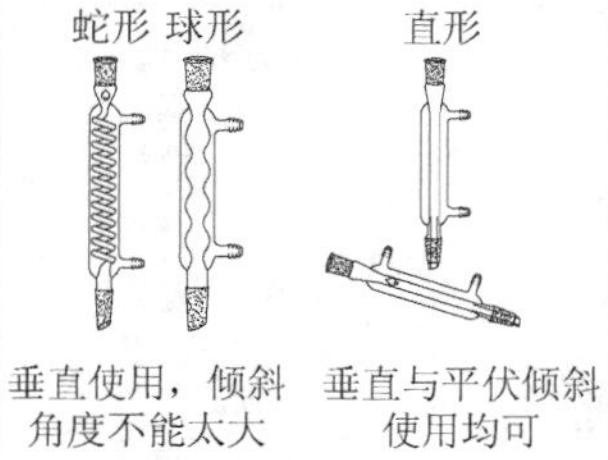 蛇形　球形　直形 垂直使用，倾斜角度不能太大　垂直与平伏倾斜使用均可	以不同长度和口径的规格产品，如 200mm、400mm 等，常用磨口仪器	蒸馏或回流时用于冷却蒸气，适用于沸点在 140℃ 以下物质的蒸气冷却。冷却效果：蛇形＞球形＞直形，但使用时蛇形和球形需垂直安装才能使冷凝液回流或流出，而直形只要一定的倾斜角度即可，可平伏倾斜使用。冷却效果还与冷却水流速有关，沸点较低可加快水流速，沸点稍高可减缓水流速。进出水支管处易断，操作时要小心，可用水润湿后插入水管
空气冷凝管（空冷）	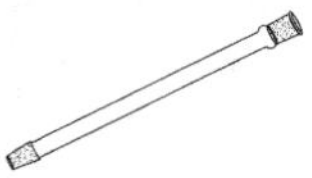	以不同长度、不同口径规格产品，如 200mm、400mm 等，常用磨口仪器	适于沸点在 140℃ 以上物质的蒸气冷却，为加强冷却效果可加长长度，加热控制应使蒸气上升高度在总长度的一半以下，否则蒸气容易逸出
尾接管（接收管）（接引管）（接液管）	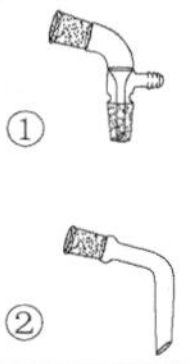 ①　②	有真空接收管和普通接收管，以长度和磨口口径(mm)表示	①磨口真空接收管，尾部支管连接真空泵可用于减压蒸馏接收。尾部支管连接导管可将有毒有害挥发气体导出。也可用于普通蒸馏。②磨口普通接收管。无论哪种接收管，常压蒸馏尾部应与大气相通，不要装成密封装置
多尾接收器		以口径(mm)表示。有两尾、三尾、四尾接收管	用于多组分不同沸点区间组分的减压蒸馏馏分接收。接收管与接收器之间可旋转。注意保持连接处的密闭性。减压时要免受外力冲击

续表

仪器名称	图示	常用规格型号	主要用途和注意事项
分馏柱	韦氏垂刺分馏柱 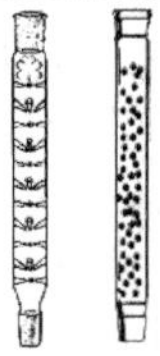　填充分馏柱	以长度(mm)表示，常用磨口仪器。主要有垂刺和填充两种类型	用于分馏实验，相同长度填充分馏柱的分馏效果更好一些。分馏柱分离效果通常用理论塔板数评价，两组分沸点差越小所需塔板数越高。影响分馏柱分离效果的因素主要有温度梯度、热交换效率、塔板数、分流比等
磨口玻璃塞（空心塞）	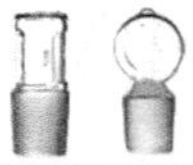	规格以口径和长度表示	用于同口径的磨口仪器的加塞
三角烧瓶（锥形瓶）	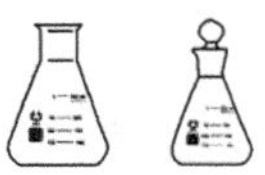	具塞和无塞，容积有 5mL、10mL、50mL、100mL、250mL、500mL、1000mL 等	用于加热处理试样、容量分析、临时存放挥发液体等。加热时溶液体积不超过总容积 2/3；加热时要打开塞子，非标口瓶塞子要保持原配
干燥管	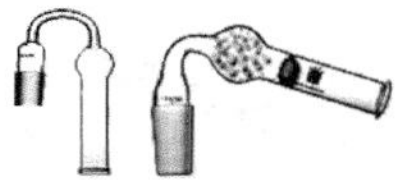	以口径(mm)表示，现多用磨口。有弯形、直形	装入干燥剂，用于干燥气体或无水反应装置。干燥剂大小适中，不与气体发生反应；两端需用棉花团塞好；干燥剂变潮后应立即更换
索氏提取器	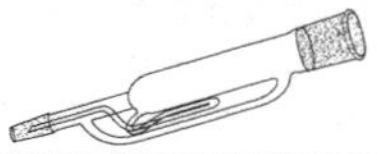	以提取筒大小表示，现在一般为标准口	主要用于提取分离。虹吸管和恒压侧管较薄，使用时要小心，防止破裂
培养皿	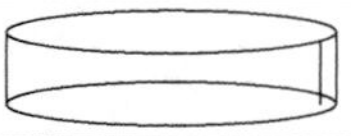	直径有 60mm、75mm、95mm、100mm、125mm、150mm 等	可用于纸层析展开和生物学培养
滴液漏斗	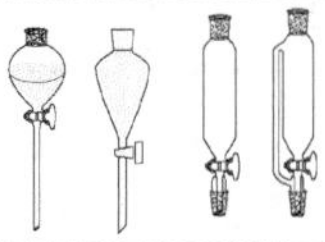	有球形、梨形、筒形之分，带侧管者为恒压滴液漏斗。容积有 50mL、100mL、150mL、250mL 等	在回流或蒸馏等装置上滴加液体用。恒压滴液漏斗应用于压力体系，侧面恒压管易碎，使用时要小心。旋塞要涂抹凡士林进行密封和润滑
分液漏斗	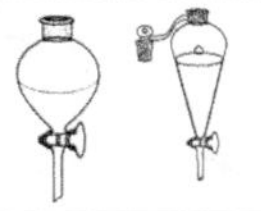	有球形和梨形分液漏斗，按容积(mL)定规格，有 50mL、100mL、250mL、500mL、1000mL 等	用于液液萃取。放液旋塞使用前要用凡士林密封、润滑处理。用后洗净凡士林并夹垫纸片。上、下塞为非标准口，注意不要弄丢、弄混
锥形漏斗	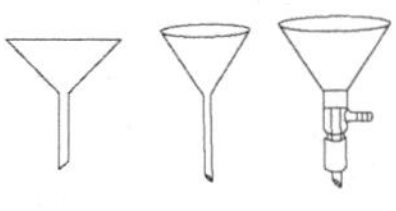 玻璃钉漏斗	锥角 60°，规格以颈长/口径表示，有常量、少量、微量	长颈用于定量分析过滤沉淀；短颈用于一般过滤。不可直接加热，据沉淀量多少选择漏斗大小。玻璃钉漏斗可用于少量沉淀过滤
砂芯漏斗		根据玻璃砂芯漏斗的砂芯孔隙大小由分为 G1~G6 等型号。玻璃砂漏斗以容积或口径表示：30mm、40mm、50mm、60mm、80mm 等	G1：滤除大沉淀和胶状沉淀G2：大沉淀滤除及气体洗涤G3：细沉淀滤除和水银过滤G4：细沉淀物滤除G5：较大杆菌和酵母滤除G6：滤除 0.6~1.4μm 的病菌必须抽滤，不能急冷急热，不能过滤氢氟酸和碱，用毕立即洗净
布氏漏斗	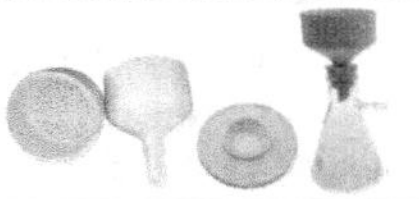	陶瓷，规格以容积或口径表示：30mm、40mm、50mm、60mm、80mm、100mm 等	用于常规减压过滤
减压过滤瓶（抽滤瓶）（吸滤瓶）		吸滤瓶规格以容积表示，如 50mL、100mL、250mL、500mL、1000mL 等	主要用于减压过滤，不能用于加热
热过滤漏斗		漏斗外有金属加热套层，或电加热套层	用于热过滤

续表

仪器名称	图示	常用规格型号	主要用途和注意事项
膜过滤器	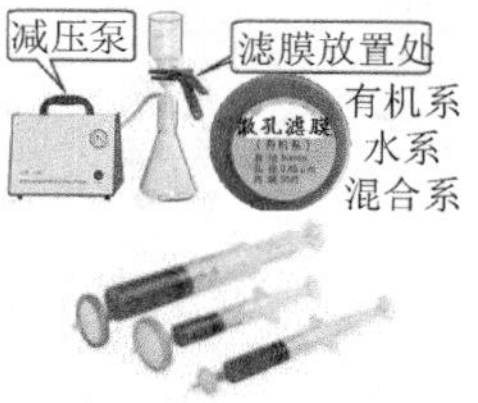	规格以体积表示。左边上图为过滤溶剂的溶剂过滤器，下图为过滤样品的针筒式过滤器	所用滤膜为高分子材料，分有机系、水系、混合系。有机系和水系分别用于过滤有机相溶液和水相溶液，不能反之选用。孔径范围为 0.1～10μm，孔径为 0.45μm 的常用于去除微粒和细菌。微孔膜有正反面，使用时将孔径略大的粗糙反面朝上
提勒管（b 形管）	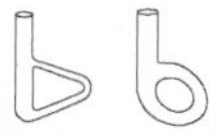	多按体积分	用于毛细管法熔点测定
层析柱（色谱柱）	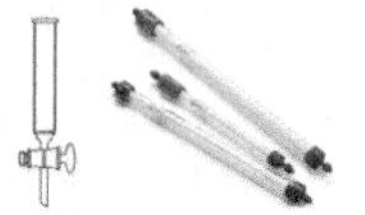	规格以长度/内径表示，种类较多	用于常规柱层析。有常压、中压、加压等许多品种
蒸发皿		陶瓷，直径 45mm、60mm、75mm、90mm、100mm、120mm	常用于加热蒸发固液混合物
吸收塔		按照容积分，有 125mL、250mL、500mL、1000mL 等	用于净化气体或吸收废气，反接也可用作安全瓶或缓冲瓶。注意接法要正确，进气管通入液体；洗涤液注入高度在 1/3 处，不得高于 1/2
研钵		玻璃或陶瓷，常以口径规格，70mm、90mm、105mm 等	研磨固体及试剂。不能撞击，不能烘烤
十字夹（双顶丝）		有铝质、铜质、铁质、塑料等材质。规格以长度和口径标明	用于将烧瓶夹固定在铁架台上。夹烧瓶夹的凹口一般向上使用
烧瓶夹		铜、铝、铁等金属材质，规格以长度和爪宽标明	前爪不分叉，用于固定夹持烧瓶类玻璃仪器，使用时应加持在瓶口厚料处，不可夹持过紧，以不掉且尚能稍微活动为宜
万能夹（万用夹）	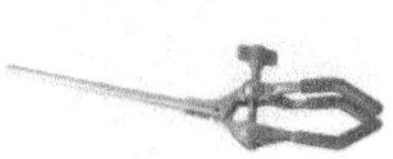	铜、铝、铁等金属材质，规格以长度和爪宽标明	用于固定除烧瓶外的其他玻璃仪器。使用时注意不要夹得过紧且夹在玻璃仪器的合适位置，以免夹坏玻璃仪器。因其固定爪分叉且较宽不太适合夹持烧瓶
铁环（圈）		大、中、小一套称为铁三环。有闭合圈和开口圈两种，开口圈更适合取放分液漏斗	根据要托架的玻璃仪器的大小选择合适口径的铁圈
升降台		铁质或不锈钢材质	通过调节螺杆可以进行高、低调节，用于垫高托置实验仪器和装置
烧瓶托		橡胶或软木材质	用于托座各种圆底烧瓶

此外，还有专门为适应有机化学合成实验的需求而制作的成套的磨口玻璃仪器，即有机合成制备仪，有常量、中量、半微量和微量等规格，如图 1-4 所示为中量 M22 型有机制备仪所包括的组件和名称。

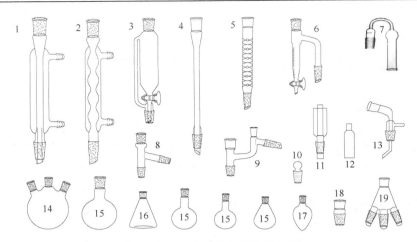

图 1-4　M22 型有机制备仪组件图

1. 直形冷凝器；2. 球形冷凝器；3. 恒压分液漏斗；4. 空气冷凝管；5. 韦氏分馏柱；6. 分水器；7. U 形干燥管；8. 蒸馏头；
9. 克氏蒸馏头；10. 空心塞；11. 搅拌器套管；12. 温度计套管；13. 具支接收器；14. 三颈(口)圆底烧瓶；15. 单颈(口)圆底烧瓶；
16. 三角(锥形)烧瓶；17. 梨(茄)形烧瓶；18. A 形接头；19. 真空蒸馏接收管

　　微型化学实验(microscale chemical experiment 或 microscale laboratory，ML)是 20 世纪 80 年代初期发展起来的一项新的化学实验技术，是符合绿色化学 4R 原则的实验技术。1982 年起，美国的 Mayo 和 Pike 等在基础有机化学实验中采用主试剂在 mmol 量级上的微型制备实验并取得成功，从而掀起了 20 世纪 80 年代研究与应用微型实验的浪潮。我国开展微型化学实验始于 20 世纪末，1992 年由杭州师范学院组织实施并获得成功，开发了一套微型化学制备仪，如图 1-5 所示。

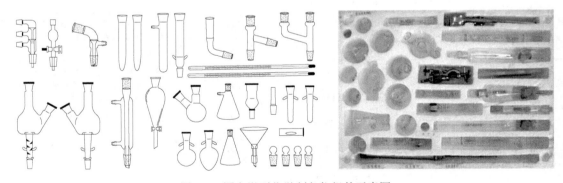

图 1-5　国产微型化学制备仪组件示意图

　　2. 玻璃仪器使用的一般要点与注意事项

　　玻璃仪器的使用应遵循安全、整洁、方便的原则。

　　(1)轻拿轻放，避免磕碰，避免与其他金属等坚硬类物品混合存放。

　　(2)选用前必须熟悉玻璃仪器的适用范围和要求：①除试管等少数玻璃仪器外，其他烧器类玻璃仪器都不能直接用火加热；②软质玻璃制作的不宜加热的非烧器类玻璃仪器坚决不能加热；③高温加热后的玻璃仪器不能骤冷或用冷水冲洗，以免炸裂；④不得超限和超范围使用玻璃仪器，以便发生危险和造成事故，如将不耐压的锥形瓶作减压或高压使用，用广口容器(如烧杯)储放有机溶剂，将温度计作为搅拌棒使用等。

(3)使用时注意把握、夹持玻璃仪器的部位，避免折断或损坏玻璃仪器。例如，瓶类仪器尤其是盛放液体后一般把握和夹持在比较厚质的瓶颈处，而支管和瓶身处较薄，特别容易折断和破损，如图 1-6 所示。注意：所有玻璃仪器的夹持都不宜过紧，否则极易造成破损。

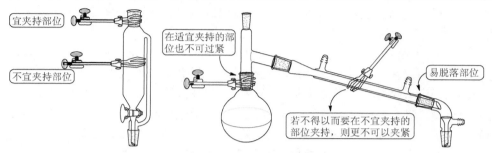

图 1-6　玻璃仪器的夹持部位示意图

(4)成套仪器应成套保存，防止配套小件遗失或搞混。存放时相互紧密套接的玻璃部件(如塞子等)之间应夹垫纸片，以防时间长黏结在一起打不开，如图 1-7 所示。

3. 磨口玻璃仪器的使用与注意事项

磨口仪器使用需注意以下问题：

(1)磨口仪器的种类，分普通磨口(非标准)和标准磨口[①]两种。口径规格相同的标准磨口仪器之间可以自由连接和组合，也可通过标准口转接管连接不同规格的标准口仪器。但非标准口仪器则不可以，应保持其成套配件的原配性，否则仪器装配后就会漏气或漏水。

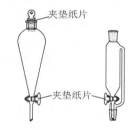

图 1-7　套接玻璃部件间夹垫纸片

(2)磨口仪器在一般使用的情况下无需在磨口处涂润滑剂，以免沾污反应物或产物。但若反应中使用强碱，为避免磨口连接处因碱腐蚀粘住难以拆开，必须涂以润滑剂。减压蒸馏时，若所需真空度较高，磨口处应涂硅油或真空油脂。在涂润滑剂或真空油脂时，应细心地在磨口较粗的一端涂上薄薄一圈，切勿涂得太多，以免沾污产物。

(3)磨口仪器安装技巧和注意事项，如图 1-8 所示。①安装时，两部件相连接的磨口部位的轴心应相互重合，不要产生歪斜的应力，否则会使部件连接不紧密、不牢固，发生脱落仪器或折断仪器的事故；②安装时，为使磨口连接紧密，应沿轴心线旋转对接，拆分时，沿轴心线进行旋转分离则很容易将其拆分。直接对接则不易紧密，直接拆分则会很费力。

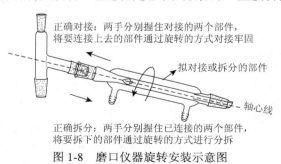

图 1-8　磨口仪器旋转安装示意图

---

① 标准磨口仪器采用国际通用标准锥度 1∶10。其编号形式采用"编号/规格/标准口规格"，如全国统一编号 8001/500/24。常用标准磨口规格有 10、14、19、24、29、34、40、50 号等多种，这里的数字是指磨口最大端直径的毫米数。

(4)注意事项：①磨口处必须保持洁净。若沾有固体杂物会使磨口对接不紧密，导致漏气；杂物若很硬，用力旋转磨口则很容易造成磨口损坏；若沾有黏稠难挥发有机物，则使用或加热后磨口仪器会黏结在一起，使拆分困难。②磨口部位洗涤时不易用去污粉或铁丝网等坚硬物品摩擦，会损坏其精密度影响密封性。③磨口仪器不要长期存放碱液，因为碱液和玻璃中的 SiO_2 作用生成有黏性的水玻璃（Na_2SiO_3），它会使磨口粘连。

(5)磨口仪器黏结打不开时可尝试下列方法：①因长时间不用，有尘土、盐、碱等杂物凝结在磨口处，可用温水、乙酸、盐酸浸泡几小时，这样磨口塞内尘土和盐分或许可以泡出，便于打开。②用塑料锤、木锤等软质物品轻轻敲击，或浸泡、敲击同时使用尝试打开。③在磨口处滴加数滴乙醚、丙酮、甲醇之类的溶剂，以溶解硬化了的润滑油脂。④用 10 份三氯乙醛、5 份甘油、3 份浓盐酸和 5 份水配成的溶液浸泡或刷涂在磨口处，可能会解除粘连。⑤在磨口四周涂上润滑剂后用电吹风吹热风，可能会解除粘连。⑥发现油状物质吸住玻璃塞，一般可用微火或用电吹风慢慢加热使油状物熔化。但切勿用烈火加热以免仪器炸裂。油状物质熔化后，用木棒轻轻地敲打塞子，这样可以将活塞打开。⑦将仪器放在水中煮沸并用木棒轻轻敲打塞子，切不可用力过大以免破裂。⑧置于超声波清洗器内超声振荡。⑨经上述方法仍打不开，需请玻璃师傅或技术人员解决，不要自己硬打，以免损坏仪器或扎伤自己。⑩盛有药品的磨口仪器，在试图打开磨口塞时，要事先做好安全防护措施，如装有浓硫酸等腐蚀性液体，要在瓶外放好塑料桶防止瓶子破裂；打开毒气瓶时，瓶口要在通风橱内操作，有必要时应佩戴防护用具，瓶口不要靠近脸部。

4. 带有玻璃旋塞的仪器的使用与注意事项

分液漏斗、滴液漏斗、滴定管等带有玻璃旋塞的玻璃仪器，在使用时经常会因旋塞的处理和使用不当而发生实验事故并导致实验失败。为此需注意以下问题：

(1)用前检查。这种旋塞一般为非标准、非磨口旋塞，首先需检查旋塞是否配套；其次检查旋塞上是否有灰尘和砂质等杂物，若有则使用软质材料将其擦除。

(2)涂抹凡士林润滑密封旋塞。①涂抹凡士林之前要保证旋塞、旋塞口处已经干燥无水，否则会因油水不相融合而使涂抹失败；②涂抹方法：按照"粗面旋塞（A）细面孔（B）"分别在

两个部位涂抹适量的凡士林，如图 1-9 所示。如此涂抹可避免堵塞和污染放液口。注意事项：①凡士林的量不可过少（起不到润滑和密封作用）或过多（易堵塞和污染放液口）；②放液口及附近不要涂抹凡士林，否则易使放液口堵塞或污染；③涂完凡士林后小心地将旋塞完全插入旋口内，并向一个方向不断旋转至透明，旋转时注意不要拔出旋塞。涂抹凡士林后的旋

图 1-9　玻璃旋塞涂凡士林方法

塞应旋转灵活、均匀透明、无纹理、无渗漏。

(3)旋塞试漏。①将旋塞关闭，装入适量自来水，静置 1～2min 后用干滤纸片在旋塞附近试试有无水渗出，将旋塞旋转 180° 后再行测试；②打开旋塞将水从下口放出，看是否放液顺畅，放液口是否被堵；③若有渗漏、旋转不畅或放液口被堵放液不畅，则必须将旋塞、旋塞套口处都擦干后，再重新涂抹凡士林，在有水的基础上继续涂抹则是徒劳。

(4)固定旋塞。将涂抹好凡士林的旋塞用橡皮筋等进行固定，防止被拔出或脱落，如图 1-10 所示。

（5）其他注意事项。①不要在未涂凡士林的情况下用力转动旋塞，以免损害旋塞或拧紧旋塞而难以打开；②洗涤和使用时要防止旋塞脱落在地上跌破；③用后应将旋塞和旋塞套口擦洗干净，并在磨口处衬垫一张小纸片配套插入，防止以后粘连。

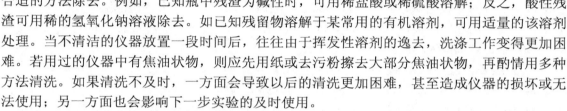

图 1-10　塞子的绑定

5. 玻璃仪器的洗涤[①]

由于化学实验的特殊性和复杂性，实验中的仪器清洗显得十分重要。初学者常因仪器清洗不当而发生实验事故或导致实验失败。

1）玻璃仪器的洗涤原则

（1）及时清洗。为了使清洗工作简便有效，最好在每次实验结束后，立即清洗使用过的仪器，因为污物的性质在当时是清楚的，容易用最合适的方法除去。例如，已知瓶中残渣为碱性时，可用稀盐酸或稀硫酸溶解；反之，酸性残渣可用稀的氢氧化钠溶液除去。如已知残留物溶解于某常用的有机溶剂，可用适量的该溶剂处理。当不清洁的仪器放置一段时间后，往往由于挥发性溶剂的逸去，洗涤工作变得更加困难。若用过的仪器中有焦油状物，则应先用纸或去污粉擦去大部分焦油状物，再酌情用多种方法清洗。如果清洗不及时，一方面会导致以后的清洗更加困难，甚至造成仪器的损坏或无法使用；另一方面也会影响下一步实验的及时使用。

（2）防止温度骤变。玻璃制品都有热胀冷缩的性质，如果温度骤降或猛增可能会因此造成仪器的损坏。因此，在清洗仪器时要防止因温度的剧变而造成仪器的损坏。例如，热的温度计、高温状态下的玻璃器皿和瓷器等如果马上用冷水洗涤，容易使其炸裂损坏。

（3）选择正确的清洗试剂。初学实验者常将水作为习惯性的洗涤剂，但在有机实验中要特别注意，有机物的种类和极性不同需选择不同的洗涤剂。如盲目使用水洗涤，结果可能会适得其反。此外，也不能盲目地使用其他洗涤剂，有些洗涤剂具有较强的腐蚀性，使用不当会造成仪器的损伤甚至发生危险。因此，要根据待洗涤仪器和污染物的种类和性质选择适当的洗涤剂进行洗涤。

（4）选择正确的洗涤方法。仪器的种类不同、污染物以及污染的程度等不同，所采用的洗涤方法也不同。要有效利用温度、时间、洗涤剂、洗涤工具等多种手段和因素选择正确的洗涤方法。

2）常用的玻璃仪器清洗方法

（1）毛刷水洗。根据仪器的形状和大小选用适当粗细、大小、长短和形状的毛刷蘸取水或去污粉刷洗。对于玻璃仪器上黏附的固体污物，一般先采用湿毛刷蘸取去污粉进行摩擦刷洗（不可有太多水，否则起不到摩擦作用），再用自来水或其他洗涤剂清洗。若去污粉的微粒黏附在器壁上不易被水冲走，可用 1%～2%盐酸摇洗一下，再用自来水或其他洗涤剂洗涤。毛刷洗涤时要注意避免毛刷底部的铁丝将玻璃仪器捅破；也不要同时手拿多个仪器进行洗涤，这样容易碰坏或摔坏仪器。毛刷水洗可除去水溶性杂质及黏附于仪器上的尘土和不溶物，但无法洗去油污和有机物。用自来水洗涤后的仪器，往往还残留一些 Ca^{2+}、Mg^{2+}、Cl^- 等离子，如果这些离子对实验有影响，应进一步用蒸馏水按照"少量多次"的原则漂洗几次，为此常

---

① 判断玻璃仪器是否清洗干净的方法：用水冲洗后，玻璃仪器内壁能均匀地被水润湿而不沾附水珠表明清洗干净了。若沾有水珠，说明没有洗净需继续清洗。

用洗瓶喷淋蒸馏水。

(2)用合成洗涤剂或肥皂液清洗。用毛刷蘸取洗衣粉或合成洗涤剂刷洗，然后用自来水冲洗，再用少量蒸馏水或去离子水分多次淋洗。为提高洗涤效率可先用 1%～5%的洗涤剂水溶液浸泡后再刷洗、自来水洗、蒸馏水洗。

(3)用铬酸洗液洗涤。铬酸洗液配方为 25g 固体 $K_2Cr_2O_7$ 加热搅拌溶于 50mL 蒸馏水中，冷却后边搅拌边分批慢慢加入 450mL 浓硫酸中，储存于带玻璃塞(盖)的玻璃瓶(缸)中备用。铬酸洗液具有很强的氧化性，对有机物和油污具有很强的去除能力。适用于一些口径小、管细、容积精密、形状特殊且不宜用毛刷沾洗涤剂洗涤的仪器，如滴定管、移液管、容量瓶等。一般过程为：先用自来水初洗，再用铬酸洗液浸泡或润洗，最后再用自来水、蒸馏水洗。用后的铬酸洗液要倒回原瓶重复利用，切勿倒入下水道。需要特别注意的是：铬酸腐蚀性、吸水性极强，使用时注意安全，防止灼伤皮肤和损坏衣物，用后随时盖好洗液瓶塞或缸盖。当铬酸洗液变绿时，说明重铬酸钾已被还原成硫酸铬而失去去污能力，不能继续使用。由于铬有毒性，易造成环境污染，成本也高，因此若能用其他方法洗涤，则尽量少用。

3) 其他特殊洗涤液的洗涤

(1)碱性乙醇洗涤：将 6g NaOH 溶于 6mL 水，再加入 50mL 95%乙醇配制而成，储于胶塞试剂瓶中备用(久储易失效)。主要用于洗涤仪器上油脂、焦油、树脂等污物。

(2)碱性高锰酸钾洗涤：将 4g 高锰酸钾溶于水，再加入 10g 氢氧化钾，用水稀释至 100mL 而成。主要用于清洗油污或其他有机物，洗后容器沾污处有褐色二氧化锰析出，可用(1+1)工业盐酸或草酸洗液、硫酸亚铁、亚硫酸钠等还原剂去除。

(3)草酸洗液：将 5～10g 草酸溶于 100mL 水中，加入少量浓盐酸。用于洗涤高锰酸钾洗后产生的二氧化锰。

(4)碘-碘化钾洗液：将 1g 碘和 2g 碘化钾溶于水，用水稀释至 100mL 而成。用于洗涤硝酸银的黑褐色残留污物。

(5)有机溶剂洗涤：用苯、乙醚、丙酮、二氯乙烷、氯仿、乙醇、丙酮等可以洗去油污或溶于该溶剂的有机物。使用时需注意其毒性和可燃性等安全问题。

(6)(1+1)工业盐酸或硝酸：采用浸泡和浸煮的方法可洗去碱性物质及大多数无机物残渣。

(7)磷酸钠洗液：57g 磷酸钠和 285g 油酸钠溶于 470mL 水中。用于洗涤残碳，先浸泡几分钟之后再刷洗。

4) 超声波洗涤

超声波清洗是利用超声波的"空化"作用实现清洗目的。超声声压作用于液体时会在液体中产生空间，蒸气或溶入液体的气体进入空间就会产生许多微气泡，这些微气泡将随着超声振动强烈地生长和闭合，气泡破灭时所产生的较大冲击力会使污垢被乳化、分散并离开被清洁物，从而达到清洗目的。

图 1-11　超声波清洗器

超声波清洗去污力强、清洗效果好、使用方便。清洗时，将被清洗的玻璃仪器或其他器件放在装有合适清洗剂的超声波清洗器(图 1-11)的容器内，启动超声振动即可。清洗剂可以选择蒸馏水、乙醇、丙酮、洗涤剂、酸性或碱性液体等。实验室常用的是小型超声波清洗器，输出功率一般为 100W 或 250W，输出频率连续可调，清洗槽多为不锈钢材质。超声波除用于清洗外，还可用于超声粉碎、超声乳化、超声搅拌、超声提取和超声催化化学反应等。

5) 砂芯玻璃滤器的洗涤

新的砂芯玻璃滤器使用前应用热浓盐酸或铬酸洗液边减压过滤边清洗，再用蒸馏水洗净。使用后的砂芯玻璃滤器，针对不同沉淀物采用适当的洗涤剂洗涤。洗涤步骤是：首先用洗涤剂、水反复减压抽洗或浸泡玻璃滤器，再用蒸馏水冲洗干净，在 110℃ 下烘干，保存在无尘的柜或有盖的容器中备用。若把砂芯玻璃滤器随意乱放，一旦积存灰尘，堵塞的滤孔则很难洗净。表 1-3 列出洗涤砂芯玻璃漏斗常用的洗涤液供选用。

表 1-3　洗涤砂芯玻璃漏斗的常用洗涤液

沉淀物	洗涤液
AgCl	(1+1)氨水或 10% $Na_2S_2O_3$ 溶液
$BaSO_4$	100℃浓硫酸或 EDTA-NH_3 溶液(3% EDTA 二钠盐 500mL 与浓氨水 100mL 混合)，加热洗涤
汞渣	浓、热 HNO_3
氧化铜	热 $KClO_4$ 或 HCl 混合液
有机物	铬酸洗液
脂肪	CCl_4 或其他适当的有机溶剂
细菌	7mL 浓 H_2SO_4、2g $NaNO_3$、94mL 蒸馏水充分混匀

6. 玻璃仪器的干燥

在无水操作、蒸馏有机溶剂等有机实验中，要求玻璃仪器绝对无水，因此洗涤干净后玻璃仪器常需干燥后备用。故干燥玻璃仪器的环节也很重要，常用方法如下，熟悉并学会选择和使用。

1) 自然风干或晾干

不急用且对干燥要求一般的玻璃仪器可以在洗净后倒去水分，并将其放置在无尘处或倒置在干燥架(沥水架)上自然干燥。若洗涤不干净，水珠不易流下，干燥会较慢。

2) 加热烘干

洗净倒净水分的玻璃仪器可通过加热仪器进行加热干燥。实验室可用于干燥玻璃仪器的加热设备有电热鼓风干燥箱、玻璃仪器气流烘干器、电吹风等，如图 1-12 所示。

图 1-12　实验室常用的玻璃仪器干燥设备

(1) 使用电热鼓风干燥箱干燥①。

温度设置为 105～120℃。使用注意事项：①用有机溶剂淋洗过的玻璃仪器绝对不能放入

---

① 电热鼓风干燥箱除可以用来烘干玻璃仪器外，还可以烘干或干燥其他物品，如固体药品、生物材料等。

烘箱内，否则会造成爆炸事故；②放入烘箱的玻璃仪器一般要求不带水珠；③放入玻璃仪器时，按照从上层到下层的顺序放入，一旦烘箱已经工作则绝对不能中途将湿的玻璃仪器放入上层，以免水滴下落使下层热的仪器破裂；④保持仪器口向上，塞盖等附件必须打开或取下，不耐热附件必须取下，不能随行干燥；⑤烘干厚壁仪器时要注意缓慢升温，直接高温烘烤可能会造成仪器破裂；⑥玻璃量器不可以在烘箱内烘干；⑦烘箱降至室温时方能取出仪器，切不可趁热将仪器拿出使用，否则可能会烫手、使仪器破裂或重新返潮；⑧用于称量的称量瓶等仪器烘干后要放在干燥器内冷却保存，不易趁热使用。

（2）玻璃仪器气流烘干器干燥。

这是专门用于烘干管、瓶类敞口玻璃仪器的电加热设备。通常的做法是：将水洗后的玻璃仪器沥尽水分后倒插在风管上，然后打开电源，先吹热风干燥，干燥后再吹冷风使玻璃仪器冷却至室温。若想快速干燥玻璃仪器，也可将水洗后的玻璃仪器用少量乙醇、丙酮或乙醚荡洗后按照冷风→热风→再冷风的顺序进行干燥[①]。该设备的特点是快速、方便，可以同时干燥多个不同种类的玻璃仪器。

（3）电吹风吹干。吹干方法基本同气流烘干器。

1.2.2　其他实验器材

除玻璃仪器外，实验中还要用到一些其他的非玻璃实验器皿和实验辅助器材等，如陶瓷制品、橡胶塑料制品、金属制品、滤纸、试纸等。

1. 非玻璃器皿和实验辅助器材

常用非玻璃器皿和实验辅助器材列于表 1-2 中，结合实验熟悉认知并学会其使用。

2. 滤纸

实验室用滤纸按用途分为普通滤纸和层析滤纸两类，按速度分为快速、中速、慢速三种。其中层析滤纸又分为定性和定量两种，定量滤纸也称无灰滤纸，经盐酸和氢氟酸处理，灰分很少，小于 0.1mg，适用于定量分析。国产滤纸的主要型号参见表 1-4。

表 1-4　国产滤纸的主要型号

普通滤纸				层析滤纸			
分类	速度/标志	型号	应用对象	分类	速度/标志	型号	应用对象
定性	快速/黑或白色	101	无机物沉淀过滤 有机物结晶过滤	定性	快速	301/311	定性层析
	中速/蓝色	102			中速	302/312	定性层析
	慢速/红或橙色	103			慢速	303/313	定性层析
定量	快速/黑或白色	201	胶状沉淀物	定量	快速	401/411	定量层析
	中速/蓝色	202	一般结晶形沉淀		中速	402/412	定量层析
	快速/红或橙色	203	较细结晶形沉淀		慢速	403/413	定量层析

3. 试纸

常用试纸（test paper）有 pH 试纸、指示剂试纸和试剂试纸。

---

① 用可溶解部分水的易挥发有机溶剂荡洗可去除少量水分，并使残余水分和有机溶剂快速挥发，从而加快干燥速率。因有机溶剂易燃故不可先用热风。

　　(1)pH 试纸分广泛试纸和精密试纸两种。广泛试纸的 pH 变色范围有 1～10、1～12、1～14、9～14 等规格，显色时间 1s；精密试纸则有更多 pH 变色范围很窄的规格，显色时间为 0.2～0.5s。

　　(2)指示剂试纸和试剂试纸的常用品种和用途如表 1-5 所示。

表 1-5　常用指示剂试纸和试剂试纸的制备方法和用途

试纸名称	制备方法	用途
酚酞试纸(白色)	1g 酚酞溶于 100mL 95%乙醇，振荡加水 100mL，将滤纸放入浸湿，取出置于无氨气处晾干	碱性介质中呈红色，pH 变色范围 8.2～10.0，无色变红色
刚果红试纸(红色)	0.5g 刚果红燃料溶于 1L 水，加入乙酸 5 滴，将滤纸浸湿后晾干	pH 变色范围 3.0～5.2，蓝色变红色
金莲橙 CO 试纸	5g 金莲橙 CO 溶解于 100mL 水，浸泡滤纸后晾干，开始为深黄色，晾干后为鲜黄色	pH 变色范围 1.3～3.2，红色变黄色
姜黄试纸(黄色)	0.5g 姜黄在暗处溶于 4mL 乙醇浸湿，不断振摇，将溶液倾出后用 12mL 乙醇与 1mL 水的混合液稀释，将滤纸浸入制成试纸，存于暗处密闭器皿中(易失效，应新制)	与碱作用变棕色，与硼酸作用干燥后呈红棕色，pH 变色范围 7.4～9.2，黄色变棕红色
乙酸铅试纸(白色)	将滤纸浸于 10%乙酸铅溶液中，取出于无硫化氢处晾干	用于检测痕量硫化氢，阳性变黑
硝酸银试纸	将滤纸浸入 25%的硝酸银溶液中，保存在棕色瓶中	检验硫化氢，显黑色斑点
氧化汞试纸	将滤纸浸入 3%氯化汞乙醇溶液中，取出后晾干	用于比色法测砷
溴化汞试纸	1.25g 溴化汞溶于 25mL 乙醇，将滤纸浸入 1h 后取出于暗处晾干，保存于密闭的棕色瓶中	用于比色法测砷
氧化钯试纸	将滤纸浸入 0.2%氯化钯溶液中，干燥后再浸入 5%乙酸中，晾干	与二氧化碳作用呈黑色
溴化钾-荧光黄试纸	将 0.2g 荧光黄、30g 溴化钾、2g 氢氧化钾和 2g 碳酸钠溶于 100mL 水中，将滤纸浸入溶液后晾干	与卤素作用呈红色
乙酸联苯胺试纸	将 2.86g 乙酸酮溶于 1L 水中，与 475mL 饱和乙酸联苯胺溶液和 525mL 水混合，将滤纸浸入后取出晾干	与氰化氢作用呈蓝色
碘化钾-淀粉试纸(白色)	于 100mL 新配制的 0.5%淀粉液中，加入 0.2g 碘化钾，将滤纸放入浸透，取出后晾干，保存在密闭棕色瓶中	检验氧化剂，如卤素等，作用时变蓝
碘酸钾-淀粉试纸	将 1.07g 碘酸钾溶于 100mL 0.05mol/L 硫酸溶液中，加入新配制 100mL 0.5%淀粉溶液，将滤纸浸入后晾干	检验一氧化氮、二氧化硫等还原性气体，作用时呈蓝色
玫瑰红钠试纸	滤纸浸入 0.2%玫瑰红酸钠溶液中，取出晾干，用前新制	检验锶，作用时显红色斑点
铁氰化钾和亚铁氰化钾试纸	将滤纸浸入饱和铁氰化钾(或亚铁氰化钾)溶液中，取出晾干	与亚铁离子(或铁离子)作用呈蓝色
石蕊试纸	用热乙醇处理市售石蕊，除去杂质红色素，1 份残渣与 6 份水浸煮并不断摇荡，滤去不溶物，将滤液分两份，一份加稀磷酸或稀硫酸至变红；另一份加稀氢氧化钠至变蓝。然后以两种溶液分别浸湿滤纸后，在没有酸碱性气体的房间内晾干	在碱性溶液中变蓝，再酸性溶液中变红

1.3　有机化学实验常用的实验装置和设备

　　有机化学反应往往需要在一定的要求和条件下进行，因此需要设计科学的实验装置来完成。这一点明显区别于一般的无机化学实验。一个设计科学、合理的实验装置可以克服有机反应中的不利因素，保证实验条件的有效控制，从而大大加快反应速率、提高产率、便于后续工作的开展。了解并掌握常用的有机化学实验装置的安装和使用方法是体现有机化学实验技能的一个重要方面。

1.3.1 常用装置与组装

有机化学实验装置较多，在具体应用时常根据具体情况进行必要的调整。常用的基本装置主要有回流、蒸馏等。

1. 常用装置

(1)回流装置。在有机化学实验中，回流常用于加热煮沸液体一段时间而又不使反应物蒸气逸出的情况。为此，普通回流装置的基本构成是在加热烧瓶上安装一个冷凝管。此外，为满足其他实验方面的要求，回流装置也常与其他装置相互结合使用。回流装置常用于重结晶、回流提取和某些加热化学反应。常用装置如图 1-13 所示。

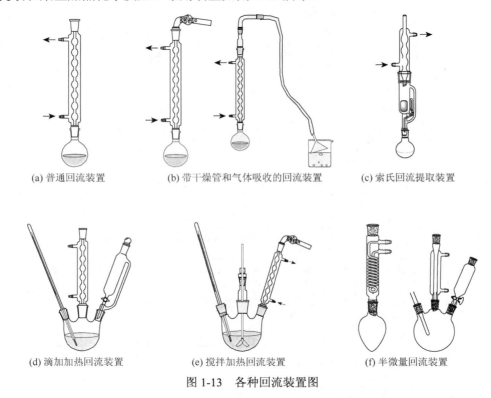

(a) 普通回流装置　　(b) 带干燥管和气体吸收的回流装置　　(c) 索氏回流提取装置

(d) 滴加加热回流装置　　(e) 搅拌加热回流装置　　(f) 半微量回流装置

图 1-13　各种回流装置图

(2)蒸馏装置。常用于有机物的分离、沸点测定和溶剂回收，有时也可用于某些化学合成反应，如图 1-14 所示。

2. 实验装置的组装

玻璃仪器的安装是有机化学实验的重要基本操作，如安装不正确，不仅影响装置的整齐美观，而且会损坏仪器，甚至造成事故。因此，仪器的装配是否科学和正确，既决定着实验的成功与失败，也反映出一个实验者的基本技能是否过硬。要完成仪器的装配和实验装置的安装，需要注意以下几点：

(1)所选玻璃仪器和配件要干净、配套、大小恰当。

(2)选择合适的组装仪器的地点，考虑水源、电源、气源，以及通风、排毒和防火安全等方面的要求。

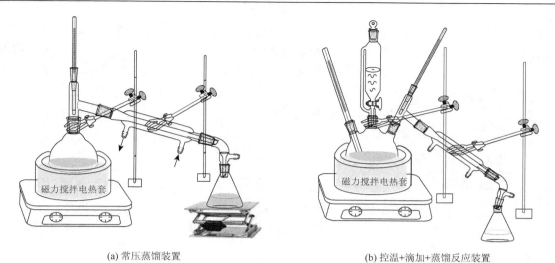

(a) 常压蒸馏装置　　　　　　　　　　　　(b) 控温+滴加+蒸馏反应装置

图 1-14　蒸馏装置及其在制备实验中的应用

(3)注意复杂仪器和装置的安装与拆解顺序。安装一般从热源开始自下而上，再自左向右或自右向左进行安装。同类器件应同线同面，稳固美观，如图 1-15 所示。拆解顺序一般与安装顺序相反。

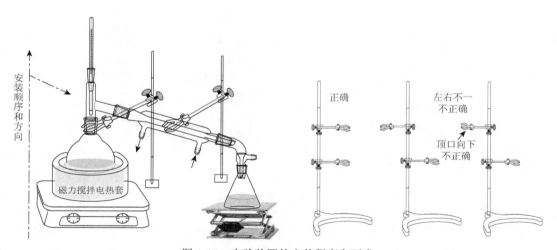

图 1-15　实验装置的安装程序和要求

(4)注意正确使用实验辅助器材。①铁架台一般都要放在玻璃仪器的后面，多个铁架台尽量平行放置；②双顶丝(十字夹)的一个顶口顶在铁架台上，另一个顶口要朝上，可防止调整时夹子掉落；③当一个铁架台上下有多个双顶丝时，另外一个顶口要尽可能在同一侧，以保持上下仪器部件垂直同轴，如图 1-15 所示。

(5)安装完置后，不要马上进行下一步实验，要仔细检查各仪器部件之间的安装和连接是否妥当，确认无误后方可继续进行实验。

1.3.2　常用设备

1. 旋转蒸发器

旋转蒸发器是有机实验中常用的蒸馏和蒸发仪器，如图 1-16 所示。旋转蒸发器的工作原理是：在负压条件下，蒸发瓶在恒温水浴锅中旋转，溶液在瓶壁上形成薄膜，加大蒸发面积。

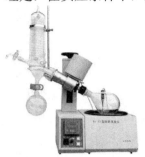

使液体溶剂在低温下高效蒸发，经冷凝回收或浓缩达到分离物料的目的。各型旋转蒸发器均有良好的耐腐蚀性和密封性。2L、3L、5L 机器适合于实验室及小样实验；5L、10L、20L 适合于中试；20L、50L 适合于中试及生产，尤其适用于需避免金属离子污染的物料。

2. 反应釜

玻璃反应釜的工作原理是：在恒温、常压或负压条件下，在密闭的容器内，进行搅拌、反应，并能控制反应溶液的蒸发与回流，是现代化

图 1-16　旋转蒸发器

学小样实验、生物制药及新材料合成的理想设备，如图 1-17 所示。

3. 通风橱

有机化学实验经常使用易挥发、易燃、易爆等危险性化学试剂，因此有机化学实验室要求必须具备良好的通风设备。一些具有潜在危险的实验和化学试剂操作均应在通风橱内完成。通风橱如图 1-18 所示。进入实验室应熟悉通风橱的功能和使用。

图 1-17　反应釜　　　　　　　　　图 1-18　通风橱

1.4　化 学 试 剂

化学试剂(chemical reagent)是一类具有一定的纯度标准，用于教学、科学研究、分析测试以及某些工业的精细化学品，广泛用于物质的合成、分离、定性和定量分析。在化学实验的舞台上，化学工作者只是导演，真正的主角是化学试剂。实验者必须掌握有关化学试剂的相关知识和技能。

1.4.1　化学试剂的种类、等级与标示

1. 化学试剂的分类

化学试剂级别繁杂，品种众多，全世界经常流通的品种大约有 5 万种。目前，化学试剂的分类方法国际上尚未统一。主要有以下几种分类方法：

(1)按"用途-化学组成"分类。

采用这种分类方法的主要有德国的伊默克(E.Merck)公司、瑞士的弗鲁卡(Fluka)公司、日本关东化学株式会社和我国的试剂经营目录等。我国 1981 年编制的《化学试剂目录》将多种化学试剂分为无机分析试剂、有机分析试剂、特效试剂、基准试剂、标准物质、指示剂和试纸、仪器分析试剂、生化试剂、高纯物质、液晶十种。

（2）按"用途-学科"分类。

1981 年，中国化学试剂工业协会按此法将化学试剂分为通用试剂（无机试剂和有机试剂）、高纯试剂、分析试剂、仪器分析专用试剂、有机合成研究用试剂、临床诊断试剂、生化试剂、新型基础材料和精细化学品八大类。其中，有机合成研究用试剂指在有机合成过程所用到的主要试剂，包括含有合成因子的试剂以及催化剂等。按照合成目的物的不同分为有机金属化合物合成试剂、高分子化合物合成试剂、手性化合物合成试剂、肽合成试剂、核苷酸合成试剂、聚合物合成试剂等。有机合成用的催化剂主要包括氢化催化剂和相转移催化剂。相转移催化剂主要有两大类：鎓盐类和大环醚类。

（3）按纯度、储存要求分类。

按纯度，化学试剂分为高纯试剂、优级纯试剂、分析纯试剂和化学纯试剂；按储存要求，分为容易变质试剂、化学危险性试剂和一般保管试剂。

2. 化学试剂的纯度等级与标示

国际上通行的方法也是按照化学品的主含量、杂质含量、物理常数等标示化学试剂的级别和纯度。一般认为，当主含量、杂质限量、沸点、熔点、密度、折光率、旋光度、吸光系数，甚至光谱都已知的情况下，一个物质的纯度和适用范围也就可以完全确定了。

我国国家标准 GB 15346—2012 对化学试剂的级别进行了区别和标示，要求以不同颜色的标签表示，如表 1-6 所示。

表 1-6 常见规格等级的化学试剂及其标示

规格	英文代号	瓶签颜色	用途与说明
高纯物质	EP	—	配制标准溶液，包括超纯 UP、光谱纯 SP 等
保证试剂优级纯	GR guarantee reagent	深绿	纯度很高，适用于精密的科学研究和分析实验，有的可作为基准物质
分析试剂分析纯	AR analytical reagent	金光红	纯度较高，适用于一般科学研究和分析实验
化学试剂化学纯	CP chemical pure	中蓝	适用于工业分析和化学实验
实验试剂	LR laboratory regent	棕色	用于一般的实验和要求不高的科学实验
基准试剂	PT	浅绿	标定标准溶液，有国家标准
pH 基准缓冲物质			配制 pH 标准缓冲溶液，有国家标准
色谱纯试剂	GC		气相色谱专用
	LC		液相色谱专用
指示剂	Ind.		配制指示剂溶液，包括配位指示剂、荧光指示剂、氧化还原指示剂、吸附指示剂等
生化试剂	BR	咖啡色	配制生物化学检验试液
生物染色剂	BS	玫瑰红色	配制微生物标本染色液
光谱纯试剂	SP		用于光谱分析
光谱标准物质	SSS		
层析用	FCP		
特殊专用试剂			用于特定检测项目

1.4.2 化学试剂的包装和标签

1. 化学试剂的包装及规格

固体和液体试剂的包装容器主要有玻璃、塑料和金属三种材质。玻璃容器最为常用，可以盛装各种化学试剂，但有易破碎和不利于运输的缺点。无论用哪种材质的容器盛装化学试剂，都要经过严格的实际规格的检查。固体和液体化学试剂包装规格的规定主要根据化学试剂的性质、用途和它们的单位价值而决定。我国规定化学试剂有五类包装规格：

第一类，贵重试剂，包装单位有 0.1g、0.25g、0.5g、1g 或 0.5mL、1mL 等。

第二类，较贵重试剂，包装单位有 5、10、25g 或 mL 等。

第三类，基准试剂等用途较窄的试剂，包装单位有 50、100g 或 mL 等。

第四类，用途较广的试剂，包装单位有 250、500g 或 mL 等。

第五类，酸类和纯度较差的实验试剂，包装单位有 1、2.5、5、25kg 或 L 等。

2. 化学试剂的标签

试剂包装标签所标示的内容对学生和实验人员了解试剂的相关信息、预防实验事故具有十分重要的作用。一般标签应尽可能提供下列信息：①试剂的学名、常用名；②危险性的简单说明或标示；③指出最危险的化学性质；④避免本品伤害事故的方法；⑤说明事故的紧急处理方法；⑥标示该产品符合的标准代号。图 1-19 是中华人民共和国国家标准规定的化学试剂包装与标签实例。

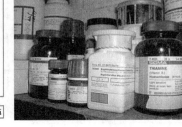

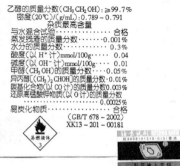

图 1-19　国家标准化学试剂包装及标志

1.4.3　化学试剂的选择和取用

化学试剂的选择和取用是经常性的操作，看似简单，实则关键。试剂的科学选取是实验者基本素质和基本能力的重要体现。通过我们的观察发现，刚入学的大学生，对于化学试剂的取用操作并不令人满意，随意性很大，基本素质较差。因此，这一基本操作也是大学生基本素质训练和培养的一个必要内容。

1. 化学试剂的选择

化学试剂的选择主要根据分析任务、分析方法和对分析结果的要求而进行。选用化学试剂时需要注意以下问题：

(1)根据不同实验方法对试剂的要求进行选择。例如，滴定分析要求使用分析纯试剂和去离子水，色谱分析要求使用色谱纯试剂，光谱分析要求使用光谱纯试剂等。在有机化学实验中，合成试剂一般使用化学纯或分析纯即可，但要注意生产日期、氧化程度、含水量、特殊杂质含量等指标是否会对有机化学实验带来严重影响。例如，乙醚有普通乙醚和无水乙醚，若在无水实验中选择不当则会造成实验失败。

(2)不要超规格使用化学试剂。不同等级的试剂价格往往相差较大，纯度等级越高，价格越贵，适当地选用试剂的等级可以节约经费。

(3)注意不同厂家、不同批号的产品之间性能指标的差别。虽然都符合国家标准，但具体指标也不尽相同，选用时一定要注意生产厂家、产品批号、生产日期、质量参数等标示信息，有必要可做专项检查和对照实验。

(4)遵守化学试剂的使用原则，确保安全和有效，实验者要知晓化学试剂的性质和使用方法。

(5)试剂标签要完整、清晰。所有化学试剂、溶液以及样品，乃至废液的包装瓶上必须有标签，并标明试剂的名称、规格、质量、浓度、日期等信息。万一标签损坏或脱落，应照原样补加和贴牢。坚决杜绝使用标注不明或内容物与标签不符的试剂，无标签试剂必须取小样谨慎鉴定后方可使用。不能使用和废弃的化学试剂要慎重合理地进行无害化处理，不得随意乱倒。

(6)不能乱用化学试剂。化学试剂不能用作药用或食用，药用和食用的化学添加剂有特殊的生产工艺和安全卫生要求。

2. 化学试剂的取用

(1)做好必要的准备工作：①取用试剂前，应了解取用试剂的性质、状态、浓度等基本信息。不同状态的试剂取用方法不同；定性与定量等不同取用目的，取用的方法、策略和使用的器具也不同；此外，为保证取用试剂的安全性，还要了解试剂的危险性和特殊性，如有必要应事先采取必要的安全防护措施。②准备取用试剂的用具，掌握开启和封闭试剂瓶的基本方法。根据取用试剂的要求，准备药勺、量器和取用后存放试剂的器具等。对取用试剂的器具，其基本要求是洁净无污染，对于无水操作实验，还应事先干燥所用的器具。

(2)取用方法和要求：①首先看清试剂名称和规格是否符合要求，以免取错。②正确开启试剂瓶，注意开启安全性。③正确使用滴管、吸管、移液管、量筒、药匙、纸槽、镊子等量取器具取用试剂，防止污染、散落、遗漏和迸溅，如图1-20所示。④按需取用，防止过度使用试剂，多取或剩余的试剂原则上不应放回原试剂瓶内，以免污染。⑤易挥发、易燃、易爆等有毒有害试剂不易用敞口容器存放，应加盖密封塞置于排风良好处取用。⑥若固体试剂结块，可用玻璃棒、瓷药勺轻轻捣碎后取用。冻结的试剂要采取合适的温浴，化开后取用。⑦正确使用天平称量试剂，固体药品应使用称量纸、称量瓶等称量，不可直接置于天平上称量。易

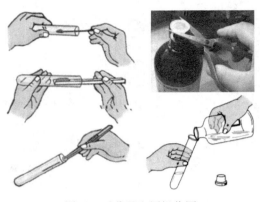

图 1-20 药品取用操作图

挥发、有毒有害液体试剂要盛放在事先称量的称量瓶和容器内进行称量。⑧取用后随时盖好试剂瓶，注意不要将瓶盖搞混。

试剂的取用虽看似平常但需要注意的细节较多，常不被学生重视，也常因此造成实验试剂的污染和失效而导致实验失败，甚至造成严重的危险后果。因此，教学中要特别注意这些细微之处，做到严格要求，养成良好的实验习惯和素质。这一点比片面地追求实验结果更加重要。化学试剂是全球污染的主要物质根源，保护地球、提倡绿色化学是我们共同的责任和目标。让我们一起努力，从点滴做起。

1.5 加热控温技术

加热控温是化学实验中的一项基本实验技术。加热类别主要有燃料（煤气、乙醇、氢气、乙炔等）加热、电加热和电磁辐射加热三大类。燃料加热方式主要有直火加热和间接加热两种，有机化学实验中除少量的试管性质实验外很少用到直火加热。随着加热技术的发展，更加安全、方便、有效的电加热和电磁辐射加热已逐渐替代传统的不安全的燃料加热。

1.5.1 火焰加热技术

直火加热主要指利用煤气灯[①]、酒精灯及其他燃烧器将燃料燃烧进行加热的技术。间接加热是指通过空气、热导体将热量间接传递到加热器具的一类加热技术，如常用的石棉网空气浴、水浴、油浴等。火焰加热的种类和使用要领如表 1-7 所示。

表 1-7 几种燃料加热技术的使用要领

加热方式		加温范围	图示	使用要领和说明
煤气灯直火加热		室温～300℃	螺旋灯管 空气进口 煤气入口 煤气开关 底座 正常火焰 临空火焰 侵入火焰（回火）	检查：点火前空气进口和煤气开关均应关闭。打开煤气开关点火，逐渐打开空气进口，调节空气和煤气配比，使燃烧呈正常三重火焰。若空气量太大则易形成不正常的临空火焰和侵入火焰。若出现此类不正常火焰应关闭煤气重新点火
空气浴		100～300℃	空气浴 铁皮筒 石棉网 水(油)浴锅	最简单的空气浴是隔着石棉网加热，但这样不是很安全 油浴要注意加热温度不能过高，否则油会分解冒烟；也绝对不能进水，否则会发生迸溅，造成事故。因油浴存在诸多隐患，不方便，现已很少使用，基本被电热套加热替代
水浴、水蒸气浴		室温～100℃		
油浴	液体石蜡	230℃以下		
	无水甘油	150℃以下		
	聚有机硅油	350℃以下		
	真空泵油	250℃以下		
	多聚乙二醇	200℃以下		

---

① 煤气灯由德国化学家本生（Robert Welhelm Bunsen，1811—1899 年）于 1853 年发明，并沿用至今，故也称为本生灯。

1.5.2 电加热技术

电加热具有加热控温稳定、洁净、安全无明火、功能多等特点而被化学实验广泛使用。

1. 电热套加热

电热套(electric jacket)主要用于间接加热圆底玻璃仪器和器皿,如图 1-21 所示,加热温度一般可达 350℃以上。有的还带有恒温控制装置,控温精度一般在±5℃以下。通过热电偶也可对容器内的溶液进行控温,控温精度±2℃左右。连接热电偶专用导线时,注意正、负极不要接错接线柱,以免损坏控制表盘。有些电热套还带有磁力搅拌功能,只要将搅拌磁子放入溶液中即可实现搅拌,搅拌时要由低速向高速逐渐调节,以免磁子在瓶内蹦跳打破玻璃器皿。电热套规格常以适宜加热的烧瓶体积表示,如 50mL、100mL、250mL、500mL、1000mL、2000mL 等。

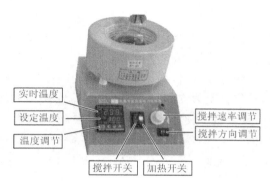

实时温度
设定温度
温度调节
搅拌开关　加热开关
搅拌速率调节
搅拌方向调节

图 1-21　电热套图

电热套的使用要点与注意事项:①新的电热套开始加热时,内部的石棉网套会产生一些刺鼻的烟,应在通风橱内加热至无烟后再使用。②选用时尽量选择与烧瓶体积相一致的电热套,这样烧瓶周围可以和电热套密切接触,使受热更加均匀良好。③若电热套偏大,则会损失热量且受热不均。这时一般不要将烧瓶底部和电热套底部紧密接触,而要稍微离开一点,以免瓶底局部高温造成不良加热后果。④电热套等间接加热方式的加热温度一般要比预加热的温度高 20～30℃以上,若受热不良或散热较多则还要适当提高加热温度。⑤千万不要将水、其他液体或固体药品和试剂撒落在电热套内,否则会使电热套短路烧毁或引起火灾。万一洒落进水、药品试剂,应及时处理干净,确保安全后方可使用。

2. 电加热板

电加热板(hotplates)适合于加热平底器皿,加热温度和功率可调,有的产品也带磁力搅拌和控温功能,加热温度一般可达 400℃以上,如图 1-22 所示。电热板使用时要特别注意不要将溶液或其他药品撒落在加热面板上,一旦洒落要马上停止加热并清理干净,否则极易发生事故或损毁仪器。用后及时把温度调零并关闭电源,严禁无物质加热。

3. 电热恒温水(油)浴箱(锅)

水浴锅或水浴箱是实验室常用的水浴加热设备,可用于加热和蒸发易

图 1-22　电加热板

挥发、易燃的有机溶剂以及进行温度低于 100℃的恒温低温加热实验。水浴箱上面常配有多孔套圈，用于放置加热容器，分单、双列多孔两类型号，加热功率有 500W、1000W、1500W、2000W 等不同规格。水浴锅(箱)的恒温范围为 40~100℃，精度最高±1℃。集热式电热锅既可以用于电热水浴、电热油浴，也可干烧用作电热空气浴，有的还带有磁力搅拌、热电偶温度控制等功能，如图 1-23 所示。

(智能自动恒温)

图 1-23　电热恒温水(油)浴锅

电热恒温水浴箱(锅)的使用规程和注意事项：①平放于台面，使用三眼电源插座，中间要接地线。②先关闭放水阀，向箱(锅)内加入清水或浴油至容积的 1/2 左右。③检查电源、温度计是否安装好，确认正常后，接通电源，电源指示绿灯亮，调节温控旋钮并置于某一刻度位置，加热指示红灯亮，水温逐渐升高。观察温度计示数，达到加热预定温度，红灯会熄灭。若实际水温未达到预期温度，可再次微调温控旋钮，使红灯亮继续加热至所需温度，然后旋回旋钮至红灯断续灭亮。④不要将水溅到电器盒内，以免引起漏电，损坏电器元件。⑤使用完毕，一定先关闭电源开关。⑥经常使用时应保证水和浴油的清洁，并不断补加，避免干烧。如长期不用应将水和浴油全部放净、擦干。

4. 电热烘箱

电热烘箱(drying oven)是实验室通用的干燥设备，常用于烘干耐热玻璃仪器和热稳定性好、无腐蚀的化学样品。采用自动温度控制器控温，一般最高工作可达 300℃。为安全起见，有的干燥箱还具有保险温度控制，当烘箱温度达到所设定的最高保险温度时会自动切断电源。电热干燥箱种类较多，有电热恒温干燥箱、数字显示电热恒温干燥箱、电热恒温鼓风干燥箱（electro-thermostatic blast ovens）、电热真空干燥箱(vacuum drying ovens)、电热恒温培养箱、

恒温恒湿试验箱等多种产品，如图 1-24 所示。用于玻璃器皿的烘干使用参见 1.2.1。若用于烘干药品试剂，必须严格控制温度，确保药品的安全性和稳定性，易燃、易爆、易挥发、易分解、易氧化的药品试剂绝对不能放入烘箱内干燥，适宜放入烘箱内的药品试剂要根据其组成、纯度、熔点、沸点、分解点等敏感性质进行干燥温度和时间的设定。例如，某些固体物质因含有水分或其他溶剂，其熔点会降低，若将其在 100℃左右的温度下干燥，则有可能液化。

图 1-24　电热烘箱

1.5.3　辐射加热技术

辐射加热是指通过电磁辐射波进行加热的一类技术。常用的有红外线加热和微波加热，二者结合在一起则为微光波加热，如图 1-25 所示。

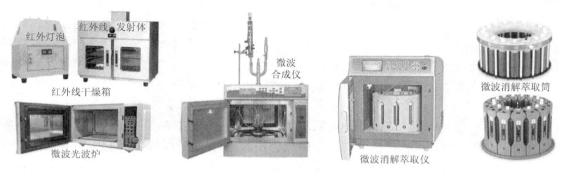

图 1-25　辐射加热仪器设备

1. 红外线加热

红外线(infrared ray)是介于可见光和微波之间的一种电磁波，其波长在 0.72～1000μm 范围，波长在 0.72～5.6μm 的区域称为近红外(near infrared)，在 5.6～1000μm 的区域称为远红外(far infrared)。红外线干燥箱内部采用远红外线灯泡或红外线发射体进行加热，比传统的电热干燥箱具有效率高、速度快、干燥质量好、节电效果显著等优点，其产生的远红外线波长范围为 2.5～15μm，功率为 1.6～4.8kW。当箱内辐射出的红外线照射到被加热物体时，若被加热分子吸收的波长与红外线的辐射波长一致，被加热的物体就能吸收大量红外线并变成热能，使物质内部的水分或溶剂蒸发或挥发，逐渐达到物体的干燥或固化的目的。为使箱内温度均匀、快速除去挥发的水分和溶剂，可增加鼓风装置。为减少红外线的损失，提高其利用率，工作室内喷涂反射率高的铝质银粉。远红外干燥箱的使用与维护与电热烘箱类似。

2. 微波加热

微波与无线电波、电视信号、通信雷达、红外线、可见光等一样，都属电磁波，只是波长不相同。微波是频率为 300～300000MHz 的电磁波(波长 1m～1mm)。

微波技术最早被用于通信工程，但与之相伴的微波能损耗即热效应却一直没有很好地解决。相反，在 1945 年美国却提出了利用微波的这种热效应对材料进行加热的想法，随后的研究使微波能终于被作为一种能源来加以利用，用于加热、干燥、杀虫、灭菌、医疗等工业项目上。如今家用微波炉等微波技术已广泛应用在各行各业，取得良好的经济效益。

国际无线电管理委员会分给工业、科学和医学使用的微波频率有 433MHz、915MHz、2450MHz、5800MHz、22125MHz，以便与通信频率分开。国内用于工业加热的常用频率为 915MHz 和 2450MHz。

(1)微波加热的原理。物料介质由极性分子和非极性分子组成，在电磁场作用下，这些极性分子从随机分布状态转为依电场方向进行取向排列。而在微波电磁场作用下，这些取向运动以每秒数十亿次的频率不断变化，造成分子的剧烈运动与碰撞摩擦，从而产生热量，达到电能直接转化为介质内的热能。可见，微波加热是介质材料自身损耗电场能量而发热。在微波电场中，介质吸收微波功率的大小 P 正比于频率 f、电场强度 E 的平方、介电常数 ε_r 和介质损耗正切值 $\tan\delta$，即

$$P=2\pi fE^2\varepsilon_r V\tan\delta \tag{1-1}$$

式中，V 为物料介质吸收微波的有效体积。

不同介质材料的介电常数 ε_r 和介质损耗角正切值 $\tan\delta$ 是不同的，故微波电磁场作用下的

热效应也不一样。由极性分子组成的物质能较好地吸收微波能。水分子呈极强的极性，是吸收微波的最好介质，所以凡含水分子的物质必定吸收微波。另一类由非极性分子组成，它们基本上不吸收或很少吸收微波，这类物质有聚四氟乙烯、聚丙烯、聚乙烯、聚砜等、塑料制品和玻璃、陶瓷等。但它们能透过微波，故此类材料可作为微波加热用的容器或支承物，或作密封材料。

此外，在实际应用中会出现一种现象，就是有的加热透，有的加热不透，这就存在穿透能力和透射深度的问题。穿透能力就是电磁波穿入到介质内部的本领，电磁波从介质的表面进入并在其内部传播时，由于能量不断被吸收并转化为热能，它所携带的能量就随着深入介质表面的距离，以指数形式衰减。透射深度被定义为材料内部功率密度为表面能量密度的 1/e 或 36.8%处算起的深度 D，即

$$D = \frac{\lambda_0}{2\pi\sqrt{\varepsilon_r}\tan\delta} \tag{1-2}$$

从式(1-2)中可看出，微波的透射深度比红外加热大得多，因为微波的波长是红外波长的近千倍。红外加热只是表面加热，微波是深入内部加热。因此，微波频率与功率的选择需根据被加热材料的形状、材质、含水率的不同而定。

(2)微波加热的特点：①常规加热为外部加热，利用热传导、对流、热辐射将热量传递给被加热物表面，再热传导至物体中心，时间长、速度慢。而微波加热属内部加热方式，电磁能直接作用于介质分子转换成热，且透射使介质内外同时受热，不需要热传导，故短时、均匀、快速、热效率高。②通过开关、旋钮或程序可以对功率、时间和程序等进行选择性控制和自动化控制。③与其他热传导加热方式相比更加清洁、卫生和安全。④尽管适当控制微波辐射有时可对人体产生良好的刺激作用而用于临床治疗，但不适当的微波辐射也会对人体产生不利影响，尤其是眼晶状体、睾丸、胃、肠等血液循环不良的器官更易受到损伤。因此，实验过程中要防止仪器的微波泄漏，避免大剂量的微波辐射。

1.6　冷却与制冷技术

制冷技术在科学实验和生产、生活实际中都有广泛的应用，在化学实验中也经常使用制冷技术和方法。例如，有些反应中间体在室温下是不稳定的，必须在低温下进行，如重氮化反应、亚硝化反应等；有些不能在室温下进行的反应，如负离子反应、某些金属有机化合物的反应，利用深度冷却可以很顺利地进行；有些反应虽然不要求低温环境，但会在反应过程中放出热量，需要将产生的多余热量通过制冷技术进行转移才能更好地控制反应过程；在蒸馏、回流等加热过程中需要将气化的试剂蒸气进行冷凝液化；在重结晶过程中，为了减少固体化合物在溶剂中的溶解度，使其易于析出结晶，也需要冷却技术。

1.6.1　冷却方式和方法

1. 水冷却、冰冷却和空气冷却

进行冷却的最简单方法是把容器置于空气、冷水、冰水或冰中。若需冷却至室温，置于空气或冷水中冷却；若需冷却至室温以下、零度以上的较低温度，常用冰水冷却，可以达到0～5℃的冷却效果。因为水可形成对流，而且与器壁接触好，所以冷水或冰水的冷却效果比单用冰好。如果水对反应没有影响，也可以直接将冰投入反应中，如重氮化反应等就可以这样做。

在蒸馏和回流操作中对热蒸气进行冷凝常利用冷凝管。所用冷凝管可分为水冷凝管和空气冷凝管两大类，其中水冷凝管又有直形、球形和蛇形冷凝管三种(图1-26)。一般情况下，当沸点低于140℃时选用水冷凝管冷却，沸点高于140℃时选用空气冷凝管冷却。三种水冷凝管各有特点，直形冷凝管使用方便，但冷却效果较其他两种水冷凝管差。球形和蛇形冷凝管冷却效果虽好，但必须近乎垂直使用，不能倾斜平伏使用，否则冷凝液体停留在球形管或蛇形管底部而不易流出，甚至阻塞气体通路，使内部蒸气压增大而发生事故。

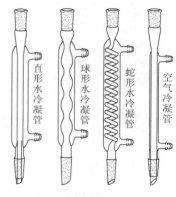

图 1-26　冷凝管种类

2. 冰-盐冷却

冰(雪)和无机盐进行混合可以达到−50~0℃的冷却温度。制作冰盐浴时要将盐研细后再与粉碎的冰或雪混合，这样冷却的效果会更好。不同的冰-盐比例可以达到不同的制冷温度，如表1-8所示。

表 1-8　常用冷却剂的组成和冷却温度一览表

冷却剂组成(质量比)	冷却温度/℃	冷却剂组成	冷却温度/℃
氯化钠：碎冰=1：3	−20	液氨	−33
氯化钠：碎冰=1：1	−22	液氨+乙醚	−116
氯化铵：碎冰=1：4	−15	液氮	−196
氯化铵：碎冰=1：2	−17	干冰	−78
$CaCl_2 \cdot 6H_2O$：碎冰或雪=5：4	−40~−20	干冰+四氯化碳	−30~−25
$CaCl_2 \cdot 6H_2O$：碎冰或雪=1：1	−29	干冰+乙腈	−55
$CaCl_2 \cdot 6H_2O$：碎冰或雪=1.25：1	−40	干冰+乙醇	−72
$CaCl_2 \cdot 6H_2O$：碎冰或雪=1.5：1	−49	干冰+丙酮	−78
$CaCl_2 \cdot 6H_2O$：雪=5：1	−54	干冰+乙醚	−100

3. 干冰冷却

干冰气化需要消耗热量，从而可以降低周围环境的温度。但由于干冰与冰一样，不能与被制冷的容器器壁有效接触，因此常与凝固点低的有机溶剂(作为热的传导体)一起使用，如丙酮、乙醇、乙醚、乙腈、四氯化碳等，如表1-8所示。

4. 低沸点的液态气体冷却

利用低沸点液态气体，可以获得低的温度，如液态氨冷却温度可达−33℃，液氮(一般盛放在铜质、不锈钢或铝合金的杜瓦瓶内)可冷至−196℃，液态氦气冷却温度可达−269℃。在临床医学领域，液氮冷冻技术被用于外科治疗和储存活性组织、器官。

5. 常用的制冷仪器和设备

常用的制冷设备和仪器有冰箱、冰柜、制冰机、层析冷柜、制冷器等，如图1-27所示。

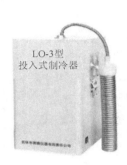

图 1-27　制冷仪器和设备

1.6.2　冷却过程需要注意的一些问题

在冷却过程中需注意：①首先需要注意冻伤事故的发生。②根据不同的冷却温度要求采取合适的冷却方式，只要达到冷却要求，应尽量采取简便易行、成本低廉的方式。③注意不同冷却方式的安全要求，如使用液态气体冷却时，要注意液态气体的安全性。液氢要注意燃烧和爆炸；液氨刺激性较强，要在通风橱内进行；液氧不要和有机物接触等。④还要注意冷却温度计的使用，在使用温度低于−38℃的冷浴时，不能用水银温度计，因为水银在−38.87℃时会凝固，需用以乙醇、正戊烷等制成的低温温度计。由于有机液体传热较差，黏度较大，这类温度计达到平衡的时间较水银温度计长。

1.7　无水无氧操作和减压真空操作技术

1.7.1　无水无氧操作技术

1. 无水操作

在化学实验中，水有时会成为导致实验失败的一个主要因素。一方面，由于水的极性较大，混入实验体系可能会对低极性和非极性有机体系造成较大的影响，从而对实验产生较大影响。例如，过滤有机物、配制层析流动相，都要避免水的影响，所用器具和量具都要求相对干燥。另一方面，某些化学试剂遇水会发生化学变化，如金属钠遇水产生氢气导致燃烧爆炸、格氏(Grignard)试剂遇水分解、酯在水中易水解等。此外，有时水的存在会影响反应速率和产率，以及产物的分离和纯化。如果这些遇水发生的化学变化和性质改变不是我们所希望的，就需进行无水操作。

无水操作要求原料试剂经过除水干燥；反应过程中的仪器、设备也要进行干燥处理；在反应仪器的进出口处还要连接干燥装置，如干燥管等；在操作中也不得让水及其蒸汽混入系统。因此，在无水操作的过程中常要综合利用各种干燥方法和技术。

2. 无氧操作

某些化合物，尤其是会对空气中的氧气、二氧化碳和水汽十分敏感的有机化合物，这类化合物称为空气敏感化合物。在使用和制备这些化合物时，常需要采取一些隔绝空气的无氧操作技术。常采用的方法是真空操作和惰性气体保护法。

常用的惰性气体为氮气，也可使用氩气和氦气。氮气廉价易得，市售氮气有钢瓶和液化氮气，氮气的纯度为 99.9% 的为普通氮气，纯度更高为 99.9999% 的为高纯氮气。此外也可采用氮气发生器制备氮气。

（1）实验装置内氮气环境的建立。将干燥过的仪器组装成各种装置后，将装置的一个外接口连接到氮气分配管上，另一外接口连接到真空分配管上。关闭氮气分配管上的活塞，开真空分配管上的活塞，使仪器装置抽真空，必要时可用电吹风烘烤，驱赶仪器壁上吸附的水和氧气。然后关闭真空分配管上的活塞，开氮气分配管上的活塞，向仪器装置内充净化的氮气，直至仪器冷至室温，再抽真空、充氮气。如此反复抽真空、充氮气三次，即可将仪器装置内的空气用氮气置换干净，获得惰性气体环境。然后将仪器装置与真空分配管的连接管去掉，在氮气流下，将已经处理过的物料从此口加入到仪器装置中。加入物料后将加料口连接到一个液封管上，这样就可以在氮气的保护下进行实验了。图 1-28 为无氧操作合成装置的示例图。图 1-29 为常见液封管的种类。

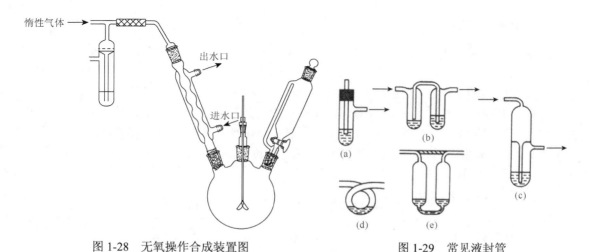

图 1-28　无氧操作合成装置图　　　　　图 1-29　常见液封管

（2）药品试剂的氮气保护。实验用的溶剂、试剂和药品应在真空干燥后保存在氮气环境中。有些特殊样品需要保存在充惰性气体的密封玻璃管或试剂瓶内。图 1-30 为充惰性气体的羊角瓶，装料前先将羊角瓶抽真空，充惰性气体置换出瓶内的空气后，在氮气流下导入物料，并在氮气流下用煤气灯将两个羊角熔封。

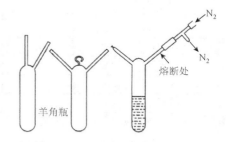

图 1-30　羊角瓶及其熔封方法

比较严格的实验应在无水无氧操作线上进行实验，无水无氧操作线也称史兰克线（Schlenk line，如图 1-31 所示），是一套惰性气体的净化和操作系统，通过这套系统可以将无水无氧的惰性气体导入反应系统，使反应在无水无氧环境中进行。

1.7.2　真空与减压操作技术

真空是指压力小于一个大气压的低压状态。真空状态下气体的稀薄程度，以压力值 1 托（Torr）=1mmHg=133.32Pa 表示，习惯上称为真空度。不同的真空状态意味着该空间具有不同的分子密度。例如，标准状态下，每立方厘米气态物质有 2.687×10^{10} 个分子，若真空度达到 1.333×10^{-13} Pa 时，则每立方厘米约有 30 个分子。

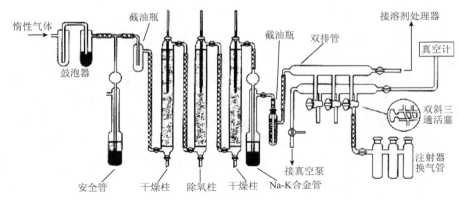

图 1-31　无水无氧操作线

1. 真空度的划分

通常把压力低于大气压的气态空间称为真空，因此真空度是相对的，一般被划分为几个等级。

(1)低真空度：气压为 101.3～1.333kPa(760～10mmHg)。

这样的真空度一般在实验室可用水泵获得。水泵的抽空效力与水压、泵水流速和水温有关。水泵所能达到的最大真空度受水的蒸气压限制，如水源温度在 20～25℃时，水的蒸气压为 17.4～23.5mmHg，因此其所能达到的最高真空度也就是 17～24mmHg(2.26～3.19kPa)。不同温度下水的蒸气压如表 1-9 所示。

表 1-9　不同温度下(1～30℃)水的蒸气压

$T/℃$	$p/mmHg$	$T/℃$	$p/mmHg$	$T/℃$	$p/mmHg$	$T/℃$	$p/mmHg$
1	4.9	9	8.6	17	14.5	25	23.5
2	5.3	10	9.2	18	15.4	26	25.0
3	5.7	11	9.8	19	16.4	27	26.5
4	6.1	12	10.5	20	17.4	28	28.1
5	6.5	13	11.2	21	18.5	29	29.8
6	7.0	14	11.9	22	19.7	30	31.6
7	7.5	15	12.7	23	20.9		
8	8.0	16	13.6	24	22.2		

(2)中度真空：气压为 $1.333～0.1333×10^{-3}$kPa($10～10^{-3}$mmHg)，一般可由油泵获得，最高可达 0.001mmHg($0.133×10^{-3}$kPa)左右。

(3)高真空度：气压为 $0.133×10^{-3}～0.133×10^{-8}$kPa($10^{-3}～10^{-8}$mmHg)。

实验室中获得高真空度主要用扩散泵。它是利用一种液体的蒸发和冷凝，使空气附着在凝聚时形成的液滴的表面上，达到富集气体分子的目的，并被另一个泵抽出，从而达到提高真空度的目的。其所能达到的真空极限取决于所用的工作液体的性质。工作液一般为汞或其他特殊的油类。

2. 真空度的获得和真空泵的使用

真空度主要通过真空泵从密闭空间或容器中抽出气体，使气体压力下降而获得。实验室常用的真空泵主要有水流泵、循环水泵、油封机械真空泵(油泵)、扩散泵等。其中循环水泵既可以减压，又可以作循环水使用，清洁、安全、方便，已被实验室广泛采用，如图 1-32 所示。

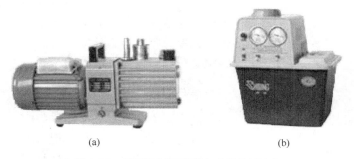

(a)　　　　　　　　　　　　　(b)

图 1-32　油泵(a)和循环水式真空泵(b)

　　真空泵在化学实验中可用于真空干燥、真空(减压)蒸馏、真空(减压)过滤等。使用时需要注意以下问题：①真空泵应安装在干燥、通风、清洁和室温为 5～40℃的环境中，放置平稳，按照泵出厂时规定的要求连接电源和地线，液封真空泵在开泵前应检查液封情况，水泵内水的液面或油泵内油的液面是否在液封孔的标线处。液体过多会迸溅，液封不足，泵体不能完全浸没，达不到密封和润滑作用，对泵体有损伤。②油泵不能直接用来抽出可凝性的蒸气，如水蒸气、挥发性有机溶剂等液体，如果应用到这种场合，必须在油泵的进气口前安装相应的吸收塔或冷阱(图 1-33)，用无水氯化钙等干燥剂吸收水分，用石蜡油等吸收烃类，用活性炭或硅胶吸收其他蒸气。油泵不能用来抽含有腐蚀性、爆炸性、氧化性等高危险物质的气体，这些气体会侵蚀油泵的精密机件，使油泵不能正常工作，这种场合应先经过固体苛性碱吸收塔。③注意电机的电压和工作温度，以及工作时的噪声、状态等，发现异常应立即停止检修。④停止减压前应先使泵与大气相通，以免发生倒吸，为此应在泵的进口处安装一个缓冲瓶和三通玻璃塞。⑤真空油泵应及时补充同型号的真空油，定期检查和清洗进气口处的细砂网，以免固体颗粒落入泵内损坏泵体。使用半年或一年必须换油，定期检修。⑥水泵使用时不要将有机物抽进泵内，时间长了，水会变脏或起泡沫，应及时更换新水。长期不用应将水倒掉，保持泵机的灵活，定期检修。

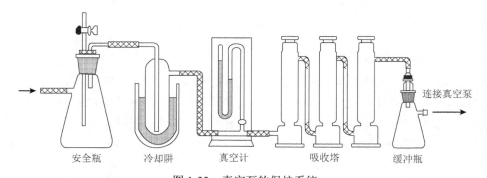

安全瓶　　　　冷却阱　　　　真空计　　　　吸收塔　　　　缓冲瓶

图 1-33　真空泵的保护系统

1.8　气体吸收和搅拌、混合技术

1.8.1　气体吸收技术

　　气体吸收技术主要用于处理在化学实验中产生和逸出的具有刺激性、毒性和环境危害性

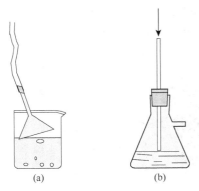

图1-34　气体吸收装置

的气体。常用的气体吸收装置如图1-34所示，其中(a)和(b)是用于吸收少量气体的装置。(a)中的漏斗口应略微倾斜，使一半在水中，一半露在水面。这样既能防止气体逸出，又可防止水被倒吸至反应瓶中。(b)的玻璃管应略微离开水面，以防倒吸。如果吸收的是卤化氢、二氧化硫等气体，则可在水中加些氢氧化钠，以保证吸收完全。

1.8.2　搅拌与混合技术

为使混合物充分接触和分布均匀需要进行搅拌。最简单的方法可以用玻璃棒手动搅拌。但大多数情况下，化学实验经常采取电动机械搅拌器或电磁搅拌器进行搅拌。此外，还有涡旋混合器、摇床、均质机等仪器设备，也可用于多组分的混合和均质。相关器材和设备如图1-35所示。

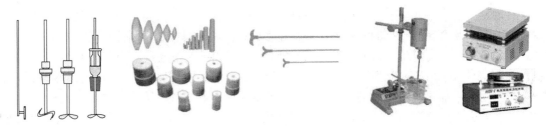

图1-35　搅拌混合仪器和装置

1. 电动机械搅拌器

电动机械搅拌器以电机带动搅拌棒旋转进行搅拌，以调压变压器控制转速。其操作需注意：①选择合适的搅拌棒，搅拌棒一般用玻璃棒或聚四氟乙烯棒。因玻璃棒易折断，因此不适于搅拌过于黏稠的反应物。②搅拌棒安装在卡套内要牢固，并且其轴心与电机转轴同轴。③使搅拌棒垂直，不要碰到瓶内其他装置和瓶底，以免发生事故。④搅拌时应由低速开始慢慢加速，搅拌棒旋转时应稳定、匀速、不摇动。转速常为0～6000r/min。

2. 电磁搅拌器

电磁搅拌器由可以旋转的磁铁和控制转速的电位器组成。使用时向盛有需要搅拌的反应物的容器内投入一颗由塑料(一般为聚四氟乙烯)或玻璃封住的小磁棒即搅拌磁子，将容器置于电磁搅拌器上，接通电源，慢慢旋转控制旋钮，调至所需速率进行搅拌。欲停止搅拌时，先将旋钮慢慢转到零，再切断电源。其使用和注意事项为：①使用前先将转速调节旋钮调至最小，接通电源，打开电源开关；②将盛有待搅拌物的容器置于托盘中央，选择合适大小的搅拌磁子放入溶液中并使其位于容器的中央；③慢慢打开调速旋钮，调节合适的转速，旋转时搅拌磁子应位于容器中央，不应碰撞器壁；④若需要加热，可打开加热开关，调节合适的温度；⑤保持容器外壁干燥，转速不要过快以免液体进溅，用后切断电源，清洗搅拌磁子，并将其收好备用。

3. 涡旋混合器

涡旋混合器主要用于试管等小容器内的少量样品的搅拌、混合与均质。

1.9　样品的粉碎、消解和灼烧技术

1.9.1　粉碎和破碎技术

在某些有机化学实验中会使用一些动植物原材料，这些材料需要进行粉碎处理。动物性材料(如一些组织和器官)常用组织绞碎机，如图 1-36 所示。植物性材料常用植物粉碎机，如图 1-37 所示。

图 1-36　组织绞碎机　　　　　　　　图 1-37　植物粉碎机

1.9.2　样品消解技术

化学实验的分析测试中有时需要对样品进行消溶和分解，以便制成溶液进行分析测试。这种样品的前处理过程往往对分析测试的结果有很大的影响，对分析方法的制定具有重要意义。

1. 消解样品的一般要求

(1)试样应分解完全。不应残留原试样的细屑或粉末，以保证分析结果的准确性。

(2)消解过程中待测成分不应有挥发损失或化学损失，如气化、挥发或转变为不可测定的成分或状态。

(3)消解过程中不应引入被测组分和干扰物质。所用的器具、溶剂、试剂和药品都要严格控制其种类和纯度。

2. 消解样品的方法

试样的品种繁多，其消解的方法也不同，常用的方法有以下几种。

1)溶解法

溶解法即选择不同的溶剂使样品溶解。根据溶剂种类的不同有水溶、酸溶、碱溶、有机溶剂溶解和混合溶剂溶解等。考虑温度、压力等条件对溶解度的影响，还常借助于加热、加压等方法加快溶解的进程，提高溶解的程度。

2)熔融法

熔融分解是利用酸性或碱性熔剂与试样混合，在高温下进行复分解反应，将试样中的全部组分转化为易溶于水或酸的化合物。该法分解样品的能力强，但因加入熔剂较多，又需高温和使用坩埚，可能引入杂质和沾污试液，故只在溶解法溶解不了的时候才选用。焦硫酸钾、硫酸氢钾、混合铵盐、碳酸盐、苛性碱等是常用的熔剂。此外，不同的熔剂要选择合适材质的坩埚，如表 1-10 所示。

表 1-10　常用熔剂和选用坩埚材料表

熔剂	坩埚					
	铂	铁	镍	银	石英	瓷
无水 Na_2CO_3 (K_2CO_3)	+	+	+	−	−	−
6 份无水 Na_2CO_3+0.5 份 KNO_3	+	+	+	−	−	−
2 份无水 Na_2CO_3+1 份 MgO	+	+	+	−	+	+
2 份无水 Na_2CO_3+1 份 ZnO	−	−	−	−	+	+
Na_2O_2	−	+	+	+	−	−
1 份无水 Na_2CO_3+1 份研细的结晶硫磺	−	−	−	−	+	+
硫酸氢钾	+	−	−	−	+	+
氢氧化钾(钠)	−	+	+	+	−	−
1 份 KHF_2+10 份焦硫酸钾	+	−	−	−	−	−
硼酸酐(熔融、研细)	+	−	−	−	−	−

注:"+"表示合适;"−"表示不合适。

　　3)有机物的分解

　　在某些有机材料中,矿物元素常结合在有机物中,为测定这些元素,首先要将有机物破坏掉,使无机元素游离出来。破坏方法主要有:

　　(1)炭化和灰化的灼烧方法。炭化是将烘干后的滤纸烤成炭黑状。灰化是使呈炭黑状的固体灼烧成灰。炭化和灰化前需将样品烘干。坩埚内的烘干、炭化和灰化的灼烧方法如图 1-38 所示。烘干时,盖上坩埚盖,但不要盖严。烘干、炭化、灰化应由小火到强火,一步一步完成,不能性急,不要使火焰加得太大。炭化时如遇固体材料着火,可立即用坩埚盖盖住,使坩埚内的火焰熄灭。着火时,切不可用嘴吹灭,也不能置之不理让其燃烬,否则会使沉淀随大气流飞散而损失。待火熄灭后,将坩埚盖移至原来位置,继续加热至全部炭化变黑,直至最后灰化。重量分析时,应将包裹好的滤纸包转移至已恒量的坩埚中,并将其倾斜放置,使多层滤纸部分朝上,以利烘烤。坩埚的外壁和盖应事先用蓝黑墨水或 $K_4[Fe(CN)_6]$ 溶液编号。

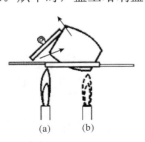

图 1-38　烘干、炭化、灰化火焰位置
(a)烘干火焰;(b)炭化、灰化火焰

　　(2)定温灰化法。即将有机试样置于坩埚内,先在电炉或火焰上炭化,再移入高温炉(如马弗炉)内,在 500～550℃下灰化 2～4h。将灰白残渣冷却后,用(1+1)盐酸或硝酸溶解。该法适用于有机物中含有铜、铅、锌、铁、钙、镁等元素的测定。也用于药物的残渣实验。

　　(3)氧瓶燃烧法。即在充满氧气的密封瓶内,用电火花引燃有机样品,借助瓶内盛有的适当吸收剂将燃烧产物吸收,然后测定各元素。该法适用于有机物中卤素等非金属元素的测定。

　　(4)湿法分解。硝酸-硫酸消化,即先加硝酸,后加硫酸防止炭化,适用于有机物中铅、砷、铜、锌的测定;硫酸-过氧化氢消化,适用于含铁或含脂肪高的样品;硫酸(硝酸)-高氯酸消化,适用于含锡、铁的有机物消化。

　　(5)微波消解法。近年来,随着微波技术和超声技术的发展,微波消解和超声破碎等新技术和新方法得到了广泛的应用,其快速、彻底、无损失、无污染、操作简便等特点使其备受青睐。微波消解萃取仪如图 1-25 所示。

1.10　干　燥　技　术

干燥（drying）是指除去附在固体、液体或气体内的少量水分或低沸点溶剂的一项实验技术。在化学实验中，干燥不仅用于仪器的烘干和实验过程的无水操作，而且也可以用于纯化某些化学物质，尤其是有机物。干燥按照过程原理分为物理干燥和化学干燥。被干燥物料的状态不同，具体应用时所选择的干燥方法也不尽相同。

1.10.1　物理干燥

在物理干燥法中比较常见的是以热能转换和传递为基础，使物料中的水分或其他少量溶剂挥发而达到干燥目的的方法，如自然干燥法、加热干燥法、辐射干燥法、冷冻干燥法等。此外，还可以利用水分与被干燥组分之间物理化学性质上的差异，利用一定的分离纯化技术达到除水目的，如蒸馏干燥法、吸附干燥法等。

1. 自然干燥

自然干燥是利用自然条件下的温度、阳光和空气对流使物质中的水分和少量溶剂自然挥发的干燥方法。选用此种方法一般无需特殊设备和处理，简单、经济、易行，但干燥速率相对较慢。此外，还要注意空气的湿度、氧气以及阳光、风速等因素对产品的影响。此法常用于固体物质的干燥。

2. 加热干燥

加热干燥常用于固体物质的干燥，其干燥过程主要涉及热量的产生和传递方式。热量的产生和传递方式不同，加热干燥的方法和具体原理也不同，主要有以下几种：

（1）热传导干燥。热传导（heat conduction）是将热能通过与物料接触的壁面以传导方式传给物料，使物料中的湿分汽化并由周围空气气流带走而达到干燥的目的。在化学实验中使用的各种间接加热方式都属于热传导干燥方法，也可以选择用来干燥实验中的有机物。在工业生产上的主要仪器设备有耙式真空干燥器、滚筒干燥器等。

（2）对流干燥。对流干燥（drying by means of convection）是应用最普遍的干燥形式。是热能以对流方式由热气体传给与其接触的湿物料，物料中的湿分受热汽化并由气流带走而干燥的一种方法。此时，热空气既是热载体，又是载湿体。对流干燥的仪器设备主要有厢式干燥器、流化床干燥器、滚筒干燥器、喷雾干燥器、气流干燥器等。

3. 辐射干燥

辐射干燥（radiation drier）主要指红外线干燥（infrared drying）和微波干燥（microwave drying）。红外线干燥是一种利用红外线的辐射能被待干燥物料吸收后转变成热能，进而使物料中的湿分受热汽化而干燥的方法。实验室常用的红外灯干燥器为波长小于 $3\mu m$ 的近红外干燥，干燥效率较低、时间较长、耗能较大。而许多物料，尤其是有机物、高分子和水在远红外区有很宽的吸收带，所以远红外干燥速率更快、质量好、能量利用率高。因此，20 世纪 70 年代以后，远红外干燥技术得到了较快的发展和应用。红外线干燥可以克服接触干燥时由于物料导热不良造成物料内部温度不均匀的缺点。

微波干燥属于一种高频电流干燥，也称介电加热干燥。其原理是：将湿物料置于高频电场内，物质的分子在电场的作用下被激化，产生分子的振动和转动，通过高频电场的交变作用使电能转变为热能，使湿分汽化，从而达到干燥的目的。此法的热能随频率的增加而增加，从而避免了一般电加热需要采用高电压、电流的缺点。利用微波的这种高频交变电场就可以使湿料中的水分子获得能量而汽化，从而使物料得到干燥。微波加热的特点和相关仪器设备参见 1.5.3。

4. 真空冷冻干燥

冷冻干燥(freeze drying，FD)。FD 技术始于 20 世纪 40 年代，首先由俄罗斯的科学家在实验室进行 FD 产品的小型实验并获得成功，进入 21 世纪后，随着人们对快餐食品和生物药品等消费品品质提出的更高要求，以及人们的环保意识、健康意识的进一步加强，真空冷冻干燥技术得到迅速发展，其应用规模和应用领域也在不断扩大。

1) 真空冷冻干燥的原理

冷冻干燥基本原理是基于水的三态变化。水 (H_2O) 有三种相态，即固态、液态和气态，三种相态既可以相互转换又可以共存。其变化关系可由图 1-39 所示的水的三相图表示：图中 OA、

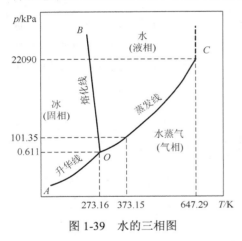

OB、OC 三条曲线分别表示冰和水蒸气、冰和水、水和水蒸气两相共存时水蒸气与温度之间的关系，分别称为升华曲线、熔化曲线、蒸发曲线。O 点称为三相点，所对应的温度为 273.16K (0.0098℃)，蒸气压为 610.5Pa (4.58mmHg)，在这样的温度和水蒸气压下，水、冰、水蒸气三者可共存且相互平衡。在高真空状态下，利用升华原理，使预先冻结的物料中的水分不经过冰的熔化，直接以冰升华为水蒸气被除去，从而达到冷冻干燥的目的。因冷冻干燥的原理是利用冰的升华性质，所以也称升华干燥。

图 1-39　水的三相图

从理论上说，真空冷冻干燥的操作区域只需在水的三相点以下即可。但实际的操作条件要苛刻得多，通常要在很低的真空度和温度下，才能保证冷冻干燥的顺利进行。例如，将-40℃的冰在 0.01mmHg 下加热至-20℃时，冰可以发生升华。在-60℃时冰的蒸气压为 0.01mmHg，-40℃时为 0.1mmHg，若将-40℃的冰面压力降至 0.01mmHg，固态冰也可以发生升华。所以在冰点温度和压力下，依据冰的升华曲线，升高温度或降低压力都可以打破气固两相的平衡，实现冰的升华。

2) 冷冻干燥的特点

冰的升华需要热量，因此必须对物料进行加热。虽然冷冻干燥的过程也涉及热量的传递，即依靠固体进行热传导，但不同于普通的加热干燥。物料中的水分是在 0℃以下冰冻的固体表面经过升华而进行的干燥，具有其他加热干燥所不具备的特点是：①冰在升华时需要的热量来自于低温下的加热，并在加热板与物料表面之间形成一定的温度梯度，有利于传热的顺利进行。②冷冻干燥需要高度真空和低温，特别适合于热敏性物质的干燥，因此在生物活性物质的干燥方面独具优势，如蛋白质、微生物制品等。③干燥后制品内部疏松多孔，呈海绵状，因而易溶。④由于低温干燥，挥发性成分损失很少。⑤由于高度真空，易氧化成分得到保护。⑥干燥后制品体积不变，保持了原来的结构。为使干燥后保持一定形状，物料水分含量至少

应保持在 10%～15%。⑦设备投资高、能耗大、干燥时间长、生产能力低。

3）真空冷冻干燥的过程和设备

真空冷冻干燥机简称冻干机。由制冷系统、真空系统、加热系统和控制系统四部分组成。冻干的过程主要包括预冻、升华和再干燥三个阶段。待干燥样品事先需要装在玻璃瓶或安瓿内，装置要均匀、蒸发表面积尽量大、厚度要尽量薄。就目前仪器而言，冻干时间一般需要 12～24h。图 1-40 为冷冻干燥机。

图 1-40　冷冻干燥机

5. 吸附干燥法

如离子交换树脂和分子筛等一些具有吸附性的物质，其内部有很多空隙可以吸收水分，利用这些吸附性材料进行物质干燥的方法称为吸附干燥法。常用于液体物质的干燥。图 1-41 为柱层析吸附干燥示意图。

吸附法脱水比较经济，因为吸附剂可以回收，烘干后可重新使用，是现在工业上常用的方法。所使用的吸附剂通常有离子交换树脂和分子筛。前者是一种不溶于水、酸、碱和液体有机物的高分子化合物；后者是各种硅铝酸盐的晶体。在它们内部有很多孔穴。根据孔穴大小有不同的型号。这些孔穴能吸附比自己小的分子，从而将大小不同的分子筛分开来。水分子直径约为 0.3nm，比一般有机化合物分子小，故利用这些吸附剂很容易把水分除去。吸附了水的离子交换树脂在 150℃、分子筛在 350℃左右即可解吸水分，供重新使用。

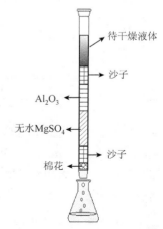

待干燥液体
沙子
Al_2O_3
无水$MgSO_4$
沙子
棉花

图 1-41　柱层析吸附干燥示意图

6. 蒸馏干燥法

蒸馏干燥法是指利用蒸馏技术达到出水和干燥目的的一种方法。常用于液体物质的干燥。利用某些有机化合物与水不会形成共沸混合物，且其沸点与水相差 20～30℃以上，可以采取分馏的方法除去水分。例如，工业上分离甲醇(沸点 65℃)和水就是采用分馏的方法(详见分馏技术内容)。

利用某些物质能够与水形成共沸混合物的性质，则可以通过蒸馏技术除去水分。例如，用乙醇进行的酯化反应可加入苯，利用苯-乙醇-水生成三元共沸混合物而将水分蒸出，促使酯化反应的平衡向正反应方向移动，提高产率。过去，工业上制备无水乙醇也是用加苯的方法除去水，而近年来多应用吸附法脱水制无水乙醇。

1.10.2　化学干燥

化学干燥是利用化学干燥剂(desiccant, drying agent)和水进行化学反应而达到除水和干燥目的的一种方法。

根据干燥剂和水的作用机理，干燥剂可分为两类：第一类，可与水可逆地结合生成水合物，如氯化钙、硫酸镁等；第二类，可与水发生不可逆的化学反应，生成新的化合物，如金属钠、氧化钙、五氧化二磷等。在有机化学实验中经常使用的是第一类干燥剂。

1. 干燥剂的性质

干燥剂的主要性质有以下几方面：

(1)吸水容量，指单位质量的干燥剂所吸收的水量。常用下列公式计算。吸水容量越大，干燥剂吸收的水分就越多。其大小可决定干燥剂的用量。

$$吸水容量(g) = \frac{结晶水数目 \times 水的相对分子质量}{干燥剂相对分子质量}$$

(2)干燥效能，指干燥剂达到吸水平衡时，液体被干燥的程度。对于第一类干燥剂而言，常用吸水后的结晶水合物的水蒸气压表示。不同结晶水的水合物具有不同的水蒸气压，如表 1-11 所列。

表 1-11　常用干燥剂的水蒸气压(20℃)

干燥剂	p(水)		干燥剂	p(水)	
	mmHg	kPa		mmHg	kPa
P_2O_5	0.00002	0.2×10^{-5}	CaO	0.2	0.027
KOH(熔融过)	0.002	0.2×10^{-3}	$CaCl_2$	0.2	0.027
NaOH(熔融过)	0.15	0.02	$CuSO_4$	0.2	0.173
$CaSO_4$	0.004	0.5×10^{-3}	Na_2SO_4	1.3	0.255
H_2SO_4	0.005	0.7×10^{-3}	硅胶	0.006	0.8×10^{-3}

可以看出，硫酸钠能形成 10 个结晶水的水合物，其吸水容量为 1.25g，25℃时其水合物的水蒸气压为 1.92mmHg(256Pa)。氯化钙最多能形成 6 个结晶水合物，吸水容量为 0.97g，25℃时的水蒸气压为 0.20mmHg(27Pa)。二者相比，硫酸钠的吸水容量较大，干燥效能较弱；氯化钙吸水容量较小，但干燥效能强。

2. 干燥剂的选择原则

选择干燥剂首先应考虑以下四点：①干燥剂必须与被干燥有机物不发生化学反应；②干燥剂使用后要易与被干燥有机物完全分离；③综合考虑干燥剂的吸水容量和干燥效能；④需考虑干燥剂的干燥速率、环境温湿度、价格等其他因素。

3. 化学干燥剂的使用技能

(1)综合考虑吸水容量和干燥性能：一般对于含水较多的体系，常先用吸水容量大的干燥剂，然后再使用干燥效能强的干燥剂。

(2)注意干燥剂效能的影响因素：如温度、干燥剂的用量、干燥剂颗粒的大小、干燥剂与被干燥物质的接触时间等。

在一定温度下，干燥剂的用量并不是越多越好，而要适量，一般用量为每 10mL 液体需 0.5～1g。从表 1-12 可以看出，若用无水硫酸镁干燥液体有机化合物，无论加入多少无水硫酸镁，在 25℃时所能达到的最低水蒸气压为一水合物的 1mmHg(0.13kPa)，即使加入再多的无水硫酸镁，也不可能把水全部除去。相反，加入干燥剂的量多，还会使干燥剂的液体吸附量增多而损失产品。但如果加入硫酸镁的量不足，则它就要生成多水合物，其水蒸气压要比 1mmHg(0.13kPa) 高。此为干燥剂用量合适且在使用前应尽可能把水分离干净的原因。

表 1-12　硫酸镁不同结晶水合物的水蒸气压(20℃)

平衡式	p(水)	
	mmHg	kPa
无水 $MgSO_4 + H_2O \rightleftharpoons MgSO_4 \cdot H_2O$	1	0.13
$MgSO_4 \cdot H_2O + H_2O \rightleftharpoons MgSO_4 \cdot 2H_2O$	2	0.27
$MgSO_4 \cdot 2H_2O + 2H_2O \rightleftharpoons MgSO_4 \cdot 4H_2O$	5	0.67
$MgSO_4 \cdot 4H_2O + H_2O \rightleftharpoons MgSO_4 \cdot 5H_2O$	9	1.2
$MgSO_4 \cdot 5H_2O + H_2O \rightleftharpoons MgSO_4 \cdot 6H_2O$	10	1.33
$MgSO_4 \cdot 6H_2O + H_2O \rightleftharpoons MgSO_4 \cdot 7H_2O$	11.5	1.5

干燥剂生成水合物需要一个平衡过程，因此干燥剂加入到液体中要放置一段时间，才能达到很好的干燥效果。一般需 30~40min，甚至更长。具体时间视干燥剂的干燥速率而定。

温度对干燥剂效能也有影响。因这类干燥剂的吸水过程是可逆的，温度升高，水蒸气压也会升高，甚至脱去结晶水。因此，在蒸馏液体有机化合物前必须把这类干燥剂滤除。

(3)干燥剂的使用经验和注意事项：液体有机物在干燥前首先要尽可能把水分离干净，不应有任何可见的水层或水滴。由于液体的实际含水量并不能准确得知，因此干燥剂用量和干燥程度也不能准确计算，只能靠经验推测和判断。

①根据液体有机物的极性和水溶性大小推测可能含水量的大小，据此选择不同吸水容量的合适干燥剂。

②选定干燥剂后，少量分批加入干燥剂，并仔细观察下列现象判断加入量是否足够：

(i)已加入干燥剂是否棱角模糊湿润，是否有板结。

(ii)加入干燥剂后含水有机物是否由浑浊变澄清。如果后续加入的少量干燥剂不再湿润和板结，液体已由浑浊变澄清，则说明干燥剂用量基本足够①。

③第一类干燥剂在干燥结束后一般要将干燥剂滤出，尤其在继续蒸馏加热液体前。对于第二类干燥剂，如金属钠、石灰、五氧化二磷等，因其和水生成的是比较稳定的产物，有时也可不必过滤直接蒸馏。相反，有时为了提高其干燥效率，还常把这类干燥剂置于液体有机化合物中一起加热回流，然后再直接蒸馏。

④干燥剂呈块状时要破碎成粒状，颗粒大小如黄豆粒。若研磨成细末，会增强干燥效果，但过滤除去时会很困难，难以与产品分离。

⑤第一类干燥剂容易吸收空气中的水分，使用前常将它们置于蒸发皿中烘炒或烘箱中加热，以除去水分，然后置于干燥器中冷却后备用。

---

① 液体如果已经透明并不能完全肯定液体已经得到干燥，因为透明与否和水在该液体化合物中的溶解度有关。只要含水量不超过其溶解度，含水溶液总是透明的。在这样的溶液中加入干燥剂一般必定会超过常规量。

4. 常用干燥剂的主要性质、特点和性能

常用干燥剂的性质、性能和使用等信息参见表 1-13～表 1-15。

表 1-13　常用干燥剂性质与使用参考

干燥剂	性质	与水作用后产物	使用范围	非适用范围	备注
$CaCl_2$	中性	$CaCl_2 \cdot H_2O$ $CaCl_2 \cdot 2H_2O$ $CaCl_2 \cdot 6H_2O$ （30℃以上失水）	烃、卤代烃、烯、酮、醚、硝基化合物、中性气体、卤化氢（干燥管、干燥塔等）	氨、胺、醇、酚、酯、酸、酰胺及某些醛酮	吸水量大、作用快，效力不高，良好的初步干燥剂，廉价，含有碱性杂质氢氧化钙
Na_2SO_4	中性	$Na_2SO_4 \cdot 7H_2O$ $Na_2SO_4 \cdot 10H_2O$ （33℃以上失水）	酯、醇、醛、酮、腈、酚、酰胺、卤代烃、硝基化合物等，不能用氯化钙干燥的化合物		吸水量大，作用慢，效力低，良好的初步干燥剂
$MgSO_4$	中性	$MgSO_4 \cdot H_2O$ $MgSO_4 \cdot 7H_2O$	同上		较硫酸钠作用快、效力高
$CaSO_4$	中性	$CaSO_4 \cdot 1/2H_2O$ （加热 2～3h 失水）	烷、芳香烃、醚、醇、醛、酮		吸水量小、作用快、效力高，可先用吸水量大的干燥剂初步干燥后再用之
K_2CO_3	碱性	$K_2CO_3 \cdot 3/2H_2O$ $K_2CO_3 \cdot 2H_2O$	醇、酮、酯、胺、杂环等碱性化合物	酸、酚及其他酸性化合物	
H_2SO_4	强酸性	$H_3^+OHSO_4^-$	脂肪烃、烷基卤代物	烯、醚、醇及弱碱性化合物等	脱水效力高
KOH NaOH	强碱性		胺、杂环等碱性化合物	醇、酯、醛、酮、酸、酚、酸性化合物	快速有效
Na	强碱性	$H_2 + NaOH$	醚、三级胺、烃中痕量水分	碱土金属或对碱敏感物、氯化烃（有爆炸危险）、醇	效力高，作用慢，需经初步干燥后才可用，干燥后需要蒸馏
P_2O_5	酸性	HPO_3 $H_4P_2O_7$ H_3PO_4	醚、烃、卤代烃、腈中痕量水分，酸溶液、二硫化碳（干燥枪、保干器）	醇、酸、胺、酮、碱性化合物、氯化氢、氟化氢	吸水效力高，干燥后需蒸馏
CaH_2	碱性	$H_2 + Ca(OH)_2$	碱性、中性、弱酸性化合物	对碱敏感的化合物	效力高，作用慢，需经初步干燥后再用，干燥后需蒸馏
CaO/BaO	碱性	$Ca(OH)_2$ $Ba(OH)_2$	低级醇类、胺		效力高，作用慢，干燥后需蒸馏
分子筛 （3Å 4Å）	中性	物理吸附	各类有机化合物、不饱和烃气体（保干器）		快速高效，经初步干燥后再用之
变色硅胶			（用于保干器）	氟化氢	变色后需加热再生

表 1-14　常用干燥剂性能、特点

干燥剂	吸水作用	吸水容量/g	干燥效能	干燥速率	应用范围
氯化钙	形成 $CaCl_2 \cdot nH_2O$ $n=1, 2, 4, 6$	0.97 （按 $CaCl_2 \cdot 6H_2O$ 计）	中等	较快，但吸水后表面为薄层液体所盖，故放置时间要长些	能与醇、酚、胺、酰胺及某些醛、酮形成络合物，因而不能用来干燥这些化合物。工业品中可能含氢氧化钙或氧化钙，故不能干燥酸类
硫酸镁	形成 $MgSO_4 \cdot nH_2O$ $n=1, 2, 4, 5, 6, 7$	1.05 （按 $MgSO_4 \cdot 7H_2O$ 计）	较弱	较快	中性，应用范围广，可代替 $CaCl_2$，并可用以干燥酯、醛、酮、腈、酰胺等不能用 $CaCl_2$ 干燥的化合物

续表

干燥剂	吸水作用	吸水容量/g	干燥效能	干燥速率	应用范围
硫酸钠	$Na_2SO_4 \cdot 10H_2O$	1.25	弱	缓慢	中性，一般用于液体有机物的初步干燥
硫酸钙	$2CaSO_4 \cdot H_2O$	0.06	强	快	中性，常与硫酸镁（钠）配合，作最后干燥之用
碳酸钾	$K_2CO_3 \cdot 1/2H_2O$	0.2	较弱	慢	弱碱性，用于干燥醇、酮、酯、胺及杂环等碱性化合物，不适于酸、酚及其他酸性化合物的干燥
氢氧化钾 氢氧化钠	溶于水	—	中等	快	强碱性，用于干燥胺、杂环等碱性化合物，不能用于干燥醇、酯、醛、酮、酚、酸等
金属钠	$Na+H_2O \longrightarrow NaOH+1/2H_2$	—	强	快	限于干燥醚、烃类中痕量水分。用时切成小块，压成钠丝
氧化钙	$CaO+H_2O \longrightarrow Ca(OH)_2$	—	强	较快	适于干燥低级醇类
五氧化二磷	$P_2O_5+3H_2O \longrightarrow 2H_3PO_4$	—	强	快，吸水后表面为黏浆液覆盖，操作不便	适于干燥醚、烃、卤代烃、腈等中的痕量水分。不能用于干燥醇、酸、胺、酮等
分子筛	物理吸附	约 0.25	强	快	适于各类有机化合物的干燥

表 1-15　常用干燥剂使用类型

化合物类型	干燥剂
烃	$CaCl_2$、Na、P_2O_5
卤代烃	$CaCl_2$、$MgSO_4$、Na_2SO_4、P_2O_5
醇	K_2CO_3、$MgSO_4$、CaO、Na_2SO_4
醚	$CaCl_2$、Na、P_2O_5
醛	$MgSO_4$、Na_2SO_4
酮	K_2CO_3、$CaCl_2$、$MgSO_4$、Na_2SO_4
酸、酚	$MgSO_4$、Na_2SO_4
酯	$MgSO_4$、Na_2SO_4、K_2CO_3
胺	KOH、NaOH、K_2CO_3、CaO
硝基化合物	$CaCl_2$、$MgSO_4$、Na_2SO_4

第 2 章　有机物的分离与纯化技术

2.1　分离与纯化技术概述

在生产、生活和科学实践中常会遇到混合物的分离与纯化问题，因此分离与纯化技术是一类被广泛利用的实用技术。随着生产力的发展和科学技术的进步，分离纯化技术也在不断发展和创新。分离纯化方法从简到繁，分离纯化技术从低级到高级，分离纯化工艺从一种方法到多种方法联用。例如，从简单的常压蒸馏发展到减压蒸馏、分子蒸馏、水蒸气蒸馏，从简单的精馏发展到减压精馏、水蒸气精馏；从简单的液液萃取发展到超临界萃取、微波协助萃取、双水相萃取、固相萃取；从简单的吸附分离发展到变压吸附、气相色谱、高压液相色谱；从一般的筛网、普通过滤发展到精密过滤、膜分离；从单纯的分离纯化发展到分离纯化与定性定量相结合；从不同物质之间的分离发展到同一物质的手性拆分；从繁杂的手工操作发展到仪器的自动化与智能化等。分离纯化技术自 20 世纪以来得到了突飞猛进的发展，一些新兴的分离纯化技术不断涌现和发展，并得到实际应用，分离纯化的过程也不断向精细化、现代化方向发展，这些分离纯化新技术、新理论的发展为物质科学的发展奠定了坚实的技术基础。分离技术(separation technology)现已经发展成一门新的实用科学——分离科学(separation science)。分离科学的内涵已经远超过传统意义上的化学分离。化学分离是研究物质在分子水平上进行分离的方法和分离结果。而分离科学则是研究被分离组分在空间移动和再分离的宏观与微观变化规律，实现组分分离、富集和纯化的一门科学。其研究的内容和层次不仅局限于实用性的技术和方法，而更加注重分离机理和理论的深层次探讨、研究和新技术的开

发。分离科学代表性的研究成果有美国科学家 B. L. Karger、L. R. Snyder 和 C. Horvath 于 1973 年出版的 *An Introduction to Separation Science*，我国科学家耿信笃 1990 年出版的已建立现代分离科学理论框架的《现代分离科学理论导引》，美国科学家 J. C. Giddings 1991 年出版的 *Unified Separation Science* 等。我国学者耿信笃以创新性的研究成果"计量置换理论"为代表，在分离科学理论研究方面做出了杰出贡献。图 2-1 为分离科学相关书籍。

图 2-1　分离科学相关书籍

2.1.1　分离纯化的过程

将相互混合的物质进行分离并获得相对纯净的某种物质的过程称为分离纯化过程，相应的技术称为分离纯化技术。分离纯化与混合是两个相反的过程，混合是自发的，分离纯化是非自发的，因此分离纯化需要消耗物质或能量。这种促使混合物分离的因素(包括物质和能量)称为分离剂(separating medium)。

被分离混合物中的各个组分总是以相同或不同的状态混合在一起。被分离组分以不同相态混合或存在于不同相态中，其分离称为非均相混合物料的分离；被分离组分以同样的相态混合或存在于同一相态中，其分离称为均相混合物料的分离。非均相混合物料的分离利用一

些简单的机械方法即可完成其分离过程，称为机械分离过程，如过滤、沉降、离心等；均相混合物料的分离较为困难，一般必须将其中某一组分传递到另一种相态中，使其转化为非均相物料，再利用机械方法进行分离，这一过程被称为传质分离过程。在传质分离过程中，涉及混合组分在不同相态中重新建立新的相态平衡，因此传质分离也称为动态平衡分离过程。例如，利用相变平衡过程进行分离的蒸馏技术，依据溶解平衡过程进行分离的重结晶、萃取技术，综合利用各种平衡原理实现动态分离的色谱分离技术等。非均相分离技术虽然简单，但却是基础。

2.1.2　分离纯化的本质

混合缘于求同，而分离缘于求异，因此所有的分离纯化技术均基于组分间的性质差异，这是分离纯化的本质。可被利用的组分间的性质差异包括物理的、化学的和物理化学的等多种性质，于是便有了各种各样的分离纯化技术。早期的分离纯化技术所利用的性质多为差别较大的静态性质，常被称为经典的分离纯化技术，如过滤、萃取、重结晶、蒸馏等。后来，随着现代科学的不断发展，一些物理化学性质十分接近的组分间的分离情况不断需要解决，为分离纯化技术提出了新的问题和挑战。于是出现了一些近现代分离纯化技术，如膜分离技术、电泳和色谱(层析)分离技术等。借助于计算机技术和网络技术，这些近现代分离纯化技术可以实现微量化、微型化、自动化、网络化和多功能化的分离与纯化。

2.1.3　分离纯化的分类

分离纯化技术的种类很多，分类有助于我们学习和掌握这类技术的结构体系。通常的分类方法是根据混合物的种类进行，如液固分离方法、气液分离方法、气固分离方法等。这种分类并没有体现出各种方法的分离本质。按照分离方法的本质，即差异性不同进行分类，更加有利于学习和领会不同分离纯化技术之间的差别，主要分类如下：

(1)透过分离与纯化技术。利用组分的粒径大小与透过性差异进行分离纯化，如过滤、膜分离。

(2)质重分离与纯化技术。利用组分间的相对密度或密度差异进行分离纯化，如离心、沉降、浮选技术。

(3)相变分离与纯化技术。利用组分间相变性质的差异进行分离纯化，如干燥、蒸馏、升华技术。

(4)溶解分离与纯化技术。利用组分间溶解性质的差异进行分离纯化，如沉淀、重结晶、萃取等技术。

(5)运动分离与纯化技术。利用组分在特定环境和体系下的运动性质的差异进行分离纯化，如层析(色谱)技术、电泳技术等。

2.2　过滤与膜分离技术

物质颗粒的大小、相对分子质量和形状等性质不同，则其透过一定过滤介质的性能也不同，据此透过性质的不同进行分离纯化和富集的技术可称为透过分离技术，即通常所称的过滤(filtration)。自然界中最神奇的透过技术当属细胞膜，这是生物进化过程中大自然的神奇造化。

全世界的过滤与分离界专家一致认为，采用多孔材料进行过滤与分离的技术起源于中国。

据我国《天工开物》记载，早在商周以前，我国就已经开始广泛使用过滤技术，但在近现代却落后于西方发达国家。

最常用和最基本的过滤是利用多孔过滤介质阻留固体颗粒而让液体通过，从而使固-液两相悬液获得分离。后来发展到固-气和液-气两相的过滤分离。但这样的过滤都不是分子水平上的过滤。随着科学技术的发展和进步，各种新型的人造薄膜过滤介质相继出现，使过滤技术突破了传统过滤介质的限制，可以实现分子或离子级水平的过滤，如其中的透析法、超过滤、反渗透和电渗透、微孔滤膜过滤等。前一种过滤方法属于普通过滤，后一种属于膜过滤（membrane filtration），也称膜分离技术。

2.2.1　普通过滤的基本原理

普通过滤主要是利用液体重力和过滤介质两侧的压力差（Δp），使待过滤的液体通过一定的过滤介质，其中的固体颗粒被截流在过滤介质上，液体通过过滤介质流下，从而达到固液分离目的的一种实验技术。在药物制剂等生产实际中，常将待过滤的液体称为滤浆，通过过滤介质的液体称为滤液，被截流在过滤介质上的固体称为滤渣或滤饼。

1. 表面过滤

滤浆中的颗粒粒径大于过滤介质的孔径，过滤时固体颗粒被截留在过滤介质的表面，过滤介质起筛网作用，这种过滤称为表面过滤（surface filtration）或筛网过滤，如滤纸或微孔滤膜等的过滤作用主要属于表面过滤。

2. 深层过滤

如图 2-2 所示，滤浆中的颗粒粒径比过滤介质的孔径小的颗粒可能会截留在过滤介质的孔道中，形成一个架桥，架桥的形成使过滤介质的实际孔径减少。介质表面由于固体颗粒的积累会形成滤饼，滤饼实际上也起到了过滤的作用，该过滤称为深层过滤（indepth filtration）。

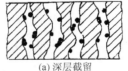

(a) 深层截留　　　(b) 架桥现象

图 2-2　深层过滤机理示意图

深层过滤的机理是：①深层滤器的过滤介质由粒状或多孔固体物质组成，具有不规则的多孔结构，孔道细长、弯曲，很容易截留小孔径的颗粒，如垂熔玻璃滤器或砂芯滤棒等。例如，平均孔径为 2.5μm 的滤棒，能够滤出直径为 1μm 的黏质沙雷氏菌。②颗粒随流体进入介质孔道，依靠惯性碰撞、扩散沉积、重力沉降和静电效应等原理沉积在孔道内，紧附于孔道壁上。③在过滤介质的孔隙上形成架桥，随后形成滤饼，滤液可以流下，小颗粒则通不过。

由于任何过滤介质其孔径都不可能完全一致，因此在开始过滤时，小颗粒有可能漏下而污染滤液，故初滤液常不合格，需将其返回重新过滤，这种操作称为回滤。随着过滤介质表面形成滤饼，之后的滤液就容易滤清。常见于药物溶液的过滤中。

3. 过滤速率及其影响因素

过滤速率指单位时间通过单位面积的滤液量。滤浆在通过滤饼和过滤介质的流动过程中必须克服两者对它的流动阻力。通常，来自介质的阻力比来自滤饼的阻力要小得多。因此，在研究过滤速率的影响因素时，主要考虑滤浆流过滤饼的流动过程。滤饼由被截留的颗粒堆积而成，颗粒状态和性能不同，滤饼的阻力也不同。如果滤饼的颗粒坚硬，在两侧压力增大时不变形，颗粒间的空隙不变，这种滤饼称为不可压缩滤饼。相反情况下的滤饼称为可压缩滤饼。

如果将滤液通过滤饼的过程按层流流动处理，可以用达西(Darcy)方程表示：

$$dV/Adt=K\Delta p/\mu L \tag{2-1}$$

式中，dV/Adt 为过滤速率；K 为滤饼渗透性；Δp 为介质两侧压力差；μ 为滤液黏度；L 为滤饼厚度。

加快过滤速率的主要措施：①增加滤饼两侧的压力，即采用加压或减压过滤方法；②升高滤浆温度，降低滤液黏度，增大溶液的极性等；③采用预过滤的方法，减少滤饼的厚度；④加入助滤剂，改变滤饼的性能，增加空隙率，减少滤饼阻力。

4. 助滤剂的作用及其使用

滤浆中有时含有极细的颗粒，这些极细的颗粒会在过滤介质上形成致密细孔道的滤饼，或者将过滤介质的孔道堵塞，使过滤无法进行。此外，滤浆中含有黏性或胶凝性物质或高度可压缩颗粒时，过滤的阻力也会很大，这些情况会使过滤速率很慢。这时可以将某种质地坚硬的能形成疏松滤渣层的另外一种固体颗粒加入滤浆中，或用滤浆将其制成糊状物铺在过滤介质上，以形成较疏松的滤饼，使滤液得以畅流，这种固体颗粒被称为助滤剂(filter aid)。助滤剂的作用就是减少过滤阻力、提高过滤速率和滤液的澄明度。

(1) 常用的助滤剂：①硅藻土，主要成分为 SiO_2，是常用助滤剂。②滑石粉，吸附性小，对胶质分散作用好，能吸附水溶液中过量的不溶性挥发油和一些色素，适合于含有黏液质、树胶较多的液体的过滤。但要注意，滑石粉较细，不易滤清。③活性炭，具有很强的吸附性，能吸附热源、微生物，并有脱色作用。但活性炭也能吸附某些有机化合物，如生物碱等，应用时要注意用量。④纸浆，有助滤和脱水作用，在中草药注射剂生产中使用较广，特别是处理某些难以滤清的药物滤浆。

(2) 助滤剂使用方法：①将助滤剂加至滤浆中，搅拌均匀后过滤，使其在介质上形成滤饼，反复过滤使滤液澄清。此法适合滤浆中固体较少，特别是含有黏性或凝胶性物质，助滤剂的用量为 0.1%～0.5%。②将助滤剂用适量滤浆制成糊状物，加至过滤介质上，减压过滤使其形成 1～5mm 厚的助滤剂沉积层，然后过滤滤浆。此法可防止过滤介质被细颗粒或黏着物堵塞，使过滤初期就可以得到澄明溶液。两种方法既可单独使用，也可联合应用。

2.2.2　漏斗过滤

1. 漏斗过滤器的种类和选择

图 2-3 为实验室常用过滤漏斗。一般锥形漏斗常用于常量滤浆的常压过滤或预滤。为加快过滤速率可选用内壁有沟纹的锥形漏斗，或选择布氏漏斗(Buchner[①] funnel)、垂熔漏斗进行减压过滤。若溶液中溶质易结晶析出则多选用短颈漏斗。少量和微量沉淀可选用玻璃钉漏斗、微量过滤漏斗。

2. 漏斗过滤介质的种类和选择

过滤介质(filtration medium)又称滤材，是实现过滤的关键。不同的过滤介质其所能实现的过滤目的和结果也不同。常用漏斗过滤介质有：

---

① Eduard Buchner(1860—1917 年)，德国化学家，曾因发酵的生物化学成果获 1907 年诺贝尔化学奖。

 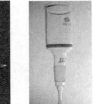  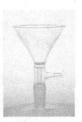 

锥形漏斗　　布氏漏斗　　垂熔（砂芯）漏斗　　热过滤漏斗　　玻璃钉漏斗　　微量过滤漏斗

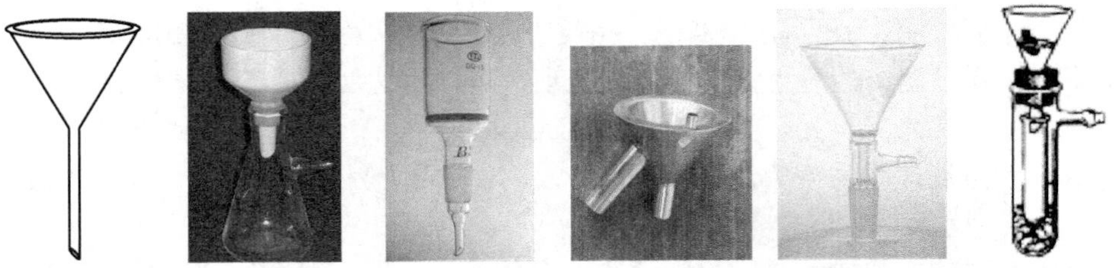

图 2-3　常用漏斗类过滤器

(1) 滤纸。滤纸(filter paper)种类和性能详见 1.2.2。作为过滤介质其致密性和孔径大小相差较大，普通滤纸孔径为 $1\sim7\mu m$，常用于少量液体的过滤，使用时需根据沉淀颗粒大小对快速、中速、慢速进行选择。经环氧树脂和石棉处理的 α-纤维素滤纸，提高了滤纸的强度和过滤性能。

(2) 脱脂棉。脱脂棉(absorbent cotton)应使用长纤维脱脂棉。否则其容易脱落到滤液中，影响滤液的澄清和纯净。

(3) 垂熔玻璃过滤介质。该介质是由优质的高硼玻璃粉烧结压制而成的错综交叉的多孔性滤板，将其固定在玻璃器皿上制成垂熔玻璃漏斗、滤球或滤棒。垂熔漏斗也称砂芯漏斗，主要用于精滤或用膜滤器过滤前的预滤。砂芯按孔径大小分为 G1～G6 号，如表 2-1 所示。其特点是：化学性质稳定，除强酸和氢氟酸外，一般不受其他滤液的影响，也不改变溶液的 pH；过滤时无碎渣脱落，吸附性低，滞留药液少，易于洗净；滤器可热压灭菌和加压过滤；但价格较高，质脆易碎，滤后处理比较麻烦，可用 1%～2%硝酸钠-硫酸钠-硫酸溶液浸泡处理。

表 2-1　国产垂熔砂芯滤器的规格

滤板号	滤板孔径/μm	主要用途
G1	80～120	滤除大颗粒沉淀，收集或扩散气体
G2	40～80	滤除较大颗粒沉淀
G3	15～40	滤除较小颗粒，如化学反应中的一般晶体和杂质，可减压
G4	5～15	滤除更细小的颗粒沉淀，需减压
G5	2～5	滤除极细小颗粒沉淀、较大的细菌和酵母，需减压
G6	<2	滤除一般的细菌，需减压

漏斗过滤介质主要根据过滤目的和滤浆的性质进行选择：①孔隙大小合适，以满足分离度和过滤速率的要求，孔隙大固然可加快过滤，但小颗粒沉淀易透过过滤器使分离度降低；孔隙小会截留更细小的沉淀颗粒提高分离度，但细小颗粒易滞留在滤器内使滤器孔隙堵塞导致过滤困难；②过滤介质不能与滤液发生化学反应，且需耐酸、耐碱、耐热；③不吸附或很少吸附滤浆中的有效成分；④过滤阻力小、滤速快，可反复应用，易清洗；⑤具有足够的机械强度、价廉、易得。能够完全满足上述条件的过滤介质较难找到，实际上主要选择阻力小，空隙率高，能够从整体上达到一定的分离度且安全可行的介质。

3. 漏斗过滤的种类和方法

1) 常压过滤

常压过滤是在常压下利用液位差进行过滤的一种技术。常用滤器有玻璃漏斗、垂熔漏斗或滤球等，滤纸是常用的过滤介质，适合于常量滤浆的过滤。

常压过滤滤纸有两种折叠使用方法：①圆锥形滤纸，锥形四折法，使用时滤纸需与锥形漏斗贴合紧密。②扇形滤纸，折叠方法如图2-4所示，后十六分折痕与前八分折痕相反，折叠时注意在接近圆心处不要用力折压，以免由于磨损而在过滤时破裂。

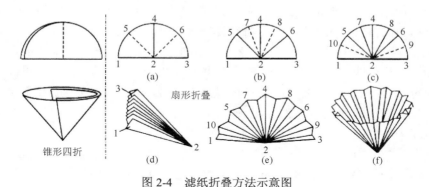

图 2-4　滤纸折叠方法示意图

扇形折叠滤纸过滤速率较快有两个原因：①比四折圆锥滤纸增加了滤浆滤过的表面积；②空气可以沿滤纸的折叠处出入滤液接收瓶，避免了液封的形成。尤其在过滤热溶液或易挥发溶液时，因滤液接收瓶内压力增加，过滤速率减慢，采用这种扇形折叠滤纸可使这一问题大为减轻。扇形滤纸常用于除去不想要的固体残渣而所要物质留在母液中的情况。

2）减压过滤

减压过滤也称抽气过滤或抽滤，其装置如图2-5所示。其主要特点是：①减压过滤加大了过滤介质两侧的压力差，加快了过滤速率；②能使沉淀与母液尽量分离，所得固体沉淀也较易干燥。

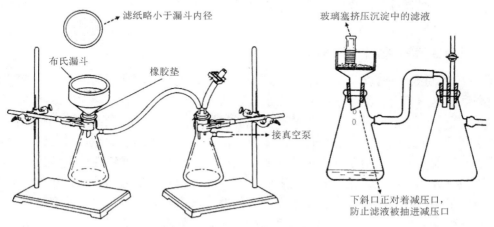

图 2-5　减压过滤装置和操作

减压过滤需注意的问题如下：

(1)注意不同的过滤介质其耐压指数不同，如滤纸等过滤介质在减压下容易被抽破，必要时可加厚。

(2)在减压下能够透过介质的颗粒大小不同，要注意选择。如胶态沉淀在减压下会很快透过滤纸，故不能选用滤纸过滤。颗粒很细微的沉淀会因减压抽吸而在滤纸上形成一层密实的沉淀，使溶液不易透过，反而达不到加速过滤的作用，故也不适用。

（3）布氏漏斗下径的斜口要朝向减压过滤瓶的减压口，防止滤液被吸入减压口。

（4）布氏漏斗内滤纸大小要略小于布氏漏斗内径，太大则滤纸边会在漏斗内壁处翘起而出现缝隙，易使滤浆渗漏。

（5）使用与待滤液相同的溶剂润湿滤纸，并减压使滤纸贴紧漏斗后再倒入滤浆。

（6）洗涤截留固体时，先暂停减压，将少许溶剂均匀淋到固体上，用刮刀或玻璃棒小心松动晶体（切忌使滤纸松动破损）使所有晶体润湿，静置一会儿，再进行减压过滤。

（7）为使滤液尽可能分离干净，可在减压时用洁净玻璃塞等挤压固体，如图 2-5 所示。

（8）结束过滤时，先与大气相通，后关闭减压泵，再移开漏斗，倾倒滤液时吸滤瓶减压口要向上，否则易导致滤液倒吸入减压泵。

3）热过滤和冷过滤

一般温度对固体物质的溶解度影响较大，黏度也与温度有关。因此，在过滤过程中的温度控制有时显得比较重要，如重结晶等。热过滤就是将滤浆加热后趁热过滤。常用于两种情况：①如果溶液中的溶质在冷却后会结晶析出，而又不希望这些溶质在过滤时析出于过滤介质上，这时就需要采用热过滤；②滤浆黏度较大，通过加热降低滤浆的黏度，提高过滤速率。

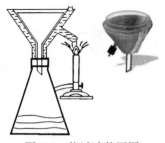

图 2-6　热过滤装置图

热过滤常使用热过滤漏斗，如图 2-6 所示。过滤少量溶液时，也可在过滤前把漏斗预先加热，若进行减压过滤，减压过滤瓶也需要一起预热，必要时还要用热水保护减压过滤瓶和滤液，防止因时间长而降温。热过滤常使用减压过滤，以缩短过滤操作时间，减少温度降低，防止晶体析出。

4）少量和微量过滤

在微型实验或待过滤液体很少时，可选用少量样品的玻璃钉漏斗过滤和微量样品的过滤装置（图 2-3）。

4. 漏斗过滤需要注意的共性问题

（1）滤纸的润湿问题。在倾倒待滤液之前，一般要先用与待滤液相同的溶剂系统润湿滤纸等过滤介质，这样既可使滤纸紧贴漏斗而加快过滤，又可减少部分滤液被滤纸吸收而造成损失。倘若使用其他溶剂润湿，将产生如下困难：①析出溶质。溶质在不同溶剂中的溶解度不同，如果润湿溶剂不同，则可能会使溶质析出。例如，先用水润湿滤纸，再过滤醇溶液，醇溶液中在水中溶解度小的溶质就有可能在滤纸上析出少许而堵塞滤纸孔或使滤出的滤液呈浑浊状。②减慢速率，造成过滤困难，滤纸的润湿溶剂与待滤溶液之间若极性相差较大而不互溶，则会因阻隔而造成严重的过滤困难，如习惯性用水润湿滤纸然后去过滤有机溶液，有机实验经常发生此类事故。在不考虑影响溶液浓度和滤纸紧密性的情况下，也可不必润湿滤纸直接过滤，如使用扇形滤纸过滤。

（2）沉淀的转移和洗涤。沉淀转移和洗涤时要注意控制溶剂的用量，溶剂用量多总会损失固体（如果沉淀是要保留的）。必要时可考虑用已经饱和的滤液进行转移和洗涤。

2.2.3　膜分离技术

膜分离（membrane separation）是一种利用天然或人工合成的具有选择性的薄膜作过滤介

质，以外界能量或化学位差为推动力，对双组分或多组分体系进行分离、分级、提纯或富集的技术。随着膜技术的研究和应用的飞速发展，现在的膜技术已经不仅局限在分离应用上，而且还表现出与其他技术功能越来越多的交叉和融合的趋势。

1. 膜分离的主要动力和分类

膜的原料一侧称为膜上游(upstream)，透过的一侧称为膜下游(downstream)，如图 2-7 所示。物质透过分离膜的能力来自两个方面，一方面是借助于外界的能量，使物质可以由低位向高位进行流动；另一方面是来自膜分离系统本身的化学位差。待滤溶液中的某些组分正是在膜两侧的这些自由能差和化学位差的作用下才得以传递和分离的。这些推动力主要有压力差(Δp)、浓度差(Δc)、温度差(ΔT)和电位差(ΔE)等。膜的结构和性质不同，物质通过膜进行传递时的具体推动力也不尽相同(表 2-2)。可能是其中的一种或几种的综合差异，统一用 ΔX 表示。作用于膜两侧的平均推动力 F(平均)=位差(ΔX)/膜厚(ΔL)。

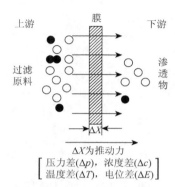

图 2-7　膜分离过程示意图

表 2-2　膜分离过程的分类和推动力

压力差	微滤、超滤、反渗透、气体分离、渗透蒸发等
电位差	电渗析、膜电解
温度差	膜蒸馏
浓度差	透析、控制释放
浓度差(分压差)	渗透气化(或渗透蒸发)
浓度差加化学反应	液膜、膜传感器

膜分离过程主要根据推动力的不同进行分类，如表 2-2 所示。

2. 膜分离的基本原理

膜比其他过滤介质更具有选择透过性的特性，分离机理主要有以下两种：

(1)根据组分的物理性质不同，主要是质量、体积大小和几何差异，用"过筛"的方法将其分离。

(2)根据混合物的不同化学性质，物质通过膜的速率首先取决于从膜表面接触的混合物进入膜内的速率(称为溶解速率)，其次取决于进入膜内后，从膜的表面扩散到另一表面的速率(称为扩散速率)。溶解速率完全取决于被分离物质与膜材料之间互相性质的差异，扩散速率除化学性质外还与相对分子质量有关。

3. 过滤膜与膜分级分离

过滤膜是天然或人工合成的具有更加精细孔径的薄膜型过滤介质。合成膜大多数是高聚物膜，还有较少的一部分属于无机膜。高聚物膜材料主要有纤维素衍生物类、聚砜类、聚酰胺及杂环含氮高聚物类、聚酯类、聚烯烃类、含硅高聚物类、含氟高聚物类、甲壳素类等。无机膜材料主要有陶瓷膜、玻璃膜、金属膜和分子筛炭膜等。

根据被分离粒子或分子的大小和所用膜的结构，可以将压力差为推动力的膜分离过程分为微滤(microfiltration，MF，膜孔径 0.1～10μm)、超滤(ultrafiltration，UF，膜孔径 0.001～0.1μm)、纳滤(nanofiltration，NF，膜孔径 0.001～0.01μm)和反渗透(reverse osmosis，RO，膜孔径 0.0001～0.001μm)。利用这四种不同孔径的膜可以实现从离子、分子、大分子到微粒、大颗粒的逐级分离，故也称其为膜分级分离，如图 2-8 所示。其中前三种主要依据的是物理性质，反渗透主要依据的是化学性质。

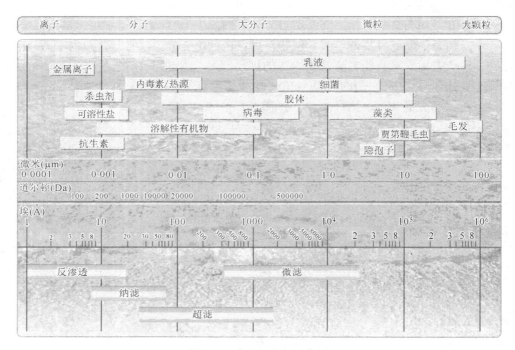

图 2-8　膜分级分离示意图

4. 膜过滤器

膜过滤器是使用不同规格的膜材料进行过滤的过滤器材，种类繁多，图 2-9 所示为实验室常用膜过滤仪器。

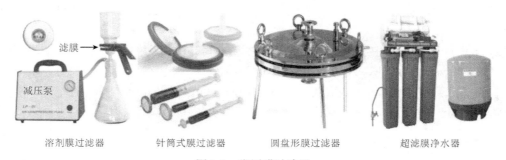

溶剂膜过滤器　　针筒式膜过滤器　　圆盘形膜过滤器　　超滤膜净水器

图 2-9　常用膜过滤器

5. 膜分离技术的其他应用

膜分离技术除典型的微滤、超滤、纳滤、反渗透四级过滤外，还可用透析、电渗析、气体分离、渗透蒸发、控制释放、液膜和膜蒸馏等。常用的膜分离技术的特点参见表 2-3。图 2-10～

图 2-14 所示为膜技术的其他应用。可见,膜科学与膜技术的应用十分广泛,其发展方兴未艾。这些膜分离技术与普通过滤、离心、沉降等其他分离技术一起构成了一个庞大的分离技术体系,构成了分离科学的技术主体。

表 2-3　几种主要的膜分离法的特点

过程	推动力	传递机理	透过物	截留物	膜类型
微膜	压力差约 100kPa	颗粒大小、形状	水、溶剂溶解物	悬浮物颗粒、纤维	多孔膜 非对称膜
超滤	压力差 0.1~1.0kPa	分子特性、大小、形状	水、溶剂、离子和小分子($M_r<1000$)	生物制品、胶体、大分子(M_r 1000~300000)	非对称膜
纳滤	压力差 0.3~0.7MPa	孔流形式传质,也与化学位能和电位梯度有关	水、溶剂、离子	介于反渗透和超滤之间,可截留能透过超滤膜的小相对分子质量有机物($M_r>300$)	非对称膜或复合膜
反渗透	压力差 1~10MPa	溶剂的扩散传递	水溶剂	溶质、盐(悬浮物、大分子、离子)	非对称膜或复合膜
渗析	浓度差	溶质的扩散传递	低相对分子质量物质、离子	溶剂、大分子溶解物($M_r>1000$)	非对称膜 离子交换膜
电渗析	电位差	电解质离子的选择性传递	电解质离子	非电解质大分子物质	离子交换膜
气体分离	压力差 1~10MPa	气体和蒸气的扩散渗透	渗透性的气体和蒸气	难渗透性气体或蒸气	均质膜 复合膜 非对称膜
渗透蒸发	浓度差	选择性传递(无性差异)	溶质或溶剂(易渗透组分的蒸气)	溶剂或溶质(难渗透组分的蒸气)	均质膜 复合膜 非对称膜
液膜	化学反应和浓度差	化学反应和浓度差	溶质(电解质离子)	溶剂(非电解质)	液膜

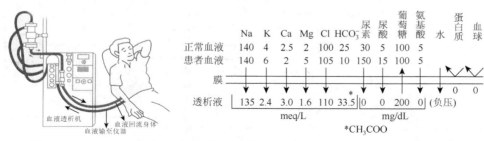

图 2-10　1943 年 Kolff 使用醋酸纤维素膜制成人工肾血液透析治疗尿毒症获得成功

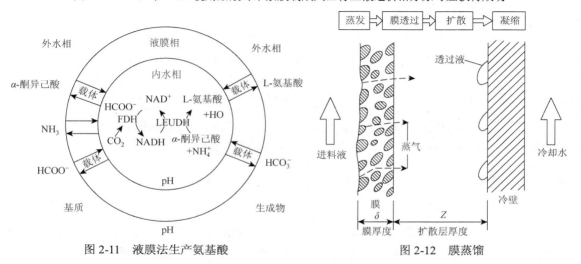

图 2-11　液膜法生产氨基酸　　　　　　　　图 2-12　膜蒸馏

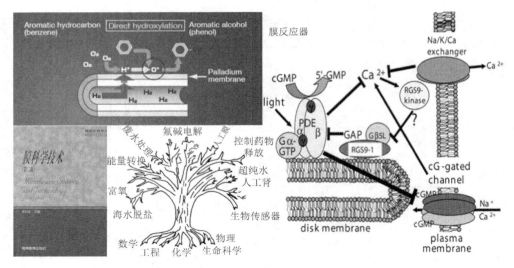

图 2-13　膜科学与膜技术的发展方兴未艾

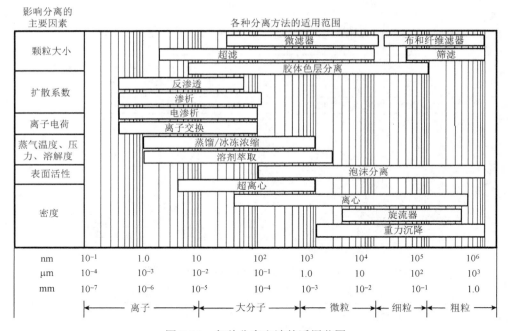

图 2-14　各种分离方法的适用范围

2.3　重结晶技术

重结晶(re-crystallization)是利用固体混合物中被纯化物质与杂质在同一溶剂中不同温度下溶解度(solubility)的不同而实现分离纯化的一种实验技术和方法。

2.3.1　重结晶的基本原理

1. 固体物质的溶解与结晶

固体物质在某溶剂中的溶解度与温度有关，一般随温度升高而增大。若将固体物质在高温时溶解形成饱和溶液，当温度降低时则会因过饱和而使溶质从溶剂中析出。溶质析出有两种基本行为：一种是固体小微粒之间进行快速的无序聚集，其速率称为聚集速率；另一种是固体小微粒之间进行有序的定向排列，其速率称为定向速率。

在不同条件下因两种析出行为的速率不同，溶质析出有三种形式：①若溶质析出时溶液温度高于溶质的熔点，溶质则会以油状物析出，温度进一步降低，则这些油状物会形成无定形固体；②溶质析出时聚集速率大于定向速率，则会在短时间内聚集成大颗粒，形成无定形沉淀；③若定向速率大于聚集速率，则最初形成的小颗粒(晶种)会逐渐吸引其他析出的分子按照一定的方向继续排列到晶种的晶格上，溶质以一定的晶体形式析出，此过程称为结晶(crystallization)。以油状物和无定形沉淀形式析出的固体颗粒细小，会包溶和吸附一些杂质和溶剂，纯度较低。以晶体形式析出的结晶颗粒较大，纯度很高。

下列操作有助于晶体形式析出：①冷却速率要缓慢，快速冷却会使固体分子瞬间大量析出，聚集速率大增，不利于定向排列；②玻璃棒摩擦容器内壁或加入小晶种，引导小颗粒定向排列；③慢慢搅拌，尤其在开始时，防止局部过饱和加快聚集速率；④过滤前陈化处理，可使小晶体逐渐溶解，大晶体继续成长。

2. 重结晶实现分离纯化的过程与实质

图 2-15 所示为重结晶分离纯化的一般过程。其中有两个关键环节：一是用选定的溶剂在高温下溶解固体混合物，此环节可以通过脱色和趁热过滤除去不溶组分和有色杂质；二是将热滤液冷却，使高温易溶而低温难溶的被纯化组分从滤液中重新结晶析出，而其他易溶的杂质继续留在滤液中，过滤后得到纯净的被纯化组分晶体。

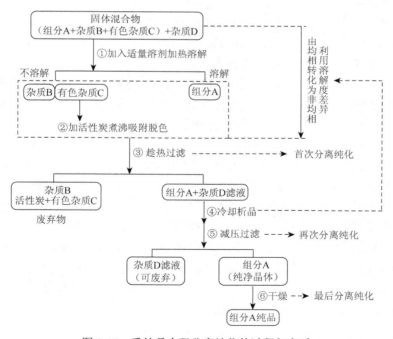

图 2-15　重结晶实现分离纯化的过程与实质

重结晶过程中有两个实质性过程：热溶过程和冷析过程。这两个过程都是利用不同温度下组分和杂质的溶解度不同实现了由均相态到非均相态的转变。热溶过程可以除去不溶性杂质，冷析过程可以除去可溶性杂质。在这两个过程中，溶剂都要对被纯化组分和杂质有显著不同的溶解度。因此，重结晶溶剂的选择是十分关键的。

3. 重结晶的适用条件与回收率

被纯化组分与杂质在不同温度下某种溶剂中的溶解度不同，重结晶的结果也会不同。假设某固体混合物由 9.5g 被纯化物质 A 和 0.5g 杂质 B 组成。在某溶剂中的溶解度分别表示为 S_A、S_B。一般会有如下三种情况：

(1) 室温下 A 难溶 B 易溶（$S_B > S_A$），高温下 A 易溶。

设室温下 S_A=0.5g/100mL，S_B=2.5g/100mL，溶剂沸腾时 S_A=9.5g/100mL。则在沸腾时用 100mL 溶剂可将混合物全溶。再将溶液冷却至室温，则可结晶析出 9g A（操作损失不计），杂质 B 留在母液中被除去，回收率为 94.7%。

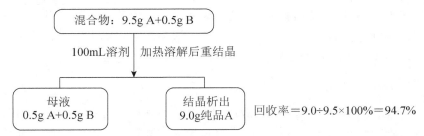

若 A 在沸腾溶剂中溶解度更大，如为 47.5g/100mL，则只需 20mL 溶剂即可使混合物在沸腾时全溶，这时滤液冷却后可析出 A 晶体 9.4g，回收率高达 99%。结果表明，室温下杂质易溶，而被纯化物质室温难溶、高温易溶，重结晶可获得较高的回收率。

(2) 室温下被纯化组分 A 易溶，杂质 B 难溶（$S_B < S_A$）。

设室温下 S_A=2.5g/100mL，S_B=0.5g/100mL，沸腾溶剂中 S_A 仍为 9.5g/100mL。则使用 100mL 溶剂重结晶后，母液中含有 2.5g A 和 0.5g B（杂质全部溶解），可得晶体 A 为 (9.5–2.5)g=7g，产物回收率为 74%。即使 A 的溶解度更大，溶剂用量也不能再少了，否则杂质 B 会部分析出，影响 A 的纯度，还需重新重结晶。若杂质含量增加，所用溶剂量则更多或重结晶次数要增加，回收率则更低。显然，这种情况不如第(1)种理想。

(3) 室温下两者溶解度相同（$S_B = S_A$）。

设室温下两者的溶解度均为 2.5g/100mL。用 100mL 溶剂重结晶，仍可得到 7g 纯 A。但如果杂质含量更多，则回收率会继续降低。A 和 B 的含量相等，重结晶根本得不到纯 A。

综上可得如下结论：①无论选择怎样的溶剂，在任何情况下杂质的含量越多越不利于重结晶。杂质太多还可能影响结晶速率，甚至妨碍结晶的生成。因此，重结晶一般只适用于纯化杂质含量在 5% 以下的固体有机化合物。杂质量多，则不宜从粗产品中直接重结晶，必须采取其他方法（如萃取、水蒸气蒸馏、减压蒸馏等）进行初步提纯后再用重结晶纯化。②溶剂用量多总会降低重结晶的回收率，使用时要合理控制其用量。③比较理想的重结晶溶剂是室温下杂质易溶，被纯化组分室温难溶、高温易溶。

2.3.2　重结晶的实验操作与方法

1. 重结晶溶剂的选择

理想的重结晶溶剂应具备的条件有：①不与被提纯物质发生化学反应；②在较高温度时能溶解较多的被提纯物质，而在室温或更低温度下只能溶解少量被提纯物质，且越少越好；

③溶剂对杂质的溶解度很大(使杂质留在母液中不随提纯的晶体一起析出)或很小(在制成热的饱和溶液后,趁热过滤把杂质滤掉);④溶剂的沸点较低,易挥发,易与结晶分离除去;⑤能得到较好的结晶,价格便宜、毒性小,易回收,操作安全。

　　重结晶溶剂的选择与实验确定:取约 0.10g 待重结晶的固体样品粉末置于一小试管中,用滴管逐渐加入溶剂,并不断振荡。当加入 1mL 溶剂后,观察溶质是否溶解。若固体很快全部溶解,则说明此溶剂溶解度太大,不宜作重结晶溶剂;如果基本不溶或大部分未溶,可小心加热混合物直至沸腾并进一步观察①。若仍不溶解,可在加热下,再分批加入溶剂,每次加 0.5mL,当加入溶剂已达 3~4mL②,若沸腾下固体仍不溶解,说明该溶剂溶解度太小,也不适用。如果该物质能溶于 1~4mL 沸腾溶剂中,冷却至室温或自行冷却时能析出较多晶体,则此溶剂可以选作重结晶的溶剂。若冷却后结晶仍不能析出,则此溶剂也不适用。

　　若几种溶剂系统同样都合适,则应根据重结晶的回收率、操作的难易、溶剂的毒性、易燃性、用量和价格等其他方面综合考虑进行确定。常用单纯溶剂参见表 2-4。

表 2-4　常用的单纯溶剂及其沸点和密度

溶剂名称	b.p./℃	$\rho/(g/cm^3)$	溶剂名称	b.p./℃	$\rho/(g/cm^3)$
水	100.0	1.00	乙酸乙酯	77.1	0.90
甲醇	64.7	0.79	二氧六环	101.3	1.03
乙醇	78.0	0.79	二氯甲烷	40.8	1.34
丙酮	56.1	0.79	二氯乙烷	83.8	1.24
乙醚	34.6	0.71	三氯甲烷	61.2	1.49
石油醚	0~60; 60~90	0.68~0.72	四氯化碳	76.8	1.58
环己烷	80.8	0.78	硝基甲烷	120.0	1.14
苯	80.1	0.88	甲乙酮	79.6	0.81
甲苯	110.6	0.87	乙腈	81.6	0.78

　　单纯溶剂往往不能满足实际需要,当一种物质在一些单纯溶剂中溶解度太大,而在另一些单纯溶剂中溶解度又太小,选不出一种合适的单纯溶剂时,可以使用混合溶剂。即把对固体物质溶解度较大和较小而又能互溶的两种单纯溶剂按照一定的比例混合起来,获得的具有良好溶解性能的溶剂。常用混合溶剂参见表 2-5。

表 2-5　常用的混合溶剂

水-乙醇	吡啶-水	甲醇-二氯乙烷	乙醚-丙酮	石油醚-苯
水-丙酮	甲醇-水	乙醇-乙醚-乙酸乙酯	氯仿-醚	石油醚-乙醚
水-乙酸	甲醇-乙醚	苯-乙醇	氯仿-醇	石油醚-丙酮

　　2. 溶解固体样品,制成热的近饱和溶液

　　(1)单纯溶剂的溶解。

　　将待纯化的固体物质置锥形瓶中,加入适量的合适溶剂③,加热到沸腾。若没有完全溶解,

---

① 加热时要注意严防溶剂着火,沸点在 100℃以下应在热水浴中加热。
② 必须确保已达 3~4mL,因加热时溶剂挥发损失会少于 4mL。有必要时可事先向试管中加入 3~4mL 溶剂,并在试管外做一个记号,以便对比确定加入溶剂的数量。
③ 适量是指根据被纯化组分的溶解度数据或溶解度实验所得结果稍少的量。

应沸腾一会儿再观察，因有的化合物溶解速率较慢。若沸腾一会儿后，瓶中仍有固体，或有油状物存在[①]，可再分批补加适量溶剂，并加热至沸，直至该物质全部溶解。此时基本为饱和溶液，记录该溶剂用量 $V_{饱和}$。为防止因温度下降溶质析出、溶剂加热挥发造成的损失，实际加入的溶剂量 $V_{实际}$ 可比 $V_{饱和}$ 过量 10%～20%，即制成热的近饱和溶液。

注意事项：①溶解时要仔细判断是否有不溶性杂质存在，以免加入过多溶剂降低回收率。同时也要防止因溶剂长时间沸腾挥发过多，而把过饱和析出的溶质视为不溶性杂质。②若使用易挥发或有毒溶剂，应采取回流加热装置进行溶解，后续需补加的溶剂可从冷凝管上端用漏斗或滴管加入。若溶剂易燃，还应注意选择无明火的安全加热方式，避免引起火灾和事故。严禁在敞口的情况下加热易挥发、易燃、易爆和有毒性的溶剂。

(2) 混合溶剂的溶解。

使用混合溶剂时可以把两种溶剂事先混溶，按照单一溶剂的方法进行溶解。但通常较好的办法是：先将待提纯物质溶在热的极易溶解的良溶剂中，若有不溶物质，可趁热过滤；若含有有色杂质或有树脂状不溶的均匀悬浮体，则要用活性炭脱色处理后再进行热过滤。由于良溶剂溶解性能好，且不是制成饱和溶液，经上述操作待纯化物质损失很小。然后向溶液中小心地慢慢加入热的不良溶剂，直至出现浑浊并不再消失为止。这表明溶液刚过饱和，再加少量凉溶剂或稍加热此溶液至恰好透明即可。

要使重结晶能得到较高的回收率和较好的产品质量，溶剂的用量从始至终都是一个关键，需严格控制。

3. 活性炭煮沸脱色，去除有色杂质

有机化学反应常产生有色杂质，这些杂质常会随滤液而行，当晶体析出时会黏附在晶体上，不易除去。而且，制得的热溶液有时会因存在有色的树脂状或不溶性杂质微粒而成为均匀的悬浮体，使溶液浑浊，造成过滤困难。为保证滤液纯净，去除有色杂质的进一步影响，此时需将其除去。

有色有机杂质已被活性炭等吸附剂吸附。将活性炭加入煮沸即可将有色杂质吸附，过滤后即达到去除有色杂质的脱色目的。活性炭煮沸脱色需要注意以下问题：①活性炭加入量视颜色深浅而定，颜色较浅或无色可不脱色。但不可加入过多，否则会吸附滤液而造成损失，一般为粗品质量的 1%～5%。②不可加入到已经或接近沸腾的溶液中，否则会引起暴沸，液体冲出发生液泛[②]。③活性炭只有加热煮沸后才能彻底发挥吸附作用[③]，一般至少煮沸 5～10min。④一次脱色后颜色仍较深，可再次脱色。

4. 趁热过滤

固体被热溶剂溶解或活性炭脱色后，经过滤可将此时不溶性杂质去除。但为了避免热溶液中的溶质在过滤时因温度下降而析出晶体，必须趁热快速过滤。若无热过滤漏斗，可利用布氏漏斗或砂芯漏斗进行减压热过滤，并采取下列措施：①选用漏斗颈短且粗的漏斗；②事先将漏斗、吸滤瓶进行预热；③将吸滤瓶浸在热浴中热保护，并在过滤后尽快把滤液转移出来，防止滤液冷却析出晶体，如图 2-16 所示。

---

① 不少有机物在溶剂中会因凝固点下降而变成油状物，会产生全溶假象。

② 活性炭也有类似于沸石的作用。

③ 正常情况下活性炭表面会吸附空气，加热将空气赶跑后才能发挥吸附效能。

5. 重新结晶析出

热滤液经自然冷却后物质便可以从溶液中结晶析出。晶体析出的关键是过饱和溶液的形成。形成过饱和溶液的方法有蒸馏法、冷却法、盐析结晶法、等电点法、共沸蒸馏结晶法，以及多种方法并用的复合法。有时因杂质的存在和温度等原因影响化合物晶核形成和结晶生长而出现滤液虽已冷却和达到过饱和状态，但仍不见晶体析出或以油状物析出的情况。此时需采取相应措施促进晶体迅速析出，主要方法有：

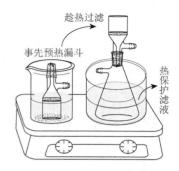

图 2-16　普通漏斗的热过滤方法

（1）摩擦法。用玻璃棒在溶液中摩擦器壁，以形成粗糙面。溶质分子在粗糙面上较光滑面上更容易定向排列而形成晶体，如图 2-17（a）所示。

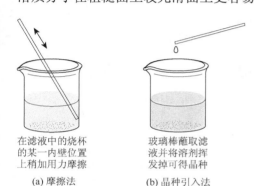

在滤液中的烧杯的某一内壁位置上稍加用力摩擦

玻璃棒蘸取滤液并将溶剂挥发掉可得晶种

(a) 摩擦法　　　　(b) 晶种引入法

图 2-17　促进晶体析出的方法

（2）晶种引入法。向滤液中加入少许同一物质的晶体作为晶种，以供给晶核，使晶体迅速生成，这称为种晶。若没有该物质晶体，可用玻璃棒蘸取一些溶液，然后使溶剂挥发后就会得到晶体，如图 2-17（b）所示。

（3）过度冷却法。将滤液置于冰浴或冷藏柜等低于常温的环境中。

（4）过度浓缩法。去除溶剂使滤液过度浓缩。学生实验中，有时会因溶剂用量过多而析不出晶体或析出较少，此时有必要浓缩后再行结晶析出。

（5）溶剂调节法。向滤液中加入少许难溶解该物质的溶剂，降低溶解度，然后再用摩擦法或放入乳钵中研磨。

6. 晶体与滤液的分离和洗涤

（1）过滤法分离与晶体洗涤。

采用减压过滤可使晶体和滤液分离得更彻底，利于晶体的后续干燥，方法详见 2.2.2。晶体洗涤要注意洗涤溶剂的选用和控制用量。一般可先用原溶剂洗涤一次后，再用少量低沸点、对晶体难溶的溶剂洗一次，以便于晶体干燥。

（2）离心法分离与晶体洗涤。

选择一定速率的离心机离心分离，晶体沉降于离心管底部，将母液用吸管吸出。再加入少许冷溶剂，搅匀后再离心，再吸出溶剂，使晶体得到洗涤。

分离后的晶体取出后置于滤纸上可进一步吸干溶剂，对溶解度偏大的溶剂，滤液中会含有一定量的溶质，若不想遗弃，可浓缩后再回收一部分晶体，但这部分晶体可能因含有一定的杂质成分，纯度往往较低，需测定熔点后再决定取舍或再提纯。

7. 晶体的干燥

过滤后的晶体还会含有少量溶剂，可采取自然干燥、电加热或红外线加热等方法进行干燥。加热干燥的温度主要根据溶剂沸点选定，但需要注意的是，因晶体含有滤液或其他少量杂质，其熔点会降低，加热温度需低于其熔点，以免晶体溶化。这也是过滤时要尽量抽干滤液的原因之一。

实验 2-1　　重结晶与过滤基本操作训练

【关键词】

重结晶，热过滤，减压过滤。

【实验材料与方法】

1. 实验材料

实验器材：三角烧瓶，圆底烧瓶，回流冷凝管，烧杯，热过滤漏斗或布氏漏斗，循环水真空泵，玻璃棒，表面皿，剪刀，熔点测定仪或装置。

药品试剂：乙酰苯胺粗品，活性炭，沸石。

2. 实验方法

(1)查阅乙酰苯胺物理性质，分析选择合适的溶剂。

(2)根据粗品乙酰苯胺量计算溶剂用量。

(3)将粗品溶解，加热至近饱和溶液。

(4)根据颜色深浅决定是否进行活性炭脱色。

(5)趁热减压过滤。

(6)将滤液转移至干净小烧杯内，冷却析晶。

(7)减压过滤得晶体，干燥后称量，计算回收率。

(8)熔点测定检查纯度。

【思考与讨论】

(1)评价产品纯度和重结晶回收率，找出并分析原因。

(2)结合自己的实验情况分析并总结重结晶和过滤的注意事项和操作要点。

(3)为何要趁热过滤？趁热过滤需注意哪些问题？

(4)溶剂的选择和用量对重结晶有何影响？

(5)什么情况的固体混合物比较适合选择重结晶进行纯化样品？

(6)固体物质的熔点若较低能用重结晶纯化吗？

(7)重结晶最重要的条件是什么？

2.4　萃　取　技　术

萃取(extraction)是利用各组分之间在两种不相混溶的相态中溶解度的差异，使其中的某一种或某几种组分从原来的相态中转移到另外一种溶解度更大的相态中，进而实现分离与纯化的一种实验技术和方法。按照两种相态的不同，萃取可分为固-液萃取、液-液萃取、气-液萃取等。在化学实验中，所选择的另外一种相态通常为某种溶剂，这种萃取又被称为溶剂萃取。有时，为了更好地实现物质的相态转移，常加入某些化学试剂，通过一定的化学反应改变某种物质在两种相态中的溶解行为，这种萃取称为化学萃取，所加入的化学试剂称为萃取剂。除传统的溶剂萃取外，近年来还发展产生了超临界流体萃取、微波协助萃取、固相萃取等新型萃取技术。

2.4.1　溶剂萃取法的基本原理

1. 萃取体系的构成及相关概念

溶剂萃取体系由被萃取相(固、液、气态的待分离混合物)和萃取溶剂相组成。如图 2-18 所示，相关概念主要有：

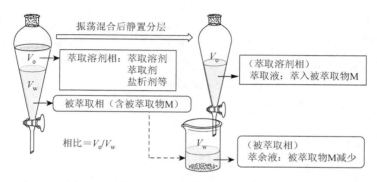

振荡混合后静置分层

萃取溶剂相：萃取溶剂
萃取剂
盐析剂等

（萃取溶剂相）
萃取液：萃入被萃取物M

被萃取相（含被萃取物M）

相比＝V_o/V_w

（被萃取相）
萃余液：被萃取物M减少

图 2-18　液-液溶剂萃取体系及相关概念示意图

(1)被萃取物。存在于被萃取相中的，能够被萃取到萃取溶剂相中的物质称为被萃取物(被分离的目标物)。萃取前应尽量把握和了解更多的被萃取物的状态、性质和含量，以及存在背景的状态、组成、与被萃取物之间的关系等各种信息。

(2)萃取液和萃余液。萃取分层后，含有被萃取物的萃取溶剂相称为萃取液(extract)。萃取分离后，被萃取溶剂相萃取过的被萃取相溶液称为萃余液(raffinate)。二者之间的显著差别是被萃取物经萃取后在萃取液中增加，在萃余液中减少。

(3)萃取溶剂(extraction solvent)。能够溶解被萃取物且与被萃取相态不相混溶的溶剂。

(4)萃取剂(extractant)。能够与被萃取物发生化学反应，形成能够溶于萃取溶剂相的某种化学试剂。萃取剂的作用是通过化学变化改变被萃取物的溶解行为，使其更加容易被萃取。萃取剂与被萃取物发生化学反应所生成的物质常被称为萃合物。

(5)盐析剂(saltingout agent)。加入到萃取溶剂中，有助于促进被萃取物或萃合物转入萃取溶剂相的某种无机盐类物质。其作用机理是盐析效应[①]。

(6)相比(phase ratio)。被萃取相和萃取溶剂相的体积比。通常的情况是用有机溶剂萃取水相混合物，因此常用 V_o 表示有机溶剂相体积，V_w 表示被萃取水相的体积，相比则为 V_o/V_w 或 V_w/V_o。

2. 溶剂萃取的基本原理

萃取是使被萃取物从原来的相态转移到溶解度更大的另一种相态的过程。仅依靠被萃取物在两相态间溶解性不同实现转移的萃取称为物理萃取。若被萃取物在萃取溶剂中溶解度不理想，可通过加入萃取剂使之与被萃取物发生化学反应，改变萃取物的结构形式和溶解性质，这种借助于化学反应而实现的萃取称为化学萃取。

被萃取物(或萃合物)在两相之间的溶解平衡关系是萃取过程的热力学基础，它决定被萃

---

① 某些盐析剂在络合萃取中有时也可起到助萃络合剂的作用。

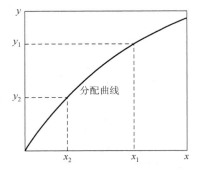

图 2-19　溶质 M 在两相中的分配平衡

取物(或萃合物)的走向，即萃取过程的方向。当萃取溶剂相和被萃取相的原溶液完全互不相溶时，被萃取物 M 在两相间的平衡关系如图 2-19 所示。图中横坐标表示被萃取物 M 在被萃取相中的质量分数 x，纵坐标表示被萃取物 M 在萃取溶剂相中的质量分数 y。

1891 年，能斯特(Nernst)提出分配定律：在一定温度下，当某物质 M 在基本不相混溶的两个溶剂中达到分配平衡时，若物质 M 在两相中的相对分子质量相等[①]，则 M 在两相中浓度比值为一常数，即分配系数(distribution coefficient)K：

$$K = \frac{c_o}{c_w} \approx \frac{S_o}{S_w} \tag{2-2}$$

实际操作中，浓度具有随机性，不便随时测定。但在一定条件下，浓度 c 的比值可近似等于溶解度 S 的比值，而溶解度可以很方便地通过手册查知。

分配定律仅适合于溶质 M 在溶液中浓度较小的情况。若浓度较大，会因分子间发生缔合等相互作用，使浓度和活度不一致，分配系数 K 则可能不再为一常数。若用被萃取物 M 在两相中总浓度或含量的比值，即分配比(distribution ratio，D)表示被萃取物 M 在两相间的平衡关系则不会受此影响。

$$D = \frac{\sum c_o}{\sum c_w} = \frac{m_o}{m_w} \tag{2-3}$$

可见，被萃取物在两相间的分配情况，即萃取方向从根本上取决于分配系数 K 或分配比 D 的大小，即被萃取物在两相中的溶解度。此外，还会受到两相溶液的组成、pH、温度等其他条件的影响。

3. 萃取分离的前提条件

萃取分离是利用组分之间在两种互不相溶的相态中溶解度的不同而实现分离和纯化的。因此，萃取溶剂和萃取剂的选择既要能够将被萃取物萃取出来，还要对混在一起的不同组分具有不同的选择性。这种不同的选择性可用分离系数(separation coefficient)β 表示，即两组分 M_1、M_2 的分配系数 K 或分配比 D 的比值：

$$\beta = \frac{K_{M_1}}{K_{M_2}} = \frac{D_{M_1}}{D_{M_2}} \tag{2-4}$$

$\beta \approx 1$，说明两种组分之间同步溶解和转移，萃取分离困难，萃取溶剂相不合适。

$\beta \gg 1$，说明物质 M_1 易被溶剂相萃取，物质 M_2 留存，可以萃取分离。

$\beta \ll 1$，说明物质 M_2 易被溶剂相萃取，物质 M_1 留存，也可以萃取分离。

可见，萃取分离的前提条件是分离系数 $\beta \neq 1$。

① 相对分子质量相等是指物质在溶液中没有发生溶剂化、缔合、电离等物理和化学变化，其活度与浓度一致。若发生上述变化，则实验测得的分配系数会有所偏差。

4. 萃取率

萃取率(percentage extraction，E)为被萃取物在萃取溶剂相中的含量与其在两相中总量的比值：

$$E = \frac{m_o}{m_w} = \frac{\sum c_o V_o}{\sum c_w V_w + \sum c_o V_o} \times 100\%$$

$$= \frac{D}{\dfrac{V_w}{V_o} + D} \times 100\% \qquad (2\text{-}5)$$

可见，萃取率 E 大小取决于分配比 D(或分配系数 K)和相比 V_w/V_o。当两相体积相同时，萃取率 E 仅取决于分配比 D。讨论如下：

(1)溶剂萃取的首要问题。

当萃取溶剂用量一定即相比一定时，决定萃取率的根本因素是分配比 D 或分配系数 K，因此萃取溶剂的选择是首要的。

(2)萃取溶剂的使用量与相比问题。

当萃取溶剂选定时，萃取溶剂的用量会影响萃取率。萃取溶剂用量越多，V_w/V_o 则越小，萃取率 E 越高。但实际上萃取溶剂用量太多，会产生另外的现实问题：①增加萃取成本；②给后续的萃取溶剂的回收带来负担。而且相比 V_w/V_o 小到一定程度对萃取率的贡献已经不十分明显。因此，实际上相比 V_w/V_o 一般为(1～2)∶1。

(3)萃取次数与总萃取率问题。

考虑到萃取溶剂的现实问题，萃取溶剂的使用一般需要总量控制。当使用一定量的萃取溶剂时，是一次使用还是分多次使用结果会更好呢？假设每次用 SmL 萃取溶剂萃取溶解在 VmL 水相中的初始含量为 W_0g 被萃取物 M。萃取 n 次后萃余液中剩余的被萃取物 M 的质量为 W_n。

①一次萃取：据分配定律公式得

$$K = \frac{(W_0 - W_1)/S}{W_1/V} \qquad (2\text{-}6)$$

$$W_1 = W_0 \left(\frac{V}{DS + V} \right) \qquad (2\text{-}7)$$

②多次萃取：

$$\text{萃取 2 次，} \quad W_2 = W_0 \left(\frac{V}{DS + V} \right)^2$$

$$\text{萃取 } n \text{ 次，} \quad W_n = W_0 \left(\frac{V}{DS + V} \right)^n \qquad (2\text{-}8)$$

萃取次数 n 越多，萃余液中剩余的被萃取物 W_n 越少，总萃取率则越高。可见，理论上多次萃取比一次萃取好。但当萃取次数 n 大到一定数值时，萃取 $n+1$ 次与萃取 n 次的萃取结果差别已经很小。说明萃取到一定次数后，再增加萃取次数已并无太大意义，而且会增加萃取溶剂的用量。若进行萃取溶剂的总量控制，当 $n>5$ 时，n 和 S 的影响则几乎抵消。因此，实际上一般萃取 3～5 次即可基本达到较好的萃取结果。

(4) 一定量萃取溶剂分多次萃取时，每次萃取溶剂的用量分配问题。

某种物质若在两相中均可以溶解，说明两相溶剂系统之间必定会有一定程度的互溶，只不过互溶程度很小而已。因此，在首次使用萃取溶剂时，会造成萃取溶剂在被萃取相中的溶解损失。而首次萃取因被萃取相中物质浓度最大，首次萃取率会因此较高，若首次萃取溶剂量减少则会降低其萃取率。因此，在分配一定量萃取溶剂的使用时，首次萃取常多加一些，而之后的几次则因已经达到两相的互溶平衡可以平均分配。一般首次用量为被萃取溶液体积的 1/3 左右，以后可为 1/5～1/4，最多萃取 3～5 次即可。

问题 2-1

有一在 100mL 水中含有 4g 正丁醇的溶液，需要在 15℃时用 100mL 苯将其中的正丁醇萃取出来。已知此温度下正丁醇在水和苯中的分配比 D 为 3，计算并比较分 1 次、3 次、5 次、6 次萃取的萃取效果。

5. 盐析剂在溶剂萃取中的作用与使用

向水溶液中加入无机盐类强电解质，电解质离子会与水分子结合产生水合离子，导致游离的水分子减少，从而降低了水分子对其他溶质的溶解度而使溶质析出，这种作用称为盐析作用。其中加入的强电解质无机盐称为盐析剂 (saltingout agent)。

(1) 盐析剂在溶剂萃取中的主要作用如下：

① 降低被萃取物在水相中的溶解度，增大分配系数和分配比，提高萃取率。

② 盐析剂的加入增加了水相的相对密度，加大了两相的相对密度差。同时，盐析作用也减少了两相间的互溶程度。这有利于振荡混合后两相的分层，降低了乳化风险。

(2) 使用盐析剂的注意事项如下：

① 根据同离子效应和平衡理论，盐析剂应尽量使用高浓度甚至饱和溶液。但不可过多，因过饱和则会析出沉淀或使其他待分离的溶质也随被萃取物转移到有机相中，影响萃取操作、降低分离度。

② 盐析剂一般采用小半径、高电荷的阳离子盐。阳离子半径越小，电荷越高，则溶剂化作用越强，盐析效应越好。

③ 阴离子尽可能具有同离子效应。

④ 盐析剂不应与被萃取物和其他溶质发生化学反应。

6. 萃取剂与化学萃取的种类

化学萃取的目的是通过与萃取剂发生化学反应，使被萃取物转化成易溶于萃取溶剂的物质。化学萃取使溶剂萃取的选择性得到了较大的提高，扩大了溶剂萃取的应用领域。常用的萃取剂及萃取种类有以下几种：

(1) 酸碱萃取。

利用酸碱反应将水中溶解度较差的酸碱性物质转变成盐，使其更加易溶于水相而达到萃取分离的目的。常用的化学萃取剂有 5%氢氧化钠、5%碳酸钠或碳酸氢钠水溶液、稀盐酸、稀硫酸和浓硫酸[①]等。

(2) 螯合萃取。

利用螯合剂与金属离子产生螯合物，可以将金属离子转移到有机相的萃取溶剂中实现萃

---

① 浓硫酸除酸碱萃取外，还可用于除去饱和烃和卤代烷中的不饱和烃、醇和醚等。

取分离。螯合萃取剂在结构上至少要具备两个能参加反应的官能团，如—OH、—COOH、—SH、—AsO$_3$H$_2$ 等酸性官能团，或—NH$_2$、—N=N—、=S、=NH 等能给出电子的碱性官能团。

(3) 阳离子交换萃取。

阳离子交换萃取剂通常也称为质子萃取剂。萃取时，水相中溶质的阳离子取代质子萃取剂中的氢离子，故称其为阳离子交换反应萃取。该类萃取剂主要有羧酸、磺酸和酸性含磷萃取剂三种类型。羧酸类萃取剂一般为 7～9 个碳，碳数少的羧酸及其盐水溶性大，碳数多的羧酸凝固点高，解离常数小，因此均不宜作为萃取剂。一些带有支链的脂肪酸具有较好的萃取选择性。

(4) 离子缔合物萃取。

离子缔合物萃取又称离子对萃取，是指金属以络阴离子或络阳离子的形式进入有机相的化学萃取。因此根据萃取金属离子所带电荷不同分为阴离子萃取和阳离子萃取两种。阴离子萃取是指溶质离子在水相中形成络阴离子，萃取剂与氢离子结合成阳离子，二者通过离子缔合反应构成离子缔合物而进入到有机相；阳离子萃取是溶质的阳离子与络合萃取剂结合成络阳离子，该阳离子与水相中的较大阴离子通过离子缔合反应构成离子缔合物进入到有机相。

(5) 协同萃取。

在萃取过程中，用两种或两种以上萃取剂的混合物萃取某些金属离子时，其分配比明显大于在相同条件下单独使用每一种萃取剂时的分配比之和，这种现象称为协同效应。有协同效应的萃取体系称为协同萃取体系。协同萃取最早发现于 1954 年，我国学者徐光宪在此领域的研究取得了较大的成果，著有《萃取化学原理》一书(1984 年，上海科学技术出版社)。

2.4.2 萃取溶剂和萃取剂的选择

萃取溶剂和萃取剂的选择是萃取成功与否的决定性因素。萃取剂的选择要依据具体的化学反应原理，在此不作详细的叙述。萃取溶剂的选择主要依据分配系数，此外还要考虑影响萃取过程和结果的其他因素。理想萃取剂应该满足的条件有：

(1) 分配系数或分配比足够大，以保证较高的萃取率。

(2) 两相互溶程度小，利于分层，降低乳化风险。

(3) 对不同溶质具有不同的选择性，提高分离度。

(4) 化学性质稳定，不与被萃取物发生不利于萃取分离的化学反应。

(5) 有利于改善两相的密度差，便于两相分层。

(6) 界面张力较大[①]，既不影响物质在两相间的重新分配平衡，又有利于两相的分层，不至于产生乳化。

(7) 黏度低，易于两相振荡混合后重新分配与分层。

(8) 沸点较低，利于萃取溶剂与被萃取物的蒸馏法分离和回收。

(9) 价廉易得，低毒安全，环境友好。

实际上，完全满足上述条件的萃取溶剂很难找到，常需要综合以上因素进行选择。一般情况下，如果是从水溶液中萃取有机物，对于难溶于水的化合物常用石油醚萃取，较易溶于水的物质常用乙醚或苯萃取，易溶于水的物质则用乙酸乙酯萃取效果较好。

---

① 界面张力的大小与分子的聚集和分散相关。界面张力大，小液滴易于聚集，有利于两相分层，但界面张力过大则不易分散，会影响两相振荡混合时物质在两相间的重新分配平衡。界面张力小，利于分散和分配平衡，但却不利于液滴聚集分层，易产生乳化。

2.4.3　乳化的避免与破除

乳化液（emulsion）是一种液体分散到另一种互不相溶的液体中所构成的分散体系。被分散的一相称为分散相或内相，另一相则称为分散介质或外相。如图 2-20 所示，根据内外相性质，乳化液分两类：一类是水为分散介质、油为分散相的水包油型乳化液，以 O/W 表示；另一类是油为分散介质、水为分散相的油包水型乳化液，以 W/O 表示。

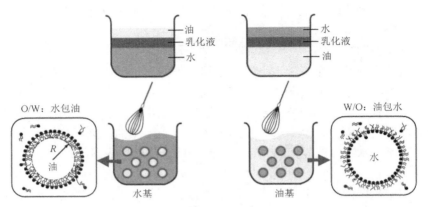

图 2-20　乳化液的两种类型

在液-液溶剂萃取过程中，两相会因相态组成或剧烈振荡等内外部因素形成乳化液，或在两相之间形成一个乳化的第三层而难以分层，造成萃取分离困难。因此，应尽量避免在萃取过程中产生乳化。一旦产生乳化，还要了解如何破除乳化。

1. 产生乳化的因素

欲避免产生乳化，需先了解易于产生乳化的因素。主要有：
(1)两相互溶程度大。
(2)两相界面张力小。
(3)两相相对密度接近。
(4)含有乳化剂类物质[①]，增大两相互溶、降低界面张力、使乳化液更稳定。
(5)含有碱性物质，降低界面张力。
(6)黏度大，界面张力小。
(7)振荡剧烈。

2. 乳化的避免与消除方法

避免乳化的方法主要针对产生乳化的各方面因素而进行，尽量避免和克服相关因素的影响。一旦产生乳化，可有针对性地采取下列措施和方法：
(1)加热破乳。温度升高，使乳化液液珠的布朗运动增加，絮凝速率加快。同时加热还可降低黏度，加速液滴聚集，促进分层，如用红外线加热等。但需注意加热方式和温度带来的不利影响。
(2)稀释法。在乳化液中加入外相，可使乳化剂浓度降低而减轻乳化，在实验室的化学分

---

① 乳化剂是一类兼具亲水性和亲脂性基团的表面活性剂，如高级脂肪酸盐等。

析中此法较为有效。

（3）过滤破乳。当乳化液经过一个多孔性介质时，由于水和有机相对固体的润湿性差别可以引起破乳，如碳酸钙或无水碳酸钠易被水润湿，但不能被有机溶剂润湿。

（4）破除乳化剂。若因含有乳化剂或其他一些固体颗粒引起的乳化，可采取此法。例如，加酸破坏碱性乳化剂，将溶液通过吸附层除去乳化剂，过滤去除悬浮固体，破坏胶体物使之聚沉再过滤除去等。

（5）电解质破乳。加入电解质可破坏稳定乳化液的双电层，使乳化液聚沉，如氢氧化钠、氯化钠、盐酸、高价离子等。

（6）转型法破乳。在 O/W 型乳化液中加入亲油性乳化剂，或在 W/O 型乳化液中加入亲水性乳化剂，则可使乳化液转型。如控制条件不允许形成新型乳化液，则可使其停留在破乳阶段实现破乳。此法工业生产中常用。

（7）加入破乳剂。破乳剂也是一种表面活性剂，具有相当高的表面活性，因此可以顶替界面上原来存在的乳化剂。但因破乳剂碳氢链很短或具有分支结构，不能在两相界面上形成紧密排列的牢固界面膜，从而使乳化液的稳定性大大降低，达到破乳目的，如十二烷基磺酸钠等。

（8）高压电破乳。高压电场由于可以破坏扩散双电层等稳定乳化液的因素，因此可以实现破乳。

2.4.4　溶剂萃取的操作形式

按被萃取相态不同，溶剂萃取主要有液-液萃取、液-固萃取和液-气萃取三种形式。

1. 液-液溶剂萃取

液-液萃取（liquid-liquid extraction）操作主要有间歇式和连续式两种方法。

1）间歇式液-液萃取

间歇式液-液萃取是实验室常用的萃取方法，适合于分配系数较大的被萃取物。主要操作的仪器是分液漏斗（separating funnel），其大小根据萃取两相的总体积选择，装入量约为分液漏斗容量的一半。萃取操作程序是：漏斗加液→振荡混合并放气→静置分层→放液分离，如图 2-21 所示。

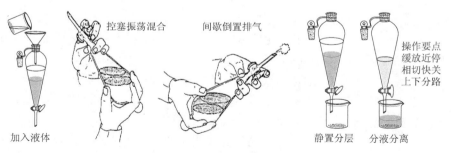

图 2-21　分液漏斗及其萃取操作示意图

间歇式液-液萃取特别需要注意的问题是：①萃取前必须处理好分液漏斗，上、下塞都不能漏液，尤其是下旋塞要涂抹凡士林并试漏、绑定（方法见 1.2.1）。②加液前确定下旋塞关闭。③振荡放气操作时注意握持方法，控制好上、下塞。振荡不可剧烈以免乳化，又要使两相充分接触达到重新分配平衡。每振荡 3～5 次需要放气一次，以释放内部因溶剂挥发产生的压力。

放气时要避开人脸。④两相界面清晰，完全分层后方可放出下层液体。放液时上塞要打开或与大气相同，否则因上部气压低而放不出液体。放液时两手扶住分液漏斗下部，旋开旋塞时切不可将旋塞拔出。缓慢放液并注意观察界面下移位置。因放液时两相流动可能会使两相界面再次混合不清，故当界面接近下旋塞放液孔 1cm 左右时，暂停放液再静置分层一会儿，然后将余下下层缓慢放出，当界面与下旋塞放液孔相切时要快速关闭旋塞，使上、下层液体恰好完全分开[①]。⑤上层液体一定要从上口倒出，切勿从下口放出，以免交叉污染。

　　2）连续式液-液萃取

　　若分配系数小，需大量萃取溶剂分多次萃取才能达到萃取目的。采取间歇萃取则会十分麻烦，此时可以采用连续式液-液萃取装置，如图 2-22 所示。

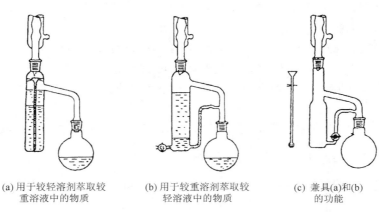

(a) 用于较轻溶剂萃取较　　　　(b) 用于较重溶剂萃取较　　　　(c) 兼具(a)和(b)
　　重溶液中的物质　　　　　　　轻溶液中的物质　　　　　　　　的功能

图 2-22　连续式液-液萃取的几种装置图

　　3）双水相萃取

　　双水相萃取（aqueous two-phase extraction）是利用物质在互不相溶的两个水相间分配系数的差异进行萃取分离的一种液-液萃取方法。是由瑞典隆德大学 Albertsson 于 1956～1958 年提出，并首次应用于生物活性物质蛋白质的分离纯化。

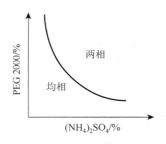

图 2-23　双水相形成定量关系图

　　双水相的形成：高聚物与无机盐在水中由于盐析的作用会形成两个相，如 PEG 与硫酸盐或碱性磷酸盐。两种亲水性高聚物在水中由于聚合物的不相溶性也会形成两个相。但是它们只有达到一定的浓度时，才能形成两相，双水相形成的定量关系可用相图来表示，如图 2-23 所示。因使用的溶剂为水，所形成的两相则称为双水相。在这两个水相中水分所占的比例较大，一般为85%～95%，常用的高分子聚合物有葡聚糖（dextran）、聚乙二醇（polyethylene glycol，PEG）等。

　　最近的研究表明，当正、负粒子表面活性剂以一定浓度混合时，其水溶液会自发地分离成两个不相溶的具有明显相界面的双水相体系。这种双水相体系称为表面活性剂双水相。该双水相的含水量可以高达 99%，且用于蛋白质等生物活性物质的分离时比高分子双水相系统更加有利。例如，萃取后更容易将萃取物从双水相中分离出来，不仅适用于水溶性蛋白质的分离，也适用于水不溶性蛋白质的萃取分离，还可以实现对萃取

　　① 在实际操作中有时为保证所要下层或上层绝对纯净，可稍微提前关塞或略微放过上层液体。

物的选择专一性，提高萃取分离度等。

双水相萃取发生的机理是复杂的，既有化学分配作用，也有物理分配作用，是各种分配作用的综合结果，如氢键、离子键、疏水作用、亲和分配作用等。由于双水相萃取体系提供了一个比较温和的萃取环境，因此有利于生物活性物质的活性和构象的保持。因此，双水相萃取目前被广泛应用于蛋白质等生物活性物质的分离。

2. 液-固溶剂萃取

液-固萃取是用萃取溶剂萃取固体材质中某些化学成分的一种溶剂萃取形式，也称为溶剂提取法。常见的固体材料主要有植物材料、动物材料或矿物材料。此法在医药、生物、食品、矿产、环保等许多行业和研究领域都有实际应用，尤其在天然药物和生物医药方面应用更加广泛，如中草药有效成分的提取分离、生物样品中活性物质的提取分离等。

液-固萃取的主要方法有浸泡提取、渗滤提取、回流提取、索氏回流提取等，如图 2-24 所示。

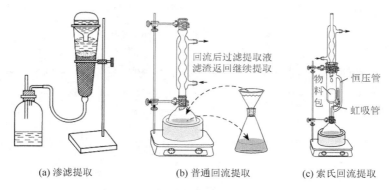

(a) 渗滤提取　　　　(b) 普通回流提取　　　　(c) 索氏回流提取

图 2-24　液-固萃取主要方法装置图

索氏回流提取主要利用索氏提取器(Soxhlet extractor，又称脂肪提取器)进行提取。索氏提取器利用了虹吸原理，如图 2-24(c)所示，固体样品用滤纸或纱布袋装好，放入索氏提取器的提取筒内，加入一定量的提取溶剂后加热至沸腾，溶剂蒸气经恒压管上升至冷凝管被冷凝回流至提取筒浸泡固体物料包，回流溶剂不断积累至超过虹吸管高度时，由于液压作用产生虹吸现象，将浸泡的提取液压缩到烧瓶内。烧瓶内的溶剂继续蒸发、回流、浸提、虹吸，如此反复，直至提取完全。与普通回流提取相比，索氏回流提取的好处是：①固体物料与提取液经虹吸作用自动分离，减少了过滤操作的麻烦；②一定量的提取溶剂不断被反复利用，节约溶剂；③浸提物料的溶剂始终都是重新蒸发冷凝的新鲜溶剂，不会出现饱和现象，提取率更高；④因溶剂用量少，得到的提取液浓度更高，有利于后续提取液的进一步分离。

影响液-固萃取的主要因素包括：①固体物料的含水量和表面积，需要干燥、粉碎或破壁等处理；②被萃取物性质；③萃取溶剂和萃取剂性质、酸碱度、盐浓度等；④提取温度、压力、时间等。

3. 液-气溶剂萃取

气态物料中的物质，多以蒸气或气溶胶的形式存在，如大气中的有机物、烟气中的有机物等。这些气体中物质提取常采用固体吸附法，但也可用溶剂萃取法，即液-气萃取。其做法是选择合适的溶剂，让气体样品通过溶剂，溶剂将有机物溶解并吸收。

2.4.5　溶剂萃取有机物的常用方法

利用溶剂提取环境和生物体内的有机物是最常用的提取方法。对于基本信息一无所知或知之很少的样品，常采用极性不同的溶剂系统进行梯度萃取，如图 2-25 所示。

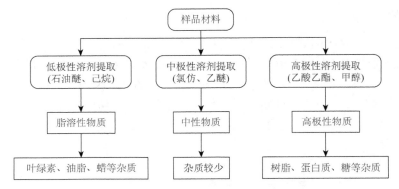

图 2-25　不同极性溶剂的梯度提取

也可以用一种强极性溶剂萃取后，再用极性不同的溶剂与强极性溶剂的提取液进行液-液两相梯度萃取，如图 2-26 所示。

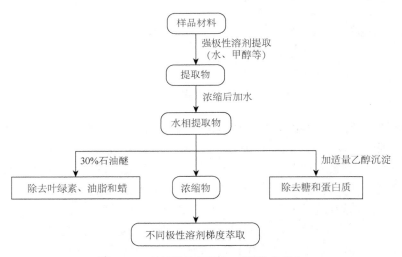

图 2-26　强极性溶剂提取后再梯度萃取

2.4.6　新型萃取技术简介

1. 微波协助萃取技术

微波是波长介于 1mm～1m(频率介于 $3\times10^{6}\sim3\times10^{9}$Hz) 的电磁波，微波在传输过程中遇到不同物料会依物料不同而产生反射、穿透、吸收等现象。极性分子接收微波辐射能量后，通过分子偶极以每秒数十亿次的高速旋转产生热效应。不同物质的介电常数、比热容、形状及含水量的不同，将导致各种物质吸收微波能的能力不同。在传统的溶剂萃取基础上辅以微波辐射加热技术称为微波协助萃取。

在微波协助萃取过程中，微波透过对微波透明的萃取剂到达植物物料内部，由于植物体内的维管束和腺胞内含水量较高，故吸收微波能很快升温，使细胞内部的压力增大，并最终导致细胞壁破裂，于是细胞内的有效成分便可以自由流出，进入到萃取溶剂中并被溶解。过滤后除去残渣即可达到萃取的目的。

微波协助萃取与传统溶剂萃取相比，其主要特点是：①快速；②无需对物料进行干燥等预处理；③节省能源；④降低溶剂用量；⑤选择性好，产品纯度和质量都会提高，利用微波可以对体系内的一种或几种组分进行选择性加热，故可以使目标萃取物直接从基体中分离出来，而周围的环境温度不受影响；⑥可以在同一装置内采取两种以上的萃取溶剂分别提取所需要的组分，工艺更加简捷；⑦避免了长时间高温加热所带来的物质分解等弊端，从而有利于热不稳定物质的萃取。

实例：含水量为 30% 的大蒜，切碎成 1cm 大小。取样 100g 注入 250mL 二氯甲烷，充分浸润，微波辐照 30s，功率 625W，频率 2450MHz。另取相同的试料用水蒸气蒸馏法提取 2h。两种方法得到的大蒜油经气相色谱分析其组成成分如表 2-6 所示。

表 2-6　不同提取方法所得的大蒜油成分比较表

微波辅助萃取法/% (二氯甲烷 30s)			水蒸气蒸馏法/% (2h)							
A	B	C	A	D	E	F	G	H	I	J
22.2	28.4	49.4	14.7	5.8	45.9	9.90	8.96	4.84	5.96	3.94

从结果可以看出，用微波协助萃取可以得到三种主要提取物，且含量很高，重现性好；用水蒸气蒸馏法提取的大蒜油没有得到 B 和 C 组分，而得到许多小分子的 B 和 C 的降解产物，而且含量很低，重现性差。因大蒜油常温下 20h 几乎全部降解，加热则降解速率更快。

2. 超临界流体萃取

超临界流体（supercritical fluid，SCF）是指一种流体（气体或液体）处于高于其临界点，即临界温度和临界压力时的一种物态。图 2-27 为纯溶剂组分的压力-温度相变关系图，其中的阴影部分为超临界流体的范围。临界温度 T_c、临界压力 p_c、体积 V_c、密度 ρ_c、压缩因子 Z_c 是重要的临界参数。

超临界流体既不是液体，也不是气体，但兼具气液两态的特性：液体的高密度、气体的低黏度、介于气液态之间的扩散系数等。超临界流体萃取（supercritical fluid extraction，SFE）就是利用超临界流体优异的溶解性能，以超临界流体作

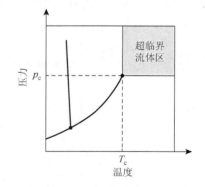

图 2-27　超临界流体 p-T 图

为萃取溶剂而发展起来的一种新型溶剂萃取技术。如今，该技术已日臻成熟并得到了广泛的工业化应用。

超临界流体之所以具有更加优良的萃取特性是因为：①溶质在溶剂中的溶解度一般与溶剂的密度成正比，超临界流体的密度接近于液体，因此具有与液体溶剂相当的萃取能力。②超临界流体表面张力近乎为零，其扩散系数介于气态和液态之间，其黏度和传递性也接近气体，萃取时的传质速率远大于液态溶剂。超临界流体更易于与样品充分混合、接触，从而发挥更大的溶解萃取能力。超临界流体对有机物具有惊人的溶解度，一般能增加几个数量级。③当流体

图2-28　SC-CO$_2$萃取仪

接近临界区时，蒸发热会急剧下降，至临界点处则气液相界面消失，蒸发焓为零，比热容也变为无限大。因而，在临界点附近进行分离操作比在气液平衡区进行分离操作更加有利于传热和节能。④在流体的临界点附近，其压力和温度的微小变化会导致流体密度相当大的变化，从而使溶质在流体中的溶解度也产生相当大的变化。这一特性更加有利于溶质的溶解和释放，其相关参数的变化是超临界流体萃取工艺的设计基础。

超临界流体萃取剂分非极性和极性两大类。不同物质的临界参数不同，其超临界流体萃取的性能也不同。在非极性的超临界流体萃取溶剂中，二氧化碳是最广泛使用的萃取剂，图2-28为超临界二氧化碳萃取仪。这是因为二氧化碳具有如下的超临界特性和优势：①CO$_2$的临界密度与其他常见的萃取剂相比，相对较高，所以其萃取能力较强。②CO$_2$的临界温度接近于室温(31.1℃)，在适宜的对比温度区域内，其超临界流体萃取的操作温度范围较低，适合于萃取分离热敏性物质，可以防止热敏性物质的氧化和逸散，使高沸点、低挥发度、易热解的物质能够在远低于其沸点的温度下被萃取出来。③CO$_2$的临界压力处于中等压力，在适宜的对比压力范围内，目前的工业水平容易达到其超临界状态。④CO$_2$无毒、无味、不燃烧、无腐蚀性、价廉易得、易于精制和回收。⑤超临界CO$_2$还具有抗氧化灭菌作用，可以提升天然产物的产品质量。

3. 固相萃取

固相萃取(solid-phase extraction，SPE)是近年发展起来的一种样品预处理技术，由液固萃取和液相柱色谱技术结合发展而来。SPE法也称液-固萃取法，是根据液相色谱法原理，利用组分在溶剂与吸附剂(固定相)间选择性吸附与选择性洗脱的过程，达到提取分离、净化和富集的目的，即样品通过装有吸附剂的小柱后，待测物保留在吸附剂上，先用适当溶剂系统洗去杂质，然后再在一定的条件下选用不同极性的溶剂将待测成分洗脱下来而使组分得到分离。固相萃取的具体分离原理与色谱法类似，主要有吸附、分配和离子交换等分离机理。固相萃取柱的萃取过程如图2-29所示，图2-30为固相萃取仪。

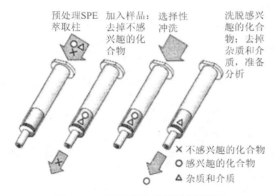

图2-29　固相萃取柱萃取过程图

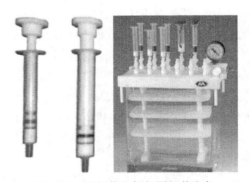

图2-30　固相萃取柱与固相萃取仪

固相萃取比液-液萃取分离方法有很多优势，如克服了液-液萃取所需的互不相溶的萃取溶剂的限制，而且也克服了萃取过程中的乳化问题，具有安全省时、环境污染小、易于自动化等优点。但固相萃取分离有机物的回收和费用不如液液萃取。

实验 2-2　萃取分离甲苯、苯胺、苯酚和苯甲酸混合物

【关键词】

液-液萃取，有机混合物。

【实验材料与方法】

1. 实验材料

实验器材：60mL 分液漏斗 1 个，锥形瓶 5 个。

药品试剂：甲苯，苯胺，苯酚，苯甲酸，其他所需萃取剂，凡士林。

2. 实验方法

(1) 查阅混合物各组分的物理性质。

(2) 设计混合物萃取分离的实验方案。

(3) 实施萃取分离。

(4) 检验分离组分纯度。

【实验结果与结论】

总结分析与评价自己的实验结果。

2.5　蒸　馏　技　术

蒸馏(distillation)是利用液体混合物中各组分的蒸气压不同而在液相和气相的相变过程中的含量和组成不同，从而实现分离纯化的一种实验技术与方法。所有的蒸馏技术都包括液体沸腾蒸发和蒸气冷凝液化两个相变过程。蒸发和冷凝与物质的蒸气压、温度、外压等因素密切相关，其在相变过程中的组成与含量变化所依据的原理是气液两相的相变规律和相图。

蒸馏技术种类较多，按照蒸发与冷凝的次数分为单级蒸馏和多级蒸馏，按照工作压力可分为常压蒸馏和减压蒸馏，还有其他特殊种类的蒸馏技术，详见表 2-7 和表 2-8。

表 2-7　单级蒸馏的技术种类及其特征

技术种类	基本特征	设备或装置构成	分离条件	适用范围
常压蒸馏	仅有一次部分气化和冷凝，分离效率有限	蒸发器、冷凝器、接收器	组分沸点至少相差 40℃以上	沸点在 40～150℃的耐热组分
减压蒸馏	仅有一次部分气化和冷凝，分离效率有限，系统有一定真空度	蒸发器、冷凝器、接收器、减压系统	沸点相差较大	高沸点热敏性物质，沸点为 150～300℃
分子蒸馏	仅有一次部分气化和冷凝，系统真空度极高	蒸发器、冷凝器、接收器、减压系统	分子自由程相差较大	热敏性强的挥发性物质
水蒸气蒸馏	一次部分气化和部分冷凝，分离效率有限，系统引入水蒸气	水蒸气发生器、冷凝器、油水分离器	组分沸点相差在 50～80℃以上，或挥发物与不挥发物之间的分离	挥发油提取分离，除去挥发性有机物杂质
萃取蒸馏		水蒸气发生器、冷凝器、萃取系统、油水分离器		
膜蒸馏	一次部分气化与冷凝，兼具膜分离与蒸馏技术特点，分离效率高	在蒸发与冷凝之间增加膜，热蒸气透过膜进入另一侧被冷却	分离效率更高，无共沸现象	应用更加广泛和深入

表 2-8　　多级蒸馏的技术种类及其特征

技术种类	基本特征	设备构成	分离条件	适用范围
常压分馏（或精馏）	具有多次部分气化和部分冷凝的蒸馏分离过程，分离效率高，可获高纯产品	实验室用：蒸馏器、分馏柱、分馏头、冷凝器、接收器 工业用：再沸器、踏板或填料、冷凝器、回流控制系统	组分沸点差大于 3.5℃（相对挥发度大于 1.05）	沸点差相近的组分分离
减压分馏（或精馏）	低压下操作，沸腾温度降低	增加减压系统，其他同上		沸点差相近的热敏性组分的分离
水蒸气分馏（或精馏）	非均相混合物蒸馏	增加水蒸气发生器，其他同上		沸点差相近的挥发油类的分离

　　蒸馏技术的实际应用主要有液态混合物的分离、溶剂的回收、中草药中挥发油的提取和精制、热敏性物质的提取分离等。随着工业技术的不断发展和进步，蒸馏技术在操作方式和分离理论上也取得了长足的进展，出现了一些新型的蒸馏技术，如分子蒸馏、间歇精馏、萃取蒸馏、膜蒸馏等，在生产实际中都有较好的应用和开发。

2.5.1　蒸馏技术的基本原理

　　在一定温度下，某种物质的气相与液相处于平衡状态时，其蒸气所具有的压力称为该物质在此温度下的饱和蒸气压（saturated vapor pressure）。实验证明，某种液体的饱和蒸气压主要与温度有关，并随温度的升高而增大。实验证明，一定温度下某种物质的饱和蒸气压是一定的，与体系中液体和蒸气的绝对量无关，也不受液体表面总压力的影响。不同物质其液体的饱和蒸气压也不同，液体的饱和蒸气压越大，说明其越容易挥发和气化，沸点也越低。如图 2-31 所示，液体受热后，其饱和蒸气压会随之升高。当液体的饱和蒸气压与外界大气压相等时，则会有大量气体产生，即液体开始沸腾。

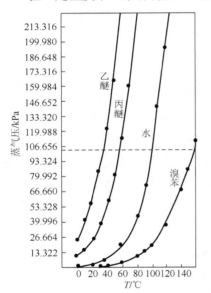

图 2-31　液体饱和蒸气压与温度的关系

1. 理想溶液的蒸馏原理

1）拉乌尔定律

　　理想溶液是指液体中不同组分的分子间作用力和相同组分分子间作用力完全相等的溶液，即溶液中各组分的挥发度不受其他存在组分的影响。1888 年，法国化学家拉乌尔（Francois-Marie Raoult，1830—1901 年）发表了理想溶液各组分产生的蒸气分压与溶液中组分含量之间的关系，即拉乌尔定律：在一定温度下，溶液产生的蒸气中某一组分的分压等于该组分在该温度下的饱和蒸气压与其在溶液中的摩尔分数的乘积。

　　若某理想溶液含 A、B 两种组分，其摩尔分数为 x_A、x_B，则各自产生的蒸气分压 p_A、p_B 分别为

$$p_A = p_A^* x_A \qquad p_B = p_B^* x_B \tag{2-9}$$

式中，p_A^*、p_B^* 分别为纯组分 A、B 的饱和蒸气压。

　　当溶液产生的总蒸气压 $p_总 = p_A + p_B$，等于外界压力时，溶液开始沸腾。据道尔顿分压定

律和理想气体状态方程，沸腾时气相中各组分的含量与其分压成正比，则

$$\frac{y_A}{y_B} = \frac{p_A}{p_B} = \frac{p_A^* x_A}{p_B^* x_B} \tag{2-10}$$

式中，y_A、y_B 分别为气相中组分 A、B 的摩尔分数。

　　根据式(2-9)，对于给定的液体混合物，其液态中各组分的含量 x_A/x_B 是一定的。因此，在一定温度下，气相中组分的摩尔分数主要取决于各组分饱和蒸气压 p_A^*、p_B^* 的大小。饱和蒸气压大(易挥发沸点低)的组分，其蒸发后在气相中分压较大，则其在气相中的含量较高，即高于液态混合物中的含量，如 $p_A^* > p_B^*$，则会有 $y_A/y_B > x_A/x_B$，即饱和蒸气压大，易挥发组分在蒸发后的气相中的含量比在液态混合物中含量有所提高。若 A、B 饱和蒸气压(或沸点)相差足够大，则其在气相中的含量也会相差足够大，将蒸气冷凝接收即可达到分离纯化的目的，这就是单级蒸馏(single distillation)。若二者饱和蒸气压(或沸点)相差不大，经过一次的蒸发和冷凝不足以达到一定的纯度。但若将一次蒸发和冷凝的液体继续经过多次的蒸发和冷凝，则可以不断提高易挥发(低沸点)组分在气相中的含量，直至其含量很高并达到一定纯度再冷凝接收，这就是多级蒸馏(multistage distillation)。

　　2) 气液平衡 $T\text{-}x$ 相图

　　液体蒸馏过程中气液两相达到平衡时，温度与组成的变化关系可用气-液平衡相图 $T\text{-}x$ 加以说明。图 2-32 为苯(b.p. 80℃)和甲苯(b.p. 111℃)组成的二元组分理想溶液的气液平衡 $T\text{-}x$ 相图。图中下线为饱和液体线(也称泡点线)，它表示液相组成与泡点温度(加热溶液至产生第一个气泡时的温度，即开始沸腾温度)的关系。上线为饱和蒸气线(也称露点线)，它表示气相组成与露点温度(冷却气体至产生第一个液滴时的温度)的关系，此曲线是由拉乌尔定律计算得到的。两条曲线构成了三个区域，饱和液体线以下为液体尚未沸腾的液相区，饱和蒸气线以上为液体全部气化为过热蒸气的过热蒸气区，两条曲线之间的区域为气液两相共存区。

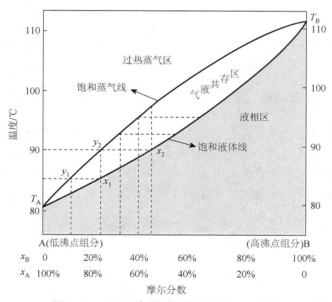

图 2-32　二元理想溶液的气液平衡 $T\text{-}x$ 相图

　　由相图可知，在同一温度下，气相组成中易挥发组分的含量总是高于液相中易挥发组分的含量。另外，理想溶液在相变过程中，气液相组成随温度的变化是连续的。

分离理想溶液的蒸馏方法主要有常压简单蒸馏、常压分馏、减压蒸馏等。

2. 非理想溶液的蒸馏原理

理想溶液是由实验事实抽象出来的极限概念，尽管有些均相溶液的性质接近理想溶液，但实际上大多数溶液还属于非理想溶液。

非理想溶液因不同分子之间的作用力不同，其蒸气压与按照理想溶液拉乌尔定律的计算值相比会有一定的偏差。为此，引入活度因子 γ 对拉乌尔定律进行校正：

$$p_A = \gamma_A p_A^* x_A^* \qquad p_B = \gamma_B p_B^* x_B^* \qquad\qquad (2\text{-}11)$$

$\gamma > 1$ 为正偏差，说明不同分子 A-B 间作用力小于同种分子 A-A、B-B 间作用力，混合液体更易蒸发，混合液体蒸气压比单一组分蒸气压高，其相图如图 2-33 所示，组成的是具有最低沸点的混合物，图中的 z 点为最低共沸点；$\gamma < 1$ 为负偏差，说明不同分子 A-B 间作用力大于同种分子 A-A、B-B 间作用力，其相图如图 2-34 所示，组成的是最高沸点混合物，图中 z 点为最高共沸点。最低或最高共沸混合物统称为恒沸混合物或共沸混合物。共沸点温度下气相和液相组成相同，虽沸点不变，但馏分却是混合物，所以蒸馏无法将共沸组分分离。但若利用共沸混合物除去其中的共沸组分则可以使溶液更加纯净，这就是共沸蒸馏技术的一种应用。共沸混合物的组成及其共沸点与外压有关，改变外压可使共沸点和共沸混合物的组成发生变化。

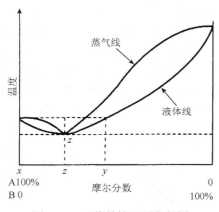
图 2-33　正偏差情况平衡相图

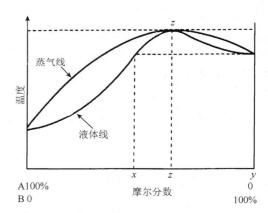
图 2-34　负偏差情况平衡相图

常见的共沸混合物多为最低共沸物，最高共沸物较少。在共沸温度下不能完全互溶的共沸混合物称为非均相共沸混合物，如水-乙酸正丁酯、水-苯等；而在共沸温度下能够完全互溶的共沸混合物称为均相共沸混合物，如水-乙醇、丙酮-氯仿等。非均相共沸混合物都具有最低共沸点。表 2-9 为常见的共沸混合物的组成和共沸点。

表 2-9　部分共沸混合物

二元共沸混合物					
组分 1		组分 2		共沸物组成(质量分数)/%		共沸物沸点/℃
名称	沸点/℃	名称	沸点/℃	组分 1	组分 2	
水	100	苯	80.2	19.6	81.4	69.3
		甲苯	110.8	8.9	91.1	84.1
		乙酸乙酯	77.1	8.2	91.8	70.4

二元共沸混合物					
组分 1		组分 2		共沸物组成（质量分数）/%	
名称	沸点/℃	名称	沸点/℃	组分 1	组分 2

组分 1 名称	组分 1 沸点/℃	组分 2 名称	组分 2 沸点/℃	共沸物组成 组分 1 /%	共沸物组成 组分 2 /%	共沸物沸点/℃
水	100	苯甲酸乙酯	212.4	84.0	16.0	99.4
		乙醇	78.4	4.5	95.5	78.1
		正丁醇	117.8	38	62	92.4
		异丁醇	108.0	33.2	66.8	90.0
		仲丁醇	99.5	32.1	67.9	88.5
		叔丁醇	82.8	11.7	88.3	79.9
		苄醇	205.2	91	9	99.9
		烯丙醇	97.0	27.1	72.9	88.2
		甲酸	100.8	22.5	77.5	107.3（最高）
		乙醚	34.5	1.3	98.7	34.2
乙酸乙酯	77.1	二硫化碳	46.3	7.3	92.7	46.1
己烷	69	苯	80.2	95	5	68.8
		氯仿	61.2	28	72	60.0
丙酮	56.5	二硫化碳	46.3	34	66	39.2
		氯仿	61.2	20	80	65.5
四氯化碳	76.8	乙酸乙酯	77.1	57	43	74.8
环己烷	80.8	苯	80.2	45	55	77.8

三元共沸混合物						
组分 1		组分 2		组分 3		共沸物沸点/℃
名称	质量分数/%	名称	质量分数/%	名称	质量分数/%	
水	7.8	乙醇	9.0	乙酸乙酯	83.2	70.3
水	4.3	乙醇	9.7	四氯化碳	86.0	61.8
水	7.4	乙醇	18.5	苯	74.1	64.9
水	7	乙醇	17	环己烷	76	62.1
水	3.5	乙醇	4.0	氯仿	92.5	55.5
水	7.5	异丙醇	18.7	苯	73.8	66.5
水	0.81	二硫化碳	75.21	丙酮	23.98	38.04

3. 蒸馏的前提条件与分离度

能否用蒸馏法分离以及分离的难度程度，用分离度即相对挥发度 α 进行判断：

$$\alpha = p_A^* / p_B^* \tag{2-12}$$

对于理想溶液，p_A^*、p_B^* 随温度变化的趋势基本相同，二者的比值变化不大，可将 α 视为常数。若 $\alpha > 1$，$p_A^* > p_B^*$ 表明组分 A 比组分 B 易挥发，反之则 B 比 A 易挥发。α 越大或越小于 1，分离则越容易；若 $\alpha = 1$，$p_A^* = p_B^*$，表明组分 A、B 在气相和液相的组成相同，蒸馏法不能将其分离。因此，$\alpha \neq 1$ 是蒸馏法分离的前提条件。α 越远离 1，则越容易完全分离，可采取单级蒸馏；若接近于 1，则不容易完全分离，可采取多级蒸馏。

对于非理想溶液，其蒸气压和组成随温度变化较大，分离度不能如理想溶液那样作近似常数处理。例如，共沸混合物则无法用一般蒸馏方法进行完全分离，但反而可用其分离某些特定混合物，如共沸蒸馏、水蒸气蒸馏、水蒸气分馏等。

2.5.2　常压简单蒸馏

简单蒸馏(simple distillation)是常压下的一种最基本的单级蒸馏技术，其主要用途为分离纯化常压下沸点相差较大的液态物质、回收溶剂、测定沸点并据此判断液体的纯度等。

1. 简单蒸馏的一般装置与操作技能

常压下的简单蒸馏装置包括气化蒸发、温度监控、冷凝和接收四部分。主要由加热器、蒸馏烧瓶、蒸馏头、温度计、冷凝管、尾接管和接收瓶组成，如图 2-35 和图 2-36 所示。

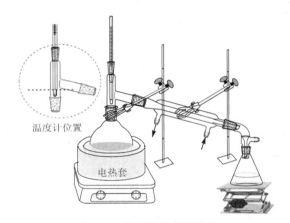

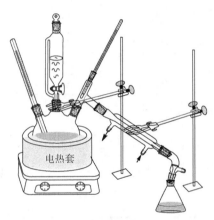

图 2-35　常压简单蒸馏装置　　　　　图 2-36　蒸馏滴加控温反应装置图

(1)加热沸腾与控温。

主要根据组分的沸点、危险性、耐热性和实验条件的要求选择合适的加热方式(加热方式详见 1.5)。加热温度一般至少要比沸点高 20℃，在确保安全的前提下，为节省时间，开始可提高加热温度，沸腾后再调低温度，并将温度控制在馏速每秒 1～2 滴比较适宜。当蒸气上升后出现回流而难以进入冷凝管，说明加热温度不足；当液体沸腾剧烈，液体出现喷涌冲进冷凝管或馏出速率很快，尾接管尾部有尾气，都说明加热温度过高，十分危险。

为保证液体安全沸腾需事先向液体中加入沸石。沸石在空气中，表面凸凹不平处会吸附空气，加热沸腾时，空气会引领周围气化的蒸气产生许多细小的气泡释放到液体表面，缓解了液体内部的气体压力，从而避免了大气泡产生带来的暴沸危险，使液体沸腾更加平稳和安全。因此，沸石也称助沸剂。毛细管和其他一些吸附性物质都具有这种助沸作用。需要注意的是：①助沸剂不可加入过多，否则会吸附液体造成一定损失；②助沸剂不可在液体接近或已经沸腾时加入，否则会瞬间产生大量气体而将液体冲出造成液泛；③停止加热后已经用过的沸石将失效，不能继续使用，重新加热需补加。

(2)蒸馏烧瓶的选择。

蒸馏烧瓶的选择要注意与蒸馏物的体积相适应。蒸馏沸点低的物质，由于单位时间内气化量较大，一般蒸馏瓶内所装液体体积不宜过多，烧瓶最好也用长颈的，以免沸腾时液体冲出来；沸点高的物质，单位时间内蒸气量少，蒸气也容易发生达不到蒸馏头支管处就冷凝流回烧瓶内的现象，故烧瓶内液体量不宜过少，且应采用短颈烧瓶。烧瓶太大，瓶内残留的蒸气液较多，产品的相对损失也较多，尤其是待蒸馏液体较少时，更要选择大小合适的蒸馏烧瓶。烧瓶内液体量一般为 1/3～1/2。若待蒸馏液体量较多，没有合适的烧瓶可供选择，可以采取连续加料的方式，如图 2-36 所示。

（3）蒸馏头。

需要监测温度时需沿用三通蒸馏头。若无需监测温度，可选用 75°蒸馏弯管替代三通蒸馏头的简易蒸馏装置，如图 2-37 所示。

（4）冷凝方式的选择。

根据组分的沸点选择不同的冷凝管进行冷却，直形、球形、蛇形三种水冷凝管要注意其使用方式，并注意根据沸点高低调节水的流速。冷却技术参见 1.6。

（5）尾接管与接收瓶。

尾接管与接收瓶是常压蒸馏装置的尾部，这一部分一定要与大气相通，而不能安装成密闭系统，以保证蒸馏在常压下安全进行。若装成密闭体系则很容易因内压增高而发生爆炸事故。

尾接管主要有如图 2-38 所示的三种型号，易挥发组分可选用（b），有毒不安全组分可选用（c）。接收瓶需干燥干净，接收 n 个组分，至少需准备 n+1 个接收瓶，多加的一个用来接收前馏分和不要的其他组分。

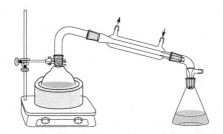

图 2-37　使用蒸馏弯管的简易蒸馏装置

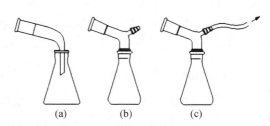

(a)　　　(b)　　　(c)

图 2-38　常压蒸馏的几种接收装置

（6）温度监测与接收。

温度计量程选择要高于组分的最高沸点。温度计粗细要与温度计套管相匹配，以保证套管与温度计之间密封性良好。温度计的位置要处在冷凝管支管处，使温度计水银（酒精）球上缘与冷凝管支管下缘水平[①]。

温度计监测的不是烧瓶内液体沸腾的温度，而是馏出液的沸点或沸程。监测沸点或沸程的目的是：①判断馏出组分为何物及其纯度；②选择合适的时机接收馏液。当没有蒸气上升至温度计位置时，温度计指示低于馏分的沸点。当接收的组分馏出第一滴时（起始点）至最后一滴（终点）时的温度范围称为该组分的沸程（boiling range）。

气化的蒸气在未到达温度计位置之前，温度计示数上升较慢。当蒸气上升至温度计位置时，示数会急速升高。在低于指定馏分的沸点馏出的液体称为前馏分。若接收馏分时沸点一定，或沸程变化小于 0.5℃，说明其可能为纯净组分或共沸物；若接收馏分时温度计示数不断

---

① 为何要放在这个位置，请思考。偏上或偏下会造成怎样的监测结果？

上升连续变化，说明接收的馏分组成在不断变化，即不纯。沸程起始点越低、沸程越大则接收馏分的纯度越低。在前一个低沸点馏分已经馏尽而后一个高沸点组分的蒸气尚未抵达温度计时，温度计示数会暂时下降，若持续下降说明后续组分沸点较高，此时加热温度不足。因此，在蒸馏时密切观察和详细记录温度计的变化，并根据温度计示数判断馏分的纯度，选择合适的接收时机是非常重要的实验技能。

2. 常压简单蒸馏的适用范围

常压简单蒸馏的适用范围是：①被分离的液态组分之间挥发度或沸点相差很大，至少为30～40℃才能获得较高的纯度，完全分离沸点要相差100℃以上；②被蒸馏的组分沸点为40～150℃比较适宜，沸点太高难气化，沸点太低难冷凝；③液体中各组分均耐热性良好。

3. 注意事项

①注意蒸馏装置的安装和拆卸次序，除接收尾部与大气相同外，其他连接处均需紧密，否则会使蒸气逸出造成事故；②向烧瓶内加料需通过漏斗加入，禁止液体溢流到外面；③不要忘加沸石；④蒸馏前先通水后加热，结束时先停止加热，待烧瓶内液体冷却无气化蒸气时再停水；⑤在任何情况下(即使温度仍然恒定)都不能将液体蒸干，以免蒸馏烧瓶破裂或发生其他事故。

2.5.3 分馏

分馏(fractional distillation)在工业上被称为精馏(rectification)，是经过多次部分蒸发和部分冷凝的过程，使易挥发、低沸点组分在气相中含量逐步提高而实现分离纯化的一种蒸馏技术。能够实现多次部分蒸发与部分冷凝的仪器部件称为分馏柱。最精密的分馏设备可以将沸点相差1～2℃的混合物分开。

1. 分馏柱的种类与分馏装置

实验室常用的分馏柱主要有韦氏分馏柱(Vigreux column，也称垂刺分馏柱)和填充分馏柱两种，如图2-39所示。分馏柱内的垂刺和填料的作用是使上次蒸发冷凝的液体停留在上升空

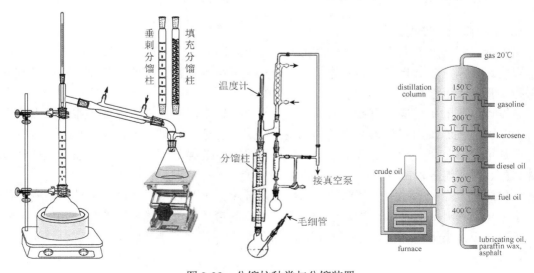

图 2-39　分馏柱种类与分馏装置

间的某一位置而不至于回流到烧瓶内。填充分馏柱的填料可以是玻璃珠、玻璃丝、毛细管等惰性材质。同垂刺分馏柱相比，同样长度的填充分馏柱其液相与气相的接触面积更大，因此分离效率更高，更适合分离一些沸点差距较小的液态混合物。垂刺分馏柱虽效率比填充分馏柱低，但黏附的液体较少，适合分离少量且沸点差距较大的液体混合物。若分离沸点很接近的液体混合物，则可选用精密分馏装置。工业生产上的分馏借助于分馏塔。

　　2. 分馏柱效的评价——塔板理论

　　分馏柱中的混合物，经过一次气化和冷凝的热力学平衡过程相当于一次普通蒸馏所达到的理论浓缩效率。理论上将分馏柱完成一次蒸馏平衡的过程称为一个理论塔板数（number of theoretical plats，N）。完成这一过程所对应的分馏柱的高度称为理论塔板高度（height equivalent to a theoretical plate，HETP）。

　　在全回流情况下，理论塔板数可由式（2-13）计算。

$$N = \frac{T_B + T_A}{3(T_B - T_A)} \tag{2-13}$$

式中，T_A、T_B 分别为低沸点与高沸点组分的沸点（热力学温度）。实际分馏是部分回流下的操作，因此实际分馏塔板数要比理论塔板数高。理论塔板数与实际塔板数的比值称为塔板效率：

$$\eta = N_{理}/N_{实} \approx 0.5 \sim 0.7$$

　　理论塔板高度的计算公式为

$$HETP = \frac{分馏柱的有效高度 L}{全回流的理论塔板数 N} \tag{2-14}$$

　　显然，一定长度的分馏柱其塔板高度越小，理论塔板数越多，柱效越高。若达到一定的分离效果，组分间沸点差越小，则需要的塔板数越多，所需分馏柱越长。表 2-10 为二组分的沸点差与分离所需的理论塔板数。

表 2-10　二组分的沸点差与分离所需的理论塔板数

沸点差	分离所需理论塔板数	沸点差	分离所需理论塔板数
108	1	20	10
72	2	10	20
54	3	7	30
43	4	4	50
36	5	2	100

　　3. 实现较好分馏效果的条件控制

　　（1）合适的分馏柱：根据混合组分的沸点差，选择合适的分馏柱种类和长度。填充柱的填料要尽量均匀一致，不可太紧，柱两端压力降差较小，以保证气液两相的热交换和流通顺畅。垂刺数或填料量要合适，在保证分离效果的前提下，使滞留液①的量较小。

　　（2）足够的热量：保证有足够的热能供气液两相交换，可采取保温措施减少柱内热量散失，如柱外加保温层、有效利用预液泛②等。

---

　　① 滞留液是指分馏时停留在柱内的液体的量，也称操作含量。一般不超过被分离组分体积的十分之一。

　　② 液泛（flooding）是指蒸气发速率增大到一定程度时，上升的蒸气将回流的冷凝液向上顶起的现象。液泛破坏了气液平衡，使分离效率大大降低。通过预液泛可使分馏柱预先预热，提高正式分馏时热交换效果。

(3)合适的蒸发速率和回流比：蒸发速率指单位时间内到达分馏柱顶的液体量。回流比是指单位时间内由柱顶冷凝回流至柱内的液体量与馏出液体量的比值。合适的蒸发速率和回流比可以保证柱内的不同高度保持稳定的温度梯度(下高上低)、浓度梯度(高沸点组分下高上低)和压力梯度(下高上低)，防止发生液泛。柱内蒸气量一定时，回流比越大，分离效果越好。但单位时间内得到的馏液也越少，完成分馏所需时间越长，消耗能量越大。通常回流比选为理论塔板数的 1/10～1/5。任何有碍于形成稳定梯度的因素和操作条件都是不利的。

(4)合适的控温与馏速：低沸点组分馏出后要适当提高加热温度以分离高沸点组分。馏速一般控制在每 2～3s 1 滴。

2.5.4　减压蒸馏

在减压操作下达到一定真空度时所进行的蒸馏技术称为减压蒸馏(vacuum distillation)。特别适用于在常压下沸点高挥发困难，或沸点温度下不稳定物质的液体或低熔点固体的分离与纯化。其所遵循的基本原理依然是拉乌尔定律和减压条件下的 T-x 相图。所不同的是，压力不同(降低)，沸腾温度和沸点不同(降低)。

1. 减压条件下压力和沸点的关系

减压蒸馏时，首要问题是要知道低压条件下液体的沸点，以便监测、判断和接收馏分。低压条件下的沸点可以通过以下三种方法获知：

(1)利用经验公式计算近似求出。

$$\lg p = A + \frac{B}{T} \tag{2-15}$$

式中，p 为真空压力；T 为沸点(热力学温度)；A、B 为常数(可从化学手册中查知)。若查不到 A、B 常数，只要知道两组 p、T 数据也可求出所需压力下的沸点。通过 $\lg p$ 对 $1/T$ 作图也可近似得到一条关系直线供使用。

(2)由经验关系图查找。

实际上许多液态物质分子因缔合程度等物理性质的不同，其沸点的变化也并不完全符合式(2-13)。为此，在实际减压蒸馏中，可以参考图 2-40 的经验关系图，由已知的常压沸点测出真空压力下的沸点。

图中间的 B 直线为常压下沸点，右边斜线 C 为实际工作压力(mmHg)，将选定的这两点连接并延长与左边直线 A 相交，相交点温度即为工作压力下该组分的近似沸点。如已知某液体化合物常压下沸点为 180℃，实验中用循环水真空泵减压到体系的压力为 20mmHg (2.67kPa)，求该压力下此物质的沸点，则可以用尺子将 C 线上 20mmHg 的位点与 B 线上 180℃位点连线并延长至 A 线，其交叉点温度为 75℃，即该压力下物质的沸点约为 75℃。

(3)由手册或文献查知。

2. 减压蒸馏装置

减压蒸馏与常压蒸馏相比主要增加了减压系统，但并不仅是常压蒸馏加减压系统那么简单，如图 2-41 所示。

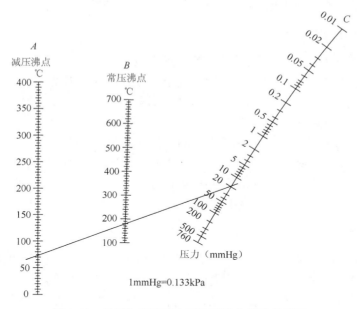

图 2-40　常压与真空压力下物质沸点经验关系图

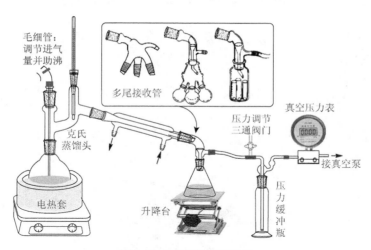

图 2-41　减压蒸馏示意图

(1)采用克氏蒸馏头(Claisen distilling head)：真空状态下蒸馏，液体更容易发生液泛或暴沸，采用克氏蒸馏头可降低其发生的风险和后果。将毛细管插入蒸馏液体可调节进气量，一方面可控制调节真空度，另一方面可助沸[①](微量气体从液体里冒出微小的气泡，形成许多气化中心)。

(2)加热与冷却：需根据低压下馏分的沸点进行选择。若馏分沸点很高，或为低熔点固体，可不用冷凝管，将蒸馏头支管直接与接收瓶相连。

(3)馏分的接收：低压状态下多个馏分的接收不易中断，应采用多尾接收管。

(4)玻璃仪器要耐真空，装置的密闭性良好。

(5)减压系统要有压力缓冲瓶，并配备三通阀门，以便与大气相通，防止泵液倒吸。

①　在减压蒸馏时加入沸石其防止暴沸的助沸作用一般会失效。为什么？

3．减压蒸馏需要注意的操作要点

（1）先常压蒸馏低沸点组分，后减压蒸馏高沸点组分。

（2）先减压，后加热，否则会导致暴沸。调节毛细管进气量以助沸。

（3）监测记录与接收。压力变化，沸点与沸程则会出现波动，接收的馏分也会发生变化。因此，要密切观察和记录压力、温度，并据此判断接收馏分。保持真空压力的稳定是关键。

（4）结束减压蒸馏时先停热，待烧瓶冷却后再解除真空。解除真空时要先与大气相通，再关闭减压泵，防止发生倒吸现象。减压下与大气相通时要缓慢，突然通气会因压力猛烈而对蒸馏系统产生冲击造成事故。烧瓶未冷却时也不能突然放入大量空气，否则会使某些易于氧化的化合物突然接触大量氧气而发生爆炸事故。

4．旋转蒸发技术

世界上首台旋转蒸发仪（rotavapor）是瑞士步奇（Buchi）公司于 1957 年推出的，它有效地解决了化学实验室中有机溶液的快速回收问题。旋转蒸发是在常压或减压下快速蒸馏有机溶剂的一种有效方法。既可以一次性加料，也可以自动连续加料。由于蒸发器在不断旋转，可以免加沸石而不易暴沸。同时，液体因旋转而附于蒸馏瓶内壁上并形成一层液膜，加大了蒸发面积，使蒸馏速率加快。

旋转蒸发器的基本结构由电动机、蒸发器、蛇形冷凝管、接收瓶、热浴和控制器等部分组成，如图 2-42 所示。

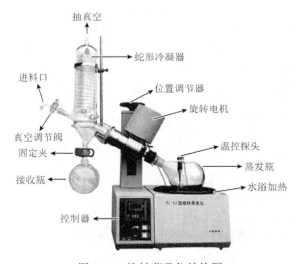

图 2-42　旋转蒸发仪结构图

2.5.5　水蒸气蒸馏

1．水蒸气蒸馏的基本原理

水蒸气蒸馏（steam distillation）是将不溶于水的物质与水蒸气一起共沸蒸馏而实现分离纯化的一种非理想溶液的蒸馏技术。

对于不相混溶的液体混合物，各组分的蒸发是独立进行的，其蒸气分压总是等于同一温度下该组分的饱和蒸气压，而与各组分的绝对含量无关。

$$p_{\text{总}} = p_A^* + p_B^* \tag{2-16}$$

当液体产生的总蒸气压与外界大气压相等时，溶液即开始沸腾。此时，各组分的分压都小于外压，其沸腾的温度小于各组分单独沸腾时的温度(沸点)。即互不相溶的混合液体是在低于任何组分的沸点温度下实现沸腾的。

对于水蒸气蒸馏来说，某不溶于水的组分 S 与水共沸，若产生的混合气体为理想体系，根据理想气体方程，则

$$p_{\text{水}}^* V_{\text{水}}^* = n_{\text{水}} RT$$

$$p_S^* V_{\text{水}}^* = n_S RT$$

因 $V_{\text{水}} = V_S$，$n = g/M$，则

$$p_{\text{水}}^* : p_S^* = (g_{\text{水}} M_{\text{水}}) : (g_S M_S)$$

$$g_S : g_{\text{水}} = (p_S^* M_S) : (p_{\text{水}}^* M_{\text{水}}) \tag{2-17}$$

式中，V 为气体的体积；n 为气相中组分的物质的量；g 为气相中组分的质量；M 为组分的相对分子质量。

例如，一个大气压下溴苯(相对分子质量 157)的沸点 135℃，与水不混溶，和水蒸气共热到 95.5℃时混合物沸腾，此时水蒸气压为 646mmHg(85.92kPa)，溴苯蒸气压为 114mmHg(15.16kPa)。据式(2-17)，求得 $g_{\text{溴苯}} : g_{\text{水}} = 10 : 6.5$。即蒸出 6.5g 水可带出 10g 溴苯，溴苯在共沸馏出液中占有的质量分数为 10÷16.5×100%=60.6%[①]。

这表明，只要不溶于水的物质的蒸气压与其相对分子质量的乘积较大，即可在低于水的沸点温度以下与水共沸馏出实现分离。但若某化合物相对分子质量很大，而其蒸气压过低，则也不适合用水蒸气蒸馏分离。

2. 水蒸气蒸馏的适用条件、主要应用和技术特点

(1)适用条件：①欲分离的化合物不溶或几乎不溶于水；②在 100℃左右与水长时间共存不会发生化学变化；③在 100℃左右必须具有一定的蒸气压，一般不小于 10mmHg(1.33kPa)。

(2)主要应用：①去除反应后产生的相对分子质量较大的树脂状或焦油状有色杂质；②分离反应后可以随水蒸气一起馏出的其他有机物；③提取分离植物中的挥发油成分。

(3)技术特点：①可使不溶于水的有机物在低于水的沸点温度下与水共沸馏出，可避免高温分离带来的不利影响；②因馏出有机物与水不溶而便于分层分离。

3. 水蒸气蒸馏的装置

完整的水蒸气蒸馏装置由水蒸气发生器和常压蒸馏装置组成，如图 2-43(a)所示。若被蒸馏的物质含量较少，可采取简易的水蒸气蒸馏装置，如图 2-43(b)所示，即将被蒸馏混合物与水混合后进行简单蒸馏，为方便加水可安装一滴液漏斗。图 2-43(c)是改进的简易水蒸气蒸馏装置，既可将馏出物冷却回流至滴液漏斗内收集，又可通过滴液漏斗将蒸馏出来的水放回到烧瓶内重复使用。

4. 水蒸气蒸馏的注意事项

(1)采用装置(a)要保证高温水蒸气安全地通入烧瓶内的有机液体中。

---

① 某些有机物或多或少会溶于水，致使水蒸气压下降，故实际馏出的有机物质量比与计算值略有偏差。

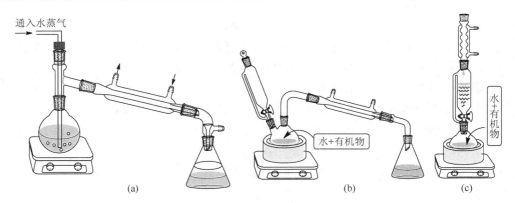

图 2-43　常用的水蒸气蒸馏装置

(2) 烧瓶内的液体总量不宜过多，以免沸腾时将烧瓶内液体冲出至冷凝管。

(3) 若馏出有机物室温下是固体，易在冷凝管中凝固，应调慢冷却水流速，甚至停止冷凝水或放空冷凝水，使馏出物处在其熔点温度以上以液态流出。若不小心使馏出物冷凝在冷凝管内，应采取热吹风等方法使固体熔化并流下，然后再继续水蒸气蒸馏，以防堵塞。

(4) 将水直接混合的简易水蒸气蒸馏法仅适用于挥发性物质和数量较少的液体，不能用于含固体的混合物，因固体会引起暴沸。

(5) 有机物是否完全馏出可根据新馏出的液体是否有油珠进行判断。若无明显油珠，澄清透明，便可停止蒸馏。

2.5.6　共沸蒸馏

1. 共沸蒸馏的基本原理

共沸蒸馏又称恒沸蒸馏，是利用组分间的共沸特性将共沸组分进行夹带分离的一种蒸馏技术。

在共沸混合物中加入第三组分，该组分与原混合物中一种或两种组分形成沸点比原来组分和原来共沸物沸点更低的新的低沸点共沸物，从而使组分间的相对挥发度比值增大，易于用蒸馏的方法分离。这种技术称为共沸蒸馏。所加入的第三组分称为恒沸剂或夹带剂。常用的恒沸剂有苯、甲苯、二甲苯、四氯化碳等。如工业上常以苯为恒沸剂进行共沸蒸馏制取无水乙醇。

2. 共沸蒸馏的装置和操作

如图 2-44 所示，共沸蒸馏装置由蒸馏烧瓶、分水器和冷凝器组成。如需测定液体温度可以选用双颈烧瓶，插一根温度计于烧瓶液体内。蒸馏时注意观察温度计和分水器，及时进行分层分离，以免积液过多发生反流。

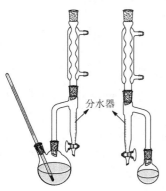

图 2-44　共沸蒸馏装置图

2.5.7　分子蒸馏

在通常的蒸馏技术中同时存在两个不同方向的蒸气分子流向：由液相到气相和由气相到液相，前者大于后者的量就是蒸馏产物。因此，这样的蒸馏分离只能实现液体混合物的粗分离，分离效率较低。如果能够实现从液相到气相的单一分子流向而阻止由气相到液相的分子流，则可以大大提高蒸馏效率，这就是分子蒸馏（molecular distillation）。

1. 分子蒸馏的基本原理

根据分子运动理论，液体混合物的分子受热后运动加剧，当达到一定能量后就会从液体表面逸出而成为气相分子。随着液面上气相分子的增加，有一部分气体分子就会返回到液体，在外界条件保持恒定的条件下最终会达到分子运动的动态平衡。这一平衡过程与分子的碰撞密切相关。

（1）分子碰撞：分子与分子之间存在着相互作用力。当两分子离得较远时，分子之间的作用力表现为吸引力，但当两分子接近到一定程度后，分子之间的作用力会改变为排斥力，并随其接近程度的加强而排斥力迅速增加。当两分子接近到一定程度，排斥力的作用会使两分子分开，这种由接近至排斥分离的过程就是分子的碰撞过程。分子在碰撞过程中，两分子质心的最短距离，即发生排斥分离的质心距离称为分子有效直径。

（2）分子运动自由程（free path）：指一个分子在相邻两次分子碰撞中所走路程的平均值。任一分子在运动过程中都在变化自由程，而在一定的外界条件下，不同物质的分子其自由程各不相同。就某一种分子来说，在某时间间隔内自由程的平均值称为平均自由程，用 λ_m 表示。分子的自由程是分子蒸馏器设计的重要参数，由式(2-18)计算。

$$\lambda_m = V_m / f \tag{2-18}$$

式中，V_m 为分子的平均运动速率；f 为分子碰撞频率。

由热力学原理可知

$$f = \sqrt{2} V_m \pi d^2 p / KT$$

因此得到

$$\lambda_m = KT / \sqrt{2} \pi d^2 p \tag{2-19}$$

式中，d 为分子平均直径；p 为分子的环境压力；T 为分子的环境温度；K 为玻尔兹曼常量。

（3）分子蒸馏器的设计与分离原理：由式(2-19)可知，混合液中不同组成分子的有效直径不同，分子自由程也不同。轻分子的平均自由程大，而重分子的平均自由程小。如图 2-45 所示，在分子蒸馏器中，首先设置一个加热面，使液体在此形成一个液膜，当加热液体分子并使其达到一定能量时，分子就会溢出加热面；其次，在与蒸发面间距小于轻分子的平均自由程、大于重分子的平均自由程处设置一个冷凝面，并在其上面设置一个捕获器，用于捕获轻分子。当液体受热分子从加热面向冷凝面运动时，由于轻分子自由程大能够达到冷凝面，不断被捕获器捕获和分离，从而破坏了轻分子的蒸发与冷凝的动态平衡，使轻分子不断逸出；而重分子因其平均自由程较小达不到冷凝面，不被捕获器捕获，因此很快趋于动态平衡，不再从混合液中逸出，从而实现了混合物种不同组分的分离。图 2-46 为分子蒸馏器。

2. 分子蒸馏的技术关键

由式(2-19)可知，分子自由程与环境压力、温度和有效直径成反比。真空度越高越利于蒸发。但温度一般不能过高，以避免物质热分解。另外，分子蒸馏利用液膜受热使分子扩散，因此液膜厚度不能太厚，一般在几十到几百微米。因此，分子蒸馏的技术关键是真空度和液膜。

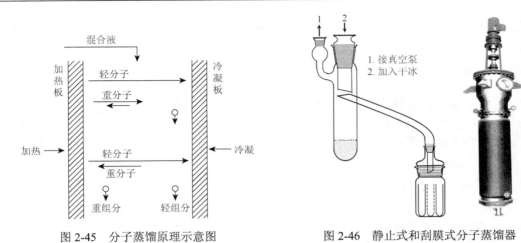

图 2-45　分子蒸馏原理示意图　　　　　　图 2-46　静止式和刮膜式分子蒸馏器

3. 分子蒸馏的技术特点和主要应用

分子蒸馏的过程包括五个步骤：①物料在加热面形成液膜；②分子在液膜表面自由蒸发；③分子从加热面向冷凝面运动；④分子在冷凝面上被捕获；⑤馏出物和残留物的收集。

分子蒸馏的技术特点：

(1)分子在自由程范围内完成蒸发和冷凝过程，属于短程蒸馏。

(2)蒸馏温度低。不同于其他蒸馏技术，分子蒸馏只要在冷热面之间达到足够的温度差，就可以在任何温度下进行分离，无需沸腾，因此特别适合于高沸点、高黏度、热敏性的天然化合物的提取和分离。

(3)真空度高。一般操作压力小于 0.013Pa 称为分子蒸馏，操作压力为 0.013~1.33Pa 称为准分子蒸馏。

(4)受热时间短。因受热面和冷凝面的间距小于轻分子的运动自由程，距离很短，液面逸出的轻分子几乎未经过碰撞就达到了冷凝面，所以受热时间很短。

(5)分离程度大。分子蒸馏的相对挥发度为

$$\alpha_{T} = (p_{A}^{*} / p_{B}^{*}) \times \sqrt{M_{B}/M_{A}}$$

式中，M_A、M_B 分别为轻分子和重分子的相对分子质量。相同情况下，因 $M_B > M_A$，所以 $\alpha_T > \alpha$。

(6)蒸发过程不可逆。

(7)液体受热状态稳定。普通蒸馏由于液体受热气化有鼓泡、沸腾等现象，因而会带来一些蒸馏安全等不利于蒸馏操作的因素。而分子蒸馏是在液膜表面上自由蒸发，加之高真空度下液体中无溶解空气，因此在整个蒸馏过程中不能使整个液体沸腾，无鼓泡等现象。

(8)分子蒸馏无毒、无害、无污染、无残留，可获得纯净安全的产物，操作简单、设备少，效率高。

分子蒸馏技术在 20 世纪 30 年代出现在国外，并在 60 年代开始了工业化应用。我国在 20 世纪 80 年代中期才开始该项技术的应用开发并从国外引进分子蒸馏设备。分子蒸馏技术由于其独特的特点，不仅能够除去低分子物质，如有机溶剂、臭味剂等，还可以有选择性地蒸出目的物，因此在天然产物的提取分离和纯化中被广泛应用。例如，在多糖酯、油脂、EPA 和 DHA、维生素 E、高碳醇等提取分离方面都取得了较大的成功。

实验 2-3　常压简单蒸馏与分馏操作训练

【关键词】

常压简单蒸馏，常压分馏。

【实验材料与方法】

1. 实验材料

仪器设备：常压蒸馏装置一套，常压分馏装置一套。
药品试剂：丙酮，工业乙醇，蒸馏水，沸石等。

2. 实验方法

(1) 安装分馏装置，分馏丙酮和水。

在 100mL 圆底烧瓶中加入 15mL 丙酮和 15mL 水的混合物，加入几粒沸石，安装分馏装置。选择水浴慢慢加热，开始沸腾后蒸气慢慢进入分馏柱中，此时要仔细控制温度，让温度慢慢上升，使柱内保持一个均匀的温度梯度。当冷凝管中有冷凝液体流出来时，迅速记录温度计所示温度。控制加热速率，使馏出液慢慢以每 1～2s 1 滴的速率进行。当柱顶温度维持在 65℃时，约收集 10mL 的馏出液(A)。随着温度上升，分别收集 65～70℃(B)、70～80℃(C)、80～90℃(D)、90～95℃(E)的馏分。瓶内所剩为残留液。90～95℃(E)的馏分较少，需要提高加热温度。接收并测量不同温度范围内馏出液的体积。观察实验现象，记录相关数据。

实验数据记录表

序号	柱顶温度范围/℃	各段馏出液的体积/mL	
		分馏	蒸馏
F	<65		
A	65		
B	65～70		
C	70～80		
D	80～90		
E	90～95		

(2) 安装蒸馏装置，蒸馏丙酮和水的混合物。

为对比分馏与蒸馏的分离效果，重新量取 15mL 丙酮和 15mL 水混合加入圆底烧瓶，按照上述分馏操作过程中的温度范围定量接收蒸馏液。观察现象，记录相关数据。

【结果分析与结论】

(1) 绘制蒸馏与分馏曲线图，如图 2-47 所示。
(2) 根据蒸馏和分馏曲线图分析蒸馏与分馏分离效果。

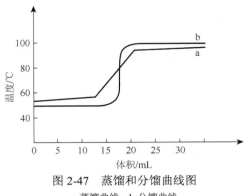

图 2-47　蒸馏和分馏曲线图
a-蒸馏曲线；b-分馏曲线

(3) 结合实际，总结蒸馏与分馏操作的操作要点和注意事项。

【安全提示】

(1) 丙酮为有毒液体，易挥发，不要吸入其蒸气，不要与皮肤接触。丙酮也是一级易燃品，使用现场不要有明火。

(2) 注意蒸馏和分馏装置的安装程序，装置的平稳性和安全性，注意加热时不要发生烫伤和烧伤事故。

实验 2-4　减压蒸馏与旋转蒸发操作训练

【关键词】

减压蒸馏，旋转蒸发。

【实验材料与方法】

1. 实验材料

仪器设备：减压蒸馏装置一套，旋转蒸发仪一套。
药品试剂：市售苯甲醛或苯胺。

2. 实验方法

(1) 安装减压蒸馏装置。

(2) 首先常压蒸馏低沸点组分，然后减压蒸馏高沸点样品。根据减压后真空度查知样品真空沸点。密切观察，记录压力、温度变化，接收样品。

(3) 旋转蒸发仪使用：使用旋转蒸发仪纯化样品，定量进行，计算收率。

(4) 产品纯度检查：折光率测定；条件允许进行气相色谱分析。

实验数据记录表

减压蒸馏					旋转蒸发				
样品	真空度	沸程	体积	纯度检查结果	样品	真空度	沸程	体积	纯度检查结果

【结果分析与结论】

(1) 分析实验数据和结果，对比减压蒸馏、旋转蒸发与普通常压蒸馏的不同。

(2)结合实验体会，总结减压蒸馏和使用旋转蒸发仪的注意事项。

(3)分析评价实验所得到的产品纯度和收率情况。

【安全提示】

(1)注意减压操作和旋转蒸发仪的正确使用和操作程序，避免发生实验事故。

(2)苯甲醛或苯胺样品吸入或口服有害，防止吸入其蒸气或误服。

(3)加热时注意预防烧、烫伤事故，注意用电安全。

实验 2-5 分子蒸馏文献实验

【关键词】

分子蒸馏，文献实验。

【实验材料与方法】

1. 实验材料

图书馆，网络数据库，互联网实验室。

2. 实验方法

(1)拟定文献实验提纲，确立检索关键词和索引。

(2)查阅和搜集分子蒸馏的相关文献和资料。

(3)按照实验要求阅读和整理文献资料内容。

(4)写出综述性文章。

2.6 升 华 技 术

2.6.1 升华技术的基本原理

升华技术是利用物质在熔点温度以下具有不同的蒸气压而具有不同的气态与固态相变性质，从而达到分离纯化目的的一种实验技术。易于升华的物质会从固态混合物中变为气态而升华，将升华的气体冷却凝华后便可得到分离与纯化。

根据如图 2-48 所示的物质三相图，升华的条件主要是温度和压力的选择。从物质三相平衡图可看出，物质在三相点(或熔点)温度和压力以下才会只有固态和气态两相的相变。因此，升华温度和压力都应控制在三相点温度和压力之下。在一定压力条件下，升华操作的关键是温度的控制。

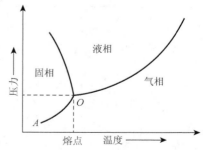

图 2-48 物质的三相图

凡是在三相点温度以下具有较高蒸气压的固态物质都可以在三相点温度以下进行升华提纯。与液体化合物的沸点相似，当固体化合物的蒸气压与外界施加给固体化合物表面的压力相等时，该固体化合物开始升华，此时的温度为该固体的升华点。在常压下不易升华的物质，可利用减压进行升华。例如，樟脑三相点温度为 179℃，蒸气压为 49329Pa，其在 160℃时蒸气压为29197.5Pa，在三相点温度以下蒸气压就已经很高。只要缓缓加热，使温度维持在179℃以下，就可不经熔化而直接蒸发，蒸气遇到冷的表面即凝成固体，达到纯化的目的。对于在三相点温度时平衡蒸气压较低的物质，可以采用减压升华的办法，如萘在熔点80℃时蒸气压为933.3Pa。

升华技术包括两个过程，即升华和凝华。一般不管物质的蒸气是由液态还是固态产生的，只要是使物质的蒸气不经过液态而直接转变成固态，从而得到高纯度物质的固体纯化方法，即称为升华技术。

2.6.2　升华技术的适用条件

由于不是所有的固体都有升华的性质，因此它只适用于以下情况：①被提纯的固体化合物具有较高的蒸气压，在低于熔点时，就可以产生足够的蒸气，使固体不经过熔融状态直接变为气体，从而达到分离的目的；只有在熔点温度以下蒸气压相当高(高于 2666Pa，即20mmHg)的固体物质才可用升华来提纯。由于升华的操作时间较长，损失也较大，通常实验室中仅用升华来获得少量的(1～2g 以下)提纯固态物质。②固体化合物中杂质的蒸气压较低，有利于分离。

一般来说，具有对称结构的非极性化合物，其电子云的密度分布比较均匀，偶极矩较小，晶体内部静电引力小，因此这类固体都具有蒸气压高的性质，一般可以采用升华的方法纯化。表 2-11 给出了几种固体物质在其熔点时的蒸气压，判断一下哪些可用升华法纯化。

表 2-11　几种固体物质在其熔点时的蒸气压

固体物质	熔点时蒸气压/mmHg(kPa)	熔点/℃
六氯乙烷	781(104)	186
樟脑	370(49.3)	179
碘	90(12.0)	114
苯甲酸	6(0.80)	122
萘	7(0.93)	80
p-硝基苯甲醛	0.009(0.001)	106

2.6.3　升华装置和操作

1. 常压升华

常压升华是指一个大气压下的升华操作，常见的几种简单装置如图 2-49 所示。其中图 2-49(a)是将待升华物质置于蒸发皿上，上覆盖一张用针穿有许多小孔的滤纸(小孔的范围不超过蒸发皿和漏斗的口径范围)，滤纸上倒置一大小合适的漏斗。漏斗颈部松松地塞上一些棉花，以减少蒸气外逸。为使受热均匀，蒸发皿应放在铁圈上或采用砂浴。样品开始升华后，上升的蒸气遇冷会凝结在滤纸背面，或穿过滤纸上小孔凝结在滤纸上面。必要时，漏斗壁上可用湿布冷却，但要十分小心，切勿弄湿滤纸。升华结束时，先移去热源，稍冷后小心取下漏斗，轻轻揭开滤纸，将凝结在滤纸正、反两面的晶体刮到干净的表面皿上。

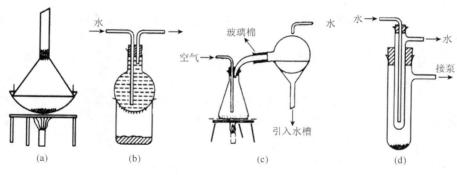

图 2-49 几种升华装置图

图 2-49(b)是将样品置于烧杯中，上面放一蒸馏瓶，里面通冷水冷却。烧杯下面用热源加热，样品受热升华后即冷凝在烧瓶底部。

图 2-49(c)是在空气或惰性气体(常用氮气)的气流中进行升华的简单装置。在锥形瓶上口装一具有两个孔的塞子，一孔插入玻璃管，用于导入气体，另一孔装一尾接管。尾接管大的一端伸入一横放在玻璃漏斗上的圆底烧瓶颈中，烧瓶口塞一些玻璃棉。开始升华时即通入气体，把物质蒸气带走，凝结在用冷水冷却的烧瓶内壁上。

2. 减压升华

减压升华是指在较低的压力下所进行的升华操作。由于压力降低，在同样的温度下，物质的蒸气压会增大，升华会较快。但需注意，应根据低压下物质的熔点选择升华温度。常量减压升华装置如图 2-49(d)所示。

2.7 色谱(层析)技术

1903 年，俄国植物学家茨维特(M. C. Tswett，1872—1919 年)在波兰的华沙大学研究植物叶子的化学组成，他将碳酸钙粉末装入一细长的玻璃管中，然后将植物叶子的石油醚萃取液倒在柱内的碳酸钙上，色素被碳酸钙吸附，然后他再用石油醚冲洗碳酸钙上吸附的色素，在玻璃管内形成了三种颜色六条色带的分离结果。他把这种色带称为色谱(chromatographic，1906 年他把此项发现和研究内容以此名发表在德国植物学杂志上，英译名为 chromatography)，色谱由此诞生。

1940 年，英国生物化学家 Martin 和 Synge 提出液-液分配色谱，1941 年，他们又提出气相色谱的可能性；1944 年，Consden 发展了纸色谱；1949 年，Macllean 制作薄层板，使薄层色谱法(TLC)得以应用；1952 年，Martin(时年 42 岁)和 Synge(时年 38 岁)发展了气相色谱，并获得了诺贝尔化学奖；1956 年，Stahl 开发了薄层色谱板涂布器，使 TLC 广泛应用；20 世纪 60 年代末，出现了商业高效液相色谱(HPLC)，但是由于当时泵和检测器的发展滞后，HPLC 在 20 世纪 80 年代以后才得到迅速发展。

茨维特分离色素的色谱实验

任何一种分离技术都是依据组分间的性质差别而建立起来的，经典的分离纯化技术常要求组分间的性质差别较大或十分明显，而且分离的样品量不能太少。因此，经典分离纯化技术常会遇到这样两个难题：①少量或微量物质难以进行分离实验；②当混合物中各组分的溶解、相变等物理化学性质非常相近时，很难达到理想的分离效果或难以分离，如同系物、光学异构体等。

色谱法的诞生解决了经典分离纯化技术所不能解决的上述问题。与传统分离技术相比，色谱技术具有如下优势和特点：

(1)可以分离结构与性质相近而传统分离技术无法分离的混合物，如同系物、手性化合物等构象异构体。

(2)所需样品量少，设置可以进行痕量分析。

(3)灵敏度高、选择性好、速度快、重现性好、数据准确可靠。

(4)现代色谱技术在实现分离的同时，还可以对分离组分进行定性、定量分析检测，运用计算机网络技术还可以实现自动化、网络化、智能化、在线分析等多项分析测试工作，因此其功能强大，应用十分广泛。

2.7.1　色谱分离的基本原理

1. 色谱体系的构成与种类

色谱是一个相对运动的体系，主要由四个要素构成：分离组分、固定相、流动相和载体(或支持剂)。其中固定相由相对固定的物质构成，对分离组分起滞留作用；流动相由具有流动性的物质构成，对分离组分起推动作用；载体(或支持剂)性质稳定，承载固定相，并形成色谱分离的运动空间。

按照载体所构成的空间环境不同，色谱法有柱色谱(column chromatography)、平面色谱(planar chromatography)、饼色谱、棒状色谱等不同的运动形式，其中平面色谱主要有薄层色谱(thin layer chromatography)和纸色谱(paper chromatography)，如图 2-50 所示；按照流动相的状态不同，色谱法有液相色谱(liquid chromatography，LC)、气相色谱(gas chromatograph，GC)、超临界流体色谱(SFC)等。

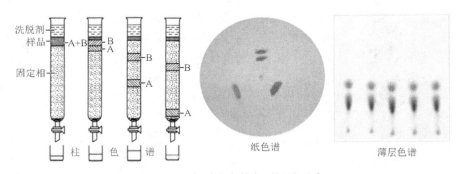

图 2-50　色谱分离的主要运动形式

2. 色谱分离的过程与原理

色谱分离的过程：将固定相填充或加载到由载体构成的空间环境内，再将样品加载到具有一定空间环境的固定相一端，并使组分与固定相之间发生滞留作用，然后再用适当的流动相推动组分向前运动，一定时间或距离后对组分进行定位和分析。

色谱分离的一般原理：由于组分在各方面性质上的个体差异，其受到来自于固定相的滞留作用和来自于流动相的推动作用不同，则各组分所受到的合力不同，各组分向前运动的速率也不同。于是，各组分就会产生差速迁移。如果在一定时间内，由这种差速迁移引起的运动距离明显不同，不同组分便得到了分离，同样的组分便得到了富集和纯化。

色谱技术是利用组分在相对运动的两相中的差速迁移而实现分离纯化的一种实验技术。这一运动分离就如同运动员的径赛赛跑一样，如图 2-51 所示。

图 2-51　色谱分离过程如同组分的马拉松赛跑

3. 色谱分离的作用机理

色谱分离的作用机理是组分与固定相、流动相之间的相互作用。组分与固定相、流动相之间的相互作用是对立统一的三角关系。需要明确的是，色谱分离一定是先有固定相对组分的滞留，后有流动相对组分的解脱和带动，即先滞留后解脱，而且后者的作用力一定大于前者。

组分与固定相、流动相的作用力复杂多样，但大多为分子、离子之间的作用力。对于某种具体的色谱而言，其作用力类型可能是一种，也可能是多种共存。按照色谱分离的作用机理，色谱主要有分配色谱、吸附色谱、体积排阻色谱、离子交换色谱、离子对色谱、亲和色谱、电泳色谱等。图 2-52 是常见色谱分离机理示意图。

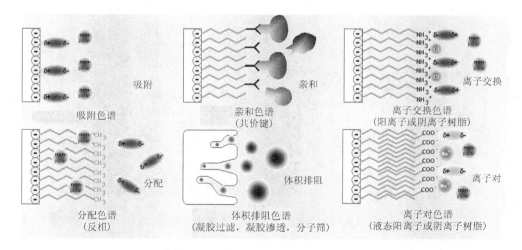

图 2-52　色谱分离的主要机理示意图

4. 色谱分离方法的选择

色谱方法种类较多，根据被分离样品的组分构成及其特性选择适当的色谱方法，再确定具体的固定相和流动相。

一般来说，气相色谱(属于仪器分析方法)适合于一些挥发度较大、沸点低于300℃的混合样品；液相色谱因其固定相和流动相选择范围更大而几乎适合于各种样品。常规柱色谱、薄层色谱和纸色谱等经典的色谱方法都属于液相色谱。液相色谱方法的选择可参考图2-53。

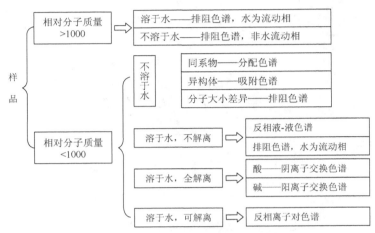

图 2-53　液相色谱分类选择参考图

2.7.2　常规柱色谱的基本流程与技术操作

柱色谱分为两种：一种是人工操作的常规色谱；另一种是仪器化现代柱色谱，包括气相色谱(GC)和高效液相色谱(HPLC)，如图2-54所示。常规柱色谱主要以常量和大量分离、制备为主，现代柱色谱以常量和微量的分离、制备与分析为主。

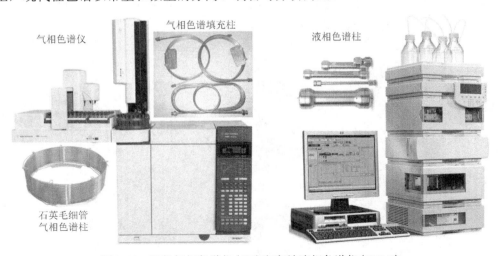

图 2-54　现代气相色谱仪(GC)和高效液相色谱仪(HPLC)

1. 柱色谱的基本流程

柱色谱是指在柱状空间内进行运动分离的色谱技术。其过程如图 2-55 所示：柱色谱的固定相及其载体被填装在柱内并加以固定形成柱床,被分离样品被加载到柱床的一端,流动相从加载样品的一端流入柱内进行冲洗,并带动样品中组分移向色谱柱的另一端。各组分迁移速率不同则会以一定的时间间隔先后流出色谱柱的另一端,被固定相滞留较弱而被流动相带动较大的组分其迁移速率较快,会先被流动相冲洗出来,对先后流出色谱柱的组分进行分段接收便可获得被分离的各个组分。这就是柱色谱的基本流程。

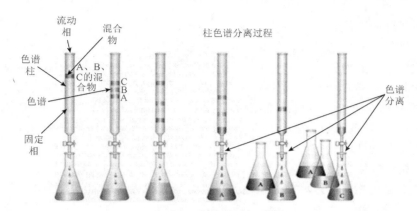

图 2-55　常规柱色谱的基本流程

柱色谱的流动相因在柱内起到冲洗组分流出的作用而常被称为洗脱剂。样品中各组分从开始被洗脱剂洗脱到以最大浓度完全流出时所经历的时间称为保留时间,以 t_R 表示,所消耗的洗脱剂体积称为保留体积,以 V_R 表示。若在柱的出口使用相应的分析仪器对流出组分进行在线检测,则可以绘制出洗脱流出组分对检测仪器的信号响应值(大小与含量相关)对时间的关系曲线,这一曲线称为色谱流出曲线,也称色谱图,如图 2-56 所示。色谱图是现代色谱仪用于定性、定量分析的主要依据。保留时间和保留体积用来定性分析和评价分离效果。

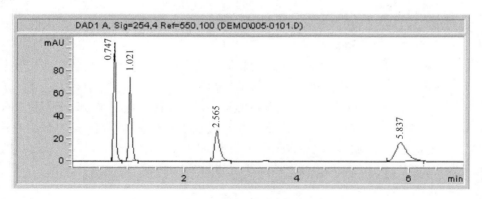

图 2-56　液相色谱流出曲线图(色谱图)

2. 柱色谱分离结果的评价

柱色谱分离结果的评价主要以相邻组分的保留时间差进行评价,考虑到组分的扩散等因素,柱色谱分离度 R 为相邻两组分保留时间差与色带平均宽度(色谱峰宽度)的比值,计算公式为

$$R = \frac{t_{R2} - t_{R1}}{(W_1 + W_2)/2} = \frac{2(t_{R2} - t_{R1})}{W_1 + W_2} \tag{2-20}$$

式中，t_R 为组分的保留时间；W 为组分的谱带宽度。一般分离度 $R \geqslant 1.5$ 即认为两组分已完全分离。

3. 常规柱色谱的基本操作规程

1) 常规色谱柱的选择

常规色谱柱材质主要有玻璃柱和金属柱，实验室常用玻璃柱，有常压柱和高压柱之分。其长短与粗细规格一般为 1∶10～1∶40 比较适宜。过短则达不到很好的分离效果，过长则耗时太多，粗而长又容易发生扩散，降低分离效果。柱的大小选择视分离样品的量而定，一般经验为能够装入样品的 30～50 倍的固定相用量即可。同时参考固定相对样品的吸附容量和样品的分离难易程度等因素进行适当调整，不易分离的物质需要的吸附剂用量相应增加，要适当选择大一些的色谱柱。

2) 常规色谱柱的制备

色谱柱的制备是指将固定相填充至色谱柱的过程。固定相若是固体物质，可以直接填装入柱内。固定相若是液态物质(通常称为固定液)，需将固定液涂渍或键合到固态载体上再行填装。填入柱内的固定相或载体要求具有一定粒度的球形颗粒[①]，球形颗粒的粒度一般用筛分目数表示[②]。

(1) 准备色谱柱：色谱柱洗净、干燥；将色谱柱垂直固定；处理好色谱柱的底部，既要拖住固定相颗粒，又要保证洗脱液顺畅流出。

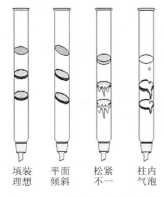

填装　平面　松紧　柱内
理想　倾斜　不一　气泡

图 2-57　不同柱况分离效果

(2) 填装固定相：要求均匀一致、松紧适度、无空气泡或断层、柱床上表面平整水平。否则影响分离效果，如图 2-57 所示。不可将整个柱填满，柱上端要给样品和洗脱液的填加留出足够的空间。

填装方法有以下两种：

① 干装法。将固定相通过漏斗连续均匀地倒入柱内，然后轻轻敲打色谱柱上、下、左、右、前、后各个部位，至床面不再下沉且均匀平整。

② 湿装法。现将固定相用洗脱剂拌湿，再将其倒入事先装有洗脱剂的柱内，用玻璃棒搅拌均匀并排除空气气泡，然后打开柱下端活塞，使洗脱剂慢慢流出，以促使固定相缓慢匀速聚沉，直至吸附剂不再下沉。放液聚沉过程中若洗脱剂不足，应补加洗脱剂，防止空气进入。吸附剂不再下沉后，把柱床上面多余的洗脱剂部分放出，仅留约 1cm 高的液面即可(但不可放空使空气进入)，关闭柱下端活塞，如图 2-58 所示。

3) 样品处理和上样

色谱技术是用来分离结构性质类似的混合样品的，样品过于复杂不宜直接进行色谱分离，应先用其他经典分离方法进行初步分离，排除不利于色谱分离的因素。溶解样品的溶剂一般选择洗脱剂，以免影响洗脱剂。样品处理时应在混合物的复杂性、溶剂极性、浓度、酸碱度、

---

① 球形和粒度的要求是基于色谱扩散理论对分离效果的影响。球形可以减小分子扩散和组分在两相间的传质阻力，粒度合适可以使固定相填充均匀、流动相流速合适。

② 筛分粒度就是颗粒可以通过筛网的筛孔尺寸，以 1in(25.4mm) 长度的筛网内的筛孔数表示，因而称为目数。

离子强度等方面适合和满足相应色谱方法的要求。

上样方法主要有溶液加样法、拌样加样法两种。

(1)溶液加样法：选用适宜的溶剂将样品溶解后直接加到柱床上面。

(2)拌样加样法：将适量样品用少量挥发性溶剂溶解后，加入约 5 倍量固定相拌匀，再将溶剂挥发除尽，然后将吸附有样品的固定相小心均匀地填加到柱床上。

注意事项：样品与柱床要贴紧，无空隙、无气泡，勿损坏柱床平整度。为防止干法加样冲击柱床上面，可在固定相和样品之间加一小片圆形滤纸。

4)柱色谱的洗脱与接收

使用洗脱剂连续冲洗层析柱柱床并使组分流出的过程称为洗脱(elution)。其关键问题是：洗脱剂的选择、洗脱剂的使用次序和洗脱参数的确定、组分的监测与接收。

(1)洗脱剂的选择：根据组分与固定相的作用机理选择。固定相针对所有组分之间的差别进行选

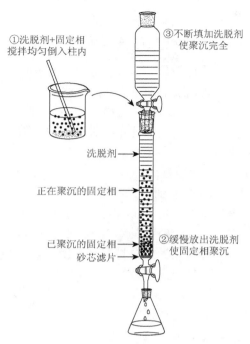

图 2-58　湿法装柱示意图

择，而流动相可针对某一单一组分进行选择，其目的是使个别组分从固定相中解脱下来流出色谱柱。

(2)洗脱：多个组分适用多种洗脱剂时，要注意使用的先后次序，使组分先后解脱以达到分离效果。此外，洗脱效果还会受到其他一些洗脱参数的影响，如流速、压力、温度、时间等。特别需要注意：①使用滴管填加洗脱剂时，要沿着色谱柱的内壁四周缓速淋入，避免冲击样品和柱床；②洗脱过程中需不断添加洗脱剂，不能间断或流干，否则空气进入会产生气泡和柱床断裂，使色谱分离失败。

(3)组分监测与接收：当组分将要流出色谱柱时应准备更换接收瓶接收组分。n 个组分至少要准备 $n+1$ 个，多出的 1 个用于接收空白的洗脱剂。判断何种组分流出，需要对组分进行随时监测，有色物质肉眼可监测，无色物质需借助仪器监测。光学分析和电化学分析仪器是常用的色谱监测仪器，如紫外可见分光光度计、荧光计、示差折光检测器、蒸发光散射仪、质谱仪、电位计等。对于无色物质也可采取等体积小份接收的方法，接收后通过薄层色谱等方法确定每份接收液的组分是否相同，相同者合并，无组分者弃之，仍为混合物者可再作进一步分离。等体积小份接收可使用自动部分收集器，如图 2-59 所示。

图 2-59　自动部分收集器

2.7.3　吸附柱色谱

1. 基本原理

固定相与组分反生吸附作用被滞留，流动相洗脱剂再对组分进行解吸。柱色谱分离的过程是组分与流动相分子之间在吸附剂表面进行吸附竞争的过程。吸附力大小大致遵循"相似

者易于吸附"的经验规律。

2. 吸附剂的种类和选择

吸附剂(adsorbent)是一种具有吸附性能的固体材料,常用的主要有氧化铝、硅胶、活性炭、聚酰胺、硅藻土、硅酸镁等。

(1) 硅胶(silica gel)。

硅胶是一种具有硅氧烷交联结构的多孔性物质,由于其表面有很多硅羟基而具有吸附性。普通活性硅胶属酸性吸附剂,基于吸附原理适合分离酸性或中性化合物。由于硅羟基可与水形成氢键,常会吸附一定的水分子而降低吸附活性,所以硅胶吸附性的强弱与游离硅羟基(Si—OH)的含量或其含水量相关。非活性硅胶因含有一定水分,也可基于分配原理进行色谱分离。因此,硅胶既适用于非极性混合物,也能用于极性混合物,分离范围广,较为常用。常用柱层析硅胶粒度 60~400 目不等,根据实际需要进行选择。

通过化学反应将某些基团键合到硅羟基上,可获得另一类兼具吸附与分配特性的改性硅胶,即键合固定相。键合硅胶按键合的有机基团的极性分为极性键合硅胶和非极性键合硅胶。极性键合相主要有氰基、二醇基、氨基等;非极性键合相主要有十八烷基(octadecylsilyl, ODS)、辛烷基、乙基等烃基。其中以 ODS 最常用。还可以键合手性基团用于手性分离。键合硅胶种类如图 2-60 所示。

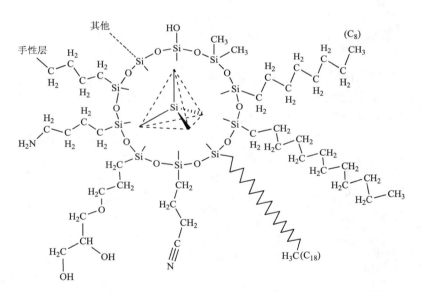

图 2-60　表面改性硅胶结构种类示意图

(2) 氧化铝。

色谱用氧化铝由氢氧化铝在 400~500℃ 灼烧而成,常用粒度为 100~160 目。有三种类型产品:碱性氧化铝、中性氧化铝、酸性氧化铝。其特性和使用范围如表 2-12 所示。

普通硅胶和氧化铝均为极性吸附剂,都具有如下特性:①对极性物质具有较强的亲和能力,对不同的分离组分,极性强者被优先吸附;②溶剂极性越弱,则吸附剂对组分将表现出越强的吸附能力,溶剂极性增强,则吸附剂对组分的吸附能力随之减弱;③组分被硅胶、氧化铝吸附后,加入极性较强的溶剂,组分可被其置换而洗脱下来。

表 2-12　色谱氧化铝种类、特性和使用范围

种类	特性	使用范围	注意事项
碱性氧化铝	混有碳酸钠等成分而具碱性,pH 为 9～10	适合中性或碱性化合物的分离,尤其适合分离生物碱等碱性成分	不适合醛、酮、酯、内酯等类型化合物,因可引起此类物质发生异构化、氧化、消除等次级反应
中性氧化铝	除去碱性氧化铝中碱性成分并水洗至中性而得,pH 为 7.0～7.5	适合于对酸碱不稳定的化合物	仍属碱性吸附剂范畴,故不适合酸性成分的分离
酸性氧化铝	用稀硝酸或稀盐酸处理而成,pH 为 4～5	中和了氧化铝中的碱性杂质,并带有 NO_3^- 或 Cl^-,具有一定的离子交换剂的性质,适合于酸性成分的柱色谱	不适合碱性成分分离

　　层析硅胶和氧化铝的活性均与含水量相关,其活性等级与含水量关系如表 2-13 所示。

表 2-13　硅胶、氧化铝活度等级与含水量关系表

活性等级	I	II	III	IV	V
硅胶含水量/%	0	5	15	25	30
氧化铝含水量/%	0	3	6	10	15

　　(3)选择色谱吸附剂的基本要求:①吸附剂的粒度要均匀,大小要合适,以保证很好的分离效果;②要具有较大的表面积,以保证足够的吸附能力;③对不同物质有不同的吸附容量,以达到分离的目的;④与洗脱剂、溶剂、样品不发生化学反应,在所用的洗脱剂与溶剂中不溶解;⑤具有一定的机械强度,操作过程中不破裂。

　　(4)选择吸附剂的方法和注意事项:①根据"相似者相吸"的规律选择,被分离组分的极性属于何种类型就选择何种极性类型的固定相;②配合洗脱剂进行选择和确定,洗脱剂要能够将组分有差别地洗脱下来,固定相对组分的吸附力相对于洗脱剂也要合适,此外洗脱溶剂也会影响固定相对组分的吸附能力;③同一种吸附剂其制备和处理方法不同,吸附性能也会相应改变,所以最好设法标定吸附剂的活性,并且尽量采用相同批号同样处理方法的吸附剂;④需注意同种吸附剂也有不同的规格和应用范围,要注意区别选择;⑤吸附剂的最后选定还要结合实验进行调整和确定。

3. 溶剂和洗脱剂的选择

　　选择洗脱剂的总体要求是要具有一定的洗脱能力,把吸附滞留存在色谱柱上的组分分别洗脱下来。洗脱剂可以是单一溶剂,也可以是混合溶剂。如果一种洗脱剂不能使每个组分都获得满意的分离结果,可以分别针对每个组分或部分组分进行个性选择。究竟使用一种还是几种洗脱剂取决于各个组分对吸附剂的吸附差别。如果一种或几种洗脱剂的洗脱效果均不理想,还可以采取梯度洗脱的方法。梯度洗脱就是使用两种极性不同的溶剂,按照不断变化的组成比例进行混合,组成一个极性不断变化的洗脱剂进行洗脱。

　　洗脱剂的洗脱能力主要取决于极性,但也与被分离组分的极性和所选固定相的性质有关。不能笼统地说极性越大,洗脱能力就越强。对于极性吸附剂吸附的极性组分,洗脱剂极性越大,洗脱能力越强;而对于非极性吸附剂吸附的非极性组分,洗脱剂极性越强,洗脱能力越弱。

　　溶剂极性可根据介电常数大致判断,一般介电常数高,极性强。常用溶剂的介电常数(极

性)大小顺序为：水＞甲醇＞乙醇＞丙酮＞乙酸乙酯＞氯仿＞乙醚＞三氯甲烷＞二氯甲烷＞苯＞四氯化碳＞环己烷＞正庚烷＞正己烷(石油醚)。常用混合溶剂的极性如表 2-14 所示。

表 2-14　常用混合溶剂的极性顺序

混合溶剂	己烷-苯　苯-乙醚　苯-乙酸乙酯　氯仿-乙醚　氯仿-乙酸乙酯　氯仿-甲醇　丙酮-水　甲醇-水
极性	→→→　→增→→→强→　→→→

溶解样品的溶剂的基本要求：①纯度高，不含杂质，一般要选用色谱纯试剂；②能溶解样品中的各组分，其用量和极性对洗脱剂极性的影响较小；③与样品和吸附剂不发生任何化学变化；④黏度小、易流动；⑤沸点低，易分离。

样品溶剂和洗脱剂选择和使用的注意事项：①溶解样品的溶剂一般可选用洗脱剂。如果不用洗脱剂，要注意溶解样品的溶剂极性是否会影响样品的吸附和洗脱。②对于非极性吸附剂，溶解样品的溶剂极性应比样品极性大一些。而对于极性吸附剂，溶解样品的溶剂极性应比样品的极性小一些。否则，溶剂会与样品竞争吸附固定相，而使样品不易被吸附剂吸附。③洗脱溶剂最好先用薄层色谱预示一下，合适后再用于柱色谱。④选用多种溶剂洗脱多个组分时，要注意不同洗脱剂的使用次序。一般应先用洗脱能力小的洗脱剂洗脱容易被解吸的组分，用洗脱能力强的洗脱不易被解吸的组分。

4. 被分离组分的极性

被分离有机物的极性大小也是支配吸附柱色谱过程的主要因素。有机化合物的极性由分子中所含官能团的种类、数量和排列方式综合决定。常见官能团极性强弱顺序如下：R—COOH＞Ar—OH＞H—OH＞R—OH＞—NHCO—CH$_3$＞R—NH$_2$＞R—SH＞R—CHO＞R—CO—R′＞R—COOR′＞R—N(Me)$_2$＞R—NO$_2$＞ROCH$_3$＞—CH=CH—＞—CH$_2$—CH$_2$—。

5. 吸附色谱分离条件的综合确定

色谱分离是样品、固定相和流动相三者之间综合作用的结果。因此，在选择柱色谱分离条件时，要根据被分离物质的性质、吸附剂的吸附强度与溶剂的性质这三者之间的相互关系综合考虑。如分离中等极性的物质，需选择中等活性的吸附剂和中等极性的洗脱剂；如分离极性较强的物质，需选用活性较弱的吸附剂和极性较强的洗脱剂；如分离极性很小物质，则需选用吸附性较强的吸附剂，并用弱极性溶剂进行洗脱。图 2-61 所示为吸附色谱分离条件三角形选择法，转动图中的三角形，使黑三角指向被分离物质所处的极性位置，则另外两个角所指定的位置就分别是分离该物质所需的流动相和固定相的条件。

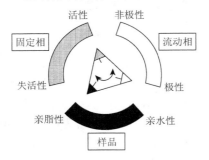

图 2-61　吸附色谱分离条件三角形选择图

2.7.4　分配柱色谱

1. 分配色谱的基本原理

分配色谱法是利用组分在固定相和流动相中的溶解度不同实现分离纯化的一种色谱方

法。组分在两相间的分配就如同连续的液-液萃取一样，也遵循能斯特分配定律。

$$K = \frac{c_s}{c_m} \tag{2-21}$$

式中，c_s 为组分在固定相中的浓度；c_m 为组分在流动相中的浓度。

2. 分配色谱固定相的选择

分配色谱以溶解分配为主，因此其固定相一般为液态物质，常称其为固定液。液态物质不易固定，因此需要将固定液固定在载体颗粒上，或将相应基团键合到载体表面上形成键合固定相。常用的载体有含水硅胶、硅藻土、纤维素、微孔聚乙烯粉、滤纸等。

分配色谱的固定相分为两种：一种是极性的固定液，常用的有水、各种水溶液(酸、碱、盐、缓冲液)、甲醇、丙二醇、甲酰胺、二甲基甲酰胺等，用于分离极性较大的亲水性成分；另一种是非极性的固定液，常用的有液体石蜡、硅油、石油醚等，用于分离非极性或弱极性成分。此外，液相柱色谱经常使用不同极性的改性硅胶作为固定相。

3. 分配色谱流动相的选择和使用

分配色谱流动相的选择同样需综合考虑组分在固定液和流动相中的溶解度，即极性的大小进行选择，可以参考"相似者相溶"的规律。但是在洗脱剂使用时需要注意洗脱剂极性的使用顺序。分配色谱一般分为如下两种情况：

(1)正相分配色谱。固定相为极性较大的水或亲水性固定液，样品中极性大的组分被固定相滞留较大，而极性小的组分不易滞留，应该先行被洗脱。因此，在使用洗脱剂时，应该先用极性小的洗脱剂洗脱极性小的组分，然后再用极性大的洗脱剂洗脱极性大的组分，否则所有组分会一起被洗脱下来而不能分离。洗脱剂使用或流出组分的极性次序是先小后大，故称其为正相色谱。

(2)反相分配色谱。固定液为非极性或极性小的亲脂性有机物，样品中极性小的组分被固定相滞留较大，而极性大的组分不易被滞留，应该先行被洗脱。因此，在使用洗脱剂时，应该先用极性大的洗脱剂洗脱极性大的组分，后用极性小的洗脱剂洗脱极性小的组分，否则所有组分会一起被洗脱下来而不能分离。洗脱剂使用或流出组分的极性次序是先大后小，故称其为反相色谱。

正相分配色谱常用的洗脱溶剂有石油醚、环己烷、苯-氯仿、氯仿、氯仿-乙醇、乙酸乙酯、正丁醇、异戊醇等；反相分配色谱常用的洗脱溶剂有水、甲醇、乙醇、酸碱盐的水溶液等。当然，也可使用混合溶剂或梯度洗脱。

4. 分配色谱分离条件的综合确定

同样要综合考虑固定相、流动相和样品性质三方面的因素进行确定。同样可以参考图 2-62 所示的三角形选择法进行确定。

分配柱色谱与吸附柱色谱各有其适用范围。分配柱色谱主要基于分配系数的不同，一般来说，各类型化合物均能适用，特别适合于分离水溶性、亲水性物质而又稍能溶于有机溶剂者，以弥补一般吸附色谱的不足。但因分配柱色谱处理的样品量相

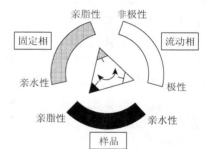

图 2-62　分配色谱分离条件三角形选择图

对较少，因此能用吸附柱色谱解决的问题常优先选择硅胶等吸附柱色谱。一般吸附柱色谱的条件比较容易摸索，洗脱剂也有一定的规律性。但对极性较大或极性很相似的组分，吸附柱色谱就往往达不到很好的分离效果，这时采用分配柱色谱就比较好。当然，对于某些非极性化合物也可采用反相分配柱色谱进行分离。

2.7.5　平面色谱法

平面色谱是一种在开放的平面内进行运动分离的一种色谱技术和方法。按照固定相及其载体的不同分为薄层色谱(TLC)、纸色谱(PLC)。其分离机理包括分配薄层色谱(分为正相和反相薄层色谱)、吸附薄层色谱、离子交换薄层色谱、凝胶薄层色谱(分子排阻薄层色谱)、亲和薄层色谱、手性薄层色谱等。

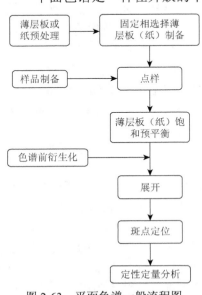

图 2-63　平面色谱一般流程图

1. 平面色谱的一般过程

平面色谱一般过程如图 2-63 所示，固定相平铺或加载于平面载体上，平面载体通常为方形或圆形的玻璃板、锡箔纸或滤纸等。被分离样品加载到平面的某一位置上。流动相从加载样品的一端依靠毛细作用(或重力、压力、离心力)流向平面的另一端，带动样品中的组分进行差速迁移，这一过程称为展开。流动相称为展开剂。流动相和组分迁移到一定距离时停止展开，称为定距展开。通过对展开后样品斑点的定位和分析可获得分离效果和定性、定量等结果。

2. 平面色谱分离结果的一般性评价

(1)比移值(rateofflow，R_f)：即组分的迁移距离相对于展开剂迁移距离的比值。如图 2-64 所示，计算公式为

$$R_f = \frac{原点至组分斑点中心的距离(L_i)}{原点至展开剂前沿的距离(L_0)} \tag{2-22}$$

原点即为点样点。比移值大小介于 0~1，各组分比较理想的比移值应该分布在 0.20~0.80，太小说明组分迁移速率太慢，太大说明组分迁移速率太快，太大或太小都不会有很好的分离效果。相邻组分之间是否完全分开可简单用两组分的比移值差判断，一般 $\Delta R_f \geqslant$ 0.05 可认为完全分离。

理论上，一定条件下组分的比移值是恒定的物理量，可以作为某组分定性分析的参数。但实际上，由于平面色谱条件的可控性较差，很难做到每次重复实验色谱条件的绝对一致性，因此比移值的重复性较差。为克服此弊端常采取以下方法：

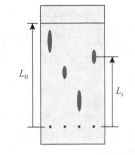

图 2-64　比移值计算图示

①标准对照法。样品与标准品在同一平面上同时展开，对比样品斑点和标准品斑点比移值进行定性分析。

②相对比移值法。被分离物质(i)和参比物质(s)在同一平面色谱上、同样条件下同时展开，

其比移值或移动距离的比值即为相对比移值 R_r，如图 2-65 所示，计算公式为

$$R_r = \frac{R_{f(i)}}{R_{f(s)}} = \frac{L_i}{L_s} \tag{2-23}$$

(2)分离度 R：表示两个相邻斑点的分离程度。如图 2-66 所示，平面色谱的分离度为两个相邻斑点中心的距离与两个斑点的平均宽度(直径)的比值，即

$$R = \frac{2(L_2 - L_1)}{W_1 + W_2} = \frac{2d}{W_1 + W_2} \tag{2-24}$$

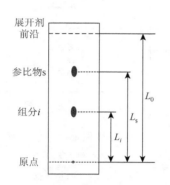

图 2-65　相对比移值计算图示

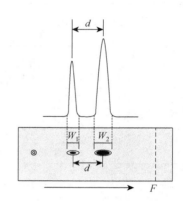

图 2-66　分离度计算图示

相邻两个斑点之间的距离越大、斑点越集中，则分离度越大，分离效果越好。与柱色谱一样，当 $R \geqslant 1.5$ 时，相邻两斑点可达到基线完全分离。

3. 薄层色谱固定相的种类和选择

薄层色谱常用固定相的种类较多，按其基本结构可分为有机型与无机型两种。每种固定相的分离机理有所不同，其所适宜分离的物质种类也不同，使用时常根据被分离物质的性质选择适宜的固定相。如表 2-15 所示为常见薄层色谱固定相及其分离机理和应用范围。

表 2-15　常见薄层色谱固定相、分离机理和主要应用范围

固定相			分离机理	应用范围
氧化铝(酸性、中性、碱性)			吸附色谱	亲脂性化合物：生物碱、甾类、萜类、脂肪与芳香族化合物
硅胶	未改性硅胶	硅胶 60	正相色谱	广泛用于各类化合物
		高纯硅胶 60	正相色谱	黄曲霉毒素等
	改性硅胶	C2/C8/C18-Rp	正相与反相色谱	非极性化合物(类脂、芳香族) 极性物质(碱性与酸性化合物)
		CHIR(手性)板	配体交换色谱	手性氨基酸、α-羧酸酰胺
		CN-板	正相与反相色谱	农药、酚类、防腐剂、甾类
		DIOL-板	弱阴离子交换色谱	甾类、激素
		NH$_2$-板	阴离子交换 正相或反相色谱	核苷酸、农药、酚类、嘌呤衍生物、甾类、维生素、磺酸类、羧酸类、黄嘌呤类

续表

固定相		分离机理	应用范围
纤维素	未改性纤维素	分配色谱	氨基酸、羧酸类、碳氢化合物
	乙酰化纤维素	正相或反相色谱（根据乙酰基含量）	蒽醌类、抗氧化剂、多环芳香化合物、硝基酚类
	离子交换纤维素	阴离子交换色谱	氨基酸、肽、酶、核苷酸、核苷
	DEAE 纤维素+高纯纤维素	离子交换色谱	核酸水解物、单核与多核苷酸
离子交换剂		阴/阳离子交换色谱	氨基酸、核酸水解物、氨基糖、抗生素、无机磷酸盐、黄曲霉毒素、除草剂、四环素等
硅藻土		处理后作反相色谱	黄曲霉毒素、除草剂、四环素等
聚酰胺		分配色谱	酚类、黄酮类
葡聚糖凝胶		凝胶过滤色谱	蛋白质、核酸类
混合薄层	氧化铝+乙酰化纤维素	正相/反相色谱	多环芳烃类(PAH)
	纤维素+硅胶	正相色谱	防腐剂
	硅藻土+硅胶	正相色谱（降低硅胶吸附量）	碳氢化合物、抗氧剂、甾类
	硅胶+氧化铝	分配色谱	染料、巴比妥酸盐
三聚硅酸镁		吸附色谱	类胡萝卜素、维生素 E 类
氢氧化钙		吸附色谱	类胡萝卜素、维生素 E 类
活性炭		吸附色谱	非极性物质
淀粉		分配色谱	有机酸、氨基酸、维生素、糖、色素
滑石粉(水合硅酸镁)		分配色谱	有机酸、氨基酸

1) 薄层硅胶

薄层层析硅胶与柱层析硅胶在粒径和组成上不尽相同，主要有 H、HF$_{254}$、G、GF$_{254}$、S 等型号。H 型为不加黏合剂的薄层硅胶；G 型为添加 15%石膏粉黏合剂的硅胶；S 型为添加 15%淀粉黏合剂的硅胶；F$_{254}$型表示添加荧光波长为 254nm 荧光粉的硅胶(可在 254nm 紫外光下显现荧光背景，有助于观察样品斑点)。

薄层硅胶使用时要与水调和成糊状以便铺成薄层。硅胶表面的硅羟基会因与水形成氢键而失去吸附活性，所以铺设好的薄层硅胶需要通过加热处理，使水分失去而恢复活性，这一过程称为活化。如图 2-67 所示，活化温度和时间会最终决定硅胶含水量与活性等级(表 2-13)而成为活化的关键条件。常用硅胶板活化温度和时间参见表 2-17。一般在 150~200℃下活化，会使表面相邻硅羟基之间形成氢键，获得吸附活性最强的具有氢键型硅羟基的硅胶，商品硅胶多为这种氢键型。活化温度高于 200℃，则部分氢键型的硅羟基会脱水生成硅氧烷键而丧失部分活性，超过 600℃则硅胶表面的硅羟基都会变为硅氧烷键而彻底失活。

活性普通硅胶属酸性吸附剂，适合于中性或酸性成分的分离。若在硅胶中加入适量碱性氧化铝，或在展开剂中加少量酸碱调节剂，可改变硅胶的酸碱性，而使其适合各种物质的分离要求。非活性普通硅胶虽然会因含有一定量的水分而使其吸附活性降低，但水分的存在会使其具有一定的分配作用，而用于分配分离一些极性化合物。因此，硅胶的分离范围广，既能适用于非极性混合物的分离，又能用于极性混合物的分离，是薄层色谱最常用的固定相之一。

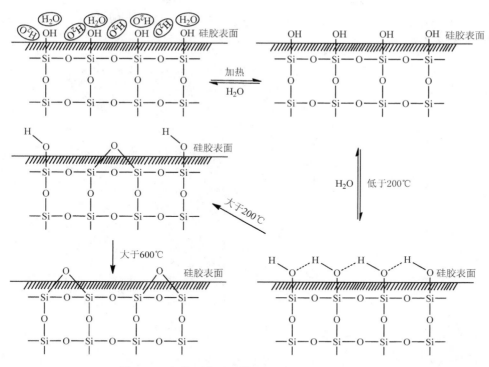

图 2-67 加热活化硅胶表面羟基结构变化示意图

硅胶的分离效率与其粒度、孔径、表面积等几何结构有关。颗粒越小，表面积越大，吸附力越大，展开速率越慢，越容易达到平衡，其传质阻滞越小（可以忽略）。因此，采用更加细小的微粒吸附剂制成的高效薄层色谱板可以获得更高面效和分离度[①]。而且，高效薄层色谱在分离效率、检测限和灵敏度等方面也具有十分明显的优势，如图 2-68 所示。表 2-16 为普通薄层（TLC）与高效薄层（HPTLC）在某些性能方面的比较。

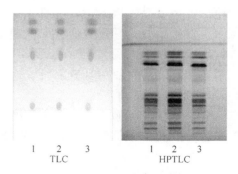

图 2-68 TLC 与 HPTLC 板效对比

表 2-16 TLC 与 HPTLC 性能比较

特性	TLC	HPTLC	特性	TLC	HPTLC
平均颗粒度/μm	10～40	2～10	分离时间/min	30～200	3～20
颗粒度分布	宽	窄	试剂消耗/mL	50	5～10
涂层厚度/μm	250	100～200	吸收检测限/ng	100～1000	10～100
展距/mm	100～150	30～50	荧光检测限/ng	1～100	0.1～10

2) 其他薄层色谱固定相

(1) 薄层氧化铝：与柱层析氧化铝基本一致，只是粒度更细。

---

① 板效是用来衡量薄层板分离效能的色谱参数，通常用一定的展距内能够分离的组分数即分离数表示。分离度是用来衡量分离效果的色谱参数，通常用相邻两组分斑点距离除以两斑点平均直径来表示。深入了解可查阅专业色谱文献。

(2)聚酰胺(polyamide)：为己内酰胺的高分子聚合物，属氢键型吸附剂，可用于分离氢键型化合物，如图 2-69 所示。

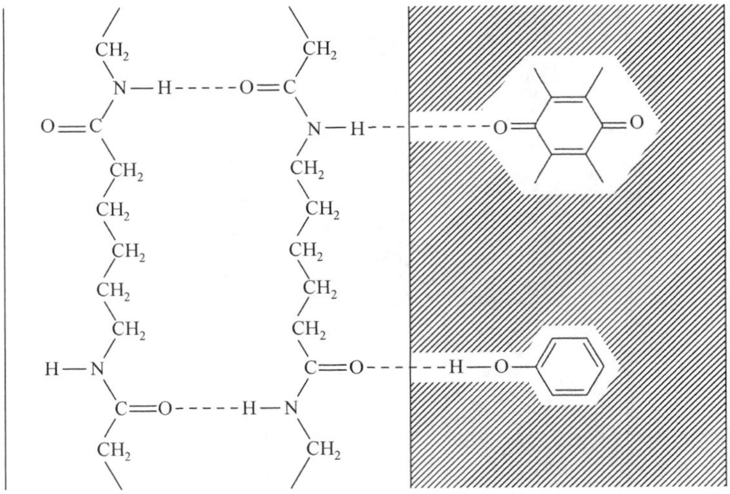

图 2-69　聚酰胺氢键吸附作用示意图

(3)纤维素类：普通纤维素(cellulose)薄层色谱的分离机理与纸色谱相似，实际的固定相是与纤维素结合的水分子，属于分配色谱。但展开速率比纸色谱快、分离度大、斑点集中、检出灵敏度高，因此可代替纸色谱。改性纤维素(modified cellulose)是通过在纤维素的羟基上发生某些化学反应而将一些特定基团引入纤维素结构上形成的一类固定相。例如，将纤维素的羟基进行乙酰化可形成乙酰化纤维素，因其疏水性增加而用于反相分配薄层色谱；将纤维素的羟基氢被阳离子或阴离子交换基取代形成离子交换纤维素，用于离子交换薄层色谱。

(4)葡聚糖凝胶类：包括亲水性葡聚糖凝胶、亲脂性葡聚糖凝胶和离子交换型葡聚糖凝胶三种。亲水性葡聚糖凝胶是由葡聚糖(右旋糖苷)在有机相中加入交联剂表氯醇，使葡聚糖交联聚合而成的一种网状结构的物质，其商品名为 Sephadex。其色谱分离的机理是体积排阻原理。交联度的大小决定其网状结构的紧密程度和吸水后的膨胀度。交联度越大，网状结构越紧密，吸水时膨胀体积越小，则越能够滞留一些小分子。用于薄层色谱的凝胶颗粒粒度小于40μm，交联度低于 G-50(分离相对分子质量范围 1500～30000)。亲脂性葡聚糖凝胶是在葡聚糖分子上引入某些有机基团而形成的一类凝胶，可用于黄酮、蒽醌、色素等有机物的分离。离子交换型葡聚糖凝胶是在 G-25 或 G-50 上引入羧甲基、磺烷基、二乙基氨基乙基、季铵乙基等具有离子交换功能的基团而形成的一类凝胶，兼具凝胶与离子交换的双重性质，广泛应用于生化与天然产物的色谱分离与纯化。

4. 纸色谱的固定相与应用范围

纸色谱的载体是滤纸，其固定相是滤纸纤维素所吸附的水(约占 6%)。因固定相是水，因此纸色谱只适合于分离能够与水有相互作用的极性较大的物质。尽管滤纸的纤维对某些化合物有时也会存在一些较弱的离子交换作用，但其中起主要分离作用的是分配原理，因此其分离机理主要属于液-液分配色谱。

5. 平面色谱的制板和制纸

1)薄层板的制备与活化

(1)调糊：将固定相材料按照要求加入适量蒸馏水调制成糊状，如 3g 硅胶加蒸馏水 6mL 调糊，氧化铝 3g 加蒸馏水 3mL 调糊。为使固定相均匀，调糊时需要在研钵内用研杵研磨，或在烧杯中用玻璃棒顺一个方向搅拌至均匀黏稠。

(2)涂铺：将调好的糊状吸附剂使用手动或自动薄层板涂铺器(图 2-70)均匀铺在薄层玻璃板或其他材质上。基本要求是均匀光滑、薄厚一致，定性定量用薄层厚 0.2～0.3mm，制备用薄层厚 0.5～2mm。

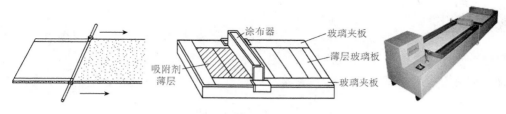

图 2-70　涂铺薄层板的常用器具

(3)活化：薄层板活化需根据需要而选定条件，表 2-17 为常用薄层板的活化条件。一般将铺好的薄层板于室温晾干后置烘箱中渐渐升温。升温不能过快，否则会因水分蒸发过快，产生龟裂和薄层脱落现象。各种吸附剂所需活化温度及恒温时间不同，所达到的活化级别也不同，活性等级的测试参见实验 2-9。

表 2-17　常用薄层板制备活化处理方法

薄层类型	固定相(g)：水(mL)	活化条件
硅胶 G	1：2 或 1：3	80℃或 105℃，0.5～1h 或阴干
硅胶 CMC-Na*	1：3(0.5%～1% CMC-Na 水溶液)	80℃，20～30min 或阴干
硅胶 G CMC-Na	1：3(0.2% CMC-Na 水溶液)	80℃，20～30min 或阴干
氧化铝 G	1：2 或 1：2.5	110℃，30min
氧化铝-硅胶 G(1：2)	1：2.5 或 1：3	80℃，30min
硅胶-淀粉	1：2	105℃，30min
硅藻土 G	1：2	110℃，30min
纤维素	1：5	

＊CMC-Na 为羧甲基纤维素钠的英文名称缩写，是一种高分子黏合剂和增稠剂。

2)色谱纸的制备与处理

色谱纸要选择层析用滤纸，要求：①质地均匀，平整无折痕。②具有一定机械强度，滤纸被溶剂湿润后仍能悬挂或直立。③要有一定的纯度，所含 Ca^{2+}、Mg^{2+}、Cu^{2+}、Fe^{3+} 等金属离子不可过多，灰分要求低于 0.01%，否则会影响分离结果。④致密度适中，太松则被分离物质易扩散，太紧则展开时速率太慢。一般中速滤纸使用较多。但还要结合展开剂考虑选择，以正丁醇为主的溶剂系统黏性大，展开速率慢；相反，以石油醚、氯仿为主的溶剂系统展开速率较快，据此结合实验要求来挑选快速、中速、慢速的滤纸。⑤薄厚适当，一般定性用较薄的滤纸，厚质滤纸往往作制备用。

　　色谱纸制备和使用注意事项：①保持纸面洁净，避免吸附尘埃和异味。②不要用手触摸，以免被皮肤分泌物污染。③滤纸的纤维有方向性会影响分离，要保持每次展开时纤维方向的一致性。④杂质含量高的滤纸需要预处理。⑤在分离酸性、碱性或两性物质时，要求 pH 恒定，为此滤纸也可用一定 pH 的缓冲溶液预先处理。一般可将滤纸在缓冲溶液中浸湿(或喷洒)，再用普通滤纸吸去表面多余的液体，经阴干即可使用。有时也可用甲酰胺、二甲基甲酰胺等预处理，其作用与缓冲溶液相似。

　　6. 平面色谱的样品制备和点样

　　1)样品溶液的制备

　　制备样品溶液时要注意以下问题：

　　(1)选择合适的溶剂配制样品。溶剂极性和对样品的溶解度不宜过大，以免点样时样品原点呈空心环。这种现象被 Kaiser 称为环形色谱效应，并在薄层扫描色谱中会直接影响斑点的峰形及定量结果，如图 2-71 所示。

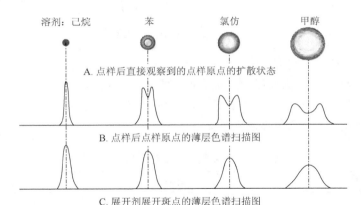

图 2-71　不同溶剂对斑点展开前后的影响

　　(2)溶剂黏度不宜过高。

　　(3)溶剂沸点要合适，沸点太低会因挥发而导致浓度改变上的误差，沸点太高则点样后会在原点残留而导致展开剂的选择性变化。

　　(4)样品浓度要合适，一般为 0.01%～1.00%。

　　2)点样

　　可借助毛细管或注射器进行手工点状点样，也可使用点样仪器进行点状或带状点样。图 2-72

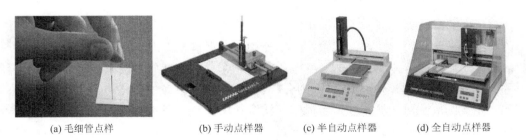

(a) 毛细管点样　　　　(b) 手动点样器　　　(c) 半自动点样器　　　(d) 全自动点样器

图 2-72　常用的点样方法和仪器

为几种点样仪器。不同的点样方式和方法在相同条件下进行展开，其展开结果差别也较大，如图 2-73 所示。手动点样不如点样器点样，点状点样不如带状点样分离度高。带状样点展开后的斑点分辨率高、精密准确，更适合定量分析。

点样的要求与注意事项如下：

（1）注意板、纸有无污染，以免影响展开图谱。

（2）注意不要污染样品溶液，每个样品必须专用点样器具。

（3）注意手动点样的操作要领。毛细管或注射器要垂直、轻触、按顺序点样[图 2-72（a）]。

（4）注意点样量。过多点样则会出现超载而产生斑点拖尾，或造成前后样点重叠降低分离度。点样过少则易流失或斑点不清楚，低于定量检测限。普通薄层色谱和纸色谱一般为 $1\sim5\mu L$，高效薄层色谱为 $100\sim500nL$，定量分析要求精确定量点样。

（5）注意控制点带大小。点带过大会降低分辨率和分离度。少量多次的手动点样可以防止一次点入过多造成斑点扩散。《中国药典薄层图谱集》对点样

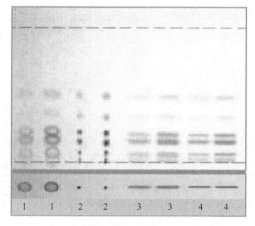

图 2-73　不同样点展开结果对比图

1-手动点状点样；2-喷雾点状点样；3-手动带状点样；4-喷雾带状点样

的要求是 TLC 带宽 $8\sim10mm$、HPTLC $5\sim8mm$，高度不超过 1mm，点直径不超过 3mm。

（6）注意点样顺序和点间距、点边距。如图 2-74 所示，点距太近容易相连，位置太低容易将样品直接浸入展开剂，太靠近侧边则会加大"边缘效应"。

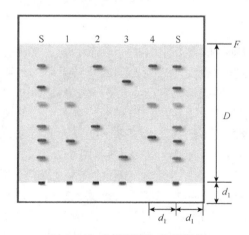

图 2-74　点样顺序与位置图解

S-对照品；1~4-样品；F-溶剂前沿；D-展距（TLC 10~15cm，HPTL C 5~7cm）；
d_1-原点间距与边距（TLC 1~2cm，HPTLC 约 0.5cm）

7. 展开剂的选择

展开剂可由单一溶剂或多元溶剂组成，需满足下列要求：①合适的纯度；②适当的稳定性；③线性分配等温线；④低黏度；⑤适当的蒸气压；⑥尽可能低的毒性。

（1）薄层色谱展开剂的选择：与柱色谱一样，平面色谱展开剂的选择需根据被分离组分（溶解性、酸碱性、极性等）、固定相（活性、非活性）和展开剂（极性、非极性）之间的三角关系进

行选择和优化，如图 2-75 所示。

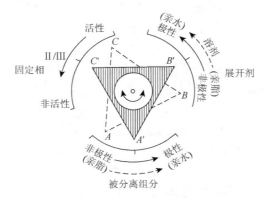

图 2-75 薄层色谱条件三角形选择图

(2)纸色谱展开剂的选择：纸色谱的固定相为水，待分离组分为极性较大的物质，如糖、氨基酸等。因此，纸层析展开剂的极性应弱于水而更接近于被分离组分的极性。单一溶剂的极性常不能满足要求，需要由三种类型的溶剂混合而成，即由三类溶剂组成的三元溶剂系统。第一类是对被分离物质的溶解度很小的溶剂。在溶剂系统中，这类溶剂的量占主导。第二类是对被分离物质溶解度很大的溶剂，这类溶剂含量的多少主要取决于对被分离物质的效应。含量太多，使被分离物质的 R_f 值都趋向于 1，太少则使被分离物质的 R_f 值太小，分离度都会较差。第三类是用于调节各组分的比例或整个溶剂系统 pH 的溶剂成分。例如，氨基酸纸色谱的展开剂为正丁醇：冰醋酸：水=5：3：2(体积比)。

8. 饱和展开

平面色谱的展开需要在密封的展开室内进行，而不能开放式展开。否则使展开剂组成和极性发生改变，进而影响展开结果：①一般情况下，容易挥发的均为低沸点弱极性溶剂，因此展开剂极性会由于低极性溶剂的挥发而增大，结果会使吸附薄层色谱和纸色谱各组分的比移值变大。②由于板、纸边缘处溶剂的挥发会更多一些，因此点在边缘的组分比移值会更大一些，这种现象称为边缘效应(图 2-76)。

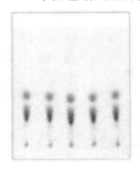

图 2-76 边缘效应

为克服上述影响，展开前需要对展开室和薄层板(纸)进行"饱和"，即将点好样品的薄层板(纸)放入装有展开剂的展开室内，密封，使展开剂在展开室内达到气液相平衡后，再将展开剂与薄层板(纸)接触进行展开，如图 2-77 所示。有条件的可以采用薄层色谱专用展开仪器进行饱和展开，如图 2-78 所示。

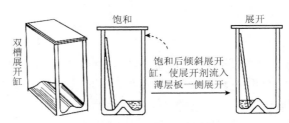

图 2-77 饱和展开过程示意图

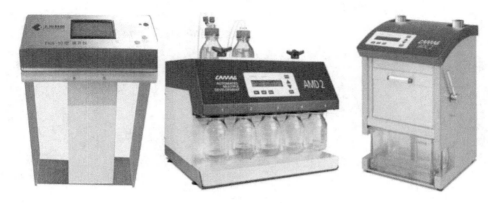

图 2-78　薄层色谱展开仪

展开注意事项：①展开剂要严格按组成比例要求配制，否则极性很容易被改变而使展开结果发生变化，尤其要注意试剂的等级、量器的准确度和残留洗涤水的影响；②展开缸内展开剂高度应处在薄层板(纸)样点位置以下；③注意环境湿度和温度的影响；④展开缸的放置应水平稳定，远离热源，远离通风处，避免阳光直射，光敏物质的展开要在暗室内进行；⑤展开应达到一定的展距才能结束，以保证理想的分离度，但不要使展开剂前沿流过板(纸)的另一端，否则无法确定展开剂前沿位置或使组分斑点丢失，一般可在距离板(纸)另一端 0.5～1cm 时结束展开。

不同的展开方式其结果也有差异，常用的展开方式如图 2-79 所示。

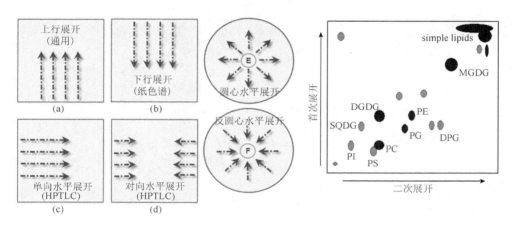

图 2-79　常用展开方式：一维单向展开和二维双向展开

9. 斑点定位与检测

有色样品直接定位，无色样品常用如下方法定位：

(1)试剂显色法。针对不同的检出物质选择合适的显色剂进行显色定位。显色时要注意显色剂的浓度和用量、显色时间和温度等条件的控制。常用的显色剂如下：

通用型：10%硫酸乙醇溶液；碘蒸气。

专用型：如生物碱显色剂——碘化铋钾；黄酮类显色剂——三氯化铁；氨基酸肽蛋白质——茚三酮等。显色剂可采取喷雾或浸渍的形式进行显色，也可借助于相应的喷雾显色器进行显色，如图 2-80 所示。

显色喷雾系统　　　　　显色剂浸渍器

图 2-80　平面色谱显色方法和器具

(2)蒸气检出法。将展开后挥去溶剂的薄层板(纸)放入含有某蒸气的容器内,蒸气可与组分发生化学作用产生不同的颜色或荧光而定位。常用蒸气有碘、挥发性盐酸、硝酸、浓氨水、二乙胺等。

(3)光学检出法。对可见光有吸收的组分可借助自然光进行观察;对紫外光有吸收的组分可在紫外灯下进行观察检出;对紫外和可见光都没吸收的组分可采取将样品点在添加有荧光剂的薄层板上展开,展开后样品斑点在紫外灯照射的荧光背景下显示为暗点。也可借助生物显影、光学检测仪、薄层扫描仪等进行定位,如图 2-81 所示。

生物自显影检测器　　　　　三用紫外检测仪　　　　　薄层扫描仪

图 2-81　薄层色谱样品斑点检测仪

10. 平面色谱的定性与定量分析

(1)定性分析。方法有:通过对照组分与标准物质的比移值 R_f,或相对比移值 R_r 进行定性。具备条件可通过薄层扫描法进行定性。

(2)定量分析。两种方法:间接定量法(洗脱测定法)和直接定量法(原位薄层扫描法)。

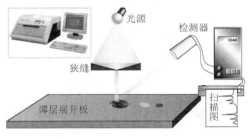

图 2-82　薄层扫描示意图

洗脱测定法即取下色谱分离斑点,用溶剂将化合物的斑点从薄层的吸附剂或滤纸上定量地洗脱下来,收集洗脱液后再用适当的方法进行含量分析和测定。

原位薄层扫描法是利用薄层扫描仪或薄层色谱光密度计进行直接的含量分析和测定。某些先进的薄层扫描仪带有相应扫描图谱处理软件,可以实现很多功能的薄层色谱分析,如图 2-82 所示。

2.7.6　电泳色谱技术

电泳技术较色谱技术发展略迟,它是一种把色谱与电泳结合起来的方法,因此也称电泳色谱法。现已发展为一项独具特色的分析方法。

电泳(electrophoresis)是指分散在介质中的带电粒子在电场作用下向着与其电性相反的电极移动的现象。利用这种现象对物质进行分离分析的方法称为电泳技术。电泳现象最早由俄国莫斯科大学的罗伊斯(F. F. Reuss)发现于 1807 年，1937 年 Konig 用滤纸进行了第一次纸电泳。同年，瑞典的 A.W. K.Tiselius 建立了分离蛋白质的界面电泳，并因用电泳法成功分离了血清蛋白而获得 1948 年的诺贝尔化学奖。

经典电泳技术的最大局限性在于难以克服由两端高电压引起的电介质离子流的自热，即焦耳热，这种影响限制了高压的应用。毛细管电泳(capillary electrophoresis，CE)在散热效率很高的毛细管内进行，可以使用高压，极大地改善了分离效果。

1. 电泳色谱的基本原理

在一定电场强度下，由于样品中各组分所带电荷性质、电荷数量以及相对分子质量的不同，各组分泳动方向和速率也不同，因而在一定的时间内，各自移动的方向和距离也不同，从而达到分离与鉴定的目的。这就是电泳技术的原理，如图 2-83 所示。

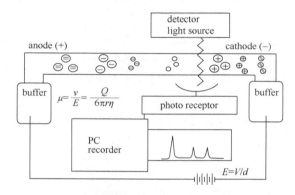

图 2-83　电泳的基本原理

源自 http://chemi.muni.cz/~analytika/ce/cze.html

电泳速率以离子迁移率(ion mobility)表示。离子迁移率的定义为离子移动速率 v 与电场强度 E 的比值，用 μ 表示。它与离子半径(r)、离子带电量(Q)、溶液的黏度(η)有如下关系：

$$\mu = \frac{v}{E} = \frac{Q}{6\pi r\eta} \tag{2-25}$$

相邻两组分移动距离的差值用来判断是否彼此分离，用式(2-26)表示：

$$\Delta d = (d_A - d_B) = (\mu_A - \mu_B)\frac{t\Delta U}{L} \tag{2-26}$$

式中，t 为电泳时间；ΔU 为电位差；L 为两极距离。可见两组分是否分离取决于二者的迁移率，迁移率足够大才能将其分离。

电泳后得到组分的分离结果经定位显现后也得到与薄层色谱类似的电泳图谱，经比色、光谱扫描等方法也可以获得电泳色谱的扫描图，据此进行定性与定量分析。由于组分在电场中定向运动，与平面色谱相比受到其他环境因素的影响较小，其运动的定向性和动力性较强，故电泳色谱的样品斑点更加清晰和集中，分离度较好，如图 2-84 所示。

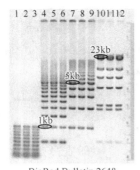

BioRad Bulletin 2648

图 2-84　凝胶电泳色谱图

2. 影响电泳的因素

一个带电质点，其之所以能在电场中移动以及具有一定的移动速率，除取决于其本身所带的电荷外，还与下列因素相关。

(1) 电场强度(V/cm)：对电泳起着重要作用，电场强度越高，则带电质点移动越快。离子强度越高，则质点移动越慢。因此，高压电泳分离时间短，仅需几分钟即可。

(2) 溶液的pH：溶液的pH对某些分子的带电状态有较大的影响。例如，氨基酸、蛋白质等两性电解质，在等电点(pI)时，分子呈电中性，电泳时不移动；当溶液的 pH 较 pI 低时，带正电荷，向负极移动；当 pH 较 pI 高时，蛋白质带负电，向正极移动。pH 离等电点越远，则粒子所带静电荷越多，电泳速率也越快。

(3) 溶液的离子强度：离子强度影响粒子的电动电位，离子强度越强，电动电位越小，电泳速率越慢，区带分离越清晰。但离子强度过高，会降低蛋白质的带电量，使电泳速率反而变慢；如果离子强度过低，缓冲溶液的缓冲容量必然小，不宜维持 pH 的稳定。一般适宜的离子强度为 0.02～0.2mol/kg。

(4) 电渗：在电场作用下，液体对于某固体支持物的相对移动称为电渗(electroosmosis)。由于电渗现象常与电泳同时存在，因而对带电粒子的移动距离有影响。电泳方向与电渗方向相同，则带电粒子实际的泳动距离等于电泳距离减去电渗距离；反之，则加上电渗距离。在选择支持物时尽量避免选择具有高渗透作用的物质。

(5) 其他因素：缓冲溶液的黏度、缓冲溶液与带电粒子的相互作用，以及电泳时的温度变化等因素也都能影响电泳速度。

3. 电泳的技术种类

根据有无支持物，电泳可分为自由电泳(无支持物)和区带电泳(有支持物)两种。前者如显微电泳、等电聚焦电泳、等速电泳等。后者主要有纸电泳、薄层电泳、凝胶电泳、毛细管电泳等。区带电泳操作简便，容易推广，因此常用于分离鉴定。自由电泳目前发展较慢，应用还不是很广泛。

1) 纸电泳(paper electrophoresis，PE)

纸电泳是以纸作为带电质点溶液的支持物来进行电泳分离的方法。

纸电泳的操作程序一般为：滤纸的准备、平衡、点样、电泳、显色、定性定量分析，其过程与纸层析类似，与醋酸纤维素薄膜电泳相同。图 2-85 为所需电泳仪和电泳槽。

纸电泳常与其他层析方法配合使用，以提高分析效果。例如，氨基酸可以通过纸电泳初步确定是酸性、碱性还是中性，然后再采用相应手段进行分离提取。还可用来测定氨基酸或蛋白质的等电点、鉴别颗粒电荷的符号、判断样品的纯度等。在临床检验上还可以用纸电泳来分析血清脂蛋白等。

2) 醋酸纤维素膜电泳(acetate membrane electrophoresis，ACME)

醋酸纤维素膜电泳与纸电泳的原理相同，只是支持物为醋酸纤维素薄膜。因醋酸纤维素膜电泳比纸电泳电渗小、分离速率较快、分离度更清晰、操作更方便，现已取代纸电泳。

3) 凝胶电泳(gel electrophoresis，GE)

以淀粉胶、琼脂或琼脂糖凝胶、聚丙烯酰胺凝胶等作为支持介质的区带电泳法称为凝胶电泳。其中聚丙烯酰胺凝胶电泳(polyacrylamide gel electrophoresis，PAGE)普遍用于分离蛋白质及较小分子的核酸。琼脂糖凝胶孔径较大，对一般蛋白质不起分子筛作用，但琼脂糖凝胶电泳(agarose gel electrophoresis)适用于分离同工酶及其亚型、大分子核酸等，应用较广。

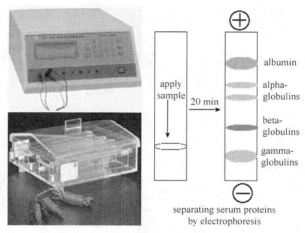

图 2-85　电泳仪、电泳槽和纸电泳图谱

4) 毛细管电泳(capillary electrophoresis，CE)

1973 年，Neuhoff 等建立了均一浓度和梯度浓度的凝胶毛细管用来分析微量蛋白质的方法，即微柱胶电泳。1981 年，Jorgenson 和 Lukacs 使用内径为 75μm 的毛细管柱分离了丹酰化氨基酸，并建立了相关理论，开创了近代毛细管电泳的新时代。1988 年，商品仪器的迅速推出，使毛细管电泳迅速发展。

毛细管电泳仪的结构组成与色谱仪类似，也包括进样部分、分离柱、检测器和数据处理等部件，如图 2-86 所示。

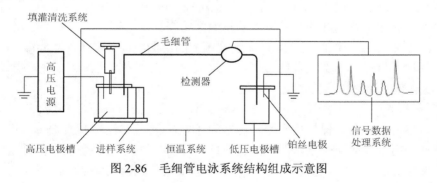

图 2-86　毛细管电泳系统结构组成示意图

实验 2-6　染料混合物的柱色谱分离

【关键词】

柱色谱，偶氮染料。

【实验原理与设计】

亚甲基蓝的三水合物为暗绿色结晶，其稀乙醇溶液为蓝色。荧光黄为橘红色结晶，其稀乙醇溶液带有荧光黄色。结构式如下：

　　本实验以中性层析氧化铝为固定相，采用吸附原理对染料混合物进行柱层析分离。洗脱剂采用 95%乙醇。

【实验材料与方法】

1. 实验材料

　　药品试剂：中性层析氧化铝(100～200 目)，荧光黄，亚甲基蓝，95%乙醇，蒸馏水。
　　仪器设备：小色谱柱，玻璃漏斗，滤纸片，脱脂棉，剪刀，50mL 锥形瓶。

2. 实验方法

　　(1)样品配制：以洗脱剂 95%乙醇溶解亚甲基蓝和荧光黄，制成每毫升含 1mg 亚甲基蓝和 1mg 荧光黄的样品溶液。

　　(2)装柱：①将干燥的色谱柱垂直夹在铁架台上，以 50mL 锥形瓶为接收器。用镊子取少许脱脂棉放入色谱柱内至底部，用玻璃棒轻轻塞紧，为防止固定相在洗脱时脱落，脱脂棉上面再盖一厚约 0.5cm 薄层的砂子(砂子要事先洗净干燥，也可放一小于其内径的滤纸片)。②关闭活塞，向柱内倒入 10mL 95%乙醇，打开活塞，控制流速为 1 滴/s。此时，从柱上端通过一干燥的长颈漏斗，慢慢加入 5g 中性色谱氧化铝，同时用木棒或带橡皮塞的玻璃棒轻轻敲打柱身下部，使填装均匀紧密(松紧不匀或断层会严重影响分离效果，填装过实又会使流速太慢)。装好后，再在上面添加一层 0.5cm 厚的砂子(也可放一小于其内径的滤纸片)。在整个装柱过程中要始终保持流速不变，并保持柱内流动相液面始终高于柱床。

　　(3)加样：待柱内溶剂液面刚好将要流至柱床上的砂面时，立即加入 0.5mL 已配制好的含有 0.5mg 亚甲基蓝和 0.5g 荧光黄的 95%乙醇溶液。当加入的溶液流至接近砂面时，立即用 0.5mL 95%乙醇洗下管壁的有色物质，如此 2～3 次，直至洗净为止。

　　(4)洗脱与接收：处理完样品后，立即在色谱柱上装一滴液漏斗，内装 95%乙醇洗脱剂，滴加洗脱剂入柱内，控制并保持柱底流出速率为 1 滴/s(若此时流速减慢，可将锥形瓶改为小的减压过滤瓶，用水泵适当减压以保持流速的稳定)。注意观察柱内色谱带的移动情况，亚甲基的蓝色谱带应迁移在前，荧光黄在后。当蓝色谱带快要流出柱底端时，更换一洁净的接收器 A，继续洗脱至蓝色谱带完全流出。然后将接收器更换为接收空白溶剂的接收器，改用水作洗脱剂，洗脱接收黄绿色的荧光黄。当黄绿色的色谱带快要流出时，更换一洁净接收器 B 接收荧光黄至洗脱完全。

【思考与讨论】

　　(1)为何亚甲基蓝先被洗脱下来而荧光黄后被洗脱下来，而且要使用水作为洗脱剂？从亚甲基蓝和荧光黄结构式进行理论分析。

　　(2)柱上加入砂子或滤纸片的目的何在？

(3)为何色谱柱内的固定相要求填装得平整、均匀、松紧合适一致？

(4)有的学生洗脱时，柱床上部的洗脱剂呈现的是有颜色的浑浊态，可能是什么原因？对实验有何影响吗？

实验 2-7　氨基酸的纸色谱

【关键词】

纸层析，氨基酸。

【实验材料与方法】

1. 实验材料

药品试剂：1%丙氨酸、1%亮氨酸及其二者的混合溶液，0.2%茚三酮乙醇溶液，正丁醇，冰醋酸，乙醇。

仪器设备：条形纸色谱展开室 1 个，色谱用表面皿 1 对，点样毛细管，电吹风或电热烘箱，小剪刀，色谱滤纸(长方形和圆形各 1 张)，喷雾器，铅笔和尺(由实验者自备)。

2. 实验方法

(1)溶液配制：1%浓度样品乙醇溶液；展开剂为正丁醇∶冰醋酸∶水=4∶1∶5；显色剂为 0.2%茚三酮乙醇溶液(装入喷雾器)。

(2)点样与饱和：取圆形滤纸(氨基酸纸色谱时，因手上分泌物中含有可与茚三酮显色的物质，因此不要用手直接拿滤纸，否则滤纸上会染上分泌物而在以后显色时出现颜色)。以中心为圆点画一半径为 1cm 左右的圆周作为点样原点线(一定要用铅笔，不可以用其他钢笔或圆珠笔)，按要求将样品点在圆周线上并用铅笔标明所点样品名称或代号。所点样品分别为混合样品、丙氨酸、亮氨酸。

点样后用冷风或低热风吹干溶剂(用电热风吹干时，注意不要吹焦滤纸)。在滤纸圆心处用铅笔或铁钉扎一小孔，安上事先卷好的粗细合适的纸芯。然后将点好样品的滤纸放入盛有适量展开剂的展开缸内，先不要使滤纸芯浸入展开剂，盖好展开缸盖，饱和 15min。

(3)展开：饱和后将滤纸芯压下浸入展开剂，盖好，展开。当展开剂距展室内壁 0.5cm 时，取出滤纸，画出溶剂前沿，立即用电吹风吹干或电热烘箱烘干。

(4)显色：均匀喷显色剂茚三酮(显色剂不宜过多喷上，否则会使样品斑点扩散，可远距离雾状喷洒显色)，再用电吹风或烘箱加热吹干(此处吹干是为了使斑点氨基酸在加热时与茚三酮生成有色物质，因此要用热风加热至斑点显色)，显出氨基酸颜色。

(5)计算 R_f 并进行结果分析和鉴定：①求出各斑点 R_f 值；②计算混合样品分离度 R；③鉴定混合样品组成；④通过计算结果说明展开剂是否合适。

实验流程与操作如图 2-87 所示。

【思考与讨论】

(1)为何纸层析适合于极性较大的混合物的分离？

(2)为何纸层析的展开剂通常为三元溶剂系统？这一系统通常由哪三种类型的溶剂组成？

图 2-87　纸层析实验操作图

(3) 若展开后经计算发现样品斑点的 R_f 值过大或过小，如何调整和改进，换滤纸还是调节展开剂？

(4) 如何评价展开剂的展开效果和纸色谱的分离效果？

(5) 使用普通滤纸进行纸色谱会发现展开的溶剂前沿和样品斑点的圆周呈椭圆形，为什么？如何克服这一问题给 R_f 值计算带来的误差？

(6) 展开前为何要进行饱和操作？

【安全提示】

(1) 丁醇：蒸气具有麻醉作用。

(2) 茚三酮：易使皮肤显色，用时小心并在通风橱内使用。

(3) 冰醋酸：具腐蚀性和强刺激性，勿与皮肤和眼睛接触，勿吸入其蒸气。

实验 2-8　氨基酸纸电泳

【关键词】

氨基酸，纸电泳。

【实验原理与设计】

氨基酸是具有酸、碱两性的多官能团化合物。羧基和氨基的电离平衡所处的状态不同，氨基酸所带的电荷也不同。由于氨基和羧基的两性电离平衡受溶液 pH 的影响，所以通过调节溶液的 pH，可以使羧基 (—COOH) 和氨基 (—NH$_2$) 的电离程度相等，而使氨基酸中羧基电离产生的负电荷与氨基电离产生的正电荷相等，氨基酸溶液的净电荷数为"零"。此时，溶液的 pH 即为氨基酸的等电点 pI。

$$H_3N^+ - \overset{\displaystyle |}{\underset{\displaystyle R}{CH}} - \overset{\displaystyle O}{\overset{\displaystyle \|}{C}} - OH \underset{H_3O^+}{\rightleftharpoons} H_3N^+ - \overset{\displaystyle |}{\underset{\displaystyle R}{CH}} - \overset{\displaystyle O}{\overset{\displaystyle \|}{C}} - O^-$$

pH<pI　　　　　　　　　　　　　pH=pI

带正电荷,移向阴极　　　　　　　不带静电荷,不移动

$$\xrightarrow[\quad OH^-\quad]{} \quad H_2N-\underset{\underset{R}{|}}{CH}-\overset{\overset{O}{||}}{C}-O^-$$

pH>pI
带负电荷，移向阳极

不同氨基酸由于其结构不同，其等电点也不同。不同氨基酸在一定 pH 的缓冲溶液中所带的电荷及电荷量也不同，因此其在电场中的移动方向和移动速率也不同，借此可以实现氨基酸的分离和鉴定，这就是电泳技术。电泳技术适合于带电粒子的分离和鉴定。

天门冬氨酸为酸性氨基酸(pI=2.77)，精氨酸为碱性氨基酸(pI=10.76)，二者在 pH=8 的缓冲溶液中分别带有正电荷和负电荷，因此在电场中的移动方向不同。通过将混合样品与标准样品随行电泳并计算电泳后各自的移动距离，可以实现分离和鉴定。

【实验材料与方法】

1. 实验材料

药品试剂：1%天门冬氨酸、1%精氨酸及二者的混合溶液，pH=8.0 磷酸缓冲溶液，茚三酮显色剂。

仪器设备：电泳仪，点样毛细管，电吹风或烘箱，条形滤纸，喷雾器，铅笔(实验者自备)。

2. 实验方法

(1)配制缓冲溶液(配好后测量其电导率)。

(2)点样：取条形滤纸(与氨基酸纸层析要求相同，取滤纸时尽量避免用手直接取放，以免手上分泌物沾污滤纸，造成显色时图谱不洁)，在滤纸中间用铅笔画一起点线(不要折叠)。在起点线上相隔一定距离点上相应样品，并用铅笔标明位置，注意点样要求(同纸层析)。同时，在滤纸两端标好正、负极字样。

(3)电泳：连接电泳仪导线，将电压旋钮调至"零点"位置。电泳槽内加入适量缓冲溶液。在关闭电源的情况下，按正、负极对应关系将点好样品的滤纸放入已盛有缓冲溶液的电泳槽上，使滤纸两端浸在缓冲溶液中，使缓冲溶液从两极开始沿滤纸向起点线浸润，当缓冲溶液浸至距中间起点线 2cm 左右时，盖上电泳槽盖，连接导线和电源，打开电源开关(打开电源前调压旋钮应在零位)，调节电压至 100V 左右等待。当两端缓冲溶液在中间起点线相接时，电路构成回路，电流表即有指示。此时开始继续升压，升压速率约为每分钟升一格，升至 400V 后停止升压，保持电泳 30～45min。电泳结束后，首先切断电源，再取出滤纸，吹干溶液，喷显色剂后加热至干，样品斑点即显现。

(4)量取各样品斑点的移动距离和泳动方向，定性分析各组分。

【思考与讨论】

(1)纸电泳中缓冲溶液有何作用？哪些性能指标对电泳影响较大？

(2)电泳时，电泳槽内的电泳能否敞开进行？为什么？

(3)为何在没有电流指示前，就先给一定的电压？

(4)电泳的条件包括哪些方面？如何确定？

(5)肽、蛋白质和核酸能够用电泳方法进行分离鉴定吗？

(6)电泳技术与色谱技术有何异同和关系？

(7)电泳技术在医药生物学领域的应用和发展如何？查阅文献资料综述之。

实验 2-9　薄层色谱法测定氧化铝活度

【关键词】

薄层层析，氧化铝活度。

【实验原理与设计】

氧化铝的吸附力等级测定方法较常用的是布洛克曼（Brockmann）法，观察其对多种偶氮染料的吸附情况，以衡量氧化铝的活性。所采用的染料以吸附力递增的顺序为：偶氮苯＜对甲氧基偶氮苯＜苏丹黄＜苏丹红＜对氨基偶氮苯＜对羟基偶氮苯。

根据上述染料被吸附的情况，可将氧化铝的活性分为四级，如表 2-18 所示。吸附性能越小，活性级数越大。

表 2-18　氧化铝活性等级和偶氮染料比移值（R_f值）的关系

偶氮染料	活性等级			
	II	III	IV	V
偶氮苯	0.59	0.75	0.85	0.95
对甲氧基偶氮苯	0.16	0.49	0.69	0.89
苏丹黄	0.01	0.25	0.57	0.78
苏丹红	0.00	0.10	0.33	0.56
对氨基偶氮苯	0.00	0.03	0.08	0.19

【实验材料与方法】

1. 实验材料

仪器设备：薄层玻璃板（规格自定），带盖搪瓷盘，玻璃管，胶布，点样毛细管。

药品试剂：偶氮苯，对甲氧基偶氮苯，苏丹黄，苏丹红，对氨基偶氮苯，薄层层析氧化铝，四氯化碳。

2. 实验方法

（1）样品配制。

以四氯化碳为溶剂配制相应浓度的染料溶液：偶氮苯浓度为 40mg/50mL，对甲氧基偶氮苯、苏丹黄、苏丹红、对氨基偶氮苯浓度为 30mg/50mL。

（2）干法铺板制备氧化铝软板。

将待测氧化铝撒在洁净干燥的玻璃板一端，另取比玻璃板宽度稍长的玻璃管，在管的两端各包以橡皮胶布（或塑料管、橡皮管），其厚度即为薄层厚度，以 0.6～1mm 为宜。在一端已包好的橡皮胶布上再包 5～6 层或再套上一段橡皮管，做好涂铺时的固定边，以防止滑动，双手均匀用力，推挤吸附剂，使氧化铝在薄板上形成一均匀的薄层（铺板时，推移不宜过快，也不能中途停顿，否则将厚薄不均匀）。

（3）点样并展开。

取上述五种染料溶液各 0.02mL，点加在氧化铝薄层板的起始线上，点距约 1.5cm，置于盛有展开剂四氯化碳的搪瓷盘中，板的一端浸入展开剂深度约 0.5cm，盖上搪瓷盖密闭展开。待展开剂上升到离起始线 10cm 左右处，小心取出薄层板，结束展开。

软板的薄层疏松，很不牢固，稍为振动或经风吹会把薄层破坏，因此点样、展开、显色等操作都应特别小心。

（4）计算比移值，确定氧化铝活性。

观察各染料的位置，测量比移值。根据表 2-18，确定氧化铝的活性。

【实验记录与数据处理】

染料化合物	溶剂前沿距离	样点距离	比移值	活性等级
偶氮苯				
对甲氧基偶氮苯				
苏丹黄				
苏丹红				
对氨基偶氮苯				

【思考与讨论】

（1）根据偶氮染料的结构特点，解释极性增减的顺序。

（2）影响 R_f 值的因素有哪些？

（3）R_f 值与 R_r 值（相对比移值）有何不同？

（4）如何根据样品的性质选择薄层层析的固定相和流动相？

（5）在选定固定相的情况下，怎样评价薄层层析的展开剂是否合适？

2.8　思考与练习题

1. 蒸馏的基本原理是什么？理想溶液与非理想溶液有何不同？

2. 何为共沸混合物？共沸混合物在共沸点时的主要特征是什么？为何非均相共沸混合物均为最低共沸混合物？

3. 共沸混合物可否直接用简单蒸馏或分馏进行分离与纯化？若不能可采取哪些措施？哪些蒸馏是利用共沸混合物的特性进行分离纯化的？

4. 蒸馏时加入助沸物的目的何在？使用助沸物时应注意哪些问题？

5. 能用常压蒸馏法分离纯化的液态物质应满足什么条件才可达到理想效果？

6. 常压蒸馏法测沸点，是否有必要因压力不为一个标准大气压而进行校正？为什么？

7. 能否用常压蒸馏法制备无水乙醇？为什么？

8. 常压蒸馏有哪些实际应用？

9. 蒸馏时如何选择加热方式？应注意哪些问题？

10. 蒸馏时选择蒸馏瓶过大或过小会有什么不利情况发生？请你计算一下蒸馏15g丙酮（相对分子质量为58），置于 1000mL 蒸馏瓶和 50mL 蒸馏瓶中，在一个大气压下蒸馏到最后蒸馏瓶中只剩下丙酮蒸气时，滞留在蒸馏瓶内丙酮的质量是多少？并求出因此造成的损失百分数（提示：利用理想气体方程 $pV=nRT$）。

11. 蒸馏时如何选择冷却方式？能否将蛇形冷凝管水平放置使用？为什么？

12. 总结蒸馏整个操作过程中值得注意的事项。

13. 蒸馏装置能否装成密闭装置？为什么？

14. 蒸馏装置中水银温度计位置有何要求？为什么？

15. 蒸馏时蒸馏速率是不是越快越好？为什么？如何控制蒸馏速率？

16. 若用蒸馏法测沸点，应什么时候读取温度示数？所测沸点是馏出液的还是蒸馏瓶内液体的？

17. 若想在蒸馏过程中得到较纯的液体应如何接收馏液？

18. 为彻底回收溶剂或减少物质损失，将液体蒸干是否可以？为什么？

19. 蒸馏结束时，下列哪些操作是不合适的？

(1)先停水，后关闭热源；　　　(2)先关闭热源，后停水；

(3)停止加热，冷却后停止冷却；(4)先拆下接收器，再停热、停止冷却。

20. 下列溶剂不适宜用常压蒸馏回收的是：(1)乙醚，b.p. 34.6℃；(2)正丁醇，b.p. 117.7℃；(3)甲酰胺，b.p. 210.5℃(部分分解)；(4)乙酸乙酯，b.p. 77.2℃。

21. 适宜用减压蒸馏分离纯化的物质是：选项同上。

22. 减压蒸馏装置由几部分组成？能否用普通蒸馏烧瓶作减压蒸馏？减压蒸馏时为什么不用沸石助沸，而要用毛细管通入少量空气形成气化中心助沸？

23. 减压操作结束时应注意些什么问题？

24. 用水蒸气蒸馏提纯、分离的有机物质具备什么条件？

25. 有一反应后混合物，有大量树脂状有色杂质，主要产物是沸点为 37.8℃的正戊醇，微溶于水。设计一分离纯化正戊醇的实验方案。

26. 用水蒸气蒸馏提纯，对有机物的蒸气压有何要求？

27. 水蒸气蒸馏装置由几部分组成？为什么要将蒸馏瓶倾斜向水蒸气发生器方向 45°？为什么蒸馏烧瓶中的液体不宜超过其容积的 1/3？

28. 水蒸气蒸馏过程中，烧瓶下面需要加热吗？为什么？

29. 水蒸气蒸馏结束时应注意些什么？

30. 什么情况可采取直接水蒸气蒸馏？

31. 下列几组混合物，哪一组可以利用水蒸气蒸馏法进行分离？

(1)硝基苯和苯胺；(2)对氯甲苯和对甲苯胺；(3)正丁醇和乙醇；(4)Fe、$FeBr_3$ 和溴苯。

32. 溶剂萃取体系是如何构成的？解释下列名词：被萃取物，被萃取相，萃取溶剂相，萃取剂，萃取溶剂，萃合物，络合剂，盐析剂，相比，分配系数，分配比，萃取分离系数，萃取率。

33. 萃取是利用什么原理来达到分离、纯化目的的？为此，萃取前需了解物质哪些方面的性质？

34. 理论说明，萃取率取决于哪些因素？对萃取条件的确定有何指导意义？

35. 结合理论和实际说明，用一定量溶剂萃取时，萃取次数与萃取率的关系。

36. 如何选择萃取剂？为什么一定量萃取溶剂分多次萃取时，首次萃取剂用量要比后几次多一些？

37. 有一被萃溶液 A，拟用萃取剂萃取 B 萃取，已知一次萃取时 $E_1=50\%$（分配比 $D=1$），若达到 $E_n=99\%$，需要萃取几次？欲达到 99.9%需要萃取几次？

38. 有一反应后混合物中含有大量的苯甲酸，此外尚有苯酚、苯、甲苯等少量有机物。若用萃取方法分离苯甲酸，合适的萃取剂是：

(1)5%的 Na_2CO_3 溶液；(2)5%的 NaOH 溶液；(3)10%的稀盐酸；(4)水；(5)乙醚。

39. 有一含有苯酚、苯胺、苯甲酸甲酯和苯甲酸的混合物。请用萃取法选择合适的萃取剂将它们分离并画出萃取工艺图。

40. 演示分液漏斗的使用和操作，总结液液萃取操作的注意事项。

41. 与乳化现象产生有关的因素是：

(1)溶液为碱性；(2)溶液为酸性；(3)溶剂互溶；(4)两液相相对密度相近。

42. 破坏乳化现象和去除絮状物通常可以采取哪些方法？

43. 总结一下用索氏提取器比单独用普通回流装置从固体物质中萃取化学成分的优点。

44. 常用的干燥方法有哪些？各有何特点？

45. 加热干燥法主要有哪些形式？其干燥速率与哪些因素有关？

46. 何谓辐射干燥？其主要特点是什么？

47. 微波干燥的原理是什么？微波加热的频率是多少？微波干燥有何特点？

48. 冷冻干燥的原理是什么？包括哪几个阶段？冷冻干燥的特点和使用范围如何？

49. 什么是吸水容量？什么是干燥效能？选择干燥剂应考虑哪些问题？

50. 怎样使用干燥剂？应注意哪些问题？

51. 化学法干燥时，干燥是否彻底与哪些因素有关？

52. 下列说法正确的是：

(1)醇、醚、胺等含水性基团的化合物，其含水量可能多，要多加些干燥剂。

(2)干燥剂一般用量是 100mL 液态有机物中加 1～10g。

(3)干燥前无需用其他方法尽量把水除去。

(4)加入干燥剂后，干燥剂附着瓶壁或黏结在一起，或仍是浑浊，都说明干燥剂用量不足。

(5)与水生成结晶水合物的第一类干燥剂和与水发生不可逆反应的第二类干燥剂干燥液体后,均需过滤除去干燥剂。

(6)加入干燥剂后，液体已澄清，说明已完全除净水。

53. 液体与固体混合物的分离技术有哪些种类？图示说明。

54. 何谓过滤？表面过滤与深层过滤有何不同？

55. 过滤速率与哪些因素有关？

56. 过滤介质有哪些？何谓助滤剂？

57. 常用的过滤器有哪些？各应用于哪些情况？

58. 减压过滤装置由哪些仪器组成？各部分装置主要作用是什么？

59. 减压过滤技术与普通过滤相比具有哪些优点？

60. 下列措施，可加快过滤速率的是：

(1)用锥形滤纸；(2)用折叠成凹槽形的滤纸；(3)用布氏漏斗；(4)减压过滤。

61. 有一固体物质溶液待过滤，固体物质的特点为以下情况时，应各自选取哪种过滤方法合适：

(1)沉淀颗粒很细微；(2)沉淀熔点低，近于常温；(3)沉淀量很少；(4)沉淀颗粒大且为杂质；(5)蛋白质的无机盐溶液；(6)多肽与蛋白质混合溶液；(7)可能含有微生物的葡萄糖溶液。

选项：①常压过滤；②减压过滤；③冷却过滤；④用玻璃钉漏斗过滤；

　　　⑤粗过滤；　⑥膜过滤；　⑦透析；　⑧电渗透。

62. 使用滤纸过滤时，过滤前用其他溶剂润湿滤纸而没有用待滤溶液中的溶剂，是否可以？为什么？

63. 下列情况适宜采用热过滤的是：

(1)低温下溶解度很小的晶体和溶剂的混合物。

(2)晶体溶质常温下易析出的溶液中含有固体杂质。

(3) 某有机物熔点很低，其中含有难溶的固体杂质。

(4) 被过滤的晶体常温下极易溶于溶液。

64. 何谓膜分离技术？膜分离的主要机理有哪些？

65. 膜分离的主要动力有哪些？各类膜分离过程的主要动力是什么？

66. 用于膜分离的分离膜应具备哪些基本条件？

67. 现在有哪些膜分离方法？其各自的分离原理、特点和使用范围如何？列表说明。

68. 重结晶的原理和一般过程是怎样的？

69. 理想的重结晶溶剂应具备什么条件？

70. 重结晶时溶剂的最后选定除要满足理想溶剂的条件外，还需要由实验最后确定。即取 0.1g 待重结晶固体加入到沸腾的待选溶剂中，下列实验结果哪个是应该选定的最好溶剂？

(1) 常温下用 1mL 可溶解。

(2) 沸腾下用 4mL 未全溶。

(3) 沸腾下用不到 4mL 即溶解，自行冷却后晶体不析出，冰水冷却、玻璃棒摩擦器壁后可析出很少量晶体。

(4) 沸腾下用不到 4mL 溶解，冷却至室温有一定量晶体析出，冰水冷却后晶体析出量有增加。

(5) 沸腾下用 4mL 溶解，冷却至室温有大量晶体析出，冰水冷却后晶体量未见明显增多。

71. 关于重结晶中溶剂的用量下列说法正确的是：

(1) 溶剂无论何时都会溶解一部分晶体，因此溶剂用量应尽可能少些。

(2) 溶剂少，则在热过滤过程中晶体易析出，会造成操作上的麻烦，所以溶剂用量应大些。

(3) 应综合以上两方面情况权衡用量。

(4) 以上说法均不正确。

72. 重结晶过程中活性炭的使用与否视什么情况而定？怎样确定其用量的多少？

73. 某化学反应后得一热的液态混合物，澄清无色，无固体杂质，其中主要产物随温度下降而易结晶析出，试问可否不经脱色、过滤而直接冷却结晶进行纯化。

74. 在重结晶过程中发现冷却后晶体没有马上析出，可采取什么措施帮助晶体析出？

75. 若想得到大而均匀的晶体，应如何操作？

76. 晶体析出时呈油状物，是何原因？如何在重结晶过程中避免这一现象的发生？

77. 重结晶的晶体析出后一定要用减压过滤吗？可否用常压过滤？为什么？

78. 重结晶过滤后的晶体一定要洗涤吗？洗涤操作过程中应注意哪些问题？

79. 干燥重结晶后得到的晶体常用哪些方法？若采用烘干法应注意什么问题？为什么？

80. 某不溶于水的化合物 A 的溶解度对温度的数据如下：

温度/℃	0	20	40	60	80
溶解度/(g/100mL 水)	1.5	3.0	6.5	11.0	17.0

(1) 将 0.5g A 和 5mL 水混合加热至 80℃，所有 A 会溶解吗？将此溶液冷却至什么温度时会有 A 结晶析出？

(2) 若将上述溶液继续冷却至 0℃，会有多少克 A 结晶析出？

81. 某固体物质 A，在 25℃时水中溶解度可达 1g/100mL，100℃时为 10g/100mL。某固体样品内含有 A 物质约 10g，还含有杂质 B。据此回答下列问题：

(1) 若有 0.2g 杂质 B 和 10g A 混合，B 完全不溶于水，试述如何提纯 A。

(2) 若有 0.2g 杂质 B 和 10g A 混合，若 B 的溶解性质与 A 相同，应怎样提纯 A？通过一次重结晶能产生绝对纯的 A 吗？

(3)若有 3g 杂质 B 和 10g A 混合，若 B 的溶解度与 A 相同，论述怎样提纯 A。每次都用恰好溶解固体的正确数量的水，经一次重结晶能产生纯 A 吗？若取得纯 A 需结晶几次？这些次结晶后可回收多少克 A？

82. 某固态物质在其熔点 80℃时蒸气压为 80mmHg（10665.8Pa），试描述该物质在一个大气压（760mmHg）下，温度升高时该固体的状态变化的行为，并判断该物质可否用升华法提纯。

83. 固体物质需具备什么条件才可用升华提纯？若用重结晶分离提纯又必须具备什么条件？

84. 下列固体物质特性如下：

①六氯乙烷，熔点 186℃时蒸气压 103991Pa；②萘，熔点 80℃时蒸气压为 933Pa；

③碘，熔点 114℃时蒸气压为 11999Pa；④对硝基苯甲醛，熔点 106℃时蒸气压为 1.1999Pa。

(1)必须用减压升华提纯的有：

(2)可以进行常压升华的是：

(3)不适宜进行升华的物质是：

85. 某固体混合物由 18.5g A 和 0.9g 杂质 B 组成。物质 A 和杂质 B 特性如下：

A，熔点 90℃时蒸气压为 132.60Pa，78.5℃时 100g 乙醇中能溶解 20g A，25℃时能溶解 0.5g A；

B，熔点 80℃时蒸气压为 23332Pa，78.5℃乙醇中溶解度为 3g/100mL，25℃乙醇中溶解度为 2.0g/100mL。

选择该混合物的合适分离纯化方法是：

①常压升华；②用乙醇重结晶；③用乙醇和水混合溶剂重结晶；④重结晶和升华均可以。

86. 何谓理想溶液？何谓非理想溶液？下列分离纯化方法分别适合于哪种溶液？

(1)常压蒸馏；(2)减压蒸馏；(3)分馏；(4)水蒸气蒸馏；(5)共沸蒸馏。

87. 色谱法与经典分离纯化技术相比具有哪些优越性和特点？

88. 色谱法除用于分离纯化外，还有哪些用途？

89. 色谱法是利用什么原理达到分离、纯化和鉴定目的的？

90. 简述色谱法的分类。

91. 按照分离机理柱色谱有哪几种？按流动相状态柱色谱分为哪几类？

92. 简述吸附色谱和分配色谱的原理。

93. 吸附色谱中应如何选择吸附剂？

94. 吸附剂的吸附能力取决于哪些因素？化合物极性与此有何关系？

95. 柱色谱中如何选择洗脱剂？

96. 色谱柱是不是越粗越长越好？

97. 柱层析的装柱应达到什么要求才能保证有理想的分离效果？

98. 演示干装法和湿装法的操作技术，二者有何不同之处？

99. 下列关于加样、洗脱操作的描述中属于正确操作的是：

(1)干柱可用少量其他溶剂溶解样品加于柱上并盖上滤纸片，马上加入洗脱剂洗脱。

(2)干柱可用少量洗脱剂溶解样品后直接加于柱上，并加入洗脱剂洗脱。

(3)湿柱在加样前应先将柱上多余洗脱剂徐徐放掉后再加入样品液，之后立即加入洗脱剂洗脱。

(4)湿柱在加样前先徐徐放出柱上洗脱剂，当柱上洗脱剂将要达到吸附剂表面时，马上加入样品液，并用洗脱剂洗涤样品容器加到柱上，待样品液将尽未尽时，加洗脱剂洗脱。

100. 当洗脱组分为无色时，如何收集和判断收集液中的组分？

101. 关于柱层析的下列说法是否正确？

(1)所有的液相色谱都有正相色谱法和反相色谱法之分。

(2) 无论是液相色谱还是气相色谱，色谱柱越长，分离效果越好。

(3) 在柱层析中，洗脱剂的使用总是先从极性小到极性大的顺序进行使用。

(4) 分配柱层析相当于各个组分在层析柱内进行动态连续的液-液萃取过程。

(5) 纸电泳和毛细管电泳也是一种色谱技术。

102. 在使用平面色谱分离样品时为何要进行饱和操作？

103. 需进行"饱和操作"的色谱方法有：①吸附柱色谱；②分配柱色谱；③薄层色谱；④纸色谱。

104. 何谓比移值？可用 R_f 值进行定性分析的色谱方法有哪些？

105. 不适于分离挥发性较大物质的实验方法有：①萃取；②柱色谱；③薄层色谱；④纸色谱；⑤蒸馏。

106. 要求样品必须先经初步提纯后才能使用的分离纯化方法是：

(1) 重结晶；(2) 柱层析；(3) 蒸馏；(4) 薄层层析；(5) 纸层析。

107. 如何选择薄层色谱的展开剂？

108. 理想的展开剂应使各组分 R_f 值达到什么要求才可认为获得了满意的分离效果？

109. 薄层色谱和纸色谱点样量多少应根据以下哪些因素决定：

(1) 样品浓度；(2) 样品斑点大小；(3) 显色剂灵敏性或样品颜色的深浅；(4) 是否定量分析。

110. 演示在薄层板或色纸上的点样操作，总结点样时应注意哪些问题。

111. 比移值是定性分析的依据，为何在定性分析时还要将样品与标准品在同时进行薄层色谱或纸色谱，而不通过与文献记载的 R_f 对照鉴定？

112. 薄层色谱具有广泛的应用，简述其在有机化学实验中的主要用途。

113. 纸色谱中的固定相和流动相是如何构成和建立的？与薄层层析有何区别？

114. 薄层色谱的固定相可以根据被分离物质的性质选择不同物质，纸色谱的固定相也可以选择其他不同的物质吗？以此为启发，请思考一下适宜用纸色谱分离的物质是否具有局限性，纸色谱适于分离哪类物质？

115. 能否用普通的过滤滤纸代替色谱滤纸进行纸色谱？为什么？

116. 纸色谱用展开剂应达到什么分离结果才算理想？

117. 为何通常纸色谱的展开剂为多元溶剂系统？纸层析的展开剂系统由哪几类溶剂组成？

118. 为什么有时在纸色谱中展开剂系统常采用一定比例的酸、碱或将滤纸用缓冲溶液处理？

119. 平面色谱的展开方式有哪几种形式？同样情况下哪种展开方式所获得的谱图分离效果较好？

120. 何谓色谱分离度？有何意义？在柱色谱和平面色谱中怎样计算？

121. 电泳用于分离鉴定的基本原理是什么？

122. 影响物质电泳速率的因素有哪些？

123. 电泳可分为哪几类？常用于分离鉴定的为哪类？

124. 对氨基酸进行纸电泳可取得下列哪些实验结果：

(1) 初步确定氨基酸的酸碱性；　　(2) 测定其等电点 pI；

(3) 鉴别氨基酸粒子的电荷符号；(4) 判断样品纯度。

125. 纸电泳中使用缓冲溶液的目的是什么？合适的缓冲溶液应具备什么条件？

126. 电泳操作中应注意哪些问题？

第 3 章 有机物的鉴定与结构表征

探索神秘的微观世界对化学家来说是神奇而极具魅力的工作。20 世纪以来，通过化学家和物理学家的共同努力，为满足人们认知微观世界的科学好奇心找到了一些有效的途径和方法。通过对物质的某些特定的物理常数、物理化学参数的测定和某些特定化学性质，可以使人们对物质进行一些初步的认知与鉴别；通过光、声、电、磁、热等能量形式与微观物质发生相互作用会产生相应的刺激信息，通过对这些信息与物质结构和性质之间的内在关系的解读与分析，可以使人们更加清楚地认知物质的内部结构而得到鉴定。这种方法常被统称为结构表征与鉴定技术。

有机物的组成元素种类很少，但其结构的变化却更加复杂和细腻，同系物之间结构与性质极其类似，构造、构型、构象异构现象普遍存在，这些结构与性质之间的细微差别与变化给有机物的鉴别与鉴定带来更多的困难和挑战。因此，有机物结构表征与鉴定常需要多种技术与方法综合运用才能得到一个比较确定的结论。这些方法大致包括化学性质鉴别、物理常数和物理化学参数测定、结构表征与分析三大方面。

本章针对学生有机化学实验只介绍常用的物理常数测定技术与方法和部分表征结构的光学分析技术与方法，化学鉴别方法分列于各类化合物的制备章节中。其他技术与方法的学习请参考其他相关技术类书籍与资料。

3.1 熔点与熔程的测定

熔点(melting point，m.p.)是指在一个大气压下，某物质的固态与液态达到相变平衡时的温度。一定晶形的纯粹物质其熔点是常数，在一定压力下其熔化的温度不变。但如果不纯或晶形不固定，则其熔化时的温度不是常数，且不断变化。从初熔至全融所测定的熔点变化范围称为熔程(melting range)。纯粹物质从开始熔化到完全熔化的熔程差不超过 0.5～1℃。若物质不纯则熔程加大，纯度越低熔程越大。因此，通过熔点和熔程的测定可以进行固体物质的初步鉴别和纯度判定。

需要说明的是，纯净固体物质熔点是一定的，但熔点一定却未必是纯净物，熔点相同也未必是同一物质。但如果熔点不同则一定不是同一物质，熔点不固定则一定不是纯净物。

3.1.1 熔点测定的原理

熔点测定的原理是固、液两相的相变图，图 3-1 是固体物质的蒸气压-温度(p-T)变化的曲线图，图 3-2 为物质相变的温度-时间变化曲线图。

1. 纯净物的熔点

从图 3-1 可以看出，当温度升高时，固相蒸气压比液相蒸气压增加得更快，固、液两相同时并存时的温度 T_M 即为该物质的熔点[①]。一旦温度超过 T_M，甚至只超过几分之一摄氏度时，若有足够的时间，固体就会全部转变为液体。因此，纯净的物质有固定而敏锐的熔点。

---

① 严格说，此温度为三相点。但三相点与熔点相差不大，可近似为熔点。

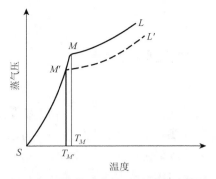

图 3-1　固体物质蒸气压-温度相变曲线

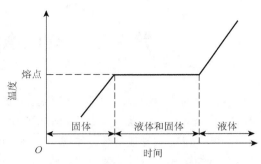

图 3-2　相变的温度-时间变化图

从图 3-2 可看出，当加热纯净的固体物质至其熔点温度时，固体开始熔化，此时温度不变，加热所提供的热量只是使固相不断转变为液相，固、液两相仍然维持平衡，固体全部熔化后温度才继续上升。因此，要精确测定熔点，一定要控制好加热速率：一般低于熔点温度 10℃以下为 1～2℃/min，在接近熔点时加热速率为 0.2～0.3℃/min。加热过程中若停止加热后温度计温度也停止上升，说明加热速率合适。如果升温速率过快，加热能量除满足固体溶化后仍有大量剩余，则固、液混合物的温度就会偏高，熔化过程所经历的时间会缩短，测定结果会产生较大误差。

2. 混合物的熔点

当固体物质中混有可溶性的杂质时(假定二者不成固熔体)，据拉乌尔(Raoult)定律可知，在一定温度和压力下，在溶剂中增加溶质的物质的量，会导致溶剂的蒸气分压降低，这时的蒸气压-温度曲线是图 3-1 中 $SM'L'$，M' 是新的三相点，相应的温度为 $T_{M'}$，低于 T_M。因此，含有杂质的固体物质较纯净物质的熔点降低。

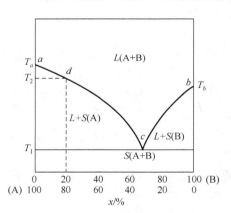

图 3-3　混合物组成与熔点关系曲线

混合物熔点与其组成之间的关系相当复杂。仅二元固体混合物的熔点与组成的关系类型就有多种。其中常见的一种情况如图 3-3 所示，其中 c 点称为低共熔点，此时的混合物称为共熔混合物。共熔混合物与共沸混合物类似，虽然是混合物，但其熔点温度恒定。因此，熔点恒定的固体物质未必是纯净物。除 c 点的共沸混合物组成外，其他组成的混合物其熔点都是随着组成的变化而变化的，即混合物的熔点为熔程，纯度越低，熔程越大。

3. 熔点测定的鉴别策略

基于以上探讨，在鉴别未知化合物是否为某已知化合物时，常用策略是混合熔点测定法：即将待鉴定物与推测可能的已知物标准品按不同比例(至少三种，如 7∶3、1∶1、3∶7)进行混合后测定熔点，如果各种比例的混合物熔点都与已知的标准物熔点一致，可初步认为待鉴定物质与已知物相同；否则一定不同。

在药品质量标准中，固体药物的熔点测定是一个基本检测项目。在药物分析中用来鉴别药物的真伪和检查药物的纯度。

3.1.2　熔点测定的主要方法

1. 毛细管加热测定法

毛细管加热测定法包括两种：一种是使用提勒管（Thiele tube，也称 b 形管）加热测定，另一种是使用毛细管熔点测定仪测定。如图 3-4 所示，提勒管法依据肉眼观察固体的熔化状态测定熔点温度。毛细管熔点测定仪根据光学透过原理判断熔化状态测定熔点：仪器在放置毛细管的样品测定管下端设置一个透光孔和光强检测器，当样品处于未熔化的固体状态时，光不透过，检测器无反应，当固体开始熔化并有塌陷和少量液体出现时，有部分光透过被检测器检测，此时被仪器认定为初熔，并显示初熔温度，当全部熔化都变成液体时，透过光最强，此时被仪器认定为样品全熔，并显示出全熔温度。

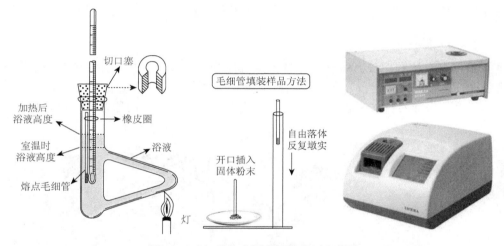

图 3-4　毛细管熔点测定法的装置和仪器

（1）毛细管样品填装：熔点毛细管为一端封闭另一端开口、内径约 1mm、长约 100mm 的玻璃管。填装固体样品高度为 2～3mm。装填方法：如图 3-4 所示，将毛细管的开口端插入研磨成粉末的样品中，使一定量的样品粉末进入毛细管内，然后将毛细管封底一端向下，从一根长的粗玻璃管上端垂直下落到实验台上，反复几次将样品蹾实。装好后要擦去沾在管外的固体粉末和污物。

（2）提勒管安装：管内浴液量与提勒管上面支管相平，保证加热后浴液在三角回形管内可以循环。装好样品的毛细管用橡皮圈绑在温度计上，样品处在温度计水银球中间部位。温度计插入切口[①]的软木塞或橡胶塞上，使毛细管内样品和温度计水银球处于提勒管上、下两支管中间部位，且使温度计垂直，不要贴在管壁上[②]。

（3）浴液加热：据熔点选择浴液，常用液体石蜡（适用 230℃以下）、浓硫酸（适用 220℃以下）、有机硅油（适用 350℃以下）、无水甘油（适用 150℃以下）等。加热部位在提勒管三角处，如图 3-4 所示。接近熔点温度 10～15℃时，务必小火缓慢升温，1～2℃/min。第二次测定时一定要使浴液温度降到熔点温度 20℃以下才可放入样品管。

---

① 切口是保证与大气相通，维持常压，密闭还会有潜在危险。

② 此处离加热点最远，浴液温度循环缓慢，升温稳定。

(4)观察、记录：接近熔点时要仔细观察样品状态，判断初熔和全溶状态，并及时记录熔程温度，如图 3-5 所示。

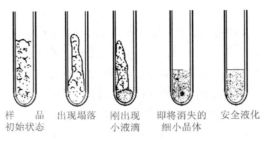

样　品　　　出现塌落　　　刚出现　　　即将消失的　　安全液化
初始状态　　　　　　　　小液滴　　　细小晶体

图 3-5　固体样品熔化过程

(5)测定次数与结果分析：同一样品至少需要测得三次平行结果，取平均值作为测定结果。

2. 显微熔点测定法

显微熔点测定法利用显微镜观察固体的熔化状态，可以提高肉眼观察法的灵敏度和准确度。图 3-6 为显微熔点测定仪。几粒样品被放置于两个载玻片之间，置于显微镜下面的加热板上加热，温度可通过探针由温度仪检测。该法优点是保持样品的原晶形，用量极少，观察清晰。

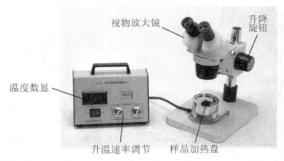

图 3-6　常用显微熔点测定仪

3. 温度计校正

熔点测定的精度一般为 0.1℃，所以必须对测定所用温度计进行校正。校正的方法是用纯净的有机物作为标准测定其熔点，或选用标准温度计进行校正。熔点法校正温度计可选用的标准化合物如表 3-1 所列。将测得的结果以熔点温度作纵坐标，以测得熔点和已知熔点的差值作横坐标，绘制出温度计校正曲线供使用。

表 3-1　用于温度计校正的标准样品

标准样品	已知熔点/℃	标准样品	已知熔点/℃
水-冰	0	苯甲酸	122.4
萘胺	50	尿素	132.7
二苯胺	54～55	二苯基羟基乙酸	151
对二氯苯	53.1	水杨酸	159

续表

标准样品	已知熔点/℃	标准样品	已知熔点/℃
苯甲酸苄酯	71	对苯二酚	173～174
萘	80.55	3,5-二硝基苯甲酸	205
间二硝基苯	90.02	蒽	216.2～216.4
二苯乙二酮	95～96	酚酞	262～263
乙酰苯胺	114.3	蒽醌	286(升华)

实验 3-1　固体有机化合物的熔点测定

【关键词】

熔点测定，固体有机物，熔点仪。

【实验材料与方法】

1. 实验材料

仪器设备：提勒管，温度计，熔点毛细管，长约 40cm 玻璃管，表面皿，开口软木塞，皮套，熔点测定仪。

药品试剂：液体石腊，香豆素、苯甲酸、乙酸苯胺、尿素等固体有机物晶体。

2. 实验方法

(1)提勒管法测定样品熔点，每个样品至少测定三次。
(2)熔点仪测定样品熔点，每个样品至少测定三次。
(3)根据以上测定结果对所用温度计进行校正。
(4)通过测定未知样品的熔点进行鉴别，确定是否为某有机物。实验方案自定。

【实验结果与结论】

参考下表进行实验记录。对实验结果进行分析得出结果和结论。

样品编号	熔点测定数据/℃				校正值	文献值
	初熔温度	全熔温度	熔程	熔点		
结果						

【思考与讨论】

(1)熔点测定有何意义？
(2)提勒管上端的塞子为何要切口？为何要在提勒管三角部位加热？
(3)提勒管中浴液应装多少合适？过多或过少为什么不可以？

(4)熔点管中样品为什么要紧靠在温度计水银球中部？

(5)附有样品的温度计水银球部分为什么要垂直立于提勒管两支管中间位置？

(6)在接近熔点温度时应如何控制升温速率？为什么？（答案：一方面可保证有充分时间让温度缓慢均匀上升，使固体熔化过程接近于两相平衡状态；另一方面因实验者不能同时观察温度计所示度数和样品变化情况，只有缓慢加热，才能减少此项误差）

(7)第二次测熔点时为什么要使浴液降至熔点温度以下 20～30℃后再测？

(8)为何熔化后冷却的固体不能再次作为测定的样品？（答案：样品经测定后，有些物质可能会产生部分分解，冷却后有些还会转变为具有不同熔点的其他晶体形式）

(9)每个样品在测定熔点时，要求达到什么结果才算合格？

(10)测定熔点时，若遇到下列情况，将产生什么结果？

①升温太快；②样品未干燥或含有不溶杂质；③熔点管不清洁或太粗；④熔点管底部未完全封闭；⑤样品研得不细或装得不紧。

(11)假如未知物 X 的熔点与已知化合物 A 或 B 的熔点相似，如何确定 X 与 A 相同还是与 B 相同？

(12)假如未知物 X：①与 A 相同；②与 B 相同；③既非 A 也非 B，则在混合熔点测定时会分别观察到什么结果？

3.2　折光率的测定

折光率（refractive index）也称折射率，是物质的光学特性。折光率测定的主要应用：①折光率大小与物质含量相关，可用于纯度检查和含量测定；②作为物理常数辅助于鉴别与结构鉴定；③分馏时与沸点配合可监测馏分纯度，指导馏分收集；④检测液体反应物或生成物折光率的变化情况，监测反应进度。

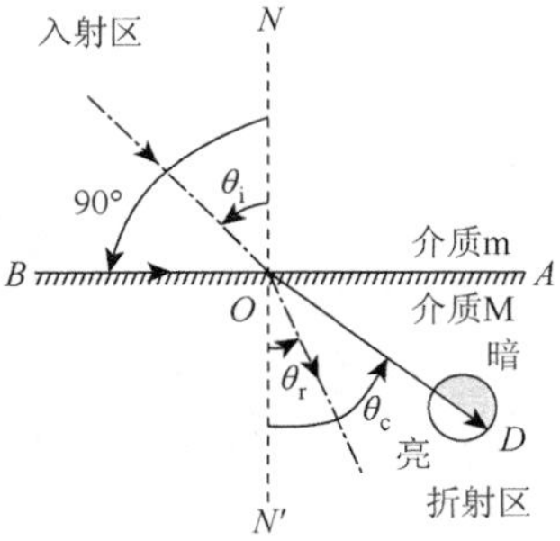

3.2.1　折光率测定的基本原理

1. 折光率

图 3-7　光的折射图

当光线从一种介质射入另一种介质时，光的速率会发生变化，传播方向也会发生改变，这种现象称为折射，如图 3-7 所示。根据折射定律：

$$\frac{\sin\theta_i}{\sin\theta_r} = \frac{v_m}{v_M} \tag{3-1}$$

波长一定的单色光在温度、压力不变条件下，介质 M 对介质 m 的折光率等于光在两种介质中光速 v 的比值，即

$$n = \frac{v_m}{v_M} \tag{3-2}$$

两种介质的折光率 N（介质 m）和 n（介质 M）之比与入射角（incident angle）正弦和折射角（refraction angle）正弦成反比，即

$$\frac{n}{N} = \frac{\sin\theta_i}{\sin\theta_r} = \frac{v_m}{v_M} \tag{3-3}$$

如介质 m 是真空，$v_m=c$（光速），$N=1$，此时 n 称为介质 M 的绝对折光率。因光在任何介

质中的速率都小于光速，所以任何介质的折光率都大于 1。通常折光率的测定都是从空气中射入介质，空气的绝对折光率 $N_{空气}=1.00027$，此时的 n 为常用折光率。由于空气中测得的常用折光率与绝对折光率相差很小，因此一般可用物质的常用折光率代替绝对折光率而无需校正。

由上述分析可知，介质 M 的常用折光率计算公式为

$$n = \frac{\sin\theta_i}{\sin\theta_r} \tag{3-4}$$

当入射角 $\theta_i=90°$ 时产生的折射角最大，称为临界角 θ_c。如果入射角从 0° 到 90° 都有单色光入射，则折射角从 0° 到临界角也都有折射光，即 $\angle N'OD$ 区域是明亮的，大于临界角的折射区 $\angle AOD$ 则是暗的，OD 为明暗两区的分界线。从分界线的位置可以测出临界角 θ_c。若 $\theta_i=90°$、$\theta_r=\theta_c$，则折光率为

$$n = \frac{\sin 90°}{\sin\theta_c} = \frac{1}{\sin\theta_c} \tag{3-5}$$

因此，只要测出临界角，即可求得介质的折光率。折光仪就是据此折射原理设计的。

2. 比折光率与分子折射

折光率 n 与分子内原子的排列状态直接相关。如分子受热膨胀会使原子排列状态发生变化，从而引起折光率 n 变化。通过 n 与密度之间的洛伦兹-洛伦茨（Lorenz-Lorentz）关系式，可以求出比折光率 r：

$$r = \frac{n^2-1}{n^2+1}\frac{1}{d} \tag{3-6}$$

比折光率 r 值不因温度、压力及其他物理状态而改变。比折光率与物质相对分子质量的乘积称为分子折射。分子折射对于各种物质都有着固定的常数，而且分子折射等于构成分子中各原子固有的原子折射的总和。比折光率和分子折光率更具鉴别意义。表 3-2 为常见原子或基团的原子折光率。

表 3-2　常见原子或基团的原子折光率

原子或基团	n_D	原子或基团	n_D	原子或基团	n_D
C	2.42	N(阱)	2.47	NO_3(烷基硝酸酯)	7.59
H	1.10	N(脂肪伯胺)	2.32	NO_2(烷基亚硝酸酯)	7.44
O(H)	1.52	N(脂肪仲胺)	2.49	NO_2(硝基烷烃)	6.72
O(OR)	1.64	N(脂肪叔胺)	2.84	NO_2(芳香族硝基化合物)	7.30
O(=C)	2.21	N(芳香伯胺)	3.21	NO_2(硝胺)	7.51
Cl	5.96	N(芳香仲胺)	3.59	NO(亚硝基)	5.91
Br	8.86	N(芳香叔胺)	4.36	NO(亚硝胺)	5.37
I	13.90	N(脂肪族腈)	3.05	C=C	1.73
S(SH)	7.69	N(芳香族腈)	3.79	C≡C	2.40
S(R_2S)	7.97	N(脂肪族肟)	3.93	三元环	0.71
S(RCNS)	7.91	N(酰胺)	2.65	四元环	0.48
S(R_2S_2)	8.11	N(仲酰胺)	2.27	环氧基(末端)	2.02
N(羟胺)	2.48	N(叔酰胺)	2.71	环氧基(非末端)	1.85

3. 影响折光率的因素

影响折光率因素主要包括温度、波长、压力和浓度等。其中波长和温度的影响较大，折光率测定结果需标明温度和波长，通常表示为 n_λ^T。

(1)波长：波长越短，折光率越大。测定波长均以钠光 D 线($\lambda=589.3\text{nm}$)作为标准光源，测定折光率表示为 n_D^T。

(2)温度：温度变化会引起介质密度变化，从而使光在介质中传播速率随之改变。一般情况下，折光率随温度升高而降低，温度每升高 $1\,℃$，折光率大约改变 $4.5×10^{-4}$。文献记载的折光率通常以 20℃为标准温度。其他温度下的测定值可用下列经验公式校正到 20℃标准温度下的折光率：

$$n_D^{20} = n_D^T + 0.00045×(T-20) \tag{3-7}$$

(3)压力：压力增加，物质密度增加，折光率增大。但压力对气体影响显著，对液态和固态影响不显著。因此，通常在测定液态或固态有机化合物时忽略压力的影响。

(4)浓度：浓度越高，介质密度越大，因此折光率也越大。浓度与折光率之间存在定量关系，有些物质是线性关系，有些物质是非线性关系。因此，折光率的测定可用于含量分析。

3.2.2　阿贝折光仪的构造与使用

阿贝折光仪(Abbe refractometer)是测定液体样品折光率的主要仪器,主要有单目镜和双目镜两种型号,如图 3-8 所示。其主要设计特点是：

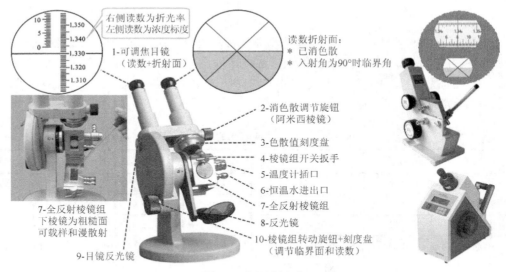

图 3-8　阿贝折光仪

(1)采用自然光测定，结果是钠光 D 线测定值。实现其功能的结构设计是部件全反射棱镜组 7 和消色散的阿米西棱镜(Amici prism)2。棱镜组中的加样棱镜为粗糙麻面的漫反射棱镜，不同波长的入射自然光经此棱镜漫反射后，以不同的折射角进入另一个棱镜，产生不同的临界角折射面，经消色散调节旋钮 2 可将其他波长的折射面进行全反射，只留下钠光 D 线的明暗折射面进入目测视野[①]。

---

① 阿贝折光仪最严重的误差是掠过光几乎被双棱镜装置切断，故明暗分界线不够十分明显，消色散是影响折光仪测定精准度的主要操作因素。

（2）临界角的确定与折光率读数。当调节棱镜组转动旋钮 10 时，会改变入射角，同时带动折光率读数盘移动，当消色散后的折射面明暗界线穿过背景中的十字交叉点时，入射角恰为 90°，此时的折射角即为临界角，其对应的读数就是折光率（范围 1.3000~1.7000）。

阿贝折光仪测定折光率的步骤如图 3-9 所示。

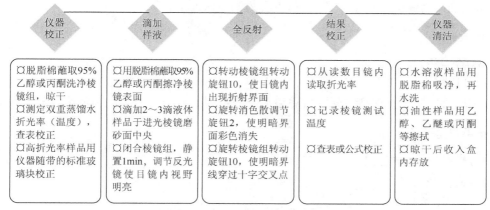

图 3-9　阿贝折光仪测定折光率的一般过程

图 3-10 为阿贝折光仪测试过程中的视野图。表 3-3 为不同温度下水和乙醇的折光率，可供校正查阅。

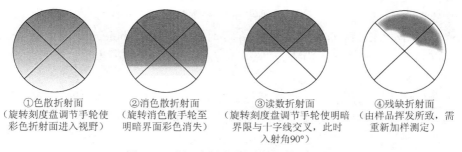

图 3-10　阿贝折光仪测试过程的视野图

表 3-3　不同温度下水和乙醇的折光率

温度/℃	水的折光率 n_D^T	乙醇(99.8%)折光率 n_D^T	温度/℃	水的折光率 n_D^T	乙醇(99.8%)折光率 n_D^T
14	1.33348	—	26	1.33241	1.35803
16	1.33333	1.36210	28	1.33219	1.35721
18	1.33317	1.36129	30	1.33192	1.35639
20	1.33299	1.36048	32	1.33164	1.35557
22	1.33281	1.35967	34	1.33136	1.35474
24	1.33262	1.35885			

实验 3-2　液体有机物的折光率测定

【关键词】

折光率，阿贝折光仪。

【实验材料与方法】

1. 实验材料

仪器设备：折光仪，镜头纸，脱脂棉。
药品试剂：丙酮，蒸馏水，乙醇等（也可为其他液态有机物）。

2. 实验方法

(1)仪器准备。
(2)测试样品。
(3)可结合实验 2-3 蒸馏与分馏丙酮和水，测定馏出液的折光率，判定接收液的纯度。

【实验结果与分析】

(1)对样品进行定性分析。
(2)分析样品纯度。

3.3　旋光度和比旋光度的测定

3.3.1　旋光度测定的主要应用

　　普通光的光波振动面包括无数个方向上垂直于光波前进方向的平面。当光通过一个特制的尼科尔棱镜时，会只产生一个与棱镜轴平行的平面振动光，这种只在一个平面上振动的光称为偏振光(polarized light)。具有旋光活性的手性分子(chiral molecule)能使偏振光的振动平面旋转一定的角度，这个角度称为旋光度(optical rotation)，用 α 表示。旋光度具有左旋(−)和右旋(+)两个方向性。

　　旋光度测定的主要应用有：①旋光度与旋光活性物质的含量之间具有一定的计量关系，据此可以通过旋光度的测定进行旋光活性物质的含量和纯度分析。②比旋光度为旋光活性物质的特征物理常数，据此可以进行定性分析。③旋光度产生的根本原因是由于左旋和右旋的圆平面偏振光在不对称的手性分子中进行传播时的折光率不同，据此通过旋光度、波长和折光率之间的关系可得到旋光活性物质的旋光谱(optical rotatory dispersion，ORD)，通过旋光谱可以表征和分析某些化合物的立体化学结构。因此，旋光度的测定及其相关分析不仅可以用来定性和定量，还可以用于研究旋光活性物质的立体结构。

3.3.2　旋光度测定的基本原理

1. 旋光度与浓度之间的关系

在一定条件下，旋光度 α 大小与溶液的浓度 c 和测定管长度 l 成正比：

$$\alpha = Kcl \tag{3-8}$$

式中，c 为溶液浓度，g/mL；l 为测定管长度，dm；K 为旋光系数，与波长、温度等条件有关。

　　当温度一定、波长一定（通常用波长为 589.3nm 的钠光 D 线）时，旋光系数 K 则为一常数，称为比旋光度(specific optical rotation)，用 $[\alpha]_\lambda^T$ 表示，计算公式为

$$[\alpha]_\lambda^T = \frac{\alpha}{cl} \tag{3-9}$$

如果被测旋光性物质为液体，可以直接放入旋光管中测定，而不必配成溶液。纯液体的比旋光度由式(3-10)计算。

$$[\alpha]_\lambda^T = \frac{\alpha}{c\rho} \tag{3-10}$$

式中，ρ 为温度 T 时液体的密度，g/cm^3。

可见，在一定条件下，各种旋光活性物质的比旋光度为一常数，可作为旋光活性物质特有的物理常数用于旋光活性物质的鉴定、含量分析和纯度检验。

2. 旋光活性物质的光学纯度的计算

旋光活性物质的左、右旋体混合在一起时，明确各自的含量常具有特殊意义。常用光学纯度表示混合物中一种对映体所占的百分数。光学纯度的计算公式为：旋光物质的比旋光度除以光学纯试样在相同条件下的比旋光度。

$$光学纯度 = \frac{观察到的比旋光度}{纯样品的比旋光度} \times 100\% \tag{3-11}$$

根据所得的光学纯度可计算试样中两个对映体的相对百分含量。若混旋体中的左旋体(−)的光学纯度为 X，则左旋体和右旋体的含量分别为

$$左旋体的含量 = \left[X + \left(\frac{100-X}{2} \right) \right] \times 100\% \tag{3-12}$$

$$右旋体的含量 = \left(\frac{100-X}{2} \right) \times 100\% \tag{3-13}$$

3.3.3　旋光仪的基本结构和使用

旋光仪是用来测定旋光度的主要仪器。种类较多，常用的主要有目测圆盘式旋光仪和自动指示旋光仪，如图 3-11 所示。

(a)　　　　　　　　　　　　　　　　(b)

图 3-11　目测圆盘式旋光仪(a)和自动指示旋光仪(b)

1. 旋光仪的基本结构

如图 3-12 所示，目测圆盘式旋光仪的基本结构包括光源(钠光灯)、起偏镜［也称尼科尔棱镜(Nicol prism)，由威廉·尼科尔于 1828 年发明，产生平面偏振光］、样品测定管、检偏镜(检测偏振光偏转角度，其调节手轮与旋光度刻度盘相连)、目镜组成。

图 3-13 为 WZZ-1 型自动指示旋光仪的结构与工作原理示意图。自动指示旋光仪通过磁线圈确定仪器的零点，通过伺服电机和涡轮蜗杆检测平面偏振光旋转角度。平面偏振光经过法

拉第效应的磁线圈时，其振动平面会产生 50Hz 的 β 角往复摆动，光线通过检偏镜投射到光电倍增管上产生交变的光电信号。当检偏镜的透过面与偏振光的振动面正交时为仪器的零点，此时显示窗口出现平衡指示，可以进行样品测试。测试旋光性样品时，偏振光被旋转一个角度 α，此时光电信号即可驱动工作频率为 50Hz 的伺服电机，并通过涡轮蜗杆带动检偏镜转动 α 角而使仪器回到光学零点，此时读数盘显示的读数即为测定的旋光度。自动旋光仪因运用了光电检测和晶体管自动示数装置而更加方便、灵敏和准确。

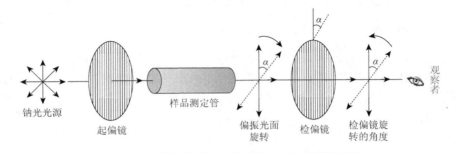

图 3-12　目测圆盘式旋光仪结构与工作原理示意图

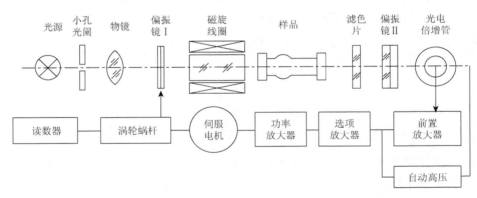

图 3-13　WZZ-1 型自动指示旋光仪结构与工作原理示意图

2. 目测圆盘式旋光仪的使用

1）预热

开启电源开关，预热 5min 以后方可测试，目的是使光源产生的钠光光线稳定。

2）零点校正

校正液体通常选择没有旋光活性的蒸馏水。有时也可以用空白溶剂校正仪器零点，如此可以将溶剂系统带来的误差直接扣除。具体方法是：将旋光测定管洗净后装入零点校正液进行测试。将刻度盘上的卡尺零刻线与圆盘零刻线重合，观察目镜中的光学视场。如图 3-14 所示，目镜中的光学视场采用三分视场视图，零点视场位于两种三分视场之间，且三分区域亮度一致。

　　如果两个零刻线重合时不是零点视场，则慢慢左右旋转检偏镜旋转手轮，找到光学零点视野，此时旋光度刻度盘的读数即为零点误差，零点误差会有左旋和右旋两种，卡尺误差读数在 0→10 方向的读数记为右旋误差，在 0→170 方向的读数记为左旋误差。也可用螺丝锥调节零点误差，调节螺丝校正零点。

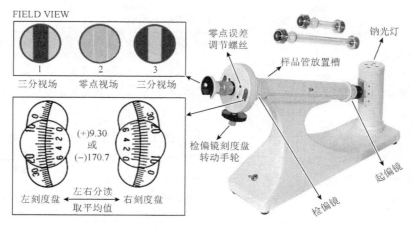

图 3-14　目测旋光仪三分视场图

3) 样品测试

(1) 装样：选择一定长度的样品管，如图 3-15 所示，打开一端的螺丝帽(小心螺丝帽内的橡胶密封垫和玻璃片不要掉落到地上，为此最好在实验台面上打开)，蒸馏水清洗，待测样品润洗，然后装满待测溶液，将玻璃片平切管口使残留空气最少。安好橡胶密封垫，旋紧螺丝帽[①]，用镜头纸擦净两端的玻璃片，将样品管气泡端向上放入样品测定管槽。

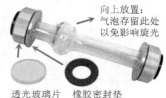

图 3-15　气泡式旋光管

(2) 找零点视场：观察目镜视场(可调焦至视野清晰)，旋转检偏镜刻度盘旋转手轮(向左或向右旋转均可，周而复始，旋转一周刻度为 180°)，仔细寻找并确定零点视场。

(3) 读数：如图 3-14 所示的读数示例。①分别在左、右两个刻度视窗内读数[②]，取其平均值作为测定值；②由于刻度盘可以左、右圆周旋转，所以每个零点视场有两个方向的旋光度是可能的，一个是由小到大读数记为右旋(+)α，另一个是左旋(−)180−α。刻度盘读数与游标卡尺相同，一般是固定卡尺的 20 个小格与外周 180° 游尺的 19 个小格相重叠，即卡尺每小格相当于 0.05°。卡尺与游标卡尺相重合的格数乘以 0.05 就是旋光度读数的小数位值。

(4) 确定旋光方向和取值：左、右旋两个读数需要通过测定稀释后样品的旋光度才能确定取舍。因为浓度降低旋光度降低，故下列记录数据中右旋方向的测定值是正确的。

样品溶液：(+)10.50°，或(−)169.50°，管长 l=1dm

稀释后溶液：(+)4.50°，或(−)175.50°，管长 l=1dm

(5) 零点误差的结果处理：零点误差与测定结果方向相同扣除，方向相反则相加。

测定数据和结果处理可参考表 3-4 进行实验记录。

---

① 以补漏液为度，不要过紧，否则会使玻璃产生扭力，影响偏振光的旋转。

② 设计成两个读数窗口是为了消除和校正刻度圆盘不为正圆或变形所产生的误差。

表 3-4　旋光度测定结果记录表

测试序号	左读数盘		右读数盘		均值	管长/dm
	(+)	(−)	(+)	(−)		
零点校正						
样品 1						
样品 2						
⋮						
稀释样						
结果						

实验 3-3　光学活性物质的旋光度测定

【关键词】

旋光度，比旋光度，旋光仪，旋光活性物质。

【实验材料与方法】

1. 实验材料

仪器设备：旋光仪，样品测定管，镜头纸，容量瓶，洗瓶等。

药品试剂：10%葡萄糖溶液(水为溶剂、乙醇为溶剂)，未知浓度葡萄糖溶液，蒸馏水，其他旋光活性物质。

2. 实验方法

(1)旋光仪的准备和零点校正。预热，调校零点或用蒸馏水校正零点。

(2)测定已知浓度的 10%葡萄糖水溶液和乙醇溶液的旋光度，测定稀释后样品旋光度，确定葡萄糖旋光方向和测定结果。计算比旋光度。比较不同溶剂的葡萄糖溶液旋光度结果，说明有何不同。

(3)测定未知浓度的葡糖糖样品的旋光度，计算其浓度。

(4)测定未知旋光活性样品中旋光异构体的光学纯度。

【思考与讨论】

(1)旋光仪使用时，为什么要先预热待光源稳定后再测？

(2)若样品管内装样品时留有空气在里面会对测定结果有何影响？

(3)如何选用零点校正样品？

(4)为何测定前要用待测溶液润洗样品管？

(5)用目测旋光仪怎样判定旋光方向？

(6)旋光仪使用的注意事项有哪些？

3.4　有机物波谱分析简介

有机物的鉴别与鉴定最有力的确证是结构分析，也称结构表征。结构表征最常用的技术方法包括光谱分析和质谱分析，统称为波谱分析。电磁辐射与物质相互作用会使其内部结构的相应能级发生跃迁，检测物质吸收或发射的电磁辐射的强度与波长（或其相应单位）所构成的曲线称为光谱，利用光谱进行定性、定量和结构分析的光学技术与方法称为光谱分析。常用的光谱分析有紫外光谱、红外光谱、核磁共振谱。质谱是借助于一定的能量使分子发生裂解产生若干个阳离子碎片，通过各种质量分析器对这些阳离子碎片的质荷比（m/z）和电子信号进行分析，得到以质荷比为横坐标、碎片相对强度（含量）为纵坐标的质谱图，据此进行组成和结构分析的技术称为质谱。

3.4.1　紫外可见光谱

1. 基本原理

用于紫外可见光谱的电磁辐射波为波长 200～760nm，其能量为 1～20eV，可引起分子内电子能级跃迁[①]。通过测定物质吸收的紫外可见光的波长与强度可绘制紫外可见光谱图，如图 3-16 所示。

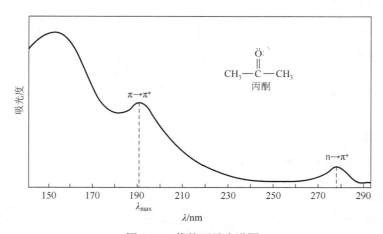

图 3-16　紫外可见光谱图

1）物质对光的吸收——朗伯-比尔定律

物质对光的吸收遵循朗伯-比尔定律，即 $A=\lg(1/T)=\varepsilon cl$，其中 A 为物质的吸光度；T 为透射率；ε 为物质的摩尔吸光系数，用于衡量物质对光的吸收强度；c 为物质的量浓度；l 为测定样品管的长度。据此，可进行定量分析。

2）能级跃迁的种类及其结构特征

紫外可见光引起的电子能级跃迁主要包括四种：$\sigma\rightarrow\sigma^{*}>n\rightarrow\sigma^{*}\geqslant\pi\rightarrow\pi^{*}>n\rightarrow\pi^{*}$，其中前两种跃迁所吸收的波长在 200nm 以下的远紫外区，需在真空条件下才能获得，故不实用。后两种跃迁吸收的波长为 200～760nm，是紫外可见光谱常用区间。因此，一般的紫外可见光谱所能反映的分子结构是能够产生 $\pi\rightarrow\pi^{*}>n\rightarrow\pi^{*}$ 跃迁的基团，这样的基团被称为生色团。生色团产生的这两种跃迁所吸收的波长及其吸光度的强度，会受到该基团附近基团的诱导效应、共轭效应以及溶剂极性的影响而发生微小变化。其中，与生色团连接的含有未成键电子的杂原

---

① 紫外可见光在引起电子能级跃迁的同时也会引起分子的振动和转动能级的跃迁，但由于后者吸收系数较小，在紫外可见光谱中基本淹没而无法显现。

子饱和基团(如—OH、—OR、—NHR、—SH、—Cl、—Br、—I)会使紫外可见吸收峰的最大波长 λ_{max} 红移、吸收强度增大，这样的基团被称为助色团。若不饱和双键之间存在共轭，则 $\pi \to \pi^*$ 吸收峰 λ_{max} 红移、强度增加。溶剂的极性增大会使 $\pi \to \pi^*$ 吸收峰 λ_{max} 红移，$n \to \pi^*$ 跃迁吸收峰 λ_{max} 蓝移。根据上述的这些规律变化，可以利用紫外可见光谱推测物质分子中有关生色团和助色团的结构。

2. 吸收带与结构表征

紫外可见光谱仅能表征分子结构中是否含有生色团，以及是否共轭、是否与助色团相连等有限的结构信息，生色团所产生的吸收带也很有限，如表 3-5 所示。

表 3-5　紫外可见光谱中主要吸收带

吸收带	基团跃迁	特点
R	$n-\pi^*$不饱和杂原子	$250 \sim 500$nm，弱吸收 $\varepsilon < 100$
K	$\pi-\pi^*$共轭双键	$210 \sim 250$nm附近，强吸收 $\varepsilon > 10^4$
B	芳香(杂)环骨架振动和环内$\pi-\pi^*$	$230 \sim 270$nm，ε 约 200。蒸气状态显精细结构，极性溶剂中振动精细消失，峰变宽
E	芳香环内共轭$\pi-\pi^*$	E_1：180nm，ε 4.7×10^4 E_2：200nm，ε 7×10^3
电荷转移	电子给予体和电子受体共存	紫外和可见光区，强吸收
配位体场	d、f轨道电子跃迁	可见光区，弱吸收

3. 仪器与使用

紫外可见分光光度计的结构如图 3-17 所示。

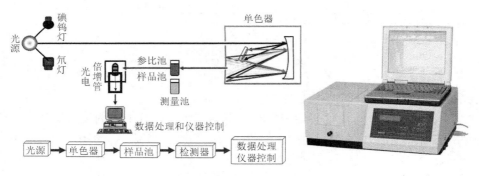

图 3-17　紫外可见分光光度计

仪器使用方法：①仪器校正，波长准确度校正，吸光度准确度校正，杂散光检查；②配制合适浓度的样品溶液(吸光度 A 为 $0.2 \sim 0.8$)；③调整合适的狭缝；④选择合适的参比溶液；⑤确定测试波长的扫描范围；⑥测试样品；⑦整理仪器。

3.4.2　红外光谱

红外光谱(infra red spectrum, IR)是红外光辐射使有机化合物分子发生振动能级和转动能级跃迁而得到的吸收光谱。化合物的红外光谱是化合物的固有特征，除光学对映异构体外，任何两个不同的化合物都具有不同的红外光谱，以此鉴别化合物的异同比其他物理手段更可靠。红外辐射波长为

0.75~1000μm，根据不同的波长区段，又可将红外光分为近红外光区、中红外光区和远红外光区三部分，如表 3-6 所示，红外光谱常用的光谱区段为中红外区。与紫外可见光谱相比，虽同为分子吸收光谱，红外光谱由于振动和转动能级的种类较多，其跃迁产生的红外吸收峰也较多，为便于记忆红外吸收峰的位置，红外光谱的横坐标常用波数（单位 cm^{-1}）表示，如图 3-18 所示。

表 3-6　红外光谱区域的划分

红外区域	波长 λ/μm	波数 $\bar{\nu}$ /cm^{-1}	产生能级跃迁的主要类型
近红外光区	0.75~2.5	13300~4000	分子中化学键振动的倍频和组合频
中红外光区	2.5~25	4000~400	分子中化学键振动的基频
远红外光区	25~1000	400~10	分子骨架的振动、转动

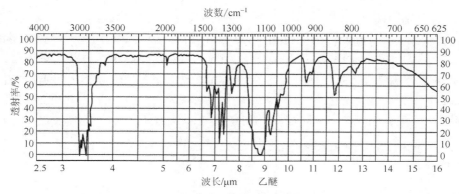

图 3-18　红外光谱示意图（乙醚）

1. 红外光谱的基本原理

分子的主要振动形式如下。

（1）伸缩振动（stretching vibration）：常用 ν 表示。是沿着键的方向的振动，只改变键长，不改变键角。它又可分为对称伸缩振动（ν_s）和不对称伸缩振动（ν_{as}）。

（2）弯曲振动（bending or deformation vibration）：常用 δ 表示。是垂直化学键方向的振动，只改变键角而不影响键长。它又分为面内变形振动（β）和面外变形振动（γ），并可进一步分为面内摇摆振动（φ）和面内剪式振动（δ_s、δ_{as}）、面外摇摆振动（ω）和面外扭曲振动（τ）。图 3-19 所示为亚甲基的各种典型振动示意图。

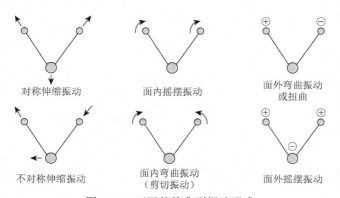

图 3-19　亚甲基的典型振动形式

2. 红外光谱产生的条件

红外光谱的产生需要满足下列条件：①化学键的振动必须伴随偶极矩的变化，偶极矩的变化才能使振动吸收电磁辐射能；②红外辐射能与振动能级差相等。

图 3-20　刚性球的简谐振动

3. 红外光谱的振动频率

对于双原子分子的振动，其最简单的伸缩振动可近似地视为一种刚性球的简谐振动（图 3-20），应用经典力学的胡克（Hooke）定律，其振动频率 ν 可用式（3-14）近似计算。

$$\nu = \frac{1}{2\pi}\sqrt{\frac{k}{m_1 m_2/(m_1 + m_2)}} = \frac{1}{2\pi}\sqrt{\frac{k}{u}} \tag{3-14}$$

式中，m_1、m_2 分别为两个原子的质量；u 称为折合质量；k 为化学键力常数。可见，某化学键的振动频率或波数（在红外光谱图中位置）由键力常数和折合质量共同决定。化学键的强度越大，键力常数越大，振动频率越大；键力常数相同，折合质量越小，振动频率越大。

处于不同分子中的一些基团（或官能团），其简谐振动频率总是在一个较窄的范围内变化，分子的其余部分对其影响较小，它们在红外光谱中似乎表现为相对独立的结构单元而对应于一个特征的振动频率，即基团特征频率或简称为基团频率。常见基团的特征吸收频率如图 3-21 所示。

4. 红外光谱的解析与结构鉴定

1）基本概念

基频峰和泛频峰：当分子吸收红外辐射后，振动能级从基态跃迁到第一激发态时所产生的吸收峰称为基频峰。从基态跃迁到第二激发态、第三激发态……所产生的吸收峰称为倍频峰。多种振动形式的能级之间的相互作用还会产生合频峰和差频峰。倍频峰、合频峰、差频峰总称为泛频峰。

特征峰和相关峰：能够用于鉴定官能团存在的并具有较高强度的吸收峰称为特征峰。一个官能团的振动方式较多，除产生特征峰外，还会有其他振动形式的吸收峰，将这些既相互依存又可以相互佐证的吸收峰称为相关峰。

2）红外光谱的区域划分

有机化合物种类繁多，具有不同官能团的化合物在 $4000\sim400\text{cm}^{-1}$ 波数范围内都会有红外吸收。为了便于光谱解析，根据官能团的特征吸收频率可以将红外光谱分为几个不同的区域。

（1）$4000\sim2500\text{cm}^{-1}$：Y—H 伸缩振动区（X=C、N、O、S 等），如下所示：

Y—H		特征	强度
醇酚 O—H $3700\sim3200\text{cm}^{-1}$		无缔合高 ν，尖锐	s（强）
		缔合低 ν，宽钝	s
羧基 O—H $3600\sim2500\text{cm}^{-1}$		无缔合高 ν，尖锐；缔合可降至 2500cm^{-1}，宽钝	s
N—H $3500\sim3300\text{cm}^{-1}$		伯胺两 H 有双峰；叔胺无 H 无此峰	s～m
C—H	不饱和＞3000cm^{-1}	=CH（苯环 C—H）$3090\sim3030\text{cm}^{-1}$	m（中强）
		—C≡CH～3300cm^{-1}	m
	饱和＜3000cm^{-1}	—CH$_3$：～$2960\text{cm}^{-1}(\nu_{as})$，～$2870\text{cm}^{-1}(\nu_s)$	m～s
		＞CH$_2$：～$2925\text{cm}^{-1}(\nu_{as})$，～$2850\text{cm}^{-1}(\nu_s)$	m～s
		叔 CH：～2890cm^{-1}	w（弱）
醛基 C—H		～2820cm^{-1}，～2720cm^{-1}，双峰	m～s

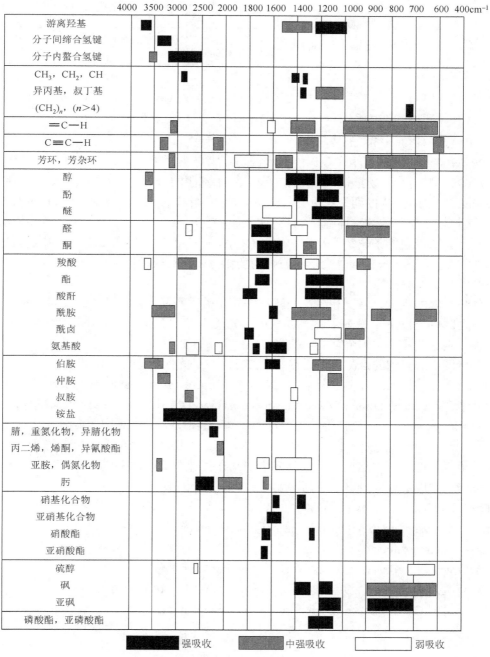

图 3-21　常见基团的红外特征吸收频率

（2）2500～2000cm^{-1}：叁键、累积双键伸缩区。包括—C≡C—、—C≡N 叁键的伸缩振动（强），C=C=C、C=C=O 等累积双键的非对称伸缩振动（中等强度），S—H、Si—H、P—H、B—H 等伸缩振动。

（3）2000～1500cm^{-1}：主要为双键伸缩振动区，主要包括三类吸收峰带，如下所示：

C=O 伸缩	1960～1650cm^{-1}	C=O 特征峰，常是最强峰
C=N、C=C、N=O 伸缩	1675～1500cm^{-1}	2～4 个 m～w 峰：单核芳烃 C=C 骨架伸缩振动常分两组：1600cm^{-1}、1500cm^{-1}。对确定芳核有重要意义
泛频带：芳核 C—H 面外弯曲的倍频或组合频	2000～1670cm^{-1}	强度太弱，应用价值不如指纹区中芳核的面外变形振动吸收峰。如有必要，可加大样品浓度增其强度

(4)1500～1300cm^{-1}：饱和 C—H 变形振动区。包括—CH$_3$ 出现在 1380cm^{-1}、1450cm^{-1} 两个峰，$>$CH$_2$ 出现在 1470cm^{-1}，≡CH 出现在 1340cm^{-1}，强度为中强至弱。

(5)指纹区：1300～600cm^{-1}。

1300～900cm^{-1} 包括不含 H 单键的伸缩振动，如 C—O(N，S，F，P)；C—O 伸缩振动在 1300～1000cm^{-1} 为该区最强峰，易识别；部分含 H 基团的弯曲，如=CH$_2$ 端烯 C—H 弯曲振动为 990cm^{-1}、910cm^{-1} 的两个吸收峰，RCH=CHR 反式的 C—H 弯曲为 970cm^{-1}，顺式为 690cm^{-1} 等；较重原子的双键伸缩，如 C=S、S=O、P=O；某些分子的整体骨架振动。

900～600cm^{-1} 包括长碳链饱和烃，—(CH$_2$)$_n$—，$n \geqslant 4$ 时，呈现 722cm^{-1}（中至强），n 减小时，v 变大；苯环 C—H 面外变形吸收峰的变化可以判断取代情况。

3)红外光谱的解析原则

红外吸收峰的位置、强度和峰形是解析红外光谱时需要同时注意的三要素。解析原则概括为"四先四后一相关"：先特征区后指纹区，先最强峰后次强峰，先粗查后细查，先否定后肯定，由一组相关峰确定一个官能团的存在。

经解析图谱后得到的推测结构还需要查阅标准红外光图谱进行对比和确证。现有 3 种标准红外光谱图：萨特勒红外标准图集(Sadtler，catalog of infrared standard spectra)、分子光谱文献穿孔卡片(documentation of molecular spectroscopy，DMS)、Aldrich 红外光谱库(the Aldrich library of infrared spectra)。最常用的为萨特勒红外标准谱图集，由美国费城萨特勒研究实验室绘制，从 1947 年开始出版发行，分为标准谱图、商品谱图和专用谱图三类。红外光谱仪都配有计算机处理系统，可将这些标准红外光谱图储存在计算机硬盘中供使用时对照。也可上网查阅相关的数据库红外信息，如下列网址：

http：//webbook.nist.gov/chemistry/

http：//www.aist.go.jp/RIODB/SDBS/cgi-bin/cre_index.cgi

http：//chemport.ipe.ac.cn/index.shtml

http：//www.nd.edu/~smithgrp/structure/workbook.html

上海有机化学研究所化学专业数据库：http：//202.127.145.134/scdb/

化学信息网 ChIN：http：//chemport.ipe.ac.cn/index.shtml

5. 红外光谱仪

目前的红外光谱仪以第三代的傅里叶变换红外光谱仪(Fourier transform infrared spectroscopy，FT-IR)和第四代以可调激光为光源的激光红外光谱仪为主，其基本结构部件都包括红外辐射光源、吸收池、单色器、检测器、信号放大器、数据记录和处理系统等。如图 3-22 所示。

红外光谱测定方法主要有压片法、薄膜法、全反射薄膜法、糊状法、液体池法、气体池法等，可根据样品特性和测试要求进行选择。

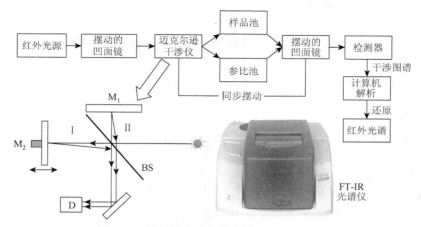

图 3-22 傅里叶变换红外光谱仪结构示意图

M_1-静镜(反射镜); M_2-动镜(反射镜); D-检测器; BS-分光镜

(1)样品制备的要求。

无论采用何种方法,制备样品时需满足下列要求:①要求使用纯度在 98%以上的单一组分的样品;②避免水的干扰,以免引入水的红外吸收干扰或浸蚀吸收池盐窗;③合适的样品浓度和厚度,以保证峰形清晰,使大多数的吸收峰透射率在 5%~90%范围内比较合适。

(2)压片法制样。

将 1~2mg 固体样品与 200mg 干燥的高纯 KBr 粉末(200~300 目)混合在玛瑙研钵中,研磨混匀 2~5min,装入压片机的模具中,低真空状态下,以一定压力经约 10min 压成透明的薄片。图 3-23 所示为手动压片机和模具图。

(3)薄膜法。

可塑性样品可在平滑金属表面滚压成膜;熔融不分解的低熔点样品可熔化后直接涂于盐片上;聚合物可溶于挥发溶剂后倾注于平滑玻璃片上,溶剂挥发后将膜剥下置于两个盐片之间进行测定。该法常用于高聚物。

图 3-23 压片机与模具

(4)糊状法。

取固体 1~3mg 于玛瑙研钵内,加液体石蜡、全氟煤油或六氯丁二烯等糊剂,充分研细,再用刮刀将糊状物均匀涂在 NaCl 或 KBr 盐片上。

(5)液体池法。

液态样品可使用液体池法,如图 3-24 所示。

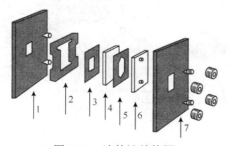

图 3-24 液体池结构图

1-后框架;2-窗片框架;3-垫片;4-后窗片;5-聚四氟乙烯间隔片;6-前窗片;7-前框架

实验 3-4　有机物红外光谱的测试和解析

【关键词】

红外光谱，有机物。

【实验材料与方法】

1. 实验材料

仪器设备：傅里叶变换红外光谱仪，压片机，玛瑙研钵，干燥器，不锈钢刮刀，漫反射附件，溴化钾窗片，红外线快速烘干箱，打印纸等。

药品试剂：溴化钾（AR），乙酰苯胺、苯甲酸、苯甲酸乙酯等有机物纯品。

2. 实验方法

(1)压片法制样：在红外灯烘烤下将事先干燥的固体样品少量与适量溴化钾在玛瑙研钵中充分研细，清理干净压片机模具，将研磨好的样品倒入压片模具中，于压片机上压制成锭片。将锭片取出置于干燥器内保存备用。

(2)液膜法制样：取干净的溴化钾窗片，滴入液体样品 1～2 滴，使之形成液膜。液膜厚度借助于液体池架上的固定螺丝作微小调节。

(3)测试样品：①打开红外光谱仪总电源开关；②打开计算机和红外光谱仪开关，进入红外光谱工作软件；③检测仪器工作状态和相关参数，设定仪器工作条件；④收集背景信息，采集背景谱图并保存；⑤将仪器上部的滑动仓门打开，把样品插入样品支架中，合上仓门；⑥采集测试样品谱图，保存图谱和相关数据；⑦扣除背景谱图，修正优化谱图，如图 3-25 所示；⑧标记样品谱图中各峰的位置，保存图谱；⑨编辑报告格式，输入样品测试信息，打印谱图；⑩解析图谱，定性分析，启用分析软件内的谱库(library setup)，选择相应谱库并确认，点击"Search"按钮，搜索信息仪器将自动鉴定未知化合物，若无谱库，打印图谱后查阅文献与标准红外谱图对照并解析；⑪结束仪器操作，退出工作软件，关闭计算机，再关闭红外光谱仪，填写仪器使用登记本。

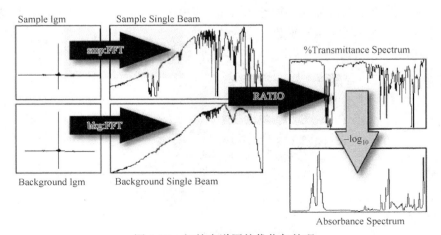

图 3-25　红外光谱图的优化与处理

【结果与讨论】

(1)解析红外谱图。

(2)对比标准图谱，分析有何差别，得出结论。

第 4 章　烃和卤代烃的性质和制备

4.1　烃和卤代烃的基本性质与化学鉴别

4.1.1　烃和卤代烃的基本性质

烃类化合物分为脂肪烃和芳香烃，脂肪烃中分为烷烃、烯烃和炔烃。不同烃和卤代烃主要化学性质如表 4-1 所示。

表 4-1　烃和卤代烃的部分主要性质

性质		说明与备注		
烷烃	游离基取代：$X_2 \longrightarrow 2X \cdot$ $RH+X \cdot \longrightarrow R \cdot +HX$ $R \cdot +X_2 \longrightarrow RX+X \cdot$	反应活性：$Cl_2 > Br_2 > I_2$；选择性：$Br_2 > Cl_2$； 自由基稳定性：$3° > 2° > 1°$； 卤化反应选择性：叔氢 > 仲氢 > 伯氢		
	光谱特征	IR：ν_{C-H} 伸缩 3000～2840cm^{-1}，弯曲 1470～1370cm^{-1}； ^{1}HNMR：—CH$_2$—$\delta_H=0$～2		
烯烃	①氧化： $\big>C=C\big< +KMnO_4$(稀、冷)$\longrightarrow \big>C-OH+HO-C\big<$ $\big>C=C\big< +KMnO_4$(酸或碱加热)$\longrightarrow \big>C=O+O=C\big<$ $\big>C=C\big< +O_3/Zn-H_2O \longrightarrow$ 醛或酮 ②加成： $\big>C=C\big< +X_2 \longrightarrow$ $\big>C=C\big< +H_2 \longrightarrow$ 催化加氢 $\big>C=C\big< +HX \longrightarrow$ $\big>C=C\big< +H_2O/H_3O^+ \longrightarrow$ 醇	①顺式氧化，生成顺二醇。$KMnO_4$ 溶液褪色可用于鉴别 　生成酮或酸 　生成醛或酮 ②反式加卤，使溴的四氯化碳溶液褪色用于鉴别 　顺式加氢 　不对称烯烃加成产物符合 Markovnikov 规则 　不对称烯烃加成产物符合 Markovnikov 规则，易重排		
	光谱特征	IR：双键ν_{C-H} 伸缩 3125～3030cm^{-1}，ν_{C-H} 弯曲 1000～700cm^{-1}，$\nu_{C=C}$ 伸缩 1695～1540cm^{-1}； ^{1}HNMR：双键质子 $\delta_H=4.6$～7.6		
炔烃	①氧化：$-C\equiv C- +[O] \longrightarrow$ ②加成：$-C\equiv C- +X_2 \longrightarrow$ $RC\equiv CR+H_2O/H_3O^+ \longrightarrow RCH_2COR$ $R-C\equiv CH+[Ag(NH_3)_2]NO_3 \longrightarrow (R-C\equiv CAg)$ 白↓ $R-C\equiv CH+[Cu(NH_3)_2]Cl \longrightarrow (R-C\equiv CCu)$ 砖红↓	①$KMnO_4$ 溶液褪色可用于鉴别 ②使溴的四氯化碳溶液褪色可用于鉴别 产物为酮 鉴别端炔 鉴别端炔		
	光谱特征	IR：叁键$\nu_{\equiv C-H}$ 伸缩 3300cm^{-1}，$\nu_{C\equiv C}$ 伸缩 2260～2100cm^{-1}； ^{1}HNMR：叁键质子 $\delta_H=1.8$～3		
芳香烃	亲电取代： ⬡$+E^+ \longrightarrow$⬡$-E$	亲电试剂	取代产物	反应特点
		$X^+(X_2+FeX_3)$	⬡$-X$	反应不可逆，常用 Cl_2、Br_2
		SO_3(浓硫酸)	⬡$-SO_3H$	反应可逆，稀酸加热可脱去磺基，合成时可用于占位
		NO_2^+ (浓硝酸 + 浓硫酸)	⬡$-NO_2$	反应不可逆

性质	说明与备注		
芳香烃 亲电取代: 	R^+	$RX + AlX_3$ $ROH + H^+$ $RCH = CH_2 + H^+$		Friedel-Crafts 烷基化可逆,R^+有重排。会发生多烷基化。芳环上有钝化基团难发生
	RCO	$RCOX + AlCl_3$ $(RCO)_2O + AlCl_3$		Friedel-Crafts 酰基化不可逆,无重排。用于制备烷芳混合酮,不发生多酰基化产物。芳环有钝化基团难发生
取代苯氧化: 	可使 $KMnO_4$ 溶液褪色,用于鉴别		
光谱特征	IR: 芳环ν_{C-H}伸缩 $3100\sim3000cm^{-1}$,芳环ν_{C-H}弯曲 $900\sim650cm^{-1}$,芳环碳骨架$\nu_{C-C}1650\sim1450cm^{-1}$; ^{1}HNMR: 芳香环质子 $\delta_H=6\sim9.5$		

		亲核试剂	取代产物	特点
卤代烃	亲核取代: $R—X+Nu^- \longrightarrow R—Nu+X^-$	HO^- CN^- $R'O^-$ $R'COO^-$ $R'C\equiv C^-$ O_2NO^-	ROH RCN $R—O—R'$ $RCOOR'$ $RC\equiv CR'$ $RONO_2$	若卤代烃易得,可制备醇 制备腈和多一个碳的羧酸 Williamson 法制备醚 制备酯 制备炔 与 $AgNO_3$/乙醇生成 $AgX\downarrow$,可鉴别卤代烃烯丙型或苄基型$>3°>2°>1°$
		I^-(丙酮)	RI	NaI-丙酮可鉴别卤代烃,出现沉淀的时间: 苄基型 $>3°>2°>1°$
		HS^- H_2O $R'OH$ NH_3	$R—SH$ $R—OH$ $R—OR'$ $R—NH_2$	制备硫醇 NH_3 大大过量可制备 1°胺
		S_N1 历程: 叔卤代烷$>$仲卤代烷$>$伯卤代烷(电子效应) S_N2 历程: 伯卤代烷$>$仲卤代烷$>$叔卤代烷(空间效应)		
	消除反应: 	β-消除,主要得到 Saytzeff 烯烃 叔卤代烷$>$仲卤代烷$>$伯卤代烷		
	与金属反应: $RX + Mg \xrightarrow{无水乙醚} RMgX(Grignard试剂)$	1°、2°、3°卤代烃都可用于制备 Grignard 试剂		
	光谱特征	IR: ν_{C-F} 伸缩 $1350\sim1100cm^{-1}$,ν_{C-Cl} 伸缩 $750\sim700cm^{-1}$,ν_{C-Br} 伸缩 $700\sim500cm^{-1}$,ν_{C-I} 伸缩 $610\sim485cm^{-1}$ ^{1}HNMR: $X—H$ $\delta_H=1.4\sim4.5$,$X_2—H$ $\delta_H=3.5\sim5.5$,$X_3—H$ $\delta_H=5\sim7.5$		

4.1.2 烃和卤代烃的性质与鉴别实验

1. 烯、炔、芳香烃的性质鉴定

实验样品:环己烷、环己烯或松节油(环烯混合物)、液体石蜡(18~24 个碳原子的液体烷烃的混合物)、苯、甲苯。

(1)溴的四氯化碳溶液加成实验:取试管 2 支,分别加入液体石蜡、环己烯或松节油 5 滴,再加入 1%溴的四氯化碳 5 滴,振荡后静置,观察、记录并解释实验现象。

(2)高锰酸钾氧化实验:

①取试管 2 支,分别加入液体石蜡和松节油 5 滴,再各加入 0.5%酸性高锰酸钾 5 滴,振

荡，观察、记录并解释实验现象。

②取试管 2 支，分别加入苯和甲苯各 2mL，再各加酸性高锰酸钾 2 滴，振荡，观察、记录并解释实验现象。

2. 卤代烃的性质鉴定

实验样品：正溴丁烷、叔丁基溴、氯苄、溴苯。

(1)硝酸银实验：取试管[①]4 支编号，各加入 1.0mL 5%硝酸银乙醇溶液，再分别加入 2～3 滴试样(固体试样配成乙醇溶液)，振荡，观察、记录实验现象和产生沉淀的时间。若无沉淀，加热煮沸后再观察，若有沉淀生成，再加入 2 滴 5%硝酸，沉淀不溶，实验为阳性。解释实验现象。

(2)碘化钾实验：取试管 4 支编号，各加入 1mL 15%碘化钾-丙酮溶液，分别加入 2～4 滴试样振荡。观察现象、记录产生沉淀的时间、解释实验现象。若 5min 内仍无沉淀生成，可 50℃水浴加热试管，在 6min 末将试管冷却至室温，观察反应情况，记录实验结果。

4.2　烃和卤代烃制备的一般方法

4.2.1　烃的一般制备方法

烷烃主要来源于天然气和石油。芳香烃主要来源于煤焦油和石油。

烯烃在工业上主要由石油裂解和催化脱氢制取。在实验室中，制备烯烃主要有以下几种方法：

(1)醇脱水成烯。有两种方法，一种是在较低温度下采用硫酸、磷酸、草酸、五氧化二磷、对甲苯磺酸、硫酸氢钾等酸性催化剂脱水，该法适合于实验室小量制备；另一种是在高温下使用三氧化铝或分子筛催化脱水，该法在工业上应用广泛。

$$CH_3CH_2OH \xrightarrow[\substack{浓H_2SO_4 \\ 170℃}]{\substack{Al_2O_3 \\ 350～400℃}} H_2C{=}CH_2 + H_2O$$

通常认为，醇脱水经历的是碳正离子历程的单分子消去历程(E_1)，生成的烯烃一般遵照 Saytzeff 规则，某些醇的结构可能发生重排或成醚反应。不同结构类型的醇脱水难易程度为：叔醇＞仲醇＞伯醇。

(2)卤代烷在醇碱条件下脱卤化氢成烯。常用碱性试剂有氢氧化钾的醇溶液，乙醇钠-乙醇溶液，叔丁醇钾-叔丁醇溶液，胺类化合物，如三乙胺、吡啶、喹啉等。卤代烃消除卤化氢而得到的烯烃，其主要产物遵循 Saytzeff 规则，反应机理会有 E_1、E_2、E_{1cb} 三种。

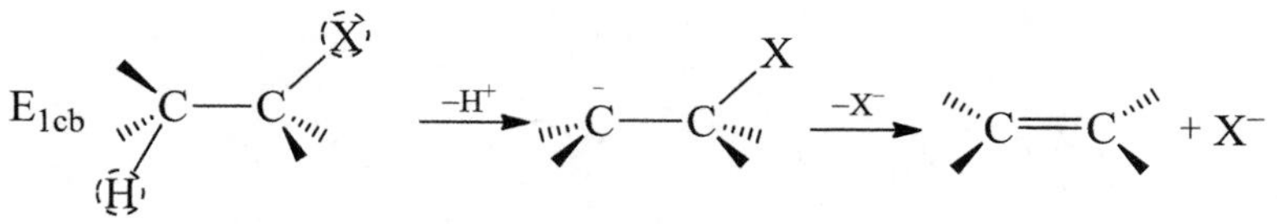

无论是醇还是卤代烃的消除反应，由于存在与之竞争的取代反应，副产物分别为醇和醚等。按 E_1 机理进行的消除因经历碳正离子可能会伴有重排产物，一些结构还会以重排产物为主。

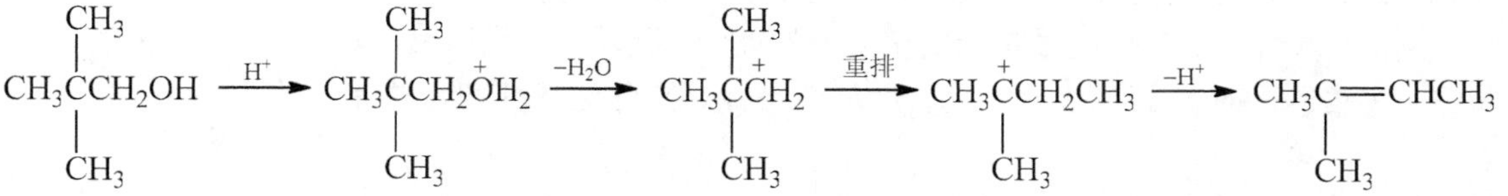

（3）醇醛缩合、Knovenagel 反应、Perkin 反应是利用羰基化合物与含有活泼 α-氢的醛、酮、羧酸、腈、硝基等化合物，在碱性条件下缩合生成含有双键的化合物的另一类制备烯烃的重要方法。

（4）Wittig 反应是利用磷叶立德（ylide，由鏻盐与醇钠、醇锂、氢氧化钠水溶液产生）与醛酮反应生成烯烃的一种新方法。该方法的特点是生成的双键位于原羰基位置，与 α,β-不饱和羰基化合物反应时不发生 1,4-加成，适合于多烯类化合物的合成，反应具有一定的立体选择性，可利用不同试剂和控制反应条件获得一定构型的产物。

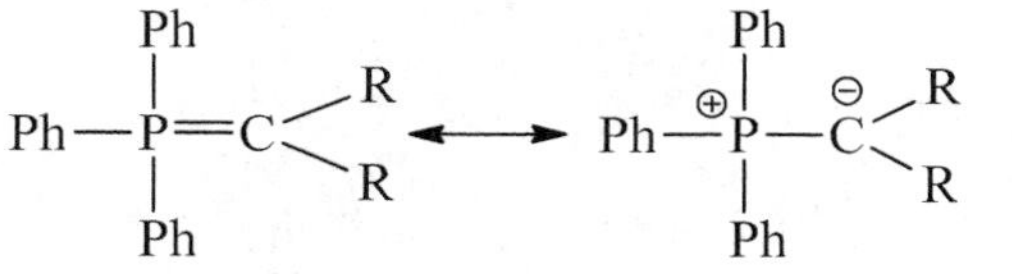

有机鏻形式　　　　叶立德形式

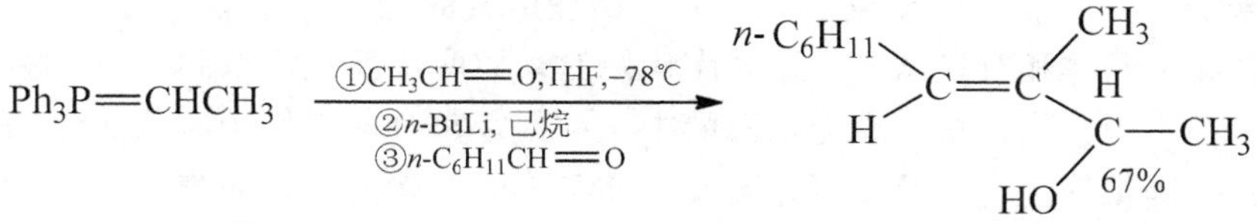

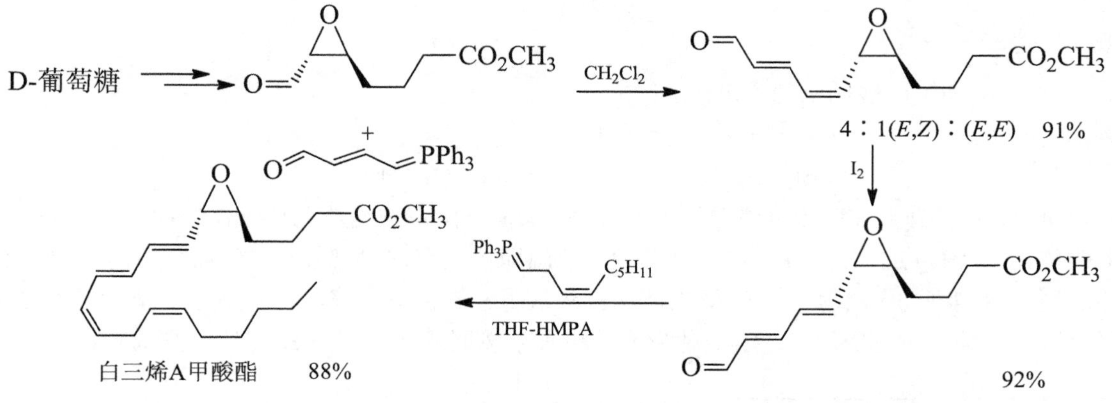

Horner-Wadsworth-Emmons 反应[1]是 Wittig 反应的新发展，是利用膦酸酯或膦酰胺与醛、酮反应制备烯烃的又一种新的方法。

---

① 常误称为 Wittig-Horner 反应。

（5）环状烯烃可通过 Diels-Alder 反应[①]制备。这是一个一步完成的协同反应，没有中间体存在，只有过渡态。一般条件下是双烯的最高含电子轨道（HOMO）与亲双烯体的最低空轨道（LUMO）相互作用成键[②]。由于不涉及离子的协同反应，故普通的酸碱对反应没有影响。但是 Lewis 酸可以通过络合作用影响最低空轨道的能级，所以能催化该反应。常用 Lewis 酸有 BF_3、$AlCl_3$、$FeCl_3$、$SnCl_4$ 等。该反应具有区位选择性、立体选择性和立体专一性。

内型接近　　　　另一种内型接近　　　　外型接近　　　　另一种外型接近

4.2.2　卤代烃的一般制备方法

天然存在的卤代烃种类不多，大多数卤代烃属于合成产物。卤代烃可以作为灭火剂、制冷剂、气雾剂、干洗剂、溶剂等，用途广泛。某些卤代烷如氟氯炭化合物（氟利昂）也是大气污染的主要来源之一，能导致臭氧层的破坏，增加地表面的紫外线辐射强度。卤代烃是一类重要的有机合成中间体和有机试剂，通过卤代烃的亲核取代反应可以制备腈、醚、取代羧酸、取代丙酮等多种有用的化合物。在无水乙醚中，卤代烃与金属镁作用制备的 Grignard 试剂可以与醛、酮、酯等羰基化合物及二氧化碳反应制备不同结构的醇和羧酸。

1. 卤代烷的制备

（1）由醇和氢卤酸反应制备卤代烃：

$$ROH + HBr \rightleftharpoons RBr + H_2O$$

$$NaBr + H_2SO_4 \longrightarrow HBr + NaHSO_4 \text{（可替代HBr）}$$

卤代反应的速率随所用氢卤酸与醇的结构不同而不同，一般是 $HI > HBr > HCl$，$R_3COH > R_2CHOH > RCH_2OH$。叔醇在无催化剂条件下室温即可反应；仲醇需温热及酸催化以加速反应；伯醇则需更剧烈的条件和更强的催化剂。该法常用于制备溴代烷，一般不适于制备氯代烷和碘代烷。该反应为可逆反应。其取代反应的机理是按照 S_N1 还是 S_N2 取决于醇的结构，一般

---

① 1928 年由德国化学家奥托·第尔斯（Otto Paul Hermann Diels）和他的学生库尔特·阿尔德（Kurt Alder）首次发现，他们也因此获得 1950 年的诺贝尔化学奖。

② 此处提及的是前线分子轨道理论（frontier molecular orbital theory），该理论阐述的是 HOMO/LUMO（最高占用分子轨道/最低未占分子轨道）对分子特性的影响，是由日本学者福井谦一于 1952 年提出的。福井谦一与分子轨道对称守恒原理的提出者美国化学家罗德·霍夫曼（Roald Hoffmann）共获 1981 年的诺贝尔化学奖。

伯醇按 S_N2，仲醇以 S_N1 为主，兼有 S_N2，叔醇按 S_N1 进行。

（2）醇和卤化亚砜反应：

$$ROH + SOCl_2 \longrightarrow RCl + SO_2 + HCl$$

该法较好，便于产物分离。

（3）醇与卤化磷反应：

$$ROH + PX_3 \longrightarrow RCl + H_3PO_3$$

红磷加溴或碘可制得 PBr_3 和 PI_3。

（4）烯烃和卤素反应制备二卤代烷：

$$>=< + X_2 \longrightarrow \underset{X}{>}\underset{X}{<}$$

（5）卤素对烯丙基型剂苯甲型化合物 α-H 的取代：

$$CH_3CH=CH_2 + \underset{O}{\overset{O}{\bigodot}}NBr \xrightarrow[CCl_4, \triangle]{过氧化苯甲酰} BrCH_2CH=CH_2$$

N-溴代丁二酰亚胺(NBS)

2. 卤代芳香烃的制备

（1）由芳香烃直接卤化制备。

（2）由重氮盐卤代制备。

实验 4-1　环己烯的制备（4～6h）

【关键词】

环己烯；环己醇；酸催化；分馏；蒸馏；液液萃取；化学干燥；折光率。

【实验原理与设计】

环己烯是有机合成的重要原料，如用于合成己二酸、环己醇、环己酮、氯代环己烷、赖氨酸、苯酚、聚环烯树脂、橡胶助剂原料等，另外还可用作催化剂溶剂和石油萃取剂，高辛烷值汽油稳定剂。

制备原理与工艺条件的设计如下：

副反应Ⅰ　　　　　　　　　　副反应Ⅱ　　　　　　　　　　副反应Ⅲ

该制备实验以环己醇为原料，经酸催化加热脱水制得环己烯。该反应经过一个二级碳正离子历程，该碳正离子可失去质子而成烯（主反应），也可与酸的共轭碱反应或与醇反应生成醚（副反应）。

合成工艺条件的确定应重点考虑下列问题：

(1) 催化剂问题[①]。

醇脱水常选用硫酸、磷酸等作为催化剂。采用硫酸催化的反应速率较磷酸快，产率相对也较高。但易使有机物炭化，腐蚀性也更大。其用量一般为环己醇的 1%~5%，不宜过多。此外，也有报道该实验使用其他催化剂的实验方法，如天然丝光沸石、Hβ 沸石[②]、氯化锡、硅酸盐、对甲苯磺酸、硫酸氢钠、草酸、杂多酸[③]等。

(2) 提高可逆反应产率的问题。

该反应的一个显著特点是可逆，生成的烯烃在酸催化加热的同样条件下能够发生水合反应。因此，在反应条件设计时必须针对这一特点采取必要可行的措施和方法，使可逆反应平衡向右移动以提高产率。依据反应物环己醇与产物环己烯、水在挥发性(或沸点)方面的性质显著不同，可利用蒸馏技术将环己烯和水从反应体系中分离出来而提高产率。但蒸馏技术含有常压蒸馏、常压分馏、减压蒸馏、减压分馏、水蒸气蒸馏、共沸蒸馏、分子蒸馏等多种技术，究竟选择哪种蒸馏技术，如何确定具体蒸馏技术的运行参数，则是进一步需要深入思考的问题。要解决这一问题，需要实验前深入了解和掌握这些具体蒸馏技术的基本原理和方法[④]。本实验最终选择的是常压分馏技术，其原因请自行思考。

(3) 加热温度的问题。

该反应速率较慢，需要加热。但加热温度不可过高，过高会增加醇的氧化副反应Ⅰ、脱水成醚副反应Ⅱ，甚至环己烯氧化副反应Ⅲ。同时，还要结合本实验分馏技术的加热要求。分馏的目的是将生成物环己烯和水分离出反应体系而保留环己醇使平衡右移。但是，环己烯、环己醇、水三者之间加热蒸馏时，会发生共沸物[⑤]的情况(表 4-2)。由于共沸物达到其共沸点时，其沸腾所产生的气体部分的成分比例与液体部分完全相同，因此无法以蒸馏方法将溶液成分进行分离，即共沸物的组分无法用单纯的蒸馏或分馏的方式进行分离。因此，加热的温度应控制在分馏柱顶端温度计示数不要超过 95℃(避免环己醇与水形成共沸点为 97.8℃共沸物而被馏出)而又要高于 65℃(避免环己醇与环己烯形成共沸点为 64.5℃共沸物而被馏出)。加热温度过高、蒸馏速率过快则会使未反应的环己醇被蒸馏出来。

表 4-2　环己醇、环己烯、水之间形成的共沸物组成和共沸点

组分及沸点	环己烯 82.98℃	环己醇 161.10℃	水 100℃	共沸点
共沸混合物 1	10%	—	90%	70.8℃
共沸混合物 2	—	20%	80%	97.8℃
共沸混合物 3	69.5%	30.5%	—	64.9℃

---

① 催化是化学反应中的重要问题。催化剂种类繁多，大体分为生物催化剂和化学催化剂两大类。生物催化最早应用于我国的酿酒、酿醋技术，化学催化最早由瑞典化学家贝采里乌斯(Jons Jakob Berzelius)发现。

② β 沸石是一种具有三维十二元环孔结构的高硅沸石，其结构特点是两个四元环和四个五元环的双六元环单位晶穴结构，主孔道直径 0.56~0.75nm，热稳定性较高。β 沸石只有孔道没有笼，因此 β 沸石可以进行阳离子全部交换。β 沸石的最大特点是对环己烷、正己烷、水的吸附量都较大，均在 14%以上。Hβ 沸石是一种氢型沸石或分子筛。

③ 杂多酸(polyoxometalates，简写为 POMs)是由杂原子(如 P、Si、Fe、Co 等)和多原子(如 Mo、W、V、Nb、Ta 等)按一定的结构通过氧原子配位桥联组成的一类含氧多酸，具有很高的催化活性，它不但具有酸性，而且具有氧化还原性，是一种多功能的新型催化剂。杂多酸稳定性好，可作均相及非均相反应，甚至可作相转移催化剂，对环境无污染，是一类大有前途的绿色催化剂。

④ 深入了解蒸馏技术参阅本书第 2 章相关章节。

⑤ 共沸物：一定压力下，两种或多种不同成分的均相溶液达到某一特定混合比例时，其蒸馏时具有固定的沸点，此时的混合物称为共沸物，详见 2.5.1。

(4)反应装置的问题。

反应装置的设计要满足反应条件的工艺要求，同时也要基于现实的条件和基础。根据上述要求，本实验制备反应可在适当容量的圆底烧瓶内进行，并在其上面安装常压分馏装置，如图 4-1 所示。需要进一步确定的是根据自己的现实条件选择合适的加热方式、分馏柱的种类和规格、冷凝管的种类和规格、接收管的种类等。分馏液的接收需要特别注意：因环己烯沸点较低易挥发，最好采取真空尾接管和磨口接收瓶接收，为减少环己烯挥发也有必要将接收瓶置于冷水浴中。考虑到分馏装置接收部位较高，以及量测分馏出液体的体积，也可选取量筒接收。

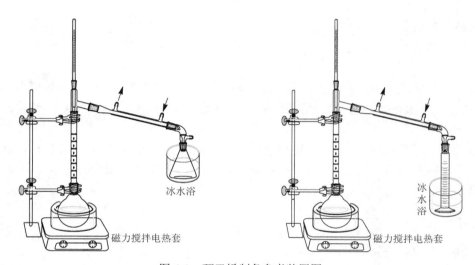

图 4-1　环己烯制备参考装置图

(5)产物的分离与纯化工艺的设计。

若想得到较纯的产品，必须深入分析混合物的组成，并从中找出目的物与其他混合组分在某些性质方面的差异，进而根据这些差异再选择合理的分离纯化工艺。值得注意的是，通常若得到纯度较高的产品，往往利用一种技术并不能得到满意的结果，而需要综合利用多种分离纯化技术。因此，分离纯化工艺常是一个复杂的过程。

就本实验而言，产物环己烯已经过分馏技术初步被分离出来并接收在接收器内，但同时与之共存的混合组分还包括少量的环己醇、水、酸[①]，以及其他一些可能的副产物[②]。分离纯化工艺流程的设计内容主要有：①首先利用环己烯与环己醇、水、酸之间溶解性的差异，采取饱和食盐水[③]进行萃取得到含有环己烯的有机层；②考虑到有机层可能还会含有少量的酸，可使用 10%碳酸钠水溶液萃取洗涤有机层并将之去除；③经过上述萃取得到的有机层依然会含有极少量的水和其他有机副产物[④]，因此若得到更纯的环己烯，还需进一步精制。考虑到环己烯与其他副产物沸点不同，可利用蒸馏进一步精制。但必须注意的问题是，在蒸馏之前必须尽可能地去除能与环己烯形成共沸物的一些杂质，否则蒸馏精制就会因共沸物的形成而达

---

① 请思考少量的酸来自于哪里，是来自于酸催化剂，还是副产物？可能是什么酸？
② 请分析一下还可能产生哪些其他副产物。
③ 饱和食盐水萃取利用的是盐析效应，可降低环己烯在水中的溶解度，从而提高萃取效率。
④ 副产物可能含有环己醇、环己酮、环己醚等。

不到精制的目的。这一点在蒸馏精制时永远都不能忽视。本实验精制时首先采取加入无水氯化钙干燥剂的方法干燥萃取后的环己烯有机层，然后进行常压蒸馏，并收集一定沸程内的馏分可得到纯度更高的环己烯。之所以选择无水氯化钙作为干燥剂，一方面是其可以除水，另一方面是可以除醇[①]。

(6)产品鉴定与分析。

产品的鉴定可根据实验条件采用：外观形状观察、折光率测定、性质实验、红外等光谱测定。产品的纯度可利用气相色谱技术得到定量分析(色谱分析条件通过查阅文献获得)。究竟采取哪些方法进行鉴别、鉴定与分析，视实验教学的具体要求和实验室条件而定。

【实验材料与方法】

1. 实验材料

药品试剂：环己醇 10.0g(约 10.4mL、0.10mol)，85%磷酸(2～5mL)或浓硫酸(1～2mL)，食盐(约 1g)，无水氯化钙适量(需提前经烘箱高温处理)，5%碳酸钠(3～4mL)适量，沸石，碎冰等。

仪器设备：圆底烧瓶(50mL)，垂刺分馏柱，蒸馏头，温度计(150℃)及套管，直形冷凝管，接引管，接收瓶或量筒，分液漏斗(60mL)，加热设备(热浴或电热套等)，阿贝折光仪，红外光谱仪(可选)。

2. 实验方法

(1)安装装置与加料。

在洁净干燥的 50mL 圆底烧瓶内加入 10.0g[②]环己醇、5mL 85%磷酸(或 1.0mL 浓硫酸)和几粒沸石，充分振荡，使之混合均匀[③]。参考图 4-1 安装分馏反应装置。

(2)制备反应。

检查装置无误后，通冷凝水，缓慢加热升温使混合物沸腾(165～170℃)，此时会有含水的浑浊状液体馏出。沸腾后调节加热温度，使分馏柱顶部温度控制在 65℃以上而不超过 90℃，蒸馏速率每 2～3s 1 滴为宜。至无液体馏出时，升高加热温度，当烧瓶内只剩很少量残液并出现阵阵白色烟雾[④]时停止蒸馏加热。整个蒸馏时间约 60min。若用量筒接收，应测量馏出液中水层与油层的体积数，并记录。

(3)分离纯化。

①萃取分离：向馏出液中加入食盐(≤1g)饱和，再滴加 5%碳酸钠水溶液(3～4mL)中和其中含有的微量酸(可广泛试纸测 pH 确定最终加入量)，然后将液体混合物移入事先准备好的分液漏斗中，静置分层，分出下面的水层弃掉[⑤]，上层有机物由分液漏斗上口倾入已事先干燥放冷的 25mL 具塞锥形瓶内[⑥]。

---

① 与水类似，极性较大的醇也可以和氯化钙形成醇合氯化钙($CaCl_2 \cdot nROH$)。

② 环己醇在室温下比较黏稠，若用量筒量取则很难倒净而影响投料准确度，使产率计算有误差。采取称量法则更准确。

③ 混合不均易使有机物炭化而颜色加深。

④ 白色烟雾为剩余的酸加热发烟所致。

⑤ 分液时水层应尽可能分离完全，否则后续会因此而导致干燥剂用量增加而吸附损失更多的环己烯，使产量降低。

⑥ 因环己烯易挥发，故盛有环己烯的容器均应配有密封塞，并要求随时盖上塞子以减少损失。

②液体干燥：向锥形瓶内的环己烯液体中分批加入 1~2g 块状无水氯化钙①，塞紧瓶塞放置 0.5h 干燥，得澄清透明液体。

③蒸馏精制：倾倒法将干燥后的环己烯液体小心倒入②已干燥放冷并已称量的 25mL 蒸馏瓶内，质量差减法量出干燥后环己烯粗产品的质量并记录为 $W_粗$。然后向烧瓶内投入几粒沸石，安装常压蒸馏装置③，水浴或电热套调温加热蒸馏，用浸入冷水浴的事先干燥放冷并已称量的具塞接收瓶接收，收集 81~85℃馏出的液体④。称量接收瓶和液体，差减法算出精制的环己烯质量，记录为 $W_纯$。预期约 5g。

(4)产品鉴定与纯度分析(根据实验条件和要求选择)。

①产品外观与形状。

②性质实验鉴定：溴的四氯化碳溶液实验、高锰酸钾溶液实验(参见 4.1.2-1)。

③物理常数测定：沸点(沸程)，折光率。

④波谱法鉴定：红外光谱(液膜法)，核磁共振谱，质谱。

⑤含量与纯度分析：气相色谱法(GC)(固定液可用聚乙二醇、邻苯二甲酸二壬酯，具体条件参考查阅相关文献择定)。

【思考与讨论】

(1)本实验采用磷酸或硫酸作为脱水剂有何不同？

(2)环己醇、环己烯均易发生不同程度的氧化反应。在实验的条件下，这对本实验有何影响？需要注意哪些问题？

(3)分析和评价自己的实验结果，由此可以得到什么结论？

(4)总结一下自己实验的得失成败。

(5)若本实验采用一般的加热回流装置或普通的蒸馏装置替代分馏装置，结果会有哪些不同？

(6)结合查阅的其他文献和资料，对比分析本实验在合成方法与工艺方面的优势和特点，还有哪些方面需要进一步改进和提高的吗？

(7)醇酸催化脱水基本属于碳正离子历程，而且这一反应是可逆的。碳正离子反应历程可能存在重排的问题，若存在重排则可能使产物更加复杂。所以利用这一反应合成烯烃时要考虑醇羟基的脱水取向和碳正离子中间体是否有重排的问题。据此思考该法在烯烃合成方面更适合于选用哪种类型结构的醇作为原料。

(8)写出下列醇脱水产物的结构并指出哪个产物是主要产物。

(A)　　　　　　　(B)　　　　　　　(C)　　　　　　　(D)

---

① 干燥剂加入量应分批加入，并根据观察下列现象决定是否继续加入：后加入的干燥剂是否板结、边缘是否湿润；液体是否变得更澄清。

② 倾倒时一定小心，不要将干燥剂氯化钙倒入蒸馏烧瓶内，否则氯化钙在蒸馏加热时会将其吸收的水或醇重新释放出来而影响蒸馏精制。

③ 此处的蒸馏精制要求整个装置所用的玻璃仪器都应该事先干燥并放冷后备用，绝对不可再次引入水。

④ 若 81℃以下的前馏分较多或馏出液体浑浊，说明干燥不彻底，应将接收的馏出液重新干燥后再次蒸馏。

【实验指导与教学要求】

1. 实验预习

(1)理论准备：熟悉和了解烯烃的性质、鉴别方法和一般的制备方法。

(2)技术准备：阅读有关蒸馏技术、萃取技术、干燥技术、折光率的测定技术等相关书籍和资料[①]。

(3)查阅文献和资料完成下列数据表格的填写，这些性质对实验理解与指导相当重要，并要求将其记录在指定的实验预习与记录本上。

| 化合物 | M_r | m.p./℃ | b.p./℃ | $\rho/(g/cm^3)$ | n_D^{20} | 溶解度 | | |
						水	醇	有机溶剂
环己醇								
85%磷酸								
环己烯								

(4)预习并回答下列关于合成工艺设计的相关问题：

①画出本实验的合成装置图，注明反应容器规格、原料投入量和次序、反应条件等工艺参数。

②本实验有哪些副反应？可能产生哪些副产物？如何抑制副反应发生？

③为提高产率，在合成工艺设计上，针对哪些问题相应采取了哪些措施？

④分馏的基本原理是什么？常压蒸馏与常压分馏有何区别？

⑤分馏柱有哪几种？各自的特点是什么？

⑥为使分馏达到满意的结果，应在哪些方面加以注意并采取措施？

⑦本实验为什么要采取分馏装置进行合成反应？若采用常压蒸馏其效果与分馏相比会怎样？

⑧本实验需要采用哪种加热方式？哪种冷却方式？反应过程中应如何控制加热温度？为什么？

⑨如何判断何时结束反应并停止加热分馏？

(5)预习并回答下列关于分离纯化工艺设计的相关问题：

①画出反应后混合物分离纯化的工艺流程图，注明相应的工艺参数。

②合成后被分馏出来的液体中会包含哪些成分？

③合成后的混合物经过哪些步骤？采取了何种技术方法进行分离纯化的？

④萃取分离的目的是什么？萃取时为何用饱和食盐水？用水可否？

⑤蒸馏前萃取后为什么要进行干燥？不干燥直接蒸馏可以吗？为什么？

⑥化学干燥剂分为哪两类？应如何选择使用？

⑦化学干燥剂的主要性质有哪些？各自决定着怎样的使用目的？

⑧在实际使用时怎样决定和判断化学干燥剂的使用量和是否干燥彻底？

---

① 深入了解蒸馏技术还可阅读本书光盘相关技术资料，或网络搜索有关"分离纯化技术"或"蒸馏技术"的相关书籍和资料。

⑨使用化学干燥剂应注意哪些问题?该实验选择无水氯化钙作为干燥剂，除了除去水分，还有其他作用吗？可以选用无水硫酸钠等其他干燥剂吗？

⑩干燥后的液体在蒸馏前应如何处置干燥剂？可以将其一起放入蒸馏烧瓶吗？

⑪干燥后的有机产物为何还要进一步蒸馏？蒸馏前还需要做哪些必要准备？如何称取馏分质量？

⑫蒸馏时收集馏分的沸程是多少？为何接收的是一段沸程内的馏分而不是沸点时的馏分？蒸馏后得到的环己醇纯度是 100% 吗？为什么？

⑬整个实验过程中，哪些步骤会对最终产率有较大影响而需要实验操作时给予特别注意？

⑭实验中需要在安全和环保方面注意哪些问题？实验者需要做好哪些个人防护措施？使用的药品废弃时应该怎样做？

2. 安全提示

(1)环己烯：易燃，与空气混合可爆炸。吸入、食入、经皮均吸收。中等毒性，有麻醉作用，吸入后会引起恶心、呕吐、头痛和神志丧失，对眼睛和皮肤有刺激性。不要吸入或触及皮肤，取用时应在通风橱内，可将通风罩引入其存放和使用处。

(2)环己醇：易燃，与空气混合可爆炸(爆炸极限 1.52%～11.1%)。中等毒性，一般由蒸气吸入引起急性中毒可能性小，对人的眼睛、鼻、咽喉有刺激作用。液态本品对皮肤有刺激作用，接触可引起皮炎，但经皮肤吸收很慢。

(3)磷酸或硫酸：强酸，属二级无机酸性腐蚀品，不要溅入眼睛，不要触及皮肤。万一溅入眼内立即用水冲眼器冲洗眼睛。若触及皮肤和衣物应立即用大量水冲洗。

(4)防护与预防措施：戴橡胶手套，戴护目镜。废弃的环己烯、环己醇倒入指定的废液回收瓶内加高锰酸钾氧化后集中处理,废弃的浓酸倒入指定的废液回收瓶以碱中和后冲入下水道。

3. 其他说明

(1)本实验需 4～6h，预期产量约 5g。

(2)本实验与实验 6-2、实验 7-1 均是以环己醇为原料的合成实验，可以将其综合在一起开展联合实验研究。

(3)本实验关键：原料的混合、加热与温度控制(尤其是分馏柱温度梯度的保持)、蒸馏精制前的萃取和干燥。

实验 4-2　1-溴丁烷的制备(4h)

【关键词】

1-溴丁烷，正丁醇，回流，萃取，蒸馏，折光率。

【实验原理与设计】

1-溴丁烷可用作稀有元素的萃取剂、烃化剂及有机合成原料，主要用于医药、染料和香料的原料。例如，作为合成杀菌剂二甲嘧酚和乙嘧酚的中间体，用于合成麻醉药盐酸丁卡因等。

该实验以正丁醇为原料，利用醇与 HBr 发生亲核取代反应而制得。伯醇与氢卤酸的亲核取代主要按 S_N2 历程进行。

主反应：

$$NaBr+H_2SO_4 \longrightarrow HBr+NaHSO_4$$
$$C_4H_9OH+HBr \rightleftharpoons C_4H_9Br+H_2O$$

副反应：

$$C_4H_9OH \xrightarrow{H_2SO_4} C_2H_5CH = CH_2 +H_2O$$
$$2C_4H_9OH \xrightarrow{H_2SO_4} C_4H_9OC_4H_9$$
$$HBr+H_2SO_4(浓) \xrightarrow{\triangle} Br_2+SO_2+H_2O$$
$$2NaBr+3H_2SO_4 \longrightarrow Br_2+SO_2+2H_2O+2NaHSO_4$$

本实验主反应为可逆反应，为了提高产率，一方面采用 HBr 过量，另一方面使用 NaBr 和 H_2SO_4 代替 HBr，使 HBr 一边生成一边参与反应，从而提高 HBr 的利用率。合成工艺条件的确定需考虑下列问题：

(1) 投料问题。

①主反应为可逆反应，为提高产率采取 HBr 过量，即 NaBr 和硫酸要相对于正丁醇过量，过量比例一般 10%～20% 即可。此外，硫酸还起到催化脱水的作用，因此硫酸的用量则应更多，一般可为正丁醇或溴化钠的 2 倍左右[①]；

②浓硫酸与水的比例，即硫酸的浓度问题也会对反应有一定的影响，如果浓度较高，产生 HBr 气体的速率会很快，在加热回流时 HBr 气体会从液体中逸出形成酸雾并从冷凝管上部逸出，若适当降低硫酸浓度则可降低产生该问题的风险。但硫酸的浓度也不能过稀，否则水量增加会使反应平衡左移而降低产率[②]。有实验表明，浓硫酸和水按 1：1 体积比（浓度约 62%）混合可能比较合适。但此浓度下也需注意控制加热温度不可过高，否则也会产生酸雾。

③浓硫酸的添加方式不当也会给反应带来负面影响。需注意浓硫酸与水混合时的加入顺序、分批多次加入混合并冷却降温，以防止有机物被炭化和高温下产生更多的副产物。

④NaBr 商品通常含有结晶水，在计算溴化钠和水的投入量时需考虑这一点。

⑤硫酸水溶液、正丁醇、溴化钠的投料顺序怎样更合理也需考虑。

(2) 反应装置与条件控制。

①加热控制：该反应需要加热以提高反应速率。但如前所述加热温度不可太高，维持一般的回流速率和气体上升高度即可[③]。

②搅拌装置：反应混合物为固液相杂的非均相，因此需搅拌。

③反应装置：为防止加热后反应物正丁醇、产物 1-溴丁烷逸出反应体系，需采用回流装置，如图 4-2 所示。

---

① 通过怎样的实验设计可以获得硫酸用量的最佳比例？试给出实验设计方案。

② 可以设计一个实验方案来考察硫酸浓度对该实验结果的影响并从中找到合适的硫酸浓度吗？

③ 回流时加热温度的高低可由回流液回滴的速率和蒸气上升入冷凝管的回流线高度加以判断。温度越高，蒸发越快，冷凝管内气体上升的高度酒越高，冷凝液的回流线就越高，冷凝管底部冷凝液回滴的速率也越快。为此，回流加热时要时刻观察这两种现象，并适时调控加热强度。若加热过度，液体依然沸腾、冷凝管很热但却看不到冷凝管内的液体回流线和液体回滴，则说明蒸气已经由冷凝管上口或玻璃仪器接口处跑掉，需马上停止加热检查。

④冷却方式：根据反应物液体的沸点，回流冷凝应选用球形冷凝管。

⑤废气处理：考虑到加热过程中可能会产生有毒害的 HBr 气体从冷凝管上端逸出，需在冷凝管上方安装气体吸收装置。图 4-3 是可供参考的几种气体吸收方式。

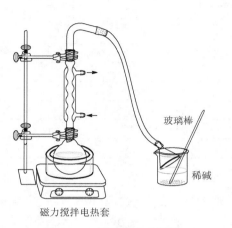

图 4-2　1-溴丁烷合成装置

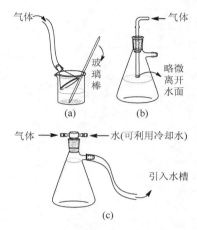

图 4-3　气体吸收常用装置

⑥反应时间：为探讨最佳的反应时间，有人用 5g 正丁醇、8.3g 溴化钠、10mL 浓硫酸加 10mL 水，同样的投料比分别加热回流不同的时间后测定剩余的正丁醇和得到的 1-溴丁烷产量[①]，结果如表 4-3[②]所示。结果表明，回流加热 30min 后，反应已基本达到平衡，再增加反应时间，1-溴丁烷含量无明显增加。因此，最佳反应时间为 30min 左右。

表 4-3　正溴丁烷回流加热时间对实验结果的影响

回流时间/min	粗产物中正丁醇含量/%	1-溴丁烷的产量/g
10	4.99	5.0
30	2.19	6.5
50	1.44	6.5

(3)分离纯化工艺条件的设计。

若达到分离纯化的目的，必须首先分析混合物的组成，并找出目标物与其他共存组分在各方面性质上存在的差异。如表 4-4 所示，该反应后混合物除 1-溴丁烷外，还含有未反应的正丁醇、溴化氢、水、硫酸、硫酸盐、溴、正丁醚、丁烯等。①性质差别之一是目标物 1-溴丁烷随同正丁醇、正丁醚、丁烯等有机物与其他一些无机物质互溶性较差，据此可选择液-液萃取技术进行大类分离，正丁醇、正丁醚能溶于浓硫酸而 1-溴丁烷不溶，据此也可以浓硫酸为萃取剂将其洗涤除去；②目标物 1-溴丁烷沸点与正丁醇、正丁醚、水等物质之间有一定差异，据此利用蒸馏技术也可进行初步分离或精制，但要注意这几种物质之间蒸馏可能会有共

---

① 正溴丁烷的含量分析通常采用气相色谱(GC)分析技术。在本实验的气相色谱分析结果中会发现还有 1%～2%的 2-溴丁烷。制备时 2-溴丁烷的含量会随着回流加热时间的增加而增高，但达到一定时间后其含量就不再增加了。其存在可能是由于酸性介质中，反应会有部分的 S_N1 历程存在。

② 通过中国知网或维普网等途径查询该处数据引用的原始文献。

沸现象存在，需恰当有效地利用蒸馏技术。

表 4-4　反应混合物组成及其主要性质差别一览表

药品名称	蒸气压	沸点/℃	溶解度	混合物中含量
1-溴丁烷	150mmHg(50℃)	101.6	0.608g/L 水(30℃)	目的物
正丁醇	—	117.7	水中 7.9%；溶于硫酸	较多
正丁醚	4.8(20℃)	142～143	几乎不溶，水中 0.03%，溶于硫酸	很少，0.2%～0.5%
丁烯	1939mmHg(21.1℃)	−6.3	不溶于水	一般极少
浓硫酸	1mmHg(146℃)	～290	易溶于水	较多
溴化氢	334.7psi(21℃)	−67	易溶于水	较多
溴	175mmHg(20℃)	58.8	水中 3.5%(20℃)	有，一般较少
硫酸盐+水等				较多

注：1psi=6.895×10³Pa。

由上述分析可知，本实验分离纯化主要可以利用的技术是萃取和蒸馏。但需要考虑的策略是：先蒸馏再萃取，还是先萃取再蒸馏，或是二者交替穿插使用的问题。这需要综合分析、仔细考量、反复推敲才能优化和确定分离纯化的具体工艺流程和步骤。

如图 4-4 所示，本实验反应后的混合物采取先蒸馏的考虑是：一方面，可以利用 1-溴丁烷沸点较低的特性使其从混合物中初步分离出来，便于后续分离；另一方面，粗蒸馏的过程因 1-溴丁烷的减少而使化学平衡向右移动，从而使正丁醇与 HBr 的反应趋于更加完全，产率有一定的提高。

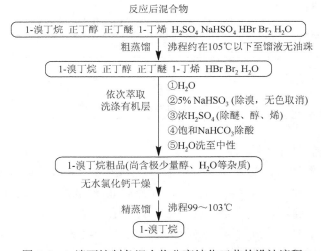

图 4-4　1-溴丁烷制备混合物分离纯化工艺的设计流程

初步蒸馏出来的粗产品，再利用正溴丁烷与其他杂质在水中溶解度的不同，利用萃取技术分别洗涤可除去大部分杂质。需要说明和讨论的是：

①亚硫酸氢钠(NaHSO₃)洗涤一步可视有机层溴的颜色深浅决定是否采取。

②浓硫酸洗涤除去的主要是正丁醇和正丁醚。实验发现 7mL 粗产物用 1mL 浓硫酸(或 3～5mL 浓盐酸)洗涤后，所含的正丁醇几乎全部除去。本实验用 3mL 浓硫酸洗涤，完全可以除去粗产物中的正丁醇和正丁醚。其去除原理是二者能与浓 H_2SO_4 形成锌盐：

$$C_4H_9OH + H_2SO_4 \longrightarrow [C_4H_9\overset{+}{O}H_2]HSO_4^-$$

$$C_4H_9OC_4H_9 + H_2SO_4 \longrightarrow [C_4H_9\underset{H}{\overset{+}{O}}C_4H_9]HSO_4^-$$

萃取洗涤后得到的 1-溴丁烷仍含有极少量的水和正丁醇等杂质,需经无水氯化钙干燥[①]后再经过蒸馏进一步精制,收集 99～103℃的馏分则可得到更纯的产品[②]。

在蒸馏的过程中,必须考虑共存组分之间是否能形成共沸物,共沸物的存在会直接影响蒸馏分离的结果。共沸组分之间是很难用蒸馏技术进行分离的,但有时合理利用共沸蒸馏也可以将某些组分从混合物中分离除去。表 4-5 是本实验合成后混合物中可以形成共沸物的情况,思考蒸馏法分离纯化相关问题必参考之。

表 4-5 1-溴丁烷、正丁醇、正丁醚、水之间形成的共沸物组成和共沸点

组分沸点	1-溴丁烷 101.6℃	正丁醇 117.6℃	正丁醚 143.2℃	水 100℃	共沸点/℃
共沸混合物 1	87%	13%	—	—	98.6
共沸混合物 2	—	63%	—	37%	92
共沸混合物 3	—	—	66.6%	33.4%	94.1
共沸混合物 4	—	34.6%	35.5%	29.9%	90.6

(4)产品鉴定与分析。

1-溴丁烷的鉴定可通过性质实验、折光率等物理常数的测定、光谱、质谱等方法予以确认,其纯度可从实际接收的沸程范围得到初步判断,其实际含量必须采用气相色谱法进行含量分析。可根据具体实验条件进行选择。

【实验材料与方法】

1. 实验材料

药品试剂:5.0g(约 6.2mL,0.068mol)正丁醇,8.3g 无水 NaBr,浓硫酸(10mL+4mL),饱和碳酸氢钠(10mL),无水氯化钙(约需 2g),5%氢氧化钠溶液(约需 20mL),几粒沸石。

仪器设备:磁力搅拌电热套,圆底烧瓶(50mL),球形冷凝管,蒸馏装置,乳胶管,小玻璃漏斗,分液漏斗(60mL),三角烧瓶(25～50mL)等。

2. 实验方法

1)1-溴丁烷的制备

在 50mL 圆底烧瓶中加入 10mL 水,并小心地分批加入 10mL 浓硫酸,边加边摇,混合均匀并冷却至室温[③]。然后依次加入 5.0g 正丁醇、8.3g 研细的无水 NaBr[④],摇匀,加几粒沸石。

将上述装好药品的圆底烧瓶置于磁力搅拌电热套中,参考图 4-2 和图 4-3 所示装置图安装带有气体吸收装置的回流装置。吸收装置可由连接套管(也可用温度计套管代替)和橡胶管以及长颈玻璃漏斗相连,长颈玻璃漏斗倒置在一盛有 5%氢氧化钠水溶液的烧杯上,用玻璃棒辅

---

① 无水氯化钙干燥的目的有两个:一除水,二除醇,以防止二者在蒸馏精制时产生共沸物而影响纯度。
② 从收集的沸程范围可看出,蒸馏精制所得产品纯度也非 100%,若达 100%纯度在现有技术条件下是相当困难的。
③ 注意加入水和浓硫酸的顺序,且一定要冷却后加入正丁醇和溴化钠,否则会因温度高而发生有机物炭化发黑和产生过多的溴。
④ 若用含结晶水的 NaBr·2H₂O,应折算后加入。考虑到这一点,加水量也应酌情减少。溴化钠颗粒需研细以使反应更顺利。

助使漏斗口接近水液表面，但不要完全没入水液中，以防倒吸①。

通冷却水，开始搅拌并加热，调节温度使反应液保持沸腾并平稳回流②，注意观察和记录反应瓶内液体分层情况和颜色变化③，回流时间 30～40min，停止加热和搅拌④。

当有卤化物生成时则会由一层变三层：上层为卤化物并随反应进行而逐渐增厚，由淡黄色变橙黄色；中层为橙黄色，可能是硫酸氢甲酯，随反应进行逐渐消失。反应周期继续延长其产率仅增加 1%～2%。

2) 产物的分离与纯化

待圆底烧瓶内反应液体冷却后(至少 5min)，移去气体吸收装置和水冷凝管，向烧瓶内重新加入几粒沸石，加 75°蒸馏弯头(或蒸馏头)改成如图 2-37 所示的简易常压蒸馏装置(或常压蒸馏装置)，根据正溴丁烷沸点重新调节电热套加热温度蒸出粗品正溴丁烷⑤。

将馏出的粗品正溴丁烷液体转移至事先准备好的分液漏斗中，加入等体积的水萃取洗涤⑥，将水洗后的正溴丁烷层(上层还是下层)转入另一个干燥的分液漏斗中⑦，用等体积的浓硫酸洗涤⑧，尽量分去硫酸层。有机层依次再用等体积的水、饱和碳酸氢钠溶液、水洗涤，最后将有机层转入事先干燥放冷的具塞锥形瓶中，加入约 1g 的颗粒状无水氯化钙干燥剂，间歇摇动锥形瓶，直至液体澄清为止。

将干燥后的有机液体滤入(或小心倾倒，勿使干燥剂掉入烧瓶内)事先干燥放冷的小蒸馏瓶中，加几粒沸石后安装蒸馏装置，加热蒸馏，用事先干燥、放冷并称量的小锥形瓶接收 99～103℃的馏分。称量，计算纯化收率和产率。

3) 产品鉴定与纯度分析(根据实验条件和要求选做)

①产品外观与形状；②化学性质鉴别：硝酸银实验、碘化钾实验；③物理常数测定：沸程、折光率；④波谱测定：红外光谱；⑤含量与纯度分析：气相色谱分析(色谱分析条件由文献自查)。

【思考与讨论】

(1) 该反应为何采用溴化钠和硫酸反应产生 HBr 而不直接使用 HBr？硫酸可以替换为其他的质子酸吗？

(2) 若监测反应温度则应如何改进装置？

---

① 气体吸收装置也可用胶管直接通入下水道并利用冷凝管流出的冷却水进行吸收。

② 开始加热时不要过猛，否则会使生成的 HBr 未来得及反应就被逸出；之后的加热温度也不宜过高，否则会使有机物发生严重炭化和产生过多的副产物 Br_2。加热良好时油层仅呈浅黄色，冷凝管顶端应无明显的 HBr 逸出。

③ 当有卤化物生成时则可能会由一层变为三层：上层为卤化物并随反应进行而逐渐增厚，由淡黄色变为橙黄色；中层为橙黄色，可能为硫酸氢甲酯，随反应进行逐渐消失。

④ 反应时间再延长 1h，产量仅增加 1%～2%。

⑤ 正溴丁烷是否蒸馏完毕可从以下方面判断：馏出液是否由浑浊变澄清；反应瓶内上层油状液体是否消失；接取 1～2 滴馏出液至一含有清水的容器中，观察水面上是否还有油珠，若无则说明已无有机物(此法通用于检查不溶于水的有机物)；观察温度计指示，若蒸气温度已达 105℃以上但馏出液馏出很少慢慢，说明已无正溴丁烷。

⑥ 若水洗后产物还呈橙黄或橙红色，则是由于浓硫酸氧化溴离子而产生游离溴所致。可加几毫升饱和亚硫酸氢钠溶液洗涤使其还原：$2NaBr+3H_2SO_4(浓) \Longrightarrow Br_2+SO_2+2H_2O+2NaHSO_4$；$Br_2+3NaHSO_3 \Longrightarrow 2NaBr+NaHSO_4+2SO_2+H_2O$。

⑦ 分液漏斗需干燥的目的是防止其残留的水分冲稀下一步要加入的浓硫酸而影响浓硫酸的洗涤效果。为此，上一步骤的水洗也应尽量把水层分离干净。

⑧ 浓硫酸洗涤的目的是除去粗产物中未反应的正丁醇、副产物正丁醚、丁烯等杂质。若不将其除去，则在后续的蒸馏中，正丁醇与 1-溴丁烷会形成共沸物而影响产品纯度和收率。

(3)该实验采取的是先初步蒸馏，然后萃取洗涤再蒸馏精制的纯化方法。若不初步蒸馏，直接萃取洗涤后蒸馏精制结果会如何？

(4)结合自身经验，本实验应注意哪些问题？

(5)除本实验方法外，还有哪些方法制备 1-溴丁烷？其他方法与本实验方法相比各有哪些优势和特点？结合检索的文献回答。

(6)查阅以叔丁醇为原料制备叔丁基氯的方法，与 1-溴丁烷对比，在合成与分离纯化工艺方面有哪些不同？为什么会存在这些不同？

【实验指导与要求】

1. 实验预习

(1)查阅资料并填写下列数据表：

化合物	M_r	m.p./℃	b.p./℃	$\rho/(g/cm^3)$	n_D^{20}	溶解性		
						水	醇	有机溶剂
正丁醇								
溴化钠								
浓硫酸								
1-溴丁烷								

(2)预习并回答下列有关制备问题：

①写出该反应的化学原理方程，包括可能的副反应方程。注明反应条件、投料量和加入顺序。

②画出反应装置图，注明主要仪器型号和规格。

③该反应的投料比为多少？投料顺序应如何进行？为什么？

④硫酸在该实验中的作用是什么？其投料时应注意哪些问题？

⑤关于硫酸的使用浓度问题需要进行怎样的考虑？太浓或太稀都有怎样的利弊？

⑥该反应针对可逆反应采取了哪些提高产率的措施？

⑦该合成反应有哪些副反应？在工艺设计上采取了哪些方法加以克服？

⑧该反应为何要搅拌？搅拌的方法有哪些？

⑨该反应为何采用回流装置？回流冷凝管为何选用球形冷凝管？

⑩该反应加热温度应如何控制？太低或太高会怎样？

(3)预习并回答下列关于分离纯化工艺的问题：

①反应后的混合物包括哪些成分？画出其分离纯化的工艺流程图。

②反应后的混合物首先进行初步蒸馏的目的是什么？

③初步蒸馏得到的 1-溴丁烷粗产品中还含有哪些杂质成分？这些少量的杂质成分都是怎么进一步去除的？

④萃取洗涤前需要对分液漏斗做哪些准备和处理？振荡和分液时要注意哪些问题？

⑤经一系列萃取洗涤后的 1-溴丁烷层要放入到什么容器内？该容器要做哪些准备？

⑥萃取洗涤后的 1-溴丁烷为何还要加入无水氯化钙干燥？干燥剂的加入量是多少？怎样判断是否干燥完全了？

⑦干燥后的 1-溴丁烷层为何还要进行蒸馏精制？蒸馏精制收集的沸程范围是多少？

⑧蒸馏精制 1-溴丁烷前需要做哪些蒸馏前的准备？蒸馏时如何进行接收？接收后如何计量产品的量？

⑨若产品检验需要测定折光率，应如何测定该物质的折光率？事先熟悉阿贝折光仪的使用方法。

⑩若有气相色谱测定条件，应事先查阅 1-溴丁烷含量分析的气相色谱方法，了解气相色谱仪的使用规程，做好实验预约。

2. 安全提示

溴化氢吸收装置要保证有效，勿吸入；1-溴丁烷遇明火、高温、氧化剂易燃，与空气混合易爆炸，高热分解有毒溴化物气体，随时加盖防止挥发；正丁醇易燃易爆；浓硫酸具有腐蚀性。建议戴防护手套、口罩、护目镜。

3. 其他说明

(1)本实验约需 4h，预期产量为 4～5g。

(2)本实验的关键和注意事项：吸收装置的妥当与有效、硫酸的加入和用量、温度控制、萃取剂用量、蒸馏前的干燥。

(3)本实验所制得的 1-溴丁烷可以作为实验 5-1 的反应原料，二者可以开展联合多步骤实验。

第 5 章 醇、酚、醚的性质和制备

5.1 醇、酚、醚的基本性质和化学鉴别

5.1.1 醇、酚、醚的基本性质

醇、酚、醚的基本化学性质列于表 5-1。

表 5-1 醇、酚、醚的部分主要性质一览表

	性质	说明与备注
醇	亲核取代反应：R—OH+HX $\longrightarrow$ R–X （反应试剂还有 PX_3，$SOCl_2$）	用于合成卤代烃：1°醇按 S_N2，2°醇以 S_N1 为主，3°醇按 S_N1 鉴别试剂：Lucas 试剂（$ZnCl_2$+HCl），区别低于六个碳的伯、仲、叔醇
	脱水反应 ①分子间脱水成醚： R—OH+OH—R′ $\longrightarrow$ R—O—R′+H_2O（140℃） ②分子内脱水成烯： $\underset{\text{OH \ H}}{-\overset{\|}{\underset{\|}{C}}-\overset{\|}{\underset{\|}{C}}-}$ $\xrightarrow[150\sim180℃]{H_2SO_4}$ $\diagup C=C \diagdown$	脱水反应速率：3°>2°>1°。主要按 E1 历程，有重排 可用于制备烯烃，遵循 Saytzeff 规则
	①脱氢氧化： 伯醇→醛→酸；仲醇→酮；叔醇→一般不氧化 ②断裂氧化	①使 $KMnO_4$ 溶液褪色；使铬酸试剂由橙红变蓝绿色。用于区分伯、仲醇和叔醇；CrO_3-pyridine 的二氯乙烷溶液（Sarrett 或 Collins 试剂）：选择性氧化伯醇至醛；活性 MnO_2 选择性氧化烯丙式醇至醛 ②I_2+NaOH 氧化>COHCH_3 型醇并产生黄色碘仿沉淀，鉴别此类醇 $H_3C-\overset{\|}{\underset{\underset{OH}{\|}}{C}}-$ $\xrightarrow{I_2+NaOH}$ $CHI_3\downarrow$
	与含氧酸成酯	用于酯的制备
	光谱特征	IR： ν_{O-H} 3650～3590cm^{-1}（非缔合），3600～3200cm^{-1}（缔合）；ν_{C-O} 1200～1050cm^{-1}（1050cm^{-1}伯醇，1100cm^{-1}仲醇，1150cm^{-1}叔醇） ^1HNMR：羟基质子 δ_H=0.5～5.5，羟基的 α 碳上的 δ_H=3.3～4
酚	①酸性 ②与三氯化铁络合显色	①苯环取代基对酸性有较大影响：电子效应和空间效应 ②用于鉴别酚羟基或烯醇羟基结构：苯酚、间苯二酚、间苯三酚显蓝紫色；对苯二酚显暗绿色；1,2,3-苯三酚显棕红色
	成醚	用于制备芳香醚。可发生 Claisen 重排
	①成酯反应 ②Fries 重排	①在酸或碱条件下可与酰卤、酸酐成酯，与羧酸成酯需特殊仪器 ②酚酯与路易斯酸共热可发生 Fries 重排：

性质		说明与备注
亲电取代: 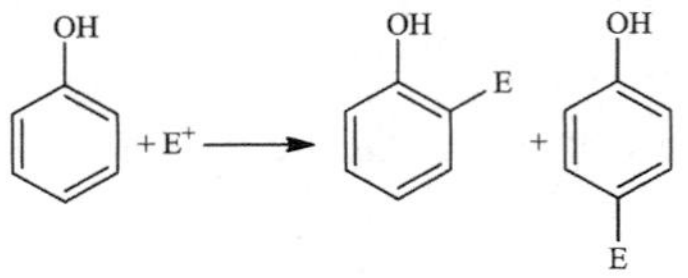 	卤化	酸性或非极性溶剂得一卤代产物(Cl₂, Br₂),中性或碱性溶液卤化得三卤代物 鉴别:与溴水取代用于鉴别酚类物质
	磺化(浓硫酸)	低温邻位产物,高温对位产物
	硝化(稀硝酸)	易被氧化
	亚硝基化 NaNO₂/H₂SO₄, 或 C₂H₅ONO/C₂H₅OH, 碱	亚硝酸亲电性弱,只与带强活化基团的苯环发生亚硝基化取代反应
	Friedel-Crafts 烷基化	
	Friedel-Crafts 酰基化	羟基酰基化在质子酸或碱性作用下发生;苯环酰基化需路易斯酸催化
光谱特征		IR: ν_{O-H} 3611~3603cm⁻¹(极稀), 3500~3200cm⁻¹(浓); ν_{C-O-H} 1350cm⁻¹, ν_{C-O} 1200cm⁻¹ ¹HNMR: 酚羟基质子变化大,游离 δ_H=4~8,分子内缔合 δ_H=10.5~16

（此表左侧首列标注"酚"，下部为"醚"）

	醚键断裂发生亲核取代: R—O—R′+HX⟶RX+R′OH R′OH+HX⟶R′X	反应活性 HI>HBr≫HCl。烷芳醚断裂,总生成烷基卤代烃和酚
醚	环氧乙烷开环反应	环氧乙烷开环反应具有 S_N2 反应特征 不对称取代环氧乙烷,在碱性条件下亲核试剂进攻位阻小的碳原子;酸性条件亲核试剂进攻能生成相对稳定的碳正离子
	光谱特征	IR:醚键的 ν_{C-O} 伸缩 1275~1020cm⁻¹

5.1.2　醇、酚、醚的性质与鉴别实验

1. 醇的性质与鉴别

实验样品:正丁醇、仲丁醇、叔丁醇。

(1)醇钠的生成及水解:在干燥洁净试管中,加 1.0mL 无水乙醇,加入一小粒表面新鲜的金属钠,观察现象,放出什么气体?如何检验?反应完毕后,加入 2mL 水,检查溶液的酸碱性。

(2)Lucas 实验:在洁净干燥试管中,分别加入 0.5mL 试样,再各加 Lucas 试剂 1.0mL,塞住管口,振荡后静置,观察变化。5min 后无变化者,放入温水浴中加热 2~3min,观察并解释现象。

(3)硝酸铈铵实验:取 0.5mL 硝酸铈铵溶液于试管内,加 1.0mL 冰醋酸稀释(水溶性样品加水),如有沉淀加 3~4mL 水使沉淀溶解。然后滴加 5 滴样品,振荡,观察、记录并解释实验现象。

(4)硝铬酸实验:取洁净试管分别加入 7.5mol/L 硝酸 1.0mL、5%重铬酸钾溶液 3~5 滴,再分别加入 3~4 滴试样,振荡,观察、记录并解释实验现象。

实验样品:乙二醇、甘油、甘露醇。

(5)多元醇的氢氧化铜实验:在洁净试管中各加入 5% NaOH 水溶液 3mL、10% CuSO₄溶液 5 滴,配制成新鲜的氢氧化铜溶液。然后再分别加入各试样 5 滴,振荡,观察、记录并解释实验现象。

2. 酚的性质与鉴别

实验样品：苯酚、萘酚、邻苯二酚、间苯二酚、对苯二酚。

(1)溴水实验：洁净试管内加入少许试样的饱和水溶液 2 滴，用 0.5mL 水稀释，逐滴加入饱和溴水，观察有无晶体析出和溴水褪色现象，记录并解释实验现象。

(2)亚硝酸实验：取洁净试管加入 3 滴苯酚样品和 5 滴浓硫酸，摇动试管(勿迸溅出来)，待试管冷却后，加入 12 滴 0.1%亚硫酸钠。观察、记录现象(亚硫酸过量会呈蓝紫色)。将试管内的混合液倒入另一支装有 5mL 水的试管内，观察水溶液的颜色变化。取出试管内的溶液 1mL 加入过量的 5%氢氧化钠溶液，再次观察溶液的颜色变化。再加入 15%的稀硫酸酸化，溶液的颜色又有何变化？记录并解释上述现象。

(3)三氯化铁实验：试管内加入几滴试样的饱和水溶液和纯水的空白溶液，用 2mL 水稀释，滴入 1~2 滴 1%三氯化铁溶液。将样品与空白进行对照，观察、记录并解释实验现象。

(4)高锰酸钾氧化实验：取洁净试管分别加入 5 滴样品溶液，再加 5 滴 5%碳酸钠溶液和 1~2 滴 0.5%高锰酸钾溶液。振动试管，观察、记录并解释实验现象。

3. 醚的性质与鉴别

实验样品：乙醚、正丁醚。

(1)氢碘酸实验：取 2 支大试管，一支试管中加入 1mL 样品醚和 2mL 氢碘酸(45%)，再加一粒沸石；另一支试管中只加入 2mL 氢碘酸和沸石。在离试管口 4cm 处塞好特制药棉[①]，并在试管口上放一块沾有硝酸汞试剂的滤纸，用油浴加热，慢慢升温，至 130~140℃时，观察滤纸的颜色有何变化。记录并解释实验现象。

(2)过氧乙醚的检查与去除：试管内加入 0.5mL 乙醚，加入 0.5mL 2%碘化钾溶液和几滴 2mol/L 的稀盐酸，振荡，再加几滴淀粉溶液。观察并记录现象。若溶液显蓝色或紫色，证明乙醚中存在过氧化物。去除方法：分液漏斗内用相当于乙醚体积 20%的新制硫酸亚铁溶液萃取洗涤，振荡要剧烈，保证洗涤彻底。

5.2　醇、酚、醚制备的一般方法

5.2.1　醇的一般制备方法

醇一般很容易转变成卤代物、烯、醚、醛、酮、羧酸、羧酸酯等化合物。因此，在有机合成上醇的应用很广泛，既可以作为溶剂，又可用于合成其他化合物。

醇的制备方法较多，工业上通过淀粉水解和石油产品中的烯烃催化加水而获得较简单的醇。实验室中制备醇的途径可归纳为两种：一种是以烯烃为原料的碳碳双键的加成，另一种是以羰基化合物为原料的碳氧双键的加成和羰基的还原。

---

① 特制药棉用来除去可能逸出的碘化氢和硫化氢等干扰气体。其制法如下：取 1g 乙酸铅溶于 10mL 水中，将所得溶液加到 60mL 1mol/L 氢氧化钠溶液中，不停地加以搅拌，直到沉淀完全溶解为止。再取 5g 五水合硫代硫酸钠溶于 10mL 水中，将所得溶液加到上面的乙酸铅溶液中，再加 1mL 甘油，用水稀释到 100mL。用此溶液浸泡棉花，再将棉花取出拧干后即可应用。

1. 由烯烃制备

(1)酸催化直接水合：

$$RCH{=}CH_2 + H_2O \xrightarrow[\text{或}H_3PO_4]{H_2SO_4} \underset{OH}{RCHCH_3}$$

(2)羟汞化-还原：产物符合 Markovnikov 规则，无重排。

$$RCH{=}CH_2 \xrightarrow[H_2O]{Hg(OAc)_2} \underset{OH}{RCHCH_2HgOAc} \xrightarrow{NaBH_4} \underset{OH}{RCHCH_3}$$

(3)硼氢化氧化：

$$RCH{=}CH_2 \xrightarrow{B_2H_6} (RCHCH_2)_3B \xrightarrow[HO^-]{H_2O_2} \underset{OH}{RCHCH_3}$$

(4)碱性高锰酸钾氧化：得立体选择性的顺式邻二醇产物。

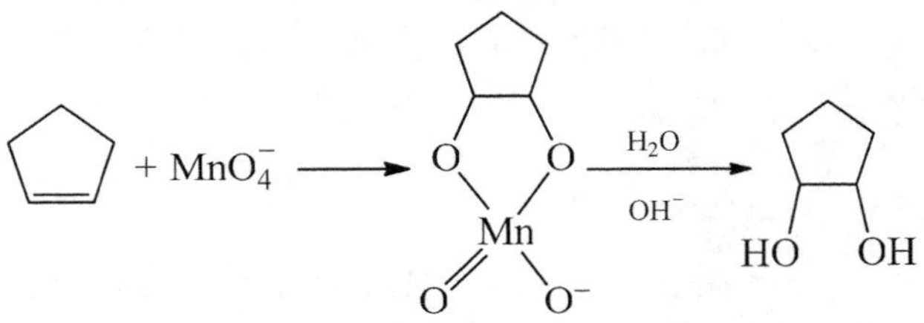

(5)过酸氧化：

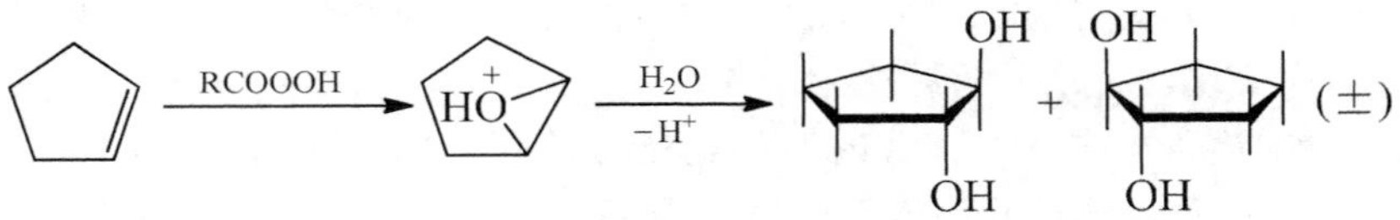

2. 卤代烃水解

卤代烃水解通常用于制备伯醇。因卤代烃通常由醇制备，所以只有当相应的卤代烃容易得到时，此法才有制备意义。

$$RX + OH^-(H_2O) \longrightarrow ROH$$

3. 由相应的羰基化合物制备

(1)羰基化合物直接还原：醛、酮、羧酸、酯都可以直接被 LiAlH$_4$ 还原为醇，NaBH$_4$ 还原能力较弱，不能直接还原羧酸和酯，可选择性使用。

$$\underset{(H)R}{\overset{R}{{>}}}C{=}O \xrightarrow[\text{催化剂}]{H_2} \underset{(H)R}{\overset{R}{{>}}}CHOH$$

(2)由 Grignard 试剂合成：由卤代烃与金属镁在无水醚溶液中作用生成的烃基卤化镁称为 Grignard 试剂。

$$\begin{array}{c}R{-}X \\ Ar{-}X\end{array} + Mg \xrightarrow[\text{或四氢呋喃}]{\text{无水乙醚}} \begin{array}{c}R{-}MgX \\ Ar{-}MgX \\ {}^{\delta^-}\quad{}^{\delta^+}\end{array}$$

由于 Grignard 试剂中 C—Mg 键的极化性，其中带负电性的 C 具有显著的亲核性，能与醛、酮、羧酸衍生物、环氧化合物、二氧化碳、腈等发生亲核加成反应，生成醇、羧酸和酮等化合物，这在有机合成中是增长碳链的重要方法。利用 Grignard 反应是合成各种结构复杂的醇的主要方法，如图 5-1 中的①～⑥所示。

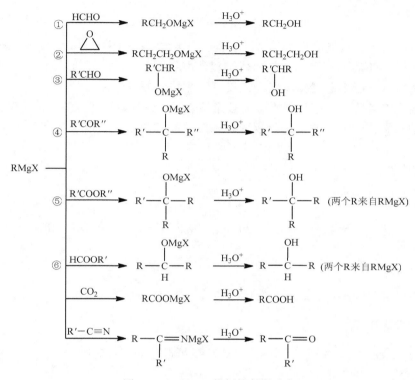

图 5-1 Grignard 试剂的主要反应

反应中间的加成产物为卤化镁配合物，通常由冷的无机酸水解即可得到相应的有机物，对强酸敏感的醇类化合物可用氯化铵溶液水解。

5.2.2 醚的一般制备方法

1. 醇脱水

适宜简单醚和适当碳数的环醚的制备。

$$ROH \xrightarrow[\triangle]{H^+} R{-}O{-}R$$

该反应可逆。产物与温度有关，以浓硫酸催化时，低温产生硫酸酯，较高温成醚，高温成烯。高温成烯的消除反应活性为：叔醇＞仲醇＞伯醇。因此，醇脱水成醚一般用伯醇。伯醇分子间脱水为 S_N2 历程，仲醇和叔醇分子间脱水一般按 S_N1 历程。

可见，无论怎样控制条件，副产物总是不可避免的。

2. Williamson 合成法

合成混合醚和冠醚通常使用 Williamson 合成法，即用卤代烷与醇钠或酚钠进行反应而制备，产率较高。

$$RX + R'ONa \xrightarrow[\triangle]{H^+} R{-}O{-}R' + NaX \ (X{=}Cl, Br, I, OSO_2R, OSO_2Ar)$$

该法制醚的机理是烷氧(酚氧)基负离子对卤代烷或硫酸酯进行亲核取代反应，属 S_N2 历程：

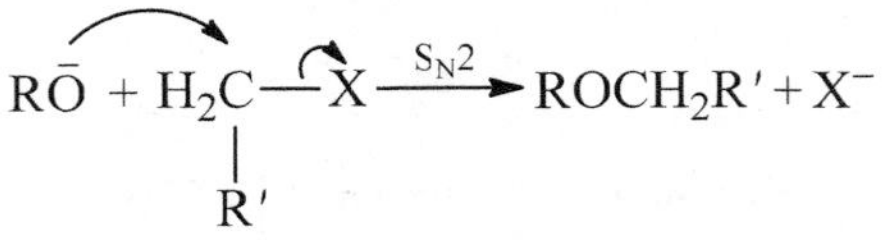

$$RO^- + H_2C-X \xrightarrow{S_N2} ROCH_2R' + X^-$$
$$\overset{|}{R'}$$

烷氧基负离子的亲核能力也因结构而不同：$3°>2°>1°$。因醇钠碱性较强，所以在取代反应发生的同时会伴随消去反应。有叔卤代烷和仲卤代烷反应时，主要会有烯烃产生。因此，一般采用伯卤代烷，而不选用仲卤代烷、叔卤代烷进行 Williamson 合成。

由于直接连在芳环上的卤代烃不容易被亲核取代，制备烷基芳基醚不能用芳烃和脂肪醇，而主要用酚钠与卤代烷或硫酸酯进行反应。一般将酚和伯卤代烷或硫酸酯与一种碱性试剂一起加热制得，而不用醇钠和不活泼的卤代芳烃反应。

酚比水的酸性强，酚钠可用酚直接与氢氧化钠制得。醇的酸性不如水强，因此醇钠必须用金属钠和干燥的醇制备。

实验 5-1　Grignard 试剂制备 2-甲基-2-己醇(6～8h)

【关键词】

2-甲基-2-己醇，Grignard 试剂，搅拌，回流，萃取，蒸馏。

【实验原理与设计】

按照逆向合成法[①]，2-甲基-2-己醇的合成路线可拆分如下合成因子：

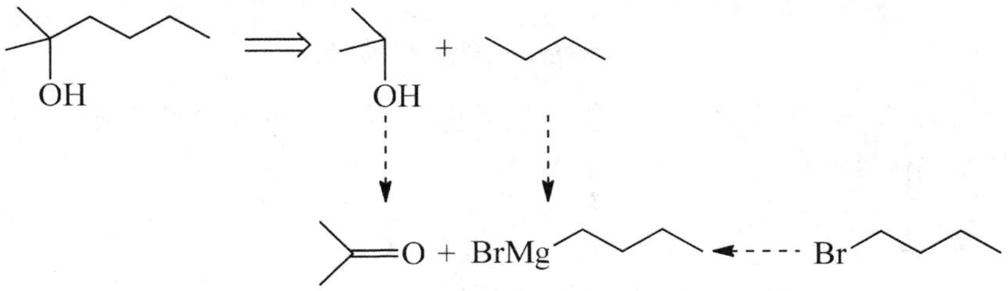

按照该合成路线可选用 1-溴丁烷[②]为原料，经格式试剂与丙酮反应而制得。制备 2-甲基-2-己醇的实验原理可用下列反应式表示：

$$n\text{-}C_4H_9Br + Mg \xrightarrow{\text{干燥乙醚}} n\text{-}C_4H_9MgBr$$

$$n\text{-}C_4H_9MgBr + CH_3\underset{\underset{O}{\|}}{C}CH_3 \xrightarrow{\text{干燥乙醚}} n\text{-}C_4H_9\underset{\underset{OMgBr}{|}}{C}(CH_3)_2$$

$$n\text{-}C_4H_9\underset{\underset{OMgBr}{|}}{C}(CH_3)_2 + H_2O \xrightarrow{H^+} n\text{-}C_4H_9\underset{\underset{OH}{|}}{C}(CH_3)_2$$

---

① 逆向合成法参见 12.1.2。

② 1-溴丁烷制备方法参见本书实验 4-2。

（1）Grignard 试剂的制备原理与反应条件的设计。

①镁的用量：一般情况下，1mol 脂肪族或芳香族卤代烃需用 1mol 镁，但往往因发生副反应，加入镁的量需过量 10%～15%。

②卤代烃的选择：不同卤代烃生成 Grignard 试剂的活性次序为：RI＞RBr＞RCl；苄基卤、烯丙基卤＞3°RX＞2°RX＞1°RX＞乙烯基卤。芳香型和乙烯型氯化物由于活性较差，需用沸点较高的溶剂（如四氢呋喃）才能发生反应。由于氯化物反应较难、碘化物价格贵且易在金属表面发生偶联产生副产物烃（R—R），故实验室通常选用溴化物。

③反应条件的设计与控制：Grignard 试剂中 C—Mg 键是极化的，带有部分负电荷的碳具有显著的亲核性质，性质非常活泼，能被含有活泼氢的物质（如水、醇等）分解成烃，还能与空气中的氧气、二氧化碳反应，或发生偶合反应：

$$RMgX + H_2O \longrightarrow RH + Mg(OH)X$$

$$RMgX + CO_2 \longrightarrow RCOOMgX \xrightarrow{H_2O} RCOOH$$

$$2RMgX + O_2 \longrightarrow 2ROMgX$$

$$RMgX + RX \longrightarrow R\!\!-\!\!R + MgX_2$$

因此，Grignard 试剂制备时需无水并隔绝空气，制得的 Grignard 试剂也不宜较长时间保存。用来制备 Grignard 试剂的卤代烃和所使用的溶剂都必须经过严格的干燥处理，且不能具有—COOH、—OH、—NH$_2$ 等含活泼氢的官能团。所以，涉及 Grignard 试剂的反应体系必须绝对无水，严格干燥所用物料。反应装置中与大气相通的地方应连接氯化钙干燥管，以防止空气侵入。反应容器可以在惰性气体（如高纯氮气）保护下进行反应，或利用乙醚的高挥发性排除反应容器内的大部分空气。无水乙醚（或其他醚）在 Grignard 试剂的制备中有重要作用，乙醚分子中的氧原子具有未共用电子对，两分子醚可以与

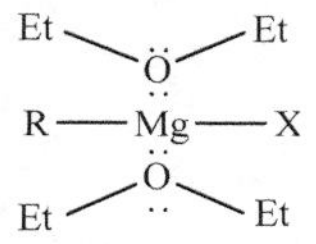

图 5-2　Grignard 试剂结构

Grignard 试剂中带部分正电荷的镁配位生成配合物而溶于醚中，这种溶剂化作用使有机镁化合物更稳定，如图 5-2 所示。此外，乙醚价格低廉、沸点低，反应结束后易于除去。

对于活性较高的卤代烃，在制备 Grignard 试剂时，偶联反应是主要的副反应，可以采取搅拌、控制卤代烃的滴加速率、降低溶液浓度等措施减少副反应的发生。采取滴加方式进行反应并控制滴加速率非常重要，既可以使乙醚保持安全的微沸状态，也可以抑制自身偶合副反应的发生。

由于 Grignard 试剂的制备以乙醚等低沸点溶剂为介质，且该反应为放热反应，因此必须密切注意反应状态及其安全性。若反应过快，则减慢卤代烃的滴加速率，必要时可冷水冷却以保持反应物呈微沸状态。但对于活性较差的卤化物可能存在起始反应较困难的情况，可加入一粒碘或已经制好的 Grignard 试剂进行引发。

（2）由 Grignard 试剂制备醇的原理与反应条件的设计。

Grignard 试剂与醛、酮、羧酸衍生物、环氧化物等发生反应制备醇的反应包括加成和水解两步反应。Grignard 试剂制备完以后，即可将制备醇的另一反应组分，如醛、酮、羧酸或羧酸酯等的醚溶液用滴液漏斗滴入。为保证 Grignard 试剂不过量，降低偶合副反应发生的概率，也可以采取相反的加料方式。反应所生成的卤化镁络合物，通常由冷的无机酸水解即可使醇游离出来。对强酸敏感的醇类物质可用氯化铵溶液水解。

Grignard 试剂的生成以及加成和水解反应都是放热反应，因此在实验中必须严格控制加料速率和反应温度等条件。

(3) 反应装置的设计。

根据以上反应原理和条件的设计分析，反应装置应具备搅拌、滴加物料、温度控制(可加热可冷却)、冷凝、隔绝空气和无水操作等功能。因反应为放热反应，因此加热温度不是很高，可采取温水浴或可控的电加热方式。因反应溶剂为易燃易爆的乙醚，因此绝对禁止使用带有明火或易产生电火花的加热方式；作为反应溶剂的乙醚沸点很低，极易挥发，不易冷却，因此需采取效果更好的球形或蛇形冷凝管；搅拌可根据实验条件选择机械搅拌器或电热磁力搅拌器，后者更好些，可同时解决加热控温和搅拌；隔绝空气和无水操作除可有效利用乙醚的挥发作用外，还可简单利用氯化钙干燥管减少空气对该反应的影响。综合以上分析，图 5-3 所示装置可供参考和选用。

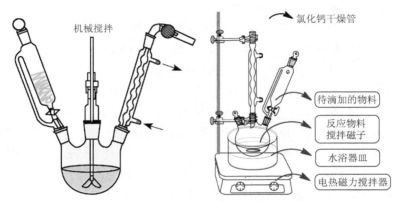

图 5-3　2-甲基-2-己醇合成装置图

(4) 分离纯化的实验原理与工艺设计。

水解后的反应混合物中 2-甲基-2-己醇与其他共存物在水和有机溶剂中的溶解度存在显著差异，利用脂溶性较大的特点，用乙醚将其萃取出来。萃取后的 2-甲基-2-己醇乙醚溶液再利用其沸点(b.p.143℃)远高于乙醚的性质差异，利用蒸馏技术将其分离纯化。但需要注意两个问题：一是，若水解时所用的是稀硫酸，会有一定量的硫酸转移留存在萃取剂乙醚中，需用碳酸钠等将其中和除掉，否则会影响其蒸馏纯化；二是，水在乙醚和醇中也有一定的溶解残留，且可与产品形成共沸混合物，因此蒸馏前需用干燥剂干燥除水。

(5) 产品的鉴定与分析。

该产品常温下为液体有机物，可采取折光率的测定、Lucas 和硝酸铈铵等性质实验初步鉴定，条件允许可进行红外光谱等鉴定。

【实验材料与方法】

1. 实验材料

药品试剂：新镁屑或镁条 1.5g(0.06mol)，正溴丁烷 8.0g(6.5mL，0.06mol)，丙酮 4.0g(5mL，0.068mol)，无水乙醚(约 40mL)，乙醚(约 30mL)，10%硫酸溶液，5%碳酸钠溶液，无水碳酸钾，无水氯化钙，冰块等。

仪器设备：三颈烧瓶(100mL 或 150mL)，适当的热浴装置，机械搅拌或磁力搅拌设备，球形冷凝管，恒压滴液漏斗[①](60mL)，干燥管，分液漏斗，蒸馏装置，锥形瓶，折光仪，红

---

① 滴液漏斗有恒压和非恒压两种：非恒压滴液漏斗使用时下颈必须插入液面以下，而恒压滴液漏斗则不必如此。为什么？

外光谱等波谱仪器。

2. 实验方法

(1)正丁基溴化镁的制备。

①反应试剂的预先处理：市售镁屑或镁条表面常附着一层氧化物，导致反应很难开始，必须采取适当的方法将氧化物除去(镁屑去除氧化物的方法：将镁屑放在布氏漏斗上，用很稀的盐酸冲洗，同时抽滤，使盐酸不致与镁屑接触太久，然后依次用水、乙醇、乙醚洗涤，抽干，并立即使用；镁条的处理方法：用砂纸用力打磨，将氧化层除去，然后用剪刀剪成细小碎屑)；正溴丁烷、丙酮、乙醚均需纯化干燥(干燥方法自查)。

②安装装置和加料：参考图 5-3，选择合适的无明火加热方式安装装置[①]。先在 150mL 三颈烧瓶中加入 10mL 无水乙醚，再放入 1.5g 处理好的镁屑(或除去氧化物的小镁条)和一小粒碘。在恒压滴液漏斗中装入事先混合好的 6.5mL 正溴丁烷和 15mL 无水乙醚[②]。

③开始反应：先将恒压滴液漏斗内的混合液向烧瓶中滴入约 3mL，数分钟后可见溶液呈沸腾状态，而且碘颜色消失，表明反应已经开始。若 10min 后仍无明显反应现象，可用温水浴稍许加热。若反应开始比较剧烈，必要时可用冷水浴冷却。待反应缓和后，从冷凝管上端再加入 25mL 无水乙醚。然后再开动搅拌器[③]，并慢慢滴加其余的混合液，控制滴加速率以使反应液呈微沸状态[④]。若反应过于剧烈，则可暂停滴加[⑤]。混合物滴加完毕后反应趋缓时，再用温水浴或电热套加热回流 20min，以使镁作用几乎完全[⑥]。

(2)Grignard 试剂与丙酮加成制备 2-甲基-2-己醇。

保持上述制备 Grignard 试剂的反应装置，将含有制得的 Grignard 试剂的烧瓶以冰水浴冷却并继续不断搅拌。然后将事先混合好的 5mL 丙酮和 10mL 无水乙醚迅速装入滴液漏斗，打开滴液漏斗将丙酮乙醚混合液缓慢滴入 Grignard 试剂中。控制滴加速率，勿使反应过于剧烈。滴加完毕，再在室温下继续搅拌 15min。此时可能有灰白色黏稠状固体析出[⑦]。

(3)加成产物的水解和产物的分离。

保持装置不变，将反应瓶以冰水浴冷却并继续搅拌，通过滴液漏斗将 45mL 10%硫酸溶液滴入反应瓶以分解加成产物[⑧]。开始滴加时宜慢，之后可加快。注意观察现象[⑨]。

待分解完全后，将溶液转入分液漏斗中，静置分层，水层每次用 12mL 乙醚萃取两次，合并醚层。乙醚层再用 14mL 5%碳酸钠溶液洗涤一次，用无水碳酸钾干燥。

(4)粗产物的纯化。

将干燥后的乙醚溶液滤入 25mL 蒸馏瓶中，温水浴或电热套加热蒸馏去除乙醚[⑩]。再提高

---

① 所用仪器、药品必须经过严格干燥处理，否则反应很难进行，并可使生成的 Grignard 试剂分解。

② 不可在恒压滴液漏斗中混合，装入液体后的恒压滴液漏斗上塞需盖紧。为什么？

③ 注意先不要搅拌，目的是使开始时正溴丁烷局部浓度较大，易于发生反应，故搅拌应在反应开始后进行。

④ 滴加速率太快，反应过于剧烈不易控制，还会增加副产物辛烷的生成。

⑤ 镁与卤代烷反应时所放出的热量足以使乙醚沸腾，根据乙醚沸腾的情况，可以判断反应是否进行得很剧烈。

⑥ 若仍有少量残留镁，并不影响后续的反应。

⑦ 若反应物中含杂质较多，白色固体加成物则不易生成，混合物会变成有色的黏稠物质。

⑧ 稀硫酸应事先配好并置冰水浴中冷却备用。也可用氯化铵溶液(将 17g NH_4Cl 溶于水稀释至 70mL)或稀盐酸水解。

⑨ 开始会生成白色絮状沉淀(为何物)，然后随着稀硫酸的继续加入沉淀又会溶解(为何)。

⑩ 因乙醚的体积较大，可采取分批滤入蒸去乙醚的方法。

加热温度蒸出产品，收集 139～143℃馏分。称量，计算产率。

(5)产品的性质、鉴别与表征。

①Lucas 实验：取本产品与正丁醇、仲丁醇和叔丁醇各 1mL 于试管中，加入新制 Lucas 试剂 2mL，塞住管口，振摇试管后静置并保持温度 26～27℃，观察现象并记录出现浑浊和分层的时间。解释现象，并回答此法是否可以鉴别 2-甲基-2-己醇。

②硝酸铈铵实验：取本品和乙醇、甘油各 5 滴于试管中，分别加入 2 滴硝酸铈铵试剂，振摇试管，观察并记录现象。

③初步鉴定与纯度检查：沸程、折光率。

④光谱鉴定：红外光谱(液膜法)。

【思考与讨论】

(1)指出本实验中需要注意的问题。本实验有可能发生哪些副反应？如何避免？在制备 Grignard 试剂和进行加成反应时，如果使用普通乙醚和含水的丙酮，对反应会有什么影响？

(2)用 Grignard 试剂制备 2-甲基-2-己醇，还可采取什么原料？写出反应式并对几种不同的路线加以比较。

(3)为何实验所生成的卤化镁络合物通常由冷的无机酸水解而不能用热的？对强酸敏感的醇类物质为何要用氯化铵溶液水解而不能用强酸？

(4)若用稀硫酸水解，萃取后的乙醚层中会有一定量的硫酸转移留存。为何要用碳酸钠将其去除？若不去除会有何影响？

(5)为什么粗产物不可以不经过干燥进行蒸馏？为什么要用无水碳酸钾而不用无水氯化钙作干燥剂？

(6)制备 Grignard 试剂时要注意哪些问题？本实验成败的关键是什么？为什么？

(7)使用干燥剂干燥液体有机物有哪些要求？本实验为何不选用无水氯化钙干燥？

(8)用逆向合成分析法设计一个用适当的原料合成下列化合物的合成路线：

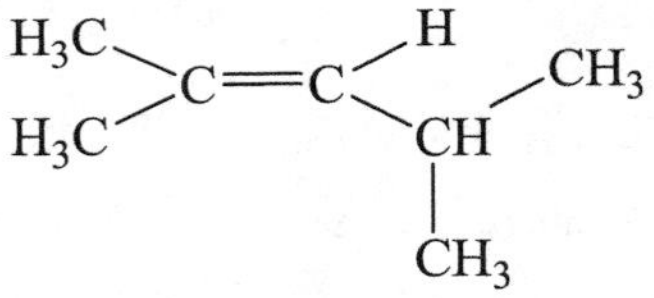

提示：从(a)和(b)中选择一个作为前体，再利用 Grignard 试剂合成醇的方法逆推出(a)或(b)的前体。然后写出合成路线。

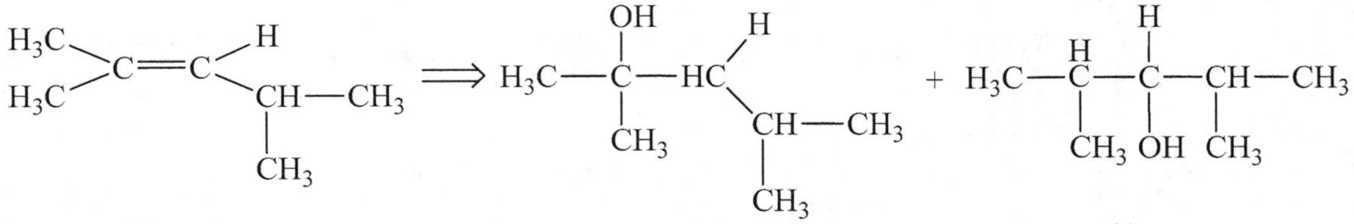

(a)　　　　　　　　　　　(b)

【教学指导与要求】

1. 实验预习

(1)技术准备：本实验前需掌握和了解加热、冷却、搅拌、干燥、蒸馏、折光率测定等基本实验技术；若有条件采取红外光谱分析技术对实验结果进行分析，还需了解相关技术理论和方法。

（2）知识准备：Grignard 试剂制备和性质；醇的制备方法；醇的一般性质和鉴别。

（3）查阅资料填写下列数据表：

化合物	M_r	m.p./℃	b.p./℃	$\rho/(g/cm^3)$	n_D^{20}	溶解度			危险性
						水	醇	有机溶剂	
正溴丁烷									
镁									
丙酮									
2-甲基-2-己醇									

（4）预习并回答下列问题：

①写出本实验合成的主反应和副反应方程。

②画出该合成反应装置图。注明所用主要器材的规格、反应原料用量和投料比，标明必要的反应条件，如温度、压力、催化剂，是否搅拌、滴加，反应时间及其他特殊条件等。

③为增加产率和抑制副产物的产生，本实验采取了哪些措施和方法？

④本实验哪些步骤需要进行无水操作？为什么？应该如何进行无水操作？

⑤本实验合成时为何采取滴加原料的方法？

⑥合成后的混合物中都含有哪些成分？

⑦目标产物是经过怎样的主要流程进行分离纯化的？画出其分离纯化流程图，并指出每步分离纯化流程的主要目的、具体原理和技术指标。

⑧可以采取哪些方法对产品进行鉴别、鉴定和纯度分析？

⑨查阅与本实验相关的其他参考资料，并结合本书提供的实验方法进行对比分析，加深实验理解，拓宽实验视野。

2. 安全提示

正溴丁烷、丙酮蒸气有毒，防止吸入或摄入，勿与眼睛和皮肤接触；乙醚易燃易爆，有麻醉作用，减少吸入，杜绝明火加热，废弃物指定回收，严谨倒入水槽；浓硫酸具有强腐蚀性，避免伤害，使用时注意添加顺序和温度；镁条或镁屑易燃，防止与强氧化剂和明火接触。

3. 其他说明

（1）完成本实验需 6～8h，预期产量 3～4g。

（2）本实验的关键：无水操作、发挥乙醚蒸气赶走烧瓶内空气的作用、除尽镁条氧化膜、控制加料速率和反应温度。

（3）本实验所用原料可由实验 4-2 制备而得，因此本实验可与实验 4-2 联合开展多步骤合成实验教学。

实验 5-2　Friedel-Crafts 烷基化制备 2-叔丁基对苯二酚（TBHQ）（4h）

【关键词】

TBHQ，Friedel-Crafts 烷基化，搅拌，萃取，水蒸气蒸馏，减压过滤，干燥，熔点测定。

【实验原理与设计】

Friedel-Crafts 反应是指某些芳香族化合物在酸性催化剂存在下发生芳环上的氢被烷基或酰基取代的反应。由巴黎大学化学家 C. Fridel 和美国化学家 J. M. Crafts 于 1877 年在合作研究中发现。前者称为 Fridel-Crafts 烷基化反应，后者称为 Fridel-Crafts 酰基化反应。该反应在有机合成上具有非常大的实用价值。常用 Lewis 酸催化剂及其催化活性的大致顺序为：$AlCl_3 >$ $FeCl_3 > BF_3 > SnCl_2 > ZnCl_2 > HF > H_2SO_4 > H_3PO_4$。其中无水三氯化铝催化效能最佳，也最常用。值得注意的是，催化剂的活性常因反应物和反应条件的改变而改变，效力最强的不一定是最合适的，要根据被取代氢的活性、烷基化试剂的类别和反应条件具体选择。

1. Friedel-Crafts 烷基化反应

(1)反应的机理：是典型的芳环上的氢发生亲电取代反应。

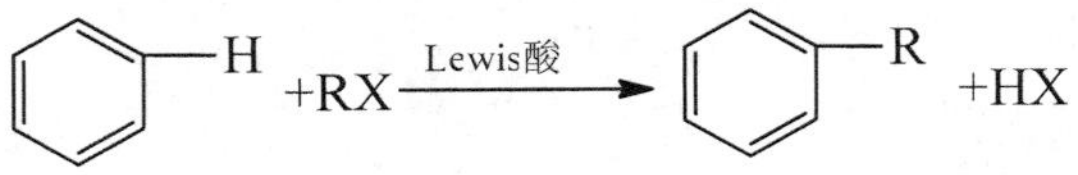

$$\text{（苯）}-H + RX \xrightarrow{\text{Lewis酸}} \text{（苯）}-R + HX$$

Lewis 酸催化剂的作用是协助产生碳正离子。烷基化试剂主要是能够产生正碳离子的化合物，常用的为卤代烷，包括芳香烷基卤化物，如 $ArCH_2Cl$ 等。此外，烯烃、醇等也可作为烷基化试剂。当用醇作烷基化试剂时，由于醇会和 $AlCl_3$ 等 Lewis 酸起反应，这时应该用含质子的酸作为催化剂，如 HF、H_2SO_4、H_3PO_4。

(2)烷基化反应的特点如下：

①催化剂用量。烷基化试剂为卤代烷、烯烃，使用催化量即可。烷基化试剂为醇、环氧乙烷，至少用等物质的量催化剂。

②易发生多元取代。生成的烷基化苯环比苯环更加活泼，容易发生多元取代。这一问题可以通过加入大大过量的芳烃和控制在较低的反应温度等措施加以解决。

③易发生重排反应。反应通过碳正离子过程，当使用伯或某些仲卤代烷时，主要得到烷基结构重排的产物。因此，不能用烷基化反应向苯环引入三个碳以上的直链烷基。例如：

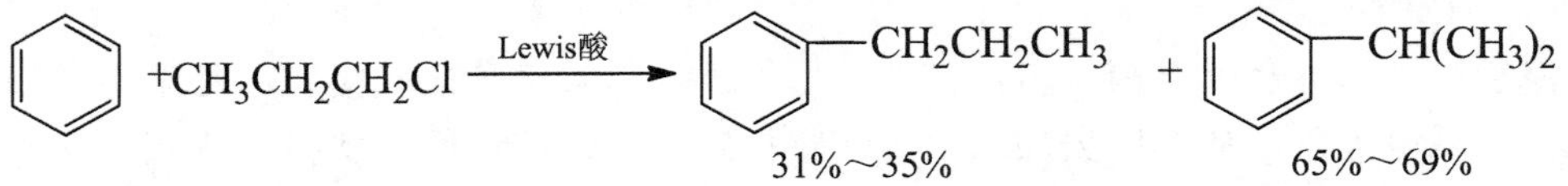

$$\text{（苯）} + CH_3CH_2CH_2Cl \xrightarrow{\text{Lewis酸}} \text{（苯）}-CH_2CH_2CH_3 + \text{（苯）}-CH(CH_3)_2$$

$$31\% \sim 35\% \qquad\qquad 65\% \sim 69\%$$

④烷基化是放热反应。但有一个诱导期，操作时要注意温度的变化。

⑤苯环上的取代基种类和位置对反应活性有影响，一般也遵循定位基规则。

2. Friedel-Crafts 酰基化

在无水三氯化铝催化下，酰卤或酸酐与活泼的芳香化合物反应，可以得到高产率的芳香酮。这是制备芳香酮的主要方法。其反应机理与烷基化类似，首先生成酰基正离子，然后发生芳环的亲电取代。

酰基化反应常用过量的芳烃或二硫化碳、二氯甲烷和硝基苯等作为反应的溶剂。

$$RCOCl + ArH \xrightarrow{AlCl_3} RCHOAr + HCl$$

$$Ar'COCl + ArH \xrightarrow{AlCl_3} Ar'COAr + HCl$$

$$(RCO)_2O + ArH \xrightarrow{AlCl_3} RCHOAr + HCl$$

　　与烷基化反应不同的是：①酰基化反应所用的三氯化铝的量不同。烷基化用量为 0.1mol 的催化量，酰基化反应因产物芳香酮与三氯化铝会形成络合物，因此用量要多。使用酰卤时，三氯化铝用量约为 1.1mol；使用酸酐时，三氯化铝需使用 2.1mol（酸酐分解产生的羧酸也会与三氯化铝反应）。在实际合成实验中，常采用酸酐作为酰基化试剂，因酸酐易得、纯度高、副产物少、反应平稳、产率高、产物易纯化。②酰基化基团的引入产生了酮基的钝化作用，阻碍了苯环进一步发生取代反应，因此多元取代副产物很少，产物纯度高。③酰基化反应不存在重排问题，副反应较少。

3. TBHQ 合成原理与工艺设计

　　本实验以对苯二酚为原料，以叔丁醇为烷基化试剂，磷酸为 Lewis 酸催化剂，经 Fridel-Crafts 烷基化反应生成叔丁基对苯二酚：

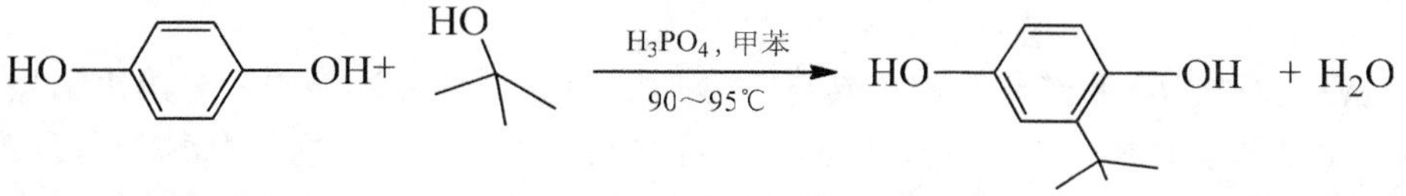

$$HO-\!\!\!\!\bigcirc\!\!\!\!-OH + \underset{\text{(叔丁醇)}}{HO-C(CH_3)_3} \xrightarrow[90\sim95℃]{H_3PO_4,\ 甲苯} HO-\!\!\!\!\bigcirc\!\!\!\!-OH + H_2O$$

　　酚羟基是邻对位定位基，可使苯环活化，容易发生烷基化反应。使用叔丁基醇为烷基化试剂，应选用质子酸作为催化剂，考虑到二苯酚容易氧化，更易发生烷基化反应等特点，选用磷酸作为催化剂，同时应控制反应温度，防止高温氧化加剧。

　　该反应的副产物主要是二叔丁基取代物，主要副反应是叔丁醇的脱水反应、对苯二酚的氧化等。

　　合成反应装置的设计：①考虑到反应混合物既有有机物又有无机物，是一个非均相的反应体系，且产物常温下为固体有机物，因此反应过程需搅拌；②为防止二苯酚的氧化，有效控制反应温度，需在反应容器内加装温度计；③为防止加热时有机物挥发，需加装水冷凝管；④为控制副产物二叔丁基取代物的发生，应采取滴加叔丁醇的方式添加反应原料。鉴于此，合成装置可参考图 5-4。

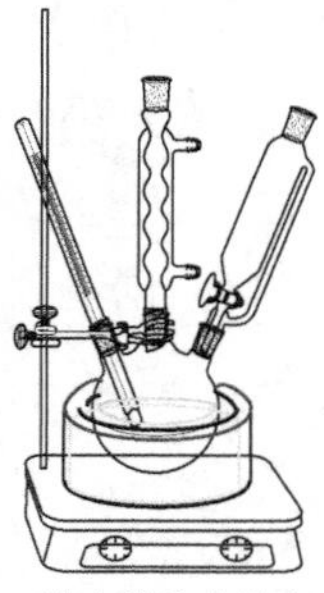

磁力搅拌电热套

图 5-4　TBHQ 合成装置

4. 分离纯化的原理与工艺设计

　　反应后的混合物中含有产物、甲苯、对苯二酚、叔丁醇、副产物等有机物，还含有磷酸、水等无机物。因此，可利用有机物和无机物的溶解度差异，利用萃取初步分离；萃取分离后的有机层中甲苯、对苯二酚及氧化副产物为有一定挥发度的油状有机物，而 TBHQ 为溶于热水的高熔点物质，因此可利用水蒸气蒸馏将油状有机物分离出去；再利用 TBHQ 溶于热水而微溶于冷水的特性，采用重结晶技术将其与二叔丁基取代物等杂质除去，可得到较纯的 TBHQ。

5. 鉴别与鉴定

　　基本鉴定：外观形状、性质检查、熔点测定、波谱分析等。

【实验材料与方法】

1. 实验材料

　　药品试剂：对苯二酚 4.0g（0.036mol），叔丁醇 2.67g（3.5mL，0.036mol），浓磷酸，甲苯。

仪器设备：100mL 或 150mL 三颈烧瓶，恒压滴液漏斗，回流冷凝管，温度计，机械搅拌器或磁力搅拌器，油浴槽，分液漏斗，水蒸气蒸馏装置，减压过滤装置，熔点测定仪，红外光谱仪等。

2．实验方法

(1)装置安装与加料：在三颈烧瓶上安装滴液漏斗、回流冷凝管、温度计，机械搅拌器(或磁力搅拌)如图 5-4 所示。恒温油浴槽加热。在三颈烧瓶中加入 4.0g 对苯二酚、15mL 浓磷酸、15mL 甲苯。滴液漏斗中加入 3.5mL 叔丁醇(叔丁醇熔点为 25～26℃，常温下为固体，取用前先用温水温热熔融后再量取，并趁热滴加，以免堵塞滴液漏斗)。

(2)反应开始与结束：启动搅拌器，油浴加热反应物，待温度升至 90℃时，用滴液漏斗缓缓滴加 3.5mL 叔丁醇，约 40min 滴完，使温度维持在 90～95℃，并继续搅拌至固体完全溶解，约 15min。停止搅拌，撤去热浴。

(3)反应产物的分离和纯化：趁热转移反应后的液体至分液漏斗中，分出磷酸层，然后把有机层转移至三颈烧瓶中，加入 45mL 水，进行水蒸气蒸馏，至没有油状物质蒸出为止。

把残留的混合物趁热减压过滤[①]，滤液静置，以冷水浴冷却后使白色晶体析出完全，减压过滤，晶体用少量冷水淋洗 2 次，压紧、抽干。干燥至恒量，得无色闪亮的细粒状或针状晶体，称量，计算产率。

(4)产品的性质、鉴别与表征：①产品外观；②化学性质与鉴别：FeCl_3 实验、溴水实验、高锰酸钾实验；③熔点测定；④红外光谱测定。

【思考与讨论】

(1)本实验的副产物和副反应有哪些？如何克服？

(2)试给出该合成反应的机理。

(2)根据物质的溶解性，解释本实验为什么可以在甲苯-磷酸两相溶液中进行。

【教学指导与要求】

1．实验预习

(1)查阅本书资料并填写下列数据表：

化合物	M_r	m.p./℃	b.p./℃	ρ/(g/cm³)	n_D^{20}	溶解性		
						水	醇	有机溶剂
2-叔丁基对苯二酚								
叔丁醇								
对苯二酚								
甲苯								
磷酸								

(2)理论知识准备：预习 Friedel-Crafts 反应、酚的性质和鉴别等。

---

① TBHQ 溶于热水，故趁热可滤去少量不溶或难溶于热水的二取代或多取代物。

（3）技术方法准备：熟悉和了解回流滴加装置、加热冷却、搅拌、液液萃取、水蒸气蒸馏、减压过滤、液体干燥、熔点测定等技术理论和方法。

（4）认真阅读本实验原理，理解实验设计的指导思想和方法。写出本实验的反应原理，有哪些副反应？是如何克服的？

（5）认真阅读本实验的实验方法内容，熟悉实验装置、实验过程、主要技术和方法，并画出本实验装置图和分离纯化流程图。

（6）本实验的反应原料的投料比为多少？为何要缓慢滴加叔丁醇？为何要搅拌反应原料？

（7）本实验的反应介质和催化剂是什么？采取哪种加热和冷却方式？反应温度和反应时间要怎么控制？

（8）反应后混合物的组成成分有哪些？产物是如何进行分离纯化的？为什么？

（9）分离过程中，分去磷酸层后，为什么要进行水蒸气蒸馏？蒸馏后趁热减压过滤得到的是什么物质？除去的是什么物质？其中为什么要趁热抽滤？

2. 安全提示

浓磷酸为二级无机酸性腐蚀品；甲苯高度易燃，蒸气吸入有毒害，避免与眼睛接触，切勿排入下水道，远离火源，使用时注意随时密闭试剂瓶；叔丁醇高度易燃，具有刺激性；对苯二酚有毒，使用时应避免眼睛和皮肤接触，避光保存。

3. 其他说明

（1）本实验约需 4h；预期产量 3～4g。

（2）实验关键：反应温度控制和冷却效果、重结晶溶剂的用量。

实验 5-3　正丁醚的制备（4h）

【关键词】

正丁醚，脱水反应，分水器，萃取，干燥，共沸蒸馏，折光率测定。

【实验原理与设计】

1. 正丁醚的制备原理与实验设计

本实验以正丁醇为原料，在浓硫酸存在下脱水制得正丁醚。

主反应：

$$2C_4H_9OH \xrightarrow[\triangle]{H_2SO_4} C_4H_9OC_4H_9 + H_2O$$

副反应：

$$2C_4H_9OH \xrightarrow[\triangle]{H_2SO_4} CH_3CH_2CH{=\!\!=}CH_2 + H_2O$$

该反应为可逆反应，为获得较好收率常采用的方法有两种：①使廉价的原料过量；②使反应产物之一生成后立即脱离反应体系。本实验不存在第①种方法，只能采用第②种方法，即使生成的醚或水迅速脱离反应体系。

正丁醇、水和正丁醚之间会形成共沸混合物，如表 5-2 所示。本实验利用此共沸可将反应生成的水或正丁醚从反应体系中除去而使平衡向右移动提高产率。但不能采取普通的蒸馏装置进行共沸蒸馏，因为这样会使正丁醇原料损失较多。为使共沸蒸出的正丁醇能够流回到烧瓶内继续反应，采取如图 5-5 所示的分水器加回流冷凝管的装置进行共沸蒸馏可以很好地解决这一问题。

表 5-2　正丁醇、正丁醚、水之间形成的共沸物组成和共沸点

组分及沸点	正丁醚 142.2℃	正丁醇 117.6℃	水 100℃	共沸点
共沸混合物 1	66.7%	—	33.4%	94.1℃
共沸混合物 2	—	55.5%	44.5%	93℃
共沸混合物 3	35.5%	34.6%	29.9%	90.6℃

制备正丁醚的适宜温度是 130～140℃，但由于共沸的原因，在反应开始阶段这个温度很难达到，而为了保持共沸以便分离出水，反应温度也应控制在 90～100℃比较合适，考虑到热量散失，实际操作温度为 100～115℃。当反应进行到后期水分减少时，才能达到 130℃以上。

2. 正丁醚的分离纯化原理与实验设计

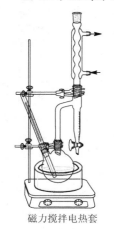

磁力搅拌电热套

图 5-5　正丁醚制备装置

反应后的混合物含有产物正丁醚、未反应的正丁醇、少量水、硫酸和其他可能的副产物等。①可利用正丁醚脂溶性较大而其他化合物水溶性较大的性质差别采用液-液萃取将其分离纯化：首先可利用水将混合物中水溶性的物质除去，有机层则主要是正丁醚；再利用 5%的氢氧化钠溶液、饱和氯化钙溶液将醚层中残留的少量酸、醇杂质进一步除去。在氯化钙除醇之前应将硫酸尽量除尽，否则可能会产生硫酸钙沉淀而影响萃取。②萃取后的有机层醚依然含有极少量的水或烯等少量杂质，可用无水氯化钙干燥后进一步蒸馏精制，收集沸点附近的馏分。

3. 产品鉴别与鉴定

液体有机物的纯度可通过沸程得到判断，还可经折光率测定、红外光谱测定等得到鉴别和鉴定。

【实验材料与方法】

1. 实验材料

药品试剂：正丁醇 25g（31mL，0.34mol），浓硫酸（4.5mL，0.09mol），无水氯化钙，饱和氯化钙溶液，5%氢氧化钠溶液。

仪器设备：三颈或双颈烧瓶（100mL），球形冷凝管，分水器，温度计，分液漏斗，蒸馏瓶（25mL），折光仪。

2. 实验方法

（1）正丁醚的制备：在三颈烧瓶中，加入 31mL 正丁醇、4.5mL 浓硫酸和几粒沸石，摇匀①。选择合适的加热方式，将烧瓶固定在铁架台上。三颈烧瓶的一个口装温度计，温度计插入液

---

① 注意硫酸的加入顺序和方法及其安全使用注意事项。为防止过热炭化，必要时可冷水降温。

面以下；中间口装分水器，分水器上端接回流冷凝管。先在分水器内放置$(V-3.5)$mL 水[①]，另一口用塞子塞紧。然后将三颈烧瓶置于电热套内加热至微沸，观察分水器内的分水情况。反应中产生的水经冷凝后收集在分水器的下层[②]，上层有机相累积至分水器支管时，即可返回烧瓶。大约经 1.5h 后，三颈烧瓶中反应液温度可达 130～140℃。当分水器全部被水充满时即停止反应。若继续加热，则反应液变黑并有较多副产物烯生成。

（2）正丁醚的分离与纯化：将反应液冷却到室温后倒入盛有 50mL 水的分液漏斗中，充分振摇，静置后弃去下层液体。上层有机相可采取下列两种方法萃取分离和纯化：①依次用 12mL 水、8mL 5%氢氧化钠溶液、8mL 水和 8mL 饱和氯化钙溶液洗涤[③]；②依次用 13mL 50%硫酸洗涤 2 次、15mL 水洗涤 1 次[④]。

醚层转入事先干燥放冷的具塞锥形瓶，加 1g 无水氯化钙干燥。干燥后的醚液滤入 25mL 事先干燥放冷的蒸馏瓶，安装常压蒸馏装置蒸馏[⑤]，以事先干燥并已称量的小锥形瓶收集 140～144℃的馏分。称量，计算产量和产率。

（3）产品性质鉴别与表征：①产品外观和气味；②折光率测定；③红外光谱测定。

【思考与讨论】

（1）该制备工艺中采用哪种方法促使平衡向右移动以提高产率？

（2）该反应为何大部分时间控制沸腾温度在 100℃左右而后期也不能高于 140℃？

（3）怎样判断反应终点？［①出水量 3.5mL 左右；②反应时间 50～60min；③温度 140℃；④反应液呈橘黄色（或棕色）；⑤轻微分解产生阵发性白雾］

（4）反应物冷却后为什么要倒入一定量的水中？各步的洗涤目的何在？

（5）对比分析萃取洗涤的两种方法哪种更好？

（6）根据实验结果，评价产品纯度和产率，得出结论，总结实验经验和教训。

【实验指导与教学要求】

1. 实验预习

（1）查阅资料并填写下列数据表：

化合物	M_r	m.p./℃	b.p./℃	$\rho/(g/cm^3)$	n_D^{20}	溶解度		
						水	乙醇	乙醚
正丁醇								
1-丁烯								
正丁醚								

（2）该实验反应原料的投料比为多少？脱水剂是什么？反应温度和时间是多少？

---

① 根据理论计算脱水体积约为 3mL，故分水器放满水后先放掉约 3.5mL 水。

② 只要水不流回至烧瓶内就不要从分水器下口将水放掉。

③ 分液漏斗要事先准备好；碱液萃取洗涤时振荡不宜剧烈，否则易乳化造成分层困难；正丁醇羟基与钙配合使其溶于氯化钙溶液，而正丁醚微溶。

④ 正丁醇可溶于 50%硫酸，而正丁醚微溶。50%硫酸可由 10mL 浓硫酸加 17mL 水配制而成。

⑤ 干燥后的有机液体再次蒸馏精制时，需注意两个问题：干燥剂不能一起蒸馏；蒸馏时不要再次引入水。

(3) 画出本实验的合成反应流程图。

(4) 写出本实验的反应原理，有哪些副反应？是如何克服的？

(5) 反应后的混合物是如何进行分离纯化得到产品的？画出分离纯化流程图。

(6) 产品是如何进行鉴定的？

2. 安全提示

硫酸具有腐蚀性和强氧化性，勿接触皮肤和衣物，勿随意倾倒，应经稀释或碱液中和后处理，使用时佩戴手套和眼罩；正丁醇、正丁醚易燃，有毒，勿误服和吸入蒸气。

3. 其他说明

(1) 实验约需 4h，预期产量 6～8g。

(2) 实验关键：原料与浓硫酸混合、分水体积控制、温度控制、反应时间。

第 6 章 醛和酮的性质与制备

6.1 醛和酮的基本性质和化学鉴别

6.1.1 醛和酮的基本性质

醛和酮的基本性质列于表 6-1。

表 6-1 醛和酮的部分主要性质一览表

性质		说明与备注	
	亲核试剂	产物	特点
$\geqslant$C=O 亲核加成	HCN	氰醇→水解得羟基酸 $-\overset{\overset{OH}{\|}}{\underset{\|}{C}}-CN \longrightarrow -\overset{\overset{OH}{\|}}{\underset{\|}{C}}-COOH$	反应可逆,碱催化,醛、脂肪族甲基酮,少于 8 个碳的环酮可明显反应;增长 1 个碳,合成 α-羟基酸
	NaHSO₃	α-羟基磺酸钠 $-\overset{\overset{OH}{\|}}{\underset{\|}{C}}-SO_3Na \downarrow$	醛、脂肪族甲基酮,少于 8 个碳的环酮可与饱和亚硫酸钠生成沉淀,用于化学鉴别。 加成物经酸碱可分解为原来的醛、酮,用于分离和纯化
	RMgX	$-\overset{\overset{OMgX}{\|}}{\underset{\|}{C}}-R \longrightarrow -\overset{\overset{OH}{\|}}{\underset{\|}{C}}-R$	选择不同的醛、酮可用于合成不同的醇
	ROH(干 HCl)	半缩醛(酮)和缩醛(酮)	产物对碱比较稳定,可被酸分解为原来的醛、酮,用于反应中羰基的保护
	H₂N—B(羰基试剂) B=R 或 Ar B=OH B=NH₂ 或 NHAr B=NHCONH₂	$\geqslant$C=N—B 亚胺 羟胺 腙 缩氨脲	脂肪族亚胺常不稳定 用于醛、酮的定性鉴定。被酸分解可用于醛、酮纯化 用于醛、酮的定性鉴别和纯化 用于醛、酮的定性鉴别和纯化
	(C₆H₅)₃P=CHR	$\geqslant$C=CHR	从醛、酮合成烯烃的好方法
	亲核加成的立体化学	羰基直接与手性碳相连时,亲核试剂从位阻小的一边进攻羰基碳原子的加成产物为主要产物,符合 Cram 规则 主要产物 Nu⁻ ⟋ 'Nu⁻ (L>M>S)	
α-活泼氢的反应	羟醛缩合	碳链成倍增长,用于制备二醇,不饱和醛、酮和烯丙型醇等	
	卤化	酸催化一卤代,碱催化多卤代。可与 I₂+NaOH 发生碘仿反应,用于鉴别含下列结构的化合物: $H_3C-\overset{\overset{O}{\|\|}}{C}-$ $H_3C-\overset{\overset{OH}{\|}}{\underset{\|}{C}}H-$	
氧化与还原	Tollens 试剂氧化 Fehling 试剂氧化	醛被氧化成酸,有银镜产生,可用于鉴别醛(不氧化酮) 醛被氧化成酸,有红色氧化亚铜沉淀,用于鉴别醛(不氧化酮)	
	NaCr₂O₇/H⁺氧化 KMnO₄ 氧化 HNO₃ 氧化	醛被氧化到酸,酮发生羰基和 α-碳的断裂氧化	

续表

性质		说明与备注
氧化与还原	H$_2$，Pt(Pd，Ni)还原	醛被还原成伯醇，酮被还原成仲醇
	NaBH$_4$，LiAlH$_4$还原	醛被还原成伯醇，酮被还原成仲醇
	Zn(Hg)+HCl还原	羰基被还原为亚甲基。分子中有对酸敏感的基团不宜用此法
	NH$_2$NH$_2$/碱还原	羰基被还原成亚甲基。分子中有对碱敏感的基团不宜用此法
	Cannizzaro反应	不具备活泼氢的醛在浓碱作用下发生自身氧化还原的歧化反应，一分子醛被氧化成酸，另一分子醛被还原成醇
光谱特征	IR	羰基特征吸收峰在1700cm^{-1}左右。醛基C—H伸缩振动在2720cm^{-1}左右 RCHO：1720～1740cm^{-1}；ArCHO：1695～1715cm^{-1} RCOR：1700～1725cm^{-1}；ArCOR：1680～1670cm^{-1}；ArCOAr：1660～1670cm^{-1} RCH=CHCHO：1680～1705cm^{-1}；RCH=CHCOR：1665～1685cm^{-1}
	^{1}HNMR	醛基质子—CHO：δ_H=9～10；羰基的α-碳上的H：δ=2.0～2.5

6.1.2　醛和酮的性质与化学鉴别实验

1. 羰基试剂实验

在洁净试管中加入10滴2,4-二硝基苯肼溶液、10滴乙醇、1～2滴液体样品或少许固体样品。振荡，观察、记录并解释实验现象[①]。

实验样品：乙醛、丙酮、环己酮、苯甲醛、二苯酮。

2. 亚硫酸氢钠实验

在洁净干燥的试管内加10滴(0.5mL)样品，加入1mL新制的饱和亚硫酸氢钠溶液，边加边用力摇动试管。仔细观察、记录实验现象。无现象的，放置5～10min再观察。解释上述现象。

实验样品：同上。

3. 席夫(Schiff)试剂实验

去洁净试管加入1mL Schiff试剂，再分别滴入样品1滴，振摇，观察、记录并解释实验现象。

实验样品：甲醛、乙醛、丙酮、甲酸。

4. 碘仿实验

在洁净试管中加入3滴样品，再分别加入7滴碘-碘化钾溶液，再滴加10% NaOH溶液，边加边摇，一直滴到碘的深红色刚好消失为止。注意观察实验现象，记录并解释实验现象。

实验样品：甲醛、乙醛、丙酮、乙醇。

5. Tollens实验——银镜反应[②]

向每支洁净的试管内加入1mL 5%硝酸银溶液[③]、5%氢氧化钠溶液1滴，振摇，逐滴加入4%的稀氨水至其沉淀刚好溶解完为止，即得Tollens试剂。然后分别加入实验样品2滴，摇匀，室温放置几分钟，观察现象。若无变化，可放40℃水浴中或手心内微微温热几分钟[④]。

---

① 若无现象发生可用少许棉花塞好试管口后，微微加热。

② 实验发现，除醛外，酮和某些物质也对Tollens试剂呈阳性反应，甚至加碱的Tollens试剂的空白溶液加热到一定温度时也会有银镜生成。因此，采用不加碱的银氨溶液更为可靠。

③ 勿与皮肤接触，否则会产生难以洗去的黑色金属银。

④ 千万不要直火加热，也不宜温热过久。因试剂受热会生成有爆炸危险的雷银AgN$_3$。

实验样品：乙醛、苯甲醛、丙酮、甲酸。

6. Fehling(或 Benedict)实验

取洁净试管分别加入 1mL FehlingⅠ和 FehlingⅡ试剂，混合。再分别加入 2 滴样品，振荡，沸水浴加热，观察、记录、解释反应现象(可用 Benedict 试剂代替 Fehling 试剂)。

实验样品：甲醛水溶液、乙醛水溶液、丙酮、环己酮、乳酸。

7. 铬酸实验

(1)检查丙酮的纯度：试管内加入 1mL 丙酮，滴加铬酸酐试剂，摇动试管。观察铬酸酐的橘红色是否消失。若消失且形成绿色、蓝绿色沉淀或乳浊液，说明丙酮内含有醛或醇，需加入高锰酸钾回流蒸馏纯化。

(2)对比实验：取试管分别加入 1mL 纯化的丙酮或试剂级丙酮，再分别加入 1 滴样品(固体样品加 10mg)，振摇，滴加铬酸试剂，每次一滴。注意观察，记录产生的现象和出现现象的时间，解释实验现象。

实验样品：乙醛、苯甲醛、环己酮、正丁醇、仲丁醇、叔丁醇。

6.2　醛和酮制备的一般方法

6.2.1　醛的一般制备方法

(1)伯醇氧化：

$$R\!\!-\!\!CH_2OH \xrightarrow[\text{二氯乙烷}]{\text{CrO}_3\text{-吡啶}} R\!\!-\!\!CHO \ (\text{Sarrett试剂或Collins试剂})$$

$$>\!\!C\!\!=\!\!CHCH_2OH \xrightarrow{\text{MnO}_2} >\!\!C\!\!=\!\!CHCHO$$

(2)甲基取代芳烃氧化：

(3)烯烃臭氧氧化-还原性水解：

$$RHC\!\!=\!\!CHR' \xrightarrow{O_3} \xrightarrow{Zn/H_2O} RCHO + R'CHO$$

(4)链端炔硼氢化-氧化：

$$RC\!\!\equiv\!\!CH \xrightarrow{B_2H_6} (RCH\!\!=\!\!CH)_3B \xrightarrow[OH^-]{H_2O_2} RCH_2CHO$$

6.2.2　酮的一般制备方法

(1)仲醇氧化：

$$\underset{\underset{OH}{|}}{RCHR'} \xrightarrow{[O]} \underset{\underset{O}{\|}}{RCR'}$$

(2)邻二叔醇的氧化：

(3) 烯烃的氧化：

$$R_2C=CR_2' \xrightarrow[\text{KMnO}_4]{\text{O}_3 / \text{Zn, H}_2\text{O}} R_2C=O$$

(4) Fridel-Crafts 酰基化制备芳酮：

$$\text{Ar} + \text{RCOCl} \xrightarrow{\text{AlCl}_3} \text{ArCOR}$$

实验 6-1　　肉桂醛的制备(6h)

【关键词】

肉桂醛(cinnam aldehyde)，羟醛缩合，天然产物，提取，萃取，减压蒸馏，水蒸气蒸馏，干燥，搅拌，折光率测定。

【实验原理与设计】

肉桂醛也称桂皮醛、苯丙烯醛等。因其具有香味可作为饮料食品的增香剂或用于制作调和香料。因其具有杀菌、防腐、抗溃疡、分解脂肪、抗病毒、抗癌、扩张血管和降压、壮阳等诸多药理活性而广泛用于医药、保健、食品保鲜等行业。因其具有促生长作用而用于畜禽的饲料行业。

1. 天然肉桂醛的制备

肉桂醛是一种天然醛，因其存在于植物肉桂中而得名。是广泛存在于肉桂油、桂皮油、藿香油、风信子油和玫瑰油等精油中的一类丙苯类芳香化合物。天然肉桂醛可以通过下列两种方法制备。

(1) 萃取法：选择能够溶解肉桂醛的溶剂对含有肉桂醛的固体材料进行浸提，即固液萃取。固体材料应粉碎，可适当加热增加提取效率。对提取液进行适当的分离可得到肉桂醛。

(2) 水蒸气蒸馏法：将粉碎的固体材料与水一起加热回流，再与水一起进行水蒸气蒸馏，由于肉桂醛的挥发性和相对分子质量较大，肉桂醛与水一起被蒸馏出来。再利用乙醚等溶剂液-液萃取可获得肉桂醛。

2. 肉桂醛的化学制备

肉桂醛是合成肉桂酸、肉桂醇、阿斯巴甜等化工试剂的原料和中间体，也是一种高效低毒的新型缓蚀剂。在化工领域，肉桂醛可以苯甲醛和乙醛为原料经缩合反应而制备。

在有机制备反应中，一些具有活泼甲基或亚甲基的醛、酮、酯以及 β-二羰基化合物在碱性条件下对醛、酮、酯的反应被称为活泼亚甲基反应。该反应是增长碳链的重要途径，在有机合成中占有十分重要的地位。主要包括三种：①醇醛、醇酮类型的缩合反应；②酯类型的缩合反应；③以乙酰乙酸乙酯和丙二酸二乙酯为原料的反应。从反应机理来看，活泼亚甲基反应一般均是活泼的甲基或亚甲基在稀碱催化下产生碳负离子，该碳负离子再与醛、酮、酯中的羰基发生亲核加成(或加成-消除)反应，以及负碳离子对 RX 的亲核取代反应。

此类反应的历程为可逆反应，一般需要在酸或碱存在下进行，酸碱的作用一是有利于形成碳负离子，二是有助于脱水，使反应向右进行。醇醛、醇酮缩合反应类型中，碱缩合剂一般是催化量的，常用氢氧化钠。酯缩合反应类型中，反应所需的碱是当量的，常用醇钠、氨基钠、醇碱等，产物是 β-二羰基化合物。以乙酰乙酸乙酯和丙二酸二乙酯为原料的反应类型，主要用于合成杂环化合物，或合成取代的丙酮和取代的乙酸类化合物。

具有活泼氢的醛、酮类化合物在碱性条件下进行缩合首先产生羟基醛、羟基酮。提高反应温度，羟基醛酮常会进一步脱水生成不饱和醛酮。这种反应被称为羟醛缩合反应（aldolcondensation），又称醇醛缩合反应。该反应于 1872 年由 C.A.孚兹首次发现，是合成不饱和羰基化合物的常用方法。反应的历程如下：

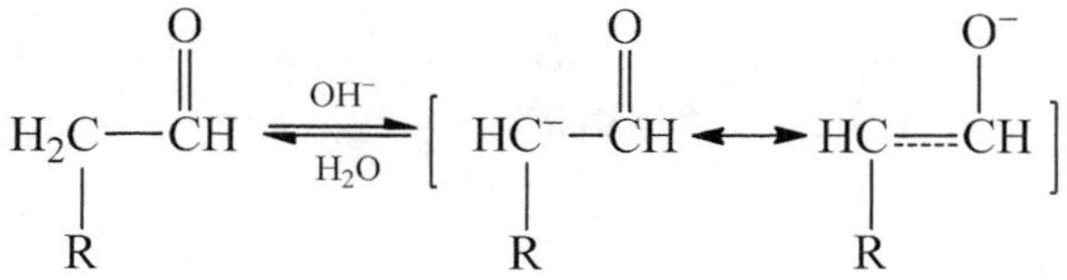

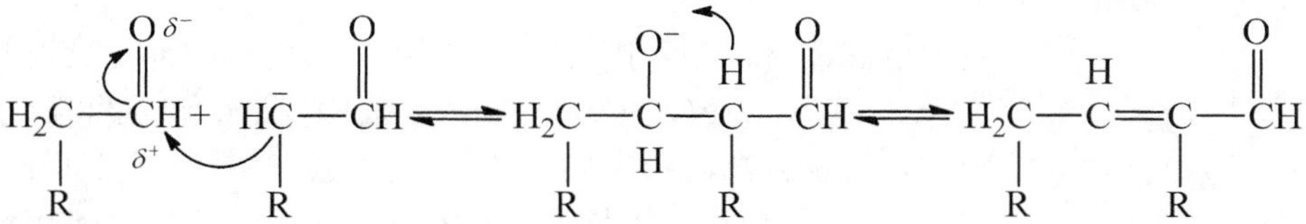

分子内的羟醛缩合反应产物经脱水后可以制备不饱和环酮，尤其用于制备五元环、六元环不饱和酮：

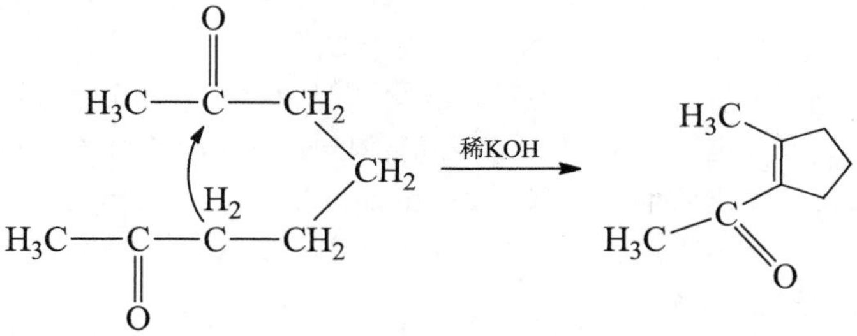

若用两种不同的醛、酮进行反应，可产生四种不同的羟基醛酮化合物，制备意义不大。但如果用无活泼氢的芳醛与有活泼氢的醛、酮发生交叉的羟醛缩合，则会得到一种缩合产物，自发脱水后生成稳定的共轭不饱和醛、酮。这种交叉的羟醛缩合称为 Claisen-Schmidt 反应，在合成上具有重要的意义。肉桂醛制备原理则属此类：

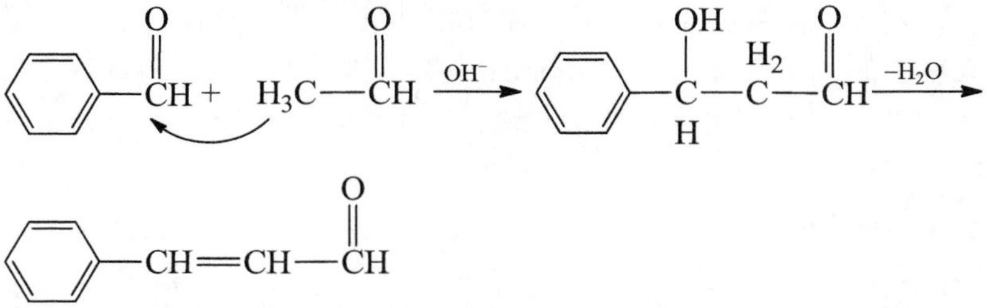

醛在强碱条件下容易发生自身氧化还原反应，因此要控制碱的用量和强度。

【实验材料与方法】

1. 实验材料

(1)天然肉桂醛制备材料。

药品试剂：肉桂树皮，二氯甲烷，无水硫酸钠。

仪器设备：索氏提取器，圆底烧瓶(100mL)，球形冷凝管，蒸发皿，玻璃漏斗，常压蒸馏装置，温度计，分液漏斗，折光仪，红外光谱仪和气相色谱仪(可选)。

(2)合成肉桂醛制备材料。

药品试剂：苯甲醛(AR，新蒸)3.20g(约 0.03mol)，40%乙醛溶液 3.30g(0.03mol)，1%氢氧化钠 75.0mL，12mL 95%乙醇，乙醚，氯化钠，无水硫酸钠。

性质与鉴别试剂：溴/CCl₄溶液，Tollens 试剂，Fehlling 试剂，2,4-二硝基苯肼试剂等；对比样品：乙醇、丙酮。

仪器设备：三颈烧瓶(150mL)，磁力或机械搅拌器，温度计，常压和减压蒸馏装置，电热套，水浴锅，折光仪，红外光谱仪和气相色谱仪(可选)。

2. 实验方法

(1)天然肉桂醛的制备方法。

磁力搅拌电热套

图 6-1 肉桂醛制备装置

萃取法制备：在索氏提取器内用滤纸筒装入 1.6g 肉桂树皮粉末，将 20mL 二氯化碳放入 100mL 圆底烧瓶中，加热沸腾回流 0.5~1.0h。将提取液转移到离心管中离心分离，取上清液置于蒸发皿中，盖上玻璃漏斗，于通风橱中温水浴加热蒸出二氯甲烷。待二氯甲烷剩余约 1mL 时，撤掉热源，室温自然挥发可得黄色油状物几滴。

水蒸气蒸馏法：取研碎的桂皮 6.0g 置于 50mL 圆底烧瓶内，加 16mL 水，装上冷凝管加热回流 10min。冷却后将提取液倒入蒸馏瓶中进行水蒸气蒸馏，收集馏出液 10~12mL。将馏出液转移至分液漏斗内，每次用 4mL 乙醚萃取 2 次。醚层移入小试管或小烧杯，加入无水硫酸钠干燥。20min 后倾出干燥后的萃取液于小容器内，在通风橱内水浴加热除去乙醚得肉桂醛。

(2)化学合成肉桂醛的制备方法。

如图 6-1 所示，在装有搅拌器、温度计和回流冷凝管的 150mL 三颈烧瓶中依次加入 75.0mL 1%氢氧化钠溶液、12mL 95%乙醇、3.2g 苯甲醛、3.30g 40%乙醛。开动搅拌器剧烈搅拌，于室温下(30℃以下，若温度升高可水浴冷却)反应 3~4h。观察并记录反应现象。

反应结束后，向反应后混合物中加入氯化钠至饱和，用总量约 30mL 的乙醚分 3 次萃取，合并乙醚萃取液，用无水硫酸钠干燥。在水浴或电热套上蒸馏回收乙醚，残留液减压蒸馏：前馏分主要为未反应的苯甲醛(13.3kPa/10mmHg 沸点约 112℃)，肉桂醛在 2.67kPa/20mmHg 时沸点为 128~130℃。产品应为浅黄色油状液体。称量，计算产率。

(3)产品鉴定与分析。

①产品外观与气味。

②折光率测定。

③化学性质与鉴别：取产品、原料乙醛、丙酮、乙醇各几滴于试管中，分别做下列鉴别对照实验：溴/CCl₄实验；Tollens 实验；Fehlling 实验；2,4-二硝基苯肼实验。

④结构表征：红外光谱测定(液膜法)。

⑤含量分析：气相色谱法、高效液相色谱法[①]。

---

① 关于肉桂醛的现代色谱分析方法(GC、HPLC)可通过查阅文献资料获得。

【思考与讨论】

(1)本实验中氢氧化钠的作用是什么？为什么碱的浓度不能过高，用量不能过大，温度不能过高？

(2)反应过程中为什么要不断充分搅拌？

(3)羟醛缩合历程中会产生氧负离子，氧负离子也可以和羰基发生亲核加成反应。结合本实验，写出其副产物的结构。说明该副反应是如何克服的。

(4)结合理论化学课教学内容，总结并回答缩合反应的主要类型有哪些。

【教学指导与要求】

1. 实验预习

(1)技术准备：预习常压蒸馏、减压蒸馏、水蒸气蒸馏技术，预习萃取、干燥、折光率测定等相关技术，以及天然产物挥发油的提取和分离技术。

(2)理论准备：预习或复习醛的性质和制备方法。

(3)查阅资料并填写下列数据表：

化合物	M_r	m.p./℃	b.p./℃	$\rho/(g/cm^3)$	n_D^{20}	溶解性		
						水	醇	有机溶剂
苯甲醛								
肉桂醛								
乙醛								

(4)该实验反应原料的投料比为多少？反应介质和催化剂是什么？反应温度是多少？如何控制？

(5)画出本实验制备、分离纯化实验流程图。

2. 安全提示

苯甲醛、乙醛、肉桂醛易引起过敏，勿与眼睛、皮肤等接触；有中等毒性，废液应倒入指定的废液桶内，切勿随意倾倒。乙醚易燃易爆，吸入有麻醉作用；远离明火，防止吸入；废液倒入指定废液回收瓶内，严禁倒入下水道。

3. 其他说明

(1)本实验约需 4h，预期产量约 1.2g。

(2)本实验的关键：天然制备注意回流时间和温度，化学合成注意搅拌、温度控制、减压蒸馏。

实验 6-2　环己酮的氧化法制备(4h)

【关键词】

环己酮，氧化反应，搅拌，滴加，回流，蒸馏，水蒸气蒸馏，萃取。

【实验原理与设计】

醛、酮可分别由相应的一级醇和二级醇氧化而制得。考虑到醛、酮可继续被氧化，因此必须采取比较温和的氧化剂，且需控制好温度、溶剂和氧化剂在反应体系内的均匀性等条件。比较温和的氧化剂常用重铬酸钾或三氧化铬的硫酸溶液(Jone's 试剂)、次氯酸钠-冰醋酸等。

铬酸可由重铬酸盐和 40%～50%硫酸混合而得。伯醇被铬酸氧化成醛，部分醛可进一步被铬酸氧化成羧酸，并有少量酯生成：

$$Na_2Cr_2O_7 + 2H_2SO_4 \longrightarrow 2NaHSO_4 + H_2Cr_2O_7 \xrightarrow{H_2O} 2H_2CrO_4$$

$$3RCH_2OH + 2H_2CrO_4 + 3H_2SO_4 \longrightarrow \underset{绿色}{3RCH{=\!=}O} + Cr_2(SO_4)_3 + 8H_2O$$

$$3RCH{=\!=}O + 2H_2CrO_4 + 3H_2SO_4 \longrightarrow 3RCOOH + Cr_2(SO_4)_3 + 5H_2O$$

$$RCH{=\!=}O \underset{H^+}{\overset{RCH_2OH}{\rightleftharpoons}} \underset{半缩醛酯}{RCHOCH_2R} \xrightarrow{H_2CrO_4} RCOCH_2R$$

可见，酯是由醛与醇生成半缩醛后进一步氧化的结果。若利用铬酸酐(CrO₃)在无水条件下进行反应则可使其停留在醛的阶段。例如，利用三氧化铬-吡啶配合物在二氯甲烷中，室温下氧化 1-辛醇 1h 即可得到 95%收率的辛醛。这是制备较高沸点醛的很好方法。由于伴随着不同价态的铬的颜色变化，铬酸氧化常用来鉴别和检验伯醇和仲醇[①]。

仲醇被铬酸氧化可得到产率较高的脂肪酮，因为酮对铬酸氧化剂比较稳定，不易进一步被氧化。但遇到强氧化剂时则会发生断裂氧化成二元羧酸[②]。

醇被铬酸氧化的反应机理一般认为是通过铬酸酯完成的：

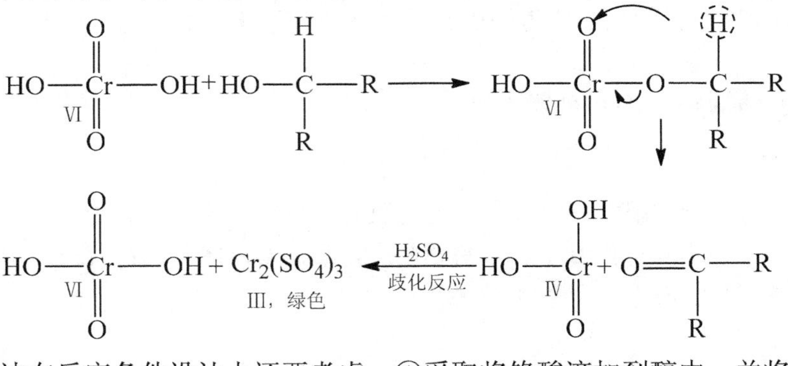

铬酸氧化法在反应条件设计上还要考虑：①采取将铬酸滴加到醇中，并将反应产物蒸出的方法可以防止醛的进一步氧化。②醇的铬酸氧化是一个放热反应，需要严格控制反应温度以免反应过于剧烈。③对水溶性不好的化合物，可选用丙酮或冰醋酸作为反应溶剂。铬酸在丙酮中氧化速率较快，且选择性氧化羟基，分子中双键通常不受影响。④为恰当完成氧化，需考虑氧化剂用量。为此需利用配平的氧化还原反应方程计算氧化剂用量。铬酸可按计量使用，也可过量。按计量使用可于 55～60℃以下进行，反应可在 2h 内完成；100%过量则需在

---

① 这是检验驾驶员是否酒驾的酒精检测仪的检测原理。

② 这是制备二元羧酸的方法之一，如本书实验 7-1 己二酸的制备。

0℃左右进行，反应在 30min 内即可完成。

次氯酸钠-冰醋酸氧化仲醇是制备酮的有效方法，起源于 20 世纪 80 年代。价廉、产率高、环境污染小是其优势。但次氯酸具有刺激性，操作要小心，避免与皮肤接触，最好于通风橱内反应。

此外，二元羧酸的钙盐或钡盐加热脱羧也可制备对称五元或六元环酮。但由碳数目较大或较小的二元羧酸制备其他环酮则产率均很低。

$$\text{（环己二甲酸）} \xrightarrow[\triangle]{Ba(OH)_2} \text{（环戊酮）}=O + CO_2 + H_2O$$

$$\text{（庚二酸）} \xrightarrow[\triangle]{Ba(OH)_2} \text{（环己酮）}=O + CO_2 + H_2O$$

本实验以环己醇为原料制备环己酮，下列两种方法均可采用。

方法一：铬酸氧化法。

$$3 \text{（环己醇 OH）} + Na_2Cr_2O_7 + 4H_2SO_4 \longrightarrow 3 \text{（环己酮 O）} + Cr_2(SO_4)_3 + Na_2SO_4 + 7H_2O$$

$$\text{（环己醇）}-OH + H_2CrO_4 \longrightarrow \text{（环己醇）}-OCrO_3H \longrightarrow \text{（环己酮）}=O + H_2CrO_3$$

$$3H_2CrO_3 + 3H_2SO_4 \longrightarrow H_2CrO_4 + Cr_2(SO_4)_3 + 5H_2O$$

方法二：次氯酸氧化法。

$$\text{（环己醇）}-OH + NaClO \xrightarrow{H^+} \text{（环己酮）}=O + NaCl + H_2O$$

【实验材料与方法】

1. 实验材料

方法一

药品试剂：环己醇 5.0g（5.3mL，0.05mol），重铬酸钠（$Na_2Cr_2O_7 \cdot 2H_2O$）5.3g（0.018mol），浓硫酸，乙醚，氯化钠，无水硫酸镁。

仪器与设备：100mL 烧杯，100mL 圆底烧瓶，直形冷凝管，空气冷凝管，锥形瓶，温度计，分液漏斗，折光仪，红外光谱仪。

方法二

药品试剂：环己醇 5.0g（5.3mL，0.05mol），冰醋酸 12.5mL（13.1g，0.22mol），次氯酸钠 5.0g，饱和亚硫酸氢钠（约 3mL），6mol/mL 的氢氧化钠溶液 15mL，氯化钠 4.0g，溴百里酚蓝指示剂。

仪器与设备：100mL 三颈烧瓶，磁力搅拌器，温度计，恒压滴液漏斗，直形冷凝管，空气冷凝管，分液漏斗，折光仪，红外光谱仪。

2. 实验方法

(1)反应与分离纯化。

方法一：重铬酸氧化。

在 100mL 烧杯中加入 30mL 水和 5.3g 重铬酸钠，搅拌使之溶解。然后在冷却和搅拌下慢慢加入 4.3mL 浓硫酸,冷却至室温备用。

如图 6-2 所示,在 100mL 圆底烧瓶中加入 5.0g 环己醇,将上述已溶解的铬酸溶液分三批次加入①,振荡使之混合。用温度计观测温度变化,当温度上升至 55℃时,立即用水浴冷却,控制反应液温度为 55～60℃②。约 0.5h 后,温度开始下降,移去水浴,再放置 0.5h,其间不断振荡,直到反应液呈墨绿色为止。

55～60℃　环己醇
振荡
250mL烧瓶
重铬酸钠
+浓硫酸
冷却水浴

图 6-2　铬酸氧化制备装置

向反应瓶中加入约 30mL 水和几粒沸石,安装蒸馏装置,将产物环己酮与水一起蒸出③,至馏出液不浑浊再多蒸出 8～10mL 为止(约收集 25mL 馏出液)。

馏出液用食盐饱和④,然后转入分液漏斗,静置分层后分出有机层。水层用约 8mL 乙醚萃取一次,合并乙醚层和有机层萃取液,用无水硫酸镁干燥。将干燥后的液体转入干燥的 25mL 圆底烧瓶。先在水浴或电热套等无明火加热条件下蒸馏出乙醚⑤,然后改用空气冷凝管蒸馏,收集 151～155℃的馏分⑥。

方法二:次氯酸氧化。

称取次氯酸钠 5.0g,加 37mL 水(浓度约 1.8mol/L)溶解后置于冰水浴中冷却。在 100mL 三颈烧瓶中放入 5.3mL 环己醇和 12.5mL 冰醋酸。如图 6-3 所示,将三颈烧瓶置于磁力搅拌电热套内,三颈烧瓶上口分别安装温度计、回流冷凝管和滴液漏斗。将冷却的次氯酸钠水溶液装入滴液漏斗内⑦。

启动磁力搅拌器,先向反应瓶内滴入约 1/4 的次氯酸钠,待反应后温度开始上升,逐滴加入其他次氯酸钠,控制滴加进度在 30min 内加完,保持反应液温度为 40～45℃,必要时将装置提起用冰水浴冷却,但温度不能低于 40℃。加完后在室温下放置 20min,并继续搅拌。

取一滴反应液用淀粉-碘化钾试纸检验,若试纸变蓝表明次氯酸钠过量。向反应瓶内加入 1mL 饱和亚硫酸氢钠溶液,振摇后用淀粉-碘化钾试纸再次检验,若变蓝则继续滴加亚硫酸氢钠溶液直至次氯酸钠除尽为止。

磁力搅拌电热套

图 6-3　次氯酸氧化制备装置

向除去次氯酸钠的混合产物中,加入 1mL 百里酚蓝指示剂,然后在 3min 内加入 6mol/mL 的氢氧化钠溶液(需 10～15mL),充分振摇,至指示剂变蓝以除去过量乙酸。

向反应瓶内加入约 30mL 水,进行简易水蒸气蒸馏,收集 25mL 左右馏出液。向馏出液中

---

① 铬酸氧化剂与有机物反应会放热,不能一次加入,否则会引起温度快速升高而使反应不易控制或发生危险事故。

② 水浴温度不宜过低,否则会导致反应太慢;温度也不宜过高,否则可能导致酮的断裂氧化。

③ 该方法实际上是简易的水蒸气蒸馏,也是共沸蒸馏。因环己酮与水可形成共沸混合物,共沸点为 95℃,共沸物含环己酮含量为 38.4%。

④ 食盐用量约 6g,实际用量可经观察溶解情况确定。加食盐饱和的目的是利用盐析效应降低环己酮在水中的溶解度,并利于环己酮与水分层。需要注意的是,即使使用盐析作用,前面水的馏出量也不宜过多,因环己酮在水中也是有一定溶解度的,31℃时为 2.4g/100g。

⑤ 注意乙醚易燃易爆,绝对不能把乙醚撒在电热套内。

⑥ 乙醚和环己酮沸点相差较大,蒸馏时如何选择加热温度和冷凝管?

⑦ 因次氯酸会有少量分解产生微量氯气,因此该反应最好在通风橱内进行,或将通风罩于冷凝管上口处将废气排走。

加入约 4g 氯化钠溶解后使溶液饱和。将液体转入分液漏斗分出有机层，用无水硫酸镁干燥后蒸馏，在 150～155℃收集馏分。称量，计算产率。

(2)产品鉴定与结构表征：①产品外观；②折光率测定；③化学性质鉴别：取该实验产品和环己醇、丙酮、乙醛、苯甲醛、乙醇分别做如下性质和鉴别实验，记录并分析现象：亚硫酸氢钠实验；Tollens 实验；Fehlling 实验；2,4-二硝基苯肼实验；④红外光谱。

【思考与讨论】

(1)对比两种氧化法制备环己酮的优缺点？

(2)合成环己酮的氧化合成反应可以用碱性高锰酸钾吗？为什么？

(3)反应过程中为什么要严格控制反应温度？温度过高或过低会有何影响？

(4)反应后的混合物与水一起蒸馏为何可以将环己酮分离出来？

(5)次氯酸氧化法中，反应后的混合物要先将未反应掉的次氯酸和乙酸除掉。如果不将其除去而直接进行水蒸气蒸馏会出现怎样的问题？

(6)分析环己醇和环己酮在性质上有哪些显著差异。在反应后的混合物中是如何利用这些差异进行二者的分离纯化的？

(7)在利用氧化反应制备酮时，需要在氧化剂的选择、用量和其他条件的设计和选择上注意哪些问题？

(8)查阅文献资料，这两种制备环己酮的方法在工艺条件方面还有其他的改进和尝试吗？优势如何？

(9)结合文献资料的查阅，环己酮的制备还有哪些其他制备方法？并与此两种方法进行对比分析。

【教学指导与要求】

1. 实验预习

(1)技术与方法预习：加热与冷却技术、蒸馏技术、萃取技术、折光率测定技术。

(2)理论预习：醛的制备与性质、醇的性质。

(3)查阅资料填写下列数据表：

化合物	M_r	m.p./℃	b.p./℃	$\rho/(g/cm^3)$	n_D^{20}	溶解性		
						水	醇	有机溶剂
环己酮								
环己醇								
浓硫酸								
乙醚								
冰醋酸								

(4)实验前仔细阅读实验原理与设计和实验方法内容，并尝试回答下列问题：

①写出该合成主、副反应方程。

②该实验可以选用哪些氧化剂氧化环己醇？各自的反应条件是什么？

③环己醇与氧化剂的投料比是多少？反应的介质是什么？反应温度和时间是多少？

④为什么要控制反应温度在所要求的范围内？是如何进行温度控制的？

⑤合成反应的装置是什么？画出反应装置图。为什么要采用这样的装置？

⑥向反应瓶内投入原料时有何要求？为什么要这样做？不这样投料可能会怎样？

⑦反应后的混合物经过哪几个技术环节得到分离纯化？画出分离纯化流程图。

⑧该实验所采用每一步分离纯化环节的主要目的和选用依据是什么？

⑨产后混合物经水蒸气蒸馏后为何要加入氯化钠饱和？

⑩计算该实验的理论产量。

2. 安全提示

(1)环己酮：吸入和皮肤接触有中等毒性，对眼睛、皮肤和黏膜有刺激性。空气中容许浓度为 $200g/m^3$。废液倒入指定回收瓶。

(2)环己醇：吸入和皮肤接触有中等毒性，废液倒入指定回收瓶。

(3)重铬酸钠：强氧化剂且有毒性，对眼睛、皮肤有刺激性，接触皮肤会引起过敏，可能致癌，使用时应尽量避免吸入本品的粉尘，避免与眼睛、皮肤、口腔接触，接触后应立即用大量水冲洗。含该物质废弃物不得随便乱倒，指定处回收，以防污染环境。严谨与还原剂、硫、磷、有机物等易燃物混合和混放[①]，避免暴露，密封干燥处保存。手接触后应马上洗净。

(4)浓硫酸：该品具有强烈的腐蚀性，能引起严重烧伤。万一接触到眼睛和皮肤应立即用大量水冲洗后就医。废液倒入指定回收瓶，中和后处理。

(5)冰醋酸：该品易燃，有腐蚀性，能引起严重烧伤，使用时应避免吸入其蒸气，避免与皮肤和衣物接触。万一接触眼睛应用大量水冲洗后就医，使用时有事故发生或不适之感应去医院诊治。废液倒入指定回收瓶。

(6)次氯酸钠溶液：该品与酸接触能放出有毒的氯气，有腐蚀性，能引起烧伤，对皮肤有刺激性，应密封避光低温保存。

(7)乙醚：易燃易爆，有麻醉作用。防止吸入，禁止明火。废液倒入指定回收瓶。

(8)强烈建议戴橡胶手套和防护眼镜进行实验。

3. 其他

(1)该实验约需 4h，预期产量约 2.5g。

(2)该实验与实验 7-1 是同原料不同氧化剂的氧化反应制备实验，可联合开展对比研究实验。

实验 6-3　醛的 Cannizzaro 反应及其产物的制备

【关键词】

Cannizzaro 反应，蒸馏，萃取，重结晶、干燥，苯甲醛(糠醛)。

【实验原理与设计】

Cannizzaro 反应是指不含活泼氢的醛，在强碱存在下进行自身的氧化与还原反应，一分子醛被氧化为酸，另一分子醛被还原为醇。芳香醛是发生 Cannizzaro 反应最常见的类型，甲醛

---

① 注意：与还原剂或易燃物混合受热、撞击和摩擦会引起爆炸。

以及三取代的乙醛也能发生此类歧化反应。

Cannizzaro 反应的实质是羰基的亲核加成反应。其机理如下：

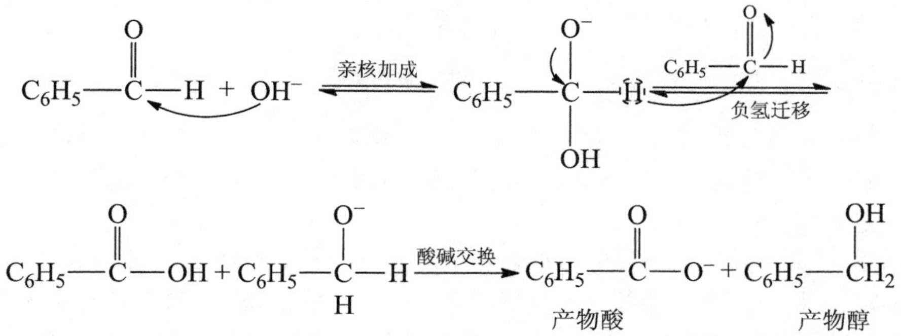

在低温和过量碱存在下，产物中可分离出苯甲酸苄酯，可能是苯甲醇在碱性条件下形成的苄氧基负离子对苯甲醛发生亲核取代反应的结果：

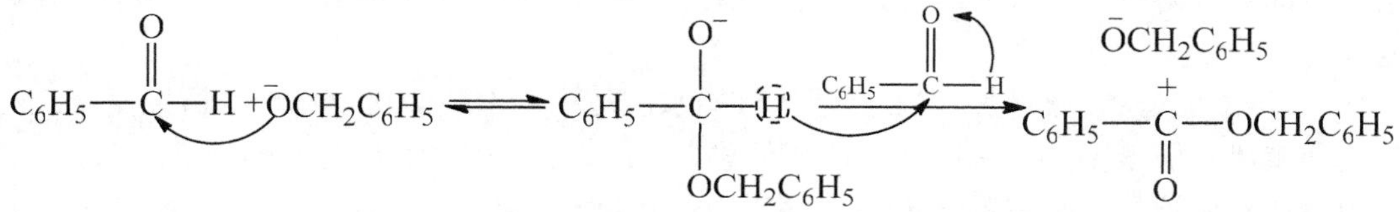

在 Cannizzaro 反应中，通常使用 50%的浓碱，其中碱的物质的量要比醛的物质的量多一倍以上。否则，反应不完全，未反应的醛与生成的醇混在一起，通过一般蒸馏会很难分离。

芳香醛和甲醛之间也发生类似的反应，更活泼的甲醛被氧化为甲酸，当甲醛过量时，芳香醛几乎被全部还原为芳香醇。此类反应被称为交叉的 Cannizzaro 反应。

$$C_6H_5-\overset{O}{\overset{\|}{C}}-H+HCHO \xrightarrow{KOH} C_6H_5-CH_2OH + HCOOK$$

本实验可以苯甲醛为原料可制备苯甲酸和苯甲醇：

$$2C_6H_5CHO + KOH(过量) \longrightarrow C_6H_5CH_2OH + C_6H_5COOK$$
$$\overset{H^+}{\longrightarrow} C_6H_5COOH$$

反应混合物中的苯甲酸以盐的形式存在，易溶于水，而苯甲醇微溶于水，易溶于乙醚等有机溶剂。因此，可利用乙醚萃取将苯甲醇与苯甲酸分离。苯甲酸盐经酸化后会因难溶于水而结晶析出，可利用重结晶使其纯化；苯甲醇的乙醚溶液可利用蒸馏法将苯甲醇纯化。

同样的原理，可以利用呋喃甲醛制备呋喃甲醇和呋喃甲酸，方法参见本实验的教学指导与要求 4。其反应原理如下：

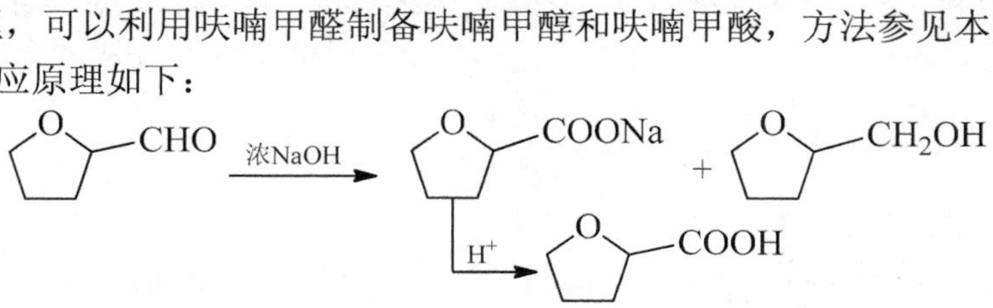

【实验材料与方法】

1. 实验材料

药品试剂：苯甲醛 10.5g(10mL，0.1mol)，氢氧化钾 9g(0.16mol)，乙醚(30mL)，10%碳酸钠溶液(5mL)，饱和亚硫酸氢钠(3mL)，浓盐酸，无水硫酸镁(或碳酸钾)，刚果红试纸，凡士林（少许）。

仪器与设备：100mL 锥形瓶，100mL 分液漏斗，蒸馏装置（规格 100mL），减压过滤装置，滤纸，镜头纸，折光仪，熔点测定仪，红外光谱仪。

2．实验方法

（1）反应制备：在 100mL 锥形瓶内加入 9g 氢氧化钾和 9mL 水，溶解后冷却至室温，再加入 10mL 苯甲醛。用橡胶塞塞紧瓶口，用力振摇，使原料充分混合呈白色糊状物[①]。放置 24h 以上使反应完全[②]。

（2）苯甲醇的分离纯化：向反应后混合物中逐渐加入足量水（约 30mL），不断振摇使苯甲酸盐全部溶解[③]。将溶液倒入准备好的分液漏斗中，每次用 10mL 乙醚萃取水层 3 次。含有苯甲酸钾的水层留用制备苯甲酸。乙醚层合并至分液漏斗，依次用饱和亚硫酸氢钠溶液 3mL、10%碳酸钠溶液 5mL、冷水 5mL 洗涤，乙醚层置于干燥的锥形瓶内，加适量无水硫酸镁干燥。将干燥后的乙醚溶液无明火加热蒸馏，先蒸馏出乙醚，再蒸馏出苯甲醇[④]，收集 198～204℃范围内馏液。称量，计算产率。

（3）苯甲酸的分离和纯化：将乙醚萃取后的水溶液用浓盐酸酸化至刚果红试纸变蓝。充分冷却后使苯甲酸析出完全，减压过滤得苯甲酸粗产品，于 105～120℃烘箱内烘干，称量。根据苯甲酸在水中溶解度计算粗产品重结晶所用的水量，将粗产品用水重结晶，晶体经烘干后称量，计算产率和重结晶回收率。

（4）鉴定与结构表征：①产品外观与性状；②折光率测定；③红外光谱测定。

（5）性质鉴别实验：取本实验的苯甲醛、苯甲酸、苯甲醇和少量的苯胺、苯酚为样品，进行下列鉴别实验：Tollens 实验、碳酸氢钠实验、溴水实验、高锰酸钾实验。

【思考与讨论】

（1）试比较和讨论 Cannizzaro 反应与羟醛缩合反应在醛的结构上有何不同。

（2）本实验中两种产物的分离各依据的是什么原理？

（3）乙醚萃取后的水溶液，用浓盐酸酸化到中性是否合适？为什么？

（4）原料苯甲醛要求使用新蒸馏过的，若不使用新蒸馏的，会对实验有何影响？

（5）评价自己的实验结果，分析和总结本实验的特点和注意事项。

（6）本实验的氢氧化钾为何要过量？若检测 Cannizzaro 反应是否完全，怎样做？

（7）查阅资料和文献是否有制备苯甲醇和苯甲酸的其他实验方法，并与本实验分析比较。

（8）若想利用 Cannizzaro 反应将苯甲醛完全转化为苯甲醇，应采取怎样的合成工艺？试设计。

【教学指导与要求】

1．实验预习

（1）技术准备：预习蒸馏、萃取、重结晶、液体干燥、折光率测定、熔点测定。

---

① 充分振摇是该反应的关键，应振摇到使苯甲醛和碱水发生乳化。

② 为达到 24h 以上，在教学安排上该反应可于上次实验结束后配制。反应后混合物应为固体，无苯甲醛气味。

③ 若用玻璃棒搅拌需一定小心，以免打破锥形瓶。

④ 苯甲醇沸点较高，也可减压蒸馏。减压蒸馏的沸点监控和馏分的接收需事先查找文献资料获取苯甲醇在不同压力条件下的沸点，或根据 2.5.4 中图 2-40 给出的方法确定。

(2)理论准备：预习醛的性质与鉴别。

(3)查阅与本实验相关的资料和文献，填写下列数据表：

化合物	M_r	m.p./℃	b.p./℃	$\rho/(g/cm^3)$	n_D^{20}	溶解性		
						水	乙醇	乙醚
苯甲醛						—	—	—
苯甲醇								
苯甲酸								
乙醚								

(4)写出合成的反应方程，注明各原料的用量和反应条件。

(5)本实验为何要求碱性条件？试以反应历程说明。

(6)本实验可有副反应？若有将怎样克服？

(7)画出反应后混合物分离纯化的流程图，注明各试剂用量和技术参数。

(8)反应后的混合物为何是固体状态？

(9)分离纯化时，向反应后的混合物中加入水的目的是什么？加水量可以多一些或少一些吗？水的用量是怎么控制的？

(10)分离纯化苯甲醇时，依次用饱和亚硫酸氢钠、碳酸钠溶液、水萃取洗涤，每一步洗涤的目的是什么？操作顺序可以改变吗？为什么？

(11)分离纯化苯甲酸时，为何要对水层溶液进行酸化？盐酸加多了会有影响吗？

(12)苯甲酸粗品为何选用水作为重结晶溶剂？怎样计算和使用重结晶溶剂用量？

(13)液体有机物化学干燥的原理是什么？

(14)化学干燥剂有哪些性质是在选择干燥剂时需要考虑的？

(15)化学干燥剂的使用需要注意哪些问题？如何判断有机物的干燥程度和干燥剂加入量已经足够？

(16)为何本实验采用无水硫酸镁或无水碳酸钾干燥苯甲醇？可否使用无水氯化钙？为什么？

2. 安全提示

(1)苯甲醛、苯甲醇、苯甲酸：中等毒性，有刺激性，口服有害，防止误服，废液倒入指定回收瓶。

(2)乙醚：易燃易爆、易挥发。远离明火和电火花，随时密闭，废液倒入指定回收瓶，切不可倒入下水道。

(3)氢氧化钾：腐蚀性强碱，能引起灼伤，避免与皮肤、眼睛、衣物接触。一旦接触用大量水冲洗。

(4)防护建议：戴手套、口罩和防护眼镜，振摇碱液在实验台面上操作，勿在腿上操作。

3. 其他

(1)本实验需 4~6h，预期产量 1.5~2g。

(2)反应液可提前配制，放置到下一次实验课时开始，如此可节省时间。

4. 呋喃甲醛(糠醛)Cannizzaro 反应制备呋喃甲醇和呋喃甲酸

(1)制备反应：在 50mL 烧杯中加入 3.28mL(3.8g, 0.04mol)呋喃甲醛，用冰水冷却；另取 1.6g 氢氧化钠溶于 2.4mL 水中，冷却。在搅拌下滴加氢氧化钠水溶液于呋喃甲醛中。滴加过程必须保持反应混合物温度为 8～12℃。加完后，保持此温度继续搅拌 40min，得黄色浆状物。

(2)初步分离：在搅拌下向反应混合物加入适量水(约 5mL)使其恰好完全溶解，得暗红色溶液，将溶液转入分液漏斗中，用乙醚萃取(3mL×4 次)，合并乙醚萃取液留用，水层也保留待用。

(3)分离制备呋喃甲醇：将乙醚萃取液用无水硫酸镁干燥后，先在水浴或电热套中蒸去乙醚，然后再加热蒸馏呋喃甲醇，收集 169～172℃馏分，产量 1.2～1.4g。纯粹呋喃甲醇为无色透明液体，沸点 171℃。

(4)分离制备呋喃甲酸：在乙醚提取后的水溶液中慢慢滴加浓盐酸，搅拌，滴至刚果红试剂变蓝(约 1mL)冷却，结晶，抽滤，漏斗内固体用少量冷水洗涤，抽干后收集粗产物。然后用水重结晶得白色针状呋喃甲酸。产量约 1.5g，熔点 130～132℃。

第7章　羧酸及其衍生物的性质与制备

7.1　羧酸及其衍生物的基本性质和化学鉴别

7.1.1　羧酸及其衍生物的基本性质

羧酸、取代羧酸和羧酸衍生物的基本性质如表 7-1 所示。

表 7-1　羧酸及其衍生物的主要性质一览表

		性质	说明与备注
羧酸	酸性和羧基氢的反应	$RCOOH \rightleftharpoons RCOO^- + H^+$ $RCOOH + \begin{cases} CH_2N_2 \rightarrow RCOOCH_3 \\ R'MgX \rightarrow RCOOMgX + R'H \\ NaHCO_3 \rightarrow RCOONa + CO_2 + H_2O \\ \qquad\qquad\quad \searrow R'X \rightarrow RCOOR' \end{cases}$	诱导、共轭、场效应等对酸性强弱有影响。一般规律： 吸电子诱导使酸性增强：$NO_2 > CN > F > Cl > Br > I > C\equiv C > OCH_3 > OH > C_6H_5 > C=C > H$ 给电子诱导使酸性减弱：$(CH_3)_3C > (CH_3)_2CH > CH_3CH_2 > CH_3 > H$ 共轭：吸电子共轭与诱导方向一致；给电子共轭与诱导方向不一致。共轭对苯甲酸酸性影响还与相对位置有关
	亲核取代	$RCOOH \xrightarrow[\substack{SOCl_2 \\ R'COOH, P_2O_5, \triangle \\ R'OH, H^+, \triangle \\ R'NH_2, \triangle}]{} \begin{cases} RCOX \\ RCO-O-COR' \\ RCOOR' \\ RCONHR' \end{cases}$	一般经过加成-消除机理完成
	还原反应	$RCOOH \xrightarrow{LiAlH_4或B_2H_6} \xrightarrow{H_2O} RCH_2OH$	
	α-H 卤代	$RCH_2COOH + X_2 \xrightarrow{少量P} \overset{X}{\underset{}{RCHOH}}$	通过控制卤素用量可用于制备一元或多元卤代酸，并进一步制得羟基酸和氨基酸
	脱羧反应	$ACH_2COOH \xrightarrow{\triangle, 或碱} ACH_3 + CO_2 \uparrow$	当 A=—COOH，—CN，—COR，—NO_2，—CX，—CO—，C_6H_5—等吸电子基团时，脱羧反应很容易
	二元羧酸加热	乙二酸、丙二酸：加热失羧 丁二酸、戊二酸：加热失水成酸酐 己二酸、庚二酸：既脱水又脱羧，生成环酮	在有机反应中有成环可能时一般易形成五元环或六元环，这种规律称为 Blanc 规则
取代羧酸	卤代酸	$XCH_2COOH \xrightarrow{NaOH-H_2O} HOCH_2COOH$ $\underset{X}{\overset{}{RCCOOH}} \xrightarrow[②NaCN]{①NaOH} \underset{CN}{\overset{}{RCCOONa}} \xrightarrow{H^+} \underset{CN}{\overset{}{RCCOOH}}$ $CH_3CH_2\underset{Br}{\overset{}{CHCH_2COOH}} \xrightarrow[H^+]{NaOH-H_2O} CH_3CH_2CH=CHCOOH$ $ClCH_2CH_2CH_2COOH \xrightarrow[S_N2]{Na_2CO_3-H_2O}$ 内酯	卤代酸发生取代反应可以制备羟基酸、氨基酸、氰基酸等； β-卤代酸与碱作用生成不饱和酸； γ-、δ-卤代酸与碱作用生成内酯； ε-卤代酸与碱作用生成 ε-羟基酸
	羟基酸	$\underset{COOH}{\overset{R}{\underset{}{HC-OH}}} + \underset{CH}{\overset{HOOC}{\underset{R}{HO-}}} \xrightarrow{\triangle}$ 交酯	①羟基酸受热： α-羟基酸受热失水成交酯； β-羟基酸易形成不饱和羧酸； γ-、δ-羟基酸易形成内酯

续表

	性质	说明与备注
取代羧酸 羟基酸	$CH_3CH_2\underset{\underset{OH}{\mid}}{C}HCH_2COOH \longrightarrow CH_3CH_2CH{=}CHCOOH$ $R\underset{\underset{OH}{\mid}}{C}HCH_2CH_2COOH \rightleftharpoons$ (γ-内酯, R—环—O—C=O) $CH_3\underset{\underset{OH}{\mid}}{C}HCH_2COOH \xrightarrow{[O]} CH_3\underset{\overset{\parallel}{O}}{C}CH_2COOH$	②羟基酸氧化为酮酸
酮酸	$R\underset{\overset{\parallel}{O}}{C}COOH \xrightarrow{稀H_2SO_4} R\underset{\overset{\parallel}{O}}{C}H + CO_2\uparrow$ $R\underset{\overset{\parallel}{O}}{C}CH_2COOH \xrightarrow{\triangle} R\underset{\overset{\parallel}{O}}{C}CH_3 + CO_2\uparrow$ $R\underset{\overset{\parallel}{O}}{C}CH_2COOH + NaOH \xrightarrow{\triangle} RCOONa + CH_3COOH$	β-酮酸比α-酮酸易脱羧(酮式分解)，与强碱共热称为酸式分解
羧酸衍生物性质 亲核取代	$R\underset{\overset{\parallel}{O}}{C}{-}L + Nu^- \rightleftharpoons R\underset{\overset{\parallel}{O}}{C}{-}Nu + L^-$ $L{=}X,\ OCOR,\ OR,\ NR_2$ $Nu{=}HO^-,\ RO^-,\ RCOO^-,\ R_2N^-$	此为羧酸衍生物的转换反应，转换顺序为：酰卤>酸酐>酯>酰胺 酸和碱都能催化此类反应
与有机金属化合物反应	$R\underset{\overset{\parallel}{O}}{C}{-}L + R'MgX \xrightarrow{-LMgX} R\underset{\overset{\parallel}{O}}{C}{-}R'$ $\xrightarrow{R'MgX}\ \xrightarrow{H_2O}\ R\underset{\overset{\mid}{R'}}{\underset{\mid}{\underset{OH}{C}}}R'$	选择空阻大的酰卤，反应能控制在酮的阶段；选用甲酸酯可制备仲醇；选用碳酸酯可制备叔醇；二元酸的环状酸酐可制备酮酸

还原反应	反应物	还原剂				产物
		NaBH₄	LiAlH₄	催化氢化	B₂H₆	
	酰卤	+	+	+(Rosenmund 法得醛)		RCH₂OH
	酸酐	+	+	+	+	2RCH₂OH
	酯		+	+，特殊催化剂	+	RCH₂OH，R'OH
	酰胺		+	+，特殊催化剂		RCH₂NH₂
	RC≡N		+	+		RCH₂NH₂

	性质	说明与备注
羟肟酸铁实验	$R\underset{\overset{\parallel}{O}}{C}{-} \quad R\underset{\overset{\parallel}{O}}{C}{-}L + NH_2OH \xrightarrow{-HL} R\underset{\overset{\parallel}{O}}{C}{-}NHOH \xrightarrow[-HCl]{FeCl_3} \left[R\underset{\overset{\parallel}{O}}{C}{-}NHO\right]_3 Fe$ 鲜红色	用于检测酰基和羧酸衍生物比色含量测定。酰氯、酸酐、酯和多数酰胺均有此反应
其他反应	Claisen 缩合(Dieckmann 缩合)，Perkin 反应等	

光谱特征 IR	特征基团	羧酸 cm⁻¹	酰卤 cm⁻¹	酸酐 cm⁻¹	酯 cm⁻¹	酰胺 cm⁻¹	腈 cm⁻¹
	C=O 或 C≡N C=C—C=O 芳香族	游离：1750~1710 缔合：1710 游离：1720 缔合：1690 1700~1680	1800 1800~1750 1785~1765 1750~1735	1860~1800 1800~1750	1735 1720	游离：1690 缔合：1650	2260~2210 0
	C—O 或 C—N	1250cm⁻¹	—	1310~1045	1300~1050 2 个吸收峰	1400	—

续表

性质						说明与备注		
		特征基团	羧酸 cm^{-1}	酰卤 cm^{-1}	酸酐 cm^{-1}	酯 cm^{-1}	酰胺 cm^{-1}	腈 cm^{-1}
光谱特征	IR	O—H 或 N—H	游离：～3550 缔合：3000～2500 1250(弯曲)				游离： 3520，3400 缔合： 3780，3350 弯曲： 1640，1600	

7.1.2 羧酸及其衍生物的性质与鉴别实验

1. 羧酸和取代羧酸的性质实验

(1)羧酸酸性——碳酸氢钠实验：取少量试样溶于 5%碳酸氢钠溶液，观察、记录并解释实验现象。

实验试样：乙酸、苯甲酸、苯酚。

(2)醇酸的三氯化铁实验：取洁净试管加入 1 滴饱和苯酚溶液和 3 滴 1%三氯化铁溶液，振摇试管，观察现象。然后向试管中加入 5 滴样品。观察并记录前后颜色的变化，解释实验现象(先加入苯酚目的是进行颜色对比)。

实验样品：10%乳酸溶液、5%酒石酸溶液、5%柠檬酸溶液。

(3)酚酸的高锰酸钾实验：洁净试管内加入 5 滴样品溶液，再加入 1mL 5%碳酸钠溶液和 1 滴 0.5%高锰酸钾溶液，振荡，观察、记录并解释实验现象。

实验样品：饱和苯甲酸溶液、饱和水杨酸溶液。

(4)酚酸的溴水实验：洁净试管内加入 5 滴样品，再加入 2 滴饱和溴水。观察、记录并解释实验现象。

实验样品：饱和苯甲酸溶液、饱和水杨酸溶液。

(5)酚酸的三氯化铁实验：取洁净试管加入 5 滴样品，再加入 2 滴 1%三氯化铁溶液。观察、记录并解释实验现象。

实验样品：饱和苯甲酸溶液、饱和水杨酸溶液。

2. 羧酸衍生物的水解实验

(1)酯水解实验：取洁净试管 3 支，各加入 1mL 乙酸乙酯和 1mL 水。向第二支试管里加入 2 滴 15%硫酸，向第三支试管里加入 2 滴 30%氢氧化钠溶液。摇动试管，观察、记录各试管内酯层和气味消失的时间快慢，解释实验现象。

(2)酰氯水解实验：取试管 1 支，加入 3mL 水、5 滴苯甲酰氯和 1 粒沸石，石棉网上加热 5min 并摇动试管至澄清，冷却后观察。记录并解释实验现象。

(3)酰胺水解实验：取试管 2 支，各加入 0.2g 苯甲酰胺。在第一支试管内加入 2mL 10%氢氧化钠溶液，摇动试管，加一粒沸石煮沸，在试管口用湿润的红色石蕊试纸检验。停止加热后冷却至室温，再加入浓盐酸，观察变化。观察、记录并解释上述实验现象。在冷水冷却下向第二支试管内加入 1mL 浓盐酸，注意观察此时试管里的变化。加入沸石煮沸 1min，再用冷水冷却至室温。观察、记录并解释实验现象。

3. 羟肟酸铁实验

干燥试管内加入 0.5mol/L 盐酸羟胺乙醇溶液 1mL 和 6mol/L 氢氧化钠溶液 0.2mL，再滴入 2 滴样品。煮沸，冷却至室温，用 5%盐酸酸化。滴入 1 滴 5%三氯化铁溶液，观察、记录并解释实验现象。

实验样品：乙酸乙酯、乙酸酐、乙酸。

4. 乙酰乙酸乙酯的性质实验

(1)亚硫酸氢钠实验：干燥试管内加入 10 滴纯净干燥的乙酰乙酸乙酯、10 滴新制的饱和亚硫酸氢钠溶液，摇动试管，放置 10min 后，观察、记录并解释实验现象。

(2)溴水实验：试管内加入 5 滴乙酰乙酸乙酯、3～5 滴饱和溴水，摇动试管，观察、记录并解释实验现象。

(3)三氯化铁实验：试管内加入 5 滴乙酰乙酸乙酯、3 滴 1%三氯化铁溶液。观察、记录并解释实验现象。

(4)烯醇式酮盐实验：试管内加入 10 滴乙酰乙酸乙酯和 10 滴饱和乙酸铜溶液。摇动试管，静置后观察有何现象，再加入 2mL 氯仿，有何现象？记录并解释实验现象。

(5)酮式与烯醇式的互变实验：试管内加入 5 滴乙酰乙酸乙酯和 1mL 乙醇，混匀，滴加 1%三氯化铁溶液，观察记录现象。再加入数滴饱和溴水，观察记录现象。放置后再观察、记录实验现象有何变化。解释上述现象变化的原因。

7.2 羧酸及其衍生物制备的一般方法

7.2.1 羧酸的一般制备方法

1. 氧化法

甲基芳烃、伯醇、醛的氧化可制备相同碳数的羧酸；烯、炔、含 α-H 的侧链芳烃、伯醇、仲醇、酮的氧化可制备碳数少于原料化合物的羧酸。

(1)醇、醛和酮的氧化制备羧酸：常用氧化剂有硝酸、高锰酸钾、重铬酸钾-硫酸、过氧化氢和过氧酸等。伯醇氧化可制备一元羧酸，若用重铬酸钾-硫酸氧化伯醇，产生的中间体醛容易与醇生成半缩醛而得到较多的副产物酯；仲醇和酮发生强烈的断裂氧化也能得到羧酸，环醇、环酮的氧化可制备二元羧酸。

(2)芳烃侧链的氧化可制备芳香羧酸：苯环侧链无论长短只要与苯环直接相连的碳上含有氢均被氧化成苯甲酸，常用氧化剂有高锰酸钾和重铬酸钾。芳环上含有卤素、硝基、磺酸基等基团时，不影响侧链烷基的氧化。芳环上含有烷氧基、乙酰基时，侧链烷基氧化也不影响。但含有羟基、氨基时，大多氧化是分子受到破坏而得到复杂氧化产物。

氧化反应一般都是放热反应，所以必须严格控制反应条件和反应温度，如反应失控，不仅破坏产物，降低产率，有时还会存在发生爆炸的危险。

工业上制备羧酸，大多采用催化氧化的方法。

2. 水解法

$$R-\overset{\overset{\displaystyle O}{\|}}{C}-L+H_2O \longrightarrow R-\overset{\overset{\displaystyle O}{\|}}{C}-OH+HL$$

$$RC\equiv N + H_2O \xrightarrow{\triangle,\ H^+} RCOOH$$

水解的活性顺序为：酰卤＞酸酐＞酯＞酰胺≈腈。

酯广泛存在于自然界，因此酯的水解是制备羧酸的一个主要途径。酯的水解为可逆反应，因此酯的碱性水解最普遍。腈是极易获得的原料，腈水解广泛用于羧酸的制备。腈水解既可在碱性条件下，也可在酸性条件下进行。酰卤、酸酐一般由羧酸制备，因此尽管水解速率快也很少用来制备羧酸。

3. 有机金属化合物制备法(羧化反应)

$$RMgX + CO_2 \longrightarrow \xrightarrow{H_2O} RCOOH$$

7.2.2　羧酸衍生物的一般制备方法

1. 酰卤的制备方法

由羧酸与卤化试剂反应制备：

$$RCOOH \xrightarrow[\text{或}PX_5]{SOCl_2,\ \text{或}PX_3} RCOX$$

酰氯的制备较多，实验室中二氯亚砜用得较多，反应条件温和，产物易纯化。

2. 酸酐的制备方法

(1) 混合酸酐制备法：

$$RCOONa + R'COX \longrightarrow RCO—O—COR'$$

(2) 羧酸脱水法制备单纯酸酐：

$$2RCOOH \xrightarrow{\text{脱水剂}} RCO—O—COR$$

(3) 芳烃氧化法：

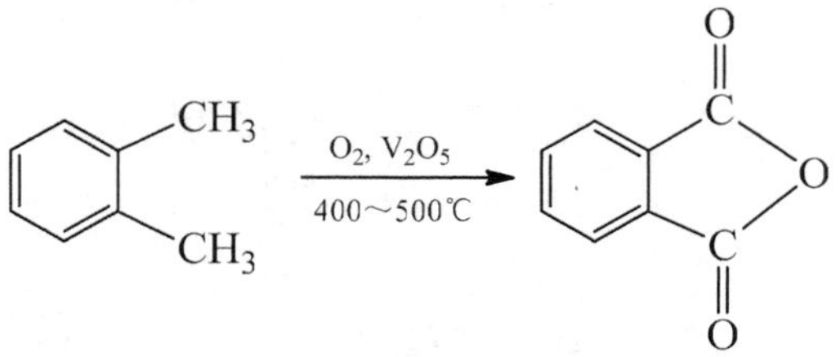

3. 酯的制备

(1) 酯化反应：

$$RCOOH + R'OH \underset{}{\overset{H^+,\ \triangle}{\rightleftharpoons}} RCOOR' + H_2O$$

醇的酯化反应中，常用硫酸作为催化剂，硫酸过量还可以与水结合而提高产量。但制备甲酸酯时不必加硫酸催化，因甲酸为强酸。

(2) 羧酸衍生物的醇解：

$$R—\overset{\overset{O}{\|}}{C}—L + R'OH \rightleftharpoons R—\overset{\overset{O}{\|}}{C}—OR' + HL$$

酚与醇成酯反应不同，需要在碱的催化下与酰卤或酸酐制成酚酯，碱可以吸收产生的卤化氢而提高产率。

(3)羧酸盐与卤代烷反应：只适用于伯卤代烷和活泼卤代烷。

$$RCOONa + ClCH_2Ar \longrightarrow RCOOCH_2Ar + NaCl$$

(4)羧酸与重氮甲烷反应：

$$RCOOH + CH_2N_2 \longrightarrow RCOOCH_3 + N_2$$

(5)羧酸对烯、炔的加成：

$$RCOOH + HC\equiv CH \xrightarrow{H^+, HgSO_4} RCOOCH\equiv CH_2$$

4. 酰胺的制备

(1)羧酸铵盐失水：

$$RCOONH_4 \xrightarrow{\triangle} RCONH_2 + H_2O$$

(2)腈的控制水解：

$$RC\equiv N + H_2O \xrightarrow{\triangle} RCONH_2$$

(3)羧酸衍生物的氨(胺)解：

$$\underset{\overset{\|}{\underset{\displaystyle R-C-L}{}}}{\overset{O}{}} + NH_3(NH_2R', HNR_2') \xrightarrow{R'NH_2, \triangle} RCONH_2 (-NHR', -NR_2')$$

5. 腈的制备

(1)酰胺失水：

$$\underset{\overset{\|}{\underset{\displaystyle R-C-NH_2}{}}}{\overset{O}{}} \xrightarrow[-H_2O]{\triangle} RC\equiv N$$

(2)卤代烃与氰化钠：

$$RX + NaCN \rightleftharpoons RCN + NaX$$

实验 7-1　己二酸的氧化法制备(4h)

【关键词】

己二酸，环己醇，重结晶，气体吸收，熔点测定，红外光谱。

【实验原理与设计】

己二酸首要应用是作尼龙-66 和工程塑料的原料。其次是用于生产各种酯类产品，用作增塑剂和高级润滑剂。此外，己二酸还用作聚氨基甲酸酯弹性体的原料，各种食品和饮料的酸化剂，其作用有时胜过柠檬酸和酒石酸，最大使用量分别为 0.15g/kg 和 0.01g/kg。己二酸也是医药、酵母提纯、杀虫剂、黏合剂、合成革、合成染料和香料的原料。1937 年，美国杜邦公司用硝酸氧化环己醇首先实现了己二酸的工业化生产。进入 20 世纪 60 年代，工业上逐步改用环己烷氧化法制备己二酸。在自然界，甜萝卜等植物中也含有己二酸。

1. 氧化法的制备原理

氧化法制备羧酸的经典方法。以醇为原料时，伯醇比仲醇易于氧化成羧酸，在环状结构中，平伏键的羟基比直立键的羟基易于氧化。一般常采用催化法或使用化学试剂，如钯、铂等贵重金属催化氧化，其特点是选择性好。例如，下列氧化反应中，伯羟基被氧化成羧酸，而仲羟基不受影响：

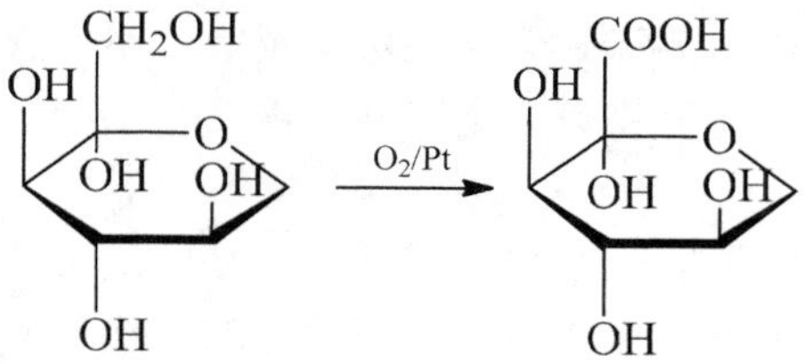

常用的氧化剂有高锰酸钾、重铬酸钾-硫酸、硝酸、过氧化氢和过氧酸等。高锰酸钾氧化法常在碱性高锰酸钾水溶液中进行氧化，因在酸性条件下，生成的羧酸与醇易于进一步反应生成酯。用重铬酸钾-硫酸氧化醇时，生成的中间产物醛容易与原料醇生成半缩醛，产物中会含有较多的酯。

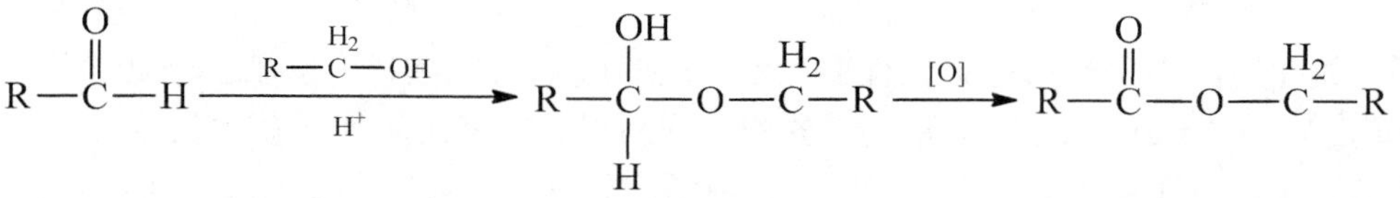

仲醇氧化可得到酮，酮一般不被弱氧化剂氧化，但遇到高锰酸钾、硝酸等强酸则发生断裂氧化。环酮强化剂氧化后可得到单一产物二元羧酸。

本实验以环己醇为原料，用高锰酸钾或硝酸氧化最终可得到己二酸。

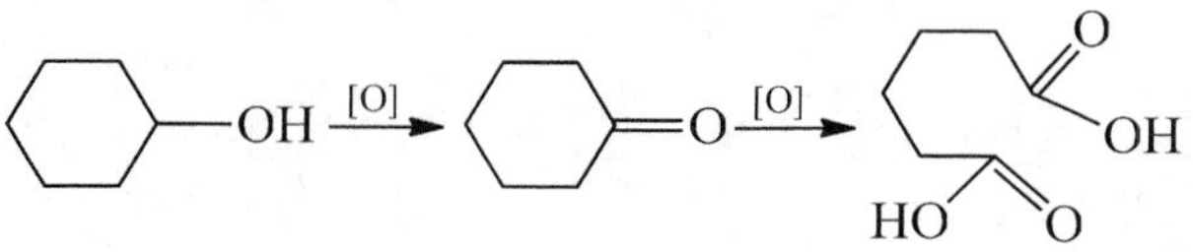

(1) 硝酸氧化环己醇的化学反应方程：

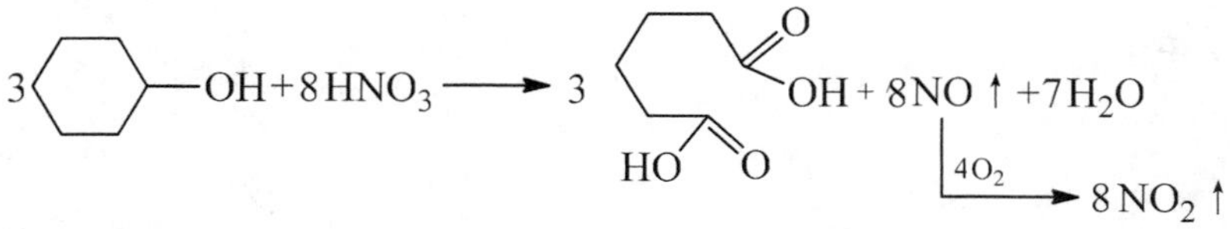

(2) 高锰酸钾氧化环己醇的化学反应方程：

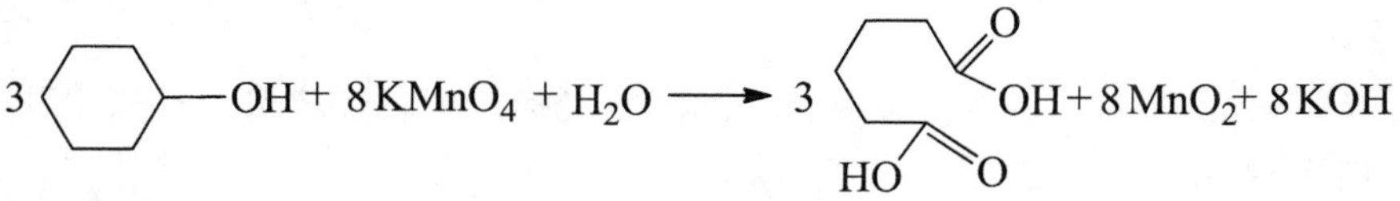

同时，需要注意可能发生的副反应，主要有

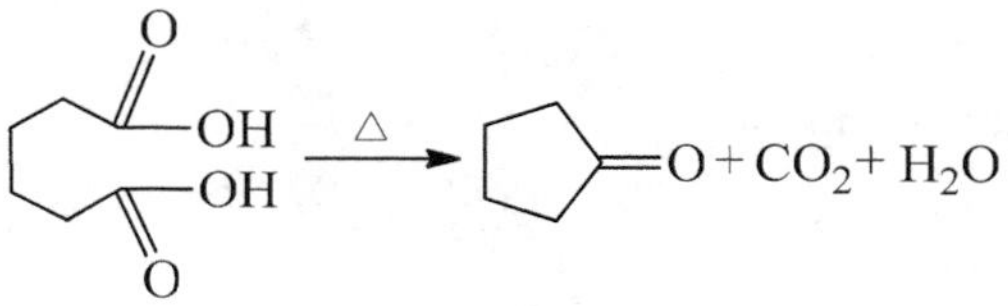

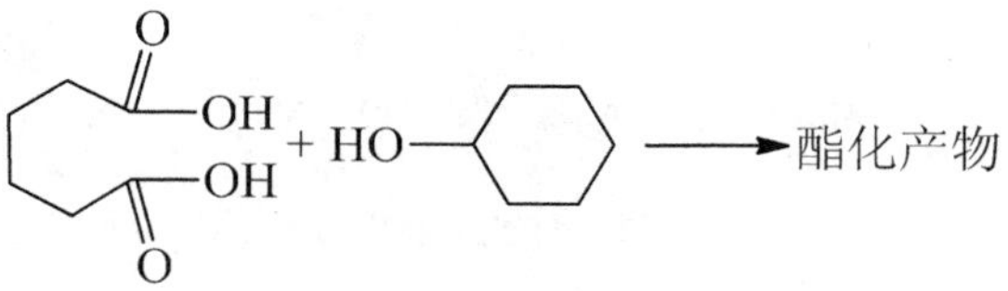

对于硝酸氧化法，其起始反应不易，需要低温加热和加入一小粒钒酸铵引发[①]。低温加热则需防止环己醇挥发，需要安装回流冷凝管。反应一旦开始则氧化反应的生成热可维持反应继续进行，但不可温度过高，以免使己二醇挥发逸出和引发其他副反应，为此需采取滴加原料的方式并控制滴加速率。产生的氮氧化合物可从反应体系内逸出，相当于减小了生成物的浓度，可以提高产率，但氮氧化合物有一定毒性，需要在冷凝管上部安装碱液吸收装置或在通风橱内进行反应。

对于高锰酸钾氧化法，常采取碱性高锰酸钾：一是碱性可增加氧化能力，二是可以使己二酸形成盐而易溶于水，三是可避免酸性条件下发生的酯化反应。反应无需加热即可开始。产物二氧化锰固体会影响反应物接触，需要搅拌。反应放热，需采取滴加原料的方式并控制滴加速率，控制反应温度，以免引起高锰酸钾分解、加剧副反应发生、环己醇挥发或燃爆事故等[②]。

2. 己二酸的分离纯化

硝酸氧化法：由于产物氮氧化合物逸出，反应后的混合物主要含有己二酸、未反应的环己醇和硝酸等，分离纯化比较简单。首先将反应后混合物沸水浴加热使硝酸分解，然后利用己二酸微溶于冷水而易溶于热水的特性，采用结晶和重结晶技术进行分离和纯化即可。

高锰酸钾氧化法：反应后己二酸以钠盐的形式溶于水中，而高锰酸钾固体、己二醇难溶或微溶于水，经过滤可得己二酸钠水溶液。但需要注意两个问题：①二氧化锰易形成溶于水的胶体，可通过加热使其发生聚沉；②若水溶液中含有少量未反应的高锰酸钾，可加入亚硫酸氢钠去除：

$$4KMnO_4+10NaHSO_3+H_2SO_4 \Longrightarrow 5Na_2SO_4+2K_2SO_4+4MnSO_4+6H_2O$$

己二酸钠水溶液经酸化可使己二酸游离并结晶析出，经重结晶可进一步纯化。其简单鉴定可测定熔点、红外光谱等。

【实验材料与方法】

1. 实验材料

(1) 方法一。

药品试剂：2.5g(2.7mL，约 0.025mol)环己醇，50%硝酸 8mL(10.5g，约 0.085mol)，钒酸铵一粒。

仪器设备：100mL 三颈烧瓶，温度计，回流冷凝管，恒压滴液漏斗，气体吸收装置，重结晶装置，熔点测仪，红外光谱仪。

(2) 方法二。

药品试剂：2g(2.1mL，0.02mol)环己醇，高锰酸钾 6.0g(0.038mol)，10%氢氧化钠溶液 5mL，亚硫酸氢钠(少量)，浓盐酸(约 4mL)。

仪器设备：250mL 三颈烧瓶，温度计，搅拌器，恒压滴液漏斗，重结晶装置，熔点测定仪，红外光谱仪。

---

① 钒酸铵在此反应中的催化机理和作用尚不明确，有待深入探讨和实验研究。也有报道指出，钒酸铵也可能在此起到的是氧化剂的作用。

② 己二醇为易燃液体，与空气混合可爆炸，闪电 67℃。再遇高锰酸钾高温分解产生的氧气则危险性更会增加。因此要严格控制反应温度。

2. 实验方法

（1）合成与分离纯化。

①方法一：硝酸氧化法。

在 100mL 三颈烧瓶内加入 8mL 50%的硝酸[①]和一小粒钒酸铵[②]，在三颈烧瓶上安装温度计、回流冷凝管和恒压滴液漏斗。滴液漏斗内加入 2.7mL 环己醇[③]。回流冷凝管上端接一气体吸收装置，引入到碱吸收液中用于吸收反应中产生的氧化氮气体[④]，装置如图 7-1 所示。

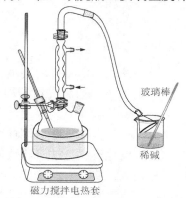

确认装置完好后，用水浴将三颈烧瓶预热到 50℃左右，移去水浴。先滴加 5～6 滴环己醇，并加以振摇。反应开始后，瓶内反应物温度升高，并有红棕色气体产生。慢慢滴入其余的环己醇，注意调节滴加速率，保持瓶内液体温度在 50～60℃[⑤]，并不时振摇烧瓶。若温度过高或过低，可随时借助冷水浴和温水浴加以调节。

图 7-1　硝酸氧化法制备己二酸装置图

滴加完毕后（需 15～20min），再用沸水浴加热 10min，直至无红棕色气体产生为止。将反应物小心倾入 50mL 的烧杯中，用冷水浴使反应物冷却结晶析出，减压过滤收集晶体，用少量冷水洗涤晶体，抽干后得粗产物，预期产量约 2g。将粗产物干燥后称量。然后以水为溶剂将粗产品进行重结晶纯化[⑥]，干燥后得较纯己二酸，称量，计算重结晶回收率和产率。

②方法二：高锰酸钾氧化法。

如图 7-2 所示，在 150mL 烧杯中先加入 5mL 10% 氢氧化钠溶液和 50mL 水，再加入 8.6g 研细的高锰酸钾[⑦]，搅拌使之全部溶解。慢慢逐滴加入 2.1mL 环己醇，观察反应液温度，控制滴加速率，使反应温度维持在 45℃左右[⑧]。

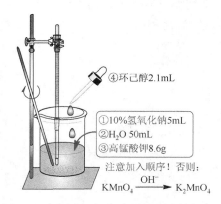

图 7-2　高锰酸钾氧化法制备己二酸装置图

滴加完毕后，反应温度会下降。在沸水浴中继续加热反应瓶 5min[⑨]。为判断高锰酸钾是否完全反应，用玻璃棒蘸一滴反应混合物点到滤纸上，如有高锰酸钾存在，则会在二氧化锰点的周围出现紫色的环。未反应的高锰酸钾需加少量固体亚硫酸氢钠除尽，直到

---

① 市售的 67%硝酸 10.5mL 稀释至 14mL 即可。

② 钒酸铵不可多加，否则产品会因含有较多钒离子而变黄。钒酸铵为剧毒品，使用一定要注意安全。

③ 因环己醇与浓硝酸相遇会发生剧烈反应，切勿使用同一量筒量取；环己醇熔点低且黏稠，为减少转移损失和防止凝固堵塞滴液漏斗，可用少量水冲洗量筒，并将洗涤水加入滴液漏斗。

④ 氧化氮是有毒气体，必须保证整个反应装置的密闭性，不可使氧化氮散入实验室内。

⑤ 此反应为放热反应，大量加入会使反应过于剧烈，甚至引起爆炸。

⑥ 据己二酸在水中的溶解度参数计算重结晶所需溶剂量。

⑦ 注意碱液和高锰酸钾加入顺序，若强碱先与高锰酸钾作用会产生绿色的锰酸钾：$4KMnO_4(紫)+4KOH(浓) \xrightarrow{\quad\quad} 4K_2MnO_4$ (绿)$+O_2\uparrow+2H_2O$。因此，必须先稀释碱液再加高锰酸钾。

⑧ 一定要仔细控制滴加速率和搅拌速率，以免反应过于剧烈，引起飞溅或爆炸，也不要从烧瓶的开口处观察反应液体，以免进溅入眼内。

⑨ 目的：一是使反应继续进行完全，二是使二氧化锰胶体聚沉。

点滴实验无紫色环为止①。

趁热减压过滤，滤渣用 2～3mL 热水洗涤 2～3 次。若滤液颜色较深②，加入少量活性炭加热煮沸脱色③，趁热过滤。滤液转至干净小烧杯中，加热浓缩至 5～8mL，冷却至室温后滴加浓盐酸酸化(约 4mL，需经 pH 试纸检测确定)使己二酸沉淀析出④。减压过滤，少量冷水洗涤晶体，干燥后称量。计算重结晶回收率和产率。

(2)产品鉴别与鉴定：①产品外观；②熔点测定；③红外光谱测定。

【思考与讨论】

(1) 系统总结本实验的关键和要点。

(2) 硝酸氧化法和高锰酸钾氧化法造制备工艺和分离纯化工艺方面有哪些不同？各自的优势是什么？

(3) 如何根据己二酸的溶解度性质确定重结晶溶剂及其用量？

(4) 高锰酸钾氧化法分离纯化时，为何要把未反应掉的高锰酸钾除去？是怎样除去的？

(5) 高锰酸钾氧化法分离纯化时过滤后的滤液既可以先酸化后浓缩，也可以先浓缩后酸化？请思考这两种做法有何差别？可否选择硫酸酸化？为什么？

(6) 高锰酸钾氧化法分离纯化时为何要对滤液进行浓缩？硝酸氧化法也要浓缩吗？

(7) 本实验还有相转移催化等其他制备方法，结合本实验查阅相关文献予以对比分析和讨论。

(8) 对比实验 6-2 环己酮的氧化合成和本实验己二酸的合成，领会并总结有机化学中氧化反应的主要类型、特点和条件控制。

(9) 己二酸可以由环己酮为原料进行制备吗？若能，可选用哪种氧化剂？请设计一个以环己酮为原料合成己二酸的工艺路线，并与本实验合成路线进行对比和讨论。

(10) 若以本实验的产品己二酸为原料可以制备环戊酮，试设计此实验方案。

【教学指导与要求】

1. 实验预习

(1)技术准备：预习加热、冷却、重结晶、气体吸收、熔点测定等基本技术。

(2)理论准备：预习醇的氧化性质、二元羧酸的性质，本节实验原理与设计内容。

(3)文献资料准备：查阅与本实验相关文献资料，并进行文献综述。

(4)查阅本书资料并填写下列数据表：

化合物	M_r	m.p./℃	b.p./℃	$\rho/(g/cm^3)$	n_D^{20}	溶解性		
						水	醇	有机溶剂
己二酸								
环己醇								
硝酸								
高锰酸钾								

---

① 注意残留的高锰酸钾一定要除尽，包括反应器皿边沿残留的，否则滤液中会有紫色的高锰酸钾影响己二酸结晶纯度。

② 若颜色为紫色，说明前面去高锰酸钾不彻底，应再加亚硫酸氢钠除去。若滤液中有棕色沉淀，说明过滤有渗漏，需重新过滤。

③ 若加热后发现仍有棕色沉淀出现，说明前面加热使二氧化锰胶体聚沉得不彻底，需重新过滤将之除去。

④ 酸化目的是使己二酸钠变成己二酸而沉淀析出。酸化与浓缩的次序问题值得探索：先酸化后浓缩，会使己二酸在加热时部分析出而迸溅或存在受热分解的危险；先浓缩后酸化则无此担忧。

(5)阅读本实验方法，结合实验原理与设计分析回答下列问题：

①写出该实验反应原理方程，注明反应条件和反应原料的投料量。

②如何控制本实验的反应温度？为什么？为何要进行滴加原料？

③画出合成实验反应装置图，标注反应过程中需要注意的事项。

④如何判定氧化反应是否已经进行完全？

⑤合成反应后是通过什么方法进行己二酸的分离与纯化的？画出分离纯化流程图，注明相关注意事项。

2. 安全提示

环己醇易燃、与空气混合可爆炸，有毒。钒酸铵有剧毒。硝酸、高锰酸钾具有腐蚀性和潜在危险性。注意氧化反应放热易引发燃爆事故。

3. 其他

(1)本实验约需 4h。

(2)实验课前检查学生预习情况，针对实验关键问题进行必要的讲解、讨论和提问。

(3)本实验的关键：滴加速率和反应温度控制。

(4)本实验可与实验 6-2 联合开展研究性实验，对比分别以环己酮和环己醇为原料合成己二酸的优缺点，探讨和总结有机物氧化反应的机理、类型、特点和应用。

(5)该实验可利用相转移催化法提高产率和合成效率，方法查阅文献资料。相转移催化技术参考本书 11.2.3。

实验 7-2　肉桂酸的 Perkin 法制备(4h)

【关键词】

缩合反应，Perkin 反应，肉桂酸，回流，水蒸气蒸馏，重结晶，过滤，常压蒸馏。

【实验原理与设计】

肉桂酸也称桂皮酸、桂酸，化学名称为 3-苯基-2-丙烯酸(也称 β-苯丙烯酸)。自然界存在于香料和中药材肉桂皮中。在药物制备中是合成冠心病药物"心可安"的重要中间体。肉桂酸是 A-5491 人肺腺癌细胞的有效抑制剂，在抗癌方面也具有极大的应用价值。在香料工业中，肉桂酸是香料和感光树脂等精细化工产品的原料，应用广泛。因肉桂酸本身就是一种香料，且具有杀菌、防腐和较强的兴奋作用，被广泛用于调制各种香精和直接添加到食品中。在农业生产方面，肉桂酸也被用于植物生产促进剂、长效杀菌剂、果品蔬菜的防腐等。肉桂酸是辣椒素合成酶的一个组成部分——肉桂酸水解酶，可以利用转基因培育高产辣椒素含量的辣椒优良品种，有力推动了辣椒的产业化发展。此外，肉桂酸还有抑制形成黑色酪氨酸酶的作用，对紫外线有一定的隔绝作用，能使褐斑变浅甚至消失，是高级防晒霜中必不可少的成分之一。

1. 肉桂酸的化学制备

通常有两种方法：

(1) Perkin 缩合反应。

羰基的缩合反应是醛、酮的重要性质。芳香醛和酸酐在碱性催化剂作用下，可以发生类似的羟醛缩合作用，生成不饱和芳香酸。此反应由英国有机化学家珀金(William Henry Perkin，1838—1907 年)于 1867 年发现，称为 Perkin 反应。传统的 Perkin 合成以乙酸钾为催化剂，反应时间长(一般 1.5～2h)，反应温度高，产率低。

(2) Knoevenagel 缩合反应。

该法通常以吡啶为碱性催化剂，操作简单、产率高(超过 85%)、反应缓和、产物分离容易、无污染。但丙二酸价格较贵，生产成本较高。此外，超声可促进此类反应，也可在无溶剂下微波合成[①]。

碱性催化剂通常是相应酸酐的羧酸钾盐或钠盐[②]，也可使用碳酸钾或叔胺等碱性试剂代替。用碳酸钾代替乙酸钠合成肉桂酸，操作方便，反应时间缩短，产率也有所提高，此改进方法由 Kalnin 提出。其催化机理尚不完全清楚，并不能肯定就是碳酸钾直接催化反应，因为反应开始时总有微量水存在，可能会有少量酸酐水解，进而与碳酸钾生成羧酸钾，羧酸钾盐能催化这个反应已是众所周知。

该反应的机理是：反应时酸酐受乙酸钾(钠)的作用，生成一个酸酐的负离子，负离子和醛发生亲核加成，生成中间物 α-羟基酸酐，然后再发生失水和水解作用就得到了不饱和芳香酸。

----

① 可查阅相关文献了解相关制备方法。
② 若采用与酸酐不同的羧酸盐催化则可能会产生两种不同的芳基丙烯酸。

肉桂酸有顺式和反式两种构型异构体。顺式异构体不稳定,在加热条件下很容易转变为热力学更稳定的反式异构体。同时,加热温度过高(超过 140℃)则会发生脱羧分解反应。

2. 肉桂酸的分离与纯化

反应后的混合物中,产物肉桂酸可利用其难溶于水而其盐易溶于水的特性,采用碱化溶解酸化结晶析出的方法将其与其他物质分离,再利用重结晶使其纯化。但需要注意的是,肉桂酸碱化成盐时,剩余的苯甲醛会发生 Cannizzaro 反应产生苯甲酸,与肉桂酸同步碱化成盐和酸化结晶析出,严重影响肉桂酸纯度,故在碱化之前需彻底除去苯甲醛,利用苯甲醛可随水蒸气挥发的特性采用水蒸气蒸馏将其除去。同时,苯甲醛也极易氧化产生有色的焦状聚合物,这些杂质可利用活性炭脱色将其除去。

3. 肉桂酸的鉴别与鉴定

外观与性状,熔点测定,性质实验,红外等光谱测定。

【实验材料与方法】

1. 实验材料

药品试剂:苯甲醛 3mL(3.15g,约 0.03mol),乙酸酐 8mL(8.65g,0.085mol),无水碳酸钾 4.2g(0.03mol),无水氯化钙,10%氢氧化钠,1∶1盐酸水溶液。

仪器设备:100mL 圆底烧瓶,空气冷凝管,球形冷凝管,水蒸气蒸馏装置,减压过滤装置,干燥管,干燥箱,熔点测定仪,红外光谱仪等。

2. 实验方法

(1)合成反应:安装回流装置,如图 7-3 所示,采用空气冷凝管冷却。在 100mL 圆底烧瓶中加入 3mL 苯甲醛、8mL 乙酸酐[1]、研细的 4.2g 无水碳酸钾。在空气冷凝管上端再装一个氯化钙干燥管。然后加热回流 45min,调节温度使反应瓶内液体始终处于微沸状态[2]。

(2)分离纯化:待反应结束稍冷后[3],加入 50mL 热水浸泡几分钟,并用玻璃棒或不锈钢铲轻轻压碎瓶内固体,进行水蒸气蒸馏[4],直至无油状物质蒸出为止[5]。

将烧瓶冷却后,加 10%氢氧化钠约 20mL(pH 试纸检测)使肉桂酸转变为钠盐,再加入约 20mL 热水以保证钠盐完全溶解。加热煮沸后加少量活性炭脱色,趁热过滤。滤液趁热转移至小烧杯内冷却至室温,在搅拌下小心加入 10mL 浓盐酸和 10mL 水的混合液,至呈酸性[6]。冷却使肉桂酸晶体析出完 全,减压过滤晶体,用少量冷水洗涤,干燥后称量。粗产物可用体积比 3∶1 的水-乙醇溶液重结晶纯化。

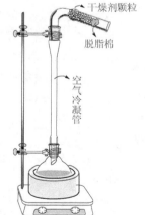

图 7-3　肉桂酸合成装置

干燥剂颗粒
脱脂棉
空气冷凝管

---

① 乙酸酐存放过久会因吸潮而水解为乙酸,若如此需重新蒸馏后再用。
② 由于产生二氧化碳,初期会有泡沫产生;加热温度不能使回流冷凝管内液体回流线超过冷凝管的一半高度。
③ 不易过冷,否则瓶中固体会变硬,加水不易捣碎,造成操作不便。
④ 水蒸气蒸馏除去的是何种物质?为何要将其除去?
⑤ 判断油状物质是否还有,可以临时用一小的新接收器皿接收几滴,看水面上是否还有油珠。
⑥ 可用刚果红试纸或 pH 试纸检验。刚果红试纸变色范围为:3.5(蓝紫)～5.2(红)。

(3)产品的鉴别与鉴定：①产品外观；②性质实验：高锰酸钾实验、溴水实验、碳酸钠实验；③熔点测定；④红外光谱测定。

【思考与讨论】

(1)本实验投入的无水碳酸钾的量是否是过量的？如何理解其投入量？

(2)本实验加热温度为何要保持微沸？温度能否高些？为什么？

(3)本实验反应后的混合物为何多是固体？混合物的组成情况如何？肉桂酸以何种结构形式存在？

(4)反应后混合物加水进行水蒸气蒸馏的目的是什么？肉桂酸可否也被蒸馏出来？

(5)为防止水蒸气蒸馏时将肉桂酸蒸馏出来，可否先碱化后再水蒸气蒸馏？

(6)本实验若采用乙酸钾作碱性催化剂，反应后肉桂酸的存在形式是什么？水蒸气蒸馏前是否需要碱化处理？若需要，是选用苛性碱还是碳酸盐比较好？为什么？

(7)本实验还有其他可以选取的实验方法，如相转移催化法等。查阅相关文献资料，与本实验方法进行对比分析和讨论。

(8)若芳香醛的苯环上连有硝基、卤素或连有甲基，对其产率是否有影响？

(9)苯甲醛分别与丙二酸二乙酯、过量丙酮、乙醛相互作用能得到什么产物？从这些产物可否利用进一步制备肉桂酸？

(10)在 Perkin 反应中，若采用与酸酐不同的羧酸盐催化合成，会得到两种不同的芳基丙烯酸，为什么？

【教学指导与要求】

1. 实验预习

(1)技术准备：熟悉和了解回流、水蒸气蒸馏、结晶与重结晶技术。

(2)理论准备：羧酸性质与制备方法、醛酮的缩合反应、Perkin 反应、Knoevenagel 反应，详细阅读本章节相关内容。

(3)查阅有关肉桂酸的应用及其制备方法的文献和资料。

(4)查阅资料填写下列数据表：

化合物	M_r	m.p./℃	b.p./℃	$\rho/(g/cm^3)$	n_D^{20}	溶解性		
						水	乙醇	乙醚
肉桂酸								
苯甲醛								
乙酸酐								
碳酸钾								

(5)写出本实验反应主、副反应方程和反应装置图，注明反应原料的投料量和反应的具体条件。

(6)画出本实验分离纯化流程图。

(7)回流装置为何选用空气冷凝管？

(8)反应后加水进行水蒸气蒸馏的目的是什么？

(9)碱化的目的是什么？为何要先水蒸气蒸馏后碱化？可否先碱化后水蒸气蒸馏？

(10)碱化时加入碱液和水的量是否应该控制？为什么？

2. 安全提示

苯甲醛口服有害，不要误服或接触口鼻腔，废液导入指定废液瓶；乙酸酐有强腐蚀性，刺激皮肤和眼睛，避免接触和吸入其蒸气，一旦接触立即用大量水冲洗，废液以碱中和后倒入下水道。建议戴防护手套和口罩。

3. 其他

(1)本实验约需 4h，预期产量约 2g。

(2)本实验的关键：无水操作、反应控温微沸、水蒸气蒸馏要彻底、碱化程度、控制肉桂酸水溶液体积。

(3)可与其他合成或改进方法进行组间对照实验。

实验 7-3　乙酸乙酯的制备(4h)

【关键词】

酯化反应，乙酸乙酯，常压蒸馏，液-液萃取，干燥，加热，冷凝，折光率。

【实验原理与设计】

酯广泛存在于自然界中，在人类的日常生活中具有广泛的用途。许多酯有愉快的香味，常被用作食用的香精和香料，如表 7-2 所示。

表 7-2　常见酯的香型

酯	香型	酯	香型
乙酸异戊酯	香蕉	乙酸甲酯	菠萝
乙酸辛酯	橘子	丁酸甲酯	苹果
乙酸苄酯	桃	月桂酸乙酯	晚香玉
乙酸正丙酯	梨		

酯与医药学也关系密切。许多药物都属于酯类，如普鲁卡因、穿心莲内酯及大环内酯类抗生素等都是酯类物质。在药物合成上，酯化反应也常用来保护羟基或羧基，增加药物稳定性或药理作用。

更有趣的是，某些酯还是某些昆虫信息素的主要成分。包括人在内的许多动物都有依靠气味进行相互交流的生理反应。例如，在昆虫界，性引诱剂是最主要的信息素之一，人们曾经利用雌蛾所分泌的性引诱剂来引诱和捕捉雄蛾，这种控制昆虫的办法比用农药 DDT 更加安全、环保和有效。再如，蜜蜂对闯入者"群起而攻之"，是由于发怒的工蜂叮刺一个闯入者时会同时排出警戒信息素，从而煽动其余蜜蜂不断发起攻击，其中除 2-庚酮外，乙酸异戊酯也是蜜蜂警戒信息素中的主要成分之一。

1. 乙酸乙酯的合成原理与制备工艺的设计

羧酸与醇的直接酯化反应是制备酯的重要途径。酯化反应的特点是速率慢、历程复杂（产物复杂）、可逆平衡、质子酸催化。常用的催化剂有浓硫酸、盐酸、磺酸、强酸性阳离子交换树脂等[①]。

伯醇和仲醇与羧酸的酯化反应一般为羧基的羟基与醇羟基的氢脱水成酯，反应历程如下：

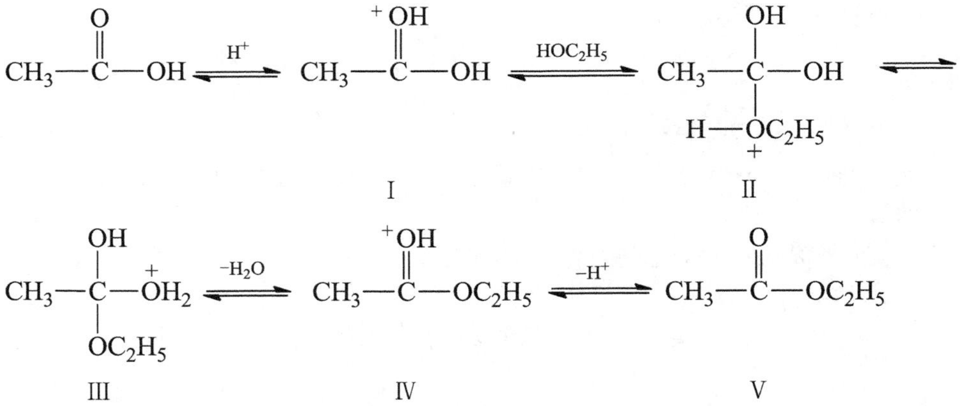

叔醇与羧酸的酯化反应实质为 S_N1 反应，是羧基的氢与醇羟基进行脱水，因叔醇产生的叔碳正离子不易与羧酸结合，因此产率很低。

酯化反应是一个典型的、酸催化的可逆反应。为了使平衡向有利于生成酯的方向移动，可以使反应物之一的醇或羧酸过量，以提高另一种反应物的转化率，也可以把反应中生成的酯或水及时蒸出，或是两者并用。在具体实验中，究竟采用哪一种物料过量，取决于物料来源是否方便，价格是否便宜，产物分离纯化和过量物料分离回收的难易程度。过量多少则取决于具体反应和具体物料的特点。如果所生成的酯的沸点较高，可向反应体系中加入能与水形成共沸物的第三组分，把水带出反应体系。常用的带水剂有苯、甲苯、环己烷、二氯乙烷、氯仿、四氯化碳等，它们与水的共沸点低于100℃，又容易与水分层。

从反应物结构上分析，空间效应对酯化反应有很大影响，酯化速率随着与羧基相连的烷基体积以及醇基体积的增大而降低。因此，在 α 位上有侧链的脂肪酸和邻位取代芳香酸的酯化反应都很慢，而且产量低。另外，醇的酯化从伯醇到叔醇也逐渐困难。

乙酸乙酯的制备反应方程如下：

$$CH_3COOH + CH_3CH_2OH \xrightarrow[120\sim125℃]{\text{浓}H_2SO_4} CH_3COOCH_2CH_3 + H_2O$$

主要的副反应有

$$2CH_3CH_2OH \xrightarrow[140℃]{\text{浓}H_2SO_4} CH_3CH_2OCH_2CH_3$$

$$CH_3CH_2OH \xrightarrow[170℃]{\text{浓}H_2SO_4} H_2C{=}CH_2 + H_2O$$

综上所述，本实验具体合成工艺可采取：①浓硫酸催化并加热的方法以加快反应速率。

———————————

① 质子酸催化的反应机理值得深入思考。如本实验用浓硫酸催化，浓硫酸与乙醇更容易生成硫酸乙醇酯还是羧酸乙醇酯？二者之间有何联系？

②控制反应温度在 130℃以下抑制副反应。③乙醇或冰醋酸过量提高产率。乙醇过量成本低，但反应混合物中有较多乙醇。如表 7-3 所示，乙醇会与乙酸乙酯和水形成二元或三元共沸物，从而会影响乙酸乙酯的分离及其纯度；冰醋酸过量成本较高，但乙醇转化较完全，可降低或避免由于乙醇与乙酸乙酯、水形成二元或三元共沸混合物所带来的分离与纯化的困难。④边反应边将产物(水或酯)蒸馏出反应体系，促使平衡向右移动提高产率。但如此会因共沸而造成乙醇的损失，因此乙醇需采取滴加的方式进行投料。

表 7-3 乙酸乙酯与醇、水形成的共沸混合物

共沸点/℃	组成/%		
	乙酸乙酯	乙醇	水
70.2	82.6	8.4	9.0
70.4	91.9		8.1
71.8	69.0	31.0	

2. 分离纯化的原理和设计

反应后混合物主要含有乙酸乙酯、乙酸、乙醇、硫酸、水以及其他可能产生的副产物。很明显，其中的乙酸乙酯与其他化合物在极性方面显著不同，可利用萃取将其初步分离出来。但萃取前应先将其中含量较多的酸、醇尽量除去，因为二者的存在会增加酯在水中的溶解度，也会干扰后续的纯化精制。乙酸、硫酸可用饱和碳酸钠溶液中和掉，乙醇可用饱和氯化钙溶液去除[①]。萃取后乙酸乙酯中尚含有极少量的醇、水及一些醚或烯等可溶于酯的副产物。这些极少量的杂质可进一步通过化学干燥、蒸馏得到去除，从而获得更纯的乙酸乙酯。但因乙酸乙酯与醇、水总会形成共沸混合物而难以通过一般的蒸馏技术得到纯粹的乙酸乙酯。

3. 产品鉴定与纯度分析

可通过外观、气味、折光率测定、红外光谱测定等进行鉴定。纯度可通过沸程、折光率、色谱分析等方法进行分析。

【实验材料与方法】

1. 实验材料

药品试剂：冰醋酸 10.0mL(10.5g，0.175mol)，95%乙醇 16.0mL(12.2g，0.265mol)，浓硫酸 6～8mL[②]，饱和碳酸钠溶液，饱和食盐水，饱和氯化钙溶液，无水硫酸镁。

仪器设备：100mL 三颈烧瓶(或单颈烧瓶)，恒压滴液漏斗，温度计，蒸馏装置，锥形瓶，分液漏斗，折光仪等。

2. 实验方法

(1)安装装置并投料：参考图 7-4 或图 7-5 所示安装装置。

---

① 小分子醇能与钙、镁等离子生成一种络合结构的醇合物，这种醇络合物可溶于水，但不溶于有机溶剂。

② 据文献报道，浓硫酸催化用量一般只需醇的 3%左右。本实验方法一用 8mL，方法二用 6mL。

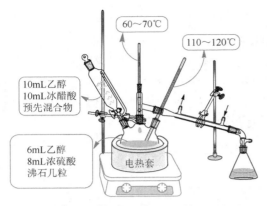

图 7-4　乙酸乙酯制备方法一装置

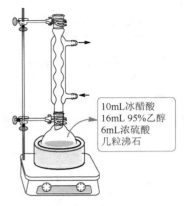

图 7-5　乙酸乙酯制备方法二装置

(2) 开始反应。

方法一，先将漏斗内混合液体滴入反应瓶 2~3mL，低温加热使烧瓶内液体温度缓慢达到 110~120℃[1]，稍候蒸馏尾接管口应有液体馏出[2]，据此开始持续滴加滴液漏斗内的混合液体，滴加速率大体与馏出速率相当[3]，并始终将反应温度控制在要求范围内。滴加完毕后，继续加热 15min，直至温度上升至 130℃时不再有馏出液为止。

方法二，按图 7-5 所示装置合成，控温加热回流 0.5h，稍冷后改成蒸馏装置将乙酸乙酯蒸馏出来，直至乙酸乙酯沸点温度下不再有馏出物为止。

(3) 分离纯化。

①萃取洗涤：向蒸馏出的乙酸乙酯粗产品中分批加入饱和碳酸钠溶液[4]（约 7mL），边加边摇动至无气体产生，用 pH 试纸检测酯层应呈中性为止。将液体移入分液漏斗，振荡后静置分去水层；酯层再用约 14mL 饱和食盐水洗涤，分去水层[5]；再将酯层每次用约 7mL 饱和氯化钙溶液洗涤 2 次。

②化学干燥：将洗涤后的酯层转入事先干燥并放凉的具塞锥形瓶中，加无水硫酸镁干燥[6]。

③蒸馏精制：将干燥后的酯层滤入（或滗入）已干燥的 25mL 蒸馏瓶中[7]，加几粒沸石，加热蒸馏。用已干燥称量的接收瓶收集 73~78℃的馏分[8]。称量，计算产量和产率。

(4) 产品鉴定与纯度分析。

①鉴别与鉴定：产品外观与气味、折光率测定、红外光谱测定（液体池法）。

②纯度分析：气相色谱法（参考条件：401 有机担体，FID 检测器，进样口及检测器温度 200℃，柱温 160℃。详细条件查阅相关文献获取）。

---

① 温度过高会增加副反应的发生，甚至导致有机原料提前炭化，降低产率。

② 根据蒸馏监测温度计的示数，可初步判断溜出液的成分。若在乙酸乙酯或其共沸物沸点附近，则表明反应已经开始。

③ 滴加速率过快则可能会使乙醇和乙酸未来得及反应就被蒸馏出来，导致产量降低。

④ 因乙酸乙酯在水中也有一定的溶解度（室温下约为 1mL/10mL），为减少酯在水中溶解，故采取饱和溶液萃取洗涤，并应控制好洗涤剂的用量。

⑤ 氯化钙洗涤前使用饱和氯化钙洗涤的目的是去除前面碳酸盐洗涤剂，否则氯化钙萃取时会产生碳酸钙沉淀。

⑥ 无水硫酸镁干燥速率较快，若时间允许也可选择无水硫酸钠。干燥剂用量不可太多，应分批加入并观察是否已干燥完全：观察一，后加入的干燥剂是否继续结块或棱角模糊湿润；观察二，有机液体是否由浑浊变澄清。干燥剂加入后应放置一定时间才能充分发挥干燥效能。干燥过程中应将瓶塞盖好。

⑦ 不要将干燥剂弄到蒸馏烧瓶内一起蒸馏，否则水会再次被释放到有机物中。

⑧ 若乙酸乙酯在 73℃以下馏出说明干燥不彻底，乙酸乙酯可能形成了低沸点的共沸混合物，应重新干燥后再蒸馏。

【思考与讨论】

(1)不同结构类型醇的酯化反应机理如何？为什么叔醇酯化产率较低？

(2)酯化反应有何特点？本实验针对这些特点采取了哪些方法用以提高产率？结合查阅的文献，本实验还有哪些方法可以应用？

(3)本实验中硫酸的作用是什么？其用量一般为多少？为何本实验方法一用了 8mL，而方法二只用了 6mL？

(4)本实验可否采取冰醋酸过量？为什么？与乙醇过量相比各有何不同？

(5)萃取洗涤时，萃取剂的用量是如何确定的？过多或过少会如何？

(6)本实验有哪些副反应？这些副反应在实验设计和操作时是如何克服和避免的？

(7)萃取剂为何均是饱和溶液？不饱和的可以吗？

(8)萃取时若振荡不充分或静置分层不完全，会有何影响？

(9)为何在蒸馏前要用碳酸盐去除酸、氯化钙去除醇？若不除去会如何？

(10)可以用氢氧化钠代替碳酸钠进行萃取洗涤吗？为什么？

(11)根据乙酸乙酯的沸程和折光率实验数据，分析乙酸乙酯纯度。

【教学指导与要求】

1. 实验预习

(1)技术准备：预习加热、冷却技术、普通蒸馏技术、液-液萃取技术、化学干燥技术、折光率测定技术、红外光谱测定技术。必要时预习了解气相色谱技术。

(2)理论准备：预习酯的性质和制备、酯化反应机理。

(3)查阅资料填写下列数据表：

化合物	M_r	m.p./℃	b.p./℃	$\rho/(g/cm^3)$	n_D^{20}	溶解度		
						水	乙醇	乙酸乙酯
乙酸乙酯								
冰醋酸								
乙醇(95%)								
浓硫酸								

(4)写出该实验的主、副反应方程，注明所有的必要反应条件。

(5)画出该实验的反应装置图，注明反应原料的量。

(6)画出本实验的分离纯化流程图，注明每步分离纯化的目的和相应的分离参数。

2. 安全提示

(1)浓硫酸、冰醋酸均具强腐蚀性，使用时要倍加小心。勿接触皮肤和衣物，一旦接触立即用大量水冲洗，强烈建议佩戴手套和防护眼镜。特别要注意浓硫酸与其他原料的加料顺序，必要时水冷却混合容器。反应后硫酸等残液需用碱中和后倒入废液桶。

(2)乙醇、乙酸乙酯均易燃易爆，注意加热安全和挥发问题，禁止明火。

3. 其他

(1) 本实验约需 4h，预期产量 6～8g。

(2) 本实验关键：滴加速率与蒸馏速率(温度控制)、萃取剂用量和分层、干燥。

实验 7-4　解热镇痛药——阿司匹林的制备(4h)

【关键词】

阿司匹林，酯化反应，重结晶。

【实验原理与设计】

阿司匹林具有显著的镇痛、解热、消炎、抗风湿等作用，是现代生活中最大众化的万应药之一，尽管其奇妙的历史已有 200 多年，但这个不可思议的药物仍有许多奥妙需要我们去研究和揭示。

阿司匹林首次合成于 1853 年，1899 年正式应用于临床，但其药学应用的背景则可追溯到 1763 年 6 月。当时一位名叫斯通（Stone）的牧师在伦敦皇家学会宣读一篇论文，题为"关于柳树皮治愈寒颤病成功的报告"。斯通所指的寒颤病即为现在所称的疟疾病，他的柳树皮提取物真正所起的作用是缓减这种疾病的发烧症状。几乎一世纪以后，从事研究柳树皮提取物的有机化学家分离和鉴定了这种强效的止痛、退热和抗炎的活性成分，称为水杨酸(salicylic acid)。由于水杨酸具有严重刺激口腔、食道和胃壁的黏膜等副作用，所以其作为药物使用受到极大限制。直到 1897 年，在拜耳(Bayer)公司德国分行工作的化学师霍夫曼（Hoffmann）合成了阿司匹林，并证明其具有止痛、退热和抗炎作用而又没有对黏膜的高度刺激性，从此才把它作为药物在临床上广泛应用。

目前，阿司匹林不仅作为非甾体抗炎药用于解热、镇痛、抗炎、抗风湿，而且由于其具有抑制前列腺素(PG)合成及干预血小板功能等作用而广泛用于预防脑血栓、心肌梗死等心脑血管疾病。同时，现代临床药理研究表明，阿司匹林还具有促进免疫分子——干扰素和白细胞介素-1 的生成而具有免疫增强、抗癌、抗艾滋病的作用。

阿司匹林的合成主要采取水杨酸的乙酰化反应而完成：

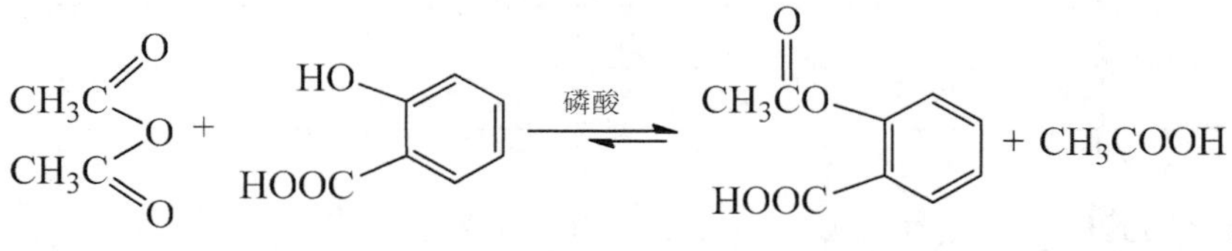

水杨酸是个双官能团化合物，既有酚羟基，又有羧基，因此它能进行两种不同的酯化反应。水杨酸与过量甲醇作用，其产品则是水杨酸甲酯[①]。

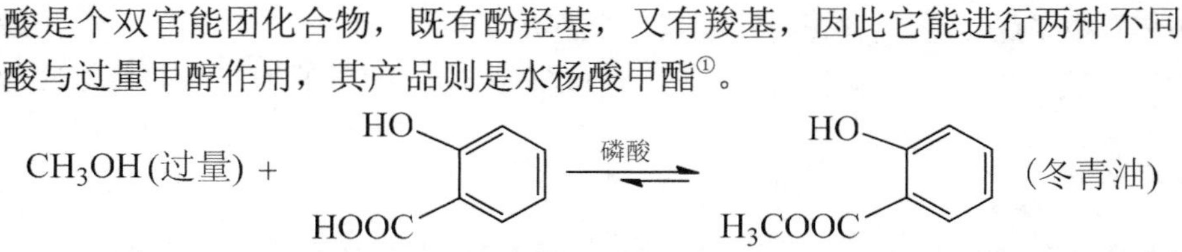

为加快反应速率，通常加少量浓硫酸或磷酸作催化剂。浓硫酸等能破坏水杨酸分子内羟

_____

① 即冬青油，首次发现于冬青树的香味成分，外用局部发赤剂，具有消肿止痛的功效。

基和羧基间形成的氢键，从而使酰化反应易于进行。

　　该反应也需加热以促进反应发生，但温度高(大于 70℃)则有利于水杨酰水杨酸酯和乙酰水杨酰水杨酸酯副产物的发生，以及产生少量的高分子聚合物。温度高也导致水杨酸升华(76℃)。

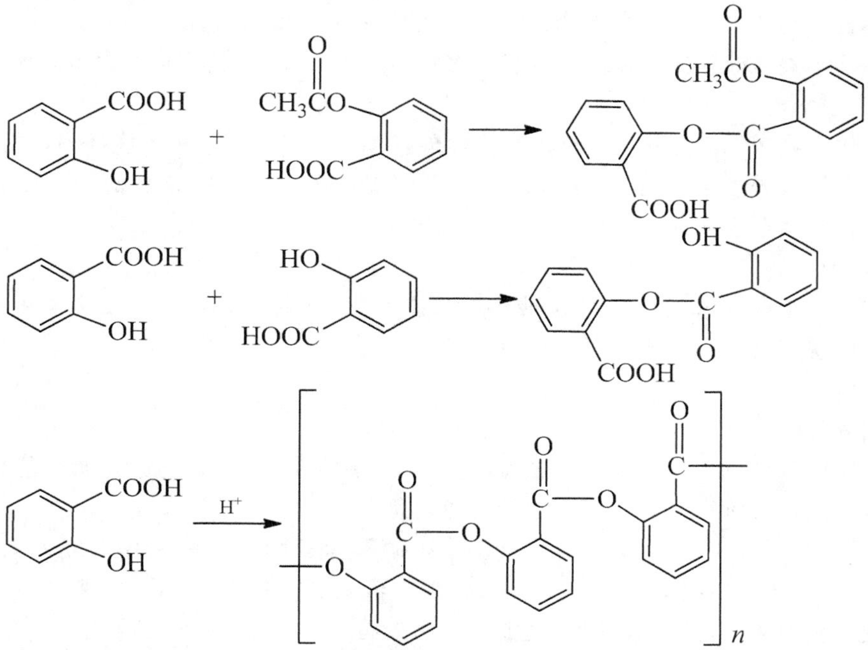

　　乙酰水杨酸因含有羧基能与碳酸氢钠成盐而溶于水，而聚合物则不能。这一性质差异可用于阿司匹林的纯化。

　　阿司匹林中最易产生的杂质是水杨酸，主要来自于未反应的原料和产物在实验过程中的分解。水杨酸可在重结晶过程中得到分离。是否含有水杨酸可利用酚羟基能与三氯化铁显色的性质进行检查。

【实验材料和方法】

1. 实验材料

药品试剂：水杨酸 2.0g(0.014mol)，乙酸酐 5mL(5.4g，0.04mol)，磷酸 3mL 或浓硫酸 5滴，95%乙醇，1%三氯化铁溶液，饱和碳酸氢钠溶液，浓盐酸。

仪器设备：100mL 锥形瓶，水浴锅，减压过滤装置，循环水真空泵，表面皿，100mL 烧杯，熔点测定仪，红外光谱仪。

2. 实验方法

（1）合成反应。

　　将 2.0g 水杨酸、5mL 乙酸酐、2～3mL 磷酸先后加入到 100mL 干燥的锥形瓶中[①]，充分振摇使固体溶解，然后低温加热 5～10min，使瓶内反应液温度在 70℃左右，过高会增加副产物的生成。可用三氯化铁溶液检测反应是否完全。

---

① 若用浓硫酸则加 5 滴。

(2)分离纯化。

结晶析出粗产品：反应完全后，将反应物用冰水浴冷却至室温，使晶体析出①，再加入约50mL 水，继续用冰水冷却使结晶全部析出。减压过滤收集粗产物②，用少量冰水淋洗结晶，减压过滤并尽量抽干。将粗产品转移至表面皿，干燥③，称量得粗产品。

粗产品碱化溶解去除不溶高聚物：将粗产物转移到 100mL 烧杯中，在搅拌下加入 25mL 饱和碳酸氢钠溶液，继续搅拌直至不再有二氧化碳放出④，减压过滤除去少量高聚物固体，用2～3mL 水冲洗漏斗内固体，滤液合并。

滤液酸化产品重结晶：量取 3～4mL 浓盐酸和 10mL 水配成溶液于烧杯内，将滤液倒入，冰水浴冷却，使乙酰水杨酸晶体析出完全，减压过滤，用少量冷水洗涤 2～3 次，挤压晶体抽干水分，晶体转移至表面皿上，干燥，称量。

(3)产品检查。

取几粒晶体于试管内加 5mL 水配成溶液，加入 1%三氯化铁溶液 1～2 滴，观察有无颜色反应。若显色说明含有水杨酸，可再次重结晶纯化⑤。

(4)产品鉴定。

①产品外观。

②性质实验：取水杨酸、苯酚、乙酸酐和本实验产品各少许，分别进行三氯化铁实验、碳酸钠实验、高锰酸钾实验，记录并解释相应现象。

③熔点测定：阿司匹林易受热分解，因此熔点不是很明显，它的分解温度为 128～135℃，熔点为 136℃。在测定熔点时，可先将热载体加热至 120℃左右，然后放入样品测定。

④薄层层析检查：硅胶 G，展开剂戊烷：乙酸乙酯＝8：2，标准品随行。

⑤红外光谱测定：压片法。

【思考与讨论】

(1)酯化反应需要质子酸催化，选择硫酸和磷酸催化制备阿司匹林有何不同和影响吗？在硫酸存在下，水杨酸与乙醇作用会得到什么产品？

(2)本实验有何副反应？可采取哪些措施予以克服和抑制？

(3)本实验中加入硫酸氢钠的目的是什么？可以选用碳酸钠或氢氧化钠吗？

(4)除乙酸酐外，本实验还可以选择其他酰化试剂吗？

(5)根据乙酰水杨酸的结构,讨论分析该实验在反应和分离纯化过程中需要注意哪些问题？

(6)本实验副产物在性质上与阿司匹林有何区别？是如何将其与阿司匹林分离的？

(7)本实验粗产品、纯品在减压过滤时要求尽量抽干水分，是出于何种考虑？

(8)查阅最新版《中华人民共和国药典》关于阿司匹林的纯度检查项目和方法。对比本实验分析结果，有何不同？有何可以借鉴和改进的方法？

---

① 为使晶体充分析出需要控制好必要的条件：溶剂种类、溶剂用量、冷却温度等。若晶体析出困难可用玻璃棒在溶液中摩擦容器内壁，如此操作可使晶体分子在器壁上有序排列加快生长，也可加入少量晶种。

② 锥形瓶内残留的固体可用滤液淋洗转移至过滤漏斗，这样可以减少其溶解损失。

③ 阿司匹林受热易分解，分解温度为 128～135℃，含水的阿司匹林加热也易液化并产生部分水解，故其干燥温度不能高。

④ 可边加碳酸氢钠边以 pH 试纸检测，以确认阿司匹林全部溶解转化为盐。不要过量加入碳酸氢钠溶液，否则液体体积增加会影响其重结晶析出量。

⑤ 阿司匹林重结晶溶剂可选择乙醇-水、甲苯、乙酸乙酯、1：1 稀乙酸、乙醚-石油醚等溶剂，其中乙酸乙酯较好采用。为防止部分产物分解，重结晶回流加热温度不能过高，回流时间不宜过长。

【教学指导与要求】

1. 实验预习

(1)技术准备：加热，结晶、重结晶，减压过滤。

(2)理论准备：醇、羧酸的性质，酯化反应。

(3)查阅资料并填写下列数据表：

化合物	M_r	m.p./℃	b.p./℃	$\rho/(g/cm^3)$	n_D^{20}	溶解度		
						水	乙醇	有机溶剂
乙酰水杨酸								
水杨酸								
乙酸酐								
磷酸								

(4)写出本实验的主、副反应方程，注明反应条件和反应时间。

(5)画出本实验制备和分离纯化实验流程图，注明各步实验的必要参数和条件。

(6)写出本实验的反应原理，有哪些副反应？是如何克服的？

(7)查阅综述有关阿司匹林制备的文献资料。

2. 安全提示

(1)乙酸酐、浓磷酸：有腐蚀性，避免接触。一旦接触立即用大量水冲洗。

(2)水杨酸：有毒，口服有害，对眼睛、皮肤有刺激性，万一接触到眼睛应立即用大量水冲洗。

3. 其他

(1)本实验约需 4h，预期粗产品约 1.8g，纯品 1.5g。

(2)本实验的关键：温度与加热时间控制。

(3)阿司匹林的合成也可以采取微波合成法：在 50mL 烧杯中依次加入 1.4g 水杨酸、2.8mL 乙酸酐、1 滴 85%磷酸，混合均匀，用表面皿盖好烧杯。将反应烧杯放入微波炉的托盘上，设定加热功率 30%，加热 2min 后，取出少许用三氯化铁溶液检查是否含有水杨酸，如仍有水杨酸，继续微波加热 2min，再取样检查，直至水杨酸反应完全。取出烧杯后，冷却至室温，使晶体析出，减压过滤得晶体，重结晶纯化，干燥，称量，计算产率。

实验 7-5　解热冰——乙酰苯胺的制备(4h)

【关键词】

乙酰苯胺，酰化反应，回流，重结晶，熔点测定。

【实验原理与设计】

1. 合成原理与设计

乙酰苯胺最初因具有解热镇痛作用而被称为解热冰，因毒性较大而被临床使用。后发现将其氨基酰化可降低毒性，引入羟基可增强其解热镇痛作用，这就是著名的解热镇痛药扑热息痛，即对乙酰氨基酚。

胺的酰化在有机合成和药物制备中占有重要地位。一方面可以保护氨(胺)基，另一方面以酰胺键代替酯键可以改善药物的稳定性和药理活性。对于一级、二级芳香胺，酰化后可以降低对氧化降价的敏感性，提高其稳定性；同时，氨基酰化后，可以降低苯环的亲电取代活性，使反应由多元取代变为一元取代；由于酰基的空间效应，往往选择性地生成对位产物。

(1)酰化试剂的选择。

常用的酰化试剂主要有酰卤、酸酐、羧酸。三种乙酰化试剂制备乙酰苯胺的反应如下：

$$\text{C}_6\text{H}_5\text{—NH}_2 + \text{CH}_3\text{COCl} \rightleftharpoons \text{C}_6\text{H}_5\text{—NHCOCH}_3 + \text{HCl}$$

$$\text{C}_6\text{H}_5\text{—NH}_2 + (\text{CH}_3\text{CO})_2\text{O} \rightleftharpoons \text{C}_6\text{H}_5\text{—NHCOCH}_3 + \text{CH}_3\text{COOH}$$

$$\text{C}_6\text{H}_5\text{—NH}_2 + \text{CH}_3\text{COOH} \underset{\text{(冰醋酸)}}{\overset{\triangle}{\rightleftharpoons}} \text{C}_6\text{H}_5\text{—NHCOCH}_3 + \text{H}_2\text{O}$$

①酰卤：反应速率最快，产率高。产物卤化氢随时排除，使产物易纯化。缺点是酰卤易水解，需绝对无水操作，反应速率快，不易控制，酰卤毒性大、价格高、环境污染较大等。

②酸酐：反应速率较快且可控，产率高。缺点是用纯酸酐与游离胺反应可能会产生二酰胺副产物[①]。为避免产生二酰胺副产物，可采取如下两种方法：一种是将苯胺溶于稀盐酸，使氨基形成盐酸盐，从而降低氨基酰化活性，抑制二酰化产物。另一种是将反应在乙酸-乙酸钠缓冲溶液中进行，由于酸酐水解速率慢于酰化速率，二酰化产物得到抑制。但该方法不适合硝基苯胺和其他碱性很弱的芳胺的酰化。

③冰醋酸：反应速率慢，需加热。产率不如酰氯和酸酐。但其廉价易得，成本低。

综上分析，一般认为酸酐是比较好的酰化试剂。若采用冰醋酸酰化，除需加热外，还应针对其可逆反应这一特性，采取相应措施提高产率。如乙酸过量，可通过空气冷凝管回流加热装置或分馏回流装置将生成物水从反应体系除去等。

(2)其他副反应。

苯胺容易氧化，产生副产物，可加少量锌粉加以抑制。但加入的锌粉不宜过多，否则会在后处理过程中产生不溶于水的氢氧化锌，影响乙酰苯胺的纯度。

2. 分离纯化原理与设计

反应后混合物含有乙酰苯胺、未反应的苯胺和乙酸、苯胺的氧化和聚合产物、水等。乙酰苯胺与其最大的性质差异是在水中低温难溶而高温易溶。据此可利用结晶法得到粗产品，重结晶进一步纯化。但需要注意的是：①乙酰苯胺在乙酸水溶液中溶解度会增大；②苯胺氧化物及其聚合物为有色黏稠物质，会黏附在乙酰苯胺晶体上，故析出晶体前要进行脱色处理。表 7-4 为乙酰苯胺溶解度表，供参考使用。

[①] 有时在合成乙酰苯胺时会出现超过理论产量的情况，可能就是由于产生了二乙酰苯胺的缘故。事实是否如此，可经过实验验证。

表 7-4　乙酰苯胺溶解度表

溶剂	可溶解的乙酰苯胺/(g/100g)						溶剂	可溶解的乙酰苯胺/(g/100g)			
水	20℃	25℃	50℃	80℃	90℃	100℃	乙酸/%	20℃	25℃	30℃	35℃
	0.46	0.56	0.84	3.45	5.8	6.5	21.2	2.33	2.70	3.28	4.05
溶剂	温度	溶解度	溶剂	温度	溶解度		34.4	9.82	12.20	15.30	19.20
乙醇	25℃	14.0%	丙酮	30～31℃	31.35%		43.4	31.50	38.20	46.60	56.90
乙醚	25℃	7.7%	氯仿	25℃	16.6%		49.7	46.20	52.90	60.90	70.70

【实验材料与方法】

1. 实验材料

药品试剂：苯胺 6mL（6.1g，0.065mol），冰醋酸 8mL（8.4g，0.14mol），锌粉 0.05g，活性炭 2g，沸石几粒。

仪器设备：50mL 圆底烧瓶，空气冷凝管，减压过滤装置，熔点测定仪，红外光谱仪。

2. 实验方法

（1）合成反应。

取苯胺（新蒸馏）6mL、冰醋酸 8mL、锌粉 0.05g，放入圆底烧瓶内并摇匀，再加沸石 2 粒，选用空气冷凝管，安装回流装置。控制加热温度，使反应物微微沸腾，勿使蒸气上升到冷凝管高度一半以上，回流约 60min 后停止加热。也可采用简易的分馏装置，控温为 98～103℃。装置如图 7-6。

（2）结晶与重结晶分离纯化。

待稍冷，反应瓶内液体不挥发后，拆除反应烧瓶上面的冷凝管或分馏管，持烧瓶夹将烧瓶内反应后混合物在搅拌下趁热[1]以细流慢慢倒入盛有约 80mL[2]冷水的烧杯中[3]。乙酰苯胺因在冷水中溶解度较低以晶体析出，继续轻轻搅拌和冷却使晶体析出完全[4]，然后减压过滤，并用几毫升冷水在布氏漏斗内洗涤晶体 2 次[5]，减压尽量抽干溶剂，得粗产品，称量。

将粗品移至 250mL 烧杯中，加入适量水[6]，加热至沸，使晶体溶解，若烧杯底部仍有油珠[7]不溶可再补加一些热水，直至晶体全部溶解。稍冷后加入适量活性炭煮沸至少 5min 进行脱色[8]。然后趁热减压

图 7-6　乙酰苯胺制备装置

---

① 反应后混合物冷却后，固体产物立即析出，沾在反应瓶壁上不易处理，故须趁热倒出。

② 思考：此处冷水 80mL 是出于哪些考虑和计算得出来的，多或少些会如何。

③ 反应后混合物倒入冷水的目的有二：一是除去过量的冰醋酸及未作用完的苯胺，苯胺此时以乙酸盐的形式存在而易溶于水；二是使乙酰苯胺结晶析出与其他混合物分离。

④ 若不轻轻搅拌，可能晶体会形成较大晶体颗粒而包裹更多的杂质。

⑤ 一定要注意控制洗涤溶剂的使用量，用量越多，晶体损失越多。因乙酰苯胺溶于热水，故需使用冷水洗涤。

⑥ 溶解粗品的溶剂水的量是根据乙酰苯胺在沸水中的溶解度粗略计算而得到的，一般比计算量过量 10%～20%。

⑦ 油珠为熔融状态的乙酰苯胺。

⑧ 活性炭不能在沸腾时加入，否则会发生暴沸而引发液泛；活性炭加入量一般为粗品的 1%～5%，可视颜色深浅增减，但避免过多加入，以免造成吸附损失；只有煮沸才能使吸附特性发挥得更彻底。

热过滤①，滤液趁热转移至干净烧杯中冷却至室温②，使乙酰苯胺自然结晶析出完全。减压过滤并以少许冷水在布氏漏斗内洗涤晶体，减压抽干。将晶体转移至表面皿内进行干燥处理，称量，计算产率。

(3)产品的性质、鉴别与表征。

①产品外观。

②化学性质与鉴别：取苯胺、N-甲基苯胺、N,N-二甲基苯胺、乙酰苯胺各适量分别做Hinsberg实验、溴水实验、亚硝酸实验。

③熔点测定。

④红外光谱测定：压片法。

【思考与讨论】

(1)乙酰化试剂可选用哪些物质？这些物质相比哪个反应效果更好？为何本实验选择冰醋酸？

(2)反应后的混合物中有尚未反应的乙酸，会对乙酰苯胺的结晶析出产生不利影响吗？若有影响应如何克服？

(3)乙酰苯胺重结晶时需要注意哪些问题？结合重结晶回收率结果加以说明。

(4)对比分析采用空气冷凝管和分馏管为合成装置的设计目的与实际效果。

(5)根据自己的实验情况，分析和总结重结晶和过滤过程中需要注意的一些问题。

【教学指导与要求】

1. 实验预习

(1)查阅资料并填写下列数据表：

化合物	M_r	m.p./℃	b.p./℃	$\rho/(g/cm^3)$	n_D^{20}	溶解性		
						水	乙醇	有机溶剂
乙酰苯胺								
苯胺								
冰醋酸								

(2)写出本实验的反应原理，有哪些副反应？如何克服的？

(3)该反应特点是什么？采取了哪些措施提高产率？反应温度和反应时间是多少？

(4)画出本实验装置图。

(5)本实验反应后混合物中有哪些成分？乙酰苯胺是如何被分离纯化的？

2. 安全提示

(1)苯胺：口服或皮肤接触有害，勿吸入蒸气或触及皮肤，有不可逆性损害作用。

(2)冰醋酸：有毒，有腐蚀性，能引起严重烧伤。取用戴橡胶手套，使用时应避免吸入其

---

① 注意热过滤过程中滤液、过滤漏斗、减压过滤瓶的温度保护问题，否则很容易造成在过滤过程中滤液中的溶质因温度降低而结晶析出。

② 若滤液体积较大，可加热浓缩至饱和溶液再行冷却析出。

蒸气，万一接触眼睛应用大量水冲洗后就医，使用时有事故发生或不适感应去医院诊治。

（3）乙酰苯胺：该品有毒，具有刺激性，口服有害，避免吸入粉尘，避免与眼睛和皮肤接触。

3. 其他

（1）本实验需 4～6h，预期产量约 5g。

（2）为体现本实验重结晶实验教学效果，粗产品最好带有些颜色。为此，苯胺可不必用新蒸馏的，锌粉也可不加。

（3）本实验的关键：温度控制、重结晶过程中的溶剂用量、活性炭脱色、热过滤、晶体洗涤。

（4）结果评价：产量、颜色。学生产品集中回收。

实验 7-6　ε-己内酰胺的制备

【关键词】

ε-己内酰胺，Beckmann 重排，减压蒸馏。

【实验原理与设计】

Beckmann 重排在立体化学上的用途是确定酮肟的构型，在工业生产上则用来大规模制备高聚物尼龙-6 的单体，即 ε-己内酰胺。

己内酰胺 $C_6H_{11}NO$，相对分子质量 113.16，相对密度 1.01，折光率 1.4935，熔点 68～70℃，沸点 216.19℃。白色粉末或结晶固体。易溶于水、乙醇，溶于石油醚、乙醚和卤代烃。有吸湿性，需存于密闭容器内。

环己酮可由环己醇氧化制得（实验 6-2）。环己酮肟不溶于水，结晶法可将其分离纯化。环己酮肟在硫酸溶液中可发生重排，重排为剧烈放热反应，因此加热引发后应立即移除热源。反应后，需将硫酸进行中和，中和时会放出热量引发酰胺水解，因此需冷却滴加碱液，并要控制溶液温度在 20℃以下。为促使热量散发和中和反应均匀，还需搅拌。为此，该中和需在三颈烧瓶内进行，三颈烧瓶上分别安装搅拌器（磁力搅拌也可）、温度计和滴液漏斗。用于中和酸的碱液通常选取比较温和的氨水。中和后，利用己内酰胺难溶于水的特性萃取分离，再进行减压蒸馏精制。

【实验材料和方法】

1. 实验材料

药品试剂：9.8g（10.5mL，0.1mol）环己酮（可自制），9.8g（0.14mol）羟胺盐酸盐，14g 结晶乙酸钠，20%氢氧化钠溶液，85%硫酸。

仪器设备：250mL 锥形瓶，500mL 烧杯，250mL 三颈烧瓶，电动或磁力搅拌器，恒压滴液漏斗，200℃温度计，分液漏斗，25mL 克氏蒸馏瓶，减压蒸馏装置，减压过滤装置，熔点测定仪，电子天平等。

2. 实验方法

(1)环己酮肟的制备。

在 250mL 锥形瓶内将 9.8g 羟胺盐酸盐、14g 结晶乙酸钠溶于 30mL 水中,温热至 35～40℃。每次约 2mL 分批加入 10.5mL 环己酮,边加边振摇,此时会有固体析出。加完后用橡胶塞塞紧瓶口,剧烈摇振 2～3min,环己酮肟呈白色粉状结晶析出[①]。冷却后,减压过滤,少量水洗涤晶体,抽干后在滤纸上压干,干燥后称量,熔点测定检验。

(2)环己酮肟重排制备己内酰胺。

在 500mL 烧杯内[②],放置 10g 环己酮肟、20mL 85%硫酸,旋动烧杯使二者混溶。在烧杯内放置一支 200℃温度计检测温度,低温小心加热。当开始有气泡时(约 120℃),立即移除热源,烧杯内会发生剧烈的放热反应,温度计示数会很快上升(可达 160℃),反应在几秒内完成。稍冷后,将溶液倒入 250mL 三颈烧瓶内,并在冰盐浴中冷却。三颈烧瓶上口分别安装搅拌器(若为磁力搅拌加入搅拌磁子入三颈烧瓶)、温度计、滴液漏斗。滴液漏斗内装入 20%氢氧化铵溶液[③]。当溶液温度降至 0～5℃时,开动搅拌,滴入碱液,控制滴加速率使溶液温度在 20℃以下,以避免己内酰胺水解。后期以石蕊试纸检验至溶液 pH 呈碱性为止。氨水用量约 60mL,滴加时间约 1h。

将中和后的溶液倒入分液漏斗,分出水层,油层转入 25mL 克氏蒸馏瓶,减压蒸馏。收集馏分:127～133℃/0.93kPa(7mmHg)、137～140℃/1.6kPa(12mmHg)或 140～144℃/1.86kPa(14mmHg)。馏出物在接收瓶中会固化成无色结晶。熔点测定检验,预期产量为 5～6g。

若不采取减压蒸馏法精制,也可采用重结晶法:将中和后的粗产物转入分液漏斗,每次用 10mL 四氯化碳萃取 3 次,合并四氯化碳萃取液,无水硫酸镁干燥后滤入干燥的锥形瓶。加入沸石后水浴加热蒸馏除去大部分溶剂至余液 8mL 左右为止。稍冷后拆下锥形瓶,小心向溶液中加入石油醚(30～60℃)至恰好出现浑浊为止。将锥形瓶置于冰浴中冷却使结晶析出完全,减压过滤,少量石油醚洗涤晶体。若加入石油醚量超过原溶液 4～5 倍仍不出现浑浊,说明蒸馏时所剩四氯化碳太多。需加入沸石后重新蒸馏除去四氯化碳,直至剩下很少四氯化碳时,再重新加入石油醚进行结晶。

【思考与讨论】

(1)制备环己酮肟时,加入乙酸钠的目的是什么?

(2)本实验的主要副反应是什么?如何克服?

(3)本实验还有其他的制备方法和改进措施吗?结合文献阐述。

(4)结合自己实验情况,本实验的关键问题和值得注意的地方有哪些?

【教学指导与要求】

1. 实验预习

(1)查阅资料并填写下列数据表:

---

① 若此时环己酮肟呈白色小球状,表明反应还未完全,需继续振摇。

② 因重排放热反应很剧烈,需使用较大烧杯以利于散热,使反应平缓。环己酮的纯度会影响反应的剧烈程度。

③ 开始滴加要慢,因此时溶液较黏稠,发热厉害,滴加快了会使温度突然升高,影响产率。

化合物	M_r	m.p./℃	b.p./℃	$\rho/(\text{g/cm}^3)$	n_D^{20}	溶解性		
						水	醇	有机溶剂
环己酮								
环己酮肟								
己内酰胺								

(2)给出本实验反应方程，注明条件和用量，画出实验流程图。

(3)预习回答下列问题：

①温热反应原料时为何温度不能超过 40℃？

②为何要分批加入环己酮？一次加入可否？为什么？加完环己酮为何还要剧烈振摇？

③环己酮肟的重排反应可否在大锥形瓶中进行？为什么？

④85%硫酸可否再浓一些或稀一些？为什么？

⑤重排后中和酸液的氨水浓度大于 20%不行吗？为什么？小于 20%呢？

⑥若需配制 70mL 20%氨水需用浓氨水和水各多少毫升？

⑦氨水中和后的溶液 pH 为何要使石蕊试纸呈碱性？pH 大点或小点有何不妥？

2. 安全提示

注意易燃易爆有机试剂的安全使用。环己酮、环己酮肟和己内酰胺有毒，勿接触口腔和眼睛。注意滴加速率和反应温度控制，防止液体迸溅。

3. 其他

(1)本实验需 6～8h。预期产量 5～6g。

(2)实验关键：己内酰胺的重结晶比较困难，对学生是个考验。

第8章 含氮化合物的性质与制备

8.1 含氮化合物的基本性质与化学鉴别

8.1.1 含氮化合物的基本性质

含氮化合物的基本性质列于表 8-1。

表 8-1 含氮化合物主要性质一览表

	性质	说明与备注
	碱性：源自 N 的孤对电子。电子效应、空间效应、溶剂化效应对胺的碱性均有影响。一般：脂肪胺(2°>1°>3°)>氨>芳香胺	成盐反应用于：测定熔点鉴定、分离纯化、析解消旋体
	烃基化： $RNH_2 \xrightarrow{RX} R_2NH \xrightarrow{RX} R_3N \xrightarrow{RX} R_4NX^- \xrightarrow{OH^-} R_4N^+OH^-$	亲核取代历程
	季铵碱 Hofmann 消除： $\left[\begin{array}{c}CH_3\\ \mid\\ RCHN(CH_3)_3\\ +\end{array}\right]OH^- \xrightarrow{\triangle} RCH{=}CH_2 + N(CH_3)_3 + H_2O$	反应按 E2 机理进行，反式共平面消除，多数产物符合 Hofmann 规则，优先消去取代基较少的碳上的氢

含氮化合物主要性质（续）

酰化：
RNH_2、R_2NH 酰化试剂RCO— → $RNHCOR$、R_2NCOR

磺酰化：Hinsberg 反应

（Hinsberg 反应用于鉴别伯、仲、叔胺）

$H_3C{-}\bigcirc{-}SO_2NHR$ 溶于碱
$H_3C{-}\bigcirc{-}SO_2NR_2$ 不溶于碱
不反应，呈油状物，溶于酸

胺

与亚硝酸反应		现象	应用
胺类型	反应式		
脂肪伯胺	$RNH_2 \xrightarrow[0\sim5℃]{NaNO_2,\ HCl} RN_2^+ \longrightarrow R^+ + N_2\uparrow$（醇、烯、卤代烃等混合物）	放出气体	据实验现象鉴别伯、仲、叔胺
脂肪仲胺	$R_2NH \xrightarrow{NaNO_2,HCl} R_2N{-}NO \xrightarrow[或还原]{水解} R_2NH$（黄色油状或固体）	出现黄色油状物或固体，加酸油状物水解消失	
脂肪叔胺	$R_3N + HNO_2 \longrightarrow R_3NH_2^+\ NO_2^-$	成盐反应，无特殊现象	
芳香伯胺	$ArNH_2 \xrightarrow[0\sim5℃]{NaNO_2,HCl} ArH_2^+\ Cl^-$	芳香重氮盐在 5℃ 以下低温可存在，高于此温会分解放出氮气	①重氮盐惯常用于有机合成②用于鉴别③重氮化反应用于化学分析
芳香仲胺	与脂肪仲胺类似	有油状物生成	
芳香叔胺	$\bigcirc{-}N\begin{smallmatrix}CH_3\\CH_3\end{smallmatrix} + HNO_2 \longrightarrow ON{-}\bigcirc{-}N\begin{smallmatrix}CH_3\\CH_3\end{smallmatrix}$（对位占据时进入邻位）	出现绿色晶体	

续表

	性质			说明与备注
胺	芳香胺的芳环亲电取代	卤化、磺化、硝化、酰化		氨(胺)基为强邻对位定位基氨基；成盐后转变为间位定位基
	光谱特征	IR	伯胺	伸缩 ν_{N-H} 3490～3400cm^{-1}(非缔合)，缔合胺向低波位移 100cm^{-1}；弯曲 1650～1590cm^{-1}，900～650cm^{-1}
			仲胺	伸缩 ν_{N-H} 3500～3300cm^{-1}，面外弯曲 750～700cm^{-1} 强吸收
				ν_{C-N} 伸缩：脂肪胺 1230～1030cm^{-1}，芳香胺 1340～1250cm^{-1}
		^{1}HNMR		氮上质子因氢键形成程度不同变化大，δ_H=0.5～5，峰呈馒头形
重氮盐	取代：$$ArN_2^+\ Cl^- \xrightarrow{CuCl,\ HCl} ArCl + N_2\uparrow$$ $$ArN_2^+\ OSO_3H \xrightarrow[\triangle]{H_2SO_4,\ H_2O} ArOH + N_2\uparrow$$ $$ArN_2^+\ Cl^- \xrightarrow[H_2O]{H_3PO_2} ArOH + N_2\uparrow$$ $$ArN_2^+\ Cl^- \xrightarrow{KCN,CuCN} ArCN + N_2\uparrow$$			可用于合成多种产物
	偶联反应：$$ArN_2^+Cl^- + \text{（苯酚）}-OH \xrightarrow[0\sim5^\circ C]{NaOH,\ H_2O} ArN=N-\text{（苯环）}-OH$$			用于合成偶氮染料

8.1.2　含氮化合物的性质与鉴别实验

1. 胺的性质鉴别

(1)Hinsberg 实验：试管内分别加入 0.1mL 样品，再在每支试管内加 0.2g 对甲苯磺酰氯。用力振摇试管，手触试管底，感觉哪支试管发热？记录现象。然后加入 5mL 10%氢氧化钠溶液，塞好试管，间歇摇动试管 35min，打开试管塞子，边摇边水浴加热 1min，冷却后用 pH 试纸检验试管内液体是否呈碱性，若不呈碱性应再滴加几滴氢氧化钠溶液。观察、记录、解释上述实验现象，并据此推测每支试管内的胺为哪一级胺。

实验样品：苯胺、N-甲基苯胺、N,N-二甲基苯胺。

(2)亚硝酸实验：在一支大试管内加入 3 滴(0.1mL)试样和 2mL 30%硫酸溶液，混匀后将其冷却在冰盐浴中至−5℃以下。另取 2 支试管，分别加入 2mL 10%亚硝酸钠溶液和 2mL 10%氢氧化钠，并在氢氧化钠溶液中加入 0.1g 萘酚，混匀后冷却于冰盐浴中。

将冷却后的亚硝酸钠溶液在振摇下加入冷却的胺样品溶液中，观察、记录实验现象，并据此推测各样品属于哪级胺。

将试管内的液体倒出一半分至另外的试管内，另一半仍继续冷却留存。将分出的试管内的液体温热至室温，注意观察有无气泡冒出。向仍在冷却的剩余的试管内液体中滴加萘酚碱液，振荡后观察颜色变化。有红色染料沉淀析出说明什么？

实验样品：苯胺、N-甲基苯胺、N,N-二甲基苯胺。

2. 苯胺的性质鉴别

(1)溴水实验：试管内加入 1mL 苯胺水溶液(5mL 水加 1 滴苯胺，用力振摇至清亮)，滴加 3 滴饱和溴水，振摇，观察、记录并解释实验现象。

(2) 高锰酸钾实验：试管内加入 1mL 苯胺水溶液，滴加 2 滴 0.5%高锰酸钾水溶液，摇动，观察、记录并解释实验现象。

3. 尿素的性质鉴别

(1) 尿素的水解：试管内加入 1mL 20%的尿素水溶液和 2mL 饱和氢氧化钡水溶液，加热，在试管口内放一条湿的红色石蕊试纸。观察、记录并解释实验现象。

(2) 亚硝酸实验：试管内加入 1mL 20%尿素水溶液和 0.5mL 10%亚硝酸钠水溶液，混合均匀。然后滴 1 滴 15%硫酸，振摇，观察、记录并解释实验现象。

(3) 尿素的缩合与缩二脲实验：干燥的试管内加 0.3g 尿素，加热溶化，继续加热时溶化的液体又固化。加热过程中用湿的红色石蕊试纸在试管口检验。样品全部凝固后停止加热并冷却，加入 2mL 热水使样品全部溶解。滴加等量的 5%氢氧化钠溶液和 1 滴 1%硫酸铜水溶液。观察、记录并解释上述实验现象。

(4) 脲盐实验：于 2 支试管内各加入 1mL 20%尿素水溶液，再分别滴加 1mL 浓硝酸和饱和草酸水溶液。振摇，观察、记录并解释实验现象。

8.2 含氮化合物制备的一般方法

8.2.1 胺的一般制备方法

1. Gabriel 合成法

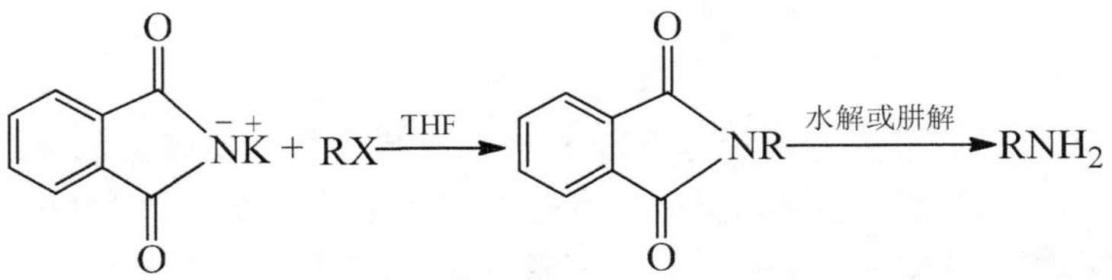

2. 硝基化合物的还原

$$RNO_2 \xrightarrow{\text{还原剂}} RNH_2$$

3. 腈、酰胺、肟的还原

$$RCN \xrightarrow{\text{还原剂}} RCH_2NH_2$$

$$RCONH_2 \xrightarrow{\text{还原剂}} RNH_2$$

$$RCH{=}NOH \xrightarrow{\text{还原剂}} RCH_2NH_2$$

4. 醛酮的还原胺化

$$RCHO + NH_3 \xrightarrow{\text{还原剂}} RCH_2NH_2 \xrightarrow{RCHO} \xrightarrow{\text{还原剂}} (RCH_2)_2NH$$

$$(RCH_2)_2NH \xrightarrow{RCHO} (RCH_2)_2NH{-}CHR(OH) \xrightarrow{\text{还原剂}} (RCH_2)_3N$$

所用还原剂种类较多，酸性还原剂有 Fe+HCl、Zn+HCl、Sn+HCl、SnCl$_2$+HCl 等；碱性还原剂有 NaS、NaHS、(NH$_4$)$_2$S、NH$_4$HS、LiAlH$_4$ 等；中性条件用催化氢化法，常用催化剂有 Ni、Pt、Pd 等。此法广泛用于芳香一级胺的制备。

5. Hofmann 重排

只有一级酰胺能发生此重排。

$$RCONH_2 \xrightarrow{NaOH,\ X_2} RNH_2$$

8.2.2　重氮化反应及其应用

芳香族伯胺在酸性介质中和亚硝酸作用生成重氮盐的反应称为重氮化反应。

$$ArNH_2 + NaNO_2 + 2HX \xrightarrow{0\sim5℃} ArN\equiv\overset{+}{N}\overset{-}{:}X + NaX + 2H_2O$$

重氮盐在含氮芳香族化合物中占有极其重要的地位，它不仅可以进行一系列的取代反应，而且还可以与胺及酚类发生偶联反应，在燃料工业上也十分重要。因芳香伯胺的结构不同，生成重氮盐的难易也存在差别，所形成的重氮铵盐的水溶性和水解程度也不同，因而重氮盐的制备方法也略有不同。

(1)苯胺，联苯胺，含有—CH$_3$、—OCH$_3$基团的芳香族伯胺。

能与无机酸生成易溶于水但难水解的稳定铵盐。这些铵盐的重氮化速率小，一般采取"顺重氮化法"，即将 1mol 芳香伯胺溶于 2.53mol 盐酸中，把溶液冷却至 0～5℃，然后加入与胺等量的亚硝酸钠水溶液，直至反应液使淀粉-碘化钾试纸变蓝为止。过量的酸可防止重氮盐与未反应的芳香伯胺进行偶联。

(2)含有—SO$_3$H、—COOH 等吸电子基的芳香伯胺。

由于本身生成的内盐不溶于无机酸，因此它们很难重氮化，这时主要采取"倒重氮化法"，即先将此类化合物溶解在碳酸钠或稀碱溶液中，再加需要量的亚硝酸钠，然后加入稀盐酸，如甲基橙的制备(实验 8-3)就采取倒重氮化法。

(3)含有 1 个—NO$_2$、—Cl 等吸电子基团的芳香胺。

碱性弱，与酸成盐难，其铵盐难溶于水，但易水解，重氮化速率较快。生成的重氮盐极易与未重氮化的游离胺生成重氮氨基化合物。因此，重氮化时常将胺溶于热浓盐酸中形成铵盐，然后冷却，再进行重氮化，这样可以避免副反应的发生。

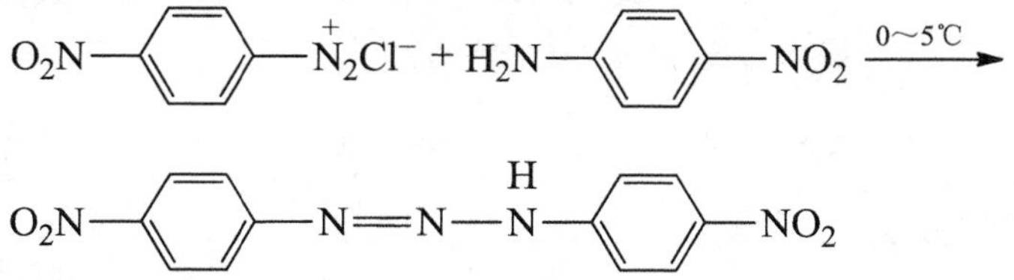

重氮盐具有很强的化学活泼性：

①可被—OH、—H、—X、—CN、—NO$_2$ 等置换，广泛应用于芳香化合物的合成中，特别是利用定位基规则难于得到的芳香族化合物，利用重氮盐中间体制备则有独到之处，如实验 8-4。

②重氮盐与芳香族叔胺或酚发生偶联反应，生成偶氮染料，如甲基橙、甲基红等。在偶联过程中，介质的酸碱性对反应影响很大，与酚偶联宜在中性或弱碱性中进行，与芳香胺类偶联宜在中性或弱酸性中进行。

③重氮盐还原制备肼类化合物，所用的还原剂有亚硫酸钠、亚硫酸氢钠、硫代硫酸钠、氯化亚锡等。

大多数重氮盐很不稳定，温度高容易分解，所以必须严格控制反应温度。重氮盐不宜长期保存，制好后应立即使用，而且通常不将其从溶液中分离出来，直接进行下一步反应。

实验 8-1　亲电取代硝化法制备染料中间体——对硝基苯胺(6h)

【关键词】

对硝基苯胺，亲电取代反应，硝化反应，酰化反应，减压过滤，重结晶，熔点测定。

【实验原理与设计】

对硝基苯胺是颜料中间体和重要的农药中间体，还可用于生产对苯二胺、抗氧化剂和防腐剂等。工业生产对硝基苯胺可采用乙酰苯胺硝化、水解的方法，也可用对硝基氯苯氨解的方法。

1. 亲电取代与硝化反应的机理

亲电取代反应是芳香环的重要的性质，其反应的实质是亲电试剂取代芳环上的氢。典型的芳香亲电取代有苯环的硝化、卤代、磺化、烷基化和酰基化。这些反应的机理大体相似，一般都经历下列过程：

中间体碳正离子的生成是整个反应的控速步骤。

对于取代苯的亲电取代反应，已有的基团对后进入的基团进入苯环的位置产生制约作用，称为取代基的定位效应，这种效应与取代基的诱导、共轭、超共轭等电子效应有关，也受空间效应影响。表 8-2 为常见邻对位和间位定位基。

表 8-2　常见邻对位和间位定位基归类一览表

性能	邻对位定位基					间位定位基	
强度	最强	强	中	弱	弱	强	最强
取代基	—O$^-$	—NR$_2$ —NHR —NH$_2$ —OH —OR	—OCOR —NHCOR	—NHCHO —C$_6$H$_5$ —CH$_3$ —CR$_3$	—F —Cl、—Br、—I —CH$_2$Cl —CH＝CHCOOH —CH＝CHNO$_2$	—COR，—CHO —COOR，—CONH$_2$ —COOH，—SO$_3$H —CN，—NO$_2$ —CF$_3$，—CCl$_3$	—N$^+$R$_3$
基团的电子效应	具有给电子诱导效应和给电子共轭效应	—CH$_3$、—CR$_3$ 只有给电子诱导效应，其余基团的给电子共轭效应都大于吸电子诱导效应			各基团的吸电子诱导效应大于给电子共轭效应	—CF$_3$、—CCl$_3$ 只有吸电子诱导效应，其余基团具有吸电子诱导效应和吸电子共轭效应	只有吸电子诱导效应
性质	活化基				钝化基		

苯环的硝化反应是制备芳香族硝基化合物的主要方法，也是最重要的亲电取代反应之一。芳香烃的硝化比较容易进行，在浓硫酸存在下，与浓硝酸作用即可，目前其公认的机理如下：

$$HONO_2 + 2H_2SO_4 \Longrightarrow H_3^+O + 2HSO_4^- + {}^+NO_2$$

浓硫酸的酸性环境有利于硝酰正离子（NO_2^+）生成。硝酰正离子是真正的亲电试剂，其存在已经被硝酸的硫酸溶液的冰点下降实验以及该溶液的拉曼光谱所证实。

硝化试剂除使用硝酸与硫酸的混合酸外，还可以使用硝酸的冰醋酸及乙酸酐的溶液，或单独使用硝酸。具体选用何种硝化试剂和反应条件要根据硝化对象的反应活性、硝化对象在硝化介质中的溶解度、副反应和副产物的发生以及反应后产物的分离纯化等要求进行综合考虑。例如，对于氧化剂敏感的酚类化合物的硝化一般采用稀硝酸，芳香胺的硝化需要进行基团的保护处理等。硝化反应一般在低温下进行，较高的温度会因硝酸的氧化导致原料的损失。对于用混酸也难以硝化的化合物，可以采取发烟硫酸或发烟硝酸。

混酸的硝化能力通常以脱水值（DVS 值）来表示：

$$DVS值 = \frac{混酸中硫酸的含量}{混酸中水的含量 + 硝化结束后生成水的量}$$

DVS 值越高说明混酸的硝化能力越强。

2. 对硝基苯胺的合成原理

对硝基苯胺的合成，可以以苯胺为原料，经硝化制得。但不可以直接进行硝化，因芳香胺基易被氧化。因此，必须将氨基先经乙酰化后进行基团保护，再进行硝化反应。本实验可直接以实验 7-5 的产品乙酰苯胺为原料，经硝化反应合成对硝基乙酰苯胺，再经酸性水解后得到对硝基苯胺：

所发生的副反应主要是

苯环上的乙酰氨基属于中等强度的邻对位定位基，其给电子共轭效应大于吸电子诱导效应，因此其硝化后可以得到邻硝基乙酰苯胺和对硝基乙酰苯胺。在低温（0～5℃）条件下，硝化可抑制邻硝基乙酰苯胺的生成而主要得到对硝基乙酰苯胺。若在 40℃时硝化，则约有 25% 邻硝基乙酰苯胺生成。

3. 酰胺水解与对硝基苯胺的分离纯化

酰胺的水解速率比酯键慢，酸碱条件下会加快其水解速率，加热也会加速水解。对硝基乙酰苯胺可在硫酸溶液中加热回流水解得到对硝基苯胺，对硝基苯胺在酸性溶液中溶解，而邻硝基苯胺在酸性溶液中溶解度小，据此可进行二者的分离。对硝基苯胺微溶于水，可溶于热水，据此可以进行重结晶纯化。

【实验材料与方法】

1. 实验材料

药品试剂：乙酰苯胺 3.5g（0.029mol），冰醋酸 4mL（5.04g，0.084mol），浓硝酸 2.1mL（3.16g，0.05mol），浓硫酸 9mL（16.5g，0.168mol），70%硫酸溶液 20mL，20%氢氧化钠溶液。

仪器设备：100mL 锥形瓶，烧杯，100mL 圆底烧瓶，球形冷凝管，减压过滤装置，熔点测定仪，红外光谱仪。

2. 实验方法

(1) 原料处理。

①配制乙酰苯胺硫酸溶液：在锥形瓶中加入 3.5g 乙酰苯胺，再加入 4.8mL 冰醋酸[①]，温和加热溶解至透明。将锥形瓶置于冰盐浴中冷却至 0～2℃，直至有白色晶体析出为止。在冰盐浴中振摇锥形瓶，并慢慢地滴加 6mL 冷、浓硫酸，使混合物混合均匀，将得到的乙酰苯胺澄清溶液继续在冰盐浴中冷却。

②配制混合酸：在 100mL 烧杯中加入浓硫酸 3mL，在冰盐浴中冷却，将 2.1mL 浓硝酸缓缓地加入烧杯中，混合均匀后备用。

(2) 硝化反应。

用滴管将混合酸慢慢地滴加到置于冰盐浴中的装有乙酰苯胺的锥形瓶中，并不断振摇或搅拌（也可用磁力搅拌器）使之混合均匀，保持硝化温度不超过 5℃[②]，混合酸加完后，继续搅拌 30min，将锥形瓶从盐浴中取出，室温放置 40min，并不断搅拌，使反应趋于完全。

(3) 硝化产物的分离。

将锥形瓶内反应物慢慢地倾入 20g 水和 20g 碎冰的混合物中。一边加料，一边搅拌，即有固体沉淀析出。静置 10min 后，减压过滤得晶体，观察记录晶体颜色和形状。用几毫升冷水洗涤晶体后抽干，再重复洗涤、抽干 2 次。干燥晶体并称量，计算对硝基乙酰苯胺的粗产率。

(4) 硝基乙酰苯胺的水解与产物纯化。

将制备的对硝基苯胺粗产品约 3.5g 置于 50mL 圆底烧瓶中，加入约 20mL 70%硫酸溶液，再加几粒沸石，装上球形冷凝管回流，加热回流 20min，注意观察溶液颜色的变化。若此时有沉淀析出，可以过滤除去[③]。将硫酸水解液趁热倒入盛有约 100mL 冷水的 250mL 烧杯中，搅

[①] 加入冰醋酸的作用是增加乙酰苯胺在硫酸中的溶解度。

[②] 低温以抑制和降低邻硝基产物的生成。

[③] 沉淀是邻硝基乙酰苯胺的水解产物邻硝基苯胺，其 pK_a 值比对硝基苯胺大，因其在硫酸溶液中的溶解度较小而沉淀析出。

拌均匀，再逐渐加入 20% 氢氧化钠溶液至溶液呈碱性（用 pH 试纸检测），使对硝基苯胺游离析出。减压过滤，冷水洗涤，抽干，称量。粗产品在水中进行重结晶纯化，干燥后称量得纯品，计算产率。

(5)产品的性质、鉴别与表征。

①产品外观和形状。

②化学性质与鉴别：将乙酰苯胺、苯胺、对硝基苯胺各少许，分别做溴水实验（溴水）、苯磺酰氯实验（加入 10% 氢氧化钠和苯磺酰氯）、碱性实验（滴加 2mol 盐酸），观察并解释实验现象。

③熔点测定。

④红外光谱测定。

【思考与讨论】

(1)结合苯环的亲电取代机理，说明苯胺、乙酰苯胺、甲苯、溴苯的取代活性。

(2)是否可以用苯胺直接进行硝化制备对硝基苯胺？为什么？若以苯胺为原料可以经过怎样的合成路线合成对硝基苯胺？

(3)请举例说明有哪些反应可以用于基团保护？

(4)对硝基乙酰苯胺合成后的反应物为何要加入冷却的冰水中？

(5)结合文献资料，讨论实验中产生的邻硝基产物是如何与对硝基产物进行分离的。

(6)为何乙酰苯胺无色，而对硝基乙酰苯胺和对硝基苯胺有颜色且前者更深？

(7)为何低温下有利于对位硝化产物的生成？

(8)总结苯环的亲电取代反应的定位效应规则。

(9)结合自己的实际情况分析本实验的得失成败与注意事项。

(10)写出本实验的内容提要于实验报告中。

【教学指导与要求】

1. 实验预习

(1)查阅资料并填写下列数据表：

化合物	M_r	m.p./℃	b.p./℃	$\rho/(g/cm^3)$	n_D^{20}	溶解度	取用量
对硝基苯胺							
邻硝基苯胺							
对硝基乙酰苯胺							
乙酰苯胺							
冰醋酸							
浓硫酸							
浓硝酸							

(2)该实验反应原料的投料比为多少？反应介质和催化剂是什么？反应温度和时间是多少？

(3)画出本实验流程图。

(4)写出本实验的反应原理，有哪些副反应？是如何克服的？

(5)对硝基乙酰苯胺和对硝基苯胺是如何进分离和纯化的？

(6)本实验涉及哪些药品会对环境造成危害？应如何回收处理？

2. 安全提示

(1)硝酸：强氧化剂，一级无机腐蚀品，勿接触皮肤、眼睛和衣物，不要吸入其蒸气。不要将硝酸与干燥的有机物品接触，以免发生燃烧事故。取用必须戴橡胶手套和护眼镜。

(2)对硝基苯胺：毒品，不要触及皮肤或误入口中。取用戴橡胶手套。

(3)浓硫酸：具有强腐蚀性和氧化性，使用时要倍加小心。注意浓硫酸的加料顺序。勿接触皮肤、眼睛和衣物，一旦接触立即用大量水冲洗。取用必须戴橡胶手套和护目镜。

(4)冰醋酸：有毒，有腐蚀性，能引起严重烧伤，使用时应避免吸入其蒸气，万一接触眼睛应用大量水冲洗后就医，使用时有事故发生或不适之感应去医院诊治。取用必须戴橡胶手套和护目镜。

(5)冰盐浴温度较低，注意不要冻伤。

(6)残留酸性废液不可直接倒入下水道，应用稀碱中和处理后在倒入废液桶。

3. 其他

(1)本实验约需 6h；若分两次实验，第一次可在得到对硝基乙酰苯胺处暂停。

(2)本实验的关键：混酸的配制、低温处理与反应温度控制、水解时间、对硝基苯胺盐的碱化。

(3)本实验可以实验 7-5 的产品为原料。

实验 8-2　偶氮苯的制备与光化异构化(4～6h)

【关键词】

芳香族硝基化合物的还原，偶氮苯，重结晶，熔点测定，光化学反应，薄层层析。

【实验原理与设计】

1. 芳香族硝基化合物的还原

还原反应是有机化学中的一类重要反应，常用的方法有：金属与酸、醇、碱等供质子剂一起作为还原剂进行还原；催化氢化还原、金属氢化物还原等。金属与供质子剂的还原使用最早、应用最广，如锡、二氯化锡、锌、铁等。常用的质子酸为盐酸和乙酸，使用乙酸代替盐酸通常能显著缩短反应时间。

根据对芳香硝基化合物的电子顺磁共振谱的研究，芳香族硝基化合物还原可能遵循下列途径：

$$C_6H_5{\longrightarrow}\overset{+}{N}\overset{O}{\underset{O^-}{\bigg\langle}} \xrightarrow[H^+]{金属(e)} C_6H_5{\longrightarrow}N{=}O \xrightarrow[H^+]{金属(e)} C_6H_5{\longrightarrow}\overset{H}{N}{\longrightarrow}OH \xrightarrow[H^+]{金属(e)} C_6H_5{\longrightarrow}NH_2$$

金属的作用是提供电子，酸提供质子。强酸介质芳香伯胺是最终产物。在温和条件下(锌+氯化铵)可使反应停留在 N-羟基苯胺阶段。其中的中间产物，在一定条件下也可以发生其他反应。如在锌、镁的中性或碱性介质中，可以将芳香硝基化合物还原为偶氮化合物，反应机理如下：

氧化偶氮苯

偶氮苯

间二硝基苯采用强还原剂，两个硝基均可被还原生成间二苯胺。若采用温和的还原剂，如硫化氢、硫氢化钠或多硫化钠等，可实现部分还原，生成间硝基苯胺。

2. 偶氮苯的制备

偶氮苯主要用于联苯染料的制造，也用作橡胶促进剂。通常使用镁粉或锌粉还原硝基苯制得。制备时要注意控制锌粉、镁粉的用量和反应时间，因为过量的还原剂和长时间的反应会将偶氮进一步还原成氢化偶氮苯。实际反应中，即使控制还原剂用量也会有一部分被还原成氢化偶氮苯。相关反应的化学平衡方程如下：

$$2C_6H_5NO_2 + 4Mg + 8CH_3OH \longrightarrow C_6H_5N = NC_6H_5 + 4Mg(OCH_3)_2 + 4H_2O$$

$$2C_6H_5NO_2 + 4Zn + 8NaOH \longrightarrow C_6H_5N = NC_6H_5 + 4Na_2ZnO_2 + 4H_2O$$

$$2C_6H_5NO_2 + 5Mg + 10CH_3OH \longrightarrow C_6H_5NHNHC_6H_5 + 5Mg(OCH_3)_2 + 4H_2O$$

$$2C_6H_5NO_2 + 5Zn + 10NaOH \longrightarrow C_6H_5NHNHC_6H_5 + 5Na_2ZnO_2 + 4H_2O$$

本实验使用锌粉还原速率很慢，约需 10h。近年来研究发现，使用高沸点的三聚乙二醇，可以使反应时间缩短至 30min。

3. 偶氮苯的光化异构化和薄层分离

光化学反应是一种十分重要的化学反应，在自然界中也普遍存在，如光合作用、萤火虫发光等。光不仅可以引起多种奇妙的化学反应，还可以使某些化合物发生结构上的变异。例如，偶氮苯有顺、反两种异构体，在通常情况下多以热力学更加稳定的反式结构存在，本实验合成得到的绝大多数分子为反式偶氮苯。反式偶氮苯在用 365nm 紫外线照射时，会吸收紫外光而活化，从而转化为 90%以上的热力学不稳定的顺式偶氮苯。在日光照射下则可以获得反式结构比例大于 50%的顺反异构体混合物。

利用顺、反异构体极性的差异，采取柱层析和薄层层析技术可以对其顺、反异构体进行分离和鉴别。薄层层析分离偶氮苯顺、反异构体的条件是：固定相为硅胶 G，展开剂 3∶1 环己烷-苯混合液。

【实验材料与方法】

1. 实验材料

(1)方法一。

药品试剂：硝基苯 2mL(0.019mol)，95%乙醇，三甘醇(TEG)20mL(0.150mol)，3.2g 锌粉，氢氧化钾 4.5g。

仪器设备：100mL 三颈烧瓶，回流冷凝管，温度计(200℃)，布氏漏斗，减压过滤装置。

(2)方法二。

药品试剂：硝基苯 2.6mL(0.025mol)，镁屑 2.96g(0.12mol)，无水甲醇，碘，乙酸，95%乙醇。

仪器设备：100mL 圆底烧瓶，回流冷凝管，减压过滤装置，熔点测定仪。

(3)光化异构化与薄层层析实验所需物品。

薄层板 10cm×5cm 硅胶 G(或预制的硅胶 G 薄层板)，层析展开缸，试管，黑纸或黑胶布，点样毛细管，环己烷，苯。

2. 实验方法

(1)偶氮苯的合成。

方法一：锌粉加三甘醇还原法。

①合成反应：在干燥的 100mL 三颈烧瓶内加入 20mL 三甘醇、3.2g 锌粉、4.4g 氢氧化钾和 2mL 硝基苯，装上回流冷凝管和温度计，如图 8-1 所示。水浴加热到 80℃，控制温度在 80～85℃，保温 25min，然后加热，升温到 135℃，控制温度在 135～140℃，保温 30min，反应后混合物分成两层，上层为棕红色悬浮液。

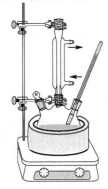

图 8-1　合成偶氮苯装置

②产物分离：将混合物冷却到 100℃，加入 95%乙醇 10mL，趁热减压过滤，用 5mL 乙醇冲洗漏斗，得到棕红色滤液，将此滤液转移到锥形瓶内，在冷水浴中冷却，加等体积的水，则有晶体析出，减压过滤得橙色晶体，粗产品称量。

③纯化精制：将粗产品在 95%乙醇中重结晶纯化[①]，干燥晶体得纯产品，称量。

方法二：镁粉加醇还原法。

①合成反应：100mL 圆底烧瓶中加入 2.6mL 硝基苯、55mL 无水甲醇[②]、1.46g 镁屑、1 粒碘，装上回流冷凝管，反应立即开始，并因放热而沸腾。若反应过于剧烈，可用冷水冷却。待大部分镁反应后，冷却，再加入剩余的 1.5g 镁屑。待大部分镁作用后，在 70～80℃的热水浴中再回流 30min。

②分离纯化：回流完毕，将反应液倒入 100mL 的冰水中，用乙酸中和至中性或弱酸性，冰水浴冷却使橙色晶体析出完全，减压过滤，少量冷水洗涤晶体，得偶氮苯的粗品。粗品用

---

① 每克粗品重结晶需 95%乙醇 3～4mL。

② 使用普通甲醇产率会明显降低。无水甲醇的制备方法请查阅相关文献资料。

95%乙醇重结晶，得橙红色针状结晶，干燥、称量。

(2)产品鉴定：观察产品外观、测定熔点、红外光谱测定。

(3)偶氮苯光化异构及其异构体的薄层分离。

取 0.10g 自制的偶氮苯放入一试管内，加入 5mL 苯使之溶解，然后分装在 2 支试管中。一份放在紫外灯下 365nm 照射 30min 进行光化异构；另一份用黑纸包好，避免光线照射。

取一块 10cm×5cm 的活化硅胶 G 薄层板，在离板的一端 1cm 高处分别点上光化异构后的偶氮苯样品和未经光照的样品，点间距 1cm。样品点干燥后，将其放入棕色或用黑纸包裹的展开缸中避光展开，展开剂为体积比为 3∶1 的环己烷与苯混合溶剂。展开结束后，取出薄层板，记下展开剂前沿。晾干后观察分离后的两个样品的分离点有何不同，判断哪个点是顺式，哪个点是反式，计算各点 R_f 值进行分析和讨论。

【思考与讨论】

(1)有机化学中主要有哪些还原反应？还原剂有哪些？

(2)本实验还原过程中为什么要控制还原剂的用量和反应时间？

(3)加入三甘醇为什么会缩短反应时间？查阅文献资料回答。

(4)结合自己的实验结果，分析总结本实验的经验和教训。

(5)光化学反应的实质是什么？有哪些类型？

(6)查阅文献资料，综述一下光化学反应以便加深了解。

【教学指导与要求】

1. 实验预习

(1)查阅资料并填写下列数据表：

化合物	M_r	m.p./℃	b.p./℃	$\rho/(g/cm^3)$	n_D^{20}	溶解性		
						水	醇	有机溶剂
偶氮苯								
硝基苯								
三甘醇								
锌粉								
镁屑								
甲醇								

(2)该实验的反应条件是什么？画出反应装置图。

(3)画出本实验的实验流程图(合成与分离纯化)。

(4)写出本实验的反应原理，有哪些副反应？是如何克服的？

(5)产品是通过什么方法进行分离纯化的？

(6)如何鉴定产品的纯度？产品的红外光谱特征是什么？

(7)什么是光化学反应？光化异构化的机理是什么？

(8)薄层层析的原理是什么？什么是比移值？有何意义？

2. 安全提示

(1) 偶氮苯：该品易燃，可能致癌，勿随意丢弃产品，产品集中回收。

(2) 硝基苯：接触皮肤后应立即用大量指定的液体冲洗。该品吸入、口服或与皮肤接触极毒，并有蓄积性危害。勿倒入下水道。

(3) 甲醇：易燃品，口服或吸入有害，误服可致失明，远离火种，勿吸入其蒸气，试剂瓶随时盖好，勿倒入下水道。

(4) 锌粉：易燃，与水接触产生易燃氢气。一旦着火不能用水浇灭。

(5) 镁屑：易燃，一旦着火不能用水浇灭，因会产生易燃氢气。

3. 其他

(1) 本实验合成部分约需 4h，预期产量 1～2g。

(2) 实验课前检查学生预习情况，针对实验关键问题进行必要的讲解，讨论和提问。

(3) 本实验的关键：还原剂用量、温度控制、反应时间、异构化光照时间。

实验 8-3　　甲基橙的制备及其性质实验

【关键词】

重氮化反应，偶联反应，甲基橙，重结晶，减压过滤。

【实验原理与设计】

1. 重氮化反应

重氮化是指低温下芳香族伯胺在强酸性介质中与亚硝酸作用生成重氮盐的反应：

$$ArNH_2 + NaNO_2 + 2HX \xrightarrow{0\sim5℃} ArN\equiv\overset{+}{N}:\overset{-}{X} + NaX + 2H_2O$$

重氮化反应是芳香伯胺特有的性质，产生的重氮盐是一个共轭离子，增加了其稳定性。多数重氮盐很不稳定，室温即分解放出氮气。而且，干燥的固体重氮盐受热或震动能发生爆炸。因此，一般重氮盐需要在低温下制备，并保存在溶液中，得到后立即进行下一步应用。

重氮盐的制备方法通常是将芳香胺溶解或悬浮在过量的稀酸中（酸的物质的量为芳胺的 2.5 倍左右），把溶液冷却到 0～5℃，然后加入与芳香胺的物质的量相等的亚硝酸钠水溶液，反应可迅速进行并基本是定量的。

重氮盐性质活泼，一方面可以被—H、—OH、—F、—Cl、—Br、—CN、—NO$_2$、—SH 取代，产生相应的芳香族化合物；另一方面可以发生保留氮的反应，重氮盐与相应的芳香胺或酚类物质发生偶联反应，生成偶氮化合物。制备重氮盐时保持酸的过量就是为了防止重氮盐与未反应的芳香胺发生偶联反应产生重氮氨基化合物。

2. 偶联反应

重氮正离子作为亲电试剂与酚、三级芳胺等活泼的芳香族化合物进行芳环上的亲电取代生成偶氮化合物，此反应被称为偶联反应。

(1) 重氮盐与酚偶联。

重氮正离子与酚偶联反应的位置一般发生在对位，对位有取代基时发生在邻位。该反应需要在弱碱性(pH 8～10)条件下进行，因为酚在弱碱性条件下成盐产生酚盐负离子，增加了邻对位的电子云密度，有利于偶联反应的发生。利用偶氮反应产生有色偶氮染料的性质，在重氮化滴定中使用萘酚作为指示剂。

(2) 重氮盐与芳香胺偶联。

重氮盐与三级芳胺偶联需要在弱酸性溶液中进行，生成对位氨基偶氮化合物，对位有取代基，则发生在邻位。

$$\text{（反应式）}\ \xrightarrow[0℃]{\text{HOAc, H}_2\text{O}}\ \text{（产物）}$$

之所以在弱酸性环境下进行反应，是因为三级芳胺在水中的溶解度不大，酸性条件可使三级胺形成铵盐增大了溶解度。但酸性不能太强，太强会形成铵盐而降低芳胺的浓度，使偶联反应减弱或中止。

使用乙酸(pH 5～7)，三级芳胺形成的铵盐会存在一个平衡体系而不会影响偶联反应。

$$\text{（反应式）}\ +\ \text{HOAc}\ \rightleftharpoons\ \text{（产物）}$$

一级和二级芳胺的氮上有氢，在冷的弱酸性溶液中，与重氮盐的偶合发生在氮上，生成苯重氮氨基苯。苯重氮氨基苯在酸性介质中不能形成稳定的盐，在稀酸中加热可分解成酚、胺和氮气。

$$\text{（反应式）}\ \xrightarrow[0℃]{\text{HOAc, H}_2\text{O}}\ \text{（产物）}$$

$$\text{（反应式）}\ \xrightarrow[\text{H}_2\text{O}]{\text{H}^+}\ \text{—OH}\ +\ \text{N}_2\uparrow\ +\ \text{H}_2\text{N—}\text{（产物）}$$

同时，偶联反应也不能在高 pH 介质中进行。重氮盐在强碱性溶液中成为一种不稳定的重氮氢氧化物，其碱性很强，与氢氧化钠等相当，它只能暂时存在于溶液中，在过量碱作用下将转变成重氮酸盐。

$$\text{（反应式）}\ +\ \text{NaOH}\ \rightleftharpoons\ \text{（反应式）}\ \xrightarrow[\text{H}_2\text{O}]{\text{NaOH}}\ \text{（产物）}$$

偶联反应受溶液 pH 影响颇大。重氮盐与酚偶联一般在中性或弱碱(pH 7～10)介质中进行，重氮盐与三级芳香胺偶联一般在中性或弱酸性(pH 4～7)介质中进行。因此，在偶联反应中选择适当的介质十分重要。

3. 甲基橙的制备

甲基橙(methyl orange)也称"金莲-D"，化学名称是对二甲氨基偶氮苯磺酸钠，可由对氨基苯磺酸钠经重氮化反应后，再与 *N, N*-二甲基苯胺偶合制得。

$$\text{H}_2\text{N—}\text{（苯环）}\text{—SO}_3\text{H}\ +\ \text{NaOH}\ \longrightarrow\ \text{H}_2\text{N—}\text{（苯环）}\text{—SO}_3\text{Na}\ +\ \text{H}_2\text{O}$$

$$\text{NaO}_3\text{S—}\text{（苯环）}\text{—NH}_2\ \xrightarrow[0～5℃]{\text{NaNO}_2,\ \text{HCl}}\ \text{NaO}_3\text{S—}\text{（苯环）}\text{—N}_2^+$$

$$NaO_3S-\!\!\!\bigcirc\!\!\!-N_2^+ + \bigcirc\!\!\!-N(CH_3)_2 \xrightarrow[0℃]{HOAc}$$

$$HO_3S-\!\!\!\bigcirc\!\!\!-N\!=\!N-\!\!\!\bigcirc\!\!\!-\overset{+}{N}H(CH_3)_2\,\overset{-}{O}Ac$$

$$HO_3S-\!\!\!\bigcirc\!\!\!-N\!=\!N-\!\!\!\bigcirc\!\!\!-\overset{+}{N}H(CH_3)_2\,\overset{-}{O}Ac \xrightarrow{NaOH}$$

$$NaO_3S-\!\!\!\bigcirc\!\!\!-N\!=\!N-\!\!\!\bigcirc\!\!\!-N(CH_3)_2$$

对氨基苯磺酸因形成内盐在水中溶解度很小，不能用一般的方法重氮化，通常先将它与碳酸钠(或氢氧化钠)作用形成钠盐和亚硝酸钠配成溶液，然后在冷却下，慢慢滴入盐酸中即形成细的重氮盐沉淀。重氮盐在乙酸存在下与 N, N-二甲基苯胺偶联，与碱作用后得到甲基橙。甲基橙溶于热水，微溶于冷水，几乎不溶于乙醇。因此，可用水或乙醇-水混合溶剂重结晶。

【实验材料与方法】

1. 实验材料

药品试剂：对氨基苯磺酸晶体(含两个结晶水)(2.1g, 0.01mol)，亚硝酸钠(0.8g, 0.11mol)，N, N-二甲基苯胺(1.2g, 0.01mol)，盐酸，氢氧化钠，乙醇，乙醚，冰醋酸，淀粉-碘化钾试纸。

仪器设备：250mL 烧杯，温度计，磁力搅拌器，减压过滤装置，试管，熔点测定仪，红外光谱仪。

2. 实验方法

(1)重氮盐制备：在 250mL 烧杯中加入 5%氢氧化钠溶液 10mL、2.1g 对氨基苯磺酸晶体[①]，温热使其溶解后冷却至室温。另取一小烧杯用 6mL 水溶解 0.8g 亚硝酸钠，将其加入到对氨基苯磺酸溶液中。将上述混合溶液用冰盐浴[②]冷却到0～5℃。另取一小烧杯将3mL浓盐酸和10mL水混合后也放置在冰盐浴中冷却。在玻璃棒搅拌下将冷却的盐酸溶液缓慢滴加到对氨基苯磺酸与亚硝酸钠的混合溶液中，温度计监控使反应液温度保持在 5℃以下。滴加完毕后用淀粉-碘化钾试纸检验亚硝酸钠的量是否足够[③]。然后在冰盐浴中继续冷却放置15min，使反应完全[④]，得所需重氮盐溶液(继续留存在冰盐浴中备用)。

(2)偶联反应：在试管内将 N, N-二甲基苯胺1.2g 与1mL 冰醋酸混合，在不断搅拌下将其缓慢加入上述制得的冷却的重氮盐溶液中。加完后，再继续搅拌10min。然后再慢慢将25mL5%氢氧化钠溶液分批加入其中，直至反应物变为橙色，这时反应液应呈碱性，甲基橙细粒状沉淀会结晶析出[⑤]。

---

① 对氨基苯磺酸为两性化合物，通常以内盐形式存在，因酸性比碱性强，故能与碱成盐而不能与酸成盐。

② 冰盐浴是利用凝固点下降的原理将无机盐与冰混合达到预期冷却温度的一种实验技术。不同的无机盐与冰的混合比例不同，所能达到的冷却温度也不同，详见 1.6.1 中表 1-8。由氯化钠与碎冰按 1∶3 比例混合而成的冰盐浴最低温度可达–20℃。因本实验不需要过低的冷却温度，因此可由氯化钠和冰水混合而成。

③ 亚硝酸钠若过量会与淀粉-碘化钾试纸显蓝色。若不显蓝色，说明亚硝酸钠量不足，需适量补加。

④ 此时往往析出对氨基苯磺酸的重氮盐。这是因为该重氮盐在水中可以电离形成中性内盐，在低温时难溶于水形成细小的晶体而析出。

⑤ 若反应物中含有未作用的 N, N-二甲基苯胺乙酸盐，在加入氢氧化钠后就会产生难溶于水的 N, N-二甲基苯胺沉淀，影响产品纯度；湿的甲基橙在空气中受到光照后颜色会很快变深，所以一般得到的是紫红色粗产品。

　　(3)分离纯化：将反应后混合物从冰水浴中取出恢复至室温，然后加入 5g 氯化钠搅拌，并在沸水浴上加热使氯化钠全部溶解(约几分钟即可)，再将其冷却至室温后置于冰盐浴中冷却，使甲基橙沉淀完全析出。抽滤，收集沉淀。用少量饱和食盐水、乙醇、乙醚依次洗涤，抽滤压干。

　　若要得到较纯产品，则再用溶有少许氢氧化钠(<0.1g)的沸水(每克粗产物约需 25mL 水)进行重结晶。待结晶析出完全后，减压过滤，结晶依次用少量冷水、乙醇、乙醚洗涤，减压抽干后得橙色小叶片状甲基橙结晶[①]，在 50℃以下干燥，称量，计算产率。

　　(4)指示剂性质实验：取少许甲基橙晶体于水中，加几滴稀盐酸溶液，然后用稀的氢氧化钠溶液中和，观察颜色变化。写出甲基橙在酸碱性溶液中的变色平衡反应方程。

　　(5)产品的鉴定：产品外观与形状；熔点测定；红外光谱测定。

【思考与讨论】

　　(1)什么是重氮化反应？它为什么在低温、强酸性的条件下进行？

　　(2)本实验在制备重氮盐时，为什么要把对氨基苯磺酸变成钠盐，然后再加入亚硝酸钠溶液？

　　(3)能否直接将对氨基苯磺酸与盐酸混合，再滴加亚硝酸钠溶液进行重氮化反应？为什么？

　　(4)试解释甲基橙在酸碱介质中的变色范围，并用反应式表示。

　　(5)邻氨基苯甲酸的重氮化反应不需要过量的酸，为什么？

　　(6)查阅文献资料，收集甲基橙的其他合成方法和工艺，并与本实验方法和工艺进行对比分析。

【教学指导与要求】

　　1. 实验预习

　　(1)查阅资料并填写下列数据表：

化合物	M_r	m.p./℃	b.p./℃	$\rho/(g/cm^3)$	n_D^{20}	溶解性		
						水	醇	有机溶剂
甲基橙								
对氨基苯磺酸								
亚硝酸钠								
N,N-二甲基苯胺								
冰醋酸								

　　(2)该实验反应原料的投料比为多少？反应介质和催化剂是什么？反应温度和时间是多少？

　　(3)设计并画出本实验的流程图，注明相关内容与数据。

---

　　① 重结晶操作要迅速，否则由于产物显碱性在高温时易变质而颜色加深。用乙醇、乙醚洗涤的目的也是促使其迅速干燥。

(4)写出本实验的反应原理，有哪些副反应？是如何克服的？

(5)重氮化和偶联反应为何要控制在低温下进行？

(6)制备重氮盐时的加料顺序如何？亚硝酸是如何产生的？其量过量可否？如何控制和监控其用量？

(7)偶联反应的实验介质是什么？为什么？

(8)甲基橙粗产品是如何进行分离纯化的？分离纯化时要注意什么问题？为什么？

2. 安全提示

(1)N, N-二甲基苯胺：剧毒品，具有血液毒、神经毒和致癌性，使用时注意不要误服，不要与黏膜、皮肤接触，取用戴手套。

(2)亚硝酸钠：有致癌作用，不要误服，取用戴手套。

(3)乙醇、乙醚：易燃易爆品，使用时注意远离火种，预防火灾，密闭低温处存放。

(4)冰醋酸：具强腐蚀性，不要接触皮肤和眼睛，取用戴橡胶手套和护目镜。

3. 其他

(1)本实验约需 4h，预期产量约 2g。产品需集中回收。

(2)本实验的关键：反应温度的控制、酸性介质、亚硝酸钠用量、重结晶时间和温度控制。

(3)甲基橙的另一种制法：在 100mL 烧杯内放置 2.1g 磨细的对氨基苯磺酸和 20mL 水，冰盐浴中冷却至 0℃，然后加入 0.8g 磨细的亚硝酸钠，不断搅拌至全溶，得重氮化溶液。另取一试管，加入 1.2g 二甲苯胺（约 1.3mL），加入 15mL 乙醇溶解，冷却至 0℃。在不断搅拌下，将此二甲苯胺溶液滴加到上述冷却的重氮化溶液中，加完后冷却下继续搅拌 2～3min。在搅拌下加入 1mol/L 氢氧化钠溶液 2～3mL。然后，将反应产物在石棉网上加热至全部溶解，静置于冰水浴中冷却，使晶体析出完全，减压过滤得粗产品。粗产品可加入 15～20mL 水重结晶，用 5mL 乙醇漏斗内洗涤，减压抽干，将晶体取出晾干，称量，鉴别。该法制备的甲基橙颜色均一，但产率略低。

实验 8-4　对(或邻)氯甲苯的重氮化法制备(6～8h)

【关键词】

对(邻)氯甲苯，重氮化反应，偶合反应，重氮盐制备，Sandmeyer 反应，液-液萃取，蒸馏，折光率测定。

【实验原理与设计】

重氮盐性质活泼，其重氮正离子基团能够被—H、—OH、—F、—Cl、—Br、—CN、—NO₂、—SH 取代，产生相应的芳香族化合物。将重氮盐的水溶液与碘化钾在一起加热，重氮基很容易被碘取代，生成芳香碘化物和放出氮气。但由于—Cl、—Br 的亲核性较弱，因此用同样的方法很难将 Cl、Br 引入苯环。但在 $CuCl_2$ 或 $CuBr_2$ 存在下，芳香重氮盐的重氮基可以被 Cl 或 Br 原子取代生成芳香族氯化物或溴化物。此反应于 1884 年被 Sandmeyer 发现，称为 Sandmeyer 反应。

合成对氯甲苯的反应机理如下：

$$H_3C-\langle\text{苯环}\rangle-NH_2 \xrightarrow[0\sim5℃]{NaNO_2,\ HCl} \langle\text{苯环}\rangle-N_2^+Cl^- \xrightarrow[0\sim5℃]{CuCl} H_3C-\langle\text{苯环}\rangle-N_2^+\cdots CuCl$$

$$H_3C-\langle\text{苯环}\rangle-N_2^+\cdots CuCl \xrightarrow{Cl^-} H_3C-\langle\text{苯环}\rangle\cdot + CuCl_2 + N_2\uparrow$$

$$H_3C-\langle\text{苯环}\rangle\cdot + CuCl_2 \longrightarrow H_3C-\langle\text{苯环}\rangle-Cl + CuCl\downarrow$$

氯化亚铜由下列反应制得：

$$2CuSO_4 + 2NaCl + NaHSO_3 + 2NaOH \longrightarrow 2CuCl\downarrow + 2Na_2SO_4 + NaHSO_4 + H_2O$$

卤化亚铜在此处起催化作用，但其用量要求等物质的量。该反应历程通过一个自由基中间体进行，故可称其为自由基型的芳香取代反应。

后来，加特曼(Gattermann)发现用金属铜和盐酸或氢溴酸代替氯化亚铜或溴化亚铜也可制得芳香氯化物或溴化物。这样的反应被称为 Gattermann 反应。其机理与 Sandmeyer 反应类似，其特点是催化量的铜，操作较简便。

重氮化试剂是亚硝酸钠和酸，最常用的酸是盐酸和硫酸。重氮盐通常的制备方法是把芳香胺溶于 1:1 的盐酸水溶液中，制成盐酸盐的水溶液，然后冷却到 $0\sim5℃$，并在此温度下滴加等物质的量或稍过量的亚硝酸钠水溶液进行反应，即可得到重氮盐的水溶液。由于重氮化反应是放热的，而且大多数重氮盐极不稳定，室温即会分解，所以必须严格控制反应温度。重氮盐溶液不宜长期保存，最好立即使用，通常其不需分离，可直接用于下一步合成。

该反应的关键在于相应的重氮盐与氯化亚铜能否形成良好的复合物。在实验中，重氮盐与氯化亚铜以等物质的量混合。由于氯化亚铜在空气中易被氧化，故氯化亚铜以新鲜制备为宜。重氮盐久置易分解，因此制备反应应尽可能地在较短的时间内完成，然后再立即混合。在操作上是将冷的重氮盐溶液慢慢倒入较低温度的氯化亚铜溶液中。

【实验材料与方法】

1. 实验材料

药品试剂：对甲苯胺 3.6g，亚硝酸钠 2.5g，结晶硫酸铜($CuSO_4\cdot5H_2O$) 10g，2.5g 亚硫酸氢钠，氢氧化钠，氯化钠，石油醚，淀粉-碘化钾试纸，无水氯化钙，碎冰。

仪器设备：100mL 圆底烧瓶，烧杯，分液漏斗，常压蒸馏装置，折光仪，红外光谱仪。

2. 实验方法

(1)氯化亚铜的制备：在 100mL 的圆底烧瓶中加入 10g 结晶硫酸铜($CuSO_4\cdot5H_2O$)、3g 氯化钠和 35mL 水，加热使固体溶解。趁热(60~70℃)[①]振摇下将其加入到由 2.5g 亚硫酸氢钠[②]、1.5g 氢氧化钠和 15mL 水配制的溶液中。注意观察、记录溶液的变化[③]。然后将其置于冰水浴中冷却。冷却后，用倾泻法尽量倾去上层溶液，再用水洗涤固体两次，得到白色粉末

---

① 氯化亚铜在 60~70℃下生成的颗粒较粗，易于洗涤处理且质量较好。温度较低则颗粒较细，难以洗涤。
② 亚硫酸氢钠纯度很重要，最好在 90%以上。否则，还原反应不完全，会造成由于碱性偏高而生成部分氢氧化铜，使沉淀成土黄色。此时可根据具体情况，酌情补加亚硫酸氢钠的用量，或适当减少氢氧化钠用量。实验中若发现氯化亚铜中含有少量黄色沉淀时，应立即加几滴浓盐酸，稍加振荡即可除去。
③ 反应液应由原来的蓝绿色变为浅绿色或无色，并析出白色粉状固体。

状氯化亚铜。加入 20mL 冷的浓盐酸，使氯化亚铜白色沉淀完全溶解，塞紧瓶塞，置冰水浴中备用①。

(2) 重氮盐的制备：在小烧杯中加入 10mL 浓盐酸、10mL 水和 3.6g 对甲苯胺，加热使其溶解。稍冷后置于冰盐浴②中不断搅拌，使其成糊状，控制温度在 5℃以下。再在搅拌下，由滴液漏斗逐滴加入由 2.5g 亚硝酸钠和 7mL 水配制的亚硝酸钠溶液。控制滴加速率，使温度始终保持在 5℃以下③。当 85%～90%亚硝酸钠溶液加入后，取 1～2 滴反应液在淀粉-碘化钾试纸上检验，若立即出现深蓝色，则表明亚硝酸钠已经过量，可停止滴加，继续搅拌片刻，使反应完全④。反应完毕后将重氮盐溶液置于冰盐浴中冷却备用。

(3) 对氯甲苯的制备：将制好的对甲苯胺重氮盐溶液慢慢倒入冷的氯化亚铜盐酸溶液中，边加边摇动烧瓶，不久会析出重氮盐-氯化亚铜橙红色的复合物。加完后，在室温放置 15～30min，然后在水浴上加热到 50～60℃以分解复合物，并用玻璃棒不断搅拌⑤，直至不再有氮气逸出为止。

(4) 产品的分离纯化：首先将反应后的混合物进行水蒸气蒸馏分离出对氯甲苯。将水蒸气蒸馏出来的混合液体转移至分液漏斗，分出有机层对氯甲苯留于锥形瓶。水层每次用 10mL 石油醚(沸程 60～90℃)萃取 2 次，石油醚萃取液与前面有机层合并。合并后有机层再依次用 10%的氢氧化钠溶液、水、浓硫酸、水各 5mL 分别洗涤一次。洗涤后的石油醚层置于干燥的锥形瓶内加无水氯化钙干燥，干燥后将石油醚层倾入干燥的圆底烧瓶内，蒸馏除去石油醚，再蒸馏出对氯甲苯，收集 158～162℃的馏分。称量，计算产率。

(5) 产品的性质、鉴别与表征：产品外观；折光率测定；红外光谱测定。

【思考与讨论】

(1) 何谓重氮化反应？为什么重氮化反应必须在低温下进行？温度过高或酸度不够会出现什么问题？

(2) 制备邻氯甲苯和对氯甲苯可否通过甲苯直接氯化？

(3) 写出该反应中制备氯化亚铜的反应方程。

(4) 本实验还有其他的制备方法吗？

(5) Gattermann 反应除用于制备卤代芳烃外，在金属铜催化下，还可以和哪些试剂进行反应？

(6) Sandmeyer 反应和 Gattermann 反应机理属于哪种类型的取代反应？它们的副反应是什么？

【教学指导与要求】

1. 实验预习

(1) 查阅资料并填写下列数据表：

---

① 氯化亚铜在空气中遇热或光易被氧化，重氮盐久置也易分解，为此，二者的制备应同时进行，且应在较短时间内尽快进行混合。氯化亚铜用量较少会降低对氯甲苯的产量，因氯化亚铜与重氮盐反应的物质的量比例是 1:1。

② 冰盐浴是利用凝固点下降的原理将无机盐与冰混合达到预期冷却温度的一种实验技术。详见 1.6.1 中表 1-8。因本实验不需要过低的冷却温度，因此可由氯化钠和冰水混合而成。

③ 温度超过 5℃则重氮盐分解，使产率显著下降。必要时可在反应液中加入一小块冰以防止温度上升。

④ 过量的亚硝酸钠也会促使重氮盐分解，且易使氯化亚铜氧化，故滴加适量的亚硝酸钠后要用淀粉-碘化钾检验反应终点；重氮化反应越到后来越慢，最后每加一滴亚硝酸钠溶液后，需略等几分钟再检验。一旦过量可加少量尿素使亚硝酸分解。

⑤ 分解温度过高会发生副反应，产生部分焦油状副产物。若时间允许，可将混合后生成的复合物在室温放置过夜，然后再加热分解。在分解时会有大量氮气逸出，应不断搅拌以免反应液外溢。

化合物	M_r	m.p./℃	b.p./℃	$\rho/(g/cm^3)$	n_D^{20}	溶解性		
						水	醇	有机溶剂
对氯甲苯								
对甲苯胺								
亚硝酸钠								
硫酸铜								
石油醚								

(2)该实验反应原料的投料比为多少？反应介质和催化剂是什么？反应温度和时间是多少？

(3)写出本实验的反应原理，有哪些副反应？是如何克服的？

(4)重氮盐制备的加料顺序如何？反应条件如何？

(5)产品是如何进行分离纯化的？

(6)本实验怎样判断产品的纯度？

2. 安全提示

(1)对(邻)氯甲苯：有刺激性，吸入、口服有害，避免与眼睛、皮肤接触，实验时应佩戴手套和护目镜。

(2)对(邻)甲苯胺：对肌体有不可逆性损伤，有刺激性，避免吸入、口服和皮肤接触，使用应戴防护手套。

(3)亚硝酸钠：有致癌性，避免误服，废液不要倒入下水道。

(4)氢氧化钠和盐酸：有腐蚀性，能引起烧伤。取用佩戴手套和护目镜。

(5)石油醚：易燃易爆危险品，避免挥发，远离火种，严禁倒入下水道，保持室内通风良好。

3. 其他

(1)本实验需 6～8h，预期产量约 1.3g。

(2)重氮盐和氯化亚铜不易久置，时间安排要紧凑，应连续操作。

(3)本实验的关键：低温反应、亚硝酸钠用量、复合物分解温度。

(4)由于生成重氮盐的后期反应较慢，建议先进行重氮盐的制备，后制备氯化亚铜较为适宜。若两人一组实验，则可分别同时制备，如此会更好。

(5)若以邻甲苯胺制备邻氯甲苯，则所用试剂及用量、实验步骤、实验条件均与对氯甲苯相同，蒸馏时收集 154～159℃的馏分。

第9章 杂环化合物的性质与制备

9.1 杂环化合物的基本性质

杂环化合物在自然界中的分布十分广泛，是有机化合物中数目最庞大的一类。在有机化学各研究领域中，杂环化合物都具有相当重要的地位。杂环化合物具有多种多样的生物活性，绝大多数的药物分子都含有一个或多个杂环。例如，具有麻醉和镇静催眠作用的巴比妥类药物，吗啡类镇痛药，黄嘌呤类中枢兴奋药，扑尔敏等 H_1 受体拮抗剂，具有抗溃疡等药理作用的 H_2 受体拮抗剂，二氢吡啶类的心痛定、尼莫地平等钙拮抗剂，利血平等降压药，青霉素类抗生素，头孢类抗生素，红霉素等大环内酯类抗生素，磺胺类抗菌药，维生素 B 类药物等。

同时，杂环化合物也是与生命科学和医药生物学关系密切的一类化合物。例如，构成核酸组成的碱基、生物体内的各种酶、高等植物进行光合作用必需的叶绿素、高等动物输送氧气的血红素均是极为重要的杂环化合物。许多生物活性的杂环化合物在生物生长、发育、新陈代谢以及遗传过程中都起着非常关键的作用。

NAD⁺(辅酶 I)　　　　　　　　　　　NADP⁺(辅酶 II)

生物素：多种
羧化酶的辅酶　　　　　　二核苷酸FAD(flavin adenine dinucleotide)

杂环化合物的基本性质如表 9-1 所示。

表 9-1　杂环化合物基本性质一览表

		性质	说明与备注
五元杂环	芳香性		
	亲电取代		 杂环电子云密度比苯大，亲电取代一般发生在 α 位
	Diels-Alder 反应		Diels-Alder 反应是制备六元环的重要方法。此类加成反应按照协同机理具有选择性：同面-同面加成 4n+2 加热、4n 光照允许；同面-异面加成 4n+2 光照、4n 加热允许

		性质		说明与备注
六元杂环	亲电取代			亲电取代活性比苯低，相当于硝基苯，主要发生在间位
	亲核取代			亲核取代主要发生在 α、γ 位
	氧化反应			吡啶环比苯环更稳定
稠杂环	亲电取代			吲哚的亲电取代活性比未稠合的吡咯环低，比苯活泼，主要发生在 C3 位 喹啉或异喹啉分子中苯环的电子云密度比吡啶环高，亲电取代主要发生在 C5、C8 位
	亲核取代			喹啉和异喹啉也发生亲核取代，且比吡啶容易。喹啉主要发生在 C2 位，异喹啉主要发生在 C1 位
	氧化反应			吡啶环比苯环更稳定
杂环的光谱特征	光谱特征	IR	苯环	苯环骨架振动：~1600cm^{-1}，~1500cm^{-1} 芳氢伸缩振动：3100～3000cm^{-1}
			呋喃	环骨架：1565～1500cm^{-1}

续表

性质			说明与备注
杂环的光谱特征	光谱特征	IR	吡咯	游离和缔合 NH 伸缩：3500～3400cm^{-1} 有 2 个峰 环骨架：1470～1380cm^{-1}
			噻吩	环骨架：1500～1400cm^{-1}
			吡啶	环骨架：1600～1590cm^{-1}
		^{1}HNMR	苯环芳氢：$\delta_H=6\sim9$	吡咯：α-H：$\delta_H=6.68$；β-H：$\delta_H=6.22$
			吡啶：α-H：$\delta_H=8.60$；β-H：$\delta_H=7.25$；γ-H：$\delta_H=7.64$	呋喃：α-H：$\delta_H=7.29$；β-H：$\delta_H=6.24$
				噻吩：α-H：$\delta_H=7.18$；β-H：$\delta_H=6.99$

9.2　杂环化合物制备的一般方法

　　杂环化合物的合成方法中常使用亲核取代、亲电取代、羟醛缩合、酯缩合、1, 3-偶极环加成、Diels-Alder 反应等。这些反应是成环的重要方法，其中羰基和酯基双官能团缩合的环化反应是最常用的基本方法。

9.2.1　五元杂环和六元杂环的一般制备方法

（1）Knorr 吡咯环合成法：

（2）Paal-Konrr 合成法：

（3）Hantzsch 合成法：

$$\xrightarrow{HNO_3} \text{(结构式)} \xrightarrow[\triangle]{KOH} \text{(结构式)}$$

9.2.2 稠杂环的一般制备方法

(1) Fischer 吲哚合成法：

$$\text{(苯肼 + 丁酮)} \xrightarrow[\triangle]{CH_3COOH} \text{(腙)} \xrightarrow[180℃]{ZnCl_2} \text{(2-甲基吲哚)}$$

$$\text{(腙)} \xrightarrow{PCl_3} \text{(吲哚-2-甲酸)} \xrightarrow[250℃]{-CO_2} \text{(吲哚)}$$

(2) Skraup 喹啉合成法：

$$\text{(苯胺 + 丙三醇)} \xrightarrow[PhNO_2, \triangle]{H_2SO_4, FeSO_4} \text{(喹啉)}$$

(3) Doebner-Miller 异喹啉合成法：

$$\text{(苯乙胺)} \xrightarrow{CH_3COCl} \text{(酰胺)} \xrightarrow[205℃]{P_2O_5} \text{(3,4-二氢异喹啉)} \xrightarrow[190℃]{Pd} \text{(1-甲基异喹啉)}$$

(4) 利用缩合反应 (酮的酰基化反应) 合成苯并吡喃环：

$$\text{(结构式)} \xrightarrow{OH^-} \text{(结构式)} \xrightarrow{H_2SO_4} \text{(结构式)}$$

9.2.3 利用 Diels-Alder 反应制备环状化合物

Diels-Alder 反应是合成环状化合物的一个巧妙方法。它是共轭双键与含活化双键或叁键分子所进行的 1, 4-环加成反应。该反应在理论上占有重要的地位。许多反应可以在室温或溶剂中加热进行反应，产率较高，在实际中应用也很广泛。

能与共轭二烯烃起 Diels-Alder 环加成反应的烯烃或炔烃称为亲二烯体 (dienophile)。当亲二烯体的烯键或炔键碳原子上连有—CHO、—COR、—COOR、—CN、—NO$_2$ 等吸电子取代基，共轭二烯烃上连有给电子取代基时，有利于 Diels-Alder 反应的进行。

Diels-Alder 反应是一步完成的具有高度立体专一性的顺式加成反应。其特点主要表现在：
(1) 共轭双键以 s-顺式构象参与反应，两个双键固定在反位的二烯烃不起反应。例如

（2）1，4-环加成反应为立体定向的顺式加成反应，加成产物仍保持共轭二烯和亲双烯原来的构型。例如

（3）反应主要生成内型（*endo*）而不是外型（*exo*）加成产物。这种规律可以用轨道对称理论予以解释。例如

（4）Diels-Alder 反应为可逆反应。成环反应的正反应温度相对较低。而反应温度升高，则发生逆向的开环反应。成环的正反应和开环的逆反应都在合成上有很大的用途。例如，环戊二烯在室温下即发生 Diels-Alder 反应聚合成双异戊二烯，双异戊二烯经加热到 170℃后又解聚重新生成环戊二烯。

实验 9-1　Diels-Alder 反应制备降冰片烯二酸酐（2～3h）

【关键词】

Diels-Alder 反应，降冰片烯二酸酐，重结晶，过滤，熔点测定，光谱分析。

【实验原理与设计】

1928 年，德国化学家 O. Diels 和 K. Alder 在研究 1，3-丁二烯和顺丁烯二酸酐的相互作用时发现的一类反应，即共轭双烯与含有烯键或炔键的化合物相互作用生成六元环状化合物的反应，后称之为 Diels-Alder 或双烯合成反应。

Diels-Alder 反应的机理是经过一个环状过渡态的协同反应。协同反应（concerted reaction）又称一步反应。在该反应中，反应物分子彼此靠近并连续转化为产物分子，没有稳定中间体生成或其他反应物分子的干扰，因此具有高度的立体专一性。有机化学家 R.B. Woodward 和他的学生量子化学家 R. Hoffmann 在 1965 年提出协同反应遵守分子轨道对称守恒原理，即在此反应过程中反应物和产物的轨道对称性是守恒的。周环反应是一类重要的协同反应，在这

样的反应过程中反应分子相互作用，形成环状体系的过渡态，逐渐转化为产物，如电环化反应、环加成反应、迁移反应等。

共轭双烯以 s-顺式参与反应，加成产物保持共轭双烯的原来构型，主要生成内型而不是外型产物，可用著名的分子轨道对称守恒原理予以解释。该反应是可逆的，容易进行，一般在室温或溶剂中即可完成。

本实验利用环戊二烯与马来酸酐发生 Diels-Alder 反应可得内次甲基四氢苯二甲酸酐（内型-5-降冰片烯-顺-2,3-二羧酸酐）。反应式为

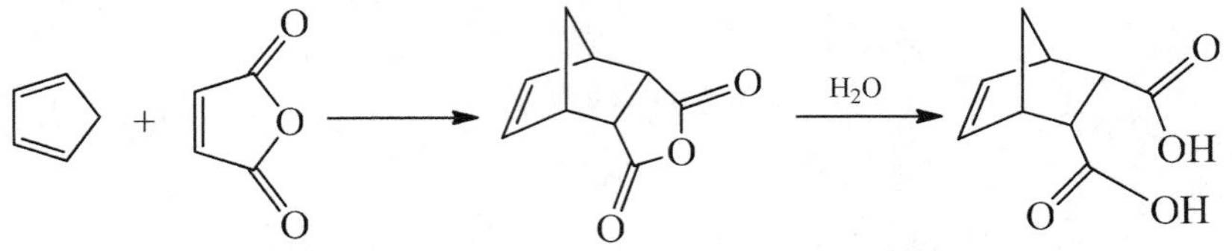

所得产物的酸酐结构很容易水解为二羧酸产物，因此反应过程中需要无水操作。产物可经重结晶纯化。

【实验材料与方法】

1. 实验材料

药品试剂：1.6g（2mL，0.025mol）环戊二烯，2.0g（0.02mol）马来酸酐，乙酸乙酯，石油醚（b.p. 60～90℃）。

仪器设备：50mL 圆底烧瓶，减压过滤装置，熔点测定仪，红外光谱仪。

2. 实验方法

（1）环戊二烯解聚。

环戊二烯在室温下为二聚体，需要热进行解聚。方法为：在圆底烧瓶内加入环戊二烯二聚体，安装垂刺分馏装置，进行分馏，开始加热时要缓慢，二聚体馏出时沸程为 40～42℃。控制分馏柱顶端温度计指示不超过 45℃。因环戊二烯易挥发，接收器用冰水浴冷却[①]。

（2）合成反应。

在 50mL 干燥的圆底烧瓶中，加入 2g 马来酸酐和 7mL 无水乙酸乙酯[②]，在水浴上温热使之溶解。然后加入 7mL 石油醚，混合均匀后将此溶液置于冰水浴中冷却。再加入 2mL 新蒸馏解聚的环戊二烯，在冰水浴中振荡烧瓶，直至放热反应完成，析出白色晶体。

（3）分离纯化。

将反应后的混合物在水浴上加热使固体重新溶解，再让其自行缓慢冷却，结晶析出，减压过滤，得降冰片烯二酸酐晶体，干燥，称量，计算产率。

（4）水解成酸。

取 1g 产物，置于锥形瓶中，加入 15mL 水，加热至沸，随时振荡，使固体和油状物完全溶解。然后放置使其自行冷却，期间用玻璃棒在溶液中摩擦锥形瓶内壁促使结晶析出。结晶

---

① 若接收的环戊二烯因吸收空气中潮气而浑浊，可加无水氯化钙干燥。蒸出的环戊二烯应尽快使用，防止再次聚合。可在冰箱内短期保存。

② 因马来酸酐遇水会水解成二元羧酸，故反应仪器和试剂必须干燥。

完全析出后，减压过滤，得白色棱柱状晶体即降冰片烯二羧酸[①]，干燥，称量，计算产率。

（5）产品性质、鉴别与表征。

①产品外观与性状。

②化学性质与鉴别：取实验产品和其水解产物做溴水实验、高锰酸钾实验和酸性实验。

③熔点测定。

④红外光谱测定。

【思考与讨论】

（1）何谓 Diels-Alder 反应？该反应有哪些特点？

（2）为什么室温下环戊二烯常聚合为二聚体？写出其聚合和解聚的化学反应式。

（3）写出下列 Diels-Alder 反应的产物：

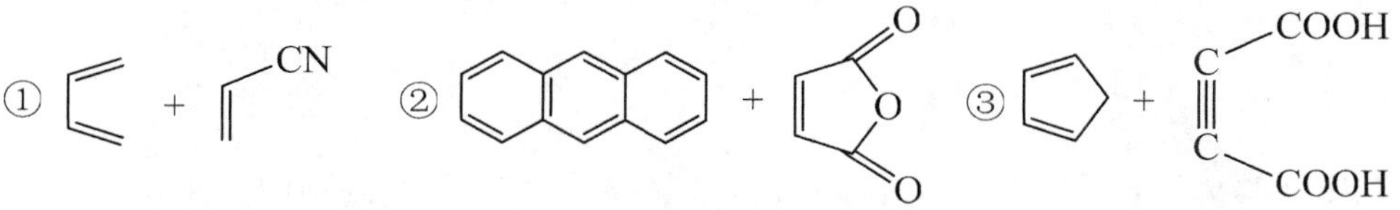

（4）总结 Diels-Alder 反应发生的条件、历程和特点。

（5）查阅资料，是否有其他制备方法，并讨论。

【教学指导与要求】

1. 实验预习

（1）查阅资料并填写下列数据表：

化合物	M_r	m.p./℃	b.p./℃	$\rho/(g/cm^3)$	n_D^{20}	溶解性		
						水	醇	有机溶剂
降冰片烯二酸酐								
环戊二烯								
马来酸酐								
乙酸乙酯								
石油醚								

（2）写出本实验的反应原理，有哪些副反应？是如何克服的？

（3）该实验反应原料的投料比为多少？反应温度和反应时间是多少？

（4）画出本实验的流程图，注明用量和条件。

（5）本实验合成后的产品是采用什么技术方法进行分离和纯化的？

（6）如何检测和判断产品的纯度？

2. 安全提示

（1）环戊二烯、乙酸乙酯、石油醚：易燃危险品，注意预防火灾。

（2）降冰片烯二酸酐：对眼睛有严重损伤，吸入或皮肤接触能引起过敏。

---

① 降冰片烯二羧酸熔点 178～180℃，产量约 0.5g。

(3)环戊二烯二聚体：口服有害。

(4)马来酸酐：口服有害，吸入能引起过敏，取用戴手套和口罩。

3. 其他

(1)本实验需 2～3h。降冰片烯二酸酐预期产量约 2g。

(2)实验关键：环戊二烯解聚温度和反应温度的控制、无水操作。

实验 9-2　巴比妥酸的制备(4h)

【关键词】

巴比妥酸，重结晶，熔点测定，杂环化合物。

【实验原理与设计】

巴比妥及其衍生物是一类广泛用于镇静、催眠的药物。该类药物由 Adolph von Baeyer 在 1864 年首先用丙二酸与尿素合成的。该类药物的基本结构通式为

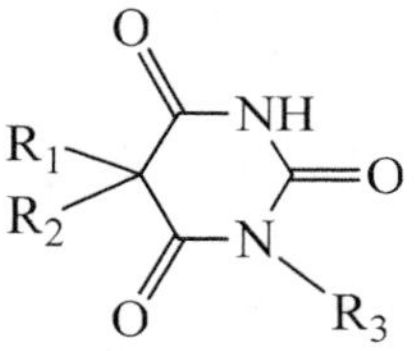

	R_1	R_2	R_3
巴比妥酸	—H	—H	—H
巴比妥	—C_2H_5	—C_2H_5	—H
苯巴比妥	—C_2H_5	—C_6H_5	—H
戊巴比妥	—C_2H_5	—CH(CH$_2$)$_2$CH$_3$ ‖ CH$_3$	—H
己锁巴比妥	—CH_3	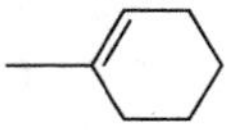	—CH_3

巴比妥类药物的共同结构是丙二酰脲衍生物，其差异是 5,5-位取代基 R_1、R_2 不同，因此其合成方法也相似。一般利用丙二酸二乙酯和卤代烃在醇钠催化下制得双取代丙二酸二乙酯，再在醇钠催化下与尿素或硫脲缩合而生成一系列巴比妥酸类的咪啶衍生物。

巴比妥类药物镇静、催眠的药理活性作用的强弱、快慢与该类药物的解离常数和脂溶性有关，作用时间的长短与 5,5-位双取代基在体内的代谢过程有关。巴比妥酸和硫代巴比妥酸及其 5-位单取代物，在生理 pH 下主要为离子形式，很难通过血脑屏障，因此脑内的药物浓度极微，故无疗效。而其 5,5-位的双取代物降低了解离度，增加了脂溶性，因此脑内浓度增加，活性明显增强。

巴比妥类药物在空气中稳定，因具有酸性，可与苛性碱生成可溶性盐类作为注射用药，但其水溶液易受空气中 CO_2 的影响而析出本类药物的固体。巴比妥类的钠盐水溶液不稳定，易开环脱羧，受热分解生成双取代乙酸钠和氨。

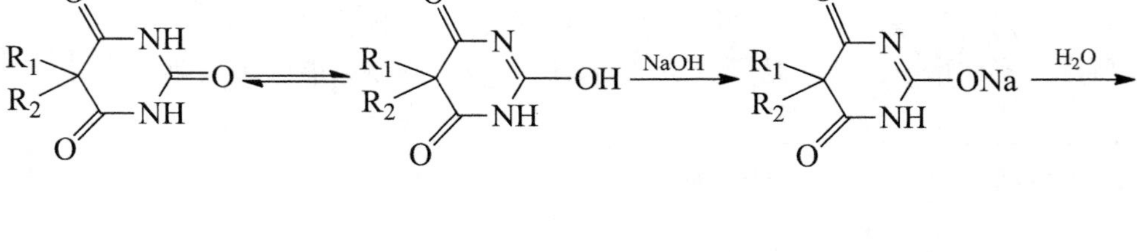

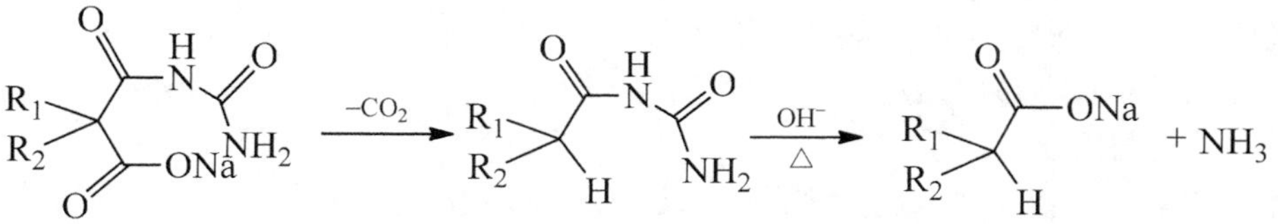

合成巴比妥酸的化学反应式为

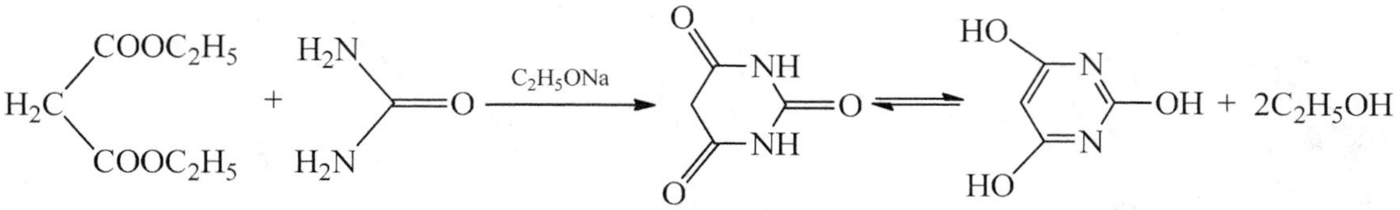

合成硫代巴比妥酸的反应式为(将尿素换成硫脲)

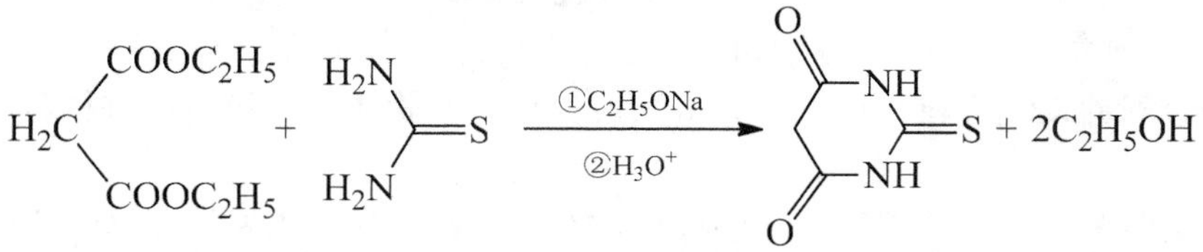

反应所需的醇钠由乙醇和金属钠反应制备。实验过程需要无水操作,有水或金属钠氧化会产生氢氧化钠,氢氧化钠会水解皂化丙二酸二乙酯而降低产率。丙二酸二乙酯质量不好可减压蒸馏纯化,在 8mmHg(1.07kPa)下收集 82~84℃的馏分,或 15mmHg(2.00kPa)下收集 90~91℃的馏分。

【实验材料与方法】

1. 实验材料

药品试剂:丙二酸二乙酯 6.5mL(0.04mol),金属钠 1.00g(0.04mol),尿素 2.40g(0.04mol,干燥过),绝对无水乙醇,浓盐酸,无水氯化钙。

仪器设备:100mL 圆底烧瓶,水冷凝管,干燥管,减压过滤装置,熔点测定仪,红外光谱仪。

2. 实验方法

(1)合成反应。

在 100mL 干燥的圆底烧瓶内加入 20mL 绝对无水乙醇,装好回流冷凝管①。从冷凝管上口分数次加入 1g 切成小块的金属钠②,待其全部反应后,再加入 6.5mL 丙二酸二乙酯③,摇荡均匀。然后慢慢加入 2.4g 干燥过的尿素和 12mL 绝对无水乙醇所配成的溶液,在冷凝管上端装上一氯化钙干燥管,振荡或搅拌下回流 2h。

(2)分离纯化。

将反应后产物冷却后为黏稠的白色半固体物,向其中加入 30mL 热水,再用盐酸酸化(pH≈3),得一澄清溶液,过滤除去少量杂质。滤液用冷水冷却使其结晶④,减压过滤,用少

---

① 所用仪器和药品均应保证无水。
② 钠与乙醇反应顺利,故金属钠不用切得太小,以免其氧化或吸水转化为氢氧化钠而皂化丙二酸二乙酯。
③ 若丙二酸二乙酯质量不好可进行减压蒸馏纯化,收集 82~84℃/1.07kPa(8mmHg)或 90~91℃/2.0kPa(15mmHg)的馏分。
④ 反应产物在水溶液中析出时为光泽洁净,放置长久会转变为粉末状,粉末状产物有较好的熔点。

量冰水洗涤数次，得白色棱柱状晶体，干燥后称量。

（3）产品的性质、鉴别与表征。

①产品外观与形状。

②性质实验：试管内加入少量产品，滴加入适量碱液，振荡观察现象。再将其微微加热并观察现象。

③熔点测定。

④红外光谱测定。

【思考与讨论】

（1）该反应过程的实质是什么？有何特点？

（2）巴比妥类药物的结构有何共性？产物及巴比妥类药的稳定性如何？这对巴比妥类药物的疗效发挥、剂型选择、储存保管和临床使用有何影响和要求？

（3）结合查阅的文献资料，评价、分析和讨论有关实验原理、设计、过程、结果等问题，并得出实验结论。

（4）借助文献和所学的羧酸衍生物的性质，设计制备下列巴比妥类药物的合成路线：①苯巴比妥；②戊巴比妥；③硫代戊巴比妥。

（5）本实验还可以采用微波催化法等其他方法进行制备，查阅相关资料探讨其制备方法的最新进展。

【教学指导与要求】

1. 实验预习

（1）查阅资料并填写下列数据表：

化合物	M_r	m.p./℃	b.p./℃	$\rho/(g/cm^3)$	n_D^{20}	溶解性		
						水	醇	有机溶剂
巴比妥酸								
尿素								
金属钠								
无水乙醇								

（2）写出该合成反应的化学方程。该反应有无副反应？若有将如何克服和抑制？

（3）该合成反应的实验条件是什么？采用什么装置进行合成？

（4）为何该反应一定要求无水操作？为此需采取哪些措施？

（5）反应后的混合物组成成分有哪些？产品是如何进行分离纯化的？画出分离纯化流程图并注明试剂用量和关键条件。

（6）如何鉴定产品？产物有哪些特殊的化学性质？

（7）查阅与本实验相关的文献资料，了解其合成的其他方法和工艺条件，有必要可进行综述。

2. 安全提示

（1）金属钠：遇水易燃烧、爆炸，使用时一定注意不要随意丢弃，废弃的钠要集中丢弃于无水乙醇中。

(2)乙醇：易燃易爆品，使用时远离火种。

(3)硫脲：口服对机体有不可逆性危害，防止误服，避免与眼睛和皮肤接触。

3. 其他

(1)本实验约需 4h，预期产量 2~3g。

(2)实验关键：无水操作、金属钠正确使用。

(3)巴比妥酸的微波法制备：150mL 干燥圆底烧瓶中加入 35mL 无水乙醇，分次投入 1g 切成小块的金属钠，使其全部溶解。再慢慢加入 2.4g 干燥过的尿素，再加入 6.5mL 丙二酸二乙酯，振荡均匀，投入几粒沸石，放入微波炉内，在微波 65W（650W 微波炉 10%火力挡）功率下采用间歇式辐射，每次间隔时间 30s，辐射 40min。反应后的产物冷却后，加入 30mL 热水，再用盐酸酸化(pH 3)，得一澄清溶液，过滤除去少量杂质，滤液用冰水冷却使其结晶。过滤，注意用少量冷水洗涤数次，得白色棱柱状晶体。

实验 9-3 8-羟基喹啉的 Skraup 法制备(6h)

【关键词】

8-羟基喹啉，Skraup 反应，水蒸气蒸馏，重结晶，升华。

【实验原理与设计】

8-羟基喹啉是卤化喹啉类抗阿米巴药物的中间体，包括喹碘方、氯碘喹啉、双碘喹啉等。这类药物通过抑制肠内共生菌而发挥抗阿米巴作用，对阿米巴痢疾有效，对肠道外阿米巴原虫无影响。近年来，国外报道本类药物能引起亚急性脊髓视神经病，故该药在日本和美国已禁用，双碘喹啉引起此病比氯碘喹啉较少见。8-羟基喹啉也是染料、农药的中间体。其硫酸盐和铜盐是优良的防腐剂、消毒剂和防霉剂。该品也是化学分析的络合滴定指示剂。

用芳香胺与甘油、硫酸、芳香硝基化合物一起加热可制得喹啉或喹啉衍生物，该方法由 Skraup(1850—1910 年)于 1880 年合成喹啉时首次发现，被称为 Skraup 反应，是合成喹啉及其衍生物最重要的方法。其可能的历程如下：

首先，在浓硫酸作用下甘油失水而成丙烯醛。

$$\underset{H_2C}{\overset{OH}{|}}-\underset{CH}{\overset{OH}{|}}-\underset{CH_2}{\overset{OH}{|}} \xrightarrow{H^+} H_2C{=}CH{-}CHO$$

其次，丙烯醛和苯胺发生迈克尔(Michael)加成反应生成 β-苯胺基丙醛，通过醛的烯醇式异构后在酸催化下发生失水反应而关环生成 1，2-二氢喹啉，最后经硝基苯氧化成喹啉。

值得注意的问题是：

(1) Skraup 反应中，硝基化合物主要起氧化剂的作用。有时也可用碘作氧化剂，可以缩短反应周期并使反应平稳进行。若用硝基化合物作为氧化剂，要求与所用芳香胺的结构保持一致，因为整个反应过程中，芳香硝基化合物被还原为芳香胺而参与缩合反应。若二者不一致，将会得到混合物。

(2) Skraup 反应剧烈，这是获取理想产量的保证，但过于剧烈较难控制。为此常加入少量硫酸亚铁作为氧的载体可以缓和反应，既可以保证较好的产率，又可以使反应不过于猛烈。

(3) 芳香胺环上的不同取代基对成环有影响。当间位有给电子基团时，在给电子基团的对位关环，得 7-位取代喹啉；当间位有吸电子基团时，主要在吸电子基团的邻位关环，得 5-位取代喹啉。

(4) 用 α, β-不饱和醛或酮(也可由饱和醛经羟醛缩合反应直接得到 α, β-不饱和醛)代替甘油进行该类反应，同样可以制得喹啉的衍生物。

本实验以邻氨基苯酚、邻硝基苯酚和甘油为原料，经 Skraup 反应制备 8-羟基喹啉。反应式如下：

该反应的副反应主要是酚羟基、芳香氨基所发生的氧化反应。

该反应属于脱水缩合反应，水的存在会降低产率，因此甘油的含水量要低，不得超过

0.5%（d 1.26）。低含水量甘油的制备方法查阅文献资料获取。

反应后的混合物先经水蒸气蒸馏除去剩余的邻硝基苯酚。8-羟基喹啉既溶于酸又溶于碱，反应后的产物以酸盐形式存在，将反应液小心中和后使产品处于游离状态，然后再利用水蒸气蒸馏法将其分离出来，分离后的产品水溶液通过重结晶进一步纯化得粗产品。粗品经升华可得纯品。

【实验材料与方法】

1. 实验材料

药品试剂：无水甘油 9.5g（7.5mL，0.1mol），邻氨基苯酚 2.8g（0.025mol），邻硝基苯酚 1.8g（0.013mol），浓硫酸 4.5mL，氢氧化钠溶液，饱和碳酸钠溶液，乙醇等。

仪器设备：100mL 圆底烧瓶，直形冷凝管，水蒸气蒸馏装置，减压过滤装置，升华装置，熔点测定仪，红外光谱仪等。

2. 实验方法

（1）合成反应。

在 100mL 圆底烧瓶中依次加入 9.5g 无水甘油[①]、1.8g 邻硝基苯酚、2.8g 邻氨基苯酚，混合均匀。再在冷却下缓缓滴入 9mL 浓硫酸[②]，注意观察混合物的黏度变化，摇动烧瓶进一步将原料混合均匀，安装回流冷凝管，低温加热。当溶液微沸时，立即停止加热[③]。待反应状态缓和后，再低温继续加热，保持微沸状态，时间 1.5～2h。

（2）分离纯化。

将反应物稍微冷却后，进行水蒸气蒸馏除去未反应的邻硝基苯酚[④]。待瓶内液体冷却后，加入 6g 氢氧化钠溶于 6mL 水的溶液，再小心滴加饱和碳酸钠溶液，使溶液呈中性[⑤]。然后再进行水蒸气蒸馏蒸出 8-羟基喹啉，收集馏液约 250mL。馏出液充分冷却后，减压过滤收集析出物，洗涤干燥后得粗产品，称量。粗产品用体积比 4∶1 的乙醇-水混合溶剂重结晶，得纯品，称量，计算产率[⑥]。取 0.5g 上述产品进行升华实验，可得美丽的针状晶体，用于熔点测定。

（3）产品的性质、鉴别与表征。

①产品外观与形状。

②性质实验：将邻氨基苯酚、邻硝基苯酚、苯酚、8-羟基喹啉做溴/四氯化碳实验、高锰酸钾实验、三氯化铁实验。

---

① 甘油含水量不应超过 0.5%，否则会因影响甘油脱水而致产量降低。制备无水甘油方法：将含水普通甘油通风橱内置于瓷蒸发皿中加热至 180℃，冷却至 100℃左右，放于盛有硫酸的干燥器内备用。

② 试剂必须按所述次序加入，先加浓硫酸则易使反应剧烈而不易控制。

③ 该反应为放热反应，溶液微沸表明反应已经开始，若继续加热则反应会过于剧烈，甚至将反应溶液冲出反应瓶。

④ 水蒸气蒸馏时宜采用直形冷凝管且尾部尽量放低，也可取消尾接管进行接收，因邻硝基苯酚熔点为 45℃，易凝固在水冷凝管内不易流出。蒸馏时可根据其凝固情况适当放缓冷却水流速，使其液化流出。后面第二次水蒸气蒸馏蒸出 8-羟基喹啉时存在同样的问题，照此处理。

⑤ 8-羟基喹啉既溶于酸又溶于碱而成盐，成盐后则溶于水而不被水蒸气蒸馏蒸出，故必须小心中和，控制 pH 为 7～8，中和恰当时，析出的 8-羟基喹啉沉淀最多。

⑥ 产率以邻氨基苯酚计算，不考虑邻硝基苯酚部分转化后参与反应的量。

③熔点测定。

④红外光谱测定。

【思考与讨论】

(1) 该反应有哪些副反应？如何抑制？

(2) 为什么第一次水蒸气蒸馏在酸性条件下进行，而第二次水蒸气蒸馏要在中性条件下进行？

(3) 第二次水蒸气蒸馏前为什么严格调控溶液的 pH 为 7～8？若碱性过强有何不利？如何补救？

(4) 调整 pH 后 8-羟基喹啉也会沉淀析出，为何不直接过滤获得产品而要进行水蒸气蒸馏将其蒸出？

(5) 8-羟基喹啉具有升华性，在水蒸气蒸馏时是否存在升华损失的可能？

(6) 该反应是否为均相反应？是否有改进的必要和可能？

(7) Skraup 反应中，芳香胺环上的取代基对成环有何影响？

(8) 用 α, β-不饱和醛或酮代替甘油进行该类反应也制得喹啉衍生物，本实验可以使用这种方法吗？为什么？以化学反应方程说明。

(9) 查阅文献资料，8-羟基喹啉还有无其他合成方法？若有，与本实验对比分析。

(10) 针对个人在本实验中出现的问题进行分析、总结和讨论。

【教学指导】

1. 实验预习

(1) 查阅资料并填写下列数据表：

化合物	M_r	m.p./℃	b.p./℃	$\rho/(g/cm^3)$	n_D^{20}	溶解性		
						水	醇	有机溶剂
8-羟基喹啉								
邻氨基苯酚								
邻硝基苯酚								
浓硫酸								

(2) 写出本实验的反应原理。硝基化合物在该反应中起何作用？为何硝基与氨基化合物在结构上要保持一致？

(3) 该反应是吸热反应还是放热反应？加热控温要注意什么？为什么？

(4) 该反应原料的投料比为多少？反应时间是多少？

(5) 反应后的混合物组成如何？产品是如何被分离纯化的？画出分离纯化流程图。

(6) 碱化时加入 6g 氢氧化钠的量是怎么估算出来的？为何要和水进行 1∶1 的配比？水多一点不可以吗？为什么？

(7) 第一次和第二次水蒸气蒸馏的目的各是什么？

(8) 预习水蒸气蒸馏技术并回答：水蒸气蒸馏的基本原理是什么？适用条件是什么？与其他蒸馏技术相比其特点是什么？简易水蒸气蒸馏时加入热水的量依据什么进行考量？

2. 安全提示

(1)邻氨基苯酚、邻硝基苯酚：口服、吸入或与皮肤接触有害，不要误服或吸入其蒸气，使用时可戴手套防护，不要将废弃物排入下水道。

(2)甘油：与强氧化剂接触易发生燃烧或爆炸，与浓硫酸混合时一定要注意加入次序和温度。

(3)浓硫酸：强腐蚀性试剂，易引起烧伤，不要与皮肤、眼睛和衣物接触。一旦接触立即用大量水冲洗后就医诊治。取用一定要戴手套和护目镜。

(4)控制好反应温度和沸腾状态，避免发生事故。

3. 其他

(1)本实验约需 6h，预期产量 1.5～2g。

(2)实验关键：甘油无水、反应器皿干燥、温度控制、碱化中和、水蒸气蒸馏。

实验 9-4　香豆素-3-羧酸的 Knoevenagel 法制备(6h)

【关键词】

香豆素-3-羧酸，羟醛缩合反应，苯并吡喃酮，Perkin 反应，Knoevenagel 反应，结晶，重结晶，熔点测定。

【实验原理与设计】

天然成分中有一类苯环和一个三碳直链连在一起的所构成的 C_6—C_3 结构的化合物，统称为苯丙素类，主要包括苯丙酸类、香豆素类和木脂素类。它们的生源多数由莽草酸通过芳香氨基酸的转脱氨、羟基化、偶合等代谢过程而形成。

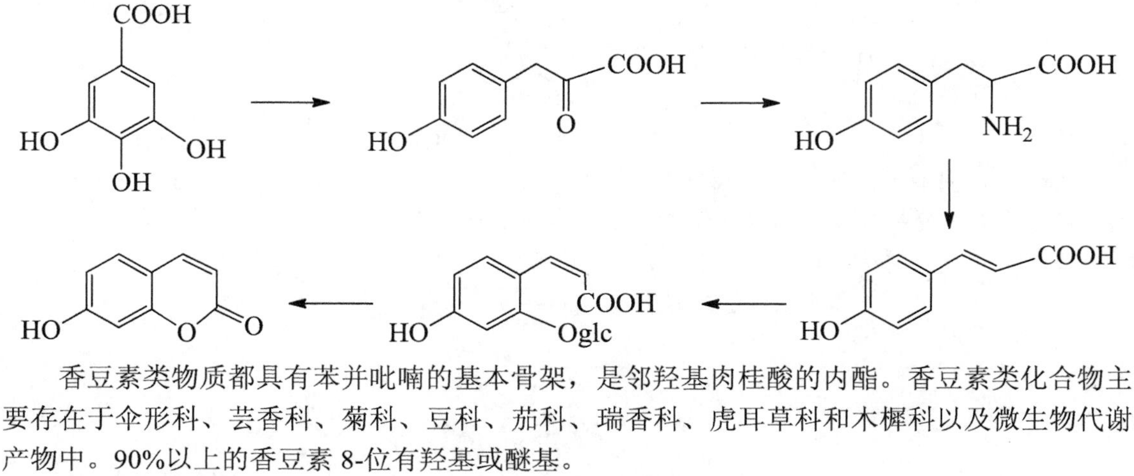

香豆素类物质都具有苯并吡喃的基本骨架，是邻羟基肉桂酸的内酯。香豆素类化合物主要存在于伞形科、芸香科、菊科、豆科、茄科、瑞香科、虎耳草科和木樨科以及微生物代谢产物中。90%以上的香豆素 8-位有羟基或醚基。

香豆素在紫外光下常呈现出蓝色荧光，遇到浓硫酸时也能产生蓝色荧光。香豆素的吡喃酮环具有内酯的性质，在稀碱中可逐渐水解呈黄色溶液，生成顺式邻羟基肉桂酸的盐，其盐酸化后又会闭环恢复为内酯。顺邻羟基肉桂酸不宜长期游离存在，长时间在碱液中放置或紫外光照射，可转变为稳定的反式邻羟基肉桂酸。

香豆素的紫外光谱特征是其结构鉴别的很好手段。可借此将其与色原酮和黄酮类等结构相近的化合物加以鉴别。紫外、红外、核磁共振和质谱是研究香豆素结构不可缺少的工具。

补骨脂内酯　　　　　奥斯脑　　　　　黄曲霉素B_1(高毒)

香豆素具有广泛的生理活性。①具有植物生长调节作用：低浓度的香豆素可以刺激植物发芽和生长，高浓度时抑制发芽和生长。②光敏作用：许多香豆素具有光敏性。呋喃香豆素外涂或内服经日光照射可引起皮肤色素沉着，所以补骨脂内酯可以治疗白斑病。③抗菌、抗病毒作用：如蛇床子和毛当归根中的奥斯脑可以抑制乙型肝炎表面抗原(HbsAg)，其机理是增加了乙型肝炎表面抗原的糖基化和在体外抑制乙型肝炎病毒的分泌。④平滑肌松弛作用：许多香豆素物质有血管扩张作用。⑤抗凝血作用：如双香豆素存在于腐败的牧草中，牛、羊食用后会因出血而致死。双香豆素的类似物已作为临床上的抗凝血药用于防治血栓的形成。⑥具有肝毒性：某些香豆素可能对肝有一定的毒性，必须引起注意，如黄曲霉素能在极低浓度就能引起动物肝脏的损伤并导致癌变。

香豆素，又名香豆精、1,2-苯并吡喃酮，为顺式邻羟基肉桂酸的内酯，白色斜方晶体或结晶粉末，最早于 1820 年从香豆的种子中发现获得。许多香豆素衍生物都具有药理作用，是中草药的有效成分之一，广泛存在于薰衣草、桂皮、白芷等精油中。香豆素具有香茅草的香气，是重要的香料，常作为定香剂，可用于配制香水、花露水、香精等。也用于一些橡胶和塑料制品，其衍生物还可以用作农药、杀鼠剂、医药等。由于天然植物中香豆素含量很少，因此大量需通过合成获得。1868 年，Perkin 采用邻羟基苯甲醛(水杨醛)与乙酸酐、乙酸钾一起加热制得了香豆素，该方法被称为 Perkin 合成法。

邻羟基肉桂酸钾　　　　　香豆素

Perkin 法具有反应时间长、反应温度高、产率有时不好等缺点。本实验用水杨醛和丙二酸二乙酯在有机碱催化下，可在较低温度下合成香豆素-3-羧酸。

这种在有机碱催化作用下促进羟醛缩合反应的方法称为 Knoevenagel 反应。该法将 Perkin 法中的酸酐改为活泼亚甲基化合物，需要有一个或两个吸电子基团增加亚甲基氢的活泼性。同时，采用碱性较弱的有机碱作为反应介质，避免了醛、酮的自身缩合，扩大了缩合反应的原料使用范围。

　　本实验中除要加入有机碱六氢吡啶外，还需加入少量冰醋酸。其机理尚不完全清楚，可能是水杨醛先与六氢吡啶在酸催化下形成亚胺类化合物，亚胺类化合物再与丙二酸酯的碳负离子发生加成反应。

　　反应后的产物香豆素-3-羧酸以盐的形式存在而溶于水中，经酸化后产品会转变为内酯酸的形式，因其微溶于水而结晶析出，经过滤和重结晶可得到分离与纯化。

【实验材料与方法】

　　1. 实验材料

　　药品试剂：水杨醛 4.2mL（0.014mol），丙二酸二乙酯 6.8mL（0.045mol），无水乙醇 30mL，六氢吡啶 0.6mL，冰醋酸 2 滴，95%乙醇 30mL，氢氧化钠 3g，浓盐酸 10mL，无水氯化钙，沸石几粒。

　　仪器设备：100mL 圆底烧瓶，球形冷凝管，弯形干燥管，锥形瓶，减压过滤装置，熔点测定仪，熔点测定毛细管，红外光谱仪。

　　2. 实验方法

　　（1）香豆素-3-甲酸乙酯的制备。

　　在干燥的 100mL 圆底烧瓶内加入 4.2mL 水杨醛、6.8mL 丙二酸二乙酯、25mL 无水乙醇、0.5mL 六氢吡啶和 1～2 滴冰醋酸，放入几粒沸石，安装球形回流冷凝管，冷凝管上口安放一氯化钙干燥管。加热回流 2h。将反应后的混合液转入锥形瓶内，加 30mL 水，冰水浴冷却使产物结晶析出完全，减压过滤，晶体每次用 2～3mL 冰冷的 50%乙醇洗涤 2～3 次，最后将晶体压紧抽干得粗品，干燥，称量。粗品可用 25%乙醇重结晶，测定熔点，检测其纯度。

　　（2）香豆素-3-羧酸的制备。

　　在 100mL 圆底烧瓶内，加入 4.0g 制备的香豆素-3-甲酸乙酯、3.0g 氢氧化钠、20mL 乙醇和 10mL 水，加几粒沸石，安装回流冷凝管，加热回流。待酯和氢氧化钠全部溶解后，再继续加热回流 15min。在 250mL 烧杯中加入 10mL 浓盐酸和 50mL 水，搅拌下趁热将上述反应液倒入稀盐酸中，立即有大量白色晶体析出，冰水浴冷却使晶体析出完全。减压过滤，少量冰水洗涤晶体 2 次，压紧抽干得粗品香豆素-3-羧酸，干燥，称量。粗品可用水重结晶进一步纯化。计算产率。

　　（3）性质与鉴别。①外观与形状；②酸碱性实验；③熔点测定；④荧光实验；⑤红外光谱。

【思考与讨论】

　　（1）试写出 Knoevenagel 法制备香豆素-3-羧酸的反应机理。

　　（2）该反应有何副反应？可怎样克服和抑制？

　　（3）制备香豆素-3-甲酸乙酯反应中加入 1～2 滴冰醋酸的目的是什么？

　　（4）制备香豆素-3-甲酸乙酯在有机碱吡啶催化下进行，可否使用无机碱？此类对催化剂的碱性强弱有何要求？

　　（5）制备香豆素-3-羧酸时先用氢氧化钠加热回流水解，再用盐酸酸化。加入氢氧化钠的量如何计量？盐酸浓度对反应有影响吗？

　　（6）如何利用香豆素-3-羧酸制备香豆素？

　　（7）本实验还有其他的文献方法吗？结合本实验问题进行讨论和分析。

【教学指导】

1. 实验预习

(1) 查阅资料并填写下列数据表:

化合物	M_r	m.p./℃	b.p./℃	$\rho/(g/cm^3)$	n_D^{20}	溶解性		
						水	醇	有机溶剂
香豆素-3-甲酸乙酯								
香豆素-3-羧酸								
水杨醛								
丙二酸二乙酯								
六氢吡啶								

(2) 写出本实验的反应原理。画出反应装置图,注明加入反应物量和必要的反应条件。

(3) 制备香豆素-3-甲酸乙酯为何要无水操作?

(4) 反应后混合物组成如何?产物是采用什么方法进行分离纯化的?画出分离纯化流程图。

(5) 查阅与本实验相关文献资料,了解香豆素-3-羧酸的其他制备方法。

2. 安全须知

(1) 水杨醛:该品有毒,口服有毒,不要误服。

(2) 六氢吡啶:高度易燃,使用现场禁止明火,远离火种。该品具有腐蚀性,能引起烧伤,勿接触皮肤、眼睛或吸入。建议佩戴手套和防护眼镜。

(3) 乙醇:易燃品,远离火种。易挥发,密闭保存。

3. 其他

(1) 香豆素-3-甲酸乙酯粗品产量约 6g,香豆素-3-羧酸粗品 2～3g。

(2) 实验关键:香豆素-3-甲酸乙酯合成的无水操作、加热温度、晶体洗涤。

第 10 章　生物有机分子和天然产物的性质和制备

10.1　脂类化合物的一般性质和制备

脂类是指生物体内的不溶于水而溶于非极性有机溶剂，即具有脂溶性的一类物质的总称。脂类化合物种类繁多，分类主要有化学分类法和生物学分类法两种。

化学分类：分为脂肪(包括高级脂肪酸和甘油三酯)和类酯(磷脂、糖脂、甾族化合物、萜类等)。

生物学分类：所有脂类共同特征是结构中的碳氢组分均由乙酸发生聚合反应而成，此过程伴随链烃的还原作用。经乙酸的生物聚合主要产生脂肪酸类和多异戊二烯类，如图 10-1 所示。

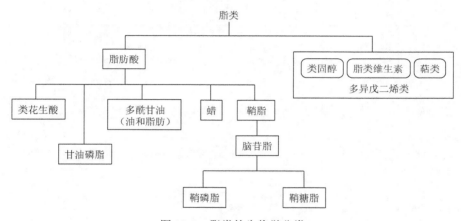

图 10-1　脂类的生物学分类

10.1.1　脂类的一般性质

脂类的种类繁多，结构类型也各不相同，因此其化学性质也千差万别。其中油脂和磷脂是生物体内含量最多的脂类，它们的结构组成也具有一定的规律性，如表 10-1 所示。

表 10-1　脂类化合物的种类和一般性质

化合物类别		结构特点	主要性质	说明与备注
高级脂肪酸	饱和	偶数碳，无支链。顺式双键，多烯非共轭，亚甲基相隔	羧酸通性，氧化酸败。密度高于不饱和酸，熔点高于不饱和酸	密度都低于水 氧自由基不但能通过生物膜中的PUFA的过氧化引起细胞损伤，而且还能通过脂氢过氧化物的分解产物引起细胞损伤。通过MDA的测定可以了解肌体内脂质过氧化的程度，间接地反映出细胞的损伤程度
	不饱和		羧酸通性，烯烃通性：易加成，易氧化分解。熔点密度均较低 脂质过氧化：生物体产生的氧自由基进攻多不饱和脂肪酸(polyunsaturated fatty acid, PUFA)，引发脂质过氧化作用并形成脂质过氧化物，如醛基(丙二醛 MDA)、酮基、羟基、羧基、氢过氧基或内过氧基等，以及新的氧自由基等。结果导致很多脂类分解产物的形成，这些产物有的是无害的，有的是对肌体有害的	
	脂肪酸盐	肥皂	具表面活性，两亲性分子	

续表

化合物类别		结构特点	主要性质	说明与备注
油脂	油、脂肪	含 3 脂肪酸、1 甘油酯。单甘油酯，混甘油酯（构型）	酯键水解，碱性水解为皂化；加成：硬化、碘值；氧化分解：酸败，酸值	多为混合物，无固定熔点，不饱和脂肪酸含量高熔点低
			甘油三酯检查：水解液加过碘酸将甘油氧化为甲醛，甲醛和乙酰丙酮反应，在铵离子存在下缩合成黄色的 3,5-二乙酰-1,4-二氢二甲基吡啶	黄色深浅和甘油三酯浓度成正比，借此可进行比色分析
磷脂	甘油磷脂	1 甘油、2 脂肪酸、1 磷酸酯衍生物	水解，水解液呈甘油、磷酸的检查性质	两亲性分子，表面活性剂
	鞘磷脂	1 鞘氨醇、1 脂肪酸、1 磷酸酯衍生物	水解，水解液呈鞘氨醇和磷酸检查反应	
糖脂	甘油糖脂	含 1 甘油、1 糖、2 脂肪酸	水解，水解液呈甘油和糖的鉴别反应	两亲性分子，表面活性剂
	鞘糖脂	含 1 鞘氨醇、1 糖、1 脂肪酸	水解，水解液呈鞘氨醇和糖的鉴别反应	
甾族化合物	胆固醇类	甾环、3β-OH，5-烯	与磷硫铁试剂（$FeCl_3+H_3PO_4+H_2SO_4$）显色紫红色 与邻苯二甲醛试剂显紫红色；（用于比色分析） 与乙酸酐-硫酸试剂显蓝绿色：即 Liebermann-Burchard 反应：红→紫→蓝→墨绿色。用于比色分析	Liebermann-Burchard 反应：样品溶于冰醋酸，与浓硫酸-乙酸酐（1∶20）产生红紫蓝绿等颜色变化，最后褪色
	胆甾酸	5β 系，常有 3α、7α、12α-OH，无双键，末端为羧基及其衍生物	Liebermann-Burchard 反应颜色变化：红→紫→蓝→墨绿色	用于鉴别、检查和比色分析法含量测定
	甾体激素	雄甾烷、雌甾烷、孕甾烷	Liebermann-Burchard 反应颜色变化：红→紫→蓝→墨绿色	
萜类	单萜、倍半萜、二萜、三萜等	异戊二烯结构单元简单聚合体及其衍生物	多数低极性，难溶于水，易溶于有机溶剂；多具有双键加成、氧化、环化等性质：与溴的四氯化碳加成 使高锰酸钾褪色 与乙酸酐-硫酸试剂显色 与氯仿-浓硫酸显色	有机溶剂或水蒸气蒸馏提取 用于鉴别和检查

10.1.2　脂类物质的制备

脂类物质的制备主要有两种来源，一种是由天然的生物原材料中进行提取分离，另一种是采取生物方法或化学方法进行制备。脂类物质的化学组成、结构、物理化学性质以及生物功能存在着很大的差别，但它们一般都具有脂溶性、密度小、熔点低等共性。利用这一性质，可对其进行分离提取。

脂肪提取比较简单，选取含脂肪高的组织，加入脂肪溶剂（乙醚、石油醚），使用索氏提取器（脂肪提取器）进行循环提取。将提取液蒸去有机溶剂后即得脂肪产品。

磷脂几乎都集中在细胞膜上。甘油磷脂、鞘磷脂、糖脂等脂类分子中既具有极性的亲水基团又具有非极性的亲脂基团，即两亲性分子。此类分子在水中具有表面活性和流动性，这种特性具有非常重要的生物学意义。磷脂的提取，首先是要分离得到较纯的细胞膜。以制备血细胞膜分离磷脂为例：将抗凝剂加入血液中，低速离心得到红细胞。将红细胞移入低渗溶液中，由于渗透压作用，红细胞膜膨胀破裂，经反复洗涤离心得到纯红细胞膜。用甲醇：氯仿(体积比 2∶1)溶液充分与细胞膜作用，充分振荡，将磷脂萃取到有机相中，吸取有机相蒸发干燥，得到粗磷脂。粗磷脂通过薄层色谱将组分——分开。用碘蒸气显色定位，根据色谱的相对比移值 R_f 鉴定磷脂种类。也可以收集色谱显色定位的磷脂斑点，经硝酸酸化后用磷钼酸胺比色定磷，计算每一磷脂的量。

实验 10-1　尿液中 17-羟基皮质类固醇激素的提取与分析(4h)

【关键词】

肾上腺皮质激素，尿液，提取，分析。

【实验原理与设计】

人体肾上腺皮质所分泌的激素以 17-羟基皮质激素类固醇衍生物最多。测定尿中 17-羟基皮质类固醇衍生物含量可以反映出肾上腺皮质的功能是否正常。

17-羟基皮质类固醇激素主要包括 17-羟基皮质酮(氢化可的松)、17-羟基-11-脱氢皮质酮(可的松)和 11-羟基-11-脱氧皮质酮等。它们的结构中都含有羟基—OH 和羟乙酰基—$COCH_2OH$。此类皮质激素在醇、氯仿中溶解度较大，因此可以在酸性条件下，采用丁醇-氯仿混合液进行皮质类固醇的尿液样品提取。为了增强提取效果，可以在尿液中加入无水硫酸钠达到饱和，降低此类激素在水中的溶解度，利用盐析效应增加提取效率。

为利用比色法测定此类皮质激素的含量，需要增加该类物质对紫外可见光的吸收度。该类甾体激素 17-位含有的二羟基丙酮的结构在硫酸存在下可以和盐酸苯肼作用，生成黄色的苯肼腙，该反应称为 Poter-Silber 反应。在一定浓度范围内，此反应生成物的黄色深浅与 17-羟基皮质类固醇的量成正比，可据此采用比色分析法测定其含量。

通过对此类甾体激素紫外可见吸收光谱和红外光谱的测定和分析，可以对此类物质的结构特点进行了解和鉴别。

【实验材料与方法】

1. 实验材料

试剂材料：人尿液(实验者按要求自备)，氯仿(AR，无水)，正丁醇(AR)，硫酸，苯肼(AR)，可的松标准品，无水硫酸钠。

仪器设备：刻度吸管(0.2mL 2 支、0.50mL 2 支、1.0mL 4 支、5.0mL 4 支)，普通试管(1.5cm×15cm 8 支)，具塞试管(2.0cm×18cm 1 支)，储尿瓶(2000mL 1 个)，水浴锅，离心机，722 型分光光度计。

2. 实验方法

(1)实验试剂的准备和配制。

①56%硫酸：将 560mL 浓硫酸缓缓倾入 400mL 蒸馏水中，搅匀，冷却后，加蒸馏水稀释至 1000mL。

②盐酸苯肼(有必要可进行纯化)：10g 盐酸苯肼溶于 400mL 无水乙醇，水浴加热助溶。如有颜色，加少量活性炭，热滤，滤液冷至室温后置冰箱内(4℃)过夜。盐酸苯胺结晶析出，减压过滤得结晶，晶体应为无色或极淡的黄色。否则，需要重复上述过程直至合格。

③正丁醇：要求无醛，经检查合格后方可使用。检查方法为：取干燥试管 2 支，A 试管内加入正丁醇 1mL 和 56%硫酸 4mL，B 试管加入正丁醇 1mL 和苯肼-硫酸溶液 4mL，混匀，

60℃保温 20min 后，用冷水冲试管外部，使溶液迅速冷却。420nm 比色，以 A 试管调分光光度计 $T\%=100$，测量 B 试管溶液的 $T\%$，B 试管 $T\%>95\%$ 则为合格，否则需处理。处理方法为：正丁醇 1000mL，用 56%硫酸调至 pH 1，加入 100mg 盐酸苯肼，室温过夜或 60℃保温 1h，蒸馏，收集 117℃馏分备用。

④正丁醇-氯仿混合液：由无醛正丁醇：氯仿=10：1(体积比)配制而成。

⑤苯肼-硫酸溶液：称取经纯化的盐酸苯肼 65mg，溶于 100mL 56%硫酸，冰箱保存。

⑥标准可的松溶液：准确称取可的松 5.0mg，溶于少量无醛正丁醇，容量瓶内稀释至 100mL 定容，浓度为 50μg/mL。

(2) 尿液的收集。

每实验组提前发放尿液收集瓶，收集 24h 尿样，做好尿样收集记录。收集的尿样最好放在冰箱内低温保存，若气温高可先加入盐酸 2～3mL 进行防腐。

(3) 光谱分析。

紫外光谱分析：取可的松标准溶液和表 10-2 中 5 号管内的溶液进行紫外光谱扫描。对比其光谱图的异同，找出最大吸收峰波长。

红外光谱：取可的松标准品做红外光谱扫描。并解析其红外光谱。

(4) 标准曲线绘制。

取干燥洁净试管 6 支编号，按表 10-2 操作指示加入试剂。试剂加完后，摇匀，60℃保温 20min，流水中迅速冷却，420nm 比色测试，以 0 号管调至 100%透光率。将测定结果填入表 10-2。根据测定结果以 $T\%$ 为纵坐标、可的松质量(μg)为横坐标作标准曲线图。

(5) 提取。

吸取尿液 5.0mL 置于具塞的试管内，用 56%硫酸调至 pH 1.0～1.5，加入无水硫酸钠 1.25mL，振荡 5min 后，再加入正丁醇-氯仿混合液(10：1)5.0mL，振荡 5min，3000r/min 离心 10min(也可室温静置分层 1h)，用细长吸管吸除尿层，得正丁醇-氯仿提取液备用。

(6) 样品比色分析。

取洁净干燥试管 2 支，按表 10-2 样品测定所示加入相应试剂，以参比管 C 调 100%透光率，测定样品管 S 的 $T\%$。

(7) 计算。

对照标准曲线计算测试样液中 17-羟基皮质类固醇的质量(mg)。按照下式计算 24h 尿液中类固醇的质量 m：

$$m＝cV/1000$$

式中，m 为 24h 尿液中 17-羟基皮质类固醇的质量，mg；c 为 24h 尿液中 17-羟基皮质类固醇的质量浓度，μg/mL；V 为 24h 尿液的体积，mL。

表 10-2　17-羟基皮质类固醇激素提取、含量测定和光谱分析实验记录表

实验者姓名：		实验时间：		实验地点：		
尿样采集时间：			尿液采集量：			
尿液提供者性别：		年龄：		健康状况：		
试剂	编号	0	1	2	3	4	5
标准曲线绘制	可的松标准液/mL	0	0.2	0.4	0.6	0.8	1.0
	正丁醇/mL	1.0	0.8	0.6	0.4	0.2	0

续表

试剂	编号	0	1	2	3	4	5
标准曲线绘制	56%硫酸/mL	4.0	0	0	0	0	0
	苯肼-硫酸溶液/mL	0	4.0	4.0	4.0	4.0	4.0
	保温时间/min						
	可的松含量/μg	0	10	20	30	40	50
	$T\%$结果(420nm)						

样品测定	加入试剂	参比管 C	样品管 S	标准曲线图			
	正丁醇-氯仿提取液/mL 56%硫酸/mL 苯肼-硫酸溶液/mL	1.0 4.0 0	1.0 0 4.0				
	保温时间/min						
	$T\%$						

测试结果：24h 供试尿液中含待检测物质

紫外可见光谱图(标准样与供试样)	红外光谱图(标准样)

实验结论：

教师评语：	指导教师签字：

【思考与讨论】

(1) 为何要将尿液中的皮质类固醇代谢物与盐酸苯肼进行显色？其显色原理是什么？写出化学反应方程。

(2) 为何选用正丁醇和氯仿的混合溶剂进行提取？

(3) 正丁醇试剂为何要严格进行醛检查?不检查会对实验有何影响？盐酸苯肼纯化的目的又何在？

(4) 根据实验所测定的紫外可见光谱和红外光谱，解析图谱，总结该类物质的波谱特征。

(5) 总结实验的经验教训，体会有机物含量分析的特点。

(6) 查阅相关资料，了解肾上腺皮质激素的生理作用和代谢途径，熟悉此类激素代谢产物检测的医学意义。

【教学指导与要求】

(1) 查阅资料填写下表：

化合物	M_r	m.p./℃	b.p./℃	$\rho/(g/cm^3)$	n_D^{20}	溶解性
氢化可的松						
可的松						

续表

化合物	M_r	m.p./℃	b.p./℃	$\rho/(g/cm^3)$	n_D^{20}	溶解性
氯仿						
正丁醇						
苯肼						
硫酸						

(2)预习了解 17-羟基皮质类固醇激素的结构特点和主要特性，写出 17-羟基皮质酮(氢化可的松)、17-羟基-11-脱氢皮质酮(可的松)和 11-羟基-11-脱氧皮质酮的结构式。

(3)预习回答：在含量测定过程中苯肼硫酸的作用是什么？写出其化学反应原理。

(4)画出本实验的流程图，明确实验过程和目的。

(5)预习分光光度法的原理和分光光度计的使用。

(6)预习回答：尿液中的类固醇是依据什么原理进行分离提取的？

10.2　糖类化合物的一般性质和制备

10.2.1　糖的一般性质

糖的一般性质列于表 10-3。

表 10-3　糖类化合物的主要性质一览表

	性质(三成、酸碱、增减、氧化还原)		说明与备注
	反应性质	反应式或说明	说明
单糖	成酯	糖羟基的酯化反应	葡萄糖、果糖的 1,6 位磷酸酯化极具重要的生物学意义
	成苷(甙)	环状糖的半缩醛羟基与另一羟基、氨基、巯基等发生失水反应生成糖苷(甙)，苷键有构型要求	制备糖苷
	成脎	与过量苯肼反应，糖的 1、2 位形成二苯脎的反应 CHO / H—OH / CH₂OH / —O　—3PhNHNH₂→　CH=NNHPh / =NNHPh　黄色晶体	鉴别糖，推测糖结构
	酸性 Molish 反应	糖+浓硫酸脱水成糠醛，糠醛与芳胺、酚类缩合成有色物质。与 α-萘酚或麝香草酚产生紫红色缩合物，称 Molisch 反应	用于糖类的鉴别。单糖、二糖和多糖一般可发生此反应，氨基糖不发生此反应。此外，丙酮、甲酸、乳酸、葡萄糖醛酸、各种糠醛衍生物等均产生近似反应
	碱性差向异构化	在弱碱性条件下，糖中羰基邻的不对称碳原子构型发生变化	醛、酮糖相互转化
	递增反应	糖 —HCN→ —H₃O⁺→ —Na-Hg 水，pH 3～5→ 高一级糖	制备糖。该反应被称为 Kiliani-Fischer 反应
	递降反应	糖 —H₂NOH/碱→ —Ac₂O/NaOAc→ —MeO⁻/MeOH→ 低一级糖(Wohl递降法) 糖 —CaBr₂, CaCO₃/电解氧化→ —H₂O₂/Fe₂⁺→ —Δ→ 低一级糖(Ruff递降法)	用于制备糖

续表

性质(三成、酸碱、增减、氧化还原)			说明与备注
反应性质		反应式或说明	说明
单糖	氧化	**弱氧化剂** 醛糖(酮糖) ⟶ 糖酸(混合物) Tollens 试剂、Fehling 试剂、Benedict 试剂	区别还原糖和非还原糖
		溴水　醛糖 ⟶ 糖酸,醛糖不被氧化	区别醛糖和酮糖
		次碘酸　醛糖 ⟶ 糖酸,醛糖不被氧化 $I_2 + NaOH \rightleftharpoons NaI + NaOI + H_2O$	区别醛糖和酮糖。醛糖因消耗次碘酸而无碘析出,酮糖不消耗次碘酸而析出碘
		硝酸　醛糖 ⟶ 糖二酸,酮糖碳链断裂氧化	制备糖二酸,区别醛糖和酮糖,测定结构
		高碘酸　邻二羟基的碳碳断裂氧化	测定结构
		电解　醛糖 ⟶ 糖酸	制备
	还原反应	羰基被还原成醇	制备糖醇
寡糖	还原性寡糖	能被弱氧化剂氧化,可成苷,有变旋光现象	
	非还原性寡糖	不能被弱氧化剂氧化,无变旋光现象,不能成苷	
多糖	淀粉	水解。直链淀粉溶于水,支链不溶于水。遇碘显蓝紫色	
	糖原	水解。不溶于水,遇碘显红棕色	
	纤维素	水解。不溶于水	

10.2.2　糖类化合物的性质与鉴别实验

1. 萘酚反应(Molisch 反应)

取洁净试管编号,分别加入 1mL 各样品,再滴加新配制的萘酚试剂,混合均匀,置于试管架上,将试管倾斜一定角度,并小心地向每个试管壁内徐徐注入 1mL 浓硫酸,不要摇动!小心将试管竖起,使浓硫酸与糖溶液之间分层清楚。静置 10～15min,注意观察两液界面之间是否有色环出现。若无色环,可小心将试管放在热水浴中温热 3～5min,切勿摇动,在仔细观察。记录各样品出现色环的颜色和时间。解释上述现象。

实验样品:2%葡萄糖、果糖、阿拉伯糖、蔗糖、麦芽糖,1%淀粉溶液,2%丙酮水溶液。

2. 间苯二酚反应(Seliwanoff 反应)

取洁净试管编号,分别加入 10 滴间苯二酚-盐酸试剂。再各加入 1 滴样品溶液,混合均匀后,将试管放在沸水浴中加热 2min。比较各试管出现颜色的次序。观察、记录并解释上述实验现象。

实验样品:2%葡萄糖、果糖、阿拉伯糖、蔗糖。

3. 弱氧化反应

(1)银镜反应(Tollens 试剂):取洁净试管编号,加入新制的 Tollens 试剂,再分别加入 2 滴样品溶液,摇匀后室温静置 5～10min,若无银镜形成,可将试管在水浴中微热 1～2min(时间不可太长),观察、记录银镜出现的时间,解释上述实验现象。

实验样品:2%葡萄糖、丙酮、果糖。

(2)Fehling 试剂反应:取 5 支试管,各加入 1mL Fehling 试剂 A 和 1mL Fehling 试剂 B,混合均匀后,分别加 4 滴样品溶液,摇动均匀,将各试管同时放入沸水浴中加热 2～3min,然后取出放在试管加上冷却。观察、记录各试管内颜色的变化以及是否有沉淀产生。解释上述现象。

实验样品：2%葡萄糖、蔗糖、麦芽糖、阿拉伯糖，1%淀粉溶液。

(3) Benedict 试剂反应：取洁净试管并编号，各加入 2mL Benedict 试剂，再分别加入 4 滴样品溶液，混合均匀后，将各试管同时放入沸水浴加热 1~2min。观察各试管颜色变化。观察、记录并解释上述实验现象。

实验样品：2%葡萄糖、蔗糖、阿拉伯糖、果糖。

4. 次碘酸氧化反应

取洁净试管分别加 1mL 样品，再各加 1 滴碘液，摇动均匀后再各滴加氢氧化钠溶液，边加边摇动，直至混合液的颜色刚好褪去为止。静置 7~8min 后，向试管内各加入 0.5mL 20% 的硫酸溶液，观察、记录并解释实验现象。

实验样品：2%葡萄糖、果糖。

5. 糖脎反应

取洁净试管编号，分别加入各样品溶液，再各加入 1mL 新配制的苯肼试剂，摇匀，取少量棉花塞住试管口(可减少苯肼蒸气逸出，因苯肼蒸气有毒)，同时放入沸水浴中加热煮沸，并开始计时，随时将出现沉淀的试管取出，记录出现沉淀的时间。加热 20~30min 以后，将试管取出，让其自行冷却，比较各试管产生糖脎的顺序。最后取出少量沉淀，放在载玻片上用盖玻片盖好后，在显微镜下观察糖脎的结晶形状。

实验样品：2%葡萄糖、麦芽糖、乳糖、阿拉伯糖、蔗糖。

6. 多糖的碘实验

试管内加 10 滴样品溶液和 1 滴 0.1%碘液，观察颜色变化。将试管放在沸水浴中加热 5~10min，观察有何现象发生。然后取出试管，放置冷却，观察又有何变化。记录并解释上述现象。

实验样品：1%淀粉溶液，1%糖原溶液，1%糊精。

7. 淀粉水解

小烧杯内加 1%淀粉溶液 10mL 和 8 滴浓盐酸，于沸水浴中加热水解。每隔 2~5min 取出 1 滴水解液滴在白瓷点穴板内，加 1 滴 0.1%的碘液，观察颜色变化，直至无蓝色出现为止。冷却后向小烧杯内的水解液中加入 20%氢氧化钠溶液至弱碱性为止。分别取水解液和 1%淀粉溶液各 1mL 分装于不同的试管内，滴加 4 滴 Benedict 试剂，摇动均匀后同时放在沸水浴中加热 2~5min。观察、记录并解释实验现象。

8. 硝酸纤维素酯的制备和性质实验

小烧杯内加 3mL 浓硝酸(d 1.40)，搅拌下小心加入 6mL 浓硫酸(d 1.84)配成混酸，再取 0.4g 脱脂棉浸入混酸里，水浴小心加热，用玻璃棒轻轻搅动 5~10min。挑出棉花放入大烧杯内用水洗涤(用过的混酸和洗涤液不可直接倒入下水道)，再在水龙头下冲洗，把水挤出，滤纸吸干，将棉花放在表面皿上，用沸水浴加热干燥，即得硝酸纤维素酯，主要产物是无爆炸性的二硝酸纤维素酯。将二硝酸纤维素酯再用发烟硝酸重复上述实验则得到是具有爆炸性的三硝酸纤维素酯。

(1)燃烧实验：用镊子夹住少许干燥的硝酸纤维素酯，点燃，烧完。用棉花做同样的对比实验，比较其燃烧的快慢。

（2）爆炸实验：取干燥的大试管横置固定在铁架台上，再取少量干燥的三硝酸纤维素酯用镊子放于试管中间。在试管口放进一个小软木塞（不要太紧），管口冲向无人无物的方向，然后在放有干燥纤维素酯的地方用小火加热，软木塞会在瞬间被爆炸的气流冲出。

（3）有机溶剂溶解实验：取 2 支试管各加 10mL 丙酮，再分别加入少量棉花和硝酸纤维素酯，然后用玻璃棒搅动 5min，观察、记录并解释实验现象。

9. 生物糖的仪器检测

（1）硫酸酚法：最普通最简便的中性糖检测法。利用 Molisch 反应，能使糖缩合生成有色物质，在 490nm 处吸光值最大，可采用自外可见分光光度计进行检测分析。不仅可以检测单糖，也可以用来检测糖蛋白复合物。甲酸、丙酮、乳酸、葡萄糖醛酸、各种糠醛衍生物等皆呈颜色近似的阳性反应。呈阴性反应则证明没有糖类物质存在。

（2）间苯二酚可区别酮糖、醛糖；3,5-二羟基甲苯（地依酚）和间苯三酚可以鉴定测定戊糖。戊糖中核糖和木糖最为常见，生物化学中极为重要，可用质量体积浓度为 10% 的三氯乙酸混合，在 100℃ 加热 15min，加入 Fe^{3+}、3,5-二羟基甲苯（地依酚），测定 670nm 处吸光值来鉴定。

（3）糖脎反应可以鉴定还原糖。

（4）蒽酮比色法（620nm）可测定游离的或多糖中存在的己糖、戊醛糖及己糖醛酸。

（5）3,5-二硝基水杨酸比色分析（在 520nm 处吸光值）可以测定糖浓度。

10.2.3 糖类化合物的一般制备方法

糖类化合物的制备主要有天然糖的分离提取和化学合成两个途径。

1. 化学合成

（1）由低级糖制备高级糖主要采取 Kiliani-Fischer 反应。

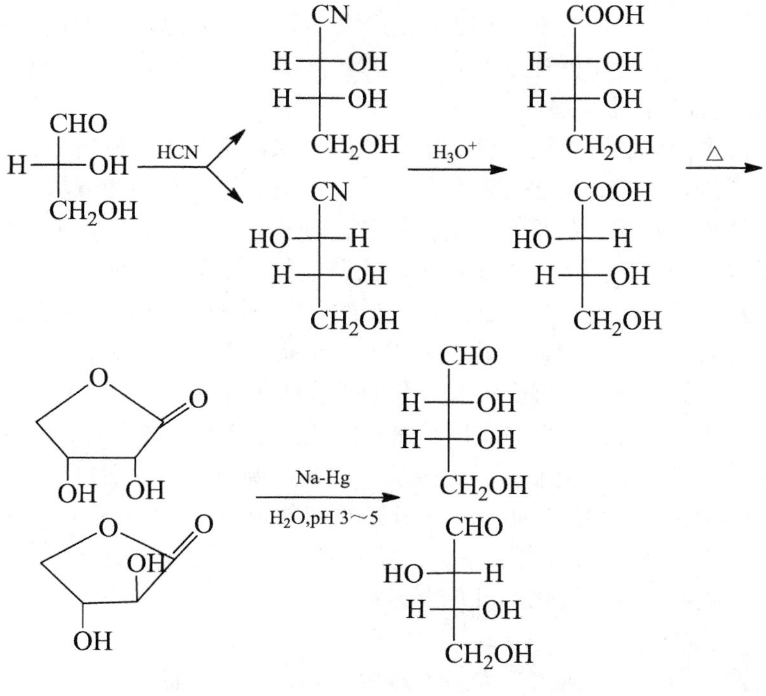

(2)由高级糖合成低级糖，常采用 Wohl 递降法和 Ruff 递降法。

①Wohl 递降法：

$$\begin{array}{c}\text{CHO}\\ H\!-\!OH\\ HO\!-\!H\\ H\!-\!OH\\ H\!-\!OH\\ \text{CH}_2\text{OH}\end{array}\xrightarrow[\text{碱}]{\text{H}_2\text{NOH}}\begin{array}{c}\text{CH}\!=\!\text{NOH}\\ H\!-\!OH\\ HO\!-\!H\\ H\!-\!OH\\ H\!-\!OH\\ \text{CH}_2\text{OH}\end{array}\xrightarrow[\text{NaOAc}]{\text{Ac}_2\text{O}}\begin{array}{c}\text{CN}\\ H\!-\!OAc\\ AcO\!-\!H\\ H\!-\!OAc\\ H\!-\!OAc\\ \text{CH}_2\text{OAc}\end{array}$$

$$\xrightarrow[\text{MeOH}]{\text{MeO}^-}\begin{array}{c}\text{CN}\\ H\!-\!OH\\ HO\!-\!H\\ H\!-\!OH\\ H\!-\!OH\\ \text{CH}_2\text{OH}\end{array}\longrightarrow\begin{array}{c}\text{CHO}\\ HO\!-\!H\\ H\!-\!OH\\ H\!-\!OH\\ \text{CH}_2\text{OH}\end{array}$$

②Ruff 递降法：

$$\begin{array}{c}\text{COOCa}_{1/2}\\ H\!-\!OH\\ HO\!-\!H\\ H\!-\!OH\\ H\!-\!OH\\ \text{CH}_2\text{OH}\end{array}+\text{H}_2\text{O}_2\xrightarrow[40\text{℃}]{\text{Fe}^{3+}}\begin{array}{c}\text{COOH}\\ =\!\text{O}\\ HO\!-\!H\\ H\!-\!OH\\ H\!-\!OH\\ \text{CH}_2\text{OH}\end{array}\xrightarrow{-\text{CO}_2}\begin{array}{c}\text{CHO}\\ HO\!-\!H\\ H\!-\!OH\\ H\!-\!OH\\ \text{CH}_2\text{OH}\end{array}$$

2. 天然糖类物质的提取制备

糖类物质是植物光合作用的初生产物，生物体内的糖主要以糖、糖苷、糖脂(酯)、糖蛋白等多种形式存在。其中糖和糖苷在生物体内的含量较大，分布也比较广泛。

(1)游离糖和糖苷的提取制备。

单糖和寡糖因多羟基的存在而极性较大，易溶于水，难溶于有机溶剂。多糖因聚合度增加而表现为难溶于冷水而溶于热水并呈胶体溶液。苷类分子的极性随着糖基的增多而增大，苷元的种类和极性也会影响苷的极性。根据糖和糖苷相对极性较大的性质，通常采取水或醇进行提取，水或醇的提取物再以石油醚脱脂，乙醚或氯仿萃取出苷元，以乙酸乙酯萃取出单糖苷或寡糖苷，再以正丁醇提取多糖苷。用于糖的分离方法也都可以用于分离苷类。

由于生物体内有水解酶共存，因此在采用水或醇提取糖及其苷类物质时，必须采用适当的方法破坏或抑制酶的方法，才可能提取原存形式的糖和苷类。为次，常采取采集新鲜材料、迅速加热干燥、冷冻保存等。提取时宜用沸水、醇或先用碳酸钙拌和后再用沸水提取。

提取后的糖还会有大量其他非糖类的杂质，因此需要将其去除后再进行混合糖的相互分离。糖类尤其是多糖的分离和纯化是一项十分困难和复杂的工作。目前，应用气相色谱(GC)和高效液相色谱(HPLC)法可以使各种单糖、寡糖和多糖获得较好的分离、纯化和鉴定。层析技术是糖类和糖苷类物质分离纯化不可缺少的实验技术。

(2)结合糖的提取制备。

自然界糖类常与蛋白质、脂类等结合形成复合物。糖脂、糖蛋白分离提取的依据是利用糖复合物中糖组分性质来提取或利用糖复合物中非糖部分的性质来提取。在多数情况下糖蛋白、糖脂提取的最初步骤就是根据蛋白质和脂的特性来进行的。

①体液中糖蛋白复合物的初步分离：血清、蛋清中许多糖蛋白是生化、医学研究的主要对象。对体液中的糖蛋白不存在抽提问题，只要经过初步的分离，就能进一步分离纯化。血液中含有上百种蛋白质，80%以上是糖蛋白。初级分离方法类同于蛋白分离：在 pH 中性条件下，血清用硫酸铵分离糖蛋白时，用 33%、33%～50%和 50%饱和度的硫酸铵分别沉淀糖蛋白，依次得到免疫球蛋白为主的球蛋白、α-和 β-球蛋白和白蛋白为主的蛋白质。血清中糖蛋白分离与上相同。

②组织和培养细胞内总糖蛋白的提取：组织切碎，匀浆过筛得细胞；收集细胞，匀浆使其破碎；4℃、10^5r/min 离心 1h(必要时加入蛋白水解酶的抑制剂)，上清液中包括胞液和细胞中的可溶性蛋白、质膜上的膜蛋白。

③质膜糖蛋白的提取：按比例将匀浆缓冲液和细胞混合(必要时加入蛋白酶的抑制剂)，用聚四氟乙烯的转子低温匀浆 3～5 次，溶液搅拌 1h，再在匀浆机中转动几次。在 4℃、3000r/min 离心 30min，收集上清液；在 4℃、10^5r/min 离心 1h，弃去二次上清液。在沉淀中加入等体积的缓冲液，在冰浴中搅拌 1h，然后在 4℃、10^5r/min 离心 1h，收集上清液，得到质膜的糖蛋白。

④蛋白聚糖的提取：把组织切割成极小的碎片，加入缓冲液，4℃搅拌 48h，然后用玻璃纤维过滤，20000r/min 离心，取上清液；或者细胞培养液先除去培养基，加缓冲液 4℃抽提 24h，所得到的是结合不太紧密的蛋白聚糖。收集这部分的蛋白聚糖后，用缓冲液再次提取结合在膜上的蛋白聚糖。蛋白聚糖还可以用含有加入蛋白酶的缓冲液抽提，加入含酶缓冲液后在 60～65℃保温 16h。消化后，反应物在 100℃处理 5min，加入碘代乙酰胺，终止酶反应，得到小肽链相连糖胺聚糖链。

⑤糖脂提取：组织或者细胞与氯仿：甲醇(体积比为 2：1)一起在捣碎机中，4℃处理 3min，400r/min 离心过滤。增加甲醇的比例，可以提取由更长糖链构成的糖脂。糖脂的进一步纯化可以采取分相萃取、色谱、分离色谱等方法。

实验 10-2　五乙酸葡萄糖酯的制备及其构型转化(8～12h)

【关键词】

五乙酸葡萄糖，构型转化，旋光度测定。

【实验原理与设计】

葡萄糖与过量乙酸酐在催化剂存在下加热，所有的五羟基均可被乙酰化。产生的五乙酸葡萄糖酯能以两种构型异构体的形式存在，即 α-D-五乙酸葡萄糖酯和 β-D-五乙酸葡萄糖酯。使用不同的催化剂可以使酯化产物主要以某种构型存在，并可以实现转化：在无水乙酸钠催化下，主要产物为 β-D-五乙酸葡萄糖酯。在无水氯化锌催化下，五乙酸葡萄糖酯为主要产物。尽管从构型上分析，β-异构体较 α-异构体稳定，但在无水氯化锌催化下，β-D-五乙酸葡萄糖酯也可以转变为 α-D-五乙酸葡萄糖酯。

葡萄糖酯化和构型转化的反应方程如下：

该反应属于酯化反应，具有酯化反应的可逆、吸热等特点。因此，要注意下列反应条件的选择和控制：①无水操作；②使酯化试剂乙酸酐过量，以提高产率；③加热，以提高反应速率。

此外，由于单糖类物质及其酯在水中有一定的溶解度，且不纯时不易结晶，因此葡萄糖酯需要在低温下固化和析出结晶，重结晶溶剂一般采用一定浓度的乙醇水溶液。

【实验材料与方法】

1. 实验材料

药品试剂：葡萄糖 10.0g，乙酸酐 50.0g，无水氯化锌 2.0g，无水乙酸钠 2.0g，95%乙醇 150mL，活性炭，冰块。

仪器设备：100mL 圆底烧瓶，回流冷凝管，水浴，减压过滤装置，熔点测定仪或装置，熔点测定管，滤纸，旋光仪，红外光谱仪。

2. 实验方法

(1) α-D-五乙酸葡萄糖酯的制备 (本实验约需 4h)。

将事先干燥研细的无水氯化锌 0.7g (氯化锌极易潮解，因此应事先将其在瓷坩埚中加强热至熔融，冷却后研细，迅速称量。也可研细后将其装入瓶中，塞上瓶塞放在干燥器中备用) 和新蒸馏过的乙酸酐 12.5mL (约 13.5g，0.13mol) 加入 100mL 圆底烧瓶中，装上回流冷凝管，沸水浴加热约 10min 使氯化锌溶解为透明溶液。再分几次慢慢加入 2.5g (约 0.014mol) 粉末状干燥的葡萄糖 (将葡萄糖放在 110～120℃烘箱中烘 2～3h 后取用，加入时也要注意切勿带入水!)，边加边轻轻摇动反应瓶。加完葡萄糖后继续在沸水浴上加热 1h。反应后趁热将反应物倒入盛有 150mL 冰水的烧杯中，剧烈搅拌混合物①，充分冷却，使油层完全固化。减压过滤，少量冷水洗涤两次。所得固体每次用 25mL 95%的乙醇重结晶至少两次 (也可以用甲醇重结晶)，有必要可加少量活性炭脱色。熔点测定检验其纯度，至熔点不变为止。所得晶体干燥后称量。

(2) β-D-五乙酸葡萄糖酯的制备 (本实验约需 4h)。

将 4.0g 无水乙酸钠 (干燥处理方法同氯化锌) 和 5.0g 干燥的葡萄糖混合后研碎，转入

---

① 目的是尽量使块状固体成为粉末，防止块状固体中包容没有反应的乙酸酐。否则，会导致在重结晶时发生部分水解。

100mL 圆底烧瓶中，加入 25mL 新蒸馏的乙酸酐，在沸水浴中加热并时时摇动，使其成为透明溶液。然后装上回流冷凝管，继续在沸水浴上加热 1h。反应后趁热将反应物倒入盛有 150mL 冰水的烧杯中，剧烈搅拌混合物，充分冷却，使油层完全固化。减压过滤，少量冷水洗涤两次。所得固体每次用 50mL 95%的乙醇重结晶至少两次，有必要可加少量活性炭脱色。熔点测定检查其纯度，至熔点不变为止。所得晶体干燥后称量。

(3)β-D-五乙酸葡萄糖酯转化为 α-D-五乙酸葡萄糖酯(本实验约需 4h)。

在 100mL 圆底烧瓶中，加入干燥研细的无水氯化锌 0.5g 和新蒸馏过的乙酸酐 20mL，装上回流冷凝管，沸水浴加热约 10min 至溶液透明。再加入 4.0g 已制备的 β-D-五乙酸葡萄糖酯[①]。在沸水浴上加热 1h 后，趁热将反应物倒入盛有 200mL 冰水的烧杯中，剧烈搅拌，充分冷却，使油层完全固化。减压过滤，少量冷水洗涤两次。所得固体每次用 25mL 95%的乙醇重结晶至少两次。熔点测定检测是否为转化产物，所得晶体干燥后称量。

(4)产品鉴定和表征：测定熔点、旋光度，红外光谱测定。

【思考与讨论】

(1)葡萄糖分子中各个羟基的酯化活性相同吗？为什么？

(2)还有其他的方法制备五乙酸葡萄糖酯吗？查阅文献资料回答，并写出其他方法的合成原理。

(3)五乙酸葡萄糖酯具有还原性吗？其水溶液还具有变旋光性质吗？

(4)为什么不同的催化剂会产生不同构型的五乙酸葡萄糖酯？这是一个很重要的值得进一步探讨和研究的问题。你能通过文献资料寻找到答案吗？

(5)糖的磷酸酯化反应是最具生物学意义的酯化反应，查阅文献资料并举例说明糖的磷酸酯化反应的生物学意义和生物合成的条件。

(6)糖的构型转化在生物体内也是经常发生的，查阅文献资料了解生物体内糖类物质的构型转换是如何实现的。写一篇相关的科普文章或综述性论文。

(7)写出两种构型的五乙酸葡萄糖酯的优势构象式，并比较哪一个更稳定。

【教学指导与要求】

1. 预习指导

(1)查阅文献资料并填写下列数据表：

化合物	M_r	m.p./℃	b.p./℃	$\rho/(g/cm^3)$	n_D^{20}	溶解性		
						水	醇	有机溶剂
α-D-五乙酸葡萄糖								
β-D-五乙酸葡萄糖酯								
葡萄糖								
乙酸酐								
无水氯化锌								
无水乙酸钠								

---

① 必须为干燥品，注意加入时切勿带入水！

(2)预习单糖的结构和化学性质。

(3)预习单糖的构型异构与糖的变旋光性质。

(4)预习旋光度的测定与旋光仪的使用。

(5)预习本实验的实验内容,画出实验流程图。

(6)预习回答下列问题:

①为什么本实验要进行无水操作?需要做哪些相应的实验准备?

②可以通过哪些方法确认和表征实验产物以及其构型是否被转化?

③本实验的反应具有哪些特点?有何副反应?采取哪些措施可以提高产率?

2. 安全提示

乙酸酐具有强腐蚀性,使用时注意不要接触皮肤、眼睛,一旦接触立即用大量水冲洗后就医。乙醇等易燃,注意预防火灾。

3. 其他

(1)本实验需 8~12h。

(2)预期产量:α-D-五乙酸葡萄糖酯约 3g,产率约 56%;β-D-五乙酸葡萄糖酯约 7.4g,产率 71%;转化产量约 2.5g,转化率约 62.0%。

(3)本实验关键:无水操作,因此称量药品时操作要迅速。

实验 10-3　葡萄糖酸-δ-内酯的制备与食品应用(6~8h)

【关键词】

葡萄糖酸内酯,减压浓缩,重结晶,内酯豆腐。

【实验原理与设计】

葡萄糖酸-δ-内酯是以葡萄糖酸为原料合成的多功能食品添加剂,无毒,使用安全,主要用作牛奶蛋白和大豆蛋白的凝固剂。例如,用它制作的豆腐保水性好,细腻、滑嫩、可口。加入鱼、禽、畜的肉中作保鲜剂,可使其外观保持光泽和肉质保持弹性。它又是色素稳定剂,使午餐肉和香肠等肉制品色泽鲜艳。它还可以作为疏松剂(内酯和小苏打按 2:1 比例混合)用于糕点、面包,改善质感和风味,也可作为酸味剂制备汽水等清凉饮料。除用于食品工业外,酸内酯在日用化工、金属清洗、电镀抛光以及建筑工业、塑料和树脂改性、化妆品、医药等方面都有广泛的用途。

葡萄糖酸内酯可以由葡萄糖酸钙和硫酸反应而制得。即以市售的葡萄糖酸钙为原料,用草酸脱钙生成葡萄糖酸,葡萄糖酸在加热浓缩时发生分子内酯化得到葡萄糖酸内酯:

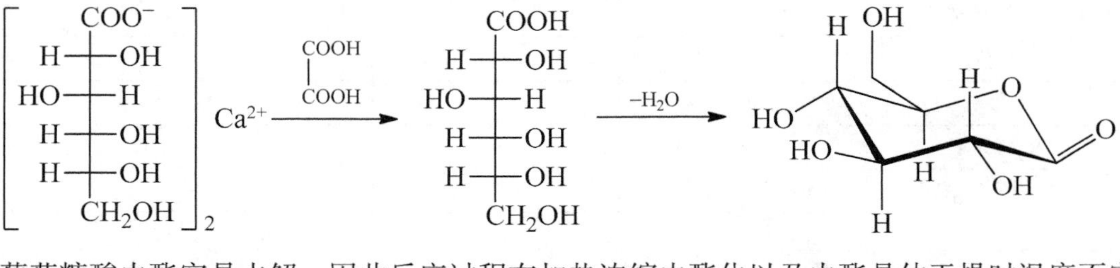

葡萄糖酸内酯容易水解,因此反应过程在加热浓缩内酯化以及内酯晶体干燥时温度不宜

过高，一般在 40℃ 以下。制得的葡萄糖酸内酯可经过熔点测定、光谱测定等方法进行鉴定和表征。

【实验材料与方法】

1. 实验材料

药品试剂：葡萄糖酸钙(CP 或工业品含量≥95%)，二水合草酸(CP)，硅藻土，95%乙醇。

仪器设备：烧杯，减压过滤装置，减压蒸馏装置或旋转蒸发仪，加热磁力搅拌器，熔点测定仪，红外光谱仪，真空干燥箱，食品塑料盒，水浴锅，蒸锅等。

2 实验方法

(1)药品准备。

称取葡萄糖酸钙 15.0g(0.035mol) 和二水合草酸 4.5g(0.036mol)，混合均匀。

(2)合成产物并分离纯化。

取一烧杯，内加 18mL 水，加热至水温 60℃ 左右，在磁力搅拌下将葡萄糖酸钙和草酸的混合物慢慢加入到烧杯内的水中，并于磁力加热搅拌下继续保温 60℃ 反应 2h。反应结束后，加入 1.5g 硅藻土搅拌[1]，趁热减压过滤，滤渣用 5～6mL 60℃ 热水洗涤 2 次，减压过滤，合并滤液和洗涤液。将以上滤液移入减压蒸馏装置的烧瓶中，在不超过 45℃ 下减压浓缩[2]，直至剩余约 8mL 时停止浓缩。加入约 1.0g 葡萄糖酸内酯晶种，继续减压浓缩至瓶内出现大量细小晶粒为止。将浓缩液在 20～40℃ 下静置使结晶析出[3]。减压过滤，用 10mL 95%的乙醇洗涤结晶，抽干，40℃ 以下真空干燥。结晶后的母液中仍含有部分葡萄糖酸内酯，按上述方法重复操作，可得到第二批产物。

(3)产品鉴定与结构表征。

产品外观，熔点测定，红外光谱测定。

(4)应用实验。

①内酯豆腐的制作：取液体豆浆 250mL 加入烧杯内，加入用少量水溶解的葡萄糖酸内酯，搅拌均匀后使豆浆蛋白凝固，将半凝固的豆浆倒入一定的容器内(如食品塑料盒)，用蒸汽或蒸笼隔水加热 20min 左右，温度控制在 80～90℃(不要超过 90℃)，然后再次冷却即制得内酯型豆腐。试验每 100mL 加入葡萄糖内酯的最佳量(每 500g 豆浆约参考加入 1.25g 内酯)。详细制作方法可查阅相关文献。

②奶酪的制作：准备适量的消毒牛奶或经煮沸后冷却的牛奶。先按牛奶质量 0.25%的比例称取内酯，并将内酯溶于少量的洁净水中，加入到牛奶中搅拌均匀，然后隔水加热至 80℃，保持 15～20min，即成奶酪。喜食甜食者可以加入适量白糖，夏季也可冷冻后制作冷饮。

【思考与讨论】

(1)草酸为什么能够使葡萄糖酸钙脱去钙？

(2)反应后的混合物中为何要加入硅藻土？其作用是什么？加入后为什么要趁热过滤？

(3)浓缩反应后的滤液为何要减压蒸馏？

---

[1] 因草酸钙结晶较细，较难过滤分离，加入硅藻土以助滤。

[2] 减压浓缩也是葡萄糖酸脱水成为内酯的过程，但高的浓缩温度会使产品颜色加重，也可用旋转蒸发仪浓缩。

[3] 葡萄糖酸内酯结晶较困难，如时间允许，最好加入晶种后静置过夜，使结晶颗粒较大。

(4)产品为何要进行真空干燥？

(5)评价制作的内酯豆腐和奶酪食品质量，若不理想阐明原因。

(6)葡萄糖酸内酯都有哪些具体应用？

(7)还有其他的制备方法吗？查阅文献资料，写出相关的综述性文章。

【教学指导与要求】

1. 预习指导

(1)查阅文献资料并填写下列数据表：

化合物	M_r	m.p./℃	b.p./℃	$\rho/(g/cm^3)$	n_D^{20}	溶解性		
						水	醇	有机溶剂
葡萄糖酸-δ-内酯								
葡萄糖酸钙								
草酸								
硅藻土								
乙醇								

(2)预习单糖的结构与主要性质。

(3)列出合成葡萄糖酸内酯的实验条件、实验方法和实验原理。

(4)了解葡萄糖酸内酯的实际应用，了解内酯豆腐、固体酸奶的制作方法。

(5)画出本实验的流程图。

(6)回答下列问题：

①葡萄糖酸酯是如何进行纯化分离的？

②所得葡萄糖酸酯是如何进行干燥的？

2. 安全提示

草酸有毒，勿口误，对皮肤、黏膜有刺激性。

3. 其他

(1)本实验需 8～10h。预期产量约 8g，产率约 70%。熔点应为 150～152℃。

(2)本实验关键：温度控制、重结晶。

实验 10-4　奶粉中乳糖的分离和鉴定(6～8h)

【关键词】

奶粉，乳糖，分离。

【实验原理与设计】

奶粉中含有酪蛋白、乳糖、白蛋白和乳脂等物质。利用各类物质在不同溶剂中溶解度的不同，使用不同的溶剂体系可以很容易地从奶粉中分离出酪蛋白、乳糖和乳脂等。本实验从奶粉中分离提纯乳糖，并采用化学鉴别、旋光度测定和波谱学技术对其进行鉴别和结构表征。

在分离提纯奶粉中的乳糖前，需先除去酪蛋白。具体方法是：将奶粉配制成正常牛奶浓度的 2 倍，再用乙酸使酪蛋白沉淀析出。酪蛋白在奶粉溶液中以酪朊酸钙形成一种复杂的水溶性单元存在，它是由一个带负电荷的微胞与带正电荷的钙离子缔合而成，当用酸中和除去微胞上的负电荷，可使酪蛋白游离结成胶块而析出，可用下列方程表示：

$$[Ca^{2+}][酪朊醇离子^{2-}] + 2CH_3COOH \longrightarrow (CH_3COO)_2Ca^{2+} + 酪蛋白 \downarrow$$

上述过程的实质是通过破坏蛋白质胶体的电荷而使其发生聚沉，达到分离酪蛋白的目的。在分离出酪蛋白的滤液中，加入碳酸钙，煮沸，可以中和多余的乙酸，也可以同时使白蛋白、乳球蛋白变形，经过滤可将其一并除去。除去蛋白质的滤液经浓缩、乙醇重结晶和活性炭脱色处理后，可得纯净乳糖。

本实验之所以采用脱脂牛奶为原料，是因为全脂牛奶含有 2.5%～4.0%的乳脂，以微小球状(直径为 5～10μm)分散在牛奶中形成乳浊液，乳脂含量较高，用以上分离设计方案则会影响乳糖的分离效果。经脱脂处理后的脱脂奶粉中仅含有 0.5%以下的乳脂，采用上述分离步骤可以获得满意的结果。

乳糖由一分子 β-D-半乳糖和一分子 D-葡萄糖通过 β-1, 4-苷键连接而成。乳糖为还原性二糖，可以用 Tollens 试剂、Fehling 试剂、Benedict 试剂、溴水等氧化剂氧化。通过比旋光度测定和光谱测定可以对分离提纯的乳糖进行鉴定和结构表征。

【实验材料与方法】

1. 实验材料

试剂材料：脱脂奶粉 25g，10%乙酸溶液，活性炭，碳酸钙，95%乙醇，无水乙醇。

仪器设备：烧杯，量筒，3#砂芯漏斗，吸滤瓶，球形冷凝管，锥形瓶(250mL、500mL)，布氏漏斗，精密 pH 试纸。

2. 实验方法

(1)酪蛋白分离。

称取 25g 奶粉和 100mL 水加入到 500mL 烧杯内，充分搅拌至块状物消失。水浴加热奶粉水溶液至 40～50℃，保持此温度。然后在不断搅拌下缓慢加入 10%稀乙酸溶液，当酪蛋白开始析出大块胶状物时，用精密 pH 试纸检查，如 pH 为 4.4～4.6(或用溴甲酚绿指示剂呈黄绿色)时，停止加酸，切勿过量。搅拌，继续温热 5min，使乳清清澈透明。在布氏漏斗上补上一层湿的滤布，先将清液倒在其中过滤，减压过滤，再将白色胶块移至滤布上，用布包住，用玻璃塞挤压，尽量将乳清挤出。

(2)乳蛋白和白蛋白的去除。

将乳清液倒至 500mL 烧杯内，加入 4.5g 碳酸钙，除去过量乙酸，在不断搅拌下煮沸 10min，注意防止暴沸。之后趁热用 3#砂芯漏斗减压过滤(或用铺有硅藻土的布氏漏斗也可以)，除去碳酸钙、白蛋白和球蛋白。

(3)活性炭脱色。

将滤液移至 250mL 烧杯中,在不断剧烈搅拌下,小心加热煮沸,以防暴沸,浓缩至 35mL(浓缩体积直接影响析出产品的质量,体积太多,乳糖浓度低,结晶析出慢,产量少;体积太少,杂质也会析出,导致糖的纯度差),将浓缩液移至 500mL 磨口锥形瓶内,加入 180mL 95%乙醇和几粒沸石,装上回流冷凝管,在水浴上加热至回流,稍冷后加入 1.8g 活性炭,再回流 5min脱色(防止暴沸,因乙醇易燃、易爆,要严禁明火)。用砂芯漏斗趁热减压过滤(也可在布氏漏斗的滤纸上铺一层硅藻土助滤层减压过滤),过滤速率不要太快。

(4)乳糖结晶析出。

将滤液置于锥形瓶中,放置 2～4h,使其充分结晶(有时需几天才能完全结晶),滤出结晶,再用无水乙醇洗涤 1～2 次,干燥,称量,计算奶粉中乳糖的质量分数(计算时要注意到乳糖含 1 分子结晶水)。

(5)乳糖的鉴定与结构表征。

外观与形状;观察乳糖受热熔化现象;化学性质鉴别:Benedict 实验、Tollens 实验、溴水实验;旋光度测定;计算比旋光度;红外光谱测定。

【思考与讨论】

(1)为什么乳液在 pH 4.4～4.6 时会产生酪蛋白沉淀?加酸过度有何不利影响?怎样才能除去滤液的浑浊,使其清亮?

(2)本实验若以牛奶为原料应如何任分离酪蛋白和乳糖?用流程图表示你的合理设计方案。

(3)总结糖的纯化方法和特点。

【教学指导与要求】

1. 预习指导

(1)查阅资料填写下列数据表:

化合物	M_r	m.p./℃	b.p./℃	$\rho/(g/cm^3)$	n_D^{20}	溶解性		
						水	醇	有机溶剂
乳糖								
酪蛋白								
乙酸								
碳酸钙								
乙醇								

(2)除去酪蛋白后,乳清液中的其他蛋白质如何除去?

(3)乳糖是如何进行分离和纯化的?其条件是什么?

(4)本实验是如何对乳糖进行定性与定量分析的?

(5)画出本实验的流程图,熟悉实验过程必要参数。

2. 安全提示

乙醇易燃、易爆,注意预防火灾,避免明火加热,加热时防止暴沸。

3.其他

（1）本实验需 6～8h。若分两次进行，第一次实验可在重结晶脱色后结束，其他后续实验安排在第二次进行，使乳糖溶液的结晶析出时间更长，结晶析出更完全。

（2）本实验关键：分离酪蛋白的 pH 调节、蛋白质分离是否彻底、加热控制、乳糖的重结晶。

10.3　氨基酸、多肽、蛋白质和核酸的一般性质和制备

10.3.1　氨基酸、多肽和蛋白质的一般性质

蛋白质和多肽是由多个氨基酸分子之间通过羧基与氨基之间脱水而形成的多聚酰胺化合物，连接氨基酸残基的化学键为肽键，肽键是一个具有反式构型的平面型结构，称为肽平面。相邻的两个肽平面之间共用一个 α-碳，并可绕此 α-碳旋转，旋转产生的两面角不同则可以产生各种不同的肽主链的构象。构成蛋白质和多肽的氨基酸种类有限，目前发现的具有遗传密码的氨基酸只有 21 种。这 21 种氨基酸的共同结构特点是 α-氨基酸。因此，氨基酸的主要性质就取决于氨基、羧基及其相对位置。

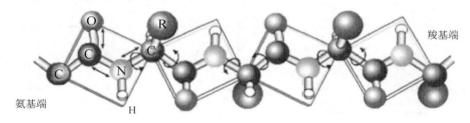

多肽主链的肽平面构象

多肽由多个氨基酸残基通过肽键(酰胺键)连接而成，有一个氨基端和一个羧基端，并且某些氨基酸残基的侧链上也可能会有游离的氨基或羧基。因此，肽的主要性质由氨基、羧基、肽键及其相对位置决定。

蛋白质由一条或多条肽链构成具有一定空间构象和生物功能的高分子，其主要性质有些与多肽类似，但不尽相同。

氨基酸、多肽和蛋白质的主要性质参见表 10-4。

表 10-4　氨基酸、多肽和蛋白质的主要性质一览表

	反应性质		反应式或说明	说明
氨基酸	羧基的反应	酯化反应	氨基酸酯是制备酰胺和酰肼衍生物的中间体。在合成中用于保护羧基，使氨基特性突出，利于发生氨基的反应	用于制备
		脱羧反应	$H_2N-CH-COOH \xrightarrow[\triangle]{Ba(OH)_2} H_2N-CH_2 + CO_2$ ⎥R ⎥R	生化反应在脱羧酶作用下完成
	氨基的反应	酰化或成肽反应	用于合成多肽	成肽反应是生物肽的基本合成反应
		与 HNO₂ 反应	$R-CH-COOH + HNO_2 \longrightarrow R-CH-COOH + N_2\uparrow$ ⎥NH₂ ⎥OH	用于鉴别

反应性质		反应式或说明	说明
氨基酸	脱氨反应	$R-\underset{NH_2}{\overset{|}{CH}}-COOH \xrightarrow{[O]} R-\underset{NH}{\overset{||}{C}}-COOH \xrightarrow{H_2O} R-\underset{OH}{\overset{|}{CH}}-COOH + NH_3\uparrow$	酶催化实现氨基酸与酮酸的转化
	由氨基和羧基共同决定的反应	**两性和等电点** $R-\underset{NH_2}{\overset{|}{CH}}-COO^- \underset{OH^-}{\rightleftharpoons} R-\underset{\overset{+}{N}H_3}{\overset{|}{CH}}-COO^- \underset{}{\overset{H^+}{\rightleftharpoons}} R-\underset{\overset{+}{N}H_3}{\overset{|}{CH}}-COOH$ pH>pI pH=pI pH<pI	用于电泳和鉴别
		生成环酰胺	用于合成
		与水合茚三酮显色 氨基酸显蓝紫色，脯氨酸等亚氨基酸显黄色	用于鉴别和层析显色
		与金属络合	产物为有色晶体，可用于氨基酸的沉淀分离和鉴别
多肽	两性等电点	略	用于电泳
	与水合茚三酮显色	略	用于鉴别和显色
	缩二脲显色反应	二肽显蓝色，三肽显紫色，四肽及以上多肽显红色。含 2 个及以上酰胺键化合物均呈阳性反应。产物为铜离子络合物	用于鉴别
	肽键水解	酸性、碱性和酶水解。最终产物为氨基酸	用于氨基酸序列分析
蛋白质	两性和等电点	略	用于电泳等
	胶体性质	略	透析，膜过滤
	沉淀	破坏胶体稳定性：盐析沉淀、等电点沉淀、有机溶剂沉淀、加热沉淀等；化学沉淀：生物碱沉淀剂沉淀、重金属沉淀等。有可逆沉淀和不可逆沉淀之分，不可逆沉淀常伴随变性	用于蛋白质分离纯化
	变性与水解	物理变性，化学变性。可逆变性与不可逆变性。变性的实质是空间结构的变化。变性后易于水解	消毒灭菌，结构研究
	显色反应	水合茚三酮显紫色(所有)；缩二脲反应显浅红或蓝紫(所有)；蛋白黄显色(含苯环)；Millon 反应显红色(含酪氨酸)；亚硝酸酰铁氰化钠反应显红色(含巯基)	用于鉴别和显色

10.3.2　氨基酸、多肽和蛋白质的鉴别实验

1. 茚三酮显色反应

取一张小滤纸片，滴加 1 滴 0.5%样品溶液，吹干后加 1 滴 0.1%茚三酮乙醇溶液，再加热

吹干，观察、记录并解释实验现象。

取洁净试管编号，分别滴加 4 滴 5%样品溶液，再各加 2 滴 0.1%茚三酮乙醇溶液，混合均匀后，放在沸水中加热 1～2min。观察、记录并解释实验现象。

实验样品：甘氨酸、丙氨酸、谷胱甘肽、酪蛋白等。

2. 缩二脲显色反应

取洁净试管编号，分别滴加 10 滴 5%样品溶液，再各加 15～20 滴 10%氢氧化钠溶液，混合均匀后，再加入 3～5 滴 5%硫酸铜溶液（不能过量，否则产生氢氧化铜沉淀干扰观察），边加边摇动，观察、记录并解释实验现象。

实验样品：甘氨酸、丙氨酸、谷胱甘肽、酪蛋白等。

3. 亚硝基铁氰化钠反应

取一块白色点穴板，在板穴内加 1 滴 0.5%样品溶液、1 滴 10%氢氧化钠溶液和 2 滴 5%亚硝基铁氰化钠溶液（该品有毒！注意使用安全），观察、记录并解释实验现象。

实验样品：甘氨酸、丙氨酸、谷胱甘肽、酪蛋白等。

4. Millon 反应

取洁净试管分别加入样品溶液，再滴加 3～5 滴 Millon 试剂，观察、记录实验现象。然后，将试管放在水浴中加热煮沸，观察、记录并解释实验现象。

实验样品：甘氨酸、丙氨酸、谷胱甘肽、酪蛋白等。

5. 重氮偶合反应（Pauly 反应）

取洁净试管，各加入 1 滴重氮化试剂（5g 亚硝酸溶于 1000mL 水，存于棕色瓶内）和 5 滴偶合试剂（5g 对氨基苯磺酸钠溶于 1000mL 水，再加入 5mL 浓硫酸），或者加入 5 滴配制好的 Pauly 试剂。再分别加 1mL 样品溶液，摇动均匀，再各加 5～10 滴 10%氢氧化钠溶液。观察、记录并解释实验现象。

实验样品：0.3%组氨酸、蛋白质溶液。

附：Pauly 试剂，也称重氮偶合试剂、Ehrlich 试剂。配制方法是：将 4.5g 对氨基苯磺酸加热溶于 45mL 12mol/L 盐酸中，用水稀释至 500mL。取 10mL 稀释液用冰冷却，加 10mL 冷的 4.5%亚硝酸钠水溶液，于 0℃放置 15min 后使用（可存放 3d）。用前加等体积 1%碳酸钠溶液。本试剂能使酚类、芳胺以及能发生偶合的杂环化合物发生偶合反应而产生各种颜色。与组氨酸、酪氨酸反应显橙黄色，称为 Pauly 反应。

6. 坂口反应（Sakaguchi 反应）

取洁净试管编号，分别加入各样品溶液，再各加入 10% NaOH 溶液 5 滴、1%萘酚乙醇溶液 2 滴、次溴酸钠溶液 1～5 滴（不可过量，过量会使颜色消失）。观察、记录并解释实验现象。精氨酸发生此反应生成红色产物，十分灵敏，可用于含有精氨酸样品的定性、定量分析。

实验样品：0.5%清蛋白、精氨酸、混合氨基酸溶液。

7. 盐析可逆沉淀试验

取 3 个鸡蛋除去蛋黄，将鸡蛋清与 700mL 水和 300mL 饱和氯化钠溶液混合，通过数层纱布过滤得蛋白质氯化钠溶液。

取洁净试管加入 5mL 蛋白质氯化钠溶液和 5mL 饱和硫酸铵溶液,混合均匀,静置 10min,观察球蛋白沉淀析出,过滤。然后,在滤液中逐渐加固体硫酸铵,边加边摇,直至饱和(需硫酸铵 1~2g)。此时,清蛋白应沉淀析出。

另取 1 支试管,加 10 滴浑浊的清蛋白沉淀溶液,再加 2~3mL 蒸馏水,摇匀,观察清蛋白沉淀是否溶解。

详细观察和记录上述实验现象,并予以解释。

8. 不可逆沉淀实验

(1)重金属沉淀:取 3 支试管,各加蛋白质溶液 1mL,再分别滴入 2 滴 1%硫酸铜溶液、2%硝酸银溶液、0.5%乙酸铅溶液,观察现象。之后再分别加入过量的上述三种试剂,边加边摇动,观察三者有何不同。观察、记录并解释上述实验现象。

另取试管 1 支,加 10 滴硝酸银蛋白质溶液,再加 2~3mL 蒸馏水,摇动均匀。观察硝酸银蛋白沉淀是否溶解。

(2)有机酸沉淀:取 2 支试管各加 5~10 滴蛋白质溶液,再分别加入 5~10 滴 10%的三氯乙酸溶液和 0.5%磺基水杨酸溶液,观察沉淀是否析出。记录并解释实验现象。

9. 蛋白质两性反应与等电点实验

取 1 支大试管,加 10 滴酪蛋白乙酸钠溶液(先将酪蛋白溶于稀碱后再加入 1mol/L 的乙酸溶液中和至中性或近中性)和 2~3 滴 0.1%溴甲酚绿(蓝)指示剂,混合均匀,观察溶液呈现的颜色,记录并解释此现象。

向上面显色的溶液中缓慢滴加浓盐酸,边滴加边摇动试管,至产生大量沉淀时,测定此时溶液的 pH(酸度计或 pH 试纸测定),看是否与酪蛋白的等电点接近。观察此时溶液颜色是否发生了变化。再继续逐滴加入浓盐酸至沉淀刚好溶解为止,观察溶液颜色有无变化。

最后,逐滴加入 30%氢氧化钠溶液进行中和,边加边摇匀溶液,至再次产生大量沉淀为止,此时溶液颜色是否发生变化?测定此时溶液的 pH 是否与酪蛋白等电点接近?再继续逐滴加入 30%氢氧化钠溶液至沉淀完全溶解,观察溶液颜色变化。

仔细观察、记录并解释实验现象的变化。上述实验最好重复 2 次。

10.3.3　氨基酸、多肽、蛋白质和核酸的制备

氨基酸、多肽、蛋白质和核酸是生物内的重要物质,其制备方法主要有以生物材料为原料的生物制备法和化学合成制备法。

1. 多肽和蛋白质的制备

(1)生物提取法。

多肽和蛋白质的生物提取制备主要采取溶剂提取法。首先是将细胞、组织采用匀浆、超声或者是电动捣碎法等破碎细胞膜,然后选用合适的溶剂在合适的条件下进行提取。溶剂的选择是关键,也要注意提取的温度和溶液的酸碱性。一般水提采用稀的缓冲溶液,采用乙醇、丙酮等需要在较低温度下进行,以防止蛋白质变性。酶的提取、纯化与蛋白质大致相同,但要特别注意保持低温、操作条件温和,以便保持酶的活性。

(2)化学合成法。

多肽和蛋白质的化学合成始于 1882 年 Curticus 报道的马尿酰甘氨酸。经过半个多世纪的实验研究，通过各种保护氨基和缩合方法的精心设计和应用，使得肽和蛋白质的化学合成方法日趋完善。由我国著名化学家汪猷领导的研究组于 1965 年首次在世界上人工合成了牛胰岛素。之后又出现了快速简单的固相合成、酶促合成或酶促半合成等方法。

多肽的化学合成一般按照氨基保护、羧基保护、接肽步骤进行。氨基常用酰化试剂保护，羧基通过成酯保护。接肽的方法有混合酸酐法、活泼酯法、碳二亚胺法、环酸酐法、固相接肽法等。

(3)分离纯化。

多肽和蛋白质的纯化需要利用分子形状、相对分子质量大小、密度、电离性质、溶解度及生物功能的专一性差别实现分离纯化的目的，如盐析技术(溶出的蛋白质用硫酸铵分级盐析沉淀)、等电点沉淀技术(用酸、碱调节其 pH 至其 pI 而沉淀)、有机溶剂沉淀技术、疏水层析技术、结晶析出技术、凝胶过滤技术、膜分离技术、电泳技术、离心技术、离子交换技术、亲和层析技术等。一些现代化的分离纯化技术已经被广泛使用，并且可以实现痕量分离和在线定性、定量分析。例如，毛细管区带电泳串联质谱联用法可在 10^{-12}mol 限度内分离、鉴定多肽与蛋白质，此方法高度灵敏。

2. 氨基酸的制备

氨基酸的制备主要有水解提取法、微生物发酵法、酶合成法和化学合成法。除酪氨酸、胱氨酸、羟脯氨酸等个别氨基酸采用水解提取法外，其他氨基酸已经普遍采用现代化的化学合成法和发酵法生产。个别也采用前体发酵和酶合成法。

(1)水解法。

酸水解：用 6~10mol/L 盐酸或 4mol/L 硫酸，于 110~120℃下水解 12~24h。

碱水解：用 6mol/L 氢氧化钠或 2mol/L 氢氧化钡，于 100℃水解 6h。

酶水解：用胰酶或胰浆微生物蛋白酶等，在适宜 pH、温度、时间和酶浓度下水解。

(2)化学合成法。

化学制备成本低，产率高，但得到的为外消旋体，需要拆分才能得到天然的 L-构型产品。一般以丙烯醛为原料。为简化工艺，可采取下列方法：先合成中间体再应用酶合成制备氨基酸，采用不对称合成新技术，采用冠醚拆分法等。在实验室内，氨基酸的化学合成方法主要有：

①醛的氨氰化法(Strecker 法)。

$$RCHO + HCN + NH_3 \longrightarrow R\!-\!\underset{\underset{NH_2}{|}}{CH}\!-\!CN \xrightarrow{H_2O} R\!-\!\underset{\underset{NH_2}{|}}{CH}\!-\!COOH$$

②Gabriel 法。

③丙二酸酯法。

（3）微生物发酵法。

微生物发酵法最早始于 1956 年，由日本协和发酵公司研究成功，即采用淀粉为原料，直接发酵获得 L-谷氨酸。后发展成为有目的地培育新菌种，经发酵制备 L-氨基酸的方法，并实现了工业化生产，成为氨基酸工业生产的主要方法。微生物发酵法可直接生产 L-型氨基酸，但存在时间周期长、设备庞大、动力费用高、分离精制花费大等问题。

（4）酶合成法。

酶合成法是在化学合成法和发酵法的基础上发展起来的，它以化学合成法配制基质，利用酶促反应直接制备各种氨基酸。通过固定化酶和固定细胞等新技术，解决了酶合成法的突出缺点，促进了该法的实际应用。

3. 核酸的制备

（1）DNA 的制备。

核酸主要存在于细胞核及细胞质中，与蛋白质复合形成核糖核蛋白。DNA 提取一般利用脱氧核糖核蛋白复合物（DNP）在 0.14mol/L NaCl 溶液中溶解度极低的性质，将 DNP 分离提出，其中复合蛋白可用氯仿法除去。DNA 提取多采用牛胸腺组织、动物脾脏或肝脏（细胞核含量比例大）为材料。在缓冲液中匀浆破膜，用 1～2mol/L NaCl 溶液抽提核糖核酸后，稀释盐溶液至 0.14mol/L，脱氧核糖核蛋白（DNP）析出。DNP 复合物中加入氯仿（与异戊醇混合物）或者苯酚都可以使蛋白质变性，经分离除去。而留在水相中的 DNA 用乙醇析出。此外加入 SDS 等去污剂也能使蛋白质变性而除去。近期的报道表明：在生理缓冲液条件下，毫摩尔级的 $ZnCl_2$ 溶液也可以引起 DNA 沉淀。与用乙醇沉淀相比，$ZnCl_2$ 法高效、快捷。

（2）RNA 的制备。

RNA 提取是利用碱（NaOH）、盐（NaCl）或者苯酚，它们能够使细胞壁变性，或者改变细胞膜的通透性，使核酸从细胞内释放出来。调 pH 2.5（RNA 等电点）或是加入乙醇使 RNA 沉淀出来。转移 RNA（tRNA）提取多以酵母为材料。酵母中 RNA 含量可达 2.67%～10.0%，而 DNA 含量仅为 0.03%～0.516%。往酵母中加入被水饱和的苯酚匀浆，tRNA 被萃取在水相中，加入乙醇后，tRNA 立即析出。通过 DEAE-纤维素柱层析进行纯化，以除去少量的蛋白质、多糖及 DNA 等杂质。这样的制品中，tRNA 含量为 85%～95%。稀碱（NaOH）法、浓盐（NaCl）法提取 RNA 常应用于工业上。所得核酸均为变性 RNA，作为制备核苷酸的原料。稀碱法使用 0.2% NaOH 溶液使酵母细胞变性裂解，用酸中和，除去蛋白质及酵母残渣。离心后的上清液用乙醇沉淀出 RNA 或调 pH 2.5 沉淀 RNA。浓盐法是用 10%左右的 NaCl 溶液，90℃提取 3～

4h，迅速冷却后，提取液离心，上清液用乙醇沉淀出 RNA。

10.3.4　生物活性物质的检测与分析

检测生物体内某种活性成分含量，可用于诊断疾病（如尿糖、血糖判断糖尿病），研究肌体物质、能量代谢，以及药物代谢等临床研究。这些活性生命物质的检测要求在很短的时间内完成，有时甚至要求在线或活体内直接检测。由于酶蛋白具有很高的分子识别功能，固定化酶柱或者酶管又具有被反复使用的优点，已被用于临床生化检测。酶电极、酶光导纤维以及热学、电子学各种学科相互渗透的分析装置，利用生物酶的酶促生化反应，产生信息继而被相应的化学或物理换能器转化为可定量、可处理的电信号，再经仪表的放大和输出，便可得知活性物质的浓度。应用这种原理研制的各式传感器，可以用来测试氨基酸、肌酸酐、尿酸、乳酸、胆固醇、草酸、胰岛素、胆碱、乙酰胆碱等物质。以标记和未标记的抗原与一定量的抗体高选择性的竞争反应为基础的免疫分析，对各种抗原、抗体、半抗原的测试极为灵敏。已用于各种激素蛋白、酶、血浆蛋白、免疫球蛋白、类固醇、活性肽、维生素、核苷酸等生物大分子和生物活性分子的测定。

1. 氨基酸序列分析

蛋白质的水解产物，经离子交换树脂分离，很容易鉴定组成蛋白质的氨基酸种类及相对含量。利用二甲氨基萘磺酰氯（DNS-V_1）、异硫氰酸苯酯（PTH）或 2,4-二硝基氟苯（FDNS）试剂在温和条件下，与蛋白质（或肽链）N-末端的氨基酸结合，然后从肽链上带着一个氨基酸解离下来，剩余的肽链又进一步发生如上反应，如此反复的进行。经过分离、鉴定每一次切下来的氨基酸，可以测定肽链上的氨基酸排列顺序。蛋白质、多肽和各种氨基酸具有茚三酮反应，除 α-亚氨基的脯氨酸和羟脯氨酸呈黄色外，其他氨基酸生成紫色，最终为蓝色的化合物。茚三酮反应可作为蛋白质、多肽和氨基酸的鉴定反应。蛋白质（肽）含氮量常用凯氏（Kjeldahl）定氮法测量。蛋白质总浓度可用双缩脲法、紫外吸收法和 Folin-酚测定法测定。

2. 核酸分析

核酸的分离主要采用凝胶电泳技术，既有分离电荷作用又有分子筛效应，因而对不同相对分子质量的核酸能获得较好的分级分离效果。不同相对分子质量的 RNA 用聚丙烯酰胺凝胶电泳技术可完全分开，根据电泳迁移率与相对分子质量呈现严格的反比关系，测得 RNA 相对分子质量。

琼脂糖凝胶电泳技术也为 DNA 分子及 RNA 限制性内切酶切割的 DNA 片段的分析、纯化、相对分子质量测定及分子构象分析提供了手段。可以利用紫外（260nm）吸收法、磷钼酸定磷法测定核酸的含量。利用 DNA 中的 2-二脱氧核糖在酸性环境中与二苯胺试剂产生蓝色产物，在 595nm 处有最大吸收，测定 DNA 含量；利用 RNA 与浓 HCl 共热降解产物核糖转化成的糖醛，与 3,5-二羟基甲苯（地依酚）反应，在 Fe^{3+}或者 Cu^{2+}催化下，生成鲜绿色复合物，该产物在 670nm 处吸收值最大，比色测定 RNA 浓度。

核酸的鉴定主要通过鉴定其水解产物对核酸进行间接检查。

（1）钼蓝反应。

核酸彻底水解产生磷酸，磷酸与钼酸铵和还原剂作用生成蓝色的钼蓝，据此原理测定磷的方法称为钼蓝法。各种核酸含磷比例比较恒定，RNA 含磷约为 9.0%，DNA 含磷约为 9.2%，通过含磷量的测定可以推算核酸的大致含量。

$$PO_4^{3-} + 3NH_4^+ + 12MoO_4^{2-} + 24H^+ \Longrightarrow (NH_4)_3PO_4 \cdot 12MoO_3 \cdot 6H_2O\downarrow + 6H_2O$$

当有还原剂存在时，Mo^{6+} 被还原成 Mo^{4+}，Mo^{4+} 再与试剂中的其他 MoO_4^{2-} 结合成 $Mo(MoO_4)_2$ 或 Mo_3O_8，呈蓝色，称为钼蓝。在一定浓度范围内，蓝色的深浅和磷的含量成正比，可用比色法测定。

(2) 鉴别核糖的苔黑酚法与鉴别脱氧核糖的二苯胺法。

RNA + 浓盐酸 + [3,5-二羟基甲苯结构式，带 CH_3 及两个 OH] $\xrightarrow[\text{FeCl}_3]{100℃}$ 绿色复合物

DNA + 少量浓硫酸或冰醋酸 + [二苯胺结构式] $\xrightarrow[\text{FeCl}_3]{100℃}$ 蓝色物质

实验 10-5　从蛋白质水解液中制备胱氨酸(8～10h)

【关键词】

蛋白质水解，胱氨酸制备，脱色，过滤，旋光度测定。

【实验原理与设计】

人和动物的毛发及角趾是天然的角蛋白，由多种氨基酸组成，其中带有巯基的半胱氨酸含量最高，约占各种氨基酸总量的 18%。半胱氨酸的高含量决定了毛发和角趾的特殊质地和特性，具有很强的保护作用。半胱氨酸在蛋白质中常以二硫键结合在一起而成为胱氨酸，二者常被称为氧化型与还原性半胱氨酸，均具有促进毛发生长和防止皮肤老化的作用。临床上可用于治疗膀胱炎、肝炎、秃发、放射性损伤和白细胞减少症。也是某些药物中毒的特效解毒剂。胱氨酸和半胱氨酸以及其他氨基酸在医药和食品工业、生化和营养学研究领域都有广泛应用。

本实验以毛发为原料，经盐酸水解后可以制得混合氨基酸溶液。因蛋白质和多肽呈缩二脲显色反应，而氨基酸不显色，可以利用缩二脲反应检查毛发水解是否完全。

利用氨基酸在其等电点时溶解度最低的性质，可以将混合氨基溶解调节到胱氨酸的等电点，便可使胱氨酸结晶析出而得到分离和纯化。胱氨酸的等电点为 pI 5.03，半胱氨酸 pI 5.02。

分离得到的氨基酸可通过化学鉴别、旋光度测定、平面层析和光谱方法等进行鉴定。

【实验材料与方法】

1. 实验材料

试剂材料：洁净毛发 50g(学生自备)，浓盐酸 100mL，浓氨水，缩二脲鉴别试剂，茚三酮鉴别试剂，活性炭。

仪器设备：三颈烧瓶(500mL)，球形冷凝管，减压过滤装置，电热套，表面皿，旋光仪，熔点测定仪，红外光谱仪。

2. 实验方法

(1) 混合氨基酸的制备。

将毛发用洗衣粉充分洗涤脱脂，清水漂净，晾干，剪碎备用(学生自备)。

　　准确称取洁净的毛发放入三颈烧瓶，加入浓盐酸，装上回流冷凝管和温度计，在冷凝管上口接一氯化氢吸收装置，用电热套加热，控制温度在 105～110℃，保持微沸状态，回流 3～4h。时间达到 3h 后，用硫酸铜和氢氧化钠进行缩二脲显色检查水解液，不呈蓝紫色说明蛋白质已经完全水解为氨基酸，水解反应即可停止。稍冷后，趁热(约 80℃)减压过滤，弃去滤渣(滤渣为黑腐质，可作肥料)。滤液用活性炭煮沸脱色，每次 5g，脱色 2 次。脱色后减压过滤得淡黄色滤液，即为混合氨基酸溶液。

　　(2) 胱氨酸的提取分离。

　　取上述 2/3 的混合氨基酸溶液(其余 1/3 留作他用)，慢慢加入浓氨水，搅拌，调节 pH 为 4.8～5.0(胱氨酸等电点为 pI 5.03)，用冰水冷却滤液，使晶体析出，减压过滤后得胱氨酸粗品(滤液于冰箱内冷藏保存可用作其他氨基酸的提取实验)。

　　(3) 胱氨酸的纯化。

　　将胱氨酸粗品放在烧杯中，加入盐酸约 30mL，搅拌溶解。用约 2g 的活性炭加热煮沸脱色 10min，趁热减压过滤，将脱色的滤液转入烧杯内，缓慢加入 5%氨水中和滤液，调节 pH 为 4.8～5.0，冰水中冷却使晶体析出，静置 20min 后减压过滤，用少量蒸馏水洗涤沉淀，将滤饼移至表面皿，干燥，称量。

　　(4) 胱氨酸的性质、鉴别与表征。

　　外观与形状，化学鉴别(参照 10.3.2)，熔点测定，旋光度测定，红外光谱。

【思考与讨论】

　　(1) 蛋白质水解制备氨基酸的反应条件是什么？

　　(2) 等电点在氨基酸分离提取和制备过程中有何用处？

　　(3) 胱氨酸具有构型异构体，写出其构型异构体的结构式。本实验制备的是哪种构型异构体？还是构型异构体的混合物？

　　(4) 胱氨酸的红外光谱有何特征？

　　(5) 本实验得到的为什么不是半胱氨酸而是胱氨酸？怎样能够得到半胱氨酸？

【教学指导与要求】

　　(1) 预习并总结氨基酸、多肽、蛋白质的主要性质。

　　(2) 查阅所选毛发中各种氨基酸的含量。

　　(3) 查阅有关氨基酸制备和分离纯化的相关资料和文献。

　　(4) 填写下列数据表：

化合物	M_r	m.p./℃	b.p./℃	$\rho/(g/cm^3)$	n_D^{20}	溶解性	pI	原材料含量
胱氨酸								
半胱氨酸								

　　(5) 实验关键：酸性水解的温度和时间、脱色、等电点沉淀。

　　(6) 参考文献与资料：

　　①叶林发. 1984. 由人发制备 L-胱氨酸工艺的改进及某些机制探讨. 氨基酸杂志，(01).

　　②蔡怀友，于香安. 1998. 从猪毛中提取胱氨酸的制备工艺. 中国药学杂志，(02)：112.

③孙江华. 2003. 由人发制备胱氨酸的工艺研究. 氨基酸和生物资源，（02）：61-62.

④雷和稳，马子耕，张景香，等. 2003. 从毛发中提取食品添加剂胱氨酸. 中外食品加工技术，（05）.

10.4　天然产物的制备与分析

天然产物化学是以各类生物为研究对象，以有机化学为基础，以化学和物理方法为手段，研究生物次级代谢产物的提取、分离、结构功能、化学合成、化学修饰和用途的一门科学。天然产物的研究是生物资源开发利用的基础性研究。

在天然产物的研究中，极其重要的一个研究内容是寻找生物体内的具有一定药理和生理活性的物质，这类物质被称为天然有效成分。天然有效成分的研究已经成为当今世界药物研究与开发的一个重要来源和途径，成为药物化学研究的一个重要分支。随着人们对化学药物毒副作用的逐渐重视，天然药物的开发和利用受到各国的重视。自古以来，在与疾病做斗争的过程中，人类对天然药物的应用积累了丰富的经验。在我国传统的中草药具有自己独特的理论体系和特色，与中医治疗一起构成了中华民族文化的瑰宝，是中华民族五千年来得以繁衍昌盛的一个重要基础，也是全人类的宝贵遗产。随着科学技术的进步和对外不断的交流与合作，中药现代化已经成为我国近期医药发展的一个重要战略。

10.4.1　天然产物的主要类别

按照物质的结构、性质、活性、来源和生物合成途径，天然产物一般分为以下几种类型：

（1）糖和苷类。

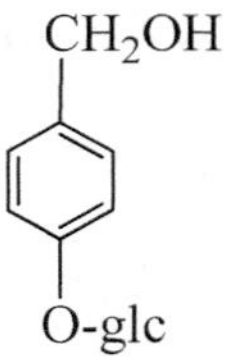

天麻苷 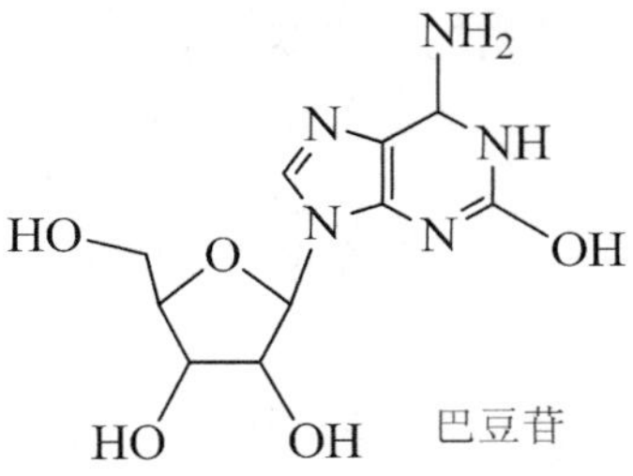　　　　　　　巴豆苷 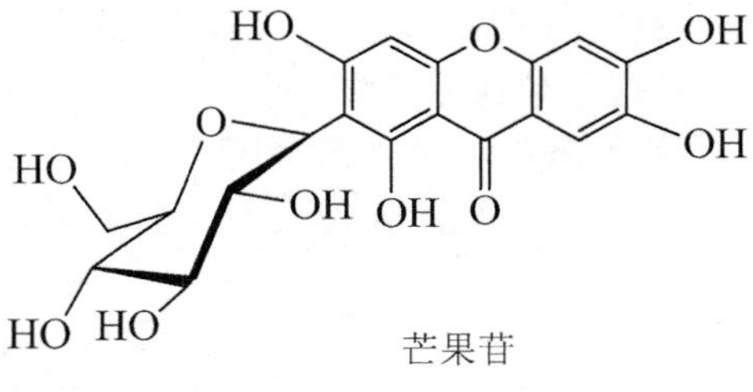　　　　　　　　　　芒果苷

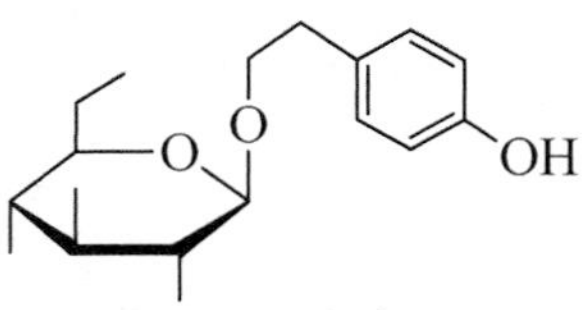

红景天苷 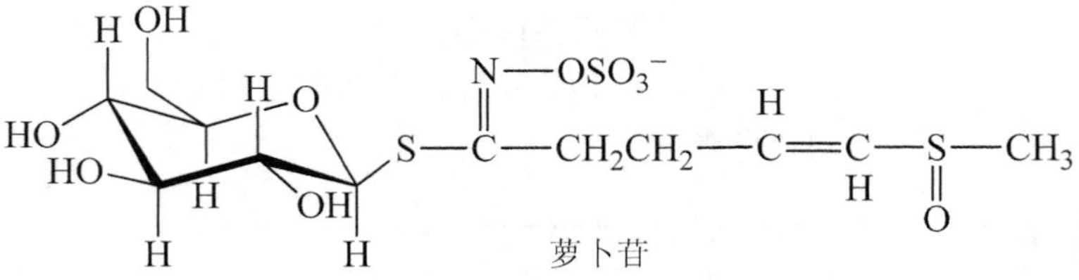　　　　　　　　　　　　　　萝卜苷

（2）苯丙素类。

苯丙素类是由苯环和 3 个直链碳连在一起所构成的一类天然化合物，包括苯丙烯、苯丙醇、苯丙酸及其缩合酯、香豆素、木质素和木脂素等。

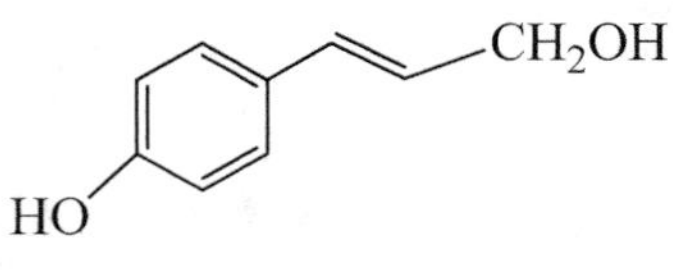

苯丙醇类 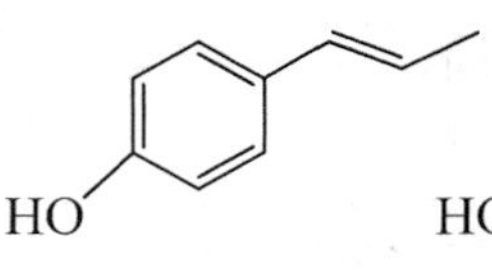 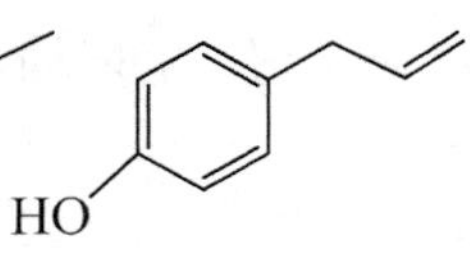　　　　　　　　苯丙烯类 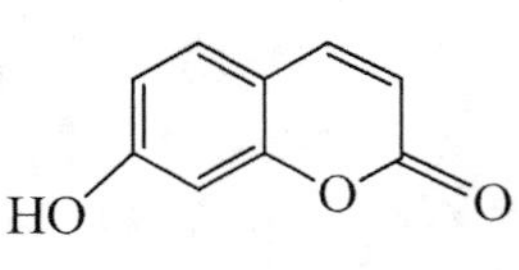　　　　　　　　香豆素类

(3) 醌类化合物。

天然醌类化合物主要分为苯醌、萘醌、菲醌和蒽醌四种结构类型。

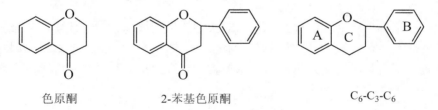

辅酶Q$_{10}$ (n=10)　　　　　　维生素K$_2$

丹参醌类　　　　　　大黄素类

(4) 黄酮类化合物。

黄酮类化合物主要指基本母核为 2-苯基色原酮的化合物。现在泛指 A、B 两个苯环通过中间的三个碳原子相互连接而成的一系列化合物。

色原酮　　　　　　2-苯基色原酮　　　　　　C$_6$-C$_3$-C$_6$

(5) 萜类和挥发油。

萜类泛指由甲戊二羟酸衍生而来，且分子是符合 (C$_5$H$_8$)$_n$ 通式的衍生物，在化学结构上，该类物质大部分属于异戊二烯的聚合体及其衍生物。挥发油是一类具有芳香气味的油状液体的总称，包括单萜和倍半萜等萜类、芳香族化合物、脂肪族化合物等。

(6) 三萜皂苷类。

三萜皂苷是一类由三萜皂苷元和糖组成的一种苷类化合物。其结构特点是苷元为四环三萜或五环三萜，多具有羧基，多数可溶于水，而且振摇后产生类似于肥皂水样的泡沫，故称为三萜皂苷，也称酸性皂苷。

	R$_1$	R$_2$
Re	glc —²— Rha	glc
Rf	glc —²— glc	H(20S)

人参皂苷

（7）甾体苷类。

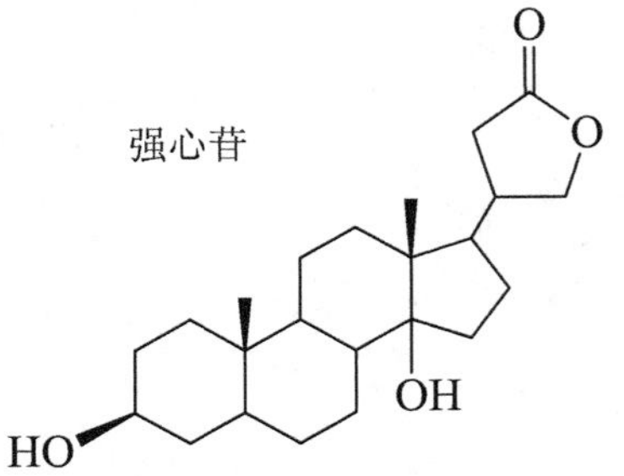

（8）生物碱类。

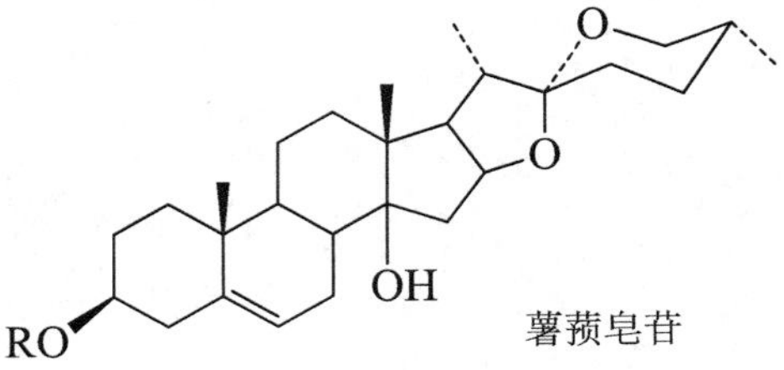

生物碱是一类存在于生物体内的含氮碱性有机化合物，一般均具有很强的生理活性，至今已分离得到 10000 多种生物碱，是一类重要的天然有机化合物。按照分子中 N 原子所处的状态，生物碱的存在形式主要有：①游离碱；②盐类；③酰胺类；④*N*-氧化物；⑤氮杂缩醛类；⑥亚胺、烯胺类。

生物体内这些次生代谢产物在生物体的代谢和生长过程中都具有一定生物学意义和功能，因此都不同程度地具有一定的生物活性。因此，这些化合物常作为"天然有效成分"而成为药物开发的目标和对象。当然，它们也是揭示生命本质必须研究的对象。

10.4.2　研究天然产物的一般过程

研究天然产物一般包括以下几个程序和过程：①调查；②目标成分的提取分离；③目标成分的结构确定；④目标成分的开发和利用。

调查首先要了解生物材料的来源，包括动植物的生长情况、生态环境、分布等。对于植物来说，要按植物分类采集并制作全株植物标本，供植物分类学家鉴定以确定其科属种学名。同时，还要查阅所有有关同属植物或其近缘植物的研究数据，包括化学成分、药理和临床等文献，在此基础上进行成分预试。

1. 天然产物的提取

天然产物的提取制备主要有溶剂萃取法、水蒸气蒸馏法、升华法等。

（1）溶剂萃取法。

溶剂萃取法最为常用。提取溶剂的选择最重要，主要依据提取要求、目标成分与杂质的性质差别、溶剂的溶解能力等选择和确定。选择提取溶剂的主要方法是：首先根据相似相溶原理，选择与化合物极性相当的溶剂；然后再考虑毒性、成本、沸点（与后续溶剂的回收有关）、黏度、是否与目标物发生化学反应等因素做出最后选择。但需要明确的是，由于某些化合物的增溶或助溶作用，极性与溶剂相差较大的化合物也可能被提取溶解出来，这会给后续的分离纯化增加难度。

熟悉并掌握常用溶剂的特点才能驾驭溶剂提取方法。常用溶剂及特点如下：

环己烷，石油醚，苯，氯仿，乙醚，乙酸乙酯，正丁醇，丙酮，乙醇，甲醇

极　　性：小 ——————————————————→ 大

亲脂性：大 ——————————————————→ 小

亲水性：小 ——————————————————→ 大

①比水重的有机溶剂：氯仿。

②与水分层的有机溶剂：环己烷～正丁醇。

③能与水分层的极性最大的有机溶剂：正丁醇。

④与水可以以任意比例混溶的有机溶剂：丙酮～甲醇。

⑤极性最大的有机溶剂：甲醇。

⑥极性最小的有机溶剂：环己烷。

⑦介电常数最小的有机溶剂：石油醚。

⑧常用来从水中萃取苷类、水溶性生物碱类成分的有机溶剂：正丁醇。

⑨溶解范围最广的有机溶剂：乙醇。

为增加提取效率，通常需要将物料进行粉碎，并进行适当的加热回流。具备条件的，也可采取微波和超声波辅助萃取、超临界二氧化碳萃取等技术。溶剂提取法一般包括浸渍法、渗漉法、煎煮法、回流提取法、连续回流提取法等，使用范围及特点参见表 10-5。

表 10-5　各种溶剂提取法使用范围和特点一览表

提取方法	溶剂	操作	提取效率	使用范围	备注
浸渍法	水或有机溶剂	不加热	效率低	各类成分，遇热不稳定者	出膏率低，易发霉，需防腐
渗漉法	有机溶剂	不加热	—	脂溶性成分	消耗溶剂量大，费时长
煎煮法	水	直火加热	—	水溶性成分	易挥发、热不稳定不宜用
回流提取法	有机溶剂	水浴加热	—	脂溶性成分	热不稳定不宜用，溶剂量大
连续回流提取法	有机溶剂	水浴加热	省溶剂、效率高	亲脂性较强成分	用索氏提取器，时间长

(2)水蒸气蒸馏法。

适用于具有挥发性、能随水蒸气蒸馏而不被破坏、难溶或不溶于水的成分的提取，如挥发油、小分子的香豆素类、小分子的醌类成分。

(3)升华法。

固体物质受热不经过熔融，直接变成蒸气，遇冷后又凝固为固体化合物，称为升华。中草药中有一些成分具有升华的性质，可以利用升华法直接自中草药中提取出来，如樟脑、咖啡因等。

2. 天然产物的分离纯化

天然产物的分离提纯是一项复杂的工作，一般方法可归纳如下：溶剂提取后，如果是挥发性天然产物，可用气相色谱进行分离及鉴定；难挥发性天然产物除去溶剂后，往往是油状或胶状物，需进一步处理以使混合物分离。例如，可用酸或碱处理使碱性、酸性组分从中性物质中分出；具有一定挥发性的化合物可将残液用水蒸气蒸馏使其与非挥发性物质分开。纯化天然产物最有效的方法之一是各种色谱法的应用，如纸色谱、柱色谱、薄层色谱、制备性薄层色谱、液相色谱和气相色谱等。常用具体分离方法主要有：

(1)根据物质溶解度的差别进行分离。

物质分离的许多操作往往在溶液中进行，利用溶解度的不同实现混合物分离，可以考虑采取下列方法。

①结晶与重结晶分离：利用温度不同引起溶解度的改变来分离物质，关键是溶剂的选择。

②溶剂分离：在溶液中加入另一种溶剂以改变混合溶剂的极性，使一部分物质沉淀析出而实现分离。例如，向浓缩的水提取液中加入数倍高浓度乙醇可以沉淀析出多糖、蛋白质等水溶性组分(水提醇沉法)；在浓缩的乙醇提取液中加入数倍量的水稀释，放置以沉淀除去树

脂、叶绿素等不溶于水的杂质(醇提水沉法);在乙醇浓缩液中加入数倍的乙醚(醇提醚沉法)或丙酮(醇提酮沉法),可以使皂苷沉淀析出,而脂溶性的树脂等类杂质则留在母液中。

③酸碱分离:对于具有一定酸碱性或两性化合物,可通过加入酸、碱以调节溶液 pH 来改变分子的存在形式,从而改变其溶解性实现分离,如生物碱的酸提取碱沉淀的"酸/碱"分离法(酸提碱沉法),黄酮、蒽醌类酚酸性成分采用的"碱/酸"分离法(碱提酸沉法)。

④沉淀分离:某些酸性或碱性化合物也可以通过加入某种沉淀剂使之沉淀分离;肽、蛋白质等两性物质的等电点沉淀分离法等。

(2)根据物质在两相溶剂中的分配比不同进行分离。

据此进行分离的方法有萃取分离和分配层析法。萃取分离是利用混合物中各成分在两相互不相溶的溶剂中分配系数的不同而实现分离。萃取时如果各成分在两相溶剂中分配系数相差越大,则分离效率越高。萃取效率取决于分配系数 K 值(或分配比)和相比。分离难易取决于分离因子 β,即 A、B 两种溶质在同一溶剂系统中分配系数的比值 K_A/K_B。一般情况下,$\beta \geqslant 100$,仅做一次简单萃取就可实现基本分离;但 $100 \geqslant \beta \geqslant 10$ 时,则需萃取 10~12 次;$\beta \leqslant 2$ 时,要实现基本分离,需做 100 次以上萃取才能完成。$\beta \approx 1$ 时,则 $K_A \approx K_B$,意味着两者性质极其相似,即使做任意次分配也无法实现分离。实际工作中,尽量选择分离因子 β 值大的溶剂系统,以求简化分离过程,提高分离效率。

一般情况下,$\beta > 50$ 时,简单萃取即可分离,$\beta < 50$ 时,则易采用逆流分溶法。这些方法所遵循的基本原理都是分配定律。对于具有不同酸碱性组分的混合物分离可以采取不同 pH 的缓冲溶液进行梯度萃取分离,如图 10-2 所示。

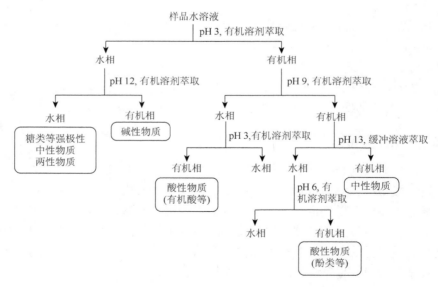

图 10-2　利用 pH 梯度萃取分离提取物的模式图

(3)根据物质的吸附性差别进行分离。

在天然有机物化合物分离和精制工作中,吸附原理应用得十分广泛。其中固-液吸附用得较多。吸附的原理分为物理吸附、化学吸附。

物理吸附的基本规律是相似者易于吸附。固-液吸附时,吸附剂、溶质、溶剂三者为吸附过程的三要素。极性的强弱是支配物理吸附过程的主要因素,判断和比较物质之间极性的大小十分重要。常用的吸附分离方法是吸附层析方法和固相吸附萃取，如硅胶层析、氧化铝层析、聚酰胺吸附层析、大孔树脂吸附层析等。

(4)根据物质分子大小差别进行分离。

天然产物相对分子质量大小各异，相对分子质量差别有的也较大，据此可以进行分离。常用的方法有透析法、凝胶过滤法、超滤法、超速离心法等。

(5)根据物质解离程度不同进行分离。

天然产物中具有酸性、碱性和两性基团的分子，在水中多呈现解离状态，据此可以采用离子交换法、电泳技术等进行分离。

总之，天然产物的分离纯化是有机化合物分离中最复杂的一种情况，所运用的分离原理和方法是十分多样的，也没有一个固定的模式可以套用，要根据具体情况进行选择和摸索，综合运用。

3. 天然产物的鉴别与结构确定

天然产物的鉴定一般需要综合运用各种鉴别和鉴定方法，如产品的外观和形状、物理常数的测定、化学鉴别、色谱法鉴别等。

天然产物的结构研究是天然产物化学的一项重要而复杂的研究内容。从天然产物中分离得到的单体，即使具有很强的活性与较大的安全性，但如果结构不清楚，则无法进一步开展其药效学、毒理学以及其他方面的研究，也不可能进行人工合成或结构修饰及改造工作，更谈不上进行新药的开发和其他应用，其学术及应用价值将会大大降低。

结构测定中采用的方法大致分为以下两类：

一是化学方法。某些成分或官能团可与一些特定试剂产生各种颜色或沉淀，有助于判断化合物类型和官能团，还有化学降解法及衍生物制备法。在结构测定中，化学方法选择得当常会收到很好的效果，或作为波谱测定的佐证。

二是波谱学方法。包括红外光谱、紫外光谱、核磁共振光谱、X 射线衍射和质谱法等。其中核磁共振谱是天然化合物结构测定的重要手段。各种波谱技术与化学方法相结合，已使天然产物的结构测定变得非常方便。

实验 10-6　植物色素和叶绿素的制备与分析(6～8h)

【关键词】

植物色素，叶绿素，提取分离。

【实验原理与设计】

绿色植物的茎叶中含有较多的胡萝卜素、叶黄素和叶绿素等色素，统称为叶绿体色素。这些色素与植物的光合作用有着密切的关系。其中胡萝卜素 $C_{40}H_{56}$ 有三种异构体，即 α-、β-、γ-胡萝卜素，β-体含量较多，也最重要，是维生素 A 的前体，生物体内经氧化酶作用可形成两分子维生素 A，因此它具有维生素 A 的生理活性。叶黄素 $C_{40}H_{56}O_2$ 最早发现于蛋黄。它们的结构很相似：

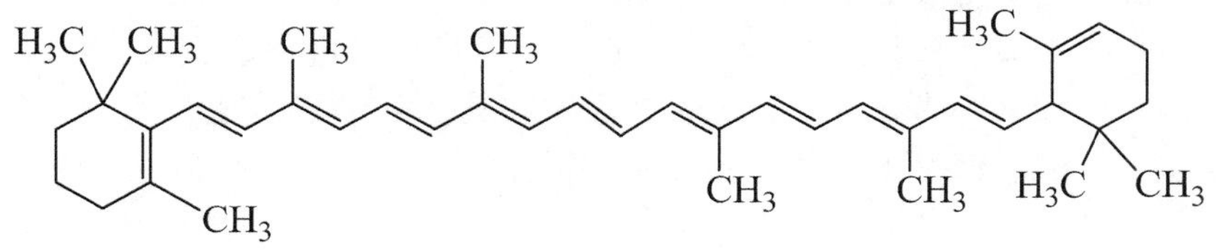

α-胡萝卜素

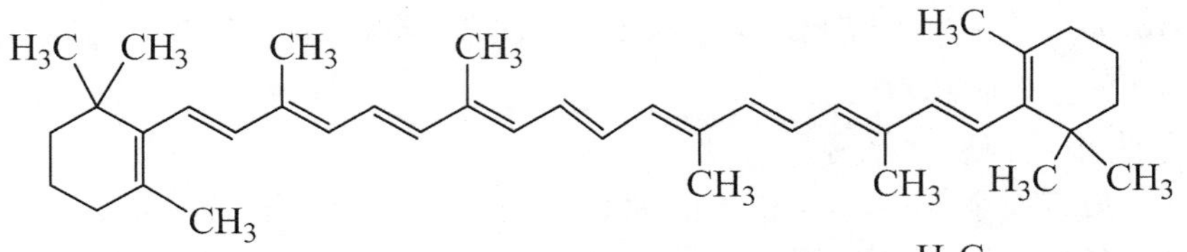

β-胡萝卜素

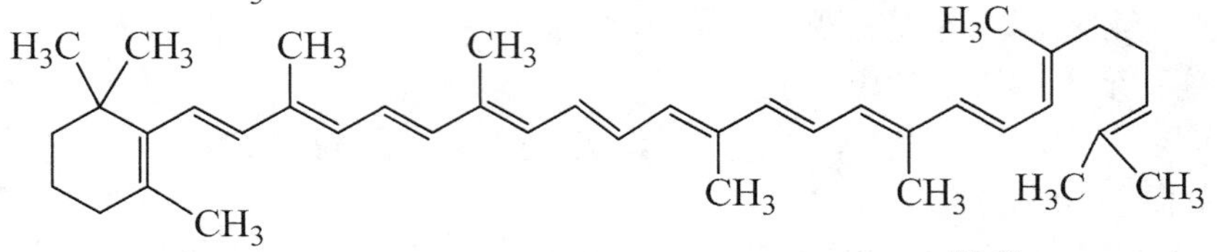

γ-胡萝卜素

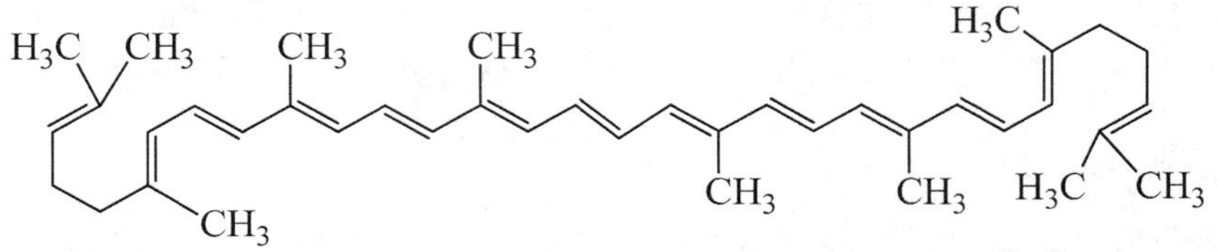

番茄红素

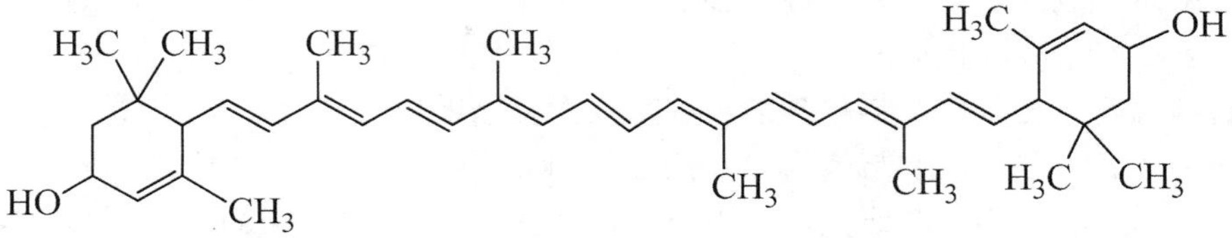

叶黄素

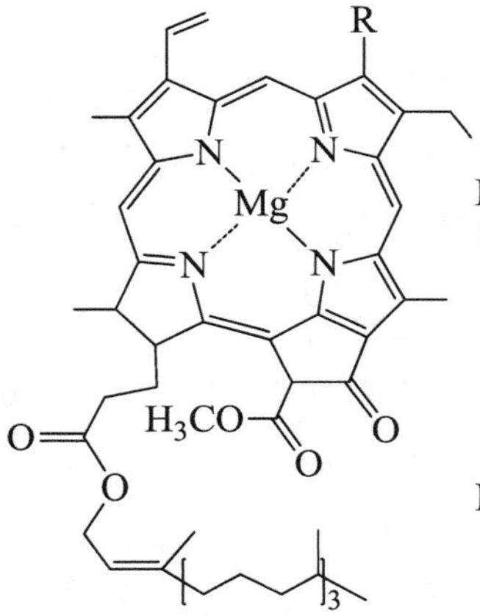

R= CH₃
叶绿素 a

R= CHO
叶绿素 b

文献报道叶绿素有 4 个异构体，但最主要的是叶绿素 a($C_{55}H_{72}O_5N_4Mg$) 和叶绿素 b($C_{55}H_{70}O_6N_4Mg$)，是一类含镁的卟啉化合物的混合物，与动物体内的血红素（含铁卟啉化合物）结构特征类似。叶绿素是作为植物光合作用的催化剂。

提取：从胡萝卜素、番茄红素、叶黄素和叶绿素的结构可以看出，叶绿素的极性最大，其次是叶黄素，番茄红素次之，极性最弱的为胡萝卜素。叶黄素和叶绿素分子含有极性基团，易溶于醇，而在石油醚、乙酸乙酯等溶剂中溶解度较小。胡萝卜素和番茄红素极性较弱，易溶于石油醚、乙酸乙酯，而在醇中溶解度较小。据此，可采取石油醚-醇的混合溶剂进行提取。

分离：这些色素结构相似，但极性有差异，可经色谱层析技术得到很好分离。提取液首先经水萃取除去水溶性杂质和醇，干燥后石油醚层首先经柱层析进行分离富集得到各组分，再经薄层层析进行进一步分离鉴定。柱层析的固定相可选用吸附剂中性氧化铝，洗脱剂可根据各组分极性进行选择：极性较小的胡萝卜素和番茄红素可选择体积比为 9∶1 石油醚-丙酮进行洗脱，极性略大的叶黄素可选用体积比为 7∶3 石油醚-丙酮洗脱，叶绿素可选择体积比 3∶1∶1 正丁醇-乙醇-水洗脱。薄层色谱分析可选用硅胶 G 薄层板，展开剂可参考选择：(a)石油醚-丙酮=8∶2(体积比)；(b)石油醚-乙酸乙酯=6∶4(体积比)。

分析：萜类物质和叶绿素都具有非常明显的光谱特征，有条件可进行紫外光谱分析。

胡萝卜素、叶黄素和叶绿素对光、高温、氧气、酸碱和其他氧化剂都很敏感。在色素的提取、分析过程中要避光、低温情况下进行，提取液和样品溶液最好保存在棕色瓶内，并且不宜长期存放。

【实验材料与方法】

1. 实验材料

试剂材料：新鲜绿色植物叶（如菠菜）20g，95%乙醇，石油醚（60～90℃），丙酮，正丁醇，苯，薄层硅胶 G 和羧甲基纤维素（或硅胶 G 薄层板），中性层析氧化铝（150～160 目）。

仪器设备：研钵（或组织捣碎机），分液漏斗，减压过滤，20cm×1cm 层析柱，薄层板（5cm×10cm，10cm×10cm），T 形展开缸，锥形瓶（100mL），烧杯，蒸馏装置（或旋转蒸发仪），紫外检测仪，紫外光谱仪等。

2. 实验方法

（1）提取。

将绿色植物叶（如菠菜）洗净晾干，称取 20g，切碎后研磨捣烂，加 20mL 石油醚-乙醇研磨 5～10min，减压过滤，滤渣放回研钵，再重新加入石油醚-乙醇溶液，每次 10mL，研磨 5min 后减压过滤，重复 2 次。合并 3 次提取后的滤液，并转入分液漏斗，每次用 20mL 蒸馏水萃取 2 次石油醚层，以除去水溶性杂质和乙醇（振荡操作不要太剧烈，以免乳化）。最后将石油醚层倒入干燥的 100mL 锥形瓶内，加适量无水硫酸钠干燥。将干燥的萃取液滤入 100mL 圆底烧瓶，常压蒸馏（或旋转蒸发）回收石油醚进行浓缩，至石油醚提取液剩余 5mL 左右停止蒸馏。

（2）柱层析分离。

取层析柱垂直夹在铁架台上，关闭下旋塞。首先加入约 15cm 高石油醚，再将 20g 中性层析氧化铝经漏斗缓缓加入柱内[1]。同时小心打开下旋塞缓慢放出石油醚，使氧化铝匀速聚沉，并保持柱内液面高度不变（加入氧化铝体积与流出石油醚体积大体相当）。有必要可使用装在玻璃棒上的橡胶塞（或类似工具）敲击柱身以促进氧化铝沉降得平整致密。沉降完成后，将上部的石油醚取多半提取液（余下留作薄层层析）用适量氧化铝吸附后挥发掉溶剂后加到柱上部。先用 9∶1 石油醚-丙酮洗脱，接收第一个流出的橙黄色色带胡萝卜素（约用洗脱剂 50mL）。改用 7∶3 石油醚-丙酮洗脱，接收第二个流出的棕黄色色带叶黄素（约用洗脱剂 200mL）。再换 2∶1∶1 的正丁醇-乙醇-水洗脱，分别接收绿色的叶绿素 a 和黄绿色的叶绿素 b（约用洗脱剂 30mL）。

（3）薄层层析和纸层析分离。

将柱层析接收到的各组分和提取液通过薄层层析或纸层析进行进一步的分离和鉴定。

①将柱层析分离得到的胡萝卜素在 10cm×5cm 的硅胶 G 板或层析滤纸上点样，若有胡萝卜素单体标准品，可随行点样以便对照进行鉴别。参考展开剂正丁醇∶丙酮=7∶3[2]。紫外灯下观察记录展开结果，一般可见 1～3 个点，计算比较各样点的比移值。

②将柱层析分离得到的叶黄素样品在硅胶 G 薄层板或层析滤纸上点样，若有叶黄色单体标准品，可随行点样以便对照鉴别。参考展开剂正丁醇∶丙酮=7∶3。紫外灯下观察展开后的样品点，一般可见 1～4 个样点，记录展开结果，计算比较各样点比移值 R_f。

③将提取液、柱层析分离得到的 4 个样品同时点样在一个较宽的薄层板（10cm×10cm）或层析滤纸上（或将提取液和 4 个柱层析分离后的样品分别点在 4 块窄薄层板上），用 8∶2 的苯-丙酮混合溶剂或石油醚同时、同缸展开，紫外灯下观察、记录斑点的位置和前后顺序。计算比

---

① 若柱内有气泡应用玻璃棒轻轻搅拌将其驱除。

② 层析结果会因流动相配比的些许变化而产生较大影响，故其重现性较差。流动相的选择也并不唯一。本实验给出的仅为参考条件，可根据文献资料和实际展开效果进行调整以达到最佳效果。

较各样品斑点的比移值。

(4)光谱分析。

将柱层析分离得到的各样品溶液进行紫外光谱扫描和红外光谱测定，对照和解析各样品的光谱图，找出其最大吸收波长和特征吸收峰。

(5)化学鉴别。

样品：提取液、柱层析分离的 4 个样品。

①溴水实验：取 5 支洁净干燥试管，各加 5 滴 3%溴的四氯化碳溶液，再分别滴加 1 滴各样品，注意观察、记录并解释实验现象。

②高锰酸钾氧化实验：取洁净干燥试管，滴加 0.5%高锰酸钾溶液，然后再分别滴加 1 滴上述各样品，注意观察、记录并解释实验现象。

③乙酸酐-浓硫酸实验：取洁净干燥试管分别加入 5 滴样品，再加入 1mL 乙酸酐，小火加热，冷却后各滴加 2 滴浓硫酸。观察、记录实验现象

④氯仿-浓硫酸实验：试管内分别滴加 5 滴样品，再各加入 1mL 氯仿，摇动试管，滴加几滴浓硫酸，不要摇动试管，观察、记录实验现象。

⑤叶绿体中 Mg 离子的取代实验：取上述样品几滴，95%乙醇稀释一倍，加入 50%乙酸数滴，摇匀，观察颜色变化(镁被氢取代变为褐色)。将变为褐色的溶液分为两份，一份内加入乙酸铜粉末少许，微微加热，观察颜色的变化，与未加乙酸铜的另一半进行对照(铜离子取代镁，铜代叶绿素显绿色)。

【思考与讨论】

(1)根据实验观察和记录的提取过程溶液颜色的变化情况，分析色素的转移途径。

(2)根据各色素的结构分析各组分的极性顺序，解释柱层析过程中洗脱剂的更换和洗脱组分的次序。

(3)根据各组分的结构和性质以及展开剂条件，分析和解释薄层层析的展开结果：除了目的物以外为何还有其他斑点？为何薄层层析会分离得到更多的样品斑点？解释和分析各样品斑点的比移值大小次序。

(4)总结各组分的波谱特征。

【教学指导与要求】

1. 实验预习

(1)何为萜类化合物？其结构特点与主要性质是什么？有何生物学意义？

(2)预习查阅文献资料并填写下列数据表：

化合物	M_r	m.p./℃	b.p./℃	$\rho/(g/cm^3)$	n_D^{20}	溶解性		
						水	醇	有机溶剂
β-胡萝卜素								
叶黄素								
叶绿素 a								
叶绿素 b								
乙醇								
石油醚(60～90℃)								

(3)本实验选用何种溶剂如何进行提取目标化合物的?

(4)由提取液获得目标化合物的分离纯化方法是什么? 该方法的技术参数是什么?

(5)预习柱层析和薄层层析技术的相关内容。

2. 安全提示

(1)注意乙醇、丙酮、苯等易燃易爆有机试剂的安全使用。

(2)注意苯等有毒试剂的使用安全,勿误服或吸入其蒸气;勿吸入硅胶粉尘;建议在通风橱内进行操作并佩戴口罩。

3. 其他

(1)实验关键:提取研磨的时间和次数、柱层析装柱和洗脱剂选择、薄层层析和纸层析展开剂的选择和配制。

(2)从番茄酱中提取分离植物色素。

提取:称取 5g 番茄酱于 100mL 烧瓶中,加 10mL95%乙醇沸水浴回流加热 5min,冷却后用折叠滤纸过滤,将滤液直接过滤至准备好的分液漏斗内(图 10-3)。滤渣重新装回圆底烧瓶内,再将滤渣每次用 10mL 二氯甲烷温水浴回流提取 2 次,每次回流 5min,过滤后将 3 次滤液合并入分液漏斗中,加 10mL 饱和氯化钠溶-液萃取,静置分层后分出有机层于干燥的 100mL 锥形瓶中,加适量无水硫酸钠并塞紧瓶塞干燥。

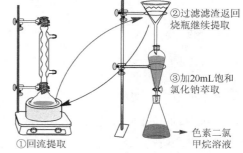

②过滤滤渣返回烧瓶继续提取

③加20mL饱和氯化钠萃取

色素二氯甲烷溶液

①回流提取

回流提取番茄酱3次:
(1) 10~15mL乙醇提取1次,10min
(2) 每次10mL二氯甲烷提取2次,每次10min

图 10-3　提取液的过滤

柱层析分离:①装柱,取干燥层析柱垂直固定在铁架台上,经干燥漏斗慢慢加入中性层析氧化铝,柱床高 5~6cm,用橡胶棒轻轻敲打层析柱使氧化铝柱床填充均匀、密实、层面平整。②加样,将绝大部分干燥后的提取液(约 4/5)加入到 50mL 小烧杯中,再加入 1.0g 层析氧化铝,搅拌均匀后在通风橱内将烧杯置于 50℃左右的温水浴中挥发溶剂至干[1],使提取色素被氧化铝吸附,然后将吸附有色素的氧化铝样品经漏斗平整地加入到柱床上面[2]。为防止加入洗脱剂洗脱时冲击柱床上的样品层,也可在样品层上面加一略小于柱内径的圆形滤纸片。③洗脱与接收,参考洗脱剂Ⅰ:先用石油醚洗脱胡萝卜素,再用苯洗脱番茄红素;参考洗脱剂Ⅱ:用石油醚:无水乙醚或丙酮=9:1(V/V)洗脱各组分。由于胡萝卜素的黄色较浅,要注意观察,以免漏接。

薄层层析与纸层析:浓缩样品[3]。取活化好的硅胶 G 板 2 块或层析滤纸 2 张(圆形或条形),距薄层板或条形滤纸底端 1.0cm 高处(或圆形滤纸直径 1cm 圆周处)分别点上浓缩后的胡萝卜素、番茄红素和提取液(若有标准对照品,可随行点样以便鉴别)。注意点样量、样品点大小、间距和边距。样品点溶剂挥发后将 2 块板分别置于盛有不同展开剂的展开缸内饱和,饱和后上行法展开。尝试对比不同的展开剂的展开效果:①环己烷;②苯:环己烷=1:9(V/V);③石油醚:丙酮=9:1(V/V);④石油醚:丙酮:苯=20:2:1(V/V);⑤石油醚:乙酸乙酯=6:4(V/V)展

---

① 注意挥发溶剂水温不可过高,否则会发生迸溅! 为避免迸溅还要用玻璃棒快速搅拌,同时注意保护眼睛,避免吸入溶剂蒸气。

② 为避免冲击柱床,可在柱床和样品间加一略小于柱内径的圆形滤纸片。

③ 样品浓度过稀,平面层析时的颜色会很浅,不利于观察样品斑点。

开结束后，取出薄层板画出溶剂前沿，测量样品斑点位置，记录相应数据，计算每个斑点的 R_f 值。也可将图谱绘制在记录本上或拍照谱图留存。

(3)参考文献：

①俞健，虢国成，何新益. 2008. 番茄下脚料番茄红素的提取. 食品与机械，(01)：72-74.

②胡文忠，姜爱丽，田蜜霞，等. 2008. 番茄红素的提取分离及纯化的研究. 食品与机械，(01)：67-71.

③周孝禹，周杰，吴颖，等. 2015. 番茄红素的分离提取与合成制备研究进展. 中国药房，(19)：2723-2726.

④杨一思，张龚，吴昊，等. 2013. 从菠菜中提取叶绿素实验方法的改进. 化学教育，(5)：70-72.

⑤张素霞. 2008. 菠菜叶中叶绿素提取工艺研究. 中国食物与营养，(05)：40-43.

实验 10-7　橙皮中挥发油成分的制备与分析(4～6h)

【关键词】

挥发油，提取分离，水蒸气蒸馏，萃取，气相色谱。

【实验原理与设计】

挥发油(volatile oils)，又称精油，是一类具有芳香气味的液体的总称。挥发油所含成分极其复杂，一种挥发油常可以检测出数十种到数百种化学成分。这些成分基本可以划分为四类：萜类物质(多见)、芳香族化合物、脂肪族化合物、其他化合物。

挥发油常温下多为无色或微带淡黄色的油状透明液体，少数具有其他颜色。一般具有香气或其特殊气味，接触皮肤和黏膜有辛辣烧灼感。有的挥发油在冷却时主要成分会结晶析出，习惯上称之为"脑"，如薄荷脑、樟脑等。

挥发油不溶于水，易溶于各种有机溶剂，如石油醚、乙醚、二硫化碳、油脂等。在高浓度乙醇中能全部溶解，在低浓度乙醇中只能溶解一定数量。挥发油的沸点一般为 70～300℃，在常温下能挥发，具有随水蒸气而蒸馏的特性。挥发油的相对密度多数比水轻，也有比水重者，相对密度一般为 0.85～1.065。挥发油几乎均有光学活性，比旋光度在 +97°～+177° 范围内，且具有强折光性，折光率为 1.43～1.61。挥发油与空气和光接触常逐渐氧化变质，使相对密度增加、颜色加深、失去原有香味，并能形成树脂样物质，也不再能随水蒸气蒸馏。

挥发油的提取方法主要有水蒸气蒸馏法、浸取法和冷压法。水蒸气蒸馏法是利用挥发油与水不相混溶而又具有一定的挥发性、能随水蒸气挥发的性质进行挥发油提取的一种方法，是挥发油提取分离的最常用方法。该法设备简单、操作容易、成本低、产量大、回收率高。该法的缺点是原料易受热焦化，化学成分会发生变化，芳香气味也会因此而改变。一些含有水溶性和易水解成分会受到影响。浸取法即直接利用溶剂进行浸取的方法，常用的有油脂吸收法、溶剂萃取法、超临界萃取法等，适合于不宜使用水蒸气蒸馏提取的原料。冷压法适合于新鲜原料，如柑橘、柠檬果皮等挥发油较多的原料。

挥发油成分的分离：常采取冷冻处理、分馏、化学方法、层析等方法进行分离。

挥发油的鉴定：可通过相对密度、比旋光度、折光率等物理常数测定，酸值、酯值、皂化值等化学常数测定，官能团鉴定和层析等方法实现。薄层层析鉴定挥发油的应用比较普遍，层析条件一般为：吸附剂硅胶 G，或Ⅱ～Ⅳ级中性氧化铝；展开剂为石油醚、石油醚-乙酸乙酯(95：5，

75：25，*V/V*)、苯-甲醇(95：5，75：25，*V/V*)；显色剂为香草醛-浓硫酸、茴香醛-浓硫酸。气相色谱法和气相色谱-质谱联用技术(GC/MS)已经成为挥发油定性、定量分析的现代方法。

　　柠檬、橙子、柑橘等水果的新鲜果皮中含有约 0.35%的挥发油物质，称为香精油或柠檬油(lemon oil)。柠檬油为淡黄色液体，有浓郁的柠檬香气。柠檬油含有多种分子式为 $C_{10}H_{16}$ 的物质，沸点、折光率都很接近，多具有旋光性，d_4^{15} 0.857～0.862，n_D^{20} 1.474～1.476，$[\alpha]_D^{20}$ +57°～+61°。不溶于水，溶于乙醇和冰醋酸。其中主要成分是苧烯，含量高达 80%～90%。其香气主要由于含有 3%～5.5%的柠檬醛、*α*-蒎烯、*β*-蒎烯等。主要用于配制饮料、香水、化妆品和香精等。

苧烯　　　　　　*α*-蒎烯　　　　　　*β*-蒎烯　　　　　　柠檬醛

　　本实验以粉碎的新鲜橙皮为原料，利用水蒸气蒸馏法进行提取，然后进行萃取分离，蒸去溶剂后即可获得柠檬油。通过测定比旋光度、折光率、官能团鉴别、气相色谱法进行鉴别。

【实验材料与方法】

　　1. 实验材料

　　试剂材料：新鲜橙皮 50g，二氯甲烷，无水硫酸钠，溴的四氯化碳溶液。

　　仪器设备：三颈烧瓶(500mL)，直形冷凝管，尾接管，锥形瓶(50mL、100mL、250mL)，分液漏斗(125mL)，梨形烧瓶(50mL)，蒸馏头，温度计，热浴，水蒸气发生器，食品绞碎机，折光仪，旋光仪，气相色谱仪等。

　　2. 实验方法

　　(1)提取。

　　将约 5 个新鲜橙皮用食品绞碎机绞碎后称量 50g 放入 500mL 三颈烧瓶内，加入约 200mL 热水。安装水蒸气蒸馏装置，进行水蒸气蒸馏，控制馏出速率每秒 1～2 滴。锥形瓶收集 100～150mL 馏出液后停止加热蒸馏。

　　(2)分离。

　　将馏出液倒入已经准备好的分液漏斗内，用 30mL 二氯甲烷分 3 次萃取，收集二氯甲烷层(上层还是下层?)，合并于 50mL 事先干燥放冷的锥形瓶内，加入适量无水硫酸钠干燥，振摇至液体澄清透明为止。将干燥后的二氯甲烷萃取液滤入干燥的 50mL 梨形烧瓶内，安装水浴蒸馏装置，并在具支导引管处接一橡胶管通入室外、通风橱或下水道内(防止二氯甲烷溢出引起中毒和火灾)，水浴加热回收二氯甲烷。当大部分溶剂基本蒸完后改用减压蒸馏除尽残余的二氯甲烷。上述回收除尽溶剂的过程也可用旋转蒸发仪完成。梨形烧瓶内所生成的少量黄色油状物即为柠檬油。称量，计算得率。

　　(3)鉴别。

　　①物理常数测定：测定折光率和比旋光度。

　　②化学鉴别：试管内加 2 滴提取物，滴加溴的四氯化碳溶液，观察、记录实验现象。

　　③气相色谱或气-质联用分析：以苧烯标准品为对照，于气相色谱仪或气-质联用仪分析产

品组成和含量。具体分析技术指标根据仪器条件查阅文献后自行制定。

【思考与讨论】

(1)结合本实验探讨水蒸气蒸馏提取挥发油的原理。

(2)本实验可以采用干燥的橙皮作为原料吗？为什么？

(3)评价本实验的结果，对结果的正确与否进行系统分析。

(4)还有其他提取柠檬油的方法吗？与本实验方法比较哪个方法更好？

(5)鉴别结果说明本实验方法获得的柠檬油质量如何。

【教学指导与要求】

1. 实验预习

(1)查阅文献资料填写下列数据表格：

化合物	M_r	m.p./℃	b.p./℃	$\rho/(g/cm^3)$	n_D^{20}	溶解性
柠檬油						
苧烯						
二氯甲烷						

(2)预习有关挥发油方面的背景材料和内容。

(3)预习水蒸气蒸馏、液-液萃取等技术原理、装置、操作和应用。

(4)查阅柠檬油提取分离和鉴定方法的相关文献，写出一篇综述性文章。

2. 安全提示

注意二氯甲烷等有机溶剂的毒性，防止吸入和接触皮肤、眼睛；注意水蒸气蒸馏的安全操作，防止烫伤。

3. 其他

(1)实验关键：提取时间和温度控制。

(2)参考文献与资料：

①张静芬，邹小兵，季金苟，等. 2012. 两种不同方法提取鲜橙皮中挥发油的比较研究. 食品研究与开发，(05)：45-47.

②于赟，陈川. 2014. 中药挥发油提取技术及生物活性的研究进展. 上海中医药大学学报，(02)：75-78.

实验 10-8　茶叶中咖啡因和茶多酚的制备与分析(8～10h)

【关键词】

茶叶，咖啡因，生物碱提取。

【实验原理与设计】

多数生物碱呈结晶形固体，有些为非晶形粉末，少数是液体，绝大多数为无色。生物碱多具有苦味，固体生物碱多具有确定的熔点。少数有升华性，如咖啡因。

生物碱及其盐的溶解度与其分子中 N 原子的存在形式，极性基团的有无、数目和溶剂等密切相关。多数仲胺和叔胺生物碱具有亲脂性，溶于醇、丙酮、乙醚等有机溶剂，不溶于碱水。生物碱一般具有较明显的碱性，能溶于酸而成盐。生物碱盐一般易溶于水，利用此性质可用于生物碱的纯化和分离。

生物碱的检查和鉴别常用沉淀反应和显色反应。常用的生物碱沉淀剂有碘化铋钾试剂（Dragendorff 试剂）、改良的碘化铋钾试剂、碘-碘化钾试剂（Wagner 试剂）、碘化汞钾试剂（Mayer 试剂）、硅钨酸试剂（Bertrad 试剂）等。常用的生物碱显色剂有改良的碘化铋钾试剂，主要用于薄层层析显色。

总生物碱提取方法主要有溶剂法、离子交换树脂法和沉淀法。生物碱系统分离流程如图 10-4 所示。

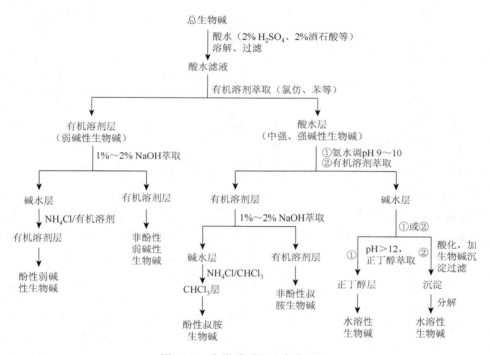

图 10-4　生物碱系统分离流程图

茶叶是备受人们欢迎的天然饮品，内含丰富的活性物质，具有很高的药用和医疗保健价值。其中所含的咖啡因和茶多酚是两种具有代表性的茶叶有效成分。

1. 茶多酚

茶多酚（green tea polyphenols，GTP）是一种新型高效抗氧化剂，其抗氧化能力是维生素 E 的 16 倍，也大大超过 BHA，而且与维生素 E 有良好的互助效应，与维生素 C 有更大的协同作用，能够清除人体内的自由基，具有高效的抗衰老、抗癌、抗辐射等作用，此类化合物已经越来越广泛地应用于食品、医药、油脂、化工等领域。

茶多酚是茶叶中儿茶素类、黄酮类、酚酸类和花色素类化合物的总称，占茶叶干重的 15%～25%。目前已经发现有十多种存在形式，结构上都是苯并吡喃和没食子酯结合的衍生物，因具有多个酚羟基而称为茶多酚。茶多酚中最重要的成分是黄烷醇类的多种儿茶素（catechins）。该类物质因含有多个羟基，因而具有较大的极性，能溶于水、乙醇、乙醚、乙酸乙酯，不溶于氯仿，易氧化，能与钙、镁、锌等金属离子形成络合物沉淀。

L-表没食子儿茶素没食子酸酯（L-EGCG）

L-没食子儿茶素没食子酸酯（L-GCG）

L-表没食子儿茶素（L-EGF）

D,L-没食子儿茶素（D,L-GC）

D,L-儿茶素

2. 咖啡因

茶叶中含有多种生物碱，其中以咖啡因为主，此外还含有茶碱、可可碱等，结构类型属于黄嘌呤类含氮化合物。茶叶中咖啡因的含量会因品种和储藏时间的不同而不同，一般含量占其干重的 1.0%～5.0%。

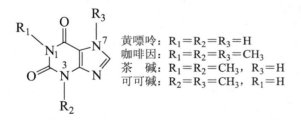

黄嘌呤：$R_1=R_2=R_3=H$
咖啡因：$R_1=R_2=R_3=CH_3$
茶　碱：$R_1=R_2=CH_3$，$R_3=H$
可可碱：$R_2=R_3=CH_3$，$R_1=H$

咖啡因化学名称为 1，3，7-三甲基-2，6-二氧嘌呤，属弱碱性含氮杂环化合物。含有结晶水的咖啡因为无色针状晶体，味苦，无水咖啡因熔点为 234.5℃。咖啡因易溶于氯仿（12.5%）、水（2%）、乙醇（2%）等溶剂，在苯中溶解度为 1%，在热的苯中可达 5%。

咖啡因受热具有升华性，在 100℃ 是即失去结晶水并开始升华，120℃时升华显著，178℃时升华很快。

咖啡因具有中枢兴奋作用，其结构与机体中的核酸、核苷酸代谢产物有密切关系。作为药物，治疗安全性大，在机体内分解很快，长期使用无积蓄作用，是解热镇痛药复方阿司匹林（APC）的组分之一。

3. 茶多酚和咖啡因的提取、分离和鉴定

（1）提取。

茶多酚与咖啡因都属于极性化合物，茶多酚为酸性化合物，咖啡因为碱性化合物。它们都能溶解于水，茶多酚水溶性更大，咖啡因约为 2%，茶多酚大于 8%。它们也都能溶于甲醇、

乙醇、乙醚。但茶多酚不溶于氯仿,易溶于乙酸乙酯,而咖啡因易溶于氯仿。利用二者在溶解度方面的共性,可以使用水、乙醇等溶剂实现二者的同步提取。

由于咖啡因在植物中通常与有机酸类物质结合成不溶于水的化合物,为此可以加入碳酸钠等碱性物质,使咖啡因有利出来,促进其在水中的溶解。此外,为提高提取效率也可以采取加热、超声、微波等辅助手段提高提取效率。

若选用挥发性乙醇为溶剂进行加热提取,可采取普通的回流加热装置,也可以采用索氏提取器进行加热回流提取。使用索氏提取器会使加热回流提取更加简便、更加节省溶剂、效率更高。但限于索氏提取器的规格,其处理的样品量有限,只适合于一般的实验室用量。

(2)分离纯化。

提取后可以利用二者在溶解性方面的差异先后用氯仿萃取出咖啡因,用乙酸乙酯萃取出茶多酚。咖啡因的纯化可以利用咖啡因的升华特性采用升华法纯化,也可采取重结晶法进行纯化。但其中可能会含有极少量的茶碱等其他同类生物碱,其纯度检查和进一步纯化可以采取层析技术。茶多酚的纯化可以采取重结晶法,其进一步的分离和纯化需要采用层析技术(一般以硅胶为固定相,以乙酸乙酯:乙醚体积比为 4:1 的洗脱剂进行柱层析可收集得到儿茶素等单体茶多酚。具体方法查阅相关文献和资料)。

(3)鉴定与表征。

茶多酚和咖啡因的鉴定可以通过外观检查、熔点测定、光谱测定和化学鉴别等进行鉴定。

咖啡因熔点测定可以有两种方法,一是直接测定咖啡因熔点(会因升华而受到影响);二是将咖啡因制成其水杨酸衍生物,通过测定衍生物的熔点进行鉴定。

【实验材料与方法】

1. 实验材料

试剂材料:当年绿茶 10g,氯仿,乙酸乙酯,碳酸钠,0.5%高锰酸钾,5%碳酸钠,1%三氯化铁溶液,饱和溴水。

仪器设备:圆底烧瓶(250mL),水冷凝管,分液漏斗,克氏烧瓶,蒸馏烧瓶,循环水泵,蒸发皿,水浴箱,精密分析天平(0.1mg)。

2. 实验方法

(1)提取。

将粉碎的 10g 茶叶末混入 2g 碳酸钠放入布袋内包好,置于烧杯内,加水 50mL。加热煮沸 0.5h,倾出提取溶液至蒸发皿内。再用 10mL 水洗涤茶叶包,洗液并入提取液。

(2)分离纯化。

将装有提取液的蒸发皿置石棉网上加热浓缩至提取液体积约 20mL,冷却至室温后将浓缩液移至分液漏斗,加入等量的氯仿萃取 2 次(萃取时振荡要轻,防止乳化)。氯仿层用于制备咖啡因,水层用于制备茶多酚。

①咖啡因的制备:将氯仿溶液移入克氏烧瓶,用水浴加热减压蒸馏回收氯仿(也可用旋转蒸发仪)。将回收氯仿后的残留液趁热倒出至结晶干燥的蒸发皿内,在水蒸气浴上蒸发干燥。冷却后擦净蒸发皿内沿,刮下黏附在内壁的固体,将固体均匀地铺好准备升华。将蒸发皿置于砂浴内,盖上扎有许多小孔的滤纸(滤纸与蒸发皿接触要紧密,不要留有空隙,以防止咖啡因蒸气逸出),滤纸上面倒盖一玻璃漏斗(漏斗要把滤纸孔罩住,漏斗颈处用少量脱脂棉堵住),

小火加热进行升华,控制砂浴温度在 220℃左右。当滤纸上凝结较多白色晶体后暂时停止加热,待其温度降至 100℃以下, 小心取下漏斗,揭开滤纸,将滤纸上的咖啡因小心刮下留存。蒸发皿内的残渣经拌和均匀后再次进行升华直至升华完全。合并所得的咖啡因晶体, 称量,计算产率。

②茶多酚的制备:将氯仿萃取后的水层用等量的乙酸乙酯萃取 2 次,每次 20min,合并乙酸乙酯萃取液。水浴减压蒸馏(或旋转蒸发仪)回收乙酸乙酯。趁热将残液移入洁净干燥的蒸发皿, 改用水蒸气浴加热浓缩至近干, 冷却至室温后, 放入冰箱内冷冻干燥, 得白色粉末状茶多酚粗品。粗品用蒸馏水进行重结晶,得茶多酚精品。干燥后称量,计算产率。

(3)化学鉴别。

①咖啡因。

碱性实验:取少量咖啡因于试管, 加 1mL 水溶解, 红色石蕊试纸测试, 观察、记录实验现象。

氧化实验:取上述试管内咖啡因液体 5 滴于另一干净试管, 加 1 滴 0.5%高锰酸钾和 1 滴 5%碳酸钠溶液, 摇动试管, 必要时可沸水浴加热。观察、记录实验现象。

生物碱显色实验:取 1mL 含咖啡因溶液于试管内,加 2 滴显色剂碱性碘-碘化钾试剂,观察、记录实验现象。

生物碱沉淀实验:各取 1mL 含咖啡因溶液于 2 支试管内, 分别加入 2 滴碘化铋钾生物碱沉淀剂和饱和苦味酸溶液, 观察、记录实验现象。

②茶多酚。

溴水实验:取 1mL 含茶多酚溶液,滴加 2 滴饱和溴水, 观察、记录实验现象。

三氯化铁实验:取 1mL 含茶多酚溶液,滴加 2 滴 1%三氯化铁试剂, 观察、记录实验现象。

乙酸镁实验:取 1mL 茶多酚溶液,加数滴 0.5%乙酸镁试剂, 观察、记录实验现象。

(4)熔点测定。

咖啡因:可直接采用提勒管测定法或熔点测定仪测定咖啡因熔点。也可采取制备咖啡因的水杨酸盐衍生物并测定其熔点的方法进行鉴定。

咖啡因水杨酸衍生物的制备:在试管中加入 50mg 咖啡因、37mg 水杨酸和 4mL 甲苯,水浴加热振摇使之溶解,然后加入约 1mL 石油醚(60~90℃),于冰浴中冷却使晶体析出。然后用玻璃丁漏斗过滤收集产物, 干燥后制得衍生物,供鉴定测熔点。纯咖啡因水杨酸盐熔点为 137℃。

茶多酚:直接测定熔点进行鉴定。

(5)光谱分析。

将所得咖啡因和茶多酚分别做紫外光谱和红外光谱测定, 解析图谱。

(6)色谱分析。

若有教学时间,可将所得咖啡因和茶多酚分别进行薄层层析和柱层析分离鉴别(色谱条件自查资料)。

【思考与讨论】

(1)茶叶中除咖啡因外还有其他生物碱,如茶碱、可可碱等,也可升华,故所得晶体中不是纯粹的咖啡因,若进一步分离纯化咖啡因可选用什么方法?

(2)咖啡因和茶多酚的提取和制备还有其他方法吗?查阅文献资料回答,并对比各种方法的异同。

(3)咖啡因结构中,哪个氮的碱性最强?试解释。

(4)升华的关键是什么?什么条件下可以考虑用升华法提纯化合物?升华法有哪些优缺点?

(5)水提时为何要加入碳酸钠？采用乙醇提取可以制备得到产物吗？为此后续工作需做哪些调整？设计一套利用乙醇提取制备咖啡因和茶多酚的实验工艺流程。

【教学指导与要求】

(1)实验关键：茶叶的粉碎程度和提取时间、升华、重结晶回收率。

(2)茶叶中咖啡因的提取制备还有其他常用方法，查阅文献资料，对比和讨论不同方法的异同和优劣。

(3)茶多酚等黄酮类化合物紫外光谱的特征十分明显，可以结合此次实验，查阅相关资料，探讨和学习紫外光谱在有机物结构分析和表征中的作用，提高学生的解谱能力。

(4)本实验方法所得的咖啡因和茶多酚并非绝对纯净物。应如何进一步精制。

(5)实验后参考文献资料撰写并提交一篇实验论文。

(6)茶叶中制备咖啡因的另一种方法。

①索氏回流提取，升华纯化制备。

称量10g干燥茶叶末装入滤纸筒内放入索氏提取器的提取筒内，茶叶高度不应超过虹吸管上端的高度。安装索氏回流提取装置，如图10-5所示。从索氏提取器上口经过茶叶筒慢慢加入约 120mL 的提取剂乙醇，再重新装好回流冷凝管，加热回流提取 1h。将回流冷凝管和索氏提取器拆去，改装成蒸馏装置，回收大部分乙醇。将浓缩后的提取液倒入蒸发皿中，加干燥的生石灰约 4g[①]，搅拌均匀后，水蒸气浴加热蒸干。用刮刀或钢勺刮下附着在蒸发皿内壁上的固体，并将其研压成为粉末。再将其放在石棉网

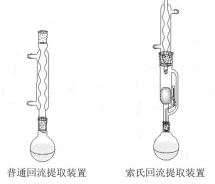

普通回流提取装置　　索氏回流提取装置

图 10-5　回流提取装置

上用小火慢慢焙炒，不断翻动，避免炒焦，除尽水分。之后进行常压升华分离纯化咖啡因。

②碱液水提，萃取分离，重结晶纯化。

将 2g 碳酸钠和10g 茶叶用纱布包好放入烧杯中，在石棉网上小火加热煮沸约 0.5h 得水提取液。提取液冷却至室温后转入分液漏斗，用二氯甲烷或氯仿萃取，萃取液用无水硫酸钠干燥后转入克氏蒸馏瓶，回收溶剂至干。残渣用最少量的温热丙酮溶解，再慢慢向其中加入石油醚(60～90℃)至溶液恰好浑浊为止，冷却结晶，用玻璃丁漏斗抽滤，收集产品。干燥后称量。

实验 10-9　槐花米中芦丁和槲皮素的制备与分析(6h)

【关键词】

槐花米，芦丁(云香苷)，槲皮素，黄酮类化合物，提取分离。

【实验原理与设计】

黄酮类物质是广泛存在于植物界的一类黄色素。过去，黄酮类的应用仅限于作为天然染料，后来发现了黄酮类物质对油脂的防氧化作用后，人们才对黄酮重视起来。黄酮类化合物药理作用广泛，如芦丁(芸香苷)、橙皮苷、葛根素等已用于临床治疗心血管系统的疾病；查

---

① 生石灰作用：使咖啡因从有机酸盐中解离出来；使酸性有机物成盐，避免升华加热时液化和胶质化；作为分散质，防止有机物加热时成胶质状态。

耳酮有明显抑菌作用；槲皮苷有利尿作用，且某些有抗病毒作用等。

　　黄酮类化合物主要分布于芸香科、石南科、唇形科、豆科及伞形科植物中。含黄酮类化合物的中草药也较多，如槐米、陈皮、黄芩、荞麦等。这类化合物的基本结构是 2-苯基色原酮，在中草药中黄酮类成分几乎都带有一个以上羟基，因此大多数情况下以一元苷或二元苷的形式存在。

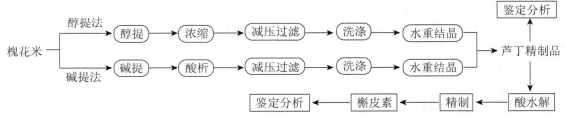

　　芦丁是槲皮素与芸香糖结合而成的一种黄酮苷，也称芸香苷或芸香甙，其化学名称是槲皮素-3-*O*-葡萄糖-*O*-鼠李糖。

　　芦丁难溶于冷水，微溶于热水。可溶于甲醇和乙醇，在热甲醇和热乙醇中溶解度较大。难溶于乙酸乙酯、丙酮，不溶于苯、氯仿、乙醚和石油醚等溶剂。由于分子中具有较多酚羟基，具有一定的弱酸性，易溶于碱液，呈黄色，酸化后重新析出。据此可以采用醇提取法和碱水提取法提取芦丁，再利用碱溶酸沉的方法分离芦丁，最后利用其在冷、热水中的溶解度差异进行重结晶纯化。

　　芦丁用稀硫酸水解可以得到粗品槲皮素，再利用槲皮素在冷、热乙醇中溶解度的差异经重结晶可以得到纯化。

　　槐花米是豆科植物槐树的花蕾，其芦丁的含量高达 12%～16%。本实验以槐花米为提取原料，提取芦丁并进行分离纯化，再用稀硫酸水解得到槲皮素。通过熔点测定、平面色谱法和光谱技术对实验产品进行鉴定和分析。以槐花米为原料的两种提取制备芦丁和槲皮素的工艺流程如下：

```
                     醇提法
                  ┌────────→ 醇提 → 浓缩 → 减压过滤 → 洗涤 → 水重结晶 ┐      鉴定分析
        槐花米 ────┤                                                    ├→ 芦丁精制品  ↑
                  └────────→ 碱提 → 酸析 → 减压过滤 → 洗涤 → 水重结晶 ┘             ↓
                     碱提法                                                    ↑↓
              鉴定分析 ← 槲皮素 ← 精制 ← 酸水解
```

【实验材料与方法】

1. 实验材料

　　试剂材料：槐花米 60g，95%、75%、50%乙醇，石油醚，丙酮，2%硫酸，石灰乳，15%盐酸，氢氧化钡，葡萄糖标准品，鼠李糖标准品，镁粉，三氯化铝，α-萘酚，甲醇钠，硼酸，碳酸钡，邻苯二甲酸苯胺，甲醇。

　　仪器设备：500mL、250mL 圆底烧瓶，500mL 烧杯，球形冷凝管，旋转蒸发仪(或减压蒸馏装置)，减压过滤装置，试管，熔点测定仪，紫外检测器，紫外可见分光光度计，红外光谱仪。

2. 实验方法

　　(1)提取(约需 4h)。

　　碱水提取法：称取 20g 槐花米于研钵中研碎，置于 250mL 烧杯中，加入 150mL 饱和石灰水溶液调节 pH 为 9[①]，石棉网上加热至沸，并不断搅拌，保持沸腾 30min。煮沸过程中要适当补加蒸发掉的水分以保持溶液的 pH。减压过滤，收集滤液。滤渣再用 100mL 饱和石灰水溶液煮沸 10min，减压过滤。合并两次的滤液，然后用 15%盐酸中和（约需 5mL），调节 pH 为 3～4[②]。放置 1～2h，使沉淀完全，减压过滤，沉淀用水洗涤 2～3 次至中性，滤饼于 60℃烘箱内干燥，称量，得芦丁的粗品。

醇液提取法：称取 20g 槐花米于研钵中研碎，置于 250mL 圆底烧瓶中，加入 100mL 75%乙醇，加热回流提取 1h，过滤收集滤液。滤渣再用 100mL 75%乙醇加热回流提取 1h，过滤，合并滤液。将滤液减压蒸馏浓缩至约 80mL，浓缩液放置 24h，结晶析出（实验可以在此暂停进行分次实验）。减压过滤，滤饼用石油醚、丙酮、95%乙醇各 25mL 依次洗涤，干燥后称量，得黄色芦丁粗品。

（2）纯化精制（本步约需 1h）。

称取芦丁粗品 2.0g 于 250mL 烧杯内，加入 150mL 去离子水，石棉网上加热煮沸溶解，不断搅拌并慢慢加入约 50mL 饱和石灰水溶液，调节溶液的 pH 为 8～9，待沉淀溶解后，趁热过滤。滤液置于 250mL 的烧杯中，用 15%盐酸调节溶液的 pH 为 4～5，静置 30min 至析出晶体完全，减压过滤，产品用水洗涤 1～2 次，烘干后称量，计算产率。

其他纯化方法：①用 1∶1 甲醇-水进行重结晶纯化；②按照 1∶200 比例用蒸馏水进行重结晶。

（3）芦丁的鉴别（本步约需 3h）。

①外观与性状。

②熔点测定。

③化学鉴别。

盐酸-镁粉实验：取芦丁少许于试管内，加入乙醇 3mL 溶解，分出 1mL 于另一试管内，加浓盐酸 2～3 滴，再加镁粉少许，观察颜色变化。

α-萘酚实验（Molish 反应）：向剩余的芦丁乙醇溶液中加入等体积 10% α-萘酚乙醇溶液，摇匀，沿试管内壁滴加浓硫酸，观察、记录两液面产生的颜色变化。

④紫外光谱测定。

样品溶液配制：精密称取制备产品芦丁 0.500g，用无水甲醇溶解至 50mL 容量瓶中，稀释至刻度定容。

芦丁甲醇溶液光谱：取样品溶液于石英杯内，在 200～500nm 扫描，重复一次，打印输出紫外光谱图。

甲醇钠诊断光谱：取样品液于石英杯内，加入甲醇钠 3 滴后，立即扫描测定。放置 5min后再测定一次。分别打印输出紫外光谱图。

三氯化铝诊断光谱：取样品溶液于石英杯内，加入 6 滴三氯化铝溶液，放置 1min 后进行扫描测定。测定后加入 3 滴盐酸溶液（浓盐酸∶水=1∶2）再测定一次。分别打印输出紫外光谱图。

乙酸钠诊断光谱：取样品溶液 3mL，加入过量的无水乙酸钠固体，摇匀，使杯底剩有约

---

① 加入石灰水既可以达到碱液萃取芦丁的目的，又可以除去槐花米中大量的多糖黏液质，但 pH 也不能过高，否则钙能与芦丁形成螯合物而沉淀析出。

② pH 过低会使芦丁形成锌盐而增加水溶性，降低回收率。

2mm 的乙酸钠。加入乙酸钠 2min 内将样品装入石英杯内进行扫描测定，5～10min 后再测定一次。分别打印输出紫外光谱图。

乙酸钠-硼酸诊断光谱：取 3mL 样品溶液加入 5 滴硼酸饱和溶液，快速加入乙酸钠，使之饱和。然后立即装入石英杯内扫描测定。打印输出紫外光谱图。

⑤红外光谱测定：样品充分干燥后压片法测定。

(4) 槲皮素的制备（本步约需 2h）。

称取芦丁精制品 1.00g 于 250mL 三角烧瓶内，加入 2%的硫酸 150mL，石棉网上加热煮沸 40～60min（注意观察反应现象，并予以解释）。放冷后减压过滤，滤饼用约 30mL 水分为多次洗涤除酸，至滤液为中性，得粗品槲皮素。滤液留存用于鉴定芦丁中糖的种类。

将粗品槲皮素用大约 150mL 的 50%乙醇加热溶解，趁热减压过滤，滤液放置 12h 后使其充分结晶析出，减压过滤，干燥，得槲皮素精制品，称量，计算得率。

(5) 槲皮素的鉴定（本步约需 4h）。

①产品外观与性状检查。

②熔点测定。

③紫外光谱测定。

④红外光谱测定。

⑤纸层析鉴定。

样品配制：分别取制备的槲皮素和槲皮素标准品各少许，用少量乙醇在小试管中水浴加热溶解。

点样：取层析滤纸（圆形或条形），在指定位置点上制备的槲皮素样品和标准品的乙醇溶液。

展开：将点好样品的滤纸放在装有展开剂的展开缸内，饱和后展开。展开剂组成为正丁醇：乙酸：水=4：1：5。

显色计算比移值：展开结束后，喷 1%三氯化铝乙醇溶液，干燥后观察、记录样品斑点颜色，紫外灯下观察、记录样品点荧光色。计算 R_f 值进行鉴定。

(6) 芦丁中糖的纸层析鉴定（本步约需 1h）。

①样品制备：取槲皮素制备时留存的滤液 20mL，加入碳酸钡细粉中和至中性，过滤除去硫酸钡沉淀。滤液加热浓缩至 2～3mL 得浓缩水解液。另取少量葡萄糖和鼠李糖溶于一定量水中分别制成 1%标准品溶液。

②点样：取层析滤纸（条形或圆形），分别点上芦丁水解浓缩液、葡萄糖和鼠李糖标准品溶液。

③展开：将点好样品的滤纸，放在层析缸内饱和后展开，展开剂为展开剂组成为正丁醇：乙酸：水=4：1：5。

④显色计算比移值：展开结束后，喷邻苯二甲酸苯胺溶液后，于 105℃加热烘干，样品显棕色或粉红色斑点。计算 R_f 值进行鉴定。

【思考与讨论】

(1) 芦丁的提取分离还有其他多种方法，查阅文献资料并与本实验方法进行对比，找到其共同的原理和具体的差别，指出哪种方法会更加有效。

(2) 解析紫外光谱图，对比分析得出结论。

(3) 解析红外光谱图，得出结论。

(4) 全面总结实验内容和结果，对相关技术和内容予以讨论和分析。

(5) 如何确定芦丁结构中糖基连接在槲皮素的 3-O-位上？

(6) 如何证明芦丁分子中只含有一个葡萄糖和一个鼠李糖？

【教学指导与要求】

(1) 结合实验内容，查阅有关槐花米、芦丁和槲皮素的相关文献资料，并综述。

(2) 查阅资料填写下表：

化合物	M_r	m.p./℃	$\rho/(g/cm^3)$	$[\alpha]_D^t$	UVλ_{max}	水中溶解度	醇中溶解度	原材料含量
芦丁								
槲皮素								
葡萄糖								
鼠李糖								

(3) 全部内容约需 16h，可根据教学时间选做进行相关内容。

(4) 实验关键：提取条件的选择、分离时酸碱度的调节、重结晶纯化。

实验 10-10　人参皂苷 Re 的制备与分析（10～12h）

【关键词】

人参，人参皂苷 Re，提取分离，光谱分析，色谱分析。

【实验原理与设计】

植物人参(panax ginseng C.A.Mey.) 为五加科(*Araliaceae*)。中药人参为其根，具有大补元气、复脉固脱、补脾益肾、生津安神的功效，是名贵中草药。现代中药化学研究表明，人参含有人参皂苷、多糖、多肽等多种有效成分。人参皂苷为其主要有效成分，总皂苷含量约为 4%。经过多年研究发现，人参植物的地上部位皂苷含量更高，可达 12%左右。人参皂苷按照苷元不同可以分为齐墩果烷型(如 Ro)、原人参三醇型(如 Re、Rf、Rg$_1$、Rg$_2$、Rh$_1$)、原人参二醇型(如 Rb$_1$、Rb$_2$、Rc、Rd、Rh$_2$)，现已经鉴定了 30 多种人参皂苷成分，其中人参三萜皂苷 Re 含量最高。药理学研究表明，单体皂苷具有明显的药理活性，如 Rg$_1$ 可促进体外活化的淋巴细胞有丝分裂，促进骨髓细胞 DNA 的合成；Rg$_3$ 具有明显的抗癌作用；Rh$_1$ 和 Rg$_2$ 可恢复被骨髓细胞排空的白细胞和红细胞；Rb$_1$ 可抑制中枢神经系统；Rh$_2$ 可抑制癌细胞增殖；Rb$_2$ 可增强糖代谢系统功能；Ro 的抗肝炎作用优于齐墩果酸；Re 具有升高血浆皮质酮的作用，扩张血管；Rf 可以使由于乙酰胆碱引起的肠管收缩减弱等。并已经和正在开发应用到临床医药上。一些人参皂苷的药物开发已经进入了临床应用阶段。

人参皂苷溶于水、醇，不溶于乙醚、苯，能被树脂吸附。本实验以人参果汁(也可选取人参的其他部位)为原料，先用乙醚进行脱脂处理，然后利用水溶性皂苷能被树脂吸附的性质，将脱脂后的果汁进行树脂吸附，然后用乙醇进行洗脱，可得人参总皂苷的乙醇提取液。再利用结晶析出法分离人参皂苷 Re，粗品经重结晶得到纯化。纯化的人参皂苷 Re 经熔点测定、化学鉴别、薄层层析、光谱测定等方法得到鉴别和鉴定。人参皂苷提取制备工艺有多种，可查阅文献根据实际情况进行选择。

【实验材料与方法】

1. 实验材料

试剂材料：大孔树脂 D_{4020}，乙醚，浓硫酸，活性炭，硅胶 H，硅胶 G，氯仿，乙酸乙酯，甲醇。

仪器设备：2000mL 烧杯，500mL 烧杯，100mL 烧杯，层析柱(150cm×Φ12cm)。

2. 实验方法

(1)人参总皂苷的提取。

将浓缩的人参果汁过滤后取 200mL 加入乙醚萃取除去脂溶性成分和色素，将乙醚萃取后的水层萃取液以一定速率通过大孔树脂柱(大孔树脂事先经过无水乙醇处理)，使皂苷被大孔吸附树脂吸附。然后用蒸馏水冲洗大孔树脂，以 α-萘酚的糖反应检测洗脱液至无糖显色反应时停止。之后改用 80%乙醇洗脱人参皂苷，收集得到人参总皂苷的乙醇洗脱液。

(2)人参皂苷 Re 的分离和纯化。

将乙醇洗脱液经回收乙醇浓缩，得人参皂苷浓缩液，将浓缩液放入冰箱结晶析出分离(时间约半周)。晶体析出后，过滤得人参皂苷 Re 粗品。粗品人参皂苷 Re 加热下溶于乙醇，活性炭脱色后过滤，滤液放置使结晶析出，过滤后得纯品人参皂苷 Re。干燥后称量。

(3)鉴别与鉴定。

①产品外观与形状检查。

②熔点测定。

③化学性质与鉴别。

泡沫实验：取人参果汁 1～2mL 于试管内，剧烈振摇，如产生多量蜂窝状泡沫，放置 10min 以上，泡沫不明显减少，表示有皂苷成分。

Liebemann-Burchard 显色实验：取果汁 1mL，加等量乙酸酐，滴加 1 滴浓硫酸，应显紫红色。取制备的人参皂苷做同样实验鉴别。

④薄层层析。

薄层板制备：硅胶 G 加羧甲基纤维素钠混合后制板，活化。

点样：人参果汁浓缩液、人参粗皂苷、Re 粗品、Re 精制品、Re 标准品。

展开剂展开：氯仿∶甲醇∶乙酸乙酯∶水=2∶2∶4∶1(下层)，或氯仿∶甲醇∶水=65∶35∶10(下层)。

显色：显色剂 5%硫酸乙醇溶液，110℃以上加热 5min，红色或紫红色斑点。

⑤HPLC 含量分析：分析条件参考文献资料。

⑥紫外光谱测定：取精制品少许加适量乙醇溶解后扫描测定。

⑦红外光谱：溴化钾压片测定。

【思考与讨论】

(1)乙醚萃取后的水层为何要过大孔树脂？大孔树脂事先应如何处理？怎样装柱？

(2)吸附后的大孔树脂柱为何先用水洗脱，再用 80%乙醇洗脱？各自的洗脱目的是什么？

(3)大孔树脂柱层析的分离制备原理是什么？大孔树脂有哪些类型？各自的使用范围如何？

(4)人参皂苷的薄层层析结果是否说明精制的 Re 很纯？若不纯还应采取什么方法进一步纯化？

(5)Re 结晶析出后的母液中还含有人参皂苷吗？怎样检查？

(6)人参皂苷的提取分离方法很多，结合文献资料对比分析。

(7)人参皂苷 Re 在人参的其他部位也存在，其含量是多少？若本实验以人参根为原料应如何制备 Re？

(8)除人参外，其他植物中是否也含有人参皂苷 Re？若有，是如何制备的？

【教学指导与要求】

(1)查阅相关文献资料，综述。

(2)查找资料填写下列表格：

化合物	M_r	m.p./℃	$\rho/(g/cm^3)$	$[\alpha]_D^{22}$	可溶溶剂	不溶溶剂	原材料含量
人参总皂苷							
人参皂苷 Re							

(3)全部实验需 10～12h，据教学时间选做安排相关内容。

(4)实验关键：保证果汁的新鲜、树脂处理和吸附、薄层层析展开剂。

(5)可以通过高效液相色谱进行分离和含量测定。

(6)以实验论文提交实验报告。

第 11 章　有机化学前沿与创新实验

化学在过去的 20 世纪里得到了飞速的发展,尤其是有机化学更是取得了令人瞩目的成就。随着科学的不断进步和发展,进入 21 世纪的有机化学以及整个化学学科都将面临一场更加深刻的变革和发展。现在的有机化学和化学学科发展到什么程度?将要在哪些方面的获得更大的发展?会呈现出哪些发展趋势和动向?诸如此类对化学的过去和将来给予关注的问题,也是我们学习化学课程的学者应该了解和熟悉的。为此,向大家推荐阅读由中国科学院化学学部和国家自然科学基金委员会化学科学部组织编写的《展望 21 世纪的化学》(王佛松、王夔等主编)。借此章实验,希望能够起到抛砖引玉的作用,使学生们能够对综合性、研究性与设计性实验有所涉猎,从而提高学生对有机化学实验研究的科学兴趣,加深学生对有机化学及化学学科的科学认识。

11.1　化学学科与有机化学的发展趋势和未来

11.1.1　由诺贝尔化学奖管窥化学学科的发展

如表 11-1 所示,回顾历届诺贝尔化学奖获得者的重大贡献即可获知百余年来化学学科所取得的丰硕成果和重大突破。在百余年历史中理论化学和实验化学所取得的巨大成就,彻底改变了人类的生活与历史进程,也可从中管窥化学学科的发展趋势。

表 11-1　历届诺贝尔化学奖获奖简况

获奖年份	获奖者	国籍	获奖年龄	获奖成就
1901	J. H. van't Hoff	荷兰	49	溶剂中化学动力学定律和渗透压定律
1902	E. Fisher	德国	50	糖类和嘌呤化合物的合成
1903	S. Arrhenius	瑞典	44	电离理论
1904	W. Ramsay	英国	52	惰性气体的发现及其在元素周期表中位置的确定
1905	A. von Baeyer	德国	70	有机染料和氢化芳香化合物的研究
1906	H. Moissan	法国	54	单质氟的制备,高温反射电炉的发明
1907	E. Buchner	德国	47	发酵的生物化学研究
1908	E. Rutherford	英国	37	元素衰变和放射性物质的化学研究
1909	W. Ostwald	德国	56	催化、电化学和反应动力学研究
1910	O. Wallach	德国	63	脂环族化合物的开创性研究
1911	M. Curie	波兰	44	放射性元素钋和镭的发现
1912	V. Grignard P. Sabatier	法国 法国	41 58	格氏试剂的发现 有机化合物的催化加氢
1913	A. Werner	瑞士	47	金属络合物的配位理论
1914	Th. Richards	美国	46	精密测定了许多元素的原子量
1915	R. Willstatter	德国	43	叶绿素和植物色素的研究

续表

获奖年份	获奖者	国籍	获奖年龄	获奖成就
1916～1917	无			
1918	F. Haber	德国	50	氨的合成
1919	无			
1920	W. Nernst	德国	56	热化学研究
1921	F. Soddy	英国	44	放射性化学物质的研究及同位素起源和性质的研究
1922	F. W. Aston	英国	45	发明质谱仪，发现许多非放射性同位素及原子量整数规则
1923	F. Pregl	奥地利	54	有机微量分析方法的创立
1924	无			
1925	R. Zsigmondy	德国	60	胶体化学研究
1926	T. Svedberg	瑞士	42	发明超速离心机并用于高分散胶体物质研究
1927	H. Wieland	德国	50	胆酸的发现及其结构的测定
1928	A. Windaus	法国	52	甾醇结构测定，维生素 D_3 的合成
1929	A. Harden H. von Euler-Chelpin	英国 法国	64 56	糖的发酵以及酶在发酵中作用的研究
1930	H. Fischer	德国	49	血红素、叶绿素的结构研究，高铁血红素的合成
1931	C. Bosch F. Bergius	德国 德国	57 47	化学高压法
1932	J. Langmuir	美国	51	表面化学研究
1933	无			
1934	H. C. Urey	美国	41	重水和重氢同位素的发现
1935	F. Joliot-Curie I. Joliot-Curie	法国 法国	35 38	新人工放射性元素的合成
1936	P. Debye	荷兰	52	提出了极性分子理论，确定了分子偶极矩的测定方法
1937	W. N. Haworth P. Karrer	英国 瑞士	54 48	发现糖类环状结构，维生素 A、C 和 B_{12}、胡萝卜素及核黄素的合成
1938	R. Kuhn	德国	38	维生素和类胡萝卜素研究
1939	A. F. J. Butenandt L. Ruzicka	德国 瑞士	36 52	性激素研究 聚亚甲基多碳原子大环和多萜烯研究
1940～1942	无			
1943	G. Heresy	匈牙利	57	利用同位素示踪研究化学反应
1944	O. Hahn	德国	65	重核裂变的发现
1945	A. J. Virtamen	荷兰	50	发明饲料储存保鲜方法，对农业和营养化学做出贡献
1946	J. B. Sumner J. H. Northrop W. M. Stanley	美国 美国 美国	55 59 42	发现酶的类结晶法 分离得到纯的酶和病毒蛋白
1947	R. Robinson	英国	61	生物碱等生物活性植物成分研究
1948	A. W. K. Tiselius	瑞典	46	电泳和吸附分析的研究，血清蛋白的发现
1949	W. F. Giauque	美国	54	化学热力学特别是超低温下物质性质的研究
1950	O. Diels K. Alder	德国 德国	74 48	发现了双烯合成反应，即 Diels-Alder 反应

续表

获奖年份	获奖者	国籍	获奖年龄	获奖成就
1951	E. M. Mcmillan G. Seaborg	美国 美国	44 39	超铀元素的发现
1952	A. J. P. Martin R. L. M. Synge	英国 英国	42 38	分配色谱分析法
1953	H. Staudinger	德国	72	高分子化学方面的杰出贡献
1954	L. Pauling	美国	53	化学键本质和复杂物质结构的研究
1955	V. du. Vigneand	美国	54	生物化学中重要含硫化合物的研究，多肽激素的合成
1956	C. N. Hinchelwood N. Semenov	英国 前苏联	59 60	化学反应机理和链式反应的研究
1957	A. Todd	英国	50	核苷酸及核苷酸辅酶的研究
1958	F. Sanger	英国	40	蛋白质结构特别是胰岛素结构的测定
1959	J. Heyrovsky	捷克	69	极谱分析法的发明
1960	W. F. Libby	美国	52	^{14}C 测定地质年代方法的发明
1961	M. Calvin	美国	50	光合作用研究
1962	M. F. Perutz J. C. Kendrew	英国 英国	48 45	蛋白质结构研究
1963	K. Ziegler G. Natta	德国 意大利	70 60	Ziegler-Natta 催化剂的发明，定向有规高聚物的合成
1964	D. C. Hodgkin	英国	54	重要生物大分子的结构测定
1965	R. B. Woodward	美国	48	天然有机化合物的合成
1966	R. S. Mulliken	美国	70	分子轨道理论
1967	M. Eigen R. G. W. Norrish G. Porter	德国 英国 英国	40 70 47	用弛豫法、闪光光解法研究快速化学反应
1968	L. Onsager	美国	65	不可逆过程热力学研究
1969	D. H. R. Barton O. Hassel	英国 挪威	51 72	发展了构象分析概念及其在化学中的应用
1970	L. F. Leloir	阿根廷	64	从糖的生物合成中发现了糖核苷酸的作用
1971	G. Herzberg	加拿大	67	分子光谱学和自由基电子结构
1972	C. B. Anfinsen S. Moore W. H. Stein	美国 美国 美国	56 59 61	核糖核酸酶分子结构和催化反应活性中心的研究
1973	G. Wilkinson E. O. Fischer	英国 德国	52 45	二茂铁结构研究，发展了金属有机化学和配合物化学
1974	P. J. Flory	美国	64	高分子物理化学理论和实验研究
1975	J. W. Cornforth V. Prelog	英国 瑞士	58 69	酶催化反应的立体化学研究 有机分子和反应的立体化学研究
1976	W. N. Lipscomb，Jr.	美国	57	有机硼的结构研究，发展了分子结构学说和有机硼化学
1977	I. Prigogine	比利时	60	研究非平衡的不可逆过程热力学
1978	P. Mitchell	英国	58	用化学渗透理论研究生物能的转换
1979	G. C. Brown G. Wittig	美国 德国	67 82	发展了有机硼和有机磷试剂及其在有机合成中的应用

续表

获奖年份	获奖者	国籍	获奖年龄	获奖成就
1980	P. Berg F. Sanger W. Gilbert	美国 英国 美国	54 62 48	DNA 分裂和重组研究，DNA 测序，开创了现代基因工程学
1981	Kenich Fukui R. Hoffmann	日本 美国	63 54	提出前线轨道理论 提出分子轨道对称守恒原理
1982	A. Klug	英国	56	发现"象重组"技术，利用 X 射线衍射法测定染色体结构
1983	H. Taube	美国	68	金属配位化合物电子转移反应机理研究
1984	R. B. Merrifield	美国	63	固相多肽合成方法的发明
1985	H. A. Hauptman J. Karle	美国 美国	68 67	发明了 X 射线衍射确定晶体结构的直接计算方法
1986	李远哲 D. R. Herschbach J. Polanyi	美国 美国 加拿大	50 54 55	发展了交叉分子束技术、红外线化学发光方法，对微观反应动力学研究做出了重要贡献
1987	C. J. Pedersen D. J. Cram J-M. Lehn	美国 美国 法国	83 68 48	开创主-客体化学、超分子化学、冠醚化学等新领域
1988	J. Deisenhoger H. Michel R. Huber	德国 德国 德国	45 40 51	生物体中光能和电子转移研究，光合成反应中心研究
1989	T. Cech S. Altman	美国 美国	41 50	Ribozyme 的发现
1990	E. J. Corey	美国	62	有机合成特别是发展了逆合成分析法
1991	R. R.Ernst	瑞士	58	二维核磁共振
1992	R. A. Marcus	美国	69	电子转移反应理论
1993	M. Smith K. B. Mullis	加拿大 美国	61 48	寡聚核苷酸定点诱变技术 多聚酶链式反应(PCR)技术
1994	G. A. Olah	美国	67	碳正离子化学
1995	M. Molina S. Rowland P. Crutzen	墨西哥 美国 荷兰	52 68 62	研究大气环境化学，在臭氧的形成和分解研究方面做出了重要贡献
1996	R. F. Curl R. E. Smalley H. W. Kroto	美国 美国 英国	58 53 57	发现 ^{60}C
1997	J. Skou P. Boyer J. Walker	丹麦 美国 英国	79 79 56	发现了维持细胞中钠离子和钾离子浓度平衡的酶，并阐明其作用机理 发现了能量分子三磷酸腺苷的形成过程 发现了能量分子三磷酸腺苷的形成过程
1998	W. Kohn J. A. Pople	美国	75 73	发展了电子密度泛函理论 发展了量子化学计算方法
1999	A. H. Zewail	美国	53	飞秒技术研究超快化学反应过程和过渡态
2000	Alan Heeger Allan MacDiarmid Hideki Shirakawa	美国 美国 日本	65 72 64	导电聚合物的发现
2001	K.Barry Sharpless William S.Knowles Ryoji Noyori	美国 美国 日本	61 84 63	不对称合成，手性催化氢化

续表

获奖年份	获奖者	国籍	获奖年龄	获奖成就
2002	Kurt Wuethrich John B.Fenn Koichi Tanaka	瑞士 美国 日本	64 85 43	发明了对生物大分子进行识别和结构分析的方法（质谱法、核磁共振法）
2003	Peter Agre Roderick MacKinnon	美国 美国	54 47	发现细胞膜水通道，阐明离子通道结构和机理
2004	Aaron Ciechanover Avram Hershko Irwin Rose	以色列 以色列 美国		发现泛素调节的蛋白质降解
2005	Yves Chauvin Robert H.Grubbs Richard R.Schrock	法国 美国 美国	74 63 60	阐明烯烃复分解反应机理，开发了有效的卡宾催化剂
2006	Roger David Kornberg	美国	59	对真核转录的分子基础的研究
2007	Gerhard Ertl 下村脩	德国 日本	71 79	对固体表面化学进程的研究
2008	下村修 Martin Chalfie 钱永健	美国（日裔） 美国 美国（华裔）	80 61 56	发现和改造了绿色荧光蛋白
2009	Venkatraman Ramakrishnan Thomas A. Steitz Ada E. Yonath	美国（印度裔） 美国 以色列	57 69 70	对核糖体结构和功能的研究
2010	Richard F. Heck 根岸英一 铃木章	美国 日本 日本	79 75 80	有机合成中钯催化交叉偶联：碳原子在一个钯原子上相集并"互相亲近"而启动化学反应
2011	Daniel Shechtman	以色列	70	准晶体的发现：准晶体虽然在原子层面进行复制，但在原子之间相互结合的模式上却从不重复。在这一发现以前，科学家们一直以为晶体内的原子结构是不断重复的
2012	Robert J. Lefkowitz Brian K. Kobilka	美国 美国	69 57	G 蛋白偶联受体研究：揭示了受体中最大家族"G 蛋白偶联受体"的内部运作机理
2013	Martin Karplus Michael Levitt Arieh Warshel	美国（奥地利） 美国（以色列） 美国（英国）	82 65 72	开发多尺度复杂化学系统模型：奠定了计算机建立化学模型的程序基础
2014	Eric Betzig Stefan W. Hell William E. Moerner	美国 德国 美国	54 52 61	超高分辨率荧光显微镜：利用分子荧光技术超越了光学显微镜的局限，使我们观察到了纳米世界
2015	Tomas Lindahl Paul Modrich Aziz Sancar	瑞典 美国 土耳其	77 69 69	DNA 修复的机理研究

11.1.2　有机化学的发展趋势

百余年的化学发展史中，有机化学从实验方法到基础理论都有了巨大的进展，显示出了蓬勃发展的强劲势头和活力。有机化学的迅速发展产生了许多分支学科，包括有机合成、金属有机、元素有机、天然有机、物理有机、有机催化、有机分析、有机立体化学等。

1. 有机合成化学

有机合成是有机化学的基础，是创造新有机物的主要手段和工具。发现新反应、新试剂、新方法、新理论是有机合成的创新所在。无论多么复杂的有机物，其全合成都可用逆向合成分析法分解为若干的基元反应，每个基元反应都有其特殊的反应功能。因此，Corey 提出的合成(retrosynthesis)和合成子(synthon)概念以及逆向合成理论，把有机合成设计提到了逻辑推理高度，有力地推动了这一学科的发展。Corey 还吸收了计算机程序设计的思维方法。由于理论有机化学的发展以及有机化学反应实例的不断丰富，为进一步合成结构更为复杂的天然有机化合物奠定了基础。甾体骨架的合成极大地丰富了有机合成化学，而从研究甾体物质的立体化学出发建立起的构想分析理论，又为合成化学家提供了立体选择合成的基础。

(1)现代有机合成中被普遍关注的问题。

①有机合成的高选择性。例如，有机合成的化学选择性，即指当不同官能团或相似官能团同处一种反应条件时，试剂对一个反应体系的不同部位的进攻，也可是对两个处于不同位置的完全相同官能团的选择性进攻；有机合成中几何异构体形成的选择性，即当反应中形成双键时，反应条件对于顺反异构体数量的影响；有机合成中的立体选择性，即反应条件对手性产物相对产量的影响；合成中的对应面选择性，即由 sp^2 杂化的平面三角形分子转化为 sp^3 杂化的四面体形手性分子时，试剂对于 sp^2 平面进攻的选择性。

②合成效率和经济性。合成效率和经济性主要考虑的是减少合成步骤、使用原料易得廉价、提高反应速率、缩短反应时间，提高产率、工艺简单、反应条件宽容平和等方面的研究。

③环境友好性。主要考虑的是有机合成中所使用的原料、试剂、反应条件、反应中和反应后产物等是否有毒，三废和残留对环境的影响等问题。

④有机合成中的原子经济性。近年来有机合成面临着从生物学到材料学所要求的目标分子复杂性急剧增加和资源有限的挑战，合成效率成为合成方法学研究中关注的焦点。原子经济性，即原料分子中究竟有百分之几的原子转化了产物。一个有效的合成反应不但要有高度的选择性，而且必须具备较好的原子经济性，尽可能充分利用原料分子中的原子。原子经济性要求反映了绿色化学的要求，是合成方法发展的必然趋势。

(2)现代有机合成的热点。

①有机合成设计，即以 Corey 的合成理论为基础，使用较多的分析方法和设计策略。

②固态有机合成，即在晶体或固态状态下进行有机合成反应。反应性能特殊，复杂体系能表现出极高的立体选择性、专一性，时间短、产率高，环保。

③以水为介质的有机合成。

④天然复杂有机分子的全合成。

⑤不对称合成。

⑥一些新方法、新条件的合成，如光化学合成、电有机合成、超声有机合成、微波有机合成、仿生合成等。

2. 金属有机化学和有机催化

金属有机化学是有机化学重要的分支学科，也是 20 世纪有机化学中最活跃的研究领域之一。均相催化使有机化学、高分子化学、生命科学和现代化学工业发展到一个新的水平。许多著名的试剂、催化剂、茂金属催化剂开创了金属有机化学的新领域。例如，发现维生素 B_{12} 等许多金属有机化合物在生物体内具有重要的生理功能，也引起了生物界的关注，成为了生物无机化学的重要研究内容之一。鉴于金属有机化学本身的结构和功能的特殊性及其广泛的应用前景，预示着它将在 21 世纪继续成为大有作为的一个学科。主要热点和方向有：金属有机化合物的合成，金属有机化合物的结构和性能的研究，金属有机导向的有机反应，稀土金属有机化学，有机锗金属，生物有机金属化学等。

3. 天然有机化学

天然产物化学是研究来自自然界动植物体的内源性有机化合物的化学。主要研究内容包括：天然产物的快速分离和结构分析鉴定，我国传统中草药的现代化研究，天然产物的衍生物和组合化学，生物技术。研究热点方向和领域有：①海洋天然产物的研究；②天然多糖化合物；③天然产物的生源合成等。

4. 物理有机化学

物理有机化学解决有机化学中 "知其所以然" 的问题。对有机分子结构与性能的关系以及对有机化学反应机理的研究，就是希望能从实验数据中找到其内在的规律，并提高到理论化学的高度来理解和认识。该领域研究主要在以下几方面：分子结构的测定；反应机理的研究；分子间的弱相互作用的研究，即"软化学"。

5. 生物有机化学

生物有机化学是 21 世纪的带头学科，是用有机合成、分子结构和物理有机化学的理论、技术和方法研究和模拟生命过程的化学反应和现象的一门新的交叉边缘学科。这门学科研究的内容包括：生命过程中的各种生物活性分子(如核酸、酶、活性多肽、激素、神经介质等)的结构和作用体系；细胞膜的结构化学和信息传递过程；生命过程中的分子识别等。生物有机化学的发展动向主要有：①生物大分子序列分析方法的研究，特别是微量、快速的多(寡)糖序列分析方法的研究；②多种构象分析方法的研究，如 NMR 多维谱、X 射线衍射、激光拉曼光谱及荧光圆二色散等手段在构象分析中的应用；③从构象分析和分子力学计算出发的结构与功能关系的研究以及设计合成类似物的研究；④生物大分子的合成及应用研究，包括合成方法，模拟和改造天然活性肽，创造新功能的蛋白质分子，合成具有特殊生物功能的寡糖，合成反义寡核苷酸及其多肽与共轭物，并开发这些合成物质在医学和农业上的应用研究；⑤生物膜化学和信息传递的分子基础的化学研究；⑥生物催化体系及其模拟研究，包括催化性抗体和催化性核酸的研究；⑦生物体中含量微少而活性很强的多肽、蛋白质、核酸、多糖的研究，包括分离、结构、功能和合成等；⑧光合作用中的化学问题。

6. 超分子化学

超分子指几个组分(如一个受体与一个或几个底物)在分子识别原理基础上按照内装的构造方案，通过分子间缔合而形成的含义明确、分立的寡聚分子物种。超分子有序体指数目不定的大量组分自发缔合产生某个特定的相(如薄膜、层结构、膜结构、囊泡、胶束等)而形成的多分子超分子实体。从分子化学到超分子化学的过渡导致了化学研究的对象和目标从结构和性质延伸到了体系和功能，如图 11-1 所示。

超分子化学就是研究非化学键和分子集合体的化学，它涉及的是分子间非共价键相互作用而集合或组合在一起的分子集合体的物理、化学和生物功能的一门新兴学科。研究生物体内的超分子实体的形成过程和形成机理，以及超分子的特定构象和性质，可以更加深入地揭示生命活动的本质。分子识别、分子信息、信息物质科学、受体与底物、超分子催化、载体与传输、超分子器件及其组装、超分子体系、纳米材料和纳米化学、组合化学、超分子化学、超分子物理、超分子生物等概念均伴随着超分子概念的诞生而涌现出来。这里生物活性分子与作为生物大分子的蛋白质、核酸、糖质和脂质体通过非共价结合生成具有高度构造特异性的超分子，这种天然超分子的形成在生物体信息传递的初期过程中有着重要的作用。因此，天然超分子化学就是要研究生物超分子体系的形成乃至生物功能的产生的全过程。这是一个十分重要的基础化学领域。

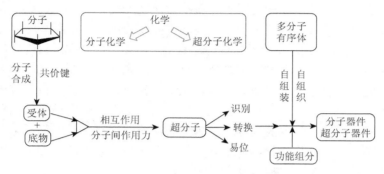

图 11-1　从分子化学到超分子化学

目前这一领域值得重视的研究方向有：①以生物活性低分子为中心的超分子形成及生物工人功能研究；②以蛋白质为中心的超分子形成与生物功能研究；③与核酸有关的超分子形成和功能研究；④与糖质有关的超分子形成与功能研究。

7. 药物化学

药物化学是与合成化学、生理化学、临床医学、毒理学等学科紧密相关的一门交叉边缘学科。它以有机合成原理及方法为基础、以天然产物化学研究为先导，通过合成、筛选，为临床提供有效的药物或药物合成的前提物质。药物化学一直是有机化学中发展最快、新思想、新方法层出不穷的领域。值得关注的主要方面：①新药分子设计与合成；②药物定量构效关系；③构象研究与受体图像；④导向药物。

11.2　实验有机化学的新技术与新方法

随着理论化学和其他科学技术的发展，实验化学也取得了巨大的创新和进展。一些新技术和新方法的出现、发展和应用，既创新了传统的实验方法和技术，也突破了传统意义上的以热力学为基础的化学实验范畴，如光化学反应、电化学反应、微波化学、相转移催化、辅酶催化、仿生合成等。这些实验技术丰富了实验化学的技术手段和理论，在某些方面也显示出了独特的优势和特点。

11.2.1　光化学反应与实验

光、电、超声和微波等都是具有一定辐射能量的电磁波，也是大自然中普遍存在的能量形式。这些能量的存在对于生物体的产生、存在和繁衍也是至关重要的外界条件。生命物质的自然产生以及生物体的某些生化、生理反应都与这些自然界存在的能量形式有着密不可分的关系。

植物实现"碳循环"的光合作用和实现"氮循环"的固氮作用是生物体形成碳水化合物和氨基酸、蛋白质、核酸等含氮化合物最基本的来源和途径。在这两个最基本的生命化学过程中，生物催化起着十分关键的作用。因此，生物催化的研究一直都是有机化学研究中的一个热点和前沿领域。自 20 世纪 60 年代以来，光化学的理论和实验手段都取得了长足的进展，如顺磁共振、化学诱导动态核极化、能量高单色性好的短脉冲激光、低温基体分离技术、双自由基和较高激发态的光诱导引发等技术的进展和应用。使用这些光化学手段合成了以前从未想过的特殊分子结构，某些以往被认为是过渡态的问题现在也可以从实验上加以识别甚至制备。利用光化学进行工业生产的范围也日益扩大，光催化、光聚合、光致变色、光电转换等化学过程可以在分子内或分子间进行，从而产生高度的化学、位置和立体选择性结果。20世纪 80 年代光化学已经开始从小分子向超分子进展，对光化学合成过程的环境影响的研究开辟了光化学合成的新领域，如在微观不均相、有限空间领域和界面体系内的光化学合成，对多光子光化学的磁电效应也开始了研究，涉及生物、化学、物理和材料等方面的近代光化学合成在天然产物和具有特殊结构、特殊性能的化合物制备中的应用日益成熟和广泛。对自然界中广泛存在的光合作用、生物荧光等化学机理的深入研究和进展不仅对生命现象和规律的揭示具有重要意义，同时也为化学合成工艺提供了新技术与新方法。如今，光化学研究已经取得诸多可喜进展，方兴未艾（图 11-2）。

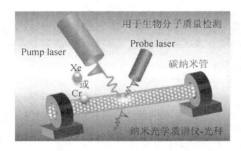

图 11-2　光化学反应研究成果示例

1. 光化学反应的本质

由光激发分子所导致的化学反应称为光化学反应（photochemistry reaction）。通常能引起化学反应的光为能够引发电子跃迁的紫外光和可见光，其波长范围为 200～700nm。能够发生光化学反应的物质一般是容易产生电子跃迁的具有不饱和键的化合物，如烯烃、醛、酮等。光具有能量，分子吸收光能可由基态被激发到高能级的激发态。激发态具有不同的多重态，多重性 $M=2S+1$（S 是体系内电子自旋量子数的代数和）。许多光化学反应都是当反应物分子处于激发三线态（$M=3$）时发生的，但也有的光化学反应发生在激发单线态。

2. 光化学反应和热化学反应的区别

实验研究发现，在光的作用下可以启动许多加热条件下难以进行的化学反应，如

在紫外光照射下很容易发生，若在加热条件下实现此反应，需要加热 60000℃高温。可见，光化学反应和热化学反应存在着较大的差异。光化学反应的发生是由于分子受到光的辐射而使分子活化，电子由基态跃迁到激发态，再由激发态的分子引发化学反应。因此，光化学反应属于电子激发态化学，遵循量子化学规律。而热化学却属于基态化学。二者的主要差别表现

在：①基态与激发态的活化能大小不同；②反应结果不同。热化学反应的通道不多，产物主要经由活化能垒最低的通道进行。而光化学反应的机理较为复杂，分子被激发到高能量的激发态，可能产生不同的反应过渡态和活性中间体，产物要比热化学更加复杂和多样。现在人们可以利用分子光束技术和激光技术控制光能的调节，有选择地激发有机分子中的某些基团的电子，使反应分子处在某个确定的能态和位置，来控制单一的反应过程。这种过程被形象地称为"分子裁剪"，如图 11-3 所示。

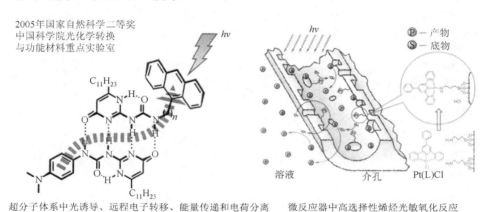

超分子体系中光诱导、远程电子转移、能量传递和电荷分离　　　微反应器中高选择性烯烃光敏氧化反应

图 11-3　光化学反应的控制技术示例

3. 光化学反应的主要类型

根据量子化学公式，电子能级的跃迁所需要的能量与波长在 200～700nm 的光能相对应，因此这一波段的可见光和紫外光引发的电子反应是有效的。而在这一能量范围内最容易被激发的活跃电子主要是 π 电子和孤对电子。因此，到目前为止，绝大多数的有机光化学反应都是通过 n→π* 和 π→π* 跃迁进行的。所以较易发生光化学反应的化合物类型是含有 π 键和孤对电子的化合物，如烯烃、芳香烃、醛、酮、醌、醇、酚、醚、胺等。光化学反应的主要类型有光化聚合、光化异构化、光化重排、光化加成、光化取代、光化环化、光化氧化、光化还原、光化消除、光化分解等多种反应。

光化学反应是十分重要的一种反应，在传统化学理念中，光化学反应没有引起人们的足够重视和注意，随着科学的进步和对自然奥秘的深入探索，光化学反应是我们更加应该予以重点关注的。试想，如果我们揭示了植物光合作用的奥秘，并且能够在一定的实验条件下得到仿效和控制，人类就可以利用空气中大量的二氧化碳生产碳水化合物，既可以减少二氧化碳带来的环境危害，也为人类寻找到了新的能量资源。到那时，能量的循环利用和可持续发展的问题是不是就可以彻底得到解决了呢？

实验 11-1　苯频哪醇的光化学制备与重排反应(4h)

【关键词】

光化学反应，苯频哪醇，苯频哪酮，重排反应。

【实验原理与设计】

由二苯甲酮经光化学还原制取苯频哪醇是早期光化学研究的一个典型范例。最初人们发现二苯甲酮在某些溶剂中对光不稳定，后来研究表明，羰基化合物受光的激发以后，会发生 $n \to \pi^*$ 和 $\pi \to \pi^*$ 两种不同的跃迁。$n \to \pi^*$ 跃迁比 $\pi \to \pi^*$ 跃迁所需的能量要低得多。因此，羰基化合物的光化学反应多是由 $n \to \pi^*$ 跃迁引起的。

实验证明，二苯甲酮的光化学反应是二苯甲酮的三线态(T_1)的反应。当二苯甲酮受光激发，原子中非键轨道上的 n 电子发生跃迁，使羰基呈现双游离基性质。这种活泼的双游离基很容易从质子溶剂(如异丙醇)分子中获得一个氢原子，形成单游离基，即二苯基羟甲基游离基。两个二苯基羟甲基游离基相遇便会偶联成为苯频哪醇，历程如下：

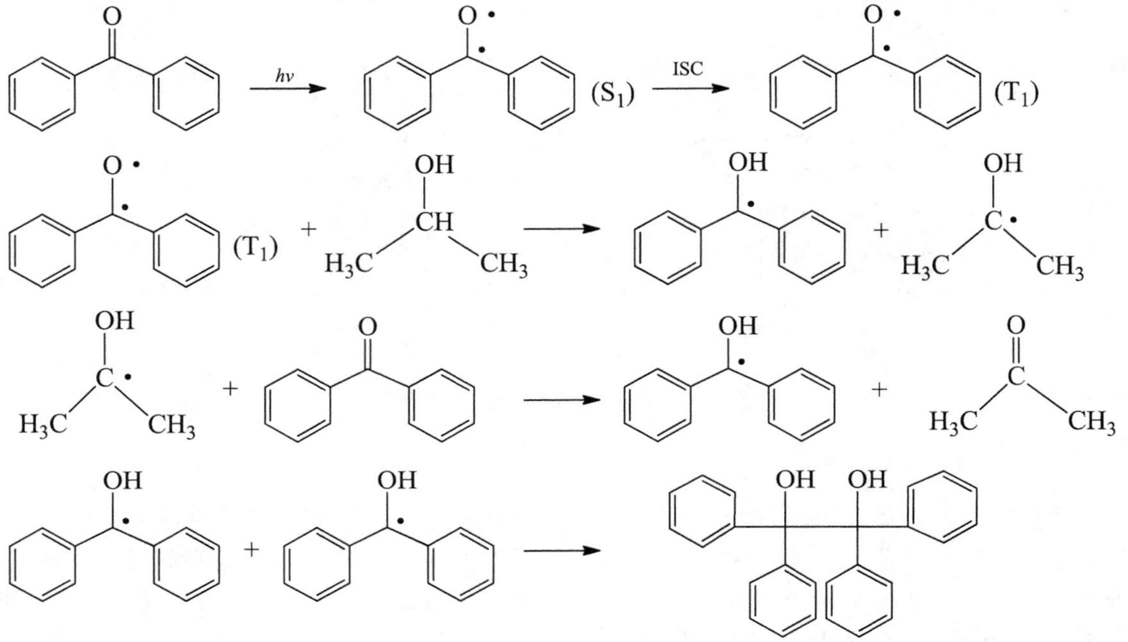

考虑到反应容器对光的吸收和透过，光化学反应的容器一般采用石英或玻璃制品。石英容器能够透过短至 200nm 的紫外光，而普通玻璃只能透过 300nm 以上的光。因此，若光化学反应需要能量较高的紫外光照射时需要选择石英容器进行反应。二苯甲酮氧原子上发生的跃迁需要 350nm 波长的光，因此可以在普通玻璃中进行。紫外光源问题是光化学反应的另一个重要问题，可采用汞弧灯(反应时间较短)，也可采用太阳光进行照射(反应时间较长)。

除光化学反应外，苯频哪醇也可采用由二苯甲酮在镁汞齐或金属镁和碘的混合物(二碘化镁)作用下发生双还原进行制备。

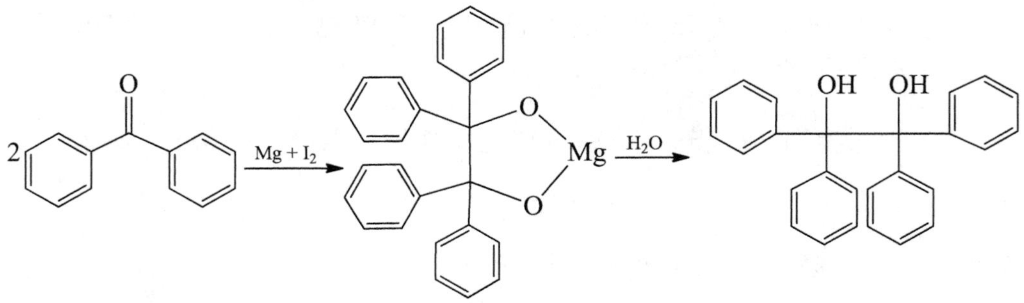

苯频哪醇与强酸共热或用碘作催化剂在冰醋酸中反应，可以发生重排生成苯频哪酮。这是一个典型的苯环迁移的重排反应，称为 pinacol 重排。

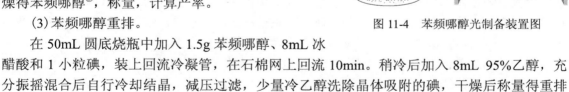

本实验采用光化学反应制备，产物苯频哪醇和苯频哪酮因不溶于水、乙醇，微溶于异丙醇，可采用结晶和重结晶技术将其分离和纯化。

【实验材料和方法】

1. 实验材料

药品试剂：二苯甲酮 2.8g(0.015mol)，异丙醇 20mL，冰醋酸，碘，95%乙醇，冰。

仪器设备：25mL 圆底烧瓶(或大试管，具塞)，50mL 圆底烧瓶，回流冷凝管，水浴箱，烧杯，减压过滤，熔点测定仪，红外光谱仪。

2. 实验方法

(1)光化学反应。

将 2.8g 二苯甲酮和 20mL 异丙醇加入具塞圆底烧瓶或大试管内，温水浴使二苯甲酮溶解，向试管内滴加 1 滴冰醋酸[①]，充分振荡后再补加异丙醇至试管口，以使反应在无空气条件下进行[②]。用玻璃塞将试管塞住，再将试管置于烧杯内，并放在光照良好的窗台上光照一周(或将其放在 250W 汞弧灯下照射 2h，或日光灯下照射 1 周)，如图 11-4 所示。

(2)分离纯化。

反应完成后，会有无色晶体析出。冰浴中冷却时晶体析出完全，减压过滤，少量异丙醇洗涤晶体，干燥得苯频哪醇[③]，称量，计算产率。

(3)苯频哪醇重排。

图 11-4　苯频哪醇光制备装置图

在 50mL 圆底烧瓶中加入 1.5g 苯频哪醇、8mL 冰醋酸和 1 小粒碘，装上回流冷凝管，在石棉网上回流 10min。稍冷后加入 8mL 95% 乙醇，充分振摇混合后自行冷却结晶，减压过滤，少量冷乙醇洗除晶体吸附的碘，干燥后称量得重排产物苯频哪酮，计算产率。预期产量约 1.2g。

(4)产品鉴定。

①外观与检查。

②熔点测定。

③红外光谱测定。

---

① 玻璃具有微弱的碱性，苯频哪醇在痕量碱作用下即会变为二苯甲醇和二苯甲酮。加 1 滴乙酸可以克服碱性的影响。

② 空气氧会消耗光化学反应中产生的自由基，使速率减慢。

③ 产品已足够纯净。若需进一步纯化，可用少量冰醋酸作溶剂进行重结晶。

【思考与讨论】

(1)探讨二苯甲酮的光化学还原反应的机理。

(2)光化学反应实验中若试管口没盖或留有空气,对实验结果会有何影响?

(3)反应前加入1滴冰醋酸的目的是什么?若不加会对实验有何影响?写出相应的化学反应方程。

(4)苯频哪醇还有其他的合成方法吗?查阅文献资料并与本实验方法进行对比和讨论,体会光化学反应的特点和优势。

(5)重排有哪些种类?写出 pinacol 重排反应机理。

(6)就个人在实验中出现的问题进行分析、讨论和思考。

11.2.2 微波化学反应与实验

微波是指频率大于无线电波而小于红外光的电磁波,其频率范围为 300MHz~30GHz,相应的波长为 100cm~1cm。微波最早是用于雷达通信,微波热效应的发现和应用始于第二次世界大战之后。1945 年,美国雷声公司研究人员发现了微波的热效应,两年后研制成世界第一台微波加热食品的"雷达炉"。微波加热从此开始并伴随微波炉的诞生得到广泛应用,不仅可以用于杀虫、灭菌,还在生物医学方面用于诊断(肿瘤)和治疗(突发性耳聋、疼痛、类风湿关节炎、肩周炎、某些癌症等)疾病,组织固定、免疫组织化学和免疫细胞化学的研究等。因此,微波技术在生物医药、食品、化学等许多领域的应用日益广泛,前景十分看好。

由于电磁波的应用极为广泛和普及,特别是通信领域,为避免相互干扰,国际无线电管理委员会对频率的划分作了具体规定,分给工业、科学和医学用的频率有 433MHz、915MHz、2450MHz、5800MHz、22125MHz,与通信频率分开使用。目前国内用于工业加热的常用频率为 915MHz 和 2450MHz。微波频率与功率的选择可根据被加热材料的形状、材质、含水率的不同而定。

1. 微波加热的原理

物料介质由极性分子和非极性分子组织,在电磁场作用下,这些极性分子从随机分布状态转为依电场方向进行取向排列。而在微波电磁场作用下,这些取向运动以每秒数十亿次的频率不断变化,造成分子的剧烈运动与碰撞摩擦,从而产生热量,致使电能直接转化为介质内的热能。可见,微波加热是介质材料自身损耗电场能量而发热。而不同介质材料的介质常数 ε_r 和介质损耗角正切值 $\tan\delta$ 是不同的,故微波电磁场作用下的热效应也不一样。由极性分子所组织的物质,能较好地吸收微波能。水分子呈极强的极性,是吸收微波的最好介质,所以凡含水分子的物资必定吸收微波。另一类由非极性分子组成,它们基本上不吸收或很少吸收微波,这类物质有聚四氟乙烯、聚丙烯、聚乙烯、聚砜、塑料制品和玻璃、陶瓷等,它们能透过微波,而不吸收微波。这类材料可作为微波加热用的容器或支承物,或作密封材料。在微波电场中,介质吸收微波功率的大小 P 正比于频率 f、电场强度 E 的平方、介电常数 ε_r 和介质损耗正切值 $\tan\delta$,即

$$P=2\pi fE^2\varepsilon_r V\tan\delta$$

式中,V 为物料介质吸收微波的有效体积。

此外,在实际应用中会出现一种现象,就是有的加热透,有的加热不透,这就存在一个

透射能力和加热深度问题，即穿透能力。穿透能力就是电磁波穿入到介质内部的本领，电磁波从介质的表面进入并在其内部传播时，由于能量不断被吸收并转化为热能，它所携带的能量就随着深入介质表面的距离，以指数形式衰减。透射深度被定义为：材料内部功率密度为表面能量密度的 1/e 或 36.8%处算起的深度 D，即

$$D = \frac{\lambda_0}{2\pi\sqrt{\varepsilon_r \tan\delta}}$$

从此公式中可看出，微波的加热深度比红外加热大得多，因为微波的波长是红外波长的近千倍。红外加热只是表面加热，微波是深入内部加热。

2. 微波反应的原理及微波效应

当分子受到微波照射时，分子会尽可能使自身的旋转频率去配合改变的电磁场并且吸收微波的能量。当分子吸收了电磁能之后，将其转换为热能并使分子的温度上升。大量的实验研究结果表明，微波照射可以使许多反应很快完成。在有些例子中明显地改善了目标化合物的产率。一些科学家将微波在化学反应上造成的这些影响解释为微波效应，但仍然没有一种确切的理论解释。所以，微波照射在合成上产生这些影响的原因及作用机理还有待于进一步研究和阐明。由微波照射在化学反应上造成的影响不仅与热效应有关，可能还存在其他特殊的微波效应，微波化学仍然是一个非常值得探索和关注的研究课题。

3. 微波设备

微波设备近几年发展很快，可应用于化学合成、样品消解和干燥等，如图 11-5 所示。

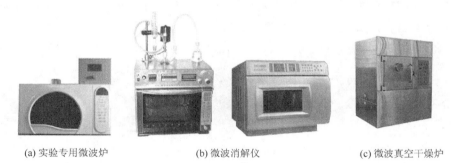

(a) 实验专用微波炉　　　　　(b) 微波消解仪　　　　　(c) 微波真空干燥炉

图 11-5　微波实验设备

实验 11-2　微波辐射法合成苯甲酸乙酯(4～8h)

【关键词】

苯甲酸乙酯，微波合成，正交实验，共沸蒸馏，减压蒸馏，旋转蒸发，萃取。

【实验原理与设计】

(1)加热回流法。

苯甲酸乙酯通常采取加热回流方法进行制备，但时间偏长。

$$\text{C}_6\text{H}_5\text{—COOH} + \text{C}_2\text{H}_5\text{OH} \underset{}{\overset{\text{H}_2\text{SO}_4}{\rightleftharpoons}} \text{C}_6\text{H}_5\text{—COOC}_2\text{H}_5 + \text{H}_2\text{O}$$

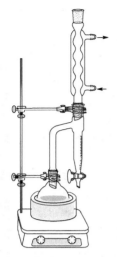

图 11-6 分水回流装置

为增加产率和加快反应，可采取无水乙醇过量、浓硫酸催化、加热和将生成物从反应体系分离出来等措施。实验可利用共沸蒸馏技术将反应生成的水从反应体系中分离出来，促使平衡右移而提高产率。乙醇和水可以形成共沸物[①]，加入夹带剂可以夹带出更多的水，如苯、环己烷等[②]。实验装置如图 11-6 所示。

(2) 微波辐射法。

采用微波辐射法可大大缩短反应时间。为考察辐射时间、微波功率和催化剂用量三种主要因素对实验结果的影响，可设计成正交实验，找到最佳实验条件。

(3) 分离纯化原理与设计。

反应后的混合物主要含有苯甲酸乙酯、乙醇、苯甲酸、夹带剂、水等。可利用苯甲酸乙酯极性低易于溶于乙醚而其他物质易溶于水的性质差别，采取乙醚萃取的方法将其分离，再利用蒸馏法除去乙醚并精制苯甲酸乙酯。但需要注意的是：①萃取前需将硫酸用碳酸钠中和至中性以克服其负面影响；②蒸馏精制前需对苯甲酸乙酯粗品进行干燥后方可蒸馏精制，以克服苯甲酸乙酯与水的共沸影响。

【实验材料和方法】

1. 实验材料

药品试剂：苯甲酸(8g/每次)，无水乙醇(25mL/每次)，浓硫酸(3mL/每次)，乙醚(30mL/每次)，环己烷(13mL)，碳酸钠，无水氯化钙等。

仪器设备：微波合成仪，旋转蒸发仪，折光仪，250mL 三颈烧瓶，分液漏斗，红外光谱仪(可选)。

2. 实验方法

(1) 加热回流法。

在 100mL 圆底烧瓶中加入 8g 苯甲酸、25mL 无水乙醇、13mL 环己烷、3mL 浓硫酸，摇匀后加入几粒沸石。按图 11-6，在圆底烧瓶上方安装分水器，分水器上端安装球形冷凝管，通水后加热回流。开始时注意回流速率要慢。随着回流的进行，分水器中会出现上、下两层，下层主要为水，会越来越多，当下层接近分水器支管处时，将下层液体放出至量筒中，当量筒中收集约 8mL 水时反应基本结束[③]，时间约需 2h。继续加热将多余的环己烷和乙醇蒸馏出来回收至分水器中，分水器将满要注意随时放出。同时注意观察回流速率和瓶内现象，当回流速率减慢或瓶内有白色烟雾出现说明环己烷和乙醇已尽，立即停止加热。

---

① 乙醇和水共沸物的共沸点为 78.1℃，共沸物组成比例为乙醇 95.57%、水 4.43%。其他常见共沸物性质参见 2.5.1 中表 2-9。

② 水-乙醇-苯三元共沸物：共沸点 64.6℃，组成为苯 74.1%、乙醇 18.5%、水 7.4%；水-乙醇-环己烷三元共沸物：共沸点为 62.1℃，组成为水 7%、环己烷 76%、乙醇 17%。

③ 反应蒸馏出的液体为水-环己烷-乙醇的三元共沸物(沸点 62.1℃，含环己烷 76%、乙醇 17%、水 7%)，它从冷凝管回流到分水器中会分为上、下两层，上层含环己烷 94.8%、乙醇 4.9%、水 0.3%，下层含环己烷 8.2%、乙醇 63.3%、水 28.5%。根据理论计算带出的总水量约 1.6g，据此计算分水器下层共约 5.5g。反应终点的判断也可用薄层层析(TLC)跟踪：硅胶 GF254，展开剂石油醚(60~90℃)：乙酸乙酯=5：1(体积比)。当苯甲酸斑点消失则反应结束。

（2）微波加热法。

微波方法：在微波合成仪上安装 250mL 三颈烧瓶，分别加入 8g 苯甲酸、25mL 无水乙醇和 1～3mL 浓硫酸，90℃下搅拌回流 5～15min。为考察优化实验条件，采取正交实验，正交实验考察因素为时间、功率和催化剂用量，采取 L27(33) 正交表安排实验[①]，如表 11-2 所示。实验结果参考表 11-3 列出。根据表 11-3 结果，采用方差分析法得出辐射时间、微波功率和催化剂用量三因素及其交互作用对反应产率的影响程度，如表 11-4 所示。

（3）分离纯化。

将反应液导入盛有 60mL 冷水的烧杯内，搅拌下分批加入碳酸钠粉末直至二氧化碳气体放出，pH 试纸检验呈中性。移至分液漏斗分出有机层，水层用 10mL 乙醚萃取 3 次，合并有机相。无水氯化钙干燥，减压过滤，用旋转蒸发仪常压蒸去乙醚，再减压蒸馏收集 101～102℃/20mmHg 馏分（或常压蒸馏收集 210～213℃馏分）。称量，计算产率。

（4）产品鉴定。

可测定折光率和红外光谱。

表 11-2　正交实验的因素和水平

因素	水平 1	水平 2	水平 3
A（时间）/min	5	10	15
B（功率）/W	400	500	600
C（催化剂用量）/mL	1	3	5

表 11-3　正交设计实验结果

实验编号	时间/min	微波功率/W	催化剂用量/mL	产率/%
1	5	400	1	
2	5	400	3	
3	5	400	5	
4	5	500	1	
5	5	500	3	
6	5	500	5	
7	5	600	1	
8	5	600	3	
9	5	600	5	
10	10	400	1	
11	10	400	3	
12	10	400	5	
13	10	500	1	
14	10	500	3	
15	10	500	5	
16	10	600	1	
17	10	600	3	
18	10	600	5	
19	15	400	1	

---

① 为节省教学时间，可多组合作进行正交实验。

续表

实验编号	时间/min	微波功率/W	催化剂用量/mL	产率/%
20	15	400	3	
21	15	400	5	
22	15	500	1	
23	15	500	3	
24	15	500	5	
25	15	600	1	
26	15	600	3	
27	15	600	5	

表 11-4　反应产率的方差分析表

因素	偏差平方和	自由度	F 比	显著性
时间				
功率				
催化剂用量				

【思考与讨论】

(1) 微波辐射合成有机物适合于哪种类型的反应?

(2) 结合本实验结果说明微波辐射合成有机物的特点。

(3) 影响微波辐射法合成反应的因素有哪些?辐射时间和强度越强越好吗?

(4) 本实验的微波辐射方法与一般的加热方法相比有哪些优势和特点?

(5) 本实验运用了什么原理和措施提高酯化平衡反应的产率?

(6) 本实验中你是如何运用化合物的物理性质分析和指导实验操作的?

(7) 如何对本实验的反应终点进行判断?

(8) 加热回流法若不采用分水器,可以使用普通回流的方法进行吗?如果可以,与本实验方法会有何不同?

(9) 本实验萃取后的水层中会含有未反应的苯甲酸吗?若有,应如何回收?

(10) 萃取后的有机层,为何要用氯化钙干燥?可以选择其他的干燥剂吗?

(11) 实验采取常压蒸馏和减压蒸馏精制,有何差别?还有其他纯化方法吗?

(12) 苯甲酸乙酯可以用来制备三苯甲醇,试写出其合成原理和方法。

【教学指导与要求】

(1) 查阅资料并填写下列数据表:

化合物	M_r	m.p./℃	b.p./℃	$\rho/(g/cm^3)$	n_D^{20}	溶解性		
						水	醇	有机溶剂
苯甲酸								
苯甲酸乙酯								
环己烷								

（2）预习微波合成化学相关内容，熟悉微波合成仪的使用和注意事项。

（3）预习回答下列问题：

①写出本实验的反应原理，有哪些副反应？如何克服？

②该反应的特点是什么？可采取哪些措施提高产率？反应温度和反应时间是多少？

③加热回流法为何采用分水器？其作用是什么？

④实验反应后混合物中有哪些成分？产物是如何被分离纯化的？

⑤向反应后混合物中加入碳酸钠的目的是什么？加入时需注意什么？

⑥萃取时为何选择乙醚？可否用替代溶剂？

⑦加入氯化钙干燥剂的目的是什么？如何加入？加多少？

⑧蒸馏乙醚时应注意什么？如果在乙醚被蒸馏之后，收集目标馏分之前还有其他低沸点的馏分馏出，应怎样判断其为何物？应怎样接收处理？

（4）注意腐蚀性浓硫酸、易燃易爆乙醚等危险化学试剂的使用安全。

（5）两种方法全做约需 8h，可根据教学时间选做。预期产量 5～6g。

11.2.3　相转移催化技术与实验

1951 年，M. J. Jarrousse 发现环己醇或苯乙腈在二相体系中进行烷基化时，季铵盐具有明显的催化作用。1965 年，M. Makosza 等对季铵盐催化下的烷基化反应做了系统研究，揭示了季铵盐具有奇特的性质，它能使水相中的反应物转移到有机相中，从而加速反应，提高效率。后来，像季铵盐这样能够通过在不同相之间转移物质从而加快反应速率的物质被称为相转移催化剂（phase-transfer catalyst，PTC）。利用这种技术进行有机合成的方法称为相转移催化技术（phase-transfer catalysis，PT）。主要用于非均相反应。

1. 相转移催化的基本原理

以卤代烷与氰化钠在季铵盐催化下的反应为例，其催化作用的原理如下：

$$
\begin{array}{ccc}
 & Q^+X^- + Na^+CN^- \rightleftharpoons Q^+CN^- + Na^+X^- \\
\text{水\ \ 相\ } Na^+CN^- \quad \boxed{加入Q^+X^-} \Rightarrow \quad \Uparrow \quad\quad\quad \Downarrow \\
\text{有机相\ \ } RX \\
 & Q^+X^- + RCN \rightleftharpoons Q^+CN^- + RX
\end{array}
$$

式中，Q^+ 为季铵盐阳离子；X^- 为阴离子；Q^+X^- 表示季铵盐。由于氮正离子是水溶性的，而烃基部分是油溶性的。所以，季铵离子可与反应试剂负离子在水相中形成离子对，可以将负离子转移到有机相中。在有机相中，负离子无溶剂化作用，并且季铵离子体积大，正、负离子间距离也大。因此，它们之间的相互作用比较弱，负离子可以看作是裸露的，因而反应活性大大提高。

2. 相转移催化剂的主要类型及其结构特点

常用的相转移催化剂有三类：盐类、冠醚类和非环多醚类。

（1）盐类。

以季铵盐类为代表，如氯化苄基三乙基铵、四丁基硫酸氢铵、氯化甲基三辛基铵等。季铵盐类是三种相转移催化剂中应用最广泛的一种，价廉无毒。其结构特点是分子内同时具有亲水性的阳离子和亲脂性阴离子基团。既能溶于水相，又能溶于有机相。但这类催化剂阳离子部分的体积要适中，体积太大会降低在水相中的溶解度，太小会降低在有机相中的溶解度。只有合适才能达到最好的相转移催化作用。通常季铵盐分子中每个烷基的碳原子数为 2~12 个。

（2）冠醚类。

冠醚具有相转移催化作用是由于它对金属离子具有配合作用，同时自身又具有亲脂性。通过冠醚与金属离子的配合，与无机阴离子形成配合离子对，它可以使无机化合物（如 KOH、KMnO$_4$ 等）溶解在有机溶剂中，增强了这些无机试剂阴离子在有机溶剂中的反应活性，如 18-冠-6、二苯并-18-冠-6 等。

（3）非环多醚类。

非环多醚类相转移催化剂的作用机理与冠醚类似。例如，聚乙二醇（PEG），当其呈弯曲状时，形如冠醚，对一些金属离子也有一定的配合能力。一般相对分子质量为 400~600 的聚乙二醇，其弯曲结构的孔径大小比较适中，对金属离子的配合能力较强，相转移催化效果较好。

实验 11-3　相转移催化卡宾反应制备苦杏仁酸（6h）

【关键词】

苦杏仁酸，相转移催化，卡宾反应，季铵盐，萃取，重结晶。

【实验原理与设计】

苦杏仁酸（mandelic acid）也称扁桃酸，学名为苯乙醇酸，为口服治疗尿道感染的药物，可作医药中间体，用于合成环扁桃酸酯、扁桃酸乌洛托品及阿托品类解痛剂；也可用作测定铜和锆的试剂。扁桃酸可以通过 α, α-二氯苯乙酮（C$_6$H$_5$COCHCl$_2$）或扁桃腈[C$_6$H$_5$CH（OH）CN]的水解而制得。但这两条合成路线都较长，尤其是后者，还要用到剧毒物 NaCN，工业生产不安全，而且收率只有 46%。

卡宾（carbene）是通式为 R$_2$C: 的中性活性中间体的总称，其中碳原子与两个原子或基团以 σ 键相连，另外还有一对非成键电子。最简单的卡宾是亚甲基（CH$_2$:），二氯卡宾（X$_2$C:）则是最常见的取代卡宾。由于卡宾碳的周围只有 6 个外层电子，因此卡宾的亲电性很强。

卡宾的一个典型反应是碳碳双键的加成反应，生成环丙烷及其衍生物，这是合成三元环的主要方法。

卡宾也可与碳氢键进行插入反应，但二氯卡宾一般不发生此反应：

卡宾的制备方法较多，实验室常用的方法有两种：一种是重氮化合物的光或热分解，另一种是通过 α-消去反应。

① $R_2C{=}\overset{+}{N}{=}\overset{-}{N} \longleftrightarrow R_2\overset{-}{C}{-}\overset{+}{N_2} \xrightarrow{\text{光或热}} R_2CH{:} + N_2\uparrow$

② $HCCl_3 + OH^- \rightleftharpoons H_2O + {:}\overset{-}{C}Cl_3$

$\quad\quad\quad {:}\overset{-}{C}Cl_3 \rightleftharpoons {:}CCl_2 + Cl^-$

本实验采用相转移催化剂方法，利用卡宾反应，以苯甲醛和二氯卡宾为原料，在季铵盐氯化三乙基苄基铵(TEBAC)的催化下，经一锅煮(one-pot)制得扁桃酸，收率可达 75%，充分显示了相转移催化技术的特点和优势。其反应机理如下：

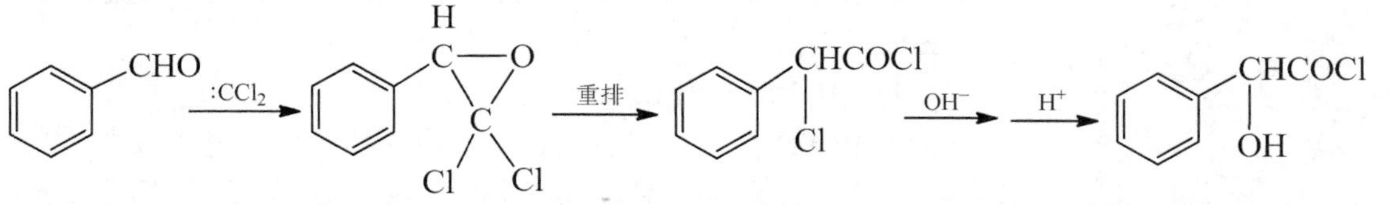

其中二氯卡宾:CCl$_2$ 的反应活性很高。过去，有二氯卡宾参与的反应都是在严格无水的条件下进行的。现在，由于相转移催化剂的介入，在水相-有机相两相体系中产生二氯卡宾已变得十分方便，其催化机理如下：

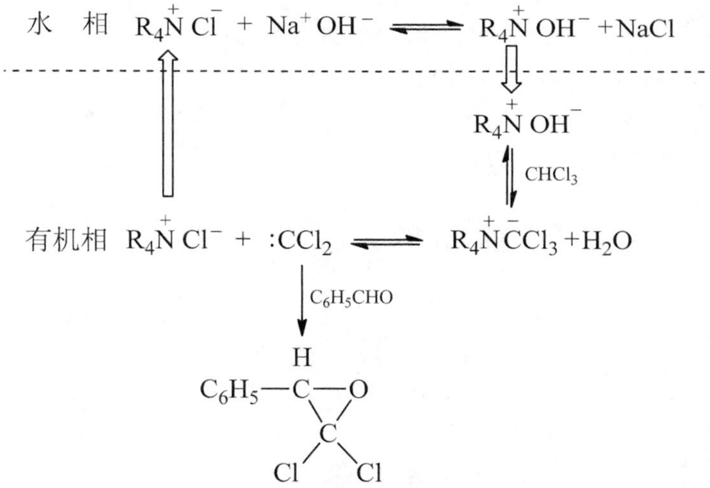

常要指出的是，用化学方法合成扁桃酸只得到外消旋体。若要获得其纯的对映异构体，必须进行手性拆分(实验 11-5)。

氯化三乙基苄基铵(TEBAC)可由苄氯、丙酮和三乙胺加热回流制得。

$$PhCH_2Cl + Et_3N \xrightarrow{\text{丙酮}} PhCH_2\overset{+}{N}Et_3\ \overset{-}{Cl}$$

【实验材料与方法】

1. 实验材料

药品试剂：苯甲醛 7.1g(6.8mL，0.067mol，新蒸)，氯仿 12mL(18g，0.15mol)，0.7g TEBAC(氯化苄基三乙基铵)，氢氧化钠，乙醚，无水硫酸镁(或无水硫酸钠)。

仪器设备：100mL 圆底烧瓶，回流冷凝管，磁力加热或机械搅拌器，滴液漏斗，250mL 分液漏斗，温度计，蒸馏装置，循环水真空泵，减压过滤装置，熔点测定仪，紫外光谱仪，红外光谱仪。

2. 实验方法

(1)相转移催化卡宾反应。

锥形瓶内将 13g 氢氧化钠溶于 13mL 水，冷却至室温后装入滴液漏斗。将 100mL 三颈烧

瓶固定在水浴上，安装搅拌器、冷凝管、滴液漏斗和温度计，如图 11-7 所示。烧瓶内依次加入 6.8mL 苯甲醛、12mL 氯仿和 0.7g 氯化苄基三乙基铵(TEBAC)。温和加热并剧烈搅拌。当反应瓶内液体温度升至 56℃时开始慢慢滴加氢氧化钠水溶液。滴加碱液过程中，保持反应温度在 60~65℃。大约 45min 滴加完毕，再继续搅拌 40~60min 至反应液接近中性，反应温度维持在 65~70℃。

(2)产物分离与纯化。

用 140mL 水将反应后混合液稀释，然后用乙醚萃取两次(2×15mL)，将乙醚层合并后倒入指定容器内留待回收。水层再用 50% 硫酸酸化至 pH 2~3，再用乙醚萃取两次(2×30mL)，合并酸化后的乙醚萃取液，加入无水硫酸镁或硫酸钠干燥剂，水浴蒸馏除去乙醚，并在最后减压抽净残留的乙醚(因产物在乙醚中溶解度较大)，得到

图 11-7　合成苦味酸装置　　外消旋的(±)-苦杏仁酸粗产品，称量。

将粗品置于 100mL 烧瓶内，按每克粗品加 3mL 比例加入体积比为 8∶1 的甲苯-无水乙醇① 混合溶剂，回流加热进行重结晶。趁热过滤，母液在室温下放置使结晶慢慢析出。冷却后抽滤，少量石油醚(30~60℃)洗涤以促使其快干。称量，计算产率。

(3)产品鉴定。

外观与性状；熔点测定；红外光谱测定。

【思考与讨论】

(1)以季铵盐为相转移催化剂的催化反应原理是什么？

(2)本实验中，如果不加入季铵盐会产生什么后果？

(3)反应结束后为什么要用水稀释？而后用乙醚萃取，目的是什么？

(4)反应液经酸化后为什么再次用乙醚萃取？

(5)查阅文献资料，苦杏仁酸是否还有其他制备方法？若有与本实验方法相比较。

11.2.4　酶催化技术与实验

仿生合成是仿生化学(biomimetic chemistry)的一个重要内容。有机化学领域的仿生合成也就是生物有机合成。生物有机合成为有机物合成和探索生物体内的有机化学反应提供了新的实验方法和手段，具有反应条件的温和化、无污染、立体专一性强、快速催化、副产物少、产率高、能耗低等突出特点和绿色优势。

1. 酶催化的物质基础

活性酶是由蛋白质、核酸等物质形成的一类具有独特功能的生物分子。酶依赖这些生物高分子在空间的特定结构形式(构象)形成活性中心，酶依靠这些活性中心完成其与底物的结

---

① 也可用甲苯重结晶，每克粗品约加 1.5mL。

合并催化其反应过程。活性中心也是酶具有高效率、高专一性的结构基础。

按照酶分子的结构组成，一些酶只由蛋白质分子或 RNA 分子组成，称为单组分酶；而大多数的酶除蛋白质和核酸外，还含有一些有机小分子(如维生素)或无机离子(主要为微量元素)，这些有机小分子或无机离子在酶分子中扮演着辅因子的角色，称为辅酶，辅酶发挥着形成酶活性构象、结合底物、催化底物进行反应等作用。这样的酶称为结合酶。

2. 酶催化的原理与特性

酶催化(enzyme catalysis)是指酶加速化学反应的作用。其特性是立体专一性强，催化效率高，反应条件温和，对温度、pH 的敏感性等。

酶催化反应还表现出一种在非酶促反应中不常见到的特征，即可与底物饱和。当底物浓度增加时，酶反应速率达到平衡并接近一个最大值(图 11-8)。1913 年，L. Michaelis 和 L. M. Menton 发展了关于酶的作用和动力学的一般理论，假定酶 E 首先与底物 S 结合形成酶-底物复合物 ES；然后此复合物在第二步反应中分解形成游离的酶和产物 P：

$$E + S \underset{k_2}{\overset{k_1}{\rightleftharpoons}} ES \overset{k_3}{\rightleftharpoons} EP$$

在动力学研究中通常使用的条件下，酶的浓度与底物相比是非常低的。当酶和底物混合后，ES 的浓度迅速增加直至到达恒态，这种恒态通常在很短时间内就能达到，并可维持一段时间，在这段时间内，整个反应的速率基本上是恒定的。该速率被称为反应的初速率 v_0，它可用产物的生成速率来测量：

$$v_0 = \frac{k_3[E_t]}{1 + \frac{k_2 + k_3}{k_1 c}}$$

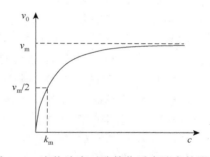

图 11-8　底物浓度对酶催化反应速率的影响

式中，$[E_t]$为总的酶浓度；c 为底物 S 的浓度；k_1、k_2、k_3 为反应速率常数。当底物浓度无穷大时，初速率接近最大值 v_m，$v_m = k_3[E_t]$。定义 $k_m = (k_2 + k_3)/k_1$，则得

$$v_0 = v_m/(1 + k_m/c)$$

式中，k_m 称为米氏常数，代表在给定的酶浓度下，反应速率达到最大值的一半时所需的底物浓度。当 k_3 与 k_2 相比很小时，k_m 就接近于酶-底物络合物的解离常数，可作为酶与其底物亲和力的量度。

弄清自然界在亿万年进化过程中巧妙设计的各种酶的作用机理，不仅能揭开生物催化过程的奥妙，也能为人类利用其中某些原理来研究开发新型高效催化剂奠定科学基础，并带动催化的边缘学科——光助催化、电催化和光电催化的发展。

3. 酶的研究和利用

近年来，对于酶的利用和研究主要集中在以下几个方面：

(1)直接利用酶进行有机化学反应。

目前，酶促有机化学反应的研究已经取得了很大进展，特别是酶分离方法的进步、新型酶制剂的应用，在一定程度上解决了酶活性降低的问题，使得酶在有机合成中的应用越来越

广泛。

（2）非水溶剂中的酶促反应研究。

过去人们一直认为酶只能在水溶剂中发挥其催化功能，水是酶促反应的唯一介质。这种思想极大地限制了人们对酶的功能的全面了解。1984 年，Zaks 和 A. M. Klibanov 首次发表了关于非水介质中脂肪酶的催化行为及热稳定性的研究报道，引起了广泛的关注。传统的酶学领域迅速产生了一个全新的分支——非水酶学。现在非水酶学方法在多肽合成、聚合物合成、药物合成以及立体异构体拆分等方面显示出广阔的应用前景。例如，脂肪酶在水溶液中催化油脂和其他酯类发生水解，而在有机溶剂中它催化酯合成反应和酯交换反应，利用这种特性及不同来源的脂肪酶可以有效地催化特定链长的脂肪酸与醇发生酯化反应形成酯，产率可达 90%以上；在适当的有机溶剂中，脂肪酶还可以催化羧酸与过氧化氢反应形成过氧羧酸；枯草杆菌蛋白酶可以在有机溶剂中催化酯和胺发生氨解反应，形成手性酰胺类化合物等。

（3）酶的化学模拟。

酶的化学模拟主要指针对酶模型开展的研究工作。酶模型即人工合成的具有酶的某种属性的有机化合物或配合物，虽然这些物质的分子比较小，结构比较简单，但是含有酶所具有的主要活性基团及与酶的活性中心相似的空间结构，能够模拟酶的某些关键性功能。可以用来模拟酶分子结构和功能的物质种类很多。这些物质中有些可能是很简单的有机化合物或配合物，例如，咪唑能够直接催化对硝基苯酚乙酸酯而成为脂肪酶最简单的模拟物。还有一些席夫碱金属配合物、各种卟啉衍生物与金属离子形成的配合物等都具有催化作用，甚至有人发现单一氨基酸或其简单衍生物也具有某方面的催化作用。这些酶模型物的研究主要是基于对酶活性中心结构和组成的认识进行的。例如，在许多水解酶的活性中心都含有咪唑基，其对酶活性及催化过程有重要的作用，由咪唑结构出发便可形成许多水解酶的简单模型物。

实验 11-4　安息香的辅酶合成（4h）

【关键词】

仿生化学，维生素 B_1，安息香，重结晶，熔点测定。

【实验原理与设计】

安息香是波斯语 mukul 和阿拉伯语 aflatoon 的汉译，原产于中亚古安息国。《新修本草》中提到："安息香，味辛，香、平、无毒。主心腹恶气"。中药安息香为球形颗粒压结成的团块，大小不等，外面红棕色至灰棕色，嵌有黄白色及灰白色不透明的杏仁样颗粒，表面粗糙不平坦。常温下质坚脆，加热即软化，气芳香、味微辛。安息香与麝香、苏合香均有开窍作用，均可治疗猝然昏厥，牙关紧闭等闭脱之证，但其芳香开窍之力有强、弱的不同，麝香作用最强，安息香、苏合香开窍之功相似，而麝香兼有行气通络，消肿止痛的功效，安息香既可行气活血，又可用于心腹疼痛，产后血晕之症。

化学物质安息香，又称苯偶姻（benzoin）、二苯乙醇酮、2-羟基-2-苯基苯乙酮或 2-羟基-1, 2-二苯基乙酮，$C_{14}H_{12}O_2$，相对分子质量 212.25，白色针状晶体。能溶于 3335 份水、5 份吡啶，溶于沸乙醇、丙酮，微溶于乙醚。d 1.310，m.p. 137℃，b.p. 194℃（1.6kPa，12mmHg）。其化学制备通常的方法是苯甲醛在氰化钠(钾)作用下，在乙醇中加热回流，两分子的苯甲醛之间发生缩合反应，生成二苯乙醇酮，俗称安息香。该反应的机理与羟醛缩合反应类似：

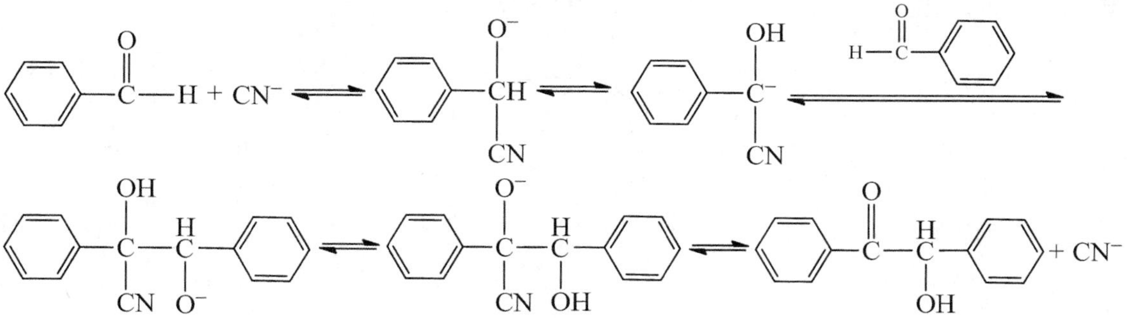

其他取代芳醛(如对甲基苯甲醛、对甲氧基苯甲醛和呋喃甲醛等)也可以发生类似的缩合生成相应的对称性二芳基羟乙酮。此反应既可以发生相同的芳香醛之间，也可以发生在不同的芳香醛之间。因此，通常将芳香醛发生分子间缩合生成 α-羟酮的反应统称为安息香缩合反应。

由于受到芳香醛结构本身体积较大的限制，该反应的发生具有一定的局限性。其反应能否顺利进行主要取决于芳香醛能否顺利地与氰基发生加成反应产生碳负离子，以及碳负离子能否与羰基发生加成反应。从反应机理可知，当苯环上带有强的供电子基(如对二甲胺基苯甲醛)或强的吸电子基(如对硝基苯甲醛)时，均很难发生安息香缩合反应。因为供电子基降低了羰基的正电性，不利于亲核加成反应；而吸电子基则降低了碳负离子的亲核性，同样不利于与羰基发生亲核加成反应。但分别带有供电子基和吸电子基的两种不同的芳醛之间，则可以顺利发生混合的安息香缩合并得到一种主要产物，即羟基连在含有活泼羰基芳香醛一端，例如：

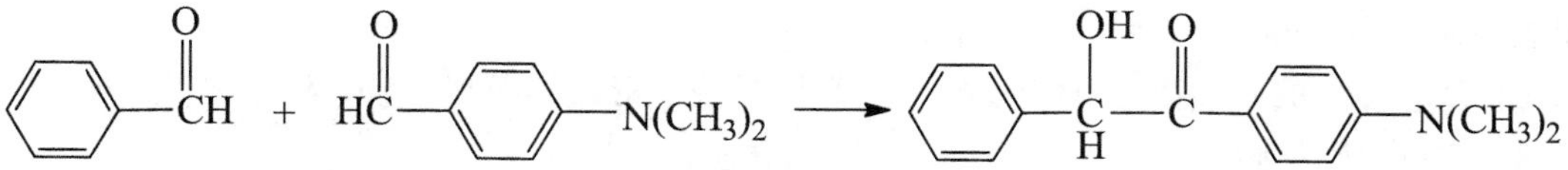

安息香缩合反应的化学催化剂通常是氰化钾或氰化钠。由于氰化物是剧毒物，如果使用不当会有危险性。反应共同使用的溶剂是醇的水溶液。使用氯化四丁基铵等相转移催化剂，反应则可在水中顺利进行。

酶与辅酶是生物催化剂，在生命过程中起着重要的作用。有生物活性的维生素 B_1 是一种辅酶，其化学名称为硫胺素或噻胺，其主要生化作用是使酮酸脱羧和形成偶姻(α-羟基酮)。本实验借助维生素 B_1 的辅酶作用，利用仿生合成技术创新了合成安息香的合成方法和技术。

维生素 B_1 受热易变质，失去催化作用，所以必须放入冰箱内保存，使用时取出，用毕立即放回冰箱中。为了增加其水溶性，实际上使用的是维生素 B_1 的盐酸盐，其结构为

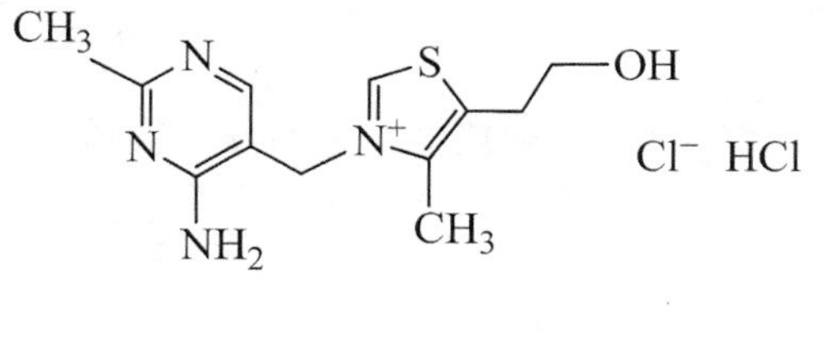

　　硫胺素分子中最主要的部分是噻唑环。噻唑环 C-2 上的质子因受氮、硫原子的影响，具有明显的酸性，在碱的作用下质子容易被除去产生负碳活性中心，形成苯偶姻。维生素 B$_1$ 在安息香缩合反应中的作用机理大致如下(式中 R 为嘧啶环部分)：

　　(1)在碱的作用下，产生的碳负离子和邻位带正电荷的氮原子形成稳定的两性离子——内镓盐或称叶立德(ylide)。

　　(2)噻唑环上的碳负离子与苯甲醛发生亲核加成，形成烯醇加合物，环上带正电荷的氮原子起到调节电荷的作用。

　　(3)烯醇加合物再与苯甲醛作用，形成一个新的辅酶加合物。

　　(4)辅酶加合物解离成安息香，辅酶还原。

　　本实验用维生素 B$_1$ 作催化剂，其特点是原料易得、无毒、反应条件温和、产率较高。维生素 B$_1$ 在酸性条件下稳定，但易吸水，在水溶液中易被空气氧化失效。遇光和 Cu、Fe、Mn 等金属离子均可加速氧化。在氢氧化钠溶液中，噻唑环容易开环失效。因此，在反应前维生素 B$_1$ 溶液、氢氧化钠溶液应分别用冰水浴冷透，这是本实验成败的关键。

　　二苯羟乙酮(安息香)在有机合成中常被用作中间体。安息香可以进一步被铜盐或三氯化铁氧化为二苯乙二酮(实验 12-7)。二苯乙二酮与尿素反应可制备抗癫痫药苯妥英(5,5-二苯基乙内酰脲，实验 12-8)。

【实验材料与方法】

1. 实验材料

药品试剂：1.8g 维生素 B_1，10mL 苯甲醛(新蒸，10.4g，0.098mol)，95%乙醇，10%氢氧化钠溶液，蒸馏水。

仪器设备：圆底烧瓶或锥形瓶(100mL)，球形冷凝管，布氏漏斗，减压过滤，熔点测定仪，红外光谱仪。

2. 实验方法

(1)原料处理与装置安装。

取 100mL 圆底烧瓶或锥形瓶中加入 1.8g 维生素 B_1 和 5mL 蒸馏水使其溶解，再加入 15mL 95%乙醇[①]，塞上瓶塞，置于冰盐浴中冷却。另取 5mL 10%的氢氧化钠溶液于一支试管中，置于冰水浴中冷却。冷却时间至少 10min。再量取 10mL 新蒸的苯甲醛备用[②]。

(2)开始反应。

试剂冷却 10min 后，在冷却下将冰透的氢氧化钠溶液加入到烧瓶内的维生素 B_1 溶液内，并立即加入量好的 10mL 苯甲醛，充分振动使反应物混合均匀，测定溶液的 pH 应在 10 左右。然后装上回流冷凝管，并放入 1~2 粒沸石，在 65~75℃水浴或电热套内加热。开始时溶液不必沸腾，反应后期可以适当升高温度至缓慢沸腾，切勿将反应物加热至剧烈沸腾，水浴或电热套加热温度不超过 80℃。此时可测定反应溶液的 pH。反应混合物呈橘黄色均相溶液。反应约 90min 后停止加热。

(3)分离纯化。

反应停止后，冷却反应混合物至室温。将反应后的混合物用冰水冷却，使晶体析出。如果反应混合物中出现油层，应重新加热使其变成均相溶液，再慢慢冷却结晶。若无晶体析出，可用玻璃棒在溶液内摩擦容器内壁，促使其结晶析出。减压过滤，用 40mL 冷水分两次洗涤晶体，干燥后得粗产物。粗产物可用 95%乙醇回流法重结晶。安息香在热 95%乙醇中的溶解度为 12~14g/100mL，每克粗产物需 95%乙醇 7.0~8.0mL，若产物呈黄色，应加少量活性炭脱色，纯净的安息香为白色针状结晶。减压过滤，干燥晶体，产品称量。

(4)产品的性质与鉴别。

外观性状与检查，熔点测定，红外光谱测定。

【思考与讨论】

(1)安息香还有哪些合成方法？查阅文献并结合本实验进行相关讨论。

(2)辅酶催化与化学催化相比有哪些特点？

(3)本实验有哪些副反应？应如何控制反应条件抑制副反应的发生？产生的副产物会对后期产品的分离纯化有何影响？本实验的分离纯化能否将其除去？

(4)结合自己的实验情况分析和讨论本实验的关键问题和影响因素。

---

① 维生素 B_1 必须在水中完全溶解后再加乙醇。
② 原料苯甲醛极易被空气氧化，而且本实验苯甲醛中不能含苯甲酸，故需新蒸。

【教学指导与要求】

1. 实验预习

(1) 查阅资料并填写下列数据表:

化合物	M_r	m.p./℃	b.p./℃	$\rho/(g/cm^3)$	n_D^{20}	$[\alpha]$	溶解度		
							水	乙醇	乙醚
安息香									
苯甲醛									
维生素 B₁									

(2) 阅读实验方法,熟悉实验内容,画出本实验的流程图。

(3) 回答下列问题:

① 为什么维生素 B_1 要先加水溶解再加乙醇?只加水或乙醇可否?

② 为什么要向维生素 B_1 的溶液中加入氢氧化钠?试用化学反应式说明。

③ 反应前原料的加入和混合为什么要冷却?

④ 加入苯甲醛后,反应混合物的 pH 为什么要保持在 9~10,过高或过低有何不好?

⑤ 合成反应的加热温度为什么不可过高?

⑥ 反应后的混合物是利用安息香与其他共存物之间哪方面性质差异进行分离纯化的?

2. 安全提示

苯甲醛口服有害,防止误服。注意强碱的腐蚀性;注意乙醇等有机溶剂易燃、易爆。

3. 其他

(1) 预期产量 4~5g(熔程应在 134~137℃)。

(2) 本实验的关键:实验温度的控制和选择、pH 控制。

(3) 实验后参考文献资料撰写并提交一篇实验论文。

11.2.5　手性拆分技术与实验

立体化学的研究和发展在 20 世纪后期得到了较快的发展,随着化学理论和相关技术的不断发展,尤其是对生命科学研究的不断深入和发展,使立体化学的研究内容更加深入和广泛,成为热点和前沿研究领域之一。其中,手性技术成为立体化学研究的有力武器。手性技术包括手性合成和手性拆分两个方面。手性拆分技术现已很多,主要有物理拆分法、化学拆分法、分子复合物拆分法、生物化学拆分法、色谱拆分法等。

化学拆分法是将一对对映体与具有一定旋光性的纯光学异构体进行化学反应产生两个非对映的立体异构体。由于产生的两个非对映异构体之间会存在较大的性质差异,可据此将其分离,然后再进行分解即可分别得到对映异构体。例如:

$$
对映体\begin{cases} (+)\text{-酸} \\ \text{------} \\ (-)\text{-酸} \end{cases} + (-)\text{-碱} \longrightarrow \begin{matrix} (+)\text{-酸} \cdot (-)\text{-碱} \\ (-)\text{-酸} \cdot (-)\text{-碱} \end{matrix} \Big\} 非对映异构体
$$

其中,用于拆分对映体的光学纯物质被称为"拆分剂"。理想的拆分剂必须具备:①拆分剂与被拆分的外消旋体之间形成的化合物既易生成又易被分解成原来组分。②所形成的非对映异构体衍生物必须至少有一个能形成好的结晶，并且二者之间的溶解度有较大差异。如此才能获得很好的分离。此方面的条件是否能够满足取决于 A 和 B 的本质和所选用的溶剂。③拆分剂应当尽可能地达到旋光纯态。④拆分剂必须是廉价的，或者是容易制备的，或者是在完成拆分之后容易回收利用的。

常用的拆分剂有：①碱性拆分剂，适用于酸类外消旋化合物的拆分，如马钱子碱、吗啡碱、麻黄碱、苯乙胺、苯乙酮、薄荷酮等；②酸性拆分剂，适用于碱性外消旋化合物的拆分，如 R-(+)-酒石酸、L-(+)-谷氨酸、S-(−)-苹果酸等；③用于醇类外消旋体的拆分剂，如酒石酰苯胺酸等，可以和对映体醇产生非对映体的衍生物酯；④用于醛酮类外消旋体的拆分，如薄荷肼、酒石酰胺酰肼等，利用肼基和羰基发生类似于羰基试剂的反应。

实验 11-5　外消旋苦杏仁酸的拆分(8h)

【关键词】

苦杏仁酸，外消旋体拆分，旋光度测定。

【实验原理与设计】

本实验利用天然光学纯的(−)-麻黄素作为拆解剂进行外消旋苦杏仁酸的拆分，生成非对映体的盐，利用两种非对映体的盐在无水乙醇中溶解度不同，用分步结晶的方法将它们拆开，然后再用酸处理已拆分的盐，使苦杏仁酸重新游离出来，得到较纯的(−)-和(+)-苦杏仁酸，并通过旋光度的测定，计算产物的比旋光度和光学纯度。实验流程如下：

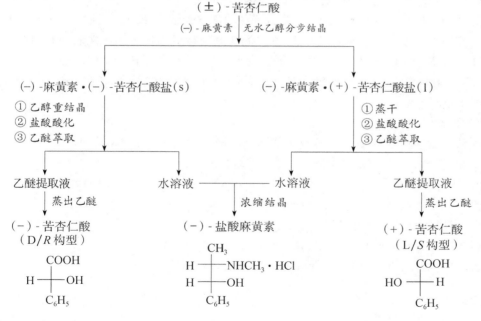

【实验材料与方法】

1. 实验材料

药品试剂：4.0g(0.02mol)麻黄素盐酸盐，3.0g(0.02mol)苦杏仁酸，氢氧化钠，乙醚，无水乙醇，浓盐酸，无水硫酸钠，无水氯化钙。

仪器物品：50mL 锥形瓶，分液漏斗，100mL 圆底烧瓶，回流冷凝管，干燥管，重结晶装置，减压过滤，熔点测定仪，旋光仪，红外光谱仪。

2. 实验方法

(1) 制备 (−)-麻黄素。

在 50mL 锥形瓶中，将 4g 麻黄素盐酸盐溶于 10mL 水，加入 1g 氢氧化钠溶于 5mL 水的溶液，摇振混合后，(−)-麻黄素即游离出来。冷却后每次用 10mL 乙醚萃取两次，合并醚萃取液并用无水硫酸钠干燥。将干燥后的乙醚液于 100mL 圆底烧瓶中蒸去乙醚后(蒸出的乙醚可用于下一步萃取)即得 (−)-麻黄素。

(2) 拆分外消旋苦杏仁酸。

① 将制得的 (−)-麻黄素溶于 30mL 无水乙醇，加入到溶有 3g 苦杏仁酸的 10mL 无水乙醇溶液中，混合均匀，在水浴上隔绝潮气回流 1.5～2h。放置回流液自然冷却至室温，然后在冰浴中冷却使其结晶完全。减压过滤得粗产品[滤液保留用于分离制备 (−)-麻黄素·(+)-苦杏仁酸]，粗产品用 40mL 无水乙醇重结晶可得到无色结晶，再用 20mL 无水乙醇重结晶一次，得到白色粒状晶体即为 (−)-麻黄素·(−)-苦杏仁酸，干燥后称量，计算得率，测定熔点检验是否合格，熔程应符合 169～170℃。

将制得的 (−)-麻黄素·(−)-苦杏仁酸溶于 10mL 水，用浓盐酸小心酸化致使刚果红试纸变蓝(约需 1mL)。将酸化后的水溶液每次用 10mL 乙醚萃取两次(萃取后的水溶液倒入指定的容器内，留待回收麻黄素)，合并乙醚萃取液，并用无水硫酸钠干燥 0.5h。滤除干燥剂，水浴蒸去乙醚，得 (−)-苦杏酸白色结晶，称量，计算得率。

② 将前面制备 (−)-麻黄素·(−)-苦杏酸后留存的乙醇滤液在水浴上蒸馏除去乙醇，并用减压水泵将溶液抽干。残留物中加入 20mL 水，温热并搅拌使固体溶解，然后小心用浓盐酸酸化至刚果红试纸变蓝。过滤除去不溶物。每次用 10mL 乙醚萃取两次(萃取后的水溶液倒入指定的容器留待回收麻黄素)，合并乙醚萃取液，经无水硫酸钠干燥后蒸去乙醚，得 (+)-苦杏酸[①]。预期产量约 0.5g。

(3) 麻黄素的回收。

将上面萃取后含有麻黄素的水溶液在蒸馏瓶中加热除去大部分水，然后移至烧杯中浓缩至一定体积后，冷却结晶，减压过滤，干燥即得 (−)-麻黄素。

(4) 产品鉴定。

外观检查，熔点测定，红外光谱测定。

(5) 比旋光度的测定和旋光纯度计算。

将制得的苦杏仁酸对映体分别准确称量后，用蒸馏水配成 2% 的溶液(如溶液浑浊，需用定量滤纸过滤)。测定比旋光度，并计算拆分后每个对映体的光学纯度。

【思考与讨论】

(1) 为提高产物的光学纯度，你认为本实验的关键步骤是什么？

(2) 采用圆盘型旋光仪测定旋光度时，每一个测定点可以有两个合理的读数，一个是右

---

① (+)-苦杏仁酸的分离会比较困难，一般较难得到纯品。学生实验建议只分离对映异构体之一 (−)-苦杏仁酸。

旋读数，一个是左旋读数，二者的绝对值等于 180。如果测定苦杏仁酸的旋光度读数为 $\alpha=-6°$ 和 $+174°$，如何确定最后的测定结果？

【教学指导与要求】

（1）查阅资料并填写下列数据表：

化合物	M_r	m.p./℃	b.p./℃	$\rho/(g/cm^3)$	n_D^{20}	$[\alpha]$	溶解度		
							水	乙醇	乙醚
（±）-苦杏仁酸									
（–）-苦杏仁酸									
（+）-苦杏仁酸									
（–）-麻黄素									

（2）阅读实验方法，熟悉实验内容，画出本实验的流程图。

（3）查阅与本实验相关文献资料，并综述。

第 12 章　多步骤有机合成与设计

有机合成(organic synthesis)是利用廉价易得的化学原料和试剂通过化学或生物化学方法制备有机化合物的过程。随着理论化学和实验化学的不断发展，现代的有机合成已经逐渐摆脱了过去的盲目性，而更加注重有目的、有方法的合成设计。自 1967 年 Corey 首次提出"合成设计"这一概念以来，合成设计成为有机合成和药物合成中十分活跃的研究领域，取得快速的发展。例如，随着计算机技术和量子化学的发展出现了计算机辅助设计、药物分子设计、组合化学等。

合成设计，也称有机合成的方法论，由 Corey 于 1967 年首次提出。合成设计就是在有机合成的具体工作中对拟采用的种种方法进行评价和比较，从而确定一条简捷、经济、收率高、选择性高和环境友好的合成路线。

有机合成设计以有机物的化学性质和有机化学反应为基础，与理论有机化学密切相关；设计好合成路线后，需要对合成装置和反应条件进行选择和设计，这需要运用化学合成方面的实验技术理论和方法；合成实验后得到的往往是一个混合物，因此还要考虑产物的分离和纯化问题，这需要运用各种分离纯化技术理论和方法；分离纯化后得到的目的物，需要进一步对目的物的纯度、结构进行确证和鉴定，要运用定性、定量分析和结构鉴定与表征的相关技术理论和方法。更高级的合成设计还要运用结构化学、量子化学、计算机等方面的技术理论和方法。可见，有机合成设计需要综合运用各种理论、技术和方法。

12.1　有机合成设计的逻辑和方法

从方法学角度来说，合成设计属于有机合成的逻辑学范畴，包括对已知合成方法进行归纳、演绎、分析和综合等逻辑思维形式和方法，这其中也包括创造性的思维形式和活动。毫无疑问，这样的思维活动对实验者的能力培养是十分有益的。

12.1.1　有机合成设计的策略、方法和评价

1. 有机合成设计的一般策略

为实现合成目的，因出发点和条件的差异会有不同的合成设计策略。这些策略在实际的合成设计中常被综合利用。

(1)由原料而定的策略。

根据有效的原料通过化学修饰和合成获得目的物。这种方法在功能分子合成中比较有效，如药物合成、生物活性物质合成等。

(2)由化学反应而定的策略。

借鉴与目标分子结构类似的化合物的合成路线设计目标分子的合成路线和方法，如天然产物的仿生合成借鉴了生物合成的理论和机理。

(3)由目标分子而定的策略。

主要包括逆向合成分析和仿生合成设计，即由目标分子作为考虑的出发点，通过化学或仿生学方法直接找到合成目标分子的方法。此法在合成设计中最常用，如逆向合成分析法等。

2. 有机合成设计的一般方法

有机合成设计的一般方法主要有文献设计法、逆向分析法和仿生合成设计法等。文献设计法是指在合成设计时，通过查阅有关专著、综述或化学文摘等文献数据，以便找到若干可以参考和模拟的方法。通过文献搜索可以从中选择一条实用的路线，必要时可以对其进行某些方面的改造，以简化操作和提高产率。文献方法的运用是合成设计中必不可少的重要环节，可以为合成设计提供十分有用的参考信息和有效的实际指导。逆向分析法和仿生合成设计法详见后叙。

3. 合成路线的评价

在合成设计时，若依次逆向切断目标分子的化学骨架，按照可能存在的原料、中间体和不同的化学反应等因素进行排列组合，则存在成千上万可能的合成路线。为考察合成路线的有效性和可行性，从中选择出最优的路线，需要对合成路线进行评价。其评价的基本原则是：①反应步数少，总收率高；②原料和试剂利用率高、廉价、易得；③操作简单易行，安全可靠，污染程度小。

12.1.2　逆向分析合成设计法

1. 常用术语

（1）目标分子及其变换。

大多数有机合成是多步反应，即由原料开始，通过一系列化学反应，经过一些中间体而最终得到所需的产物。就合成设计而言，无论是最终产物，还是某一中间体，凡是需要合成的目标分子统称为目标分子（target molecule，TM）。目标分子是合成过程中产生的目的产物，而原料和试剂属于市场上购得的物质。

有机合成的实际方向是由原料开始经中间体到达目标分子，用"——→"表示。在逆向合成设计中则由目标分子出发向中间体、原料方向进行思考，此过程称为变换。

$$
\begin{array}{ccccc}
\text{目标分子} & \xleftarrow{\text{反应}} & \text{中间体} & \xleftarrow{\text{反应}} & \text{原料} \\
\text{（产物）} & \xrightarrow{\text{变换}} & \text{（主要反应条件）} & \xrightarrow{\text{变换}} & \text{（主要反应条件）}
\end{array}
$$

（2）合成子。

合成子（synthon）是组成目标分子或中间体骨架单元结构的活性形式。合成子主要有离子、自由基和中性分子（常出现在周环反应中）。离子和自由基不能稳定存在，需要以某种形式而存在。我们将离子和自由基的实际存在形式称为合成子的等价试剂。

具有亲电性或还原性，即接受电子的离子合成子称为 a-合成子。具有亲核性或氧化性，即供电子的离子合成子被称为 d-合成子。相应的等价试剂则为亲电试剂和亲核试剂，如表 12-1 所示。

表 12-1　不同类型的合成子及其等价试剂示例

合成子类型		例子	等价试剂	官能团
d-合成子	d^0	$CH_3S^{\ominus}$	CH_3SH	—SH
	d^1	$\overset{\ominus}{C}\equiv N$	KCN	—C≡H

续表

合成子类型		例子	等价试剂	官能团
d-合成子	d^2	$\overset{\ominus}{H_2C}$——CHO	CH_3CHO	——CHO
	R_d	$\overset{\ominus}{CH_3}$	CH_3Li	—
a-合成子	a^1	$\overset{\oplus}{Me_2C}$——OH	Me_2COMe	$\diagup\!\!\!\!\diagdown C\!=\!O$
	a^2	$\overset{\oplus}{CH_2}COMe$	$BrCH_2COMe$	$\diagup\!\!\!\!\diagdown C\!=\!O$
	R_a	$\overset{\oplus}{Me}$	Me_3SBr	—

(3) 逆向切断、逆向连接、逆向重排。

逆向切断：指用切断化学键的方法将目标分子骨架剖析成不同性质的合成子。

逆向连接：指将目标分子中的两个适当碳原子用新的化学键连接起来。

逆向重排：指将目标分子骨架拆开和重新组装。

如下列示例：

TM　　　　　　　合成子　　　　　　　试剂和反应条件

(4) 逆向官能团转换。

逆向官能团转换(functional group interconversion，FGI)指在不改变目标分子基本骨架的前提下变化官能团的性质或位置的方法，包括逆向官能团转换、逆向官能团添加和逆向官能团除去。逆向官能团转换的目的主要是：①为了将目标分子变换成更容易制备的前体化合物；②将目标分子上原来不适用的官能团变换成所需的形式，或添加上某些必需的官能团；③添加某些活化基团、保护基、阻断基或诱导基，以提高化学、区域或立体选择性。FGI 仍然是化学反应的逆过程。

逆向合成分析法是指在设计合成路线时，从目标分子出发，由后向前倒推，推出目标分子的前体，并同样找出前体的前体，如此继续一直到达简单的起始原料为止。这种分析过程是合成目标分子的逆过程。因此，这种倒推的设计方法被称为逆向合成分析法。

2. 逆向合成分析设计的内容

逆向合成分析设计的内容包括：①由目标分子出发，运用逆向切断、连接、重排和官能团转换、添加、除去等方法，将其变成若干中间体或原料，然后重复上述过程，直到中间体变换成所有廉价易得的合成子等价试剂为止；②对上述推断得到的若干可能路线，从原料到目标分子的方向，对每一步反应的可行性和选择性等进行全面审查，选择最优的合成方法和路线；③在具体实验中验证并不断完善所设计的各步反应条件、操作、收率和选择性等，最后确定最理想、最切合实际的路线。

3. 简化方法的应用

在逆向合成分析中，可以利用目标分子结构的特点，运用简化设计方法迅速将目标分子转换成原料分子。简化方法主要有应用官能团变换、寻找特殊结构成分、寻找关键的策略性键、应用分子的对称性和重排反应等。

4. 选择性控制

对于逆向合成分析，尤其在正向反应审查时，必须要注意选择性控制问题。例如，体现不同官能团反应性差异的化学选择性，取决于活性基团周围不同位置的反应性差异的区域选择性，涉及产物分子的相对或绝对构型的立体化学问题的立体选择性等。

（1）化学选择性和区域选择性。

通过反应物的控制、试剂的结构、反应条件的控制可以提高化学和区域选择性。例如，应用基团保护（如不饱和键的保护、羰基的保护、氨基的保护等），应用活化基团和阻断基团等。

例如，合成苯环上带有一个基团的芳香族化合物，最常用的起始原料就是苯，方法要点是考虑把某种基团连接到苯环上的最适宜程序。有效方案为：①通过芳香族取代反应引入基团；②通过芳香族重氮盐的取代反应引入基团；③通过活泼卤代芳烃的亲核取代反应引入基团。合成苯环上带有两个基团的化合物时，既要考虑向苯环上引入每个基团的有效程序，又要考虑如何实现这两个基团在苯环上的位置要求。

（2）立体选择性。

立体选择性控制是不对称合成的中心问题，即如何控制分子中各手性中心的生成，分为非对映选择性合成和对映选择性合成两类。二者的主要区别是：对映选择性合成必须使用光学活性原料、试剂或催化剂，使前手性分子转化为光学活性物质；非对映选择性合成是在非光学活性试剂或催化剂作用下，由非手性或外消旋分子转化为外消旋产物。反应的结果都要求某种光学异构体的比例要高于其他产物。

12.1.3　仿生合成设计法

生物体是有机化合物制备的重要场所和绿色方法。纷繁复杂的生物体创造了大量的有机化合物。因此，生物体既是获取天然有机化合物的重要资源，也为人们提供了制备有机化合物的自然方法。只要能够揭示生物体内化学物质发生衍生和变化的规律，就可以为人类提供一个全新的生物合成方法。

天然产物的合成过程完全是在正常的自然条件下进行的，其合成的高效率、高立体特异性是生物体外任何一个化学合成方法都望尘莫及的，而且没有任何难以忍受的化学污染。因此，这种天然的合成能力和方法是值得人们追求和借鉴的"理想合成"。仿生合成（biomimetic synthesis）就是以模拟生物体的次生代谢产物的生物合成为合成策略的一种设计方法。次生代谢产物是初生代谢的继续，次生代谢与生物合成途径如图 12-1 所示。

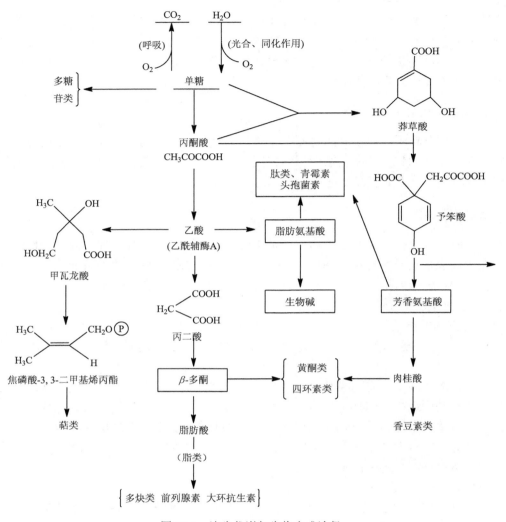

图 12-1 次生代谢与生物合成途径

12.2 有机合成设计中的常用技巧和方法

要完成一个合成设计，除应用上述的逻辑方法外，还需要某些特定的技巧和方法，如切断策略和目标分子的拆分方法、导向基团和保护基团的利用、碳链的增长和缩短、环状结构的形成等。

12.2.1 切断策略和目标分子的拆分方法

1. 切断策略

(1) 优先切断与官能团相邻的键：正是由于碳骨架和官能团的组合构成了纷繁复杂的有机化合物，碳骨架的建造常会伴随着官能团的转变。因此，在对目标分子进行切断时，应该优先考虑对官能团相邻键的切断。此种切断常可获得相应的合成因子等价物。

(2) 优先考虑碳杂键处的切断：碳杂共价键往往不如碳碳共价键稳定，化合时此键也较容易生成。因此，在切断时常优先考虑碳杂键，而将碳碳键放在最后。

(3) 添加辅助基团后切断：当目标分子在结构上没有官能团或有官能团但找不到合适的合

成因子时,可以在目标分子的适当位置添加官能团,即辅助基团(functional group added,FGA),以便找到合适的切断方法。这种策略在逆向合成法中常用。

(4)利用目标分子结构的对称性进行切断:如果分子具有明显的对称因素,或存在潜在的对称因素,从对称因素所在之处分子切断常可获得意想不到的结果,此法也较常用。

2. 常见的目标分子拆分方法

无论有机物结构如何复杂,在有机物合成过程中都必须要解决两个问题:骨架的形成和官能团的转换。通常的策略是优先考虑骨架的形成,同时考虑官能团的变化。在合成设计中,根据官能团的相对距离对目标分子进行切断已经成为一种固定的思考模式:

$$\begin{array}{c} X \qquad\qquad Y \\ | \qquad\qquad | \\ -C-(CH_2)_n-C- \end{array}$$　其中X,Y=O,N等原子或原子团

根据 $n=0$、1、2、3、4 等不同的距离,分别采取 1,2-二氧碳骨架拆分方法、1,3-二氧碳骨架拆分方法(可利用分子内或分子间的缩合反应)、1,4-二氧碳骨架拆分法(α-卤代酮与烯胺或乙酰乙酸乙酯反应可得到此类骨架)、1,5-二氧碳骨架拆分法(Michael 加成反应常用)、1,6-二氧碳骨架拆分法(可由环己烯或其衍生物氧化制得,环己烯衍生物常来源于 Diels-Alder 反应、Birch 还原等)。

12.2.2　导向基和保护基的应用

1. 导向基的应用

导向基:在有机合成反应中,有时需要借助某个基团的导向作用才能实现某项合成目的,合成目的实现后再将此借助的基团去掉。这种用来实现某种合成目的而借来的具有导向作用的基团称为导向基。一个良好的导向基要具备"好借好还"和"来去自由"的特性,既容易导入,也容易除去。

例如,通过设计对溴苯胺的合成路线可以说明导向基的作用。

氨基是较强的邻对位定位基,进行取代时很容易生成多元取代物。如果将氨基乙酰化,则苯环活性降低,很容易得到一元取代物。乙酰基在此作为一个导向基。合成路线如下:

2. 保护基的应用

在有机合成中,目标分子如果是多官能团化合物,常需要某个基团发生反应时不要影响其他基团。为达到此目的常有两种方法:其一,使用选择性试剂或控制反应条件,如不饱和醛的还原,使用 $NaBH_4$ 或 $LiAlH_4$ 只还原羰基而不还原双键;其二,将可能受到影响而又不希望发生反应的基团用某种试剂保护起来,反应结束后再除去这个试剂,使原来的基团再重新恢复到原来的状态。这种用来保护目标分子中某个基团的试剂或结构单元称为保护基。

理想的保护基应该具备下列特性:①该基团应该在温和的条件下引入到被保护的分子部位;②该基团与被保护基形成的结构能够经受住所要发生的反应;③该基团的引入和离去不

损坏分子的其他结构。

常见基团的保护方法有：

(1) 醇羟基的保护。

醇羟基易发生氧化、烷基化、酰基化和易失水，因此有时需要进行保护。常用的保护方法有：①转换成混合型缩醛，缩醛对碱、Grignard 试剂、$LiAlH_4$、NaOEt、CrO_3 等稳定；②转换成醚或酯。

(2) 胺的保护。

氨基易被氧化、烷基化和酰基化，可采取酰化法加以保护。也可将胺转变为磺酰胺、盐或苄胺等。

(3) 羰基的保护。

常用的重要方法是形成缩醛和缩酮。二甲基或二乙基缩醛和缩酮对碱、还原剂、中性或碱性条件下对除 O_3 外的所有氧化剂、Grignard 试剂都稳定。但对酸不稳定，可酸性水解进行还原。环状缩醛和缩酮比无环的缩醛和缩酮更稳定(如用乙二醇)。

(4) 双键的保护。

双键容易发生加成、氢化、氧化等反应。其保护方法可将其转变为稳定的单键化合物，或转化成邻二卤代物和环氧化物的方法。

$$>C=C< \xrightarrow{X_2} -\overset{\overset{\displaystyle X}{|}}{C}-\overset{\overset{\displaystyle X}{|}}{C}- \xrightarrow{Zn} >C=C< + ZnX_2$$

(5) 羧基的保护。

羧基一般将其转变为酯，如甲酯、叔丁酯或苄酯等，除去的方法是在强酸(碱)下水解。

12.2.3　碳骨架的构建

1. 增加一个碳的方法

一般含有一个独立碳的化合物都可以作为增加一个碳的试剂，常用的有 HCHO、$(CH_3O)_2SO_2$、CH_3I、$HCOOC_2H_5$、$HC(OC_2H_5)_3$、CO、CO_2、ClCOCl、CHX_3、CH_2X_2、HCN、CH_2N_2、NH_2CONH_2、CH_3MgI、$PhP=CH_2$ 等，与此相关的一些典型反应如下：

(1) 加成反应。

$$\underset{\overset{\|}{O}}{HCH} + RMgX \longrightarrow RCH_2OH$$

$$\underset{\overset{\|}{O}}{HCH} + \underset{\overset{\|}{O}}{CH_3CCH_2R} \longrightarrow HOCH_2CH_2CCH_2R \;\;\overset{\|}{O}$$

$$\underset{\overset{\|}{O}}{HCH} + CH_3C\equiv CNa \longrightarrow CH_3C\equiv CCH_2OH$$

$$CO_2 + RMgX \longrightarrow RCOOH$$

$$HCN + >C=O \xrightarrow{OH^-} \underset{CN}{\overset{OH}{C}}$$

$$\bigcirc\!\!=\!O + Ph_3P=CH_2 \longrightarrow \bigcirc\!\!=\!CH_2$$

（2）取代反应。

$$HCHO + HCl + \bigcirc \xrightarrow{ZnCl_2} \bigcirc-CH_2Cl$$

（图：2-甲基环己酮 + $HCOOC_2H_5$ → 2-甲基-6-醛基环己酮）

$$NaCN + \bigcirc-CH_2Br \longrightarrow \bigcirc-CH_2CN$$

$$\bigcirc-Br + CH_3I + 2Na \longrightarrow \bigcirc-CH_3$$

$$\bigcirc + CH_3Cl \xrightarrow{AlCl_3} \bigcirc-CH_3$$

$$CH_3CCl + CH_2N_2 \longrightarrow CH_3CCHN_2$$
$$\quad \parallel \qquad\qquad\qquad\qquad\quad \parallel$$
$$\quad O \qquad\qquad\qquad\qquad\qquad O$$

2. 成倍增长碳链的反应

（1）Wurtz 反应。

$$2 \diagup\diagdown Br \xrightarrow{Na} \diagup\diagdown\diagup\diagdown$$

（2）羟醛缩合。

$$\diagup\diagdown CHO \xrightarrow{OH^-} \diagup\diagdown\diagup CH(OH)CH(CH_3)CHO$$

（3）安息香缩合。

$$\bigcirc-CHO \xrightarrow{CH^-} \bigcirc-\underset{\underset{H}{|}}{\overset{OH}{C}}-\overset{\parallel}{\underset{O}{C}}-\bigcirc$$

（4）酯缩合反应。

$$2CH_3COC_2H_5 \xrightarrow{NaOC_2H_5} CH_3C-CH_2COC_2H_5$$
$$\quad\ \parallel \qquad\qquad\qquad\qquad \parallel\qquad\quad \parallel$$
$$\quad\ O \qquad\qquad\qquad\qquad\ O\qquad\quad O$$

（5）等碳数的加成、取代反应。

$$CH_3C\equiv CNa + CH_3CH_2CH_2Br \longrightarrow CH_3C\equiv CCH_2CH_2CH_3$$

$$CH_3CHO + CH_3CH_2MgBr \longrightarrow CH_3\underset{\underset{OH}{|}}{CH}CH_2CH_3$$

3. 减少一个碳的反应

减少碳数的反应又称为降级反应。常用的典型反应有：

(1) 卤仿反应。

(2) Hofmann 降解反应。

$$RCONH_2 \xrightarrow{Br_2/NaOH} RNH_2$$

(3) 烯炔链端的氧化。

(4) Hunsdiecker 反应。

(5) Ruff 降级反应。

4. 环状结构的形成

环状化合物一直是化学合成所关注的问题。目前，成环的方法主要有两大类：一类是分子内成环；另一类是分子之间成环。主要方法有：

(1) 三元环。卡宾对碳碳双键的加成反应、卤代羰基化合物的 1,3-消去反应。

$$H_2C{=}CHOCH_3 \ + \ CHBr_3 \xrightarrow[-25℃]{t\text{-BuOK}} \text{（环丙烷衍生物）}$$

$$H_2C{=}C{=}O \ + \ CH_2N_2 \xrightarrow[-78℃]{CH_2Cl_2} \text{（环丙酮衍生物）}$$

(2) 四元环。烯烃的光化学[2+2]环加成反应、适当的环丙烷衍生物重排反应。

(3) 五元环。分子内成环是合成五元环常用的方法，Friedel-Crafts 烷基化、分子内羟醛缩合、Claisen 酯缩合等，六元环缩环或三、四元环扩环也是一种途径。

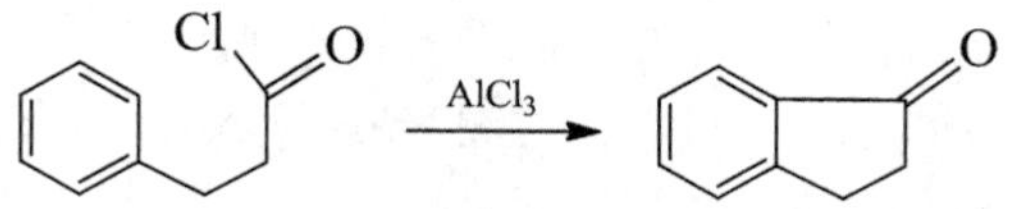

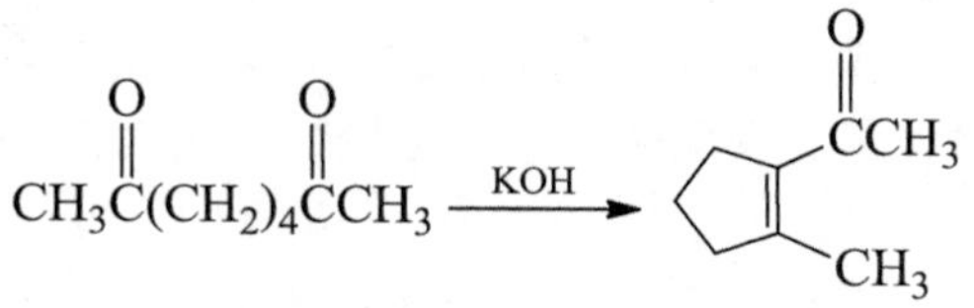

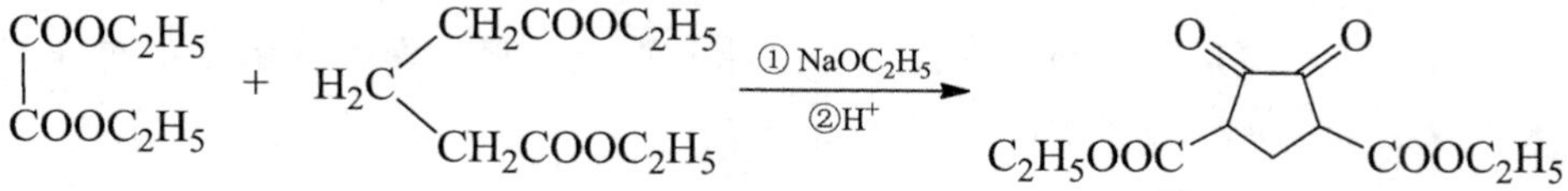

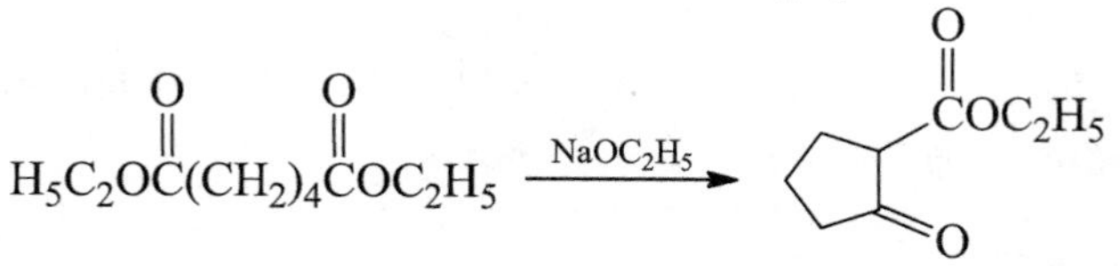

$$CH_3C(CH_2)_4CCH_3 \xrightarrow{KOH}$$

$$H_5C_2OOC(CH_2)_4COC_2H_5 \xrightarrow{NaOC_2H_5}$$ （Dieckmann缩合）

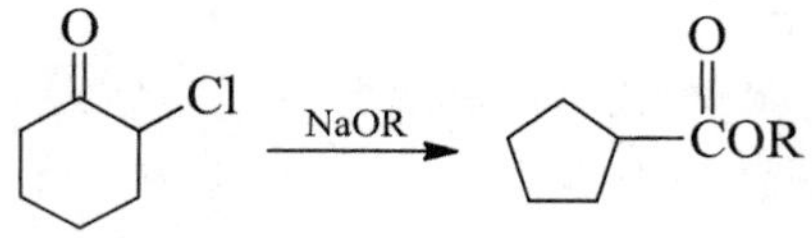

（Favorskii重排）

（4）六元环。Diels-Alder 反应（最常用）、Claisen 酯缩合反应。

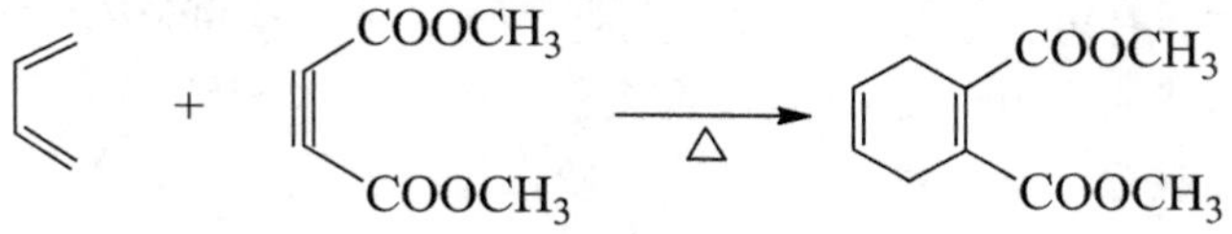

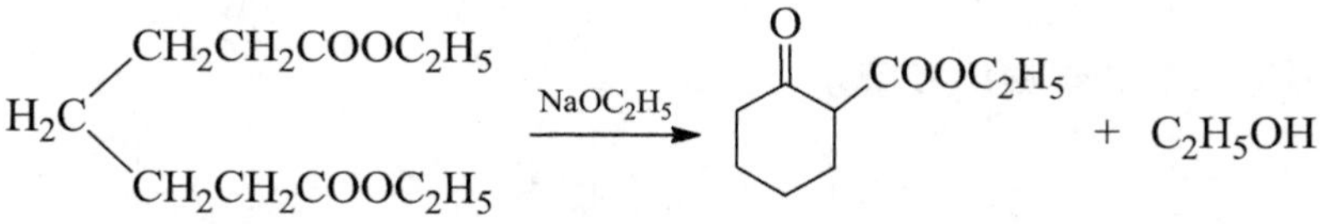

　$+$　C_2H_5OH

12.3　合成工艺和条件的设计与控制

12.3.1　合成工艺和条件的设计

一个完整的实验计划，不仅要有合理的合成路线设计，还必须对工艺路线的实施条件进行优化选择和处理，通常要考虑如下因素：

（1）反应物浓度和投料比。

随着反应物浓度的提高，反应平衡将有利于向目标产物的方向移动。事实上，为了降低生产成本，一般选择较为经济的原料使之过量，而促进昂贵的原料有较高的转化率。但是，必须同时考虑到目标分子的纯化条件，即过量的原料部分不应该给目标产品的分离纯化造成困难。更多的时候，可以选取控制加料速率的连续滴加的方式加入物料，以此来扩大配料间的浓度比。

（2）反应温度。

通常情况下，反应温度采用混合物料的回流温度，或低沸点目标分子的沸点温度，或低熔点原料的熔融温度，但反应温度必须低于各反应物、各目标物分子遭受化学伤害的敏感温度，如热分解。

（3）反应介质和辅助原料。

当主要原料成分为固体，或某一种原料为固体，而不能很好地溶解在其他所使用的原料中，而且熔点又超出了液体物料的沸点时，应选择一种或几种溶剂，尽可能使反应物、目标物成为均相体系。常用的溶剂为水、乙醇、丙酮、酯、DMF、二氧六环等。溶剂选择的原则为：必须化学惰性、对系统内各物料溶解性能良好、沸点合适、容易分离、价格便宜。必要时，可以添加相转移催化剂，来改善体系中的醇溶物和水溶物的交互溶解。相转移催化剂都具有一定的表面活性，各种季铵盐、表面活性剂均可按照催化剂的条件选用。

(4) 催化剂。

当化学反应平衡时，反应物的转化率太低，应对反应机理(动力学条件、热力学条件)、化学性质、结构特点诸因素进行分析，可选择诸如路易斯酸、路易斯碱、稀有金属等作为催化剂，来加快反应速率，提高转化率。

(5) 其他条件。

反应体系的 pH，压力、空气、光、声、电等条件也要给予足够的考虑。有些反应需要无水操作或无氧操作，需要严格控制。

12.3.2　实验装置与条件控制

工艺条件的确定应尽可能温和，同时必须考虑可实现性和经济性。由于有机化学反应存在着速率较慢、历程复杂、副产物多等特点，加之某些有机物沸点低，化学性质易受光、热、空气等因素的影响等复杂情况，所以有机化学实验对反应条件的控制十分严格。这就需要特定要求的实验装置来完成这种有机化学反应。这一点明显区别于一般的无机化学实验。因此，某些类型有机化学反应的完成常有其特定的实验装置和要求。一个设计科学合理的实验装置常会克服有机反应中的不利因素，保证实验条件的有效控制，从而大大加快反应速率、提高产率、便于后续工作的开展。为此，在进行有机化学实验之前，必须初步了解常用的有机化学实验的装置及其安装和使用的方法。

实验 12-1　逆向合成分析法练习

【实验目的】

(1) 学习并掌握基本的逆向合成分析方法。
(2) 练习常用的几种倒推方法、切断策略和目标分子拆分方法。

【实验内容】

利用倒推法设计合成下列化合物：

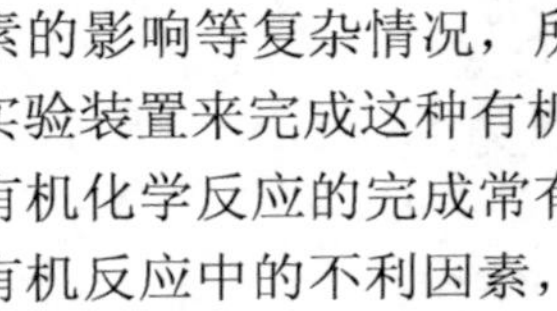

(1) 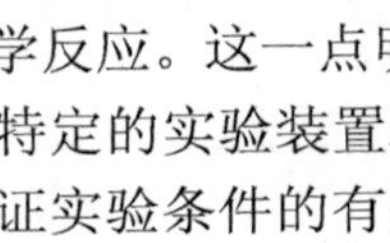　　　　　　　　　(2) 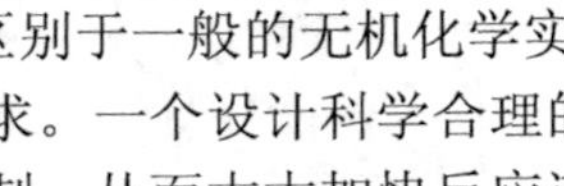　　　　　　　　　(3)

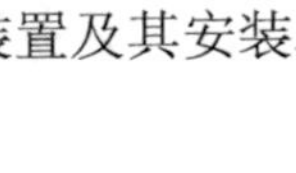

(4) 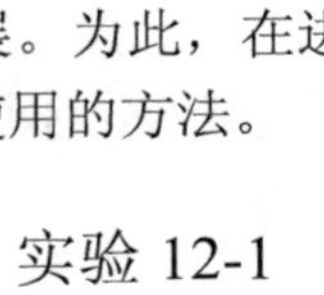　　　　　　　　　(5) 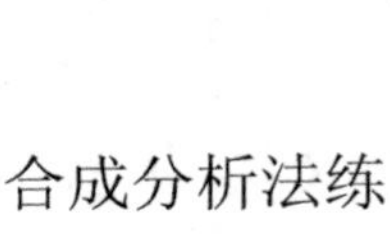　　　　　　　　　(6)　　　　　　　　　(7)

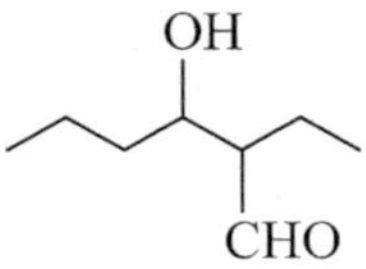

(8) 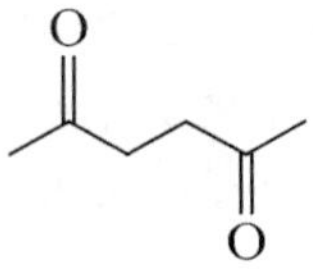　　　　　　　(9) 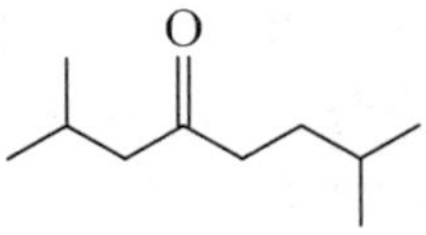　　　　　　　(10)

实验 12-2　运用导向基和保护基的合成设计方法练习

【实验目的】

(1)学习运用导向基和保护基进行合成设计的方法。

(2)练习常用合成设计方法的综合运用。

【实验内容】

利用倒推法和导向基、保护基等方法设计合成下列化合物：

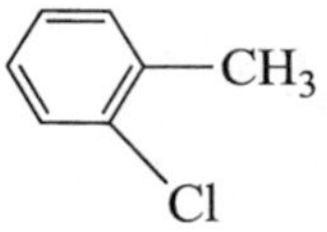

12.4　多步骤合成设计实验

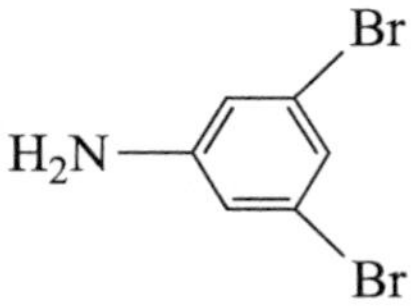

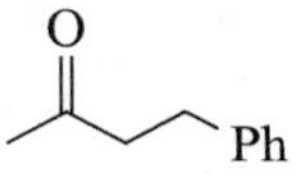

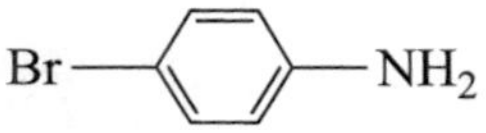

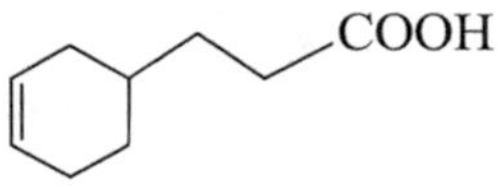

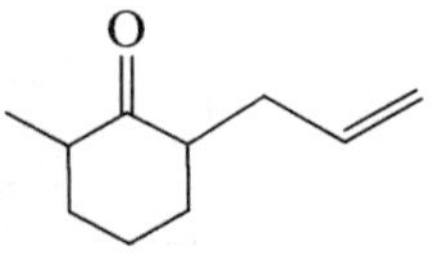

12.4.1　多步反应制备局麻药苯佐卡因

1532 年,秘鲁人咀嚼古柯叶用来止痛。1860 年,两位德国科学家菲烈德克·贾德克(Friedrich Gaedake)和阿尔伯特·尼曼(Albert Niemann)从古柯叶中提取到植物碱,并将其命名为古柯碱,即可卡因。1884 年,年轻的弗洛伊德发表了名为"论古柯树"(On Coca)一文,大力提倡以古柯碱医治包括气喘、吗啡毒瘾等各项疾病。古柯碱在此时的欧洲及美国扮演着药品及提神剂双重角色。与此同时,科勒(Koller)发现了古柯碱具有局部麻醉作用并将其应用于临床。如今,在了解了古柯碱的化学结构与药理作用之后,已经合成了数百种的局部麻醉药,其构效关系如图 12-2 所示。

对氨基苯甲酸乙酯(*p*-aminobenzoic acid ethyl ester,CAS:94-09-7),药名苯佐卡因(benzocaine),$C_9H_{11}NO_2$,相对分子质量 165.19,无色斜方形结晶,熔点 92℃(88～90℃),沸点 183～184℃(1.87kPa)。1g 该品溶于约 2500mL 水、5mL 乙醇、2mL 氯仿、4mL 乙醚或 30～50mL 杏仁油及橄榄油,也溶于稀酸。在空气中稳定,无臭,味苦,无味。苯佐卡因是临床使用的一种脂溶性表面麻醉剂,主要用于局部的麻醉,有止痛、止痒的作用。也可作为紫外线吸收剂用于防晒护肤品中。

苯佐卡因常用的制备方法有:①以对硝基甲苯或对硝基苯甲酸为原料制备苯佐卡因,此方法是 H. Svlkowshi 于 1895 年提出的，反应时将对硝基苯甲酸在氨水的条件下，用硫酸亚铁还原成对氨基苯甲酸，然后在酸性条件下用乙醇酯化，得到苯佐卡因产品；②以对甲苯胺为原料，通过乙酰化、氧化、酸性水解和酯化四个步骤制得苯佐卡因。

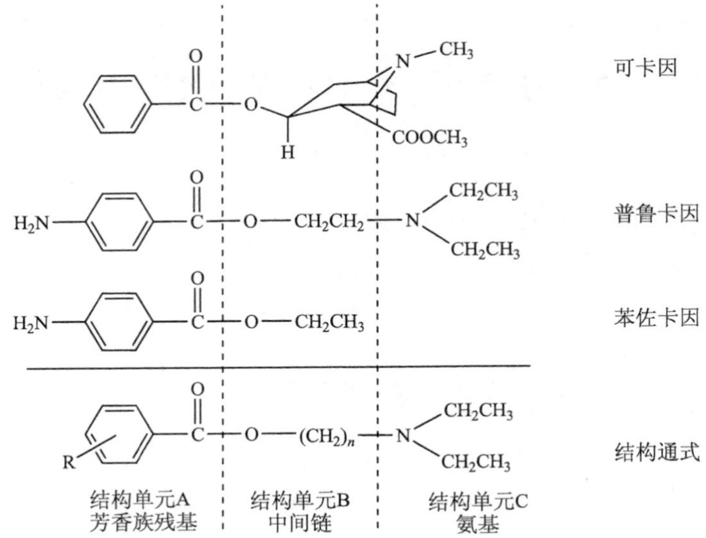

图 12-2　局麻药构效关系示意图

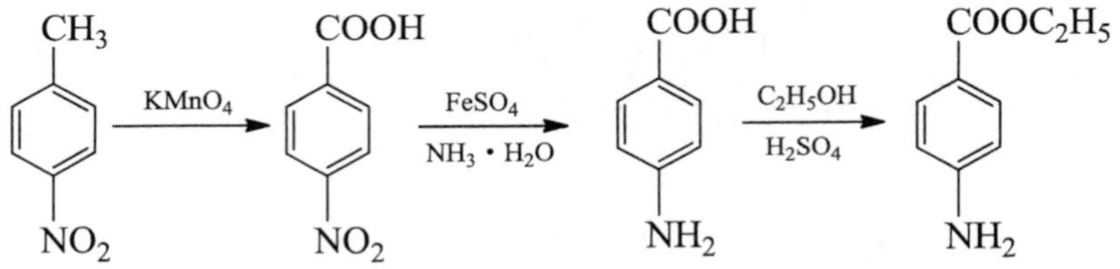

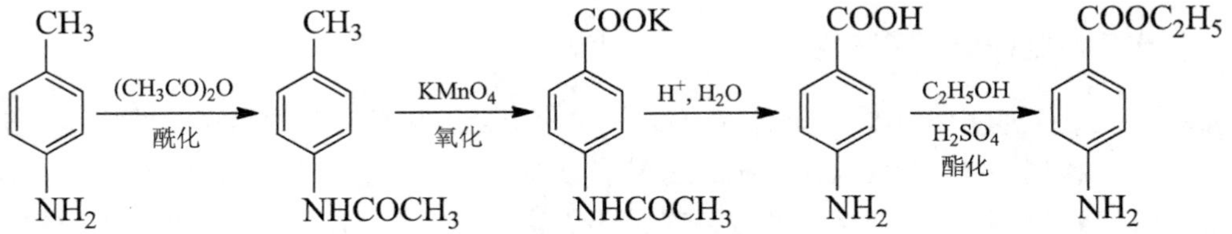

　　除上述方法外，还有其他一些制备方法，也有人对传统方法做过一些改进和创新实验。查阅相关文献资料进行综述。通过文件检索可以对本实验方法与文献其他方法进行对照、比对和分析，拟定更加合理和详细的实验方案和步骤。并根据自拟实验方案向教学组提交实验方法进行修订审核，审核批准后提交相关的实验器材和药品试剂申请单给教学组进行准备。鉴于学生实验，试剂用量建议以 50mL 或 100mL 反应瓶的常量或小量实验为基准。本书提供的是以对甲苯胺为原料的系列合成法(实验 12-3 和实验 12-4)。

实验 12-3　对氨基苯甲酸的制备(6～8h)

【关键词】

对甲苯胺，对氨基苯甲酸(PABA)，酰化反应，氧化反应，氨基保护。

【实验原理与设计】

对氨基苯甲酸(p-aminobenzoic acid，PABA)是叶酸(维生素 B_{10})的组成部分。细菌可将 PABA 作为组分之一合成叶酸，磺胺类药物则具有抑制这种合成的作用而杀菌。

该合成方法共分三步：

第一步，将对甲苯胺的对位氨基进行酰化以保护氨基在下一步甲基氧化时被破坏。选用冰醋酸作为酰化试剂速率较慢、产率较低，需加热回流，但成本较低。选择乙酸酐酰化则速率较快、产率较高，但成本也略高。以乙酸酐进行酰化反应在乙酸-乙酸钠缓冲体系中进行较为顺利。

第二步，将苯环上的甲基氧化成羧基。氧化剂通常选择高锰酸钾，会产生二氧化锰沉淀，二氧化锰易形成胶体，加热可促使其聚沉。同时会产生氢氧化钾，碱性增强会增加酰胺键水解的风险，故加入少量硫酸镁降低碱性。产物以羧酸盐形式存在，经酸化可使对乙酰氨基苯甲酸从水溶液中析出。

第三步，将酰胺键水解得到对氨基苯甲酸。该水解在稀酸中低温加热回流很容易进行。但过量的酸需用氨水中和以便使氨基游离。对氨基苯甲酸属两性分子，以乙酸调节溶液 pH 至其等电点附近会使其溶解度降低而结晶析出。

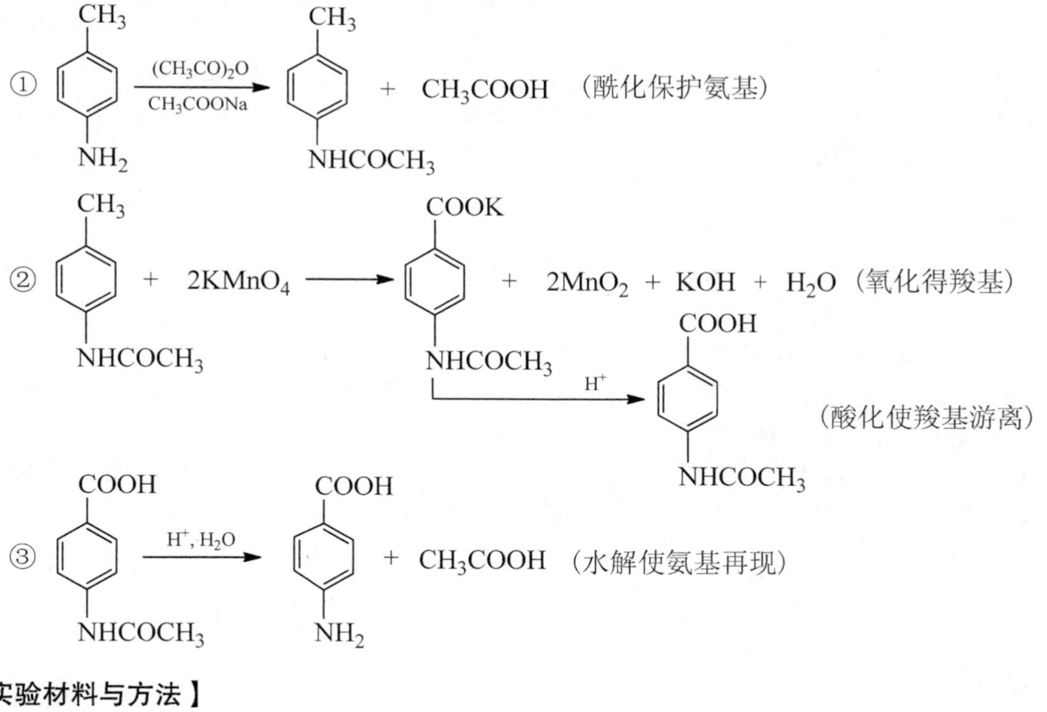

【实验材料与方法】

1. 实验材料

7.5g(0.007mol)对甲苯胺，8.7g(8mL，0.085mol)乙酸酐，12g 结晶乙酸钠，20.5g 高锰酸钾，20g(0.08mol)七水硫酸镁晶体，乙醇，盐酸，硫酸，氨水。

2. 实验方法

(1)制备对甲基乙酰苯胺。在 500mL 烧杯中，加入 7.5g(0.07mol)对甲苯胺、175mL 水和

7.5mL 浓盐酸，搅拌溶解①，若颜色较深，加适量活性炭脱色后过滤。同时，在另一小烧杯中将 12.0g 三水合乙酸钠溶于 20mL 水中备用，必要时可温热使其全部溶解。

将对甲苯胺的盐酸溶液加热至 50℃，加入乙酸酐 8.0mL(8.7g，0.085mol)，并立即加入预先配制好的乙酸钠溶液，充分搅拌，然后将混合物置于冰浴中冷却，使对甲基乙酰苯胺结晶析出。减压过滤，少量冷水洗涤，干燥后称量，产量约 7.5g。测定熔点(纯品熔点 154℃)进行检验和鉴别。

(2) 制备对乙酰氨基苯甲酸。

在 500mL 烧杯中加入制得的对甲基乙酰苯胺(约 7.5g，0.05mol)、七水合结晶硫酸镁 20g 和 350mL 水混合，水浴加热至约 85℃。在 250mL 烧杯中将 20.5g(约 0.13mol)高锰酸钾溶于 70mL 沸水②。在充分搅拌下将热的高锰酸钾溶液在 30min 内分批加到对甲基乙酰苯胺溶液中③，加完后继续在 85℃搅拌 15min。趁热用两层滤纸减压过滤除去二氧化锰沉淀，少量冷水洗涤二氧化锰。若滤液呈紫色，加 2～3mL 乙醇煮沸直至紫色消失，再过滤一次，得无色滤液。将无色滤液转移至烧杯中冷却至室温，加 20%硫酸酸化至滤液显酸性，此时会有白色固体析出，减压过滤，压干，干燥④，可得对乙酰氨基苯甲酸 5～6g。测定熔点进行鉴别(纯品熔点 256.5℃)。

(3) 制备对氨基苯甲酸。

称量上一步得到的对乙酰氨基苯基酸，按每克湿产品用 5mL18%盐酸进行水解。将反应物置于 250mL 圆底烧瓶中缓慢加热回流 30min。待反应物冷却后，加入 30mL 冷水，然后用 10%氨水中和，使反应混合物恰好使石蕊试纸显碱性，氨水不可过量。每 30mL 最终溶液加入 1mL 冰醋酸，充分振摇后置于冰浴中骤冷使结晶析出。减压过滤收集产物，干燥，计算产率(以对甲苯胺为标准)。测定熔点进行简单鉴定(纯品熔点为 186～187℃，产品熔点会略低，因并未纯化⑤)。

【思考与讨论】

(1) 第一步酰化反应时加入乙酸钠的目的是什么？可以选择冰醋酸等其他酰化试剂吗？若可以，其工艺条件将怎样设计？

(2) 对甲苯胺用乙酸酐酰化的反应中为何加入盐酸和乙酸钠？

(3) 在高锰酸钾氧化一步反应中，为何加入硫酸镁晶体？氧化后过滤的滤液若有颜色，加入少量乙醇煮沸的目的是什么？发生了什么反应？

(4) 在第三步酰胺水解一步反应中，可以用硫酸水解吗？中和过量用的氨水为何不能过量？可以用氢氧化钠溶液代替氨水进行中和吗？中和后加入乙酸的目的的何在？

实验 12-4　对氨基苯甲酸乙酯的制备(4～6h)

【关键词】

对氨基苯甲酸乙酯(苯佐卡因)，酯化反应。

---

① 必要时可温水浴促使溶解，若颜色较深可加活性炭脱色后过滤。

② 高锰酸钾的用量应根据实际加入的对甲基苯胺的量进行计算。

③ 30min 内分批加入完毕的目的是避免局部浓度过高破坏产物。

④ 湿产品可直接进行下一步反应。

⑤ 经重结晶实验尝试，对氨基苯甲酸的重结晶并未获得满意结果，因此不必对此重结晶，可直接进入下一步反应合成苯佐卡因。

【实验原理与设计】

$$\text{对氨基苯甲酸} \xrightarrow[\text{H}_2\text{SO}_4]{\text{C}_2\text{H}_5\text{OH}} \text{对氨基苯甲酸乙酯} + H_2O \quad (\text{酯化})$$

【实验材料与方法】

1. 实验材料

2g(0.0145mol)对氨基苯甲酸，25mL 95%乙醇，2mL 浓硫酸，10%碳酸钠溶液(约 15mL)，乙醚(约 50mL)，无水硫酸镁(干燥剂)。

2. 实验方法

在 100mL 圆底烧瓶中加入 2g 对氨基苯甲酸和 25mL 95%乙醇溶液，旋摇烧瓶使大部分固体溶解。将烧瓶置于冰水浴中冷却，加入 2mL 浓硫酸，会立即产生大量沉淀。然后将混合物水浴或电热套加热回流 1h，不时加以振摇，沉淀会逐渐溶解。

将反应混合物转入 250mL 烧杯中，冷却后分批加入 10%碳酸钠中和(约需 12mL)至 pH≈9(为什么？)。中和过程会产生少量硫酸钠固体。将溶液倾泻法转入分液漏斗中，沉淀用少量(约 5mL)乙醚洗涤，洗液并入分液漏斗。向分液漏斗中加入 40mL 乙醚，振摇萃取后分出醚层。将醚层经无水硫酸镁干燥后，转入干燥的圆底烧瓶蒸馏除去乙醚和大部分乙醇至残留液约 2mL。残留液用乙醇-水重结晶，产量约 1g。熔点测定初步鉴定(纯品 91~92℃)。

【思考与讨论】

(1)向反应混合物中加入浓硫酸之前为何要冰水浴冷却？

(2)加入浓硫酸以后出现的大量沉淀是何物质？试解释。

(3)酯化反应结束后，加入碳酸钠的目的是什么？可否用氢氧化钠替代？为何要使溶液的pH 在 9 左右，而不是 7 左右？

(4)如何由对氨基苯甲酸合成普鲁卡因？阐述其合成原理和工艺条件。

12.4.2　多步反应制备生物信息素 2-庚酮

在生物学上，将生物个体之间相互传递生物信息的化学物质称为信息素(pheromone)。这些物质能影响生物体之间的行为、习性和其他生理活动，是一种由生物体内的腺体分泌制造并散发至体外的一种特殊物质，也称体外激素。2-庚酮发现于成年工蜂的颈腺中，是一种警戒信息素，当外敌入侵蜂巢时，蜜蜂会通过分泌 2-庚酮召集工蜂群起而攻之。2-庚酮也是臭蚁属蚁亚科小黄蚁的警戒信息素，当小黄蚁嗅到 2-庚酮时，迅速改变行走路线，四处逃窜。2-庚酮微量存在于丁香油、肉桂油、椰子油中会具有强烈的水果香气，可用于香精的添加剂。户外旅行若涂抹含有 2-庚酮的香水或化妆品在户外可能会招惹到蜜蜂或蚂蚁。

2-庚酮常用的合成方法之一是：由乙酰乙酸乙酯和乙醇钠反应，形成钠代乙酰乙酸乙酯，该碳负离子与正溴丁烷进行 S_N2 反应得到正丁基乙酰乙酸乙酯，经氢氧化钠水解，再进行酸化脱羧后得到 2-庚酮。另一种方法是：以丙酮和丁醛为起始原料经交叉缩合得到 β-羟基-2-庚酮，经脱水得到 α,β-不饱和庚酮，最后催化加氢得 2-庚酮。

$$CH_3COOH + CH_3CH_3OH \xrightarrow[\triangle]{H_2SO_4} CH_3COOC_2H_5 \qquad （实验7-3）$$

$$2\,CH_3COOC_2H_5 \xrightarrow{C_2H_5ONa} CH_3COCH_2COOC_2H_5 \qquad （实验12-5）$$

$$CH_3COCH_2COOC_2H_5 \xrightarrow[C_2H_5OH]{Na} CH_3CO\overset{\ominus}{C}HCOOC_2H_5 \qquad （实验12-6）$$

$$CH_3CO\overset{\ominus}{C}HCOOC_2H_5 + CH_3CH_2CH_2CH_2Br \xrightarrow{KI} \begin{array}{c} CH_3COCHCOOC_2H_5 \\ | \\ CH_2CH_2CH_2CH_3 \end{array}$$

$$\begin{array}{c} CH_3COCHCOOC_2H_5 \\ | \\ CH_2CH_2CH_3 \end{array} \xrightarrow{NaOH} \begin{array}{c} CH_3CO\bar{C}HCOOC_2H_5 \\ | \\ CH_2CH_2CH_3 \end{array} \xrightarrow[\triangle]{H_2SO_4/H_2O} \begin{array}{c} CH_3COCH_2 \\ | \\ CH_2CH_2CH_3 \end{array}$$

实验 12-5　乙酰乙酸乙酯的制备（6～8h）

【关键词】

乙酰乙酸乙酯，Claisen 酯缩合，酮式与烯醇式结构互变，无水操作，减压蒸馏。

【实验原理与设计】

含 α-活泼氢的酯在碱性催化剂存在下会失去 H 质子产生碳负离子，碳负离子与另一分子酯中的羰基发生亲核加成，之后再失去一分子醇，产生 β-羰基酸酯。这一反应于 1887 年由 L. Claisen 首先发现，被称为 Claisen 酯缩合反应。

(1) 乙酸乙酯发生 Claisen 酯缩合反应生成乙酰乙酸乙酯的基本历程。

$$CH_3CH_2OH + Na \longrightarrow CH_3CH_2ONa$$

$$CH_3COOC_2H_5 + C_2H_5\bar{O} \overset{①}{\rightleftharpoons} \bar{C}H_2COOC_2H_5 + C_2H_5OH$$

$$CH_3COC_2H_5 + \bar{C}H_2COOC_2H_5 \overset{②}{\rightleftharpoons} \begin{array}{c} O^- \\ | \\ CH_3C-CH_2COOC_2H_5 \\ | \\ OC_2H_5 \end{array}$$

③ ↕

$$\begin{array}{c} O \\ \| \\ CH_3C-\bar{C}HCOOC_2H_5 \end{array} + C_2H_5OH \overset{④}{\rightleftharpoons} \begin{array}{c} O \\ \| \\ CH_3C-CH_2COOC_2H_5 \end{array} + C_2H_5\bar{O}$$

⑤ ↓ H^+

$$\begin{array}{c} CH_3C-CH_2COOC_2H_5 \\ \| \\ O \quad 酮式结构 \end{array} \rightleftharpoons \begin{array}{c} CH_3C=CHCOOC_2H_5 \\ | \\ OH \quad 烯醇式结构 \end{array}$$

b.p. 41℃/266Pa(2mmHg)　　　　　　b.p. 33℃/266Pa(2mmHg)
室温含92%　　　　　　　　　　　　室温含8%

（2）Claisen 酯缩合反应的特点。

该反应可逆，乙酸乙酯的酸性很弱，在第①步反应平衡中产生的碳负离子很少，但由于最后的产物乙酰乙酸乙酯的酸性比乙醇的酸性强很多（pK_a=10.65），在碱性条件下第④步反应能形成很稳定的乙酰乙酸乙酯的钠盐，该步反应实际上是不可逆的，反应比较完全。也因此第⑤步反应需要用酸性更强的乙酸进行酸化才能使乙酰乙酸乙酯游离出来。

在进行这类反应时，首先必须选择一个强度适当的碱，以保证在平衡体系中产生足够的碳负离子；其次要考虑反应中使用的溶剂。如果溶剂的酸性比原料酯的酸性强，产生的碳负离子会夺取溶剂的质子而使第①步反应平衡左移，不利于原料碳负离子的产生。一般使用的强碱和溶剂体系有：①叔丁醇钾，溶剂用叔丁醇、二甲亚砜、四氢呋喃；②钠氨，溶剂用液氨、醚、苯、甲苯等；③氢化钠或氢氧化钾，溶剂用苯、醚、二甲基甲酰胺等；④三苯甲基钠，溶剂为苯、醚、液氨等。当酯的 α-碳上的氢较多时，可使用较弱的碱进行缩合。当酯的 α-碳上只有一个氢时，需要使用较强的碱进行缩合。用乙酸乙酯合成乙酰乙酸乙酯采用乙醇钠作为缩合催化剂。

Claisen 缩合反应除进行酯的自身缩合外，还可与含有活泼氢原子的其他酯、酮、腈等在碱催化下发生缩合反应，生成相应的酮酯、β-二酮或酮腈等。

（3）主要的副反应。

Claisen 酯缩合是可逆反应，生成的 β-羰基化合物在催化量的碱条件下，与醇作用则可发生缩合反应的逆向反应，即醇解为两分子的酯。

$$CH_3\underset{\underset{O}{\|}}{C}-CH_2COOC_2H_5 \ + \ C_2H_5OH \ \xrightarrow[\text{催化量}]{C_2H_5O^-} \ 2\,CH_3COOC_2H_5$$

乙酰乙酸乙酯长时间放置会发生分子间脱醇反应，生成去水乙酸而降低产量，因此反应最好连续进行。

烯醇式　　　　　　　　酮式　　　　　去水乙酸

本实验用的乙酸乙酯中含有 1%～3%的乙醇，这些乙醇和金属钠即可产生乙醇钠，所以本实验中用的原料仅是乙酸乙酯和金属钠。为避免金属钠与水剧烈反应发生燃烧和爆炸（乙酸乙酯也易挥发，沸点低和易燃），也为防止醇钠水解，本实验要求无水操作。

乙酰乙酸乙酯钠盐在醇溶液中可与卤代烷发生亲核取代，生成一或二烷基取代物：

取代的乙酰乙酸乙酯用冷的稀碱水解、酸化后加热脱羧可发生酮式分解，常用以制备取代丙酮：

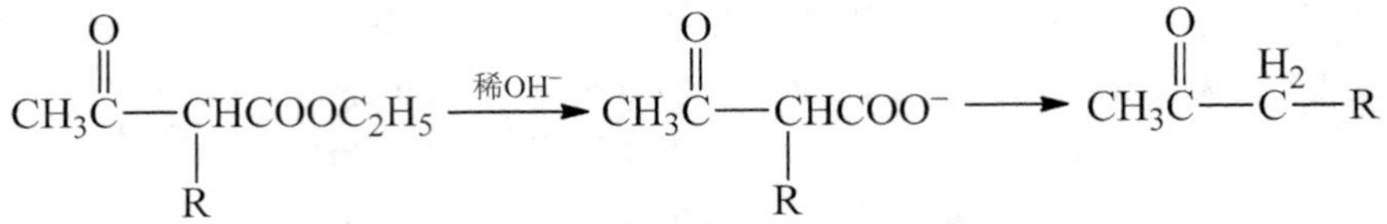

$$CH_3\overset{O}{\overset{\|}{C}}-\underset{R}{\underset{|}{CH}}COOC_2H_5 \xrightarrow{\text{稀}OH^-} CH_3\overset{O}{\overset{\|}{C}}-\underset{R}{\underset{|}{CH}}COO^- \longrightarrow CH_3\overset{O}{\overset{\|}{C}}-\overset{H_2}{\overset{}{C}}-R$$

取代乙酰乙酸乙酯与浓碱在醇溶液中加热则发生酸式分解。但用丙二酸酯反应可以得到更高产率的取代乙酸，所以以取代乙酰乙酸乙酯制备取代乙酸在合成中很少被采用。

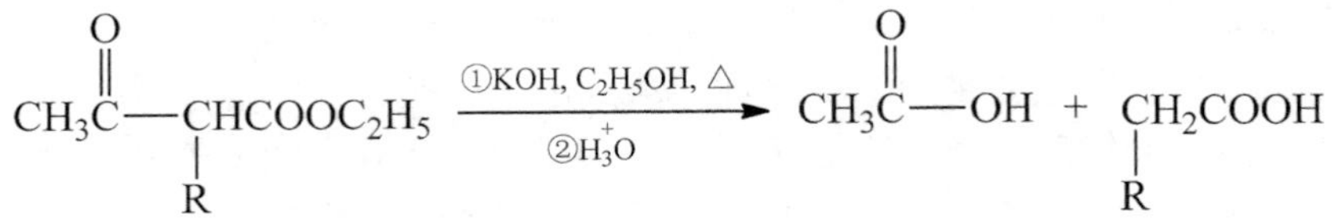

$$CH_3\overset{O}{\overset{\|}{C}}-\underset{R}{\underset{|}{CH}}COOC_2H_5 \xrightarrow[\text{②}H_3\overset{+}{O}]{\text{①}KOH, C_2H_5OH, \triangle} CH_3\overset{O}{\overset{\|}{C}}-OH + CH_2COOH \atop \underset{R}{\underset{|}{}}$$

(4) 分离与纯化。

反应后的产物以钠盐形式存在可溶于水，酸化后游离出来溶于乙酸乙酯，可萃取分离出来。萃取的有机液体经干燥后(以免形成共沸物和加热分解)利用沸点差异较大，蒸馏法可得到乙酰乙酸乙酯。但需要注意的是，乙酰乙酸乙酯在高温蒸馏时易分解，故需减压蒸馏(表 12-2)。

表 12-2　不同压力下乙酰乙酸乙酯的沸点

压力/kPa (mmHg)	101.3 (760)	10.67 (80)	8.00 (60)	5.33 (40)	4.00 (30)	2.67 (20)	2.40 (18)	1.90 (14)	1.60 (12)
沸点/℃	181	100	97	92	88	82	78	74	71

【实验材料与方法】

1. 实验材料

药品试剂：25g(27.5mL，0.28mol)乙酸乙酯[①]，2.5g(0.11mol)金属钠[②]，12.5mL 甲苯(或二甲苯)，乙酸，饱和氯化钠溶液，无水硫酸钠。

仪器设备：圆底烧瓶(100mL)，克式蒸馏瓶(25mL)，空气冷凝管，干燥管，减压蒸馏装置，分液漏斗，折光仪，红外光谱仪。

2. 实验方法

(1) 金属钠的处理。

金属钠的处理可以采取如图 12-3 所示的三种方法之一。

①压钠机压成钠丝入烧瓶：用镊子取出金属钠块，用双层滤纸吸去溶剂油，用小刀切去其表面，随即放入经乙醇洗净的压钠机中，直接压入已称量的 100mL 圆底烧瓶中。为防止氧化，迅速用塞子塞紧瓶口后称量。

---

① 乙酸乙酯必须绝对干燥。但其中应含有 1%~2%的乙醇。普通乙酸乙酯可用饱和氯化钙溶液洗涤数次，再用烘焙过的无水碳酸钾干燥，蒸馏收集 76~78℃馏分。

② 金属钠遇水即燃烧爆炸，使用时切勿接触水！多余和废弃的金属钠不可随意丢弃，应集中投放到乙醇中使其反应掉。此外，金属钠易氧化，空气中取用和处理应尽快完成。

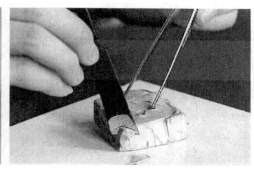
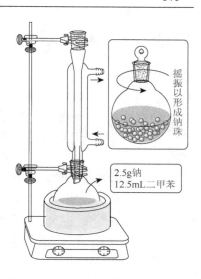

摇振以形成钠珠

2.5g钠
12.5mL二甲苯

图 12-3　钠的三种处理方法

②溶剂回流后振摇形成钠珠：将去除氧化膜的钠切成小块，称量后投入干燥的盛有 12.5mL 二甲苯或甲苯的 100mL 圆底烧瓶中，装上冷凝管，加热回流使金属钠熔融。拆去冷凝管，立即用橡皮塞塞紧圆底烧瓶，用力来回摇振，即得细粒状钠珠。稍经放置后使钠珠沉于瓶底，用倾泻法将二甲苯或甲苯倾倒入指定的回收瓶中[①]。

③刀切成小薄块：将金属钠切成细条后移入粗汽油中，进行反应时再移入反应瓶内。

(2) 安装装置、加料并开始反应。

向 100mL 圆底烧瓶内加入 27.5mL 乙酸乙酯和已经处理好的金属钠 2.5g，安装回流装置，回流冷凝管顶端安装氯化钙干燥管。反应随即开始，并有氢气泡逸出。如反应不开始或很慢时，可稍加温热。当剧烈的反应过后，将反应瓶小心地低温加热，使反应液体保持微沸状态，直至所有金属钠几乎作用完全[②]。一般约需 1.5h。此时，生成的乙酰乙酸乙酯钠盐为橘红色透明溶液，有时析出黄白色沉淀。

(3) 分离纯化。

待反应瓶内液体冷却后，拆除反应装置，在摇荡下向反应瓶内逐渐加入 50%的乙酸溶液，直到反应液呈弱酸性为止(约需 15mL)[③]。所有的固体物质均已溶解后，转入分液漏斗，加入等体积饱和氯化钠溶液，用力摇振片刻，静置后分层，将乙酰乙酸乙酯层分出得粗产物。

粗产物用无水硫酸钠干燥后滤入干燥的蒸馏瓶中，并用少量乙酸乙酯洗涤干燥剂，洗液也并入蒸馏瓶中。加热蒸馏先除去其中的乙酸乙酯，剩余液体移入 25mL 克氏蒸馏瓶进行减压蒸馏[④]。减压蒸馏时必须缓慢加热，待残留的低沸点组分蒸出后，再升高温度，收集乙酰乙酸乙酯[⑤]。称量，计算产率[⑥]。

① 切勿倒入水槽或废物缸，以免引起火灾。

② 一般情况会作用完全，但很少量未反应的金属钠并不会妨碍进一步的操作。

③ 开始中和时会有固体析出，继续加酸并不断振摇，固体会逐渐消失，最后得到澄清的液体。为什么会有上述现象和变化？给予解释。若尚有少量固体不溶解，可加少许水使之溶解。避免过多加入乙酸，否则会增加酯在水中的溶解度而降低产量。

④ 常压下乙酰乙酸乙酯沸点为 180℃，常压蒸馏乙酰乙酸乙酯易分解，故需减压蒸馏。减压蒸馏的接受温度需参考不同真空度下乙酰乙酸乙酯的沸点，查见资料与文献阅读。

⑤ 接收沸程一般为某一真空度下其沸点温度前后 2～3℃。

⑥ 理论产量按钠计算。

(4)性质、鉴别与结构表征。

①三氯化铁实验：试管内 1 滴产品加 2mL 水混合，滴入 1%三氯化铁几滴，振荡后观察并解释现象。

②溴实验：试管内 1 滴产品加 1mL 四氯化碳，振荡下滴加 2%溴的四氯化碳溶液，至溴很淡的红色在 1min 内保持不变。放置 5min 后再观察颜色变化，解释现象。

③2,4-二硝基苯肼实验：试管内加入新制 2,4-二硝基苯肼溶液，加入 4 滴本品振荡观察，解释现象。

④亚硫酸氢钠实验：试管内加 2mL 本品和 0.5mL 饱和亚硫酸氢钠溶液，振荡 5～10min 后观察，会有沉淀生成，在加入饱和碳酸钾溶液振荡，沉淀会消失。解释现象。

⑤乙酸铜实验①：试管内加入 0.5mL 本品和 0.5mL 饱和乙酸铜溶液，充分振荡后观察现象。再加入 1mL 氯仿振荡后观察有何变化。解释现象。

⑥折光率测定。

⑦红外光谱测定：液膜法。

【思考与讨论】

(1)你所学过的缩合反应都有哪些类型？各自的反应条件如何？

(2)Claisen 酯缩合反应的催化剂是什么？本实验为何用金属钠替代而没有加入乙醇？

(3)本实验的中乙酸乙酯中含有的醇是否可以多些？为什么？

(4)何谓互变异构？如何实验证明乙酰乙酸乙酯存在两种互变结构的平衡混合物。

(5)除本实验的方法外，乙酰乙酸乙酯的制备还有其他方法，结合查阅的其他文献资料，对乙酰乙酸乙酯制备方法进行讨论和分析。

(6)结合理论和文献资料概括分析乙酰乙酸乙酯在有机合成上有哪些应用。

【教学指导与要求】

1. 实验预习

(1)技术准备：预习液-液萃取、常压蒸馏、减压蒸馏等技术。

(2)理论准备：Claisen 酯缩合反应、乙酰乙酸乙酯的性质。

(3)查阅资料并填写下列数据表：

化合物	M_r	m.p./℃	b.p./℃	$\rho/(g/cm^3)$	n_D^{20}	溶解度		
						水	乙醇	乙醚
乙酰乙酸乙酯								
乙酸乙酯								
金属钠								

(4)写出该实验的主反应方程，注明投料量和所有的反应条件。

(5)画出该实验合成与分离纯化的流程图，注明必要的数据和参数。

---

① 乙酰乙酸乙酯的烯醇式结构中存在两个配位中心，即羰基和羟基，可以和铜、钡、铝等某些金属离子形成螯合物，因反应很灵敏而用于某些金属离子的螯合滴定定量分析。

(6)该实验有哪些副反应？是如何避免和克服的？

(7)反应后的反应液中都有哪些主要成分？产物以何种结构形式存在？主要分离过程利用了产品和其他物质之间的哪方面的性质差异？

(8)为何本实验要进行无水操作？都采取了哪些措施？

(9)为何本实验反应时要小心加热而不能高温？

(10)反应后为何用乙酸酸化反应后的混合物？可以改用其他的酸酸化吗？

(11)酸化后进行液-液萃取为何要用饱和氯化钠溶液而不用水？保留的那层萃取液都还有什么组分？

(12)萃取洗涤后的粗产品为什么要干燥后才能进行蒸馏？过滤干燥剂时为何要用乙酸乙酯洗涤？

(13)常压蒸馏回收乙酸乙酯应选择怎样的加热温度和冷却方式？为什么？

(14)回收乙酸乙酯后为何要进行减压蒸馏？减压蒸馏时应如何进行加热、冷却和接收乙酰乙酸乙酯？

2. 安全提示

(1)金属钠：遇水易燃烧、爆炸，使用时绝对要避免其与水接触，废弃的钠要毫不保留地丢弃在乙醇中，禁止带出实验室。

(2)乙酸乙酯、甲苯或二甲苯：易燃，口服或吸入有毒。禁止明火，注意排气通风，禁止随意倾倒。

(3)反应时加热要小心，不可使反应过于剧烈。

3. 其他

(1)本实验需 6～8h，预期产量约 6g。

(2)实验关键：无水操作、金属钠的处理、加热和反应时间，减压蒸馏。

(3)学生产品统一回收存放。

实验 12-6 生物信息素 2-庚酮的制备(10～12h)

【关键词】

生物信息素，2-庚酮。

【实验原理与设计】

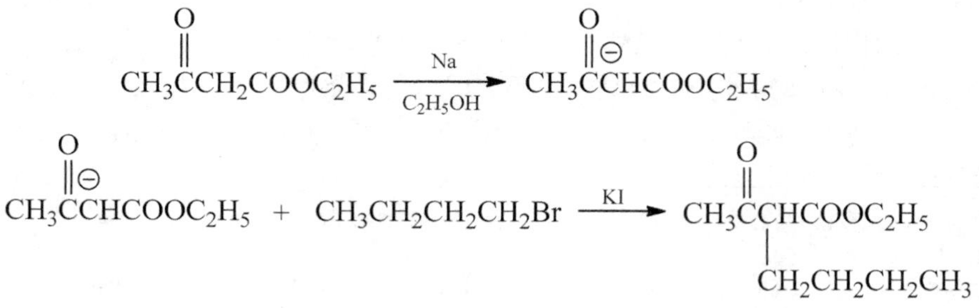

$$CH_3CCH_2COOC_2H_5 \xrightarrow[C_2H_5OH]{Na} CH_3CCHCOOC_2H_5^{\ominus}$$

$$CH_3CCHCOOC_2H_5^{\ominus} + CH_3CH_2CH_2CH_2Br \xrightarrow{KI} CH_3CCHCOOC_2H_5$$
$$| \atop CH_2CH_2CH_2CH_3$$

$$\underset{\underset{CH_2CH_2CH_2CH_3}{|}}{CH_3\overset{O}{\overset{||}{C}}CHCOOC_2H_5} \xrightarrow{NaOH} \underset{\underset{CH_2CH_2CH_2CH_3}{|}}{CH_3\overset{O}{\overset{||}{C}}CHCOONa} \xrightarrow[\triangle]{H_2SO_4/H_2O} \underset{\underset{CH_2CH_2CH_2CH_3}{|}}{CH_3\overset{O}{\overset{||}{C}}CH_2}$$

【实验材料与方法】

1. 实验材料

仪器设备：100mL 三颈烧瓶，回流水冷凝管，恒压滴液漏斗，U 形干燥管，电磁搅拌电热套，常压蒸馏装置等。

药品试剂：1.15g(0.10mol)金属钠[①]，7.6g(6.3mL，0.055mol)正溴丁烷，6.5g(6.4mL，0.05mol)乙酰乙酸乙酯，绝对无水乙醇，碘化钾，盐酸，硫酸，二氯甲烷，无水硫酸镁(干燥剂)，氯化钙溶液，红色石蕊试纸。

2. 实验方法

(1) 正丁基乙酰乙酸乙酯的制备。

在电磁搅拌电热套内固定安装一干燥的 100mL 三颈烧瓶，烧瓶内加入 1.15g 切成细条的新鲜金属钠和搅拌磁子，三颈烧瓶上方安装冷凝管和滴液漏斗，冷凝管上安装氯化钙干燥管，滴液漏斗内装入 25mL 绝对无水乙醇[②]。三颈烧瓶另一口用塞子塞上。通冷水后，将滴液漏斗内无水乙醇滴入烧瓶，控制滴加速率保持乙醇溶液微沸，待金属钠作用完毕乙醇已不再沸腾后，向烧瓶内加入 0.6g 粉状碘化钾，向恒压滴液漏斗内装入 6.3mL 正溴丁烷。温和加热烧瓶内液体至沸，直至固体溶解。停止加热，然后再向烧瓶内加入 6.4mL 乙酰乙酸乙酯。再次加热回流，开启搅拌[③]，并慢慢滴加正溴丁烷，继续回流 3h。此时反应液呈橘红色，并有白色沉淀析出。为检测反应是否完成，可取一滴反应液点在湿润的红色石蕊试纸上，若仍呈红色，说明反应已经完成。

待反应液冷却后拆开装置，倾泻出反应烧瓶内的上层溶液与固体溴化钠分离，烧瓶内的固体盐用少量乙醇洗涤，与反应后液体合并转入圆底烧瓶，常压蒸馏除去乙醇得粗产物。粗产物转入分液漏斗用 5%盐酸萃取洗涤，水层用 5mL 二氯甲烷萃取 1 次，二氯甲烷层与油层合并，再用 5mL 水萃取洗涤 1 次。油层转入干燥的锥形瓶，用无水硫酸镁干燥后转入干燥的蒸馏烧瓶低温加热蒸馏除去二氯甲烷，再减压蒸馏收集 112～117℃/2.13kPa(16mmHg) 或 124～130℃/2.66kPa(20mmHg) 馏分。预期产量约 5g。

(2) 2-庚酮的制备。

在 100mL 三颈烧瓶中加入 25mL 5%氢氧化钠、4.7g 上述制备的正丁基乙酰乙酸乙酯(0.05mol)和 1 粒搅拌磁子，室温下搅拌 2.5h。然后在搅拌下由滴液漏斗慢慢加入 8mL 20%硫酸溶液。待大量二氧化碳气泡放出后，停止搅拌。改蒸馏装置，收集馏出物。馏出物转入分液漏斗，分出油层，水层每次用 5mL 二氯甲烷萃取 2 次，将二氯甲烷层与油层合并后，再用 5mL 40%氯化钙溶液萃取洗涤 1 次。油层转入干燥的锥形瓶，无水硫酸镁干燥后转入圆底烧瓶，蒸馏收集 145～152℃馏

---

① 金属钠通常保存在煤油中，使用和切割时用滤纸吸取煤油，尽量减少裸露在空气中的时间，防止氧化。特别注意其使用安全，避免与水接触，残留于乙醇中将其反应掉。

② 本实验要求使用绝对无水乙醇，因极少量水会使正丁基乙酰乙酸乙酯的产量降低。绝对无水乙醇制备参见相关文献资料。

③ 在回流过程中，由于产生溴化钠固体会产生剧烈的崩沸现象，采用搅拌可以避免。

分。称量，预期产量约 2g。折光率测定鉴别和检查纯度，红外光谱测定鉴定。

【思考与讨论】

(1)在合成 2-庚酮的各步反应中可能会有哪些副反应？

(2)制备正丁基乙酰乙酸乙酯时为何要求无水操作？有水会发生怎样的影响？为什么？

(3)2-庚酮的制备还有其他方法吗？查阅文献并与本实验进行对比分析。

12.4.3　多步反应制备抗癫痫药苯妥英

苯妥英，化学名 5,5-二甲基乙内酰脲，又称 5,5-二苯基-2,4-咪唑二酮。本品为抗癫痫药、抗心律失常药，治疗剂量不引起镇静催眠作用。结构上属于环内酰脲类抗癫痫药。

苯妥英的制备通常以苯甲醛为原料，经安息香缩合反应制备安息香，再由安息香温和氧化制得二苯基乙二酮，二苯基乙二酮再与尿素缩合可得苯妥英。多步合成反应流程如下：

$$2\ C_6H_5-\overset{\overset{\displaystyle O}{\|}}{C}-H \xrightarrow{\text{维生素 } B_1} C_6H_5-\overset{\overset{\displaystyle OH}{|}}{\underset{\underset{\displaystyle H}{|}}{C}}-\overset{\overset{\displaystyle O}{\|}}{C}-C_6H_5 \tag{实验12-7}$$

$$C_6H_5-\overset{\overset{\displaystyle OH}{|}}{\underset{\underset{\displaystyle H}{|}}{C}}-\overset{\overset{\displaystyle O}{\|}}{C}-C_6H_5 \xrightarrow[\text{NH}_4\text{NO}_3]{\text{Cu(OAc)}_2} C_6H_5-\overset{\overset{\displaystyle O}{\|}}{C}-\overset{\overset{\displaystyle O}{\|}}{C}-C_6H_5 \tag{实验12-7}$$

$$C_6H_5-\overset{\overset{\displaystyle O}{\|}}{C}-\overset{\overset{\displaystyle O}{\|}}{C}-C_6H_5 + H_2N-\overset{\overset{\displaystyle O}{\|}}{C}-NH_2 \xrightarrow[\text{乙醇-水}]{\text{KOH}} \xrightarrow{\text{H}_3\text{O}^+} \tag{实验12-8}$$

安息香的制备参阅实验 11-4。苯妥英制备的其他方法请自行查阅文献资料，并与该方法进行对比分析。

实验 12-7　二苯乙二酮的制备（3～4h）

【关键词】

二苯乙二酮，安息香，氧化反应。

【实验原理与设计】

安息香可被温和的氧化剂氧化生成二苯乙二酮。常用的温和氧化剂包括乙酸铜、浓硝酸等。由于浓硝酸氧化会产生二氧化氮毒气，本实验采用乙酸铜氧化，且经过改进可以使用催化剂量的乙酸铜，即向反应体系中加入等物质的量的硝酸铵，使反应生成的亚铜盐不断被硝酸铵重新氧化成铜盐，硝酸本身被还原成亚硝酸铵，亚硝酸铵在反应条件下被分解成氮气和水。如此改进可节省铜盐试剂，且不延长反应时间、不影响产率和纯度。

$$C_6H_5-\overset{\overset{\displaystyle OH}{|}}{\underset{\underset{\displaystyle H}{|}}{C}}-\overset{\overset{\displaystyle O}{\|}}{C}-C_6H_5 \xrightarrow[\text{NH}_4\text{NO}_3]{\text{Cu(OAc)}_2} C_6H_5-\overset{\overset{\displaystyle O}{\|}}{C}-\overset{\overset{\displaystyle O}{\|}}{C}-C_6H_5$$

产物二苯乙二酮不溶于水，将反应后的混合物倾入冷水中，可使二苯乙二酮结晶析出，过滤可得到较纯产物。测定熔点可初步鉴定。

【实验材料和方法】

1. 实验材料

仪器试剂：50mL 圆底烧瓶，回流装置，电热套，减压过滤装置，熔点测定仪等。

药品试剂：2.15g（0.01mol）安息香（自制），1g（0.0125mol）硝酸铵，硫酸铜，冰醋酸，95%乙醇。

2. 实验方法

在 50mL 圆底烧瓶内加入 2.15g 安息香、6.5mL 冰醋酸、1g 粉状硝酸铵和 1.3mL 2%硫酸铜溶液[①]，加入几粒沸石，用电热套加热安装回流装置。通入冷凝水后缓慢加热回流。当反应物溶解后，开始放出氮气，继续回流 1.5h 使反应完全[②]。将反应后混合物冷却至 50～60℃，搅拌下倾入装有 10mL 冰水的小烧杯中，使二苯乙二酮结晶。减压过滤，冷水充分洗涤晶体，尽量压干，粗产品干燥后称量，应得约 1.5g。产品已足够纯净，可直接用于下一步合成。如制备纯品，可用 75%乙醇水溶液重结晶，熔点 94～96℃。纯品二苯乙二酮为黄色结晶，熔点 95℃。

【思考与讨论】

(1)用反应方程表示硫酸铜和硝酸铵在安息香反应过程中的化学变化。

(2)文献查阅该合成的其他方法并对比分析。

实验 12-8　抗癫痫药苯妥英(5, 5-二苯基乙内酰脲)的制备

【关键词】

苯妥英，二苯基二苯酮，抗癫痫药，重排反应。

【实验原理与设计】

苯妥英由二苯乙二酮和尿素在碱催化下制备，反应机理如下：

---

① 2%硫酸铜溶液的配制：溶解 2.5g 一水合硫酸铜于 100mL 10%乙酸水溶液，充分搅拌后滤除碱性铜盐沉淀。

② 可用薄层层析检测反应进程：每隔十几分钟用毛细管吸取反应液，在硅胶薄层板上点样，二氯甲烷展开，碘蒸气显色，观察安息香是否完全转化。

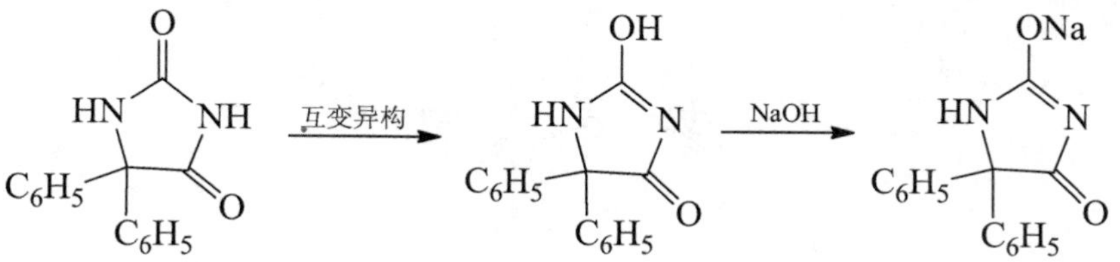

苯妥英钠盐在水中溶解度较大，故临床用药常制成苯妥英钠。苯妥英制备原理如下：

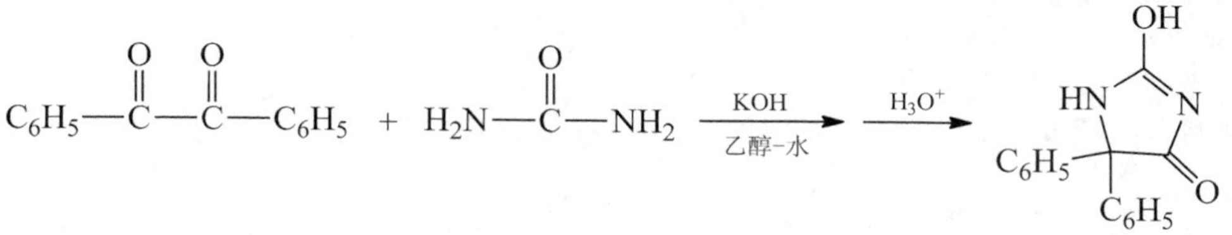

【实验材料与方法】

1. 实验材料

仪器设备：50mL 锥形瓶（带橡胶塞），烧杯，量筒，水浴箱，减压过滤装置，熔点测定仪等。
药品试剂：1g（0.0048mol）二苯乙二酮，0.48g（0.008mol）尿素，氢氧化钾（9.4mol/L 水溶液），10%盐酸，95%乙醇。

2. 实验方法

在 50mL 锥形瓶中加入 1g 二苯乙二酮、0.48g 尿素和 25mL 95%乙醇，充分振摇使固体溶解。再向溶解的溶液中加入 9.4mol/L 氢氧化钾溶液 2.8mL，振摇后在水浴中温热 5min，溶液呈褐色并在瓶底出现少量白色残余物。用橡胶塞塞紧锥形瓶，在实验柜中放置一周[①]。

放置后锥形瓶内有沉淀物，减压过滤得到澄清滤液[②]。将滤液或反应物转入 150mL 烧杯中，加入 75mL 水，充分混合后搅拌下滴加 10%的盐酸溶液酸化，直至反应混合物 pH 为 4～5，析出 5，5-二苯基乙内酰脲沉淀。再在冰水浴中冷却 10min 后，减压过滤得粗产品。粗产品可用乙醇重结晶，干燥后称量，计算产率。预期产量 0.5～1g，熔点 295～298℃。

【思考与讨论】

(1) 本实验加入氢氧化钾的目的是什么？
(2) 放置后为什么有时会出现白色沉淀？
(3) 反应后为何要进行酸化？酸化到 pH 为 4～5 的依据是什么？

---

① 替代放置一周：将反应混合物于 50mL 圆底烧瓶中加热回流 2h，冷却后进行下一步操作。
② 若放置或回流后没有出现沉淀，可省略该步操作。

参 考 文 献

安树林. 2005. 膜科学技术使用教程. 北京：化学工业出版社

北京大学化学学院有机化学研究所. 2002. 有机化学实验. 2版. 北京：北京大学出版社

北京化学试剂公司. 2002. 化学试剂·精细化学品手册. 北京：化学工业出版社

陈钧辉, 李俊. 2014. 生物化学实验. 5版. 北京：科学出版社

高占先. 2004. 有机化学实验. 4版. 北京：高等教育出版社

顾觉奋. 2002. 分离纯化工艺原理. 北京：中国医药科技出版社

何华, 倪坤仪. 2004. 现代色谱分析. 北京：化学工业出版社

何丽一. 1999. 平面色谱方法及应用. 北京：化学工业出版社

何忠效. 2004. 生物化学实验技术. 北京：化学工业出版社

胡之德, 关祖京. 1994. 分析化学中的溶剂萃取. 北京：科学出版社

金钦汉. 2001. 微波化学. 北京：科学出版社

李广生. 1999. 医学研究与论文写作. 长春：吉林科学技术出版社

李良铸, 由永金, 卢盛华. 1991. 生化制药学. 北京：中国医药科技出版社

李明, 刘永军, 王书文, 等. 2010. 有机化学实验. 北京：科学出版社

李学骥. 1986. 医用化学实验技术. 西安：陕西科学技术出版社

楼书聪, 杨玉玲. 2002. 化学试剂配制手册. 2版. 南京：江苏科学技术出版社

麦禄根. 2002. 有机合成实验. 北京：高等教育出版社

宁永成. 2000. 有机化合物结构鉴定与有机波谱学. 2版. 北京：科学出版社

汪茂田, 谢培山, 王忠东, 等. 2004. 天然有机化合物提取分离与结构鉴定. 北京：化学工业出版社

王佛松, 王夔, 陈新滋, 等. 2000. 展望21世纪的化学. 北京：化学工业出版社

王光信, 张积树. 1997. 有机电合成导论. 北京：化学工业出版社

王清廉. 1994. 有机化学实验. 2版. 北京：高等教育出版社

王霞文. 1995. 临床生化检验技术. 南京：南京大学出版社

闻韧. 1988. 药物合成反应. 北京：化学工业出版社

邢其毅, 等. 2005. 基础有机化学. 3版. 北京：高等教育出版社

姚新生. 2001. 天然药物化学. 3版. 北京：人民卫生出版社

《有机化学实验技术》编写组. 1978. 有机化学实验技术. 北京：科学技术出版社

元英进, 刘明言, 董岸杰. 2002. 中药现代化生产关键技术. 北京：化学工业出版社

曾昭琼. 2000. 有机化学实验. 3版. 北京：高等教育出版社

周宁怀, 王德琳. 1999. 微型有机化学实验. 北京：科学出版社

周志高, 蒋鹏举. 2005. 有机化学实验. 北京：化学工业出版社

J.R.柏廷顿. 2003. 化学简史. 胡作玄译. 桂林：广西师范大学出版社

附　录

附录1　实验项目与内容一览表

实验编号	实验题目	实验技术											色谱分析	光谱分析	特色说明
		搅拌	滴液	气体吸收	无水操作	干燥	回流	蒸馏	萃取	结晶过滤	升华	物理化学参数测定			
2-1	重结晶与过滤基本操作训练									√					
2-2	萃取分离甲苯、苯胺、苯酚和苯甲酸混合物								√						
2-3	常压简单蒸馏与分馏操作训练							√							
2-4	减压蒸馏与旋转蒸发操作训练							√							
2-5	分子蒸馏的文献实验							√							培养文献检索能力
2-6	染料混合物的柱色谱分离												√		吸附柱色谱
2-7	氨基酸的纸色谱												√		纸色谱
2-8	氨基酸的纸电泳												√		纸电泳
2-9	薄层色谱法测定氧化铝活度												√		薄层色谱
3-1	固体有机化合物的熔点测定											√			
3-2	液体有机物的折光率测定											√			
3-3	光学活性物质的旋光度测定											√			
3-4	有机物红外光谱的测试和解析													√	
4-1	环己烯的制备							√	√			折光率	GC	IR	氧化反应

续表

实验编号	实验题目	实验技术										物理化学参数测定	色谱分析	光谱分析	特色说明
		搅拌	滴液	气体吸收	无水操作	干燥	回流	蒸馏	萃取	结晶过滤	升华				
4-2	1-溴丁烷的制备					√		√	√			折光率 速率常数测定	GC		反应历程与化学动力学
5-1	格氏试剂制备 2-甲基-2-己醇	√	√		√	√	√	√	√			折光率		IR	Grignard 试剂
5-2	Friedel-Crafts 烷基化法制备抗氧化剂 TBHQ	√			√	√	√	√		√		熔点		IR	Friedel-Crafts 烷基化
5-3	正丁醚的制备	√	√			√	√	√		√		熔点		IR	消除反应，Williamson 法
6-1	肉桂醛的制备	√	√	√	√	√	√	减压				折光率		IR	羟醛缩合反应
6-2	环己酮的氧化法制备	√	√	√	√	√	√	水蒸气 常压						IR	氧化反应
6-3	醛的 Cannizzaro 反应及其产物的制备	√	√			√	√	常压	√	√		折光率 熔点		IR	Cannizzaro 反应
7-1	己二酸的氧化法制备	√	√			√	√			√		熔点		IR	氧化反应超声相转移催化
7-2	肉桂酸的 Perkin 法制备	√			√	√	√	水蒸气		√		熔点		IR	Perkin 反应碱性催化
7-3	乙酸乙酯的制备	√	√			√	√	常压	√			折光率	GC	IR	酯化反应酸催化
7-4	解热镇痛药——阿司匹林的制备	√				√	√			√		熔点	TLC	IR	酯化反应酸催化(可微波合成)
7-5	解热冰——乙酰苯胺的制备	√				√	√			√		熔点		IR	酰化反应
7-6	ε-己内酰胺的制备														
8-1	苯电取代硝化法制备染料中间体——对硝基苯胺	√	√			√	√			√		熔点		IR	苯电取代
8-2	偶氮苯制备与光化异构化	√				√	√			√		熔点	TLC	IR	还原反应，光化异构化
8-3	甲基橙的制备及其性质实验	√	√							√		熔点		IR	重氮化、偶联反应
8-4	对氯甲苯的重氮化法制备	√	√				√	常压	√			折光率		IR	重氮化、Sandmeyer 反应

续表

实验编号	实验题目	搅拌	滴液	气体吸收	无水操作	干燥	回流	蒸馏	萃取	结晶过滤	升华	物理化学参数测定	色谱分析	光谱分析	特色说明
9-1	Diels-Alder 反应制备降冰片烯二酸酐				√	√		分馏		√		熔点		IR	Diels-Alder 反应
9-2	巴比妥酸的制备				√	√	√			√		熔点		IR	嘧啶衍生物
9-3	8-羟基喹啉的 Skraup 法制备					√	√	水蒸气		√	√	熔点		IR	Skraup 反应
9-4	香豆素-3-羧酸的 Knoevenagel 法制备					√	√			√		熔点		荧光 UV IR	Knoevenagel 反应
10-1	尿液中 17-羟基皮质类固醇激素的提取与分析													UV-vis IR	甾体激素、离心、比色分析
10-2	五乙酸葡萄糖酯的制备与构型转化						√	减压旋转蒸发		√		熔点 旋光度		IR	糖醋化、构型异构
10-3	葡萄糖酸-δ-内酯的制备与食品应用	√				√		减压旋转蒸发		√		熔点		IR	糖分子内酯化、内酯食品制作
10-4	奶粉中乳糖的分离和鉴定	√				√						旋光度		IR	天然糖提取分析
10-5	从蛋白质水解液中制备氨基酸						√			√		熔点 旋光度		IR	从天然材料制备氨基酸
10-6	植物色素和叶绿素的制备与分析					√		常压旋转蒸发	√				柱层 TLC	IR	萜类提取和分析
10-7	橙皮中挥发油的制备与分析					√		水蒸气 常压减压旋转蒸发	√			折光率 旋光度	GC GC-MS	IR	挥发油提取和分析
10-8	茶叶中咖啡因和茶多酚的制备与分析					√	√	减压或旋转蒸发		√	√	熔点	柱层 TLC	IR	生物碱和儿茶酚制备
10-9	槐花米中芦丁和槲皮素的制备与分析						√	减压或旋转蒸发		√			纸层	UV IR	黄酮制备波谱解析

续表

实验编号	实验题目	搅拌	滴液	气体吸收	无水操作	干燥	回流	蒸馏	萃取	结晶过滤	升华	物理化学参数测定	色谱分析	光谱分析	特色说明
10-10	人参皂苷 Re 的制备与分析						√	√	√	√		熔点	树脂 TLC HPLC	UV IR	皂苷提取和色谱分析
11-1	苯频哪醇的光化学制备与重排反应的实验研究		√				√			√		熔点		IR	光化学反应、还原反应、重排反应
11-2	微波辐射法合成苯甲酸乙酯				√	√	√	减压 常压		√		折光率		IR	微波化学、酯化反应
11-3	相转移催化卡宾反应制备苦杏仁酸	√				√	√	常压	√	√		熔点		IR	相转移催化、卡宾反应
11-4	安息香的辅酶合成					√	√			√				IR	辅酶催化
11-5	外消旋苦杏仁酸的拆分						√	常压	√			熔点 旋光度		IR	异构体拆分
12-1	逆向合成分析练习														有机合成设计方法学
12-2	运用导向基和保护基的合成设计方法练习				√										有机合成设计方法学
12-3	对氨基苯甲酸的制备	√				√	√			√		熔点		IR	酰化、氧化反应、氨基保护
12-4	对氨基苯甲酸乙酯（苯佐卡因）的制备					√	√		√	√		熔点		IR	酯化反应
12-5	乙酰乙酸乙酯的制备及其性质实验					√	√	常压 减压	√			折光率		IR	Claisen 酯缩合与异构可相转移催化合成
12-6	2-庚酮的制备		√			√	√	√	√			折光率			
12-7	二苯乙二酮的制备	√								√					氧化反应
12-8	苯妥英(5,5-二苯基乙内酰脲)的制备									√					重排反应

附录 2　多步合成与配套实验关系图

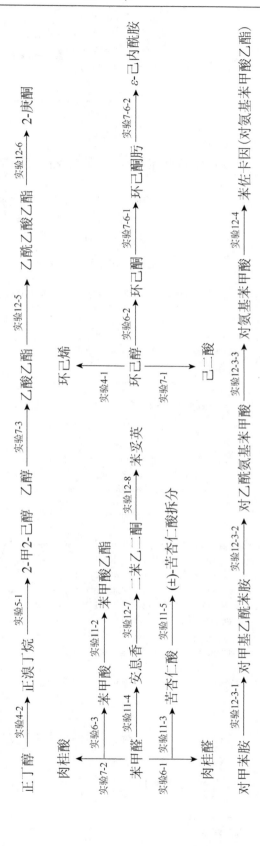

正丁醇 $\xrightarrow{\text{实验4-2}}$ 正溴丁烷 $\xrightarrow{\text{实验5-1}}$ 2-甲2-己醇　乙醇 $\xrightarrow{\text{实验7-3}}$ 乙酸乙酯 $\xrightarrow{\text{实验12-5}}$ 乙酰乙酸乙酯 $\xrightarrow{\text{实验12-6}}$ 2-庚酮

肉桂酸

苯甲醛 $\xrightarrow{\text{实验6-3}}$ 苯甲酸 $\xrightarrow{\text{实验11-2}}$ 苯甲酸乙酯

苯甲醛 $\xrightarrow{\text{实验11-4}}$ 安息香 $\xrightarrow{\text{实验12-7}}$ 二苯乙二酮 $\xrightarrow{\text{实验12-8}}$ 苯妥英

苦杏仁醛 $\xrightarrow{\text{实验11-3}}$ 苦杏仁酸 $\xrightarrow{\text{实验11-5}}$ (±)-苦杏仁酸拆分

肉桂醛

环己烯

环己醇 $\xrightarrow{\text{实验6-2}}$ 环己酮 $\xrightarrow{\text{实验7-6-1}}$ 环己酮肟 $\xrightarrow{\text{实验7-6-2}}$ ε-己内酰胺

己二酸

对甲苯胺 $\xrightarrow{\text{实验12-3-1}}$ 对甲基乙酰苯胺 $\xrightarrow{\text{实验12-3-2}}$ 对乙酰氨基苯甲酸 $\xrightarrow{\text{实验12-3-3}}$ 对氨基苯甲酸 $\xrightarrow{\text{实验12-4}}$ 苯佐卡因(对氨基苯甲酸乙酯)

附录 3　科技论文写作参考规范①

2006 年第 26 卷　　　　　　　　　　　　有 机 化 学　　　　　　　　　　　Vol. 26, 2006
第 2 期, 207～210　　　　　　　Chinese Journal of Organic Chemistry　　　　　No. 2, 207～210

· 研究论文 ·

用双氧水绿色氧化环己酮合成己二酸的研究

张　敏*,a,c　　　魏俊发 b　　　白银娟 a　　　高　勇 a

吴　亚 b　　　苗延青 b　　　史　真 a

(a 西北大学化学系　西安 710069)
(b 陕西师范大学化学与材料科学学院　西安 710062)
(c 西安近代化学研究所　西安 710065)

摘要　以 30%的双氧水为氧化剂, 钨酸钠与含 N 或 O 的双齿有机配体(草酸)形成的络合物为催化剂, 在无有机溶剂、无相转移剂的条件下, 研究了环己酮氧化制己二酸的反应. 研究结果表明, 用廉价的草酸为配体, 最佳反应条件为钨酸钠:草酸:环己酮:30%的双氧水的物质的量比为 2.0:3.3:100:350, 在 92 ℃下反应 12 h, 可制得 80.6%的己二酸; 用 GC-MS 跟踪了氧化过程中三种主要物质环己酮、己内酯及己二酸含量随反应时间的变化关系, 提出了其主要氧化机理为环己酮首先经 Beayer-Villiger 氧化反应生成己内酯, 己内酯进一步氧化成己二酸.

关键词　二水合钨酸钠; 环己酮; 己二酸; 双氧水; 清洁催化氧化

Study of Clear Oxidation of Cyclohexanone to Adipic Acid Using Hydrogen Peroxide

ZHANG, Min*,a,c　　　WEI, Jun-Fa b　　　BAI, Ying-Juan a　　　GAO, Yong a

WU, Ya b　　　MIAO, Yan-Qing b　　　SHI, Zhen a

(a Department of Chemistry, Northwest University, Xi'an 710069)
(b School of Chemistry and Materials Science, Shaanxi Normal University, Xi'an 710062)
(c Xi'an Modern Chemistry Research Institute, Xi'an 710065)

Abstract　The oxidation of cyclohexanone to adipic acid by 30% aqueous hydrogen peroxide catalyzed by coordination compound system formed *in situ* between sodium tungstate and didentate ligands containing N or O atom such as oxalic acid without phase transfer agent and organic solvent was investigated. It was found that the optimal condition of reaction is reactant molar ratio of sodium tungstate dihydrate/oxalic acid/cyclohexanone/30% aqueous hydrogen peroxide=2.0/3.3/100/350, the reaction time of 12 h and temperature of 92 ℃ with 80.6% yield of adipic acid. According to the identification of the products by the GC-MS in the progress of reaction, the mechanism was proposed. In the reaction cyclohexanone is firstly oxidized to ε-caprolactone through Beayer-Villiger reaction and then the intermediate soon oxidated to adipic acid.

Keywords　sodium tungstate dihydrate; cyclohexanone; adipic acid; hydrogen peroxide; clear catalytic oxidation

　　己二酸是合成尼龙-66 的主要原料, 同时在低温润　　滑油、合成纤维、油漆、聚亚胺酯树脂及食品添加剂的

　* E-mail: zhangmin0801@hotmail.com
　Received December 22, 2004; revised April 22, 2005; accepted August 16, 2005.
　国家自然科学基金(No. 20172036)资助项目.

① 论文来源: 知网 http://www.cnki.net

制备等方面也有重要用途，目前己二酸的世界年产量估计已达 220 万吨. 己二酸的工业生产主要是环己烷经过两步氧化合成，第一步为环己烷在过渡金属离子催化下用氧气氧化为环己醇、环己酮，第二步用浓 HNO₃ 氧化环己醇、环己酮制得己二酸. 在第二步氧化中产生大量的 CO, NO$_x$, N$_2$O 等有毒气体，其中 N$_2$O 是比 CO$_2$ 温室效应还强 310 倍的温室气体. 在当今普遍提倡绿色化学的时代，如何减少化工生产对环境的污染是当前化学工作者首要解决的任务. 国内外一些学者对环己酮绿色氧化制己二酸也有报道[7~13]，但得率均很低，最高为 51%.

过氧化氢是一种理想的清洁氧化剂，其反应的唯一预期副产物是水，反应后处理容易，同时过氧化氢的价格相对低廉，氧化成本低. 为此，许多化学工作者采用 H$_2$O$_2$ 作为绿色氧化剂[1~6]. 本研究旨在探索一种环境友好、高效和实用的催化氧化合成己二酸的催化体系及其最佳反应条件；并根据对氧化过程的跟踪，提出了其主要氧化机理(Eq. 1).

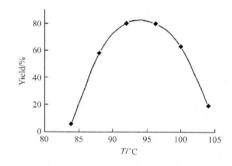

1　实验部分

1.1　试剂与仪器

二水合钨酸钠、环己酮、30% H$_2$O$_2$ 溶液、草酸等均为分析纯试剂. 环己酮经蒸馏, GC 分析为单峰.

WRS-1 数字熔点仪, 安捷伦 6890 气相色谱仪, 安捷伦 5989B 气质联用仪, Nicolet 60SXR 傅里叶变换红外光谱仪, FX-90Q 傅里叶变换核磁共振波谱仪.

1.2　催化实验

1.2.1　催化氧化实验

在装有回流冷凝管、温度计的 100 mL 三口烧瓶中，加入 2.0 mmol Na$_2$WO$_4$·2H$_2$O 和 3.3 mmol 的草酸配体，再加入 350 mmol 的 30% H$_2$O$_2$, 剧烈搅拌 15 min 后，加入 100 mmol 的环己酮，搅拌 30 min 后，形成均相溶液. 激烈搅拌下，于 92 ℃反应 12 h. 冷却至室温，析出己二酸白色晶体，再置于冰箱中 0 ℃下放置过夜，使之结晶完全. 抽滤，冷水洗涤，干燥. 再把滤液经旋转蒸发浓缩约 5 mL, 冷却、抽滤，合并白色晶体，白色晶体经石油醚洗涤，真空干燥得白色晶体 11.7675 g (80.6% yield), 测得熔点为 151~154 ℃.

1.2.2　产物分析

白色晶体经熔点, IR, NMR, MS 分析为己二酸. 经 GC 外表法分析纯度为 99.7%. 色谱条件为: DB-35 色谱柱 30 m×0.25 mm×0.25 μm, 气化室温度、检测器温度均为 280 ℃, FID 检测器，柱温 100 ℃, 程序升温 15 ℃/min 到 280 ℃, 保留时间 6 min. 白色晶体经重氮甲烷甲酯化，经 GC-MS 分析及 GC 面积归一法分析表明己二酸二甲酯的含量为 99.6%, 戊二酸二甲酯含量为 0.4%.

1.3　反应过程跟踪研究

按上述催化实验条件，在反应过程中每隔 1 h 取样，用 GC-MS 进行跟踪分析.

2　结果与讨论

2.1　反应温度的影响

图 1 为其它反应条件一定的条件下，反应温度对己二酸产率的影响. 从图可见，己二酸产率随反应温度的变化较大. 当温度为 84 ℃时，反应液中无白色晶体析出；当温度高于 100 ℃时，由于 H$_2$O$_2$ 分解，己二酸产率较低，故最佳反应温度为 92 ℃左右.

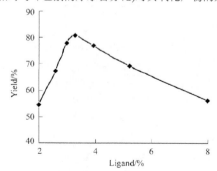

图 1　反应温度对己二酸产率的影响
Figure 1　Effect of temperature on the yield of adipic acid

2.2　配体用量的影响

图 2 为其它反应条件一定的条件下，改变草酸的用量(相对与环己酮的摩尔百分比)对其氧化产物的影响情

图 2　配体用量对己二酸产率的影响
Figure 2　Effect of the quantity of ligand on the yield of adipic acid

况. 由图 2 可知, 配体的量为 3.5% 时, 己二酸的产率最高为 80.6%; 当配体的量大于 4.0% 和小于 3.0% 时, 己二酸的产率显著下降.

2.3　催化剂用量的影响

图 3 为其它反应条件一定的条件下, 改变催化剂用量(相对与环己酮的物质的量百分比)对其氧化产物的影响情况. 由图 3 可知, $Na_2WO_4 \cdot 2H_2O$ 催化剂用量为 2.0% 时, 己二酸的产率最高为 80.6%; 当催化剂的量大于 3.0% 和小于 1.0% 时, 己二酸的产率明显下降; 故最佳催化剂用量为 2.0%.

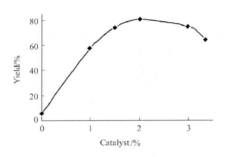

图 3　催化剂用量对己二酸产率的影响

Figure 3　Effect of amount of catalyst on the yield of adipic acid

2.4　反应时间的影响

为了确定其较佳反应时间, 本文考察了反应时间对其产率的影响. 在其它反应条件一定的条件下, 己二酸产率见表 1. 由表 1 可知, 12 h 后, 氧化反应基本完成, 故本文选用了反应时间为 12 h.

表 1　反应时间对己二酸产率的影响

Table 1　Effect of reaction time on the yield of adipic acid

反应时间/h	6	8	10	11	12	16	18
产率/%	1.4	21.3	57.5	67.8	80.6	80.5	78.9

2.5　加料顺序的影响

我们也试图通过改变加料顺序(先加入钨酸钠、30% 的双氧水搅拌至溶再加入草酸搅拌 15 min, 其余同上, 产率为 62.0%)及分两次加入氧化剂(开始加入一半, 6 h 后再加入另一半, 产率为 38.6%)以提高收率, 结果表明其产率均不如一次性加入氧化剂.

2.6　反应过程跟踪

为了探讨反应的可能机理, 本文利用 GS-MS 对反应过程进行了跟踪, 发现该氧化反应通过己内酯进行. 三种主要物质环己酮、己内酯和己二酸随时间的变化关系如图 4 所示. 从图 4 可以看出: 环己酮首先氧化为己内酯, 然后己内酯进一步氧化为己二酸; 己二酸的量在

12 h 后基本不变, 从而进一步证明了 2.4 的结论.

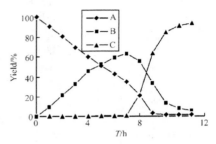

图 4　反应时间对环己酮(A)、己内酯(B)及己二酸(C)含量的影响

Figure 4　Effect of reaction time on the yield of cylcohexanone (A), ε-caprolactone (B) and adipic acid (C)

二水合钨酸钠在过氧化氢存在下, 与含 N 或 O 二齿配体形成钨的黄色过氧化物, 其通式可用 $[WO(O_2)_2L]^{2-}$ 表示[14], 如钨酸钠、草酸、过氧化氢可形成的配合物[15], 其中, L 是具有双齿螯合型配体, 这种原位形成的钨过氧化物配合物可能是真正的催化剂. 根据 GC-MS 对反应过程进行了检测, 该反应体系主要是环己酮、己内酯和己二酸这三种物质在相互变化(图 4). 环己酮随着反应时间的进行不断减少, 而己内酯不断增加; 己内酯增加到一定程度后, 己二酸开始迅速增加, 而己内酯也跟着迅速减少; 并根据 GC-MS 检测到 6-羟基己酸, 从而推断其主要氧化过程如(Scheme 1)所示.

$$Na_2WO_4 + 2H_2O_2 + (COOH)_2 = Na_2WO(O_2)_2(C_2O_4) + 2H_2O$$

Scheme 1

其中环己酮首先经 Beayer-Villiger 氧化生成己内酯, 己内酯进一步氧化成己二酸.

2.7　配体的影响

为了进一步提高反应产率, 在上述最佳条件下, 考察了不同配体对己二酸产率的影响(见表 2).

由表 2 可知, 当无配体时, 未有白色晶体己二酸析出. 并且最佳配体为草酸.

2.8　催化剂的重复使用性能

按 1.2.1 的实验步骤, 把浓缩至约 5 mL 的滤液继续浓缩至干, 然后按 1.2.1 的实验步骤再加入 350 mmol 的

表 2　配体对产率的影响
Table 2　Effect of various ligands on the yield of adipic acid

配体	产率/%	配体	产率/%
—	0.0	邻苯二酚	64.0
草酸	80.6	邻苯二甲酸	40.8
己二酸	51.3	水杨酸	73.0
丁二酸	67.5	3,5-二硝基水杨酸	67.5

30% H_2O_2 和 100 mmol 的环己酮反应. 在上述反应条件下, 我们考察了催化剂的重复使用次数对己二酸产率 (见表 3). 由表 3 可知, 该催化剂使用 5 次, 其催化剂的活性仍然很高为 70.9%, 说明该催化剂对该反应比较特效. 由于钨酸钠是溶于水的, 故反应后该催化剂可以很好地回收再利用.

表 3　催化剂的重复使用次数对产率的影响
Table 3　Effect of reusable catalysis on the yield of adipic acid

使用次数	1	2	3	4	5
产率/%	80.6	78.7	76.1	73.5	70.9

2.9　其它酮类化合物的氧化

由于环己酮氧化为己二酸的收率较好, 因此我们也尝试了用该氧化体系对环戊酮、3HHK (4'-丙基-1,1'-二环己烷-4-酮)、樟脑、苯乙酮进行了氧化. 研究表明环戊酮氧化为戊二酸的收率为 93.7%, 而 3HHK、樟脑、苯乙酮在此条件下, 反应 24 h, 用 GC 未检测出任何产物. 我们又试图通过两相体系来改善该反应, 即选用有机溶剂如氯仿与水、1,2-二氯乙烷与水, 以 5.0% (与各化合物的重量比) 的十六烷基溴吡啶作为相转移催化剂, 但 3HHK、樟脑、苯乙酮这三种化合物仍未发生反应. 这可能是由于 3HHK、樟脑的空间位阻远远大于环己酮空间位阻, 导致 3HHK、樟脑不被氧化; 苯乙酮不被氧化的可能原因为诱导效应所致; 而环戊酮氧化为戊二酸的收率提高很多, 可能是环戊酮容易被氧化为戊内酯 (因为形成稳定的六元环) 所致.

综上所述, 钨酸盐与草酸是一种有效的催化 30% 过氧化氢水溶液氧化环己酮至己二酸的方法, 具有收率高、不使用有机溶剂、反应体系中不存在任何无机或有机卤化物等绿色化学所要求的特点. 初步的机理研究表明, 环己酮首先经 Beayer-Villiger 氧化生成己内酯, 己内酯经水解、氧化成 6-醛基己酸, 6-醛基己酸最后氧化成己二酸.

References

1　Sato, K.; Aokil, M.; Noyori, R. *Science* **1998**, *281*, 1646.

2　Ma, Z. F.; Deng, Y. Q.; Wang, K.; Chen, J. *Chemistry* **2001**, (2), 116 (in Chinese).
(马祖福, 邓友全, 王坤, 陈静, 化学通报, **2001**, (2), 116.)

3　Sato, K.; Aoki, M.; Noyori, R.; Takagi, J. *J. Am. Chem. Soc.* **1997**, *119*, 12386.

4　Sato, K.; Aoki, M.; Takagi, J.; Zimmermann, K.; Noyori, R. *Bull. Chem. Soc. Jpn.* **1999**, *72*, 2287.

5　Venturllo, C.; Ricci, M. *EP 123459*, **1984** [*Chem. Abstr.* **1984**, *102*, 78375v].

6　Wei, J. F.; Shi, X. Y.; He, D. P.; Zhang, M. *Chin. Sci. Bull.* **2002**, *47*(21), 1628 (in Chinese).
(魏俊发, 石先莹, 何地平, 张敏, 科学通报, **2002**, *47*(21), 1628.)

7　Barendregt, A.; Kapteijin, F.; Moulijin, J. A. *Catal. Today* **2001**, *69*(1~4), 283.

8　Nicola, A.; Lolita, L.; Lucia, T.; Morvillo, A.; Bressan, M. *New J. Chem.* **2001**, *25*(10), 1319.

9　Takhilo, T.; Masaru, F.; Akira, S. *JP 03438*, **2002** [*Chem. Abstr.* **2002**, *136*, 86069r].

10　Suzuki, T.; Watanabe, K.; Honda, K. *JP 213840*, **2001** [*Chem. Abstr.* **2001**, *135*, 137218c].

11　Das, S.; Mahanti, M. K. *Oxid. Commun.* **2000**, *23*(4), 495.

12　Fumagalli, C.; Minisci, F.; Pirola, R. *EP 830350*, **2000** [*Chem. Abstr.* **2000**, *135*, 372155p].

13　Tanaka, K.; Shimizu, A. *JP 253845*, **2001** [*Chem. Abstr.* **2001**, *135*, 227681c].

14　Dickman, M. H.; Pope, M. T. *Chem. Rev.* **1994**, *94*, 569.

15　Shi, X. B.; Li, C. G.; Wu, S. H.; Chen, J.; Xie, G. Y. *Chin. Sci. Bull.* **1994**, *39*, 1572 (in Chinese).
(石晓波, 李春根, 巫生华, 陈健, 谢高阳, 科学通报, **1994**, *39*, 1572.)

(Y0412222　ZHAO, C. H.; LING, J.)